KB044480

		H6	H7	H8	H9	적 용 부 분	기 능 상 의 분 류	적 용 예
부품을 상대적으로 움직일 수 있다	틈새 끼워 맞춤	느슨한 맞춤				c9	특별히 큰 틈이 있어도 되거나 틈이 필요한 동작 부분. 조립을 용이하게 하기 위해 틈을 크게 해도 되는 부분. 고온시에도 적당한 틈을 필요로 하는 부분.	기능상 큰 틈이 필요한 부분. {팽창한다 . 위치오차가 크다 . {접합 길이가 같다 .	피스톤 링과 링 홈 느슨한 고정 핀의 접합
		가볍게 돌려 맞춤			d9	d9	큰 틈이 있어도 되거나 틈이 필요한 부분.	비용을 낮추고 싶다. {제작 비용 {보수 비용	크랭크 웹과 핀 베어링 (측면) 배기 밸브 박스와 스프링 슬라이딩부 피스톤 링과 링 홈
		돌려 맞춤		e7	e8	e9	약간 큰 틈이 있어도 되거나 틈이 필요한 동작 부분. 약간 큰 틈으로 윤활이 좋은 베어링부 고온 고속 고부하의 베어링부(고도의 강제 윤활)	일반 회전 또는 슬라이딩 부분. (양호한 윤활성이 요구 된다.)	배기 밸브 장착부의 접합 슬더 볼트 MSB(e9) 크랭크 축용 주 베어링 스톱 볼트 STBG(e9) 일반 슬라이딩부 풀러 볼트 PBNT(e9)
			f6	f7	f7 f8		적당한 틈이 있어 운동이 가능한 접합(상질의 접합) 그리스・윤활유의 일반 상온 베어링부.	보통의 접합 부분. (분해하는 일이 많다.)	냉각식 배기 밸브 박스 삽입부 리턴 핀(f6) 일반적인 축과 부시 런너 로크 핀(f6) 링크 장치 제버와 부시
		정밀돌려맞춤	g5	g6			경하중 정밀 기기의 연속 회전 부분. 틈이 작은 운동이 가능한 접합(스피코트, 위치결정) 정밀 슬라이딩 부분.	틈새가 거의 없는 정밀한 운동이 요구되는 부분.	링크 장치 핀과 레버 키와 키홈 정밀한 제어 밸브 봉 푸셔 핀 PSP(g6)
부품을 상대적으로 움직일 수 없다	중간 끼워 맞춤	활합	h5	h6	h7 h8	h9	윤활제를 사용하면 손으로 움직일 수 있는 접합(상질의 위치결정) 특히 정밀한 슬라이딩 부분. 중요하지 않은 정지 부분.		림과 보스의 접합 정밀한 톱니바퀴 장치의 톱니 접합 맞춤 핀 MSTH(h7) 스프루 부시(h6)
		압입	h5 h6	js6			약간의 체결여유가 있어도 좋은 장착 부분. 사용중 서로 움직이지 않도록 하고 고정밀도의 위치 결정. 나무・납 해머로 조립・분해할 수 있는 정도의 접합.	접합의 결합력만으로는 힘을 전달할 수 없다.	조인트 플랜지간의 접합 거버너(조속기) 웨어와 핀 톱니바퀴 림과 보스의 접합
		박아넣기	js5	k6			조립・분해에 철 해머나 핸드 프레스를 사용할 수 있을 정도의 접합 (부품 상호간의 축 회전 방지에는 키 등이 필요.) 고정밀도의 위치 결정	부품을 손상시키지 않고 분해 조립할 수 있다.	톱니바퀴 펌프축과 케이싱의 고정 리머 볼트 테이퍼 핀 세트의 압입부(k6)
			k5	m6			조립・분해에 대해서 상기와 동일 약간의 틈도 허용되지 않는 고정밀 위치 결정		리머 볼트 맞춤 핀 MSTM(m6) 유압기기 피스톤 축의 고정 볼 버튼 BBT(k5) 조인트 플랜지와 축의 접합
		경압입	m5	n6			조립・분해에 상당한 힘을 필요로 하는 접합. 고정밀도의 고정 장착(큰 토크의 전동에는 키 등이 필요)	작은 힘이면 접합의 결단력으로 전달할 수 있다.	변형 축 조인트와 톱니바퀴(수동측) 고정밀도 접합 가이드 핀 & 부시(m5) 흡입밸브, 밸브 안내 삽입 앵귤러 핀(m5)
	억지로 끼워 맞춤	압입	n5 n6	p6			조립・분해에 큰 힘을 필요로 하는 접합(큰 토크의 전동에는 키 등이 필요)단. 비철 부품끼리의 경우에는 압입압력은 경압력 정도가 된다. 철과철, 청동과 동의 표준적인 압입 고정.		흡입 밸브, 밸브 안내 삽입 맞춤 핀 MST(p6) 톱니바퀴 축의 고정(작은 토크) 스톱 핀 STPN(p6) 변형 조인트 축과 톱니바퀴(구동측)
			p5	r6			조립・분해에 대해서 상기와 동일. 큰 치수는 부품에서는 수축 끼워 맞춤, 냉각 끼워 맞춤, 강압입이 된다.	부품을 손상시키지 않고 분해하기 어렵다.	조인트 축
		합입・수축 끼워맞춤・냉각 끼워맞춤	r5		s6 t6 u6 x6		서로 단단하게 고정되어, 조립에는 수축 끼워맞춤, 냉각 끼워맞춤, 강압입 필요하며, 분해할 일이 없는 영구적 조립이 된다. 경합금의 경우에는 압입 정도가 된다.	접합의 결합력으로 상당한 힘을 전달할 수 있다.	베어링 부시의 접합 고정 흡입 밸브, 밸브 시트 삽입 조인트 플랜지와 축 고정(큰 토크) 구동 톱니바퀴 림과 보스의 고정 베어링 부시 접합 고정

1.1 상용하는 홀 기준 끼워맞춤

기준홀	축의 공차 등급 그래프			
	틈새 끼워 맞춤	중간 끼워 맞춤	억지로 끼워 맞춤	
H6		g5 h5	js5 k5 m5	
	f6 g6 h6	js6 k6 m6	n6*	p6*
H7	f6 g6 h6	js6 k6 m6	n6	p6* r6* s6 t6 u6 x6
	e7 f7	h7 js7		
H8	f7 h7			
	e8 f8	h8		
	d9 e9			
H9	d8 e8	h8		
	c9 d9 e9	h9		
H10	b9 c9 d9 e9	h9		

[주] *이들 접합은 치수의 구분에 따라서 예외가 발생합니다.

1.2 사용하는 홀 기준 접합에서 공차의 상호 관계

2.1 상용하는 축 기준 끼워맞춤

🟥 적색 문자는 금형 부품을 적용예로 게재하였습니다.

기준축	홀의 공차 등급 그래프			
	틈새 끼워 맞춤	중간 끼워 맞춤	억지로 끼워 맞춤	
h5		H6 JS6 K6 M6	N6*	P6
h6		H6 JS6 K6 M6	N6	P6*
	F6 G7 H7	JS7 K7 M7	N7	P7* R7 S7 T7 U7 X7
h7	E7 F7	H7		
	F7	H8		
h8	D8 E8 F8	H8		
	D9 E9	H9		
h9	D8 E8	H8		
	C9 D9 E9	H9		
	B10 C10 D10			

[주] *이들 접합은 치수의 구분에 따라서 예외가 발생합니다.

2.2 상용하는 축 기준 접합에서의 공차의 상호 관계

* 상기 표는 기준 치수가 18mm 를 넘어 30mm 이하인 경우입니다 .

* 상기 표는 기준 치수가 18mm 를 넘어 30mm 이하인 경우입니다 .

〔기술데이터〕

상용하는 접합 치수 공차

JIS B0401(1999)에서 발췌

상용하는 접합의 축에서 이용하는 치수 허용차

축의 공차 등급 — 단위 μm

기준 치수의 구분(mm) 초과	이하	b9	c9	d8	d9	e7	e8	e9	f6	f7	f8	g5	g6	h5	h6	h7	h8	h9
–	3	-140 -165	-60 -85	-20 -34	-20 -45	-14 -24	-14 -28	-14 -39	-6 -12	-6 -16	-6 -20	-2 -6	-2 -8	0 -4	0 -6	0 -10	0 -14	0 -25
3	6	-140 -170	-70 -100	-30 -48	-30 -60	-20 -32	-20 -38	-20 -50	-10 -18	-10 -22	-10 -28	-4 -9	-4 -12	0 -5	0 -8	0 -12	0 -18	0 -30
6	10	-150 -186	-80 -116	-40 -62	-40 -76	-25 -40	-25 -47	-25 -61	-13 -22	-13 -28	-13 -35	-5 -11	-5 -14	0 -6	0 -9	0 -15	0 -22	0 -36
10	14	-150 -193	-95 -138	-50 -77	-50 -93	-32 -50	-32 -59	-32 -75	-16 -27	-16 -34	-16 -43	-6 -14	-6 -17	0 -8	0 -11	0 -18	0 -27	0 -43
14	18																	
18	24	-160 -212	-110 -162	-65 -98	-65 -117	-40 -61	-40 -73	-40 -92	-20 -33	-20 -41	-20 -53	-7 -16	-7 -20	0 -9	0 -13	0 -21	0 -33	0 -52
24	30																	
30	40	-170 -232	-120 -182	-80 -119	-80 -142	-50 -75	-50 -89	-50 -112	-25 -41	-25 -50	-25 -64	-9 -20	-9 -25	0 -11	0 -16	0 -25	0 -39	0 -62
40	50	-180 -242	-130 -192															
50	65	-190 -264	-140 -214	-100 -146	-100 -174	-60 -90	-60 -106	-60 -134	-30 -49	-30 -60	-30 -76	-10 -23	-10 -29	0 -13	0 -19	0 -30	0 -46	0 -74
65	80	-200 -274	-150 -224															
80	100	-220 -307	-170 -257	-120 -174	-120 -207	-72 -107	-72 -126	-72 -159	-36 -58	-36 -71	-36 -90	-12 -27	-12 -34	0 -15	0 -22	0 -35	0 -54	0 -87
100	120	-240 -327	-180 -267															
120	140	-260 -360	-200 -300	-145 -208	-145 -245	-85 -125	-85 -148	-85 -185	-43 -68	-43 -83	-43 -106	-14 -32	-14 -39	0 -18	0 -25	0 -40	0 -63	0 -100
140	160	-280 -380	-210 -310															
160	180	-310 -410	-230 -330															
180	200	-340 -455	-240 -355	-170 -242	-170 -285	-100 -146	-100 -172	-100 -215	-50 -79	-50 -96	-50 -122	-15 -35	-15 -44	0 -20	0 -29	0 -46	0 -72	0 -115
200	225	-380 -495	-260 -375															
225	250	-420 -535	-280 -395															
250	280	-480 -610	-300 -430	-190 -271	-190 -320	-110 -162	-110 -191	-110 -240	-56 -88	-56 -108	-56 -137	-17 -40	-17 -49	0 -23	0 -32	0 -52	0 -81	0 -130
280	315	-540 -670	-330 -460															
315	355	-600 -740	-360 -500	-210 -299	-210 -350	-125 -182	-125 -214	-125 -265	-62 -98	-62 -119	-62 -151	-18 -43	-18 -54	0 -25	0 -36	0 -57	0 -89	0 -140
355	400	-680 -820	-400 -540															
400	450	-760 -915	-440 -595	-230 -327	-230 -385	-135 -198	-135 -232	-135 -290	-68 -108	-68 -131	-68 -165	-20 -47	-20 -60	0 -27	0 -40	0 -63	0 -97	0 -155
450	500	-840 -995	-480 -635															

기준 치수의 구분(mm) 초과	이하	js5	js6	js7	k5	k6	m5	m6	n5*	n6	p6	r6	s6	t6	u6	x6
–	3	±2	±3	±5	+4 0	+6 0	+6 +2	+8 +2	+8 +4	+10 +4	+12 +6	+16 +10	+20 +14	–	+24 +18	+26 +20
3	6	±2.5	±4	±6	+6 +1	+9 +1	+9 +4	+12 +4	+13 +8	+16 +8	+20 +12	+23 +15	+27 +19	–	+31 +23	+36 +28
6	10	±3	±4.5	±7.5	+7 +1	+10 +1	+12 +6	+15 +6	+16 +10	+19 +10	+24 +15	+28 +19	+32 +23	–	+37 +28	+43 +34
10	14	±4	±5.5	±9	+9 +1	+12 +1	+15 +7	+18 +7	+20 +12	+23 +12	+29 +18	+34 +23	+39 +28	–	+44 +33	+51 +40
14	18															+56 +45
18	24	±4.5	±6.5	±10.5	+11 +2	+15 +2	+17 +8	+21 +8	+24 +15	+28 +15	+35 +22	+41 +28	+48 +35	–	+54 +41	+67 +54
24	30													+54 +41	+61 +48	+77 +64
30	40	±5.5	±8	±12.5	+13 +2	+18 +2	+20 +9	+25 +9	+28 +17	+33 +17	+42 +26	+50 +34	+59 +43	+64 +48	+76 +60	–
40	50													+70 +54	+86 +70	
50	65	±6.5	±9.5	±15	+15 +2	+21 +2	+24 +11	+30 +11	+33 +20	+39 +20	+51 +32	+60 +41	+72 +53	+85 +66	+106 +87	–
65	80											+62 +43	+78 +59	+94 +75	+121 +102	
80	100	±7.5	±11	±17.5	+18 +3	+25 +3	+28 +13	+35 +13	+38 +23	+45 +23	+59 +37	+73 +51	+93 +71	+113 +91	+146 +124	–
100	120											+76 +54	+101 +79	+126 +104	+166 +144	
120	140	±9	±12.5	±20	+21 +3	+28 +3	+33 +15	+40 +15	–	+52 +27	+68 +43	+88 +63	+117 +92	+147 +122	–	–
140	160											+90 +65	+125 +100	+159 +134		
160	180											+93 +68	+133 +108	+171 +146		
180	200	±10	±14.5	±23	+24 +4	+33 +4	+37 +17	+46 +17	–	+60 +31	+79 +50	+106 +77	+151 +122	–	–	–
200	225											+109 +80	+159 +130			
225	250											+113 +84	+169 +140			
250	280	±11.5	±16	±26	+27 +4	+36 +4	+43 +20	+52 +20	–	+66 +34	+88 +56	+126 +94	–	–	–	–
280	315											+130 +98				
315	355	±12.5	±18	±28.5	+29 +4	+40 +4	+46 +21	+57 +21	–	+73 +37	+98 +62	+144 +108	–	–	–	–
355	400											+150 +114				
400	450	±13.5	±20	±31.5	+32 +5	+45 +5	+50 +23	+63 +23	–	+80 +40	+108 +68	+166 +126	–	–	–	–
450	500											+172 +132				

상용하는 접합에서 이용하는 홀의 치수 허용차

홀의 공차 등급 — 단위 μm

기준 치수의 구분(mm) 초과	이하	B10	C9	C10	D8	D9	D10	E7	E8	E9	F6	F7	F8	G6	G7	H6	H7	H8	H9	H10
–	3	+180 +140	+85 +60	+100 +60	+34 +20	+45 +20	+60 +20	+24 +14	+28 +14	+39 +14	+12 +6	+16 +6	+20 +6	+8 +2	+12 +2	+6 0	+10 0	+14 0	+25 0	+40 0
3	6	+188 +140	+100 +70	+118 +70	+48 +30	+60 +30	+78 +30	+32 +20	+38 +20	+50 +20	+18 +10	+22 +10	+28 +10	+12 +4	+16 +4	+8 0	+12 0	+18 0	+30 0	+48 0
6	10	+208 +150	+116 +80	+138 +80	+62 +40	+76 +40	+98 +40	+40 +25	+47 +25	+61 +25	+22 +13	+28 +13	+35 +13	+14 +5	+20 +5	+9 0	+15 0	+22 0	+36 0	+58 0
10	14	+220 +150	+138 +95	+165 +95	+77 +50	+93 +50	+120 +50	+50 +32	+59 +32	+75 +32	+27 +16	+34 +16	+43 +16	+17 +6	+24 +6	+11 0	+18 0	+27 0	+43 0	+70 0
14	18																			
18	24	+244 +160	+162 +110	+194 +110	+98 +65	+117 +65	+149 +65	+61 +40	+73 +40	+92 +40	+33 +20	+41 +20	+53 +20	+20 +7	+28 +7	+13 0	+21 0	+33 0	+52 0	+84 0
24	30																			
30	40	+270 +170	+182 +120	+220 +120	+119 +80	+142 +80	+180 +80	+75 +50	+89 +50	+112 +50	+41 +25	+50 +25	+64 +25	+25 +9	+34 +9	+16 0	+25 0	+39 0	+62 0	+100 0
40	50	+280 +180	+192 +130	+230 +130																
50	65	+310 +190	+214 +140	+260 +140	+146 +100	+174 +100	+220 +100	+90 +60	+106 +60	+134 +60	+49 +30	+60 +30	+76 +30	+29 +10	+40 +10	+19 0	+30 0	+46 0	+74 0	+120 0
65	80	+320 +200	+224 +150	+270 +150																
80	100	+360 +220	+257 +170	+310 +170	+174 +120	+207 +120	+260 +120	+107 +72	+126 +72	+159 +72	+58 +36	+71 +36	+90 +36	+34 +12	+47 +12	+22 0	+35 0	+54 0	+87 0	+140 0
100	120	+380 +240	+267 +180	+320 +180																
120	140	+420 +260	+300 +200	+360 +200	+208 +145	+245 +145	+305 +145	+125 +85	+148 +85	+185 +85	+68 +43	+83 +43	+106 +43	+39 +14	+54 +14	+25 0	+40 0	+63 0	+100 0	+160 0
140	160	+440 +280	+310 +210	+370 +210																
160	180	+470 +310	+330 +230	+390 +230																
180	200	+525 +340	+355 +240	+425 +240	+242 +170	+285 +170	+355 +170	+146 +100	+172 +100	+215 +100	+79 +50	+96 +50	+122 +50	+44 +15	+61 +15	+29 0	+46 0	+72 0	+115 0	+185 0
200	225	+565 +380	+375 +260	+445 +260																
225	250	+605 +420	+395 +280	+465 +280																
250	280	+690 +480	+430 +300	+510 +300	+271 +190	+320 +190	+400 +190	+162 +110	+191 +110	+240 +110	+88 +56	+108 +56	+137 +56	+49 +17	+69 +17	+32 0	+52 0	+81 0	+130 0	+210 0
280	315	+750 +540	+460 +330	+540 +330																
315	355	+830 +600	+500 +360	+590 +360	+299 +210	+350 +210	+440 +210	+182 +125	+214 +125	+265 +125	+98 +62	+119 +62	+151 +62	+54 +18	+75 +18	+36 0	+57 0	+89 0	+140 0	+230 0
355	400	+910 +680	+540 +400	+630 +400																
400	450	+1010 +760	+595 +440	+690 +440	+327 +230	+385 +230	+480 +230	+198 +135	+232 +135	+290 +135	+108 +68	+131 +68	+165 +68	+60 +20	+83 +20	+40 0	+63 0	+97 0	+155 0	+250 0
450	500	+1090 +840	+635 +480	+730 +480																

기준 치수의 구분(mm) 초과	이하	JS6	JS7	K6	K7	M6	M7	N6	N7	P6	P7	R7	S7	T7	U7	X7
–	3	±3	±5	0 -6	0 -10	-2 -8	-2 -12	-4 -10	-4 -14	-6 -12	-6 -16	-10 -20	-14 -24	–	-18 -28	-20 -30
3	6	±4	±6	+2 -6	+3 -9	-1 -9	-0 -12	-5 -13	-4 -16	-9 -17	-8 -20	-11 -23	-15 -27	–	-19 -31	-24 -36
6	10	±4.5	±7.5	+2 -7	+5 -10	-3 -12	-0 -15	-7 -16	-4 -19	-12 -21	-9 -24	-13 -28	-17 -32	–	-22 -37	-28 -43
10	14	±5.5	±9	+2 -9	+6 -12	-4 -15	0 -18	-9 -20	-5 -23	-15 -26	-11 -29	-16 -34	-21 -39	–	-26 -44	-33 -51
14	18															-38 -56
18	24	±6.5	±10.5	+2 -11	+6 -15	-4 -17	0 -21	-11 -24	-7 -28	-18 -31	-14 -35	-20 -41	-27 -48	–	-33 -54	-46 -67
24	30													-33 -54	-40 -61	-56 -77
30	40	±8	±12.5	+3 -13	+7 -18	-4 -20	0 -25	-12 -28	-8 -33	-21 -37	-17 -42	-25 -50	-34 -59	-39 -64	-51 -76	–
40	50													-45 -70	-61 -86	
50	65	±9.5	±15	+4 -15	+9 -21	-5 -24	0 -30	-14 -33	-9 -39	-26 -45	-21 -51	-30 -60	-42 -72	-55 -85	-76 -106	–
65	80											-32 -62	-48 -78	-64 -94	-91 -121	
80	100	±11	±17.5	+4 -18	+10 -25	-6 -28	0 -35	-16 -38	-10 -45	-30 -52	-24 -59	-38 -73	-58 -93	-78 -113	-111 -146	–
100	120											-41 -76	-66 -101	-91 -126	-131 -166	
120	140	±12.5	±20	+4 -21	+12 -28	-8 -33	0 -40	-20 -45	-12 -52	-36 -61	-28 -68	-48 -88	-77 -117	-107 -147	–	–
140	160											-50 -90	-85 -125	-119 -159		
160	180											-53 -93	-93 -133	-131 -171		
180	200	±14.5	±23	+5 -24	+13 -33	-8 -37	0 -46	-22 -51	-14 -60	-41 -70	-33 -79	-60 -106	-105 -151	–	–	–
200	225											-63 -109	-113 -159			
225	250											-67 -113	-123 -169			
250	280	±16	±26	+5 -27	+16 -36	-9 -41	0 -52	-25 -57	-14 -66	-47 -79	-36 -88	-74 -126	–	–	–	–
280	315											-78 -130				
315	355	±18	±28.5	+7 -29	+17 -40	-10 -46	0 -57	-26 -62	-16 -73	-51 -87	-41 -98	-87 -144	–	–	–	–
355	400											-93 -150				
400	450	±20	±31.5	+8 -32	+18 -45	-10 -50	0 -63	-27 -67	-17 -80	-55 -95	-45 -108	-103 -166	–	–	–	–
450	500											-109 -172				

비 고 표의 각 단에서 위쪽의 수치는 위쪽 치수 허용차, 아래쪽의 수치는 아래쪽 치수 허용차를 나타냅니다. [주] * : n5는 기존의 JIS규격입니다. 미스미 제품의 대부분에 해당되기 때문에 게재하였습니다.

기술 데이터

Mechanical Engineering Design

SI 단위로 배우는
기계설계학

개정판

김남웅 · 김창완 · 변성광 · 양성모
이치우 · 전형민 · 정선모 · 황 평

지음

북스힐

SI 단위로 배우는
기계설계학 개정판

개정판 1쇄 인쇄 | 2023년 2월 20일
개정판 1쇄 발행 | 2023년 2월 25일

지은이 | 김남웅 · 김창완 · 변성광 · 양성모
　　　　이치우 · 전형민 · 정선모 · 황　평
펴낸이 | 조 승 식
펴낸곳 | (주)도서출판 북스힐

등 록 | 1998년 7월 28일 제 22-457호
주 소 | 서울시 강북구 한천로 153길 17
전 화 | (02) 994-0071
팩 스 | (02) 994-0073

홈페이지 | www.bookshill.com
이메일 | bookshill@bookshill.com

정가 33,000원

ISBN 979- 11-5971-481-8

머리말

새로운 기술의 급속한 발전에 따라 나라마다 첨단기술을 선점하고 우위를 지키기 위한 경쟁이 치열하다. 세계가 하나의 시장으로 통합되어 가는 21세기 글로벌 시대에 세계시장의 선점을 위한 수단으로 각 나라마다 공업의 세계표준화가 이루어지고 있다.

우리나라에서도 이러한 추세에 따라서 2000년경부터 한국산업규격을 국제규격과 부합화 내지는 영문화 작업을 진행하여 거의 모든 규격들이 원래 규격보다 많이 바뀌었다.

이 책은 1960년대 중반 대학에 기계공학과가 생긴 이래 40여 년간 기계공학을 전공하는 학생들과 산업현장에서 가장 많이 쓰인 전 서울대학교 교수였던 정선모 선생님의 기계설계학 원저를 기본으로 하여 최근 10여 년간 국제규격부합화 작업을 통해 새로 바뀐 KS규격을 2008년 말을 기준으로 충실하게 바꾸어 집필되었다.

이 책은 대학 교과과정과 산업현장에서 적용할 수 있도록 저술된 책이다. 기존의 기계설계 교과서는 일반적으로 내용이 너무 방대하고 부분적으로 너무 상세하게 접근하여 제한된 시간 내에 대학생들이나 산업현장에서 보기에 다소 부적절한 점이 있었다.

필자는 여러 해 동안 이 분야에서 연구하고 강의해 오는 동안 느껴왔던 바람직한 교과서의 모습을 기억하며 대학생들이 꼭 공부해야 할 범위 및 내용을 알기 쉽게 간추려서 총 18장으로 정리하여 핵심위주로 접근하고자 노력하였다.

충실한 내용과 각 장마다 엄선된 예제, 연습문제들은 기사 기술사 및 기술고시 등의 시험을 준비하는 데 도움이 되도록 하였다.

필자 나름대로 노력하여 책을 만들었으나 여러 군데 미흡한 부분이 있을 것으로 생각되며 오류를 알려주거나 부족한 내용을 충고하면 최대한 좋은 책을 만들도록 노력하겠다.

집필과정에서 기존의 많은 교재 및 자료를 유익하게 참고하였음을 밝히고 참고문헌의 저자들에게 깊은 감사를 드린다.

차 례

Chapter 01 서 론 ································· 1

1.1 기계요소 및 기계설계 ▪ 1
1.2 설계제도 및 기계공작 ▪ 2
1.3 표준규격 ▪ 2
1.4 재료의 강도 ▪ 6
1.5 응력집중 ▪ 8
1.6 피로 ▪ 10
1.7 허용응력과 안전계수 ▪ 11
1.8 공차와 끼워맞춤 ▪ 14
1.9 가공법과 정밀도 ▪ 19

Chapter 02 나사 · 볼트 · 너트 ································· 21

2.1 나사의 구성과 용어 ▪ 21
2.2 나사의 종류 ▪ 25
2.3 나사의 역학 ▪ 50
2.4 나사의 기본설계 ▪ 62
2.5 나사의 실기문제 ▪ 81
연습문제 ▪ 87

Chapter 03 키 · 코터 · 핀 ································· 89

3.1 키 (key) ▪ 89

3.2 코터 (cotter) ▪ 120

3.3 핀 (pin) ▪ 131

연습문제 ▪ 138

Chapter **04** 리벳 이음 ······················· 141

4.1 리벳의 종류 ▪ 141

4.2 리벳 작업 ▪ 149

4.3 리벳 이음의 분류 ▪ 151

4.4 리벳 이음의 강도계산 ▪ 152

4.5 리벳의 효율 ▪ 156

4.6 기밀과 강도를 필요로 하는 리벳 이음 ▪ 160

4.7 구조용 리벳 이음 ▪ 164

4.8 편심하중을 받는 리벳 이음 ▪ 168

연습문제 ▪ 171

Chapter **05** 용접 이음 설계 ······················· 173

5.1 용접의 개요 ▪ 173

5.2 용접의 종류 ▪ 174

5.3 용접법의 종류 ▪ 174

5.4 용접부 ▪ 179

5.5 용접 이음 설계 ▪ 183

연습문제 ▪ 206

Chapter **06** 축 ······················· 207

6.1 축의 분류 ▪ 207

6.2 축의 설계에 있어서 고려되는 사항 ▪ 210

6.3 강도에 의한 축지름의 설계 ▪ 212

6.4 강성도 (stiffness)에 의한 축지름의 설계 ▪ 226

6.5 축의 진동 ▪ 232

연습문제 ▪ 241

Chapter **07** **축이음** ·· **243**

7.1 축이음 (shaft joint) ▪ 243

7.2 커플링 ▪ 245

7.3 클러치 ▪ 280

7.4 축이음 종합문제 ▪ 301

연습문제 ▪ 304

Chapter **08** **구름 베어링** ····································· **307**

8.1 베어링의 종류 ▪ 307

8.2 구름 베어링의 구조와 작용 ▪ 310

8.3 구름 베어링의 장단점 ▪ 311

8.4 구름 베어링의 표시 ▪ 312

8.5 구름 베어링의 종류와 특성 ▪ 319

8.6 구름 베어링의 KS규격 ▪ 319

8.7 볼접촉의 기초이론 ▪ 320

8.8 구름 베어링의 수명 ▪ 332

8.9 구름 베어링의 설계 ▪ 335

8.10 구름 베어링의 종합문제 ▪ 346

연습문제 ▪ 349

Chapter **09** **미끄럼 베어링** ··································· **351**

9.1 미끄럼 베어링의 종류 ▪ 351

9.2 미끄럼 베어링에 있어서 미끄럼면의 형식 ▪ 352

9.3 미끄럼 베어링의 기초이론 ▪ 355

9.4 저널의 기본설계 ▪ 362

9.5 레이디얼 미끄럼 베어링의 설계 ▪ 373

9.6 미끄럼 베어링의 종합문제 ▪ 381

연습문제 ▪ 383

Chapter 10 브레이크 ···································· 385

10.1 브레이크 ▪ 385
10.2 브레이크의 종류 ▪ 385
연습문제 ▪ 413

Chapter 11 스프링 및 관성차 ···················· 415

11.1 스프링의 개요 ▪ 415
11.2 스프링의 특성 ▪ 415
11.3 스프링의 종류 ▪ 417
11.4 스프링의 용도와 규격 ▪ 424
11.5 코일 스프링 ▪ 424
11.6 판 스프링 ▪ 430
11.7 비틀림막대 (torsion bar) 스프링 ▪ 442
11.8 접시 스프링 ▪ 444
11.9 관성차 (flywheel) ▪ 445
연습문제 ▪ 456

Chapter 12 마찰차 전동장치 ······················ 459

12.1 마찰차의 개요 ▪ 459
12.2 무단변속마찰차 ▪ 476
연습문제 ▪ 485

Chapter 13 기어 전동 ······························· 487

13.1 기어 전동장치 ▪ 487
13.2 기어의 기초이론 ▪ 494
13.3 전위 기어 ▪ 521
13.4 이의 강도설계 ▪ 535
연습문제 ▪ 557

Chapter **14** **특수 기어** ·· **559**

14.1 헬리컬 기어 ▪ 559

14.2 베벨 기어 ▪ 571

14.3 웜과 웜 기어 ▪ 595

14.4 헬리컬 기어의 종합문제 ▪ 604

연습문제 ▪ 611

Chapter **15** **평벨트 전동** ·· **613**

15.1 감기 전동장치 ▪ 613

15.2 평벨트 전동장치 ▪ 614

15.3 벨트의 길이 ▪ 622

15.4 벨트의 장력과 전달마력 ▪ 626

15.5 벨트전동의 설계공식 ▪ 634

15.6 단차(step pulley) ▪ 643

15.7 풀리의 축에 작용하는 힘 ▪ 645

15.8 벨트와 풀리장치의 치수설계 ▪ 649

연습문제 ▪ 656

Chapter **16** **V 벨트 전동** ·· **659**

16.1 V 벨트 ▪ 659

16.2 V 벨트 장치의 설계 ▪ 664

16.3 V 벨트 풀리 ▪ 673

16.4 V 벨트 설계 시의 주의사항 ▪ 678

연습문제 ▪ 679

Chapter **17** **로프 전동** ·· **681**

17.1 로프 전동의 개요 ▪ 681

17.2 와이어 로프 ▪ 682

연습문제 ▪ 695

Chapter **18** **체인 전동** ·· **697**

   18.1 체인 전동 ▪ 697

   18.2 전동용 체인 ▪ 699

   18.3 체인의 기본설계 ▪ 703

   18.4 전동마력표에 의한 계산 ▪ 714

   18.5 스프로킷 휠 ▪ 714

   18.6 사일런트 체인 ▪ 722

■ **찾아보기** ·· **728**

Chapter 01

서 론

1.1 기계요소 및 기계설계

현대는 기계 없이는 살 수 없는 세상이다. 기계는 간단한 기계에서 복잡한 기계에 이르기까지 많은 종류들이 있다. 그러나 아무리 복잡한 기계라할지라도 간단한 기계요소들로 조합되어 있다. B. W. Kennedy는 "기계란 몇 개의 저항있는 물체의 조합으로 구성되며 각 물체는 각각 일정하게 구속된 상대운동을 하고 있으며, 그 일단에 동력을 주면 타단에서는 인간에게 유효한 일을 하는 것이다"라고 정의를 내리고 있다. 따라서 기계요소는 기계를 구성하는 각각의 저항물체를 말한다.

기계를 설계한다는 것은 특별한 목적에 필요한 기계의 제작 또는 개량에 관한 계획을 설정하는 것이다. 기계설계에서 가장 중요한 것은 목적에 맞는 기구를 선택할 것과 기계 각 부분에 가해지는 힘에 견딜 수 있도록 충분한 강도를 갖도록 하는 것이다. 그러므로 설계할 때에는 먼저 기구를 생각하고 기계를 구성하는 각부의 재료와 그 치수를 결정하는 것이 중요하다. 따라서 기계를 설계 또는 제작하려면 기계요소에 작용하는 응력상태, 형상, 재료 및 제작법에 대한 지식을 종합적으로 알고 있어야 한다.

좋은 기계를 만들려면 좋은 설계를 하여야 한다. 좋은 설계는 기계 전반에 관한 폭넓은 지식과 경험을 통하여 얻어진다. 특히 각 부분의 구조, 형상, 크기 등을 결정하려면 기계요소의 종류, 구조, 기능 등에 관해서도 충분한 지식을 가지고 있어야 한다.

설계를 하기 전에 널리 자료를 모아서 참고로 하는 것은 매우 중요한 일이다. 즉 KS규격 및 ISO규격은 물론이고 그 밖의 규격, 법규, 카탈로그 등 많은 설계자료를 정리해서 충분히 활용하여야 할 것이다.

설계할 때 사용할 부품은 규격품을 많이 사용하면 생산이나 교환에 유리하며 대량생산에 의해 좋은 제품을 값싸고 빠르게 만들 수가 있다. 또한 제품의 편의성과 아름다운 형상은 제품의 시장가치를 높이므로 디자인도 매우 중요하다. 그러나 설계 시 가장 중요한 점은 안전성이다.

1.2 설계제도 및 기계공작

설계는 모두 도면에 의해서 표현된다. 설계가 완료되었다는 것은 곧 제도가 완료되었음을 말한다. 또 기계부품은 도면의 지시대로 만들어지므로 도면을 정확히 표현하는 것은 매우 중요하다. 도면은 설계로부터 기계가 만들어지는 과정을 통해서 설계자의 의지를 표현하는 중요한 수단이며 또 이것은 설계자 자신이 그리는 것이므로 설계자는 기계도면에 관한 충분한 지식을 가지고 있어야 한다.

또 설계자가 기계공작에 관한 지식이 부족하여 제작하기가 어려운 설계를 한다면, 제작과정에서 많은 노력과 비용이 들며, 또한 기계를 완성해놓고 보면 잘못된 곳이 생길 수도 있다. 이와 같이 설계방법에 따라서 공작의 난이도와 제품의 성능이 결정되므로 기계공작에 관해서도 충분한 지식을 갖는 동시에 그 공장의 기계설비의 능력에 대해서도 잘 알아 두는 것이 중요하다.

1.3 표준규격

1.3.1 표준규격의 목적 및 KS 규격

공업제품들을 설계 제작할 때 그 형상, 치수, 재료 등을 규격화하면 고정밀도의 제품을 신속 정확하게 경제적으로 제작할 수 있을 뿐만 아니라 호환성이 생기므로 제조자나 수요자 모두 경제적이다. 이러한 이유로 오래 전부터 선진 각국에서는 자기 나름대로의 규격을 제정하여 사용하여 왔다. 그러나 기술무역, 문화의 국제교류가 활발해 짐에 따라 규격의 국제적 통일도 이루어져야 한다고 제창되어 ISO (국제표준화기구 : International Standardization of Organization) 가 설립되었고 규격의 국제화에 노력하고 있다.

우리나라에서도 1962년 표준화 사업이 착수되어 한국공업규격 (KS : Korean Industrial Standards) 이 제정되었으며 2000년 경부터 국제규격 ISO와 KS를 부합화하는 사업을 하고 있다. 표 1.1은 KS의 부문별 기호이며 표 1.2는 기계 부문의 규격번호를 나타낸 것이다.

▶**표 1.1** KS의 부문별 기호

분류기호	부문명칭	분류기호	부문명칭	분류기호	부문명칭
KS A	기 본	KS G	일용품	KS R	수송기계
KS B	기 계	KS H	식료품	KS V	조 선
KS C	전 기	KS K	섬 유	KS W	항 공
KS D	금 속	KS L	요 업	KS X	정보산업
KS E	광 산	KS M	화 학		
KS F	토 건	KS P	의 료		

▶**표 1.2** 기계부문의 규격번호

규 격 번 호	부 문 명	규 격 번 호	부 문 명
B 0001~B 0954	기계기본	B 6003~B 6966	일반기계
B 1001~B 2822	기계요소	B 7001~B 7100	산업기계
B 3001~B 4000	공 구	B 7104~B 7944	농업기계
B 4001~B 4922	공작기계	B 8001~B 8300	열사용 및 가스기기
B 5201~B 5647	측정계산용 기계기구, 물리기계		

1.3.2 기계설계에 사용되는 단위

기계설계에 사용되고 있는 7개의 SI 기본단위(표 1.3)와 중요한 조립단위를 표 1.4에 표시한다.

▶**표 1.3** SI 기본단위

기 본 량	S I 기 본 단 위	
	명 칭	기 호
길 이	미터	m
질 량	킬로그램	kg
시 간	초	s
전 류	암페어	A
열역학 온도	켈빈	K
물질량	몰	mol
광 도	칸델라	cd

▶표 1.4 기계계산에서 사용되는 주요 조립단위

양	SI	
	단 위 (명 칭)	단 위 기 호
면적	제곱미터	m^2
체적	세제곱미터	m^3
속도	미터매초	m/s
가속도	미터매초제곱	m/s^2
각속도	라디안매초	rad/s
각가속도	라디안매초제곱	rad/s^2
진동수, 주파수	헤르츠	Hz
회전속도	회매초	s^{-1}
밀도	킬로그램매세제곱미터	kg/m^3
운동량	킬로그램미터매초	kg·m/s
운동량의 모멘트 각운동량	킬로그램제곱미터매초	$kg·m^2/s$
관성모멘트	킬로그램제곱미터	$kg·m^2$
힘	뉴턴	N
힘의 모멘트	뉴턴미터	N·m
압력	파스칼	Pa
응력	파스칼 (뉴턴매제곱미터)	Pa, (N/m^2)
표면장력	뉴턴매미터	N/m
에너지, 일량	줄	J
일률, 동력, 전력	와트	W

그리고 고유의 명칭을 가진 조립단위들을 표 1.5에 표시한다. 또한 현재 사용하는 공학단위와 SI단위와의 환산계수 중에서 기계설계에서 잘 사용되고 있는 것을 표 1.6에 표시한다.

▶표 1.5 고유의 명칭을 가진 SI 조립단위

유 도 량	명 칭	SI기본단위 및 조립단위에 의한 표시방법
진동수, 주파수	헤르츠	$1\ Hz = 1\ s^{-1}$
힘	뉴 턴	$1\ N = 1\ kg·m/s^2$
압력, 응력	파스칼	$1\ Pa = 1\ N/m^2$
평면각	라디안	$1\ rad = 1\ m/m$
에너지, 일, 열량	줄	$1\ J = 1\ N·m$
일률, 전력	와 트	$1\ W = 1\ J/s$
전위, 전압, 전위차	볼 트	$1\ V = 1\ W/A$

▶표 1.6 환산계수

양	공 학 단 위	SI 단 위
질 량	$kg_f \cdot s^2/m$ 1 $1.019\ 72 \times 10^{-1}$	kg $9.806\ 65$ 1
힘	kg_f 1 $1.019\ 72 \times 10^{-1}$	N $9.806\ 65$ 1
힘의 모멘트	$kg_f \cdot m$ 1 $1.019\ 72 \times 10^{-1}$	$N \cdot m$ $9.806\ 65$ 1
압 력	kg_f/cm^2 1 $1.019\ 72 \times 10^{-5}$	Pa $9.806\ 65 \times 10^4$ 1
	atm 1 $9.869\ 23 \times 10^{-6}$	Pa $1.013\ 25 \times 10^5$ 1
	mmH_2O 1 $1.019\ 72 \times 10^{-1}$	Pa $9.806\ 65$ 1
	$mmHg,\ Torr$ 1 $7.500\ 62 \times 10^{-3}$	Pa $1.333\ 22 \times 10^2$ 1
응 력	kg_f/mm^2 1 $1.019\ 72 \times 10^{-1}$	$Pa\ (N/m^2)$ $9.806\ 65 \times 10^6$ 1
에너지, 일 (작업)	kg_f/mm^2 1 $1.019\ 72 \times 10^{-1}$	J $9.806\ 65$ 1
	$kW \cdot h$ 1 $2.777\ 78 \times 10^{-7}$	J 3.6×10^6 1
일률, 동력	$kg_f \cdot m/s$ 1 $1.019\ 72 \times 10^{-1}$	W $9.806\ 65$ 1

▶ **표 1.6** 환산계수 (계속)

양	공 학 단 위	S I 단 위
일률, 동력	PS 1 $1.359\ 62 \times 10^{-3}$	W 7.355×10^2 1
응력 확대 계수	$kg_f \cdot mm^{-3/2}$ 1 $3.224\ 63$	$MPa \cdot m^{1/2}$ $3.101\ 14 \times 10^{-1}$ 1
충 격 치	$kg_f \cdot m/cm^2$ 1 $1.019\ 72 \times 10^{-5}$	J/m^2 $9.806\ 65 \times 10^4$ 1
	$kg_f \cdot m$ 1 $1.019\ 72 \times 10^{-1}$	J $9.806\ 65$ 1

SI에서는 응력의 단위는 [Pa] 또는 [N/m^2]의 어느 것으로 표시해도 좋다. 그러나 일반적으로 응력 및 탄성계수는 각각 [MPa] 및 [GPa] 등으로 승수를 사용하여 표시하는 것이 바람직하다. 단, 응력의 정의 및 계산과정에 있어서 [N/m^2] 또는 [N/mm^2]을 사용해도 좋다.

1.4 재료의 강도

공학에서 사용되는 각종 재료들의 강도 및 성질을 알기 위하여 여러 가지 재료시험을 한다. 인장시험, 압축시험, 비틀림시험, 충격시험 등이 그 예이다. 그 중 인장시험이 재료의 강도를 조사할 때 가장 많이 사용된다.

만능시험기에 시편을 장착하여 하중 P를 서서히 증가시키면서 하중에 따른 내부의 응력 (stress) 과 변형률 (strain) 과의 관계를 선도에 나타낸 것을 **응력-변형률선도** (stress-strain diagram) 라 한다. 이것은 외적으로는 하중과 변형 간의 관계를 나타내기도 한다. 그림 1.1은 저탄소강의 인장시험에 있어서 응력-변형률선도를 나타낸 것이다. 여기서 실선으로 표시한 것은 재료에 작용하는 하중을 최초의 단면적으로 나눈 응력, 즉 **공칭응력** (nominal stress) 을 표시한 것이며, 점선으로 표시한 것은 하중을 실제 단면적으로 나눈 **진응력** (true stress) 을 나타낸 것이다.

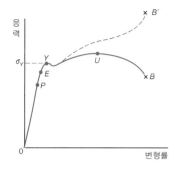

그림 1.1 응력－변형률 선도 (I)

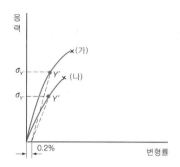

그림 1.2 응력－변형률 선도 (II)

이와 같은 선도에서 P점까지는 응력과 변형률이 비례관계에 있으므로 P점을 **비례한도** (proportional limit) 라 하며, 이 범위 내에서 응력과 변형률 사이에는 **후크의 법칙** (Hooke's law) 이 성립한다. 즉,

$$\sigma = E\varepsilon \tag{1.1}$$

여기서, E는 재료의 **종탄성계수** (modulus of elasticity) 이다. E점은 응력을 제거하면 원래 상태로 돌아가는 한계점으로서 **탄성한도** (elastic limit) 라 불린다. E점을 넘어서 다시 응력을 증가시키면 하중을 제거하여도 변형된 부분이 원래 상태로 돌아가지 않고 재료에는 **영구변형** (permanent strain) 이 남게 된다. 또 Y점에서는 응력이 거의 증가하지 않더라도 (또는 감소) 변형률이 급격히 증가한다. 이 점을 **항복점** (yield point) 이라 부른다. 이 점에서 재료는 탄성적 성질을 잃었기 때문에 그 재료가 소성상태 (plasticity) 로 된다.

그러나 재료에 따라서는 그림 1.2에서와 같이 항복점이 명백하게 나타나지 않는 것이 있는데, 이런 경우에는 영구변형률이 0.2 %가 되는 점 Y'를 항복강도라 하고 이것을 항복점과 같은 것으로 취급한다. 그림 1.2 (가)는 고탄소강의 응력－변형률선도를 나타낸 것이며 (나)는 주철의 경우이다.

시편이 항복점을 넘으면 재료의 단면이 점차 가늘어져서 **국부수축현상**(local contraction) 이 일어난다. 따라서 공칭응력과 진응력과의 차이는 커져 가고, 응력의 최대점 U에 도달하면 재료는 갑자기 가늘어져서 응력값은 저하된다. 즉, 재료가 견딜 수 있는 최대응력값이 되어 결국 가늘어진 부분에서 파단이 일어나게 된다. 이와 같은 U점의 응력을 **극한강도** (ultimate strength) 라 하고 인장시험의 경우 극한강도를 인장강도, 압축시험의 경우 극한강도를 압축강도

▶ **표 1.7** 금속재료의 기계적 성질

재 료	종탄성 계수 E [GPa]	횡탄성 계수 G [GPa]	탄성한도 σ_e [MPa]	항복점 σ_Y [MPa]	극 한 강 도[MPa]		
					인장강도	압축강도	전단강도
연강	206	79	177~226	196~294	363~441	363~441	294~373
반경강	206	79~82	275~353	294~392	471~608	471~608	392~
경강	206	79~82	490~	—	981~	981	637~687
스프링강							
⎰담금질 안함	206	83	490~	—	~981	—	—
⎱담금질 함	210	86	736~	—	~1667	—	—
니켈강(2.35 %)	205	—	324~	373	549~657	—	—
주강	210	81	196~	206~	343~687	연질 $= \sigma_s$	—
주철	98	37	없음	없음	118~235	경질 343~687	128~255
황동 ⎰주물	79	—	64	—	147	588~834	147
⎱압연	—	—	—	—	294	981	—
인청동	91	42	—	392	225~383	—	—
알루미늄⎰주물	66	20	—	—	59~88	—	—
⎱압연	72	—	47	—	147	—	—
듀랄루민	49~59	—	—	235~333	373~471	—	—
포금	88	39	88	—	245	—	235

라고 부른다. 재료는 B점에서 **파단**(fracture)이 일어난다.

기계부품은 영구변형이 남으면 곤란하므로 응력의 한계로서는 비례한도 또는 탄성한도를 극한으로 하는 것이 이상적이지만 이것들은 분명하지 않기 때문에 항복점(또는 항복강도)을 한계로 생각한다.

실제로 모든 재료들은 각 재료의 특성에 따라 응력-변형률선도가 달라지며, 이들의 값이 재료강도의 기초가 된다. 표 1.7은 공업적으로 사용되는 각종 금속재료의 기계적 성질을 나타낸 것이다.

1.5 응력집중

기계의 구성부품에 구멍이나 홈, 노치 등이 있으면 단면이 급격하게 변하므로 이런 부분에서의 응력 분포상태는 국부적인 곳에서 대단히 큰 응력이 작용하게 되며 이런 현상을 **응력집중**(stress concentration)이라고 한다. 특히 **취**

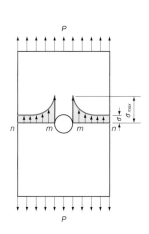

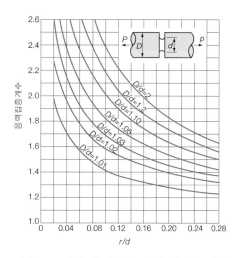

그림 1.3 구멍이 있는 판에
서의 응력집중

그림 1.4 작은 홈이 있는 축이 인장을 받을
때 응력집중계수

성재료(brittle material)는 국소응력이 재료의 극한강도를 넘었을 때 균열이
생겨 그 균열의 선단(crack tip)에서 급격한 응력확대를 일으켜서 마침내 파
괴되는 것이다. 또 이와 같은 부분이 변동하중을 받아서 응력의 방향이 변화
하는 경우에는 연성재료(ductile material)라 할지라도 그 부분에서 균열이 발
생하고 이것이 진행하여 마침내 파괴된다.

그림 1.3은 작은 구멍이 있는 사각형판에 인장하중이 작용할 때 구멍을 포
함한 단면상의 응력분포를 나타낸 것이다. 그림에서 m점에 생기는 최대응력
$\sigma_{\max}$과 응력집중이 없는 일반 단면에서의 평균응력 σ_{av}와의 비를 형상계수
또는 **응력집중계수**(stress concentration factor)라 하고 이것을 α로 나타내면
다음과 같이 된다.

$$\alpha = \frac{\sigma_{\max}}{\sigma_{av}} \tag{1.2}$$

그림 1.4는 홈이 있는 원형단면축에 인장하중이 작용하는 경우의 응력집중
계수를 나타낸 것이다. 여기서 응력집중계수 α는 홈의 반지름 r과 축의 지
름 d와의 비에 따라 변화하는 것을 알 수 있다. 즉 지름 d가 일정하다면 홈
의 반지름 r이 클수록 응력집중계수 α는 작아진다는 것을 알 수 있다.

1.6 피로

실제의 기계부품에는 일반적으로 동하중이 가해진 상태에서 반복응력을 받는 경우도 있기 때문에 정하중을 받는 재료의 강도보다 훨씬 작은 응력에서 파괴되는 수가 있다. 따라서 설계할 때는 이러한 사실을 충분히 고려해야 한다. 응력이 시간에 따라 변동하는 상태에서 재료가 파괴되는 것을 **피로**(fatigue)라 한다.

응력이 시간에 따라 변동하는 반복응력은 그림 1.5와 같이 나타낼 수 있다. 응력진폭 $\sigma_a = (\sigma_1 - \sigma_2)/2$ 를 세로축에 잡고, 파괴될 때까지의 반복횟수 N 을 가로축에 잡으면 그림 1.6과 같이 되는데, 이 곡선을 **$S-N$ 곡선**이라고 한다. 강재에서는 응력반복횟수가 $N = 10^6 \sim 10^7$ 부근에서 $S-N$ 곡선은 수평을 이루는데 이 때의 응력진폭보다 작은 응력값에서는 영구히 파괴되지 않는다. 이 수평부분 값을 피로한도라 하며 설계의 기준으로 삼는 재료의 강도와 밀접한 관계가 있다. 즉, 기계부품에서는 이 값보다 작은 응력만 작용하도록 설계해놓으면 반영구적으로 파괴되지 않을 것이다.

피로한도에 영향을 미치는 인자로는 다음과 같은 것이다.
① 노치효과(notch effect) : 단면의 형상이 급격히 변화하는 부분에는 응력집중이 일어나므로 피로한도가 낮아져서 쉽게 파괴된다.
② 치수효과(size effect) : 동일한 재료일지라도 부재의 치수가 크게 되면 피로한도는 낮아진다.
③ 힘 박음(force fit) : 축에 허브 또는 베어링의 내륜 등을 힘 박음 또는

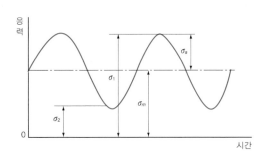

그림 1.5 반복응력

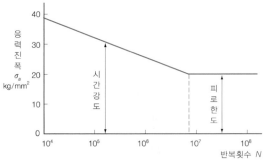

그림 1.6 탄소강의 $S-N$ 곡선(보통 눈금)

열 박음하면 피로한도는 약 절반으로 낮아진다.

④ 표면거칠기(surface roughness) : 다듬질면의 표면거칠기가 클 경우 노치 효과와 같은 응력집중 현상이 일어나므로 피로한도는 낮아진다.

⑤ 부식(corrosion) : 부식작용도 피로한도를 저하시키는 원인이 되며 알칼리, 소금물 등은 물론 수중이나 공기 중에서도 부식이 일어난다.

1.7 허용응력과 안전계수

기계의 부재가 오랫동안 변형 또는 파괴되지 않으려면 부재 내부에 작용하는 응력을 일정한 값 이하로 제한하여 영구변형하거나 파괴되지 않도록 하여야 한다. 이와 같이 설계할 때 허용할 수 있는 응력을 **허용응력**이라고 한다.

허용응력은 단지 영구변형이나 파괴를 방지하는 것으로만 생각할 것이 아니라 때에 따라서는 탄성변형량을 제한하는 것으로 보아 결정하지 않으면 안 될 경우도 있다. 따라서 허용응력을 결정할 때에는 사용재료의 성질, 하중의 종류, 사용조건 등에 의하여 적당한 값을 결정하여야 한다. 허용응력의 값이 너무 크게 되면 기계의 목적을 잃어버릴 뿐 아니라 안전에 위험을 준다. 또 이 값이 너무 작으면 필요없는 중량을 크게 하여 재료비가 많아져서 경제성이 없으므로 적당한 허용응력의 결정은 설계자의 능력에 따라 정해진다. 표 1.8은 각종 철강재료의 허용응력을 나타낸 것이다.

재료의 기준강도(σ_f)와 허용응력(σ_a)과의 비를 **안전계수** 혹은 **안전율**(safety factor)이라고 한다. 즉, 안전율 S는 다음과 같다.

$$S = \frac{\sigma_f}{\sigma_a} > 1 \tag{1.3}$$

재료의 기준강도의 결정은 재료의 기계적 성질, 하중의 종류, 사용조건 등에 따라 다르게 한다. 상온에서 연성재료가 정하중을 받는 경우에는 항복응력을 기준강도로 잡으며, 상온에서 취성재료가 정하중을 받는 경우는 극한강도를 기준강도로 잡는다. 또한 고온에서 정하중을 받는 경우는 크리프한도(creep limit)를, 그리고 반복하중을 받는 경우는 피로한도를 기준강도로 삼는다.

안전율은 기계의 각 부분이 필요로 하는 충분한 안전도를 갖게 하기 위한 값으로서 항상 1보다 크며 일반적으로 다음 사항을 고려하여 결정한다.

▶표 1.8 각종 철강재료의 허용응력

(단위: [N/mm²]=[MPa])

응력과 하중의 성격		연 강	중연강	주 강	주 철
인 장	a	88~118	118~127	49~118	29
	b	53~ 69	69~106	35~ 71	18
	c	47~ 59	59~ 88	29~ 59	15
압 축	a	88~118	118~176	88~108	88
	b	53~ 69	69~106	53~ 88	49
전 단	a	71~98	98~141	47~94	29
	b	42~55	59~ 84	28~57	18
	c	35~47	47~71	24~47	18
비틀림	a	59~98	98~141	47~94	29
	b	35~55	59~ 84	28~57	18
	c	29~47	47~ 71	24~47	15
굽 힘	a	88~118	118~176	74~118	44
	b	53~ 69	69~106	44~ 71	26
	c	44~ 59	59~ 88	37~ 59	19

비고 : a ; 정하중 b ; 반복하중 c ; 교번하중 및 가벼운 충격하중

(1) **사용재료의 기계적 성질** : 재료에는 연강과 같은 연성재료와 주철과 같은 취성재료가 있으며 이것들은 특히 동하중을 받을 때 강도에 미치는 영향이 크다. 취성재료를 사용하는 경우에는 안전율을 크게 잡으며 연강은 주철에 비하여 재질이 균일하므로 연강에 대한 안전율은 작게 잡을 수 있다.

(2) **응력계산의 정확도** : 부재 내부에 생기는 응력이 계산에 의해 정확하게 해석되는 경우에는 문제가 없으나 정확한 응력해석이 곤란할 때에는 근사적으로 구하거나 추정한다. 이런 때에는 조금 안전율을 크게 잡는다.

(3) **하중의 작용상태** : 기계부재에 작용하는 하중에는 ① 하중의 작용점, 크기 및 방향이 변화하지 않는 정하중, ② 하중의 방향 및 작용점은 일정하지만 방향과 크기가 한쪽 방향으로 반복하여 변화하는 반복하중, ③ 작용점은 일정하지만 방향과 크기가 변화하는 교번하중, ④ 급격히 최대하중이 작용하는 충격하중이 있다.

위와 같은 여러 가지 성질의 하중에 대하여 각종 부재가 가지는 저항력은

일정하지 않다. 따라서 안전율은 정하중일 때 최소이고 충격하중일 때 최대값을 잡아야 한다.

(4) **불연속 부분의 존재** : 단이 붙은 축의 경우와 같이 불연속 부분이 있으면 그 곳에 응력집중이 생기므로 이런 때는 안전율을 크게 잡아야 된다. 이 응력집중이 재료의 강도에 미치는 영향, 즉 노치효과(notch effect)는 같은 재료라 할지라도 정하중을 받는 경우와 동하중을 받는 경우가 아주 다르다. 취성재료가 동하중, 특히 반복하중을 받는 경우에는 노치효과에 주의하여야 하며 이때 안전율은 상당히 크게 잡아야 한다.

(5) **공작정도 및 조립상태** : 공작정도 및 다듬질면의 상태 또한 기계수명을 좌우하는 인자가 된다. 또한 공작 및 조립 중 예상하지 못한 응력이 생길 수 있으므로 이러한 조건들에 따라서 안전율을 다르게 잡아야 한다.

이상과 같이 안전율은 여러 가지 인자를 고려하여 결정해야 되기 때문에 통상적으로 경험을 통하여 얻어진 안전율의 값을 사용하는 경우가 많다. 예를 들면 Unwin은 재료의 극한강도를 기준으로 하여 안전율의 일반적 평균값을 제안하였다. 표 1.9는 Unwin이 제안한 안전율의 값을 나타낸 것이다.

▶**표 1.9** Unwin의 안전율

재 료	정하중	동 하 중		
		반복하중	교번하중	변동하중 및 충격하중
강·연철	3	5	8	15
주 철	4	6	10	12
목 재	7	10	15	20
석 재	20	30	−	−

1.8 공차와 끼워맞춤

1.8.1 공차

도면에 기입한 한 부품의 치수를 25 [mm]라 한다면 이것은 호칭치수 (nominal dimension) 를 말한다. 그러나 실제로 가공하면 정확히 25 [mm]가 안 되고 약간 크거나 작아진다. 다시 말해서 25.03 [mm]가 되거나 24.08 [mm]로 되기도 한다. 따라서 어느 정도의 정밀도가 필요한지를 지정해야 할 것이다. 만약 $25^{+0.03}_{-0.02}$라고 기입했다면 이것은 24.98~25.03 [mm] 범위 내의 치수로 가공해야 한다는 것을 시정한 것이 되며 0.05 [mm]의 공차를 허용한 것이다. 이와 같이 최대치수와 최소치수의 차를 **공차** (tolerance) 라고 한다.

서로 끼워맞추는 상대가 없는 경우에 이 공차는 별로 문제가 되지 않지만 축과 베어링에서와 같이 적당한 틈새를 가져야 할 경우, 또는 기어를 축에 끼워야 할 경우와 같이 적당한 죔새를 가져야 할 경우 공차는 매우 중요하다. 기계부품으로서는 공차가 작은 것이 바람직하지만 공차가 작은 것을 제작하려면 특별한 기계설비 및 검사를 필요로 하므로 제작비가 많이든다. 따라서 설계자는 공차가 너무 작은 것을 설계하려고 하지 말고 기계의 성능을 생각하여 그 기능을 잃지 않는 정도에서 제작하기 쉬운 공차의 부품을 설계하는 것이 중요하다.

1.8.2 IT 기본공차

여러 가지 제품을 같은 가공정도로 공작할 때 그 치수가 커지면 공작의 오차는 그 치수에 비례하여 공차를 변화시켜야 한다. 이 공차를 모든 치수에 대하여 정한다는 것은 대단히 복잡하므로 ISO에 따라 KS에서도 규정하고 있다. 즉 표 1.10에 나타낸 바와 같이 500 [mm] 이하의 치수에 대하여는 13구분으로, 500 [mm] 초과 3150 [mm] 이하의 치수에 대해서는 8구분으로 나누어 공차를 정하고 있는데, 이 공차를 IT 기본공차라고 한다.

▶표 1.10 IT 기본공차의 수치

기준치수의 구분 [mm]		공 차 등 급																	
초과	이하	1	2	3	4	5	6	7	8	9	10	11	12	13	14[1]	15[1]	16[1]	17[1]	18[1]
		기본 공차의 수치 [μm]											기본 공차의 수치 [mm]						
−	3[1]	0.8	1.2	2	3	4	6	10	14	25	40	60	0.10	0.14	0.26	0.40	0.60	1.00	1.40
3	6	1	1.5	2.5	4	5	8	12	18	30	48	75	0.12	0.18	0.30	0.48	0.75	1.20	1.80
6	10	1	1.5	2.5	4	6	9	15	22	36	58	90	0.15	0.22	0.36	0.58	0.90	1.50	2.20
10	18	1.2	2	3	5	8	11	18	27	43	70	110	0.18	0.27	0.43	0.70	1.10	1.80	2.70
18	30	1.5	2.5	4	6	9	13	21	33	52	84	130	0.21	0.33	0.52	0.84	1.30	2.10	3.30
30	50	1.5	2.5	4	7	11	16	25	39	62	100	160	0.25	0.39	0.62	1.00	1.60	2.50	3.90
50	80	2	3	5	8	13	19	30	46	74	120	190	0.30	0.46	0.74	1.20	1.90	3.00	4.60
80	120	2.5	4	6	10	15	22	35	54	87	140	220	0.35	0.54	0.87	1.40	2.20	3.50	5.40
120	180	3.5	5	8	12	18	25	40	63	100	160	250	0.40	0.63	1.00	1.60	2.50	4.00	6.30
180	250	4.5	7	10	14	20	29	46	72	115	185	290	0.46	0.72	1.15	1.85	2.90	4.60	7.20
250	315	6	8	12	16	23	32	52	81	130	210	320	0.52	0.81	1.30	2.10	3.20	5.20	8.10
315	400	7	9	13	18	25	36	57	89	140	230	360	0.57	0.89	1.40	2.30	3.60	5.70	8.90
400	500	8	10	15	20	27	40	63	97	155	250	400	0.63	0.97	1.55	2.50	4.00	6.30	9.70
500[2]	630	9	11	16	22	30	44	70	110	175	280	440	0.70	1.10	1.75	2.80	4.40	7.00	11.00
630	800	10	13	18	25	35	50	80	125	200	320	500	0.80	1.25	2.00	3.20	5.00	8.00	12.50
800	1000	11	15	21	29	40	56	90	140	230	360	560	0.90	1.40	2.30	3.60	5.60	9.00	14.00
1000	1250	13	18	24	34	46	66	105	165	260	420	660	1.05	1.65	2.60	4.20	6.60	10.50	16.50
1250	1600	15	21	29	40	54	78	125	195	310	500	780	1.25	1.95	3.10	5.00	7.80	12.50	19.50
1600	2000	18	25	35	48	65	92	150	230	370	600	920	1.50	2.30	3.70	6.00	9.20	15.00	23.00
2000	2500	22	30	41	57	77	110	175	280	440	700	1100	1.75	2.80	4.40	7.00	11.00	17.50	28.00
2500	3150	26	36	50	69	93	135	210	330	540	860	1350	2.10	3.30	5.40	8.60	13.50	21.00	33.00

주 : (1) 공차 등급 IT 14 ~ IT 18은, 기준 치수 1 [mm] 이하에는 적용하지 않는다.
  (2) 500 [mm] 를 초과하는 기준 치수에 대한 공차 등급 IT 1 ~ IT 5의 공차값은 실험적으로 사용하기 위한 잠정적인 것이다.

1.8.3 구멍과 축의 종류 및 표시

KS에서는 구멍과 축의 종류를 기초가 되는 치수허용차에 따라 나누고 그 기호는 알파벳 문자를 사용하여 구멍을 표시할 때는 대문자, 축을 표시할 때는 소문자로 나타낸다.

그림 1.7은 구멍과 축의 종류를 나타낸 것이다. 그림에서 H는 최소치수가 호칭치수와 같은 구멍을 말하고, h는 최대치수가 호칭치수와 같은 축을 말한다. 구멍의 경우에 H에서 A에 가까워질수록 큰 구멍을 나타내며, 실제치수는

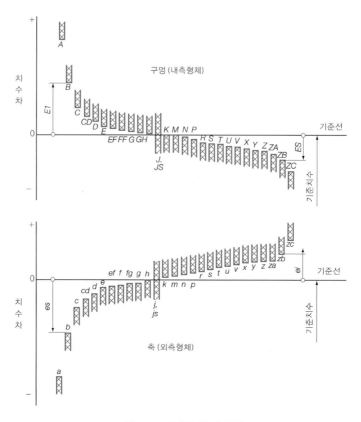

그림 1.7 구멍과 축의 종류

호칭치수보다 크고 H에서부터 오른쪽의 문자로 갈수록 호칭치수보다 실제치수가 작게 되어 있다. 축의 경우에는 구멍의 경우와는 반대로 h에서 a에 가까워질수록 축직경이 작은 축을 나타낸다.

KS에서는 27종의 서로 다른 구멍과 축의 종류를 규정하고 있다. 구멍과 축을 가공하기 위해서는 공차를 생각하지 않으면 치수를 정확하게 나타내지 못한다. 따라서 공차의 등급을 표시할 때는 알파벳 문자와 함께 공차의 등급을 붙인 h6, s7, H9, G8 등과 같이 표시하고 이 기호에 의해서 구멍 또는 축의 최대치수, 최소치수가 정확하게 정해진다.

1.8.4 끼워맞춤

구멍과 축을 끼워맞추는 정도를 표현하는 데 끼워맞춤 (fit) 이라는 용어를 쓴다. 끼워맞춤에는 구멍과 축 사이에 틈새가 생기는 **헐거운 끼워맞춤**, 죔새가 생기는 **억지 끼워맞춤**, 그리고 틈새와 죔새가 동시에 생기는 **중간 끼워맞춤**의 세가지 종류가 있다. 표 1.11은 끼워맞춤의 종류와 계산 예를 나타낸 것이다.

끼워맞춤 부분을 가공하려면 구멍이나 축 어느 한쪽을 기준으로 하여 가공하게 되는데 KS에서는 구멍과 축의 어느 것을 기준으로 하는가에 따라 **구멍기준식**과 **축기준식**의 두 가지 종류를 규정하고 있다.

그러나 원통면의 내측형체인 구멍을 가공하는 것보다 축을 가공하는 것이 쉽기 때문에 일반적으로 구멍의 크기를 일정하게 해놓고 끼워맞춤의 정도는 축의 바깥지름으로서 조절하는 것이 경제적인 것이다. 이런 의미에서 일반적으로 구멍기준방식이 널리 사용된다.

끼워맞춤을 표시할 때는 구멍·축의 공통 기준치수에 구멍의 치수공차 기호와 축의 치수공차 기호를 계속하여 표시한다.

예 : 52 H7/g6   52 H-g6   또는 52 $\dfrac{\text{H7}}{\text{g6}}$

▶표 1.11 끼워맞춤의 종류와 계산 예

종 류	정 의	설 명	실 예 [mm]
헐 거 운 끼워맞춤	구멍의 최소치수 >축의 최대치수		구 멍　　　　축 최대치수 $A=50.025$　$a=49.975$ 최소치수 $B=50.000$　$b=49.950$ 최대틈새 $= A-b = 0.075$ 최소틈새 $= B-a = 0.025$
억 지 끼워맞춤	구멍의 최대치수 ≤축의 최소치수		구 멍　　　　축 최대치수 $A=50.025$　$a=50.050$ 최소치수 $B=50.000$　$b=50.034$ 최대죔새 $= a-B = 0.050$ 최소죔새 $= b-A = 0.009$
중 간 끼워맞춤	구멍의 최소치수 ≤축의 최대치수, 구멍의 최대치수 >축의 최소치수		구 멍　　　　축 최대치수 $A=50.025$　$a=50.011$ 최소치수 $B=50.000$　$b=49.995$ 최대죔새 $= a-B = 0.011$ 최소틈새 $= A-b = 0.030$

상용하는 끼워맞춤은 H구멍을 기준으로 하고, 이에 적당한 축을 선택하여 필요한 죔새 또는 틈새를 주는 구멍기준끼워맞춤, 또는 h축을 기준으로 하여 이것에 적당한 구멍을 선택하여 필요한 죔새 또는 틈새를 주는 축기준끼워맞춤중의 어느 것으로 한다. 기준치수 500 [mm] 이하의 상용하는 끼워맞춤에 사용하는 구멍·축의 조립은 표 1.12와 같다.

▶표 1.12 상용 끼워맞춤의 종류와 등급

(a) 상용하는 구멍기준 끼워맞춤

| 기준구멍 | 축의 공차역 클래스 | | | | | | | | | | | | | | | | |
	헐거운 끼워맞춤							중간 끼워맞춤			억지 끼워맞춤						
H 6						g 5	h 5	js 5	k 5	m 5							
					f 6	g 6	h 6	js 6	k 6	m 6	n 6*	p 6*					
H 7					f 6	g 6	h 7	js 6	k 6	m 6	n 6	p 6*	r 6*	s 6	t 6	u 6	x 6
				e 7	f 7		h 7	js 7									
H 8					f 7		h 7										
				e 8	f 8		h 8										
			d 9	e 9													
H 9			d 8	e 8			h 8										
		c 9	d 9	e 9			h 9										
H 10	b 9	c 9	d 9														

주 : * 이들의 끼워맞춤은 치수의 구분에 따라 예외가 생긴다.

(b) 상용하는 축기준 끼워맞춤

| 기준구멍 | 축의 공차역 클래스 | | | | | | | | | | | | | | | | |
	헐거운 끼워맞춤							중간 끼워맞춤			억지 끼워맞춤						
h 5							H 6	JS 6	K 6	M 6	N 6*	P 6					
h 6					F 6	G 6	H 6	JS 6	K 6	M 6	N 6	P 6*					
					F 6	G 7	H 7	JS 7	K 7	M 7	N 7	P 7*	R 7	S 7	T 7	U 7	X 7
h 7				E 7	F 7		H 7										
					F 7		H 8										
h 8			D 8	E 8	F 8		H 8										
			D 9	E 9			H 9										
h 9			D 8	E 8			H 8										
		C 9	D 9	E 9			H 9										
	B 10	C 10	D 10														

1.9 가공법과 정밀도

기계설계를 할 때 설계자는 가공방법에 의하여 어떤 다듬질면이 얻어지는 가를 고려하여 다듬질면의 상태에 대하여 지시할 필요가 있다. 표 1.13은 각 종 가공법에 의한 다듬질면의 거칠기의 범위와 약어를 표시한다.

▶ **표 1.13** 가공법과 다듬질할 수 있는 거칠기의 범위

표면거칠기의 표시		0.1 S	0.2 S	0.4 S	0.8 S	1.5 S	3 S	6 S	12 S	18 S	25 S	35 S	50 S	70 S	100 S	140 S	560 S
거칠기의 범위 [μm] / 가공법		0.1 이하	0.2 이하	0.4 이하	0.8 이하	1.5 이하	3 이하	6 이하	12 이하	18 이하	25 이하	35 이하	50 이하	70 이하	100 이하	140 이하	560 이하
	기호	무기호 또는															
단 조	F								정	밀							
주 조	C									정	밀						
다 이 캐 스 팅	CD																
열 간 압 연	RH																
냉 간 압 연	RC																
드 로 잉	D																
압 출	E																
텀 블 링	SPT																
샌 드 블 라 스 팅	SB																
전 조	RL																
삼 각 기 호			▽▽▽▽				▽▽▽			▽▽				▽			
평 삭	P																
형 삭	SH																
밀 링 깎 기	M						정	밀									
정 면 밀 링 깎 기	MFC						정	밀									
줄 다 듬 질	FF						정	밀									
환 삭	L					정밀	상		중					거칠다			
보 링	B						정	밀									
정 밀 보 링	BF																
드 릴 링	D																
리 머 다 듬 질	FR					정	밀										
브 로 칭	BR					정	밀										
셰 이 빙	TCSV																
연 삭	G					정밀	상		중				거칠다				
호 닝	GH																
수 퍼 피 니 싱	GSPR	정	밀														
버 핑	FB			정밀													
사 포 다 듬 질	FCA				정	밀											
래 핑	FL	정	밀														
액 체 호 닝	SPL			정	밀												
버 니 싱	RLB																
전 해 연 마	SPE		정	밀													

Chapter 02

나사 · 볼트 · 너트

2.1 나사의 구성과 용어

2.1.1 나선곡선 및 나사의 구성

그림 2.1과 같이 직각삼각형으로 된 종이 ABC를 지름이 d인 원통 S에 감으면 빗변 AB는 S의 원통면 위에 $aefb$의 입체적인 곡선을 그리게 되는데 이 곡선을 **나선곡선**(helix) 이라고 부른다. 그리고 이 나선을 따라서 원통면에 홈을 판 것을 **나사**라 한다. 이때 이 홈들이 원통 바깥면에 만들어졌을 때의 나사를 수나사(external screw thread), 원통 내면에 만들어졌을 때의 나사를 암나사(internal screw thread) 라고 한다.

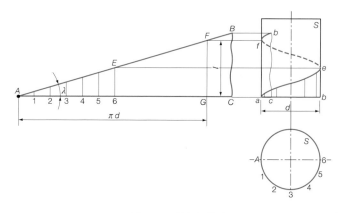

그림 2.1 나선의 형성

(1) 오른나사와 왼나사

나사는 나선의 방향에 따라 오른나사와 왼나사가 있다. 오른나사는 축방향을 보고 시계방향으로 돌렸을 때 조여지게 되는 나사를 말하며 왼나사는 반

시계방향으로 돌렸을 때 조여지게 된다. 일반적으로 사용되는 대부분의 나사는 오른나사이며 특수목적의 경우에는 왼나사가 사용된다.

(2) 리드

나사를 1회전 돌렸을 때 축방향으로 전진하는 거리를 리드라고 한다. 즉, 그림 2.1에서 FG의 길이가 리드가 된다. 또 직각삼각형의 빗변 AF와 밑변 AG가 이루는 각 λ를 **리드각**(lead angle)이라고 한다. 따라서 원통의 지름을 d, 리드를 l이라고 하면 리드각 λ는 다음과 같이 된다.

$$\tan\lambda = \frac{l}{\pi d} \tag{2.1}$$

(3) 여러줄나사

나사는 한 줄의 나선에 의하여 만들어진 한줄나사, 두 줄의 나선이 원주상에 180°의 위상차를 갖고 형성된 두줄나사, 120°의 위상차를 갖고 형성된 세줄나사 등이 있으며 두 줄 이상의 나사를 여러줄나사(multi-start screw)라고 한다. 그림 2.2는 두줄나사의 예를 나타낸 것이다.

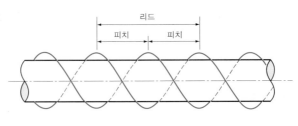

그림 2.2 두줄나사

(4) 피치

서로 인접되어 있는 나사산과 나사산 사이의 거리를 피치(pitch)라고 한다. 한줄나사에서 리드와 피치는 같다. 그러나 두줄나사에서는 $l = 2p$, 세줄나사에서는 $l = 3p$이고 n줄나사의 경우는 다음과 같은 관계가 성립한다.

$$l = np \tag{2.2}$$

그림 2.3은 수나사의 주요명칭이다. d를 바깥지름, d_1을 골지름이라 하면 유효지름 d_2는 다음과 같이 된다.

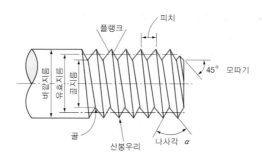

그림 2.3 수나사의 명칭

$$d_2 = \frac{d + d_1}{2} \tag{2.3}$$

나사의 리드각은 골지름, 유효지름, 바깥지름에 대하여 각각 다르지만 나사의 역학적인 계산에는 유효지름에 대한 리드각 λ, 즉 $\tan\lambda = \dfrac{p}{\pi d_2}$ 를 사용한다. 그리고 나사의 크기는 바깥지름으로 표시한다.

2.1.2 나사의 명칭

(1) 나사산 : 나사의 홈과 홈 사이의 높은 부분

(2) 나사봉우리 (ridge) : 나사산의 꼭지면

(3) 나사골 (root) : 나사홈의 밑부분

(4) 플랭크면 (flank) : 나사봉우리와 골을 연결하는 나사면을 말하고 경사면이 된다.

(5) 나사의 지름

① 바깥지름 (major diameter) : 나사의 축에 직각으로 측정한 지름 (d) 을 말하고 나사의 크기는 나사의 바깥지름으로 표시한다. 즉, 나사의 공칭지름은 바깥지름으로 한다.

② 골지름 (minor diameter) : 수나사에 있어서는 최소지름이 되고, 암나사에 있어서는 최대지름이 된다. d_1 으로 표시한다.

③ 안지름 : 암나사의 최소지름을 말한다.

④ 유효지름(pitch diameter : d_2) : 바깥지름(d)과 골지름(d_1)의 평균지름 $d_2 = \dfrac{d+d_1}{2}$ 이고 피치지름이라고도 한다. 그림 2.5에서 보는 것처럼 바깥 지름이 같고, 피치가 다른 나사의 유효지름은 피치가 작은 편이 크게 된다.

(6) 나사의 유효단면적 : 유효지름과 수나사의 골지름과의 평균값을 지름으로 하는 원통의 단면적을 나사의 유효단면적이라 하며 다음 식으로 구한다.

$$유효단면적 = \frac{\pi}{4}\left(\frac{유효지름 + 수나사의 골지름}{2}\right)^2 \qquad (2.4)$$

(7) 나사의 높이(h) : 바깥지름 d와 골지름 d_1의 차이를 $\dfrac{1}{2}$로 나눈 것이 나 사 높이(h)가 된다(그림 2.6).

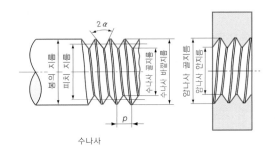

그림 2.4 나사의 명칭

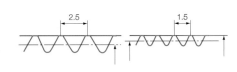

그림 2.5 피치의 크기와 유효지름 관계

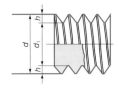

그림 2.6 나사의 높이(h)

(8) 나사 각도의 종류와 명칭

① 리드각과 비틀림각 : 리드각은 직각삼각형으로 된 감은 종이의 경사각 λ 를 말한다(그림 2.1). 리드각은 같은 나사의 골지름, 유효지름 및 바깥지 름에서 각각 다르며 골지름이 가장 크다. 나사의 역학적 계산에서는 피 치지름에서의 리드각 λ_m 을 사용한다.

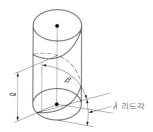

그림 2.7 리드각 λ 와 비틀림각 β

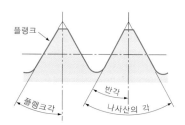

그림 2.8 플랭크각과 나사산각의 관계

$$\tan \lambda_m = \frac{l}{\pi d_2} \qquad \therefore \ \lambda_m = \tan^{-1} \frac{l}{\pi d_2}$$

비틀림각은 그림 2.7에서와 같이 나사의 나사곡선과 그 위의 한 점을 통과하는 나사의 축에 평행한 직선과 맺는 각 β 를 말한다. 리드각 λ 와 비틀림각 β 사이에는 다음 관계가 성립한다.

$$\beta + \lambda = 90°$$

② 플랭크각과 나사산각 : 나사산의 정점과 골을 잇는 면을 플랭크(flank)라 한다(그림 2.8). 플랭크각(flank angle)은 축선을 포함한 단면형에 있어서 축선에 직각한 직선과 맺는 각을 말한다. 인접한 2개의 플랭크가 맺는 각을 나사산각이라 하면 삼각나사에 있어서는 플랭크각의 2배이다. 이상의 피치, 리드, 유효지름, 리드각 등은 서로 끼워맞춰지는 수나사와 암나사에 있어서는 서로 같다. 즉, 나사산각을 2α 라 하면

$$플랭크각 = \frac{나사산각}{2} = \frac{2\alpha}{2} = \alpha \qquad (2.5)$$

2.2 나사의 종류

많이 사용하는 나사의 종류를 계열별로 나누면 표 2.1과 같이 된다.

2.2.1 나사의 기본형

나사는 가장 많이 사용되는 체결용 기계요소로서 호환성이 필요하다. 따라

▶**표 2.1** 나사의 계열

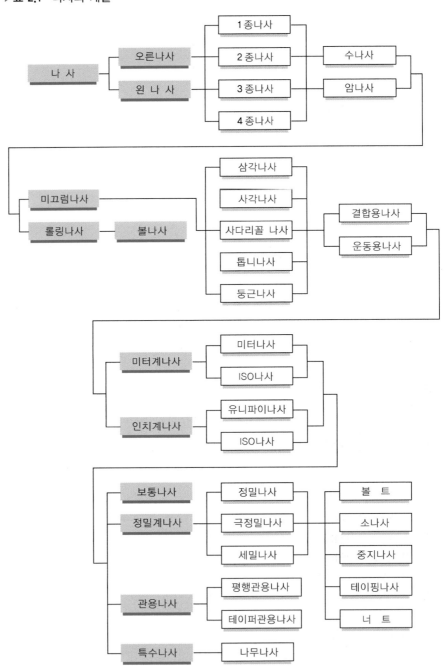

(a) 삼각나사　　(b) 사각나사　　(c) 사다리꼴나사　　(d) 톱니나사　　(e) 둥근나사

그림 2.9 나사산의 종류

서 각 나라마다 나사의 형상, 지름, 피치 등에 대하여 표준규격화하고 있으며, 우리 나라에서도 KS B 0201(미터 보통나사 규격) 등에서 여러 가지 나사에 대하여 규격을 정하고 있다. 나사산의 종류는 다음과 같다(그림 2.9).

이들은 주로 다음과 같은 경우에 사용된다.

① 삼각나사(일반결합용)
② 사각나사(힘의 전달용)
③ 사다리꼴나사(운동전달용)
④ 톱니나사(한 방향에서 강한 힘이 작용하는 경우)
⑤ 둥근나사(전구나 소켓의 나사 또는 충격이나 모래나 먼지가 많은 곳에 사용)
⑥ 볼나사(볼을 넣어 마찰이 적어서 공작기계, 자동차 조향장치 등에 사용)

▶**표 2.2** 나사에 관련된 KS 규격 일람표

KS 규격	종류	KS 규격	종류
KS B 0200	나사의 표시방법		
KS B 0201	미터 보통나사	KS B 1005	나비볼트
KS B 0203	유니파이 보통나사	KS B 1012	6 각너트
KS B 0204	미터 가는나사	KS B 1004	4 각볼트
KS B 0206	유니파이 가는나사	KS B 1013	4 각너트
KS B 0221	관용 평행나사	KS B 1014	나비너트
KS B 0222	관용 테이퍼나사	KS B 1021	홈붙이 작은나사
KS B 0226	29° 사다리꼴나사	KS B 1033	아이 볼트
KS B 0228	미니어처 나사	KS B 1034	아이 너트
KS B 0229	미터사다리꼴나사	KS B 1055	홈붙이 나무못
KS B 1002	6 각볼트	KS B 1056	+ 자홈 나사못

(1) 결합용 나사

기계부품의 체결 또는 위치의 조정에 사용되는 나사로서 주로 삼각나사가 사용된다. 그 종류는 다음과 같다.

① 삼각나사 : 삼각나사는 나사산의 단면이 정삼각형에 가까운 나사로서, 그 산모양의 종류에 따라 미터나사, 휘트워드나사, 유니파이나사 등으로 나누어지고, 또 파이프용으로 사용되는 관용나사가 있다.

ⓐ 미터나사(meteric screw thread)…일반적으로 사용되는 나사로 나사의 지름과 피치를 mm로 표시하며, 나사산의 각도는 60°이다. 미터 보통나사와 미터 가는나사가 있다.

나사봉우리는 평탄하게 깎고, 골의 밑부분은 둥금새를 주고 있다. 따라서 나사맞춤을 하였을 때 나사봉우리와 골 사이에 반달형의 틈이 생기므로 경사면이 잘 맞물린다. 가는나사는 지름에 대한 피치의 비율이 보통나사보다는 가늘며, 관용나사보다는 피치가 약간 크게 한 미터나사로서 보통나사보다 강도를 필요로 하는 곳, 살이 얇은 원통부, 수밀, 기밀을 유지해야 하는 곳에 사용된다.

표 2.3은 미터 보통나사의 기본치수, 표 2.4는 미터 가는나사의 기본치수이다.

▶**표 2.3** 미터 보통나사의 기본치수(KS B 0201)

① 산모양

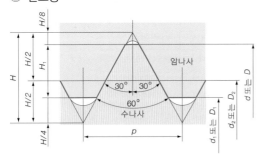

② 기본치수의 계산식

$$
\left.
\begin{aligned}
H &= 0.866025\,p & D &= d \\
H_1 &= 0.541266\,p & D_2 &= d_2 \\
d_2 &= d - 0.649519\,p & D_1 &= d_1 \\
d_1 &= d - 1.082532\,p &&
\end{aligned}
\right\} \quad (2.6)
$$

③ 기본치수

(단위 : [mm])

나사의 호칭[(1)]			피치 p	접촉높이 H_1	암 나 사		
					골지름 D	유효지름 D_2	안지름 D_1
1	2	3			수 나 사		
					바깥지름 d	유효지름 d_2	골지름 d_1
M 1			0.25	0.135	1.000	0.838	0.729
	M 1.1		0.25	0.135	1.100	0.938	0.829
M 1.2			0.25	0.135	1.200	1.038	0.929

▶**표 2.3** 미터 보통나사의 기본치수(KS B 0201) (계속)

나사의 호칭[1]			피치 p	접촉높이 H_1	암 나 사		
					골지름 D	유효지름 D_2	안지름 D_1
1	2	3			수 나 사		
					바깥지름 d	유효지름 d_2	골지름 d_1
M 1.6	M 1.4		0.3	0.162	1.400	1.205	1.075
	M 1.8		0.35	0.189	1.600	1.373	1.221
			0.35	0.189	1.700	1.573	1.421
M 2			0.35	0.217	2.000	1.740	1.567
	M 2.2		0.4	0.244	2.200	1.908	1.713
M 2.5			0.45	0.244	2.500	2.208	2.023
M 3			0.5	0.271	3.000	2.675	2.459
	M 3.5		0.6	0.325	3.500	3.110	2.850
M 4			0.7	0.379	4.000	3.545	3.242
	M 4.5		0.75	0.406	4.500	4.013	3.688
M 5			0.8	0.433	5.000	4.480	4.134
M 6			1	0.541	6.000	5.350	4.917
M 8		M 7	1	0.541	7.000	6.350	5.917
			1.25	0.677	8.000	7.188	6.647
		M 9	1.25	0.677	9.000	8.188	7.647
M 10			1.5	0.812	10.000	9.026	8.376
		M 11	1.5	0.812	11.000	10.026	9.376
M 12			1.75	0.947	12.000	10.863	10.106
M 16	M 14		2	1.083	14.000	12.701	11.835
			2	1.083	16.000	14.701	13.835
	M 18		2.5	1.353	18.000	16.376	15.294
M 20			2.5	1.353	20.000	18.376	17.294
	M 22		2.5	1.353	22.000	20.376	19.294
M 24			3	1.624	24.000	22.051	20.752
M 30	M 27		3	1.624	27.000	25.051	23.752
			3.5	1.894	30.000	27.727	26.211
	M 33		3.5	1.894	33.000	30.727	29.211
M 36			4	2.165	36.000	33.402	31.670
	M 39		4	2.165	39.000	36.402	34.670
M 42			4.5	2.436	42.000	39.077	37.129
M 48	M 45		4.5	2.436	45.000	42.077	40.129
			5	2.706	48.000	44.752	42.587
	M 52		5	2.706	52.000	48.752	46.587
M 56			5.5	2.977	56.000	52.428	50.046
	M 60		5.5	2.977	60.000	56.428	54.046
M 64			6	3.248	64.000	60.103	57.505
	M 68		6	3.248	68.000	64.103	61.505

주 (1) 1란은 우선적으로 선택하고, 필요에 따라 2란, 3란의 순으로 선택한다. 1란, 2란, 3란은 ISO R 261에 규정되어 있으며 나사의 호칭지름 선택기준에 일치하여 있다.

▶표 2.4 미터 가는나사의 기본치수(KS B 0204)

① 산모양

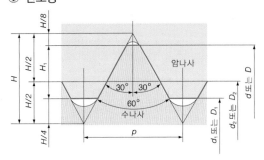

② 기본치수의 계산식

$$
\left.\begin{aligned}
H &= 0.866025\,p & D &= d \\
H_1 &= 0.541266\,p & D_2 &= d_2 \\
d_2 &= d - 0.649519\,p & D_1 &= d_1 \\
d_1 &= d - 1.082532\,p
\end{aligned}\right\} \quad (2.7)
$$

③ 기본치수

(단위 : [mm])

나사의 호칭	피 치 p	접촉높이 H_1	암 나 사		
			골지름 D	유효지름 D_2	안지름 D_1
			수 나 사		
			바깥지름 d	유효지름 d_2	골지름 d_1
M 1	0.2	0.108	1.000	0.870	0.783
M 1.1×0.2	0.2	0.108	1.100	0.970	0.883
M 1.2×0.2	0.2	0.108	1.200	1.070	0.983
M 1.4×0.2	0.2	0.108	1.400	1.270	1.183
M 1.6×0.2	0.2	0.108	1.600	1.470	1.383
M 1.8×0.2	0.2	0.108	1.800	1.670	1.583
M 2×0.25	0.25	0.135	2.000	1.838	1.729
M 2.2×0.25	0.25	0.135	2.200	2.038	1.929
M 2.5×0.35	0.35	0.189	2.500	2.273	2.121
M 3×0.35	0.35	0.189	3.000	2.773	2.621
M 3.5×0.35	0.35	0.189	3.500	3.273	3.121
M 4×0.5	0.5	0.271	4.000	3.675	3.459
M 4.5×0.5	0.5	0.271	4.500	4.175	3.959
M 5×0.5	0.5	0.271	5.000	4.675	4.459
M 5.5×0.5	0.5	0.271	5.500	5.175	4.959
M 6×0.75	0.75	0.406	6.000	5.513	5.188
M 7×0.75	0.75	0.406	7.000	6.513	6.188
M 8×1	1	0.541	8.000	7.350	6.917
M 8×0.75	0.75	0.406	8.000	7.513	7.188
M 9×1	1	0.541	9.000	8.350	7.917
M 9×0.75	0.75	0.406	9.000	8.513	8.188
M 10×1.25	1.25	0.677	10.000	9.188	8.647
M 10×1	1	0.541	10.000	9.350	8.917
M 10×0.75	0.75	0.406	10.000	9.513	9.188
M 11×1	1	0.541	11.000	10.350	9.917
M 11×0.75	0.75	0.406	11.000	10.513	10.188
M 12×1.5	1.5	0.812	12.000	11.026	10.376
M 12×1.25	1.25	0.677	12.000	11.188	10.647
M 12×1	1	0.541	12.000	11.350	10.917
M 14×1.5	1.5	0.812	14.000	13.026	12.376
M 14×1.25	1.25	0.677	14.000	13.188	12.647
M 14×1	1	0.541	14.000	13.350	12.917

▶표 2.4 미터 가는나사의 기본치수(KS B 0204) (계속)

나사의 호칭	피 치 p	접촉높이 H_1	암 나 사		
			골지름 D	유효지름 D_2	안지름 D_1
			수 나 사		
			바깥지름 d	유효지름 d_2	골지름 d_1
M 15×1.5	1.5	0.812	15.000	14.026	13.376
M 15×1	1	0.541	15.000	14.350	13.917
M 16×1.5	1.5	0.812	16.000	15.026	14.376
M 16×1	1	0.541	16.000	15.350	14.917
M 17×1.5	1.5	0.812	17.000	16.026	15.376
M 17×1	1	0.541	17.000	16.350	15.917
M 18×2	2	1.083	18.000	16.701	15.835
M 18×1.5	1.5	0.812	18.000	17.026	16.376
M 18×1	1	0.541	18.000	17.350	16.917
M 20×2	2	1.083	20.000	18.701	17.835
M 20×1.5	1.5	0.812	20.000	19.026	18.376
M 20×1	1	0.541	20.000	19.350	18.917
M 22×2	2	1.083	22.000	20.701	19.835
M 22×1.5	1.5	0.812	22.000	21.026	20.376
M 22×1	1	0.541	22.000	21.350	20.917
M 24×2	2	1.083	24.000	22.701	21.835
M 24×1.5	1.5	0.812	24.100	23.026	22.376
M 24×1	1	0.541	24.000	23.350	22.917
M 25×2	2	1.083	25.000	23.701	22.835
M 25×1.5	1.5	0.812	25.000	24.026	23.376
M 25×1	1	0.541	25.000	24.350	23.917
M 26×1.5	1.5	0.812	26.000	25.026	24.376
M 27×2	2	1.083	27.000	25.701	24.835
M 27×1.5	1.5	0.812	27.000	26.026	25.376
M 27×1	1	0.541	27.000	26.350	25.917
M 28×2	2	1.083	28.000	26.701	25.835
M 28×1.5	1.5	0.812	28.000	27.026	26.376
M 28×1	1	0.541	28.000	27.350	26.917
M 30×3	3	1.624	30.000	28.051	26.752
M 30×2	2	1.083	30.000	28.701	27.835
M 30×1.5	1.5	0.812	30.000	29.026	28.376
M 30×1	1	0.541	30.000	29.350	28.917
M 32×2	2	1.083	32.000	30.701	29.835
M 32×1.5	1.5	0.812	32.000	31.026	30.376
M 33×3	3	1.624	33.000	31.051	29.752
M 33×2	2	1.083	33.000	31.701	30.835
M 33×1.5	1.5	0.812	33.000	32.026	31.376
M 35×1.5	1.5	0.812	35.000	34.026	33.376
M 36×3	3	1.624	36.000	34.051	32.752
M 36×2	2	1.083	36.000	34.701	33.835
M 36×1.5	1.5	0.812	36.000	35.026	34.376
M 38×1.5	1.5	0.812	38.000	37.026	36.376
M 39×3	3	1.624	39.000	37.051	35.752
M 39×2	2	1.083	39.000	37.701	36.835
M 39×1.5	1.5	0.812	39.000	38.026	37.376

▶ **표 2.4** 미터 가는나사의 기본치수 (KS B 0204) (계속)

나사의 호칭	피치 p	접촉높이 H_1	암 나 사		
			골지름 D	유효지름 D_2	안지름 D_1
			수 나 사		
			바깥지름 d	유효지름 d_2	골지름 d_1
M 40×3	3	1.624	40.000	38.051	36.752
M 40×2	2	1.083	40.000	38.701	37.835
M 40×1.5	1.5	0.812	40.000	39.026	38.376
M 42×4	4	2.165	42.000	39.402	37.670
M 42×3	3	1.624	42.000	40.051	38.752
M 42×2	2	1.083	42.000	40.701	39.835
M 42×1.5	1.5	0.812	42.000	41.026	40.376
M 45×4	4	2.165	45.000	42.402	40.670
M 45×3	3	1.624	45.000	43.051	41.752
M 45×2	2	1.083	45.000	43.701	42.835
M 45×1.5	1.5	0.812	45.000	44.026	43.376
M 48×4	4	2.165	48.000	45.402	43.670
M 48×3	3	1.624	48.000	46.051	44.752
M 48×2	2	1.083	48.000	46.701	45.835
M 48×1.5	1.5	0.812	48.000	47.026	46.376
M 50×3	3	1.624	50.000	48.051	46.752
M 50×2	2	1.083	50.000	48.701	47.835
M 50×1.5	1.5	0.812	50.000	49.026	48.376
M 52×4	4	2.165	52.000	49.402	47.670
M 52×3	3	1.624	52.000	50.051	48.752
M 52×2	2	1.083	52.000	50.701	49.835
M 52×1.5	1.5	0.812	52.000	51.026	50.376
M 55×4	4	2.165	55.000	52.402	50.670
M 55×3	3	1.624	55.000	53.051	51.752
M 55×2	2	1.083	55.000	53.701	52.835
M 55×1.5	1.5	0.812	55.000	54.026	53.376
M 56×4	4	2.165	56.000	53.402	51.670
M 56×3	3	1.624	56.000	54.051	52.752
M 56×2	2	1.083	56.000	54.701	53.835
M 56×1.5	1.5	0.812	56.000	55.026	54.376
M 58×4	4	2.165	58.000	55.402	53.670
M 58×3	3	1.624	58.000	56.051	54.752
M 58×2	2	1.083	58.000	56.701	55.835
M 58×1.5	1.5	0.812	58.000	57.026	56.376
M 60×4	4	2.165	60.000	57.402	55.670
M 60×3	3	1.624	60.000	58.051	56.752
M 60×2	2	1.083	60.000	58.701	57.835
M 60×1.5	1.5	0.812	60.000	59.026	58.376
M 62×4	4	2.165	62.000	59.402	57.670
M 62×3	3	1.624	62.000	60.051	58.752
M 62×2	2	1.083	62.000	60.701	59.835
M 62×1.5	1.5	0.812	62.000	61.026	60.376
M 64×4	4	2.165	64.000	61.402	59.670
M 64×3	3	1.624	64.000	62.051	60.752
M 64×2	2	1.083	64.000	62.701	61.835
M 64×1.5	1.5	0.812	64.000	63.026	62.376

▶표 2.4 미터 가는나사의 기본치수 (KS B 0204) (계속)

나사의 호칭	피 치 p	접촉높이 H_1	암 나 사		
			골지름 D	유효지름 D_2	안지름 D_1
			수 나 사		
			바깥지름 d	유효지름 d_2	골지름 d_1
M 40×3	3	1.624	40.000	38.051	36.752
M 40×2	2	1.083	40.000	38.701	37.835
M 40×1.5	1.5	0.812	40.000	39.026	38.376
M 42×4	4	2.165	42.000	39.402	37.670
M 42×3	3	1.624	42.000	40.051	38.752
M 42×2	2	1.083	42.000	40.701	39.835
M 42×1.5	1.5	0.812	42.000	41.026	40.376
M 45×4	4	2.165	45.000	42.402	40.670
M 45×3	3	1.624	45.000	43.051	41.752
M 45×2	2	1.083	45.000	43.701	42.835
M 45×1.5	1.5	0.812	45.000	44.026	43.376
M 75×4	4	2.165	75.000	72.402	70.670
M 75×3	3	1.624	75.000	73.051	71.752
M 75×2	2	1.083	75.000	73.701	72.835
M 75×1.5	1.5	0.812	75.000	74.026	73.376
M 76×6	6	3.248	76.000	72.103	69.505
M 76×4	4	2.165	76.000	73.402	71.670
M 76×3	3	1.624	76.000	74.051	72.752
M 76×2	2	1.083	76.000	74.701	73.835
M 76×1.5	1.5	0.812	76.000	75.026	74.376
M 78×2	2	1.083	78.000	76.701	75.835
M 80×6	6	3.248	80.000	76.103	73.505
M 80×4	4	2.165	80.000	77.402	75.670
M 80×3	3	1.624	80.000	78.051	76.752
M 80×2	2	1.083	80.000	78.701	77.835
M 80×1.5	1.5	0.812	80.000	79.026	78.376
M 82×2	2	1.083	82.000	80.701	79.835
M 85×6	6	3.248	85.000	81.103	78.505
M 85×4	4	2.165	85.000	82.402	80.670
M 85×3	3	1.624	85.000	83.051	81.752
M 85×2	2	1.083	85.000	83.701	82.835
M 90×6	6	3.248	90.000	86.103	83.505
M 90×4	4	2.165	90.000	87.402	85.670
M 90×3	3	1.624	90.000	88.051	86.752
M 90×2	2	1.083	90.000	88.701	87.835
M 95×6	6	3.248	95.000	91.103	88.505
M 95×4	4	2.165	95.000	92.402	90.670
M 95×3	3	1.624	95.000	93.051	91.752
M 95×2	2	1.083	95.000	93.701	92.835
M 100×6	6	3.248	100.000	96.103	93.505
M 100×4	4	2.165	100.000	97.402	95.670
M 100×3	3	1.624	100.000	98.051	96.752
M 100×2	2	1.083	100.000	98.701	97.835
M 105×6	6	3.248	105.000	101.103	98.505
M 105×4	4	2.165	105.000	102.402	100.670
M 105×3	3	1.624	105.000	103.051	101.752
M 105×2	2	1.083	105.000	103.701	102.835

▶표 2.4 미터 가는나사의 기본치수(KS B 0204)(계속)

나사의 호칭	피치 p	접촉높이 H_1	암 나 사		
			골지름 D	유효지름 D_2	안지름 D_1
			수 나 사		
			바깥지름 d	유효지름 d_2	골지름 d_1
M 110×6	6	3.248	110.000	106.103	103.505
M 110×4	4	2.165	110.000	107.402	105.670
M 110×3	3	1.624	110.000	108.051	106.752
M 110×2	2	1.083	110.000	108.701	107.835
M 115×6	6	3.248	115.000	111.103	108.505
M 115×4	4	2.165	115.000	112.402	110.670
M 115×3	3	1.624	115.000	113.051	111.752
M 115×2	2	1.083	115.000	113.701	112.835
M 120×6	6	3.248	120.000	116.103	113.505
M 120×4	4	2.165	120.000	117.402	115.670
M 120×3	3	1.624	120.000	118.051	116.752
M 120×2	2	1.083	120.000	118.701	117.835
M 125×6	6	3.248	125.000	121.103	118.505
M 125×4	4	2.165	125.000	122.402	120.670
M 125×3	3	1.624	125.000	123.051	121.752
M 125×2	2	1.083	125.000	123.701	122.835
M 130×6	6	3.248	130.000	126.103	123.505
M 130×4	4	2.165	130.000	127.402	125.670
M 130×3	3	1.624	130.000	128.051	126.752
M 130×2	2	1.083	130.000	128.701	127.835
M 135×6	6	3.248	135.000	131.103	128.505
M 135×4	4	2.165	135.000	132.402	130.670
M 135×3	3	1.624	135.000	133.051	131.752
M 135×2	2	1.083	135.000	133.701	132.835
M 140×6	6	3.248	140.000	136.103	133.505
M 140×4	4	2.165	140.000	137.402	135.670
M 140×3	3	1.624	140.000	138.051	136.752
M 140×2	2	1.083	140.000	138.701	137.835
M 145×6	6	3.248	145.000	141.103	138.505
M 145×4	4	2.165	145.000	142.402	140.670
M 145×3	3	1.624	145.000	143.051	141.752
M 145×2	2	1.083	145.000	143.701	142.835
M 150×6	6	3.248	150.000	146.103	143.505
M 150×4	4	2.165	150.000	147.402	145.670
M 150×3	3	1.624	150.000	148.051	146.752
M 150×2	2	1.083	150.000	148.701	147.835
M 155×6	6	3.248	155.000	151.103	148.505
M 155×4	4	2.165	155.000	152.402	150.670
M 155×3	3	1.624	155.000	153.051	151.752
M 160×6	6	3.248	160.000	156.103	153.505
M 160×4	4	2.165	160.000	157.402	155.670
M 160×3	3	1.624	160.000	158.051	156.752
M 165×6	6	3.248	165.000	161.103	158.505
M 165×4	4	2.165	165.000	162.402	160.670
M 165×3	3	1.624	165.000	163.051	161.752

▶표 2.4 미터 가는나사의 기본치수(KS B 0204) (계속)

나사의 호칭	피 치 p	접촉높이 H_1	암 나 사		
			골지름 D	유효지름 D_2	안지름 D_1
			수 나 사		
			바깥지름 d	유효지름 d_2	골지름 d_1
M 170×6	6	3.248	170.000	166.103	163.505
M 170×4	4	2.165	170.000	167.402	165.670
M 170×3	3	1.624	170.000	168.051	166.752
M 175×6	6	3.248	175.000	171.103	168.505
M 175×4	4	2.165	175.000	172.402	170.670
M 175×3	3	1.624	175.000	173.051	171.752
M 180×6	6	3.248	180.000	176.103	173.505
M 180×4	4	2.165	180.000	177.402	175.670
M 180×3	3	1.624	180.000	178.051	176.752
M 185×6	6	3.248	185.000	181.103	178.505
M 185×4	4	2.165	185.000	182.402	180.670
M 185×3	3	1.624	185.000	183.051	181.752
M 190×6	6	3.248	190.000	186.103	183.505
M 190×4	4	2.165	190.000	187.402	185.670
M 190×3	3	1.624	190.000	188.051	186.752
M 195×6	6	3.248	195.000	191.103	188.505
M 195×4	4	2.165	195.000	192.402	190.670
M 195×3	3	1.624	195.000	193.051	191.752
M 200×6	6	3.248	200.000	196.103	193.505
M 200×4	4	2.165	200.000	197.402	195.670
M 200×3	3	1.624	200.000	198.051	196.752
M 205×6	6	3.248	205.000	201.103	198.505
M 205×4	4	2.165	205.000	202.402	200.670
M 205×3	3	1.624	205.000	203.051	201.752
M 210×6	6	3.248	210.000	206.103	203.505
M 210×4	4	2.165	210.000	207.402	205.670
M 210×3	3	1.624	210.000	208.051	206.752
M 215×6	6	3.248	215.000	211.103	208.505
M 215×4	4	2.165	215.000	212.402	210.670
M 215×3	3	1.624	215.000	213.051	211.752
M 220×6	6	3.248	220.000	216.103	213.505
M 220×4	4	2.165	220.000	217.402	215.670
M 220×3	3	1.624	220.000	218.051	216.752
M 225×6	6	3.248	225.000	221.103	218.505
M 225×4	4	2.165	225.000	222.402	220.670
M 225×3	3	1.624	225.000	223.051	221.752
M 230×6	6	3.248	230.000	226.103	223.505
M 230×4	4	2.165	230.000	227.402	225.670
M 230×3	3	1.624	230.000	228.051	226.752
M 235×6	6	3.248	235.000	231.103	228.505
M 235×4	4	2.165	235.000	232.402	230.670
M 235×3	3	1.624	235.000	233.051	231.752
M 240×6	6	3.248	240.000	236.103	233.505
M 240×4	4	2.165	240.000	237.402	235.670
M 240×3	3	1.624	240.000	238.051	236.752

▶**표 2.4** 미터 가는나사의 기본치수 (KS B 0204) (계속)

나사의 호칭	피 치 p	접촉높이 H_1	암 나 사		
			골지름 D	유효지름 D_2	안지름 D_1
			수 나 사		
			바깥지름 d	유효지름 d_2	골지름 d_1
M 245×6	6	3.248	245.000	241.103	238.505
M 245×4	4	2.165	245.000	242.402	240.670
M 245×3	3	1.624	245.000	243.051	241.752
M 250×6	6	3.248	250.000	246.103	243.505
M 250×4	4	2.165	250.000	247.402	245.670
M 250×3	3	1.624	250.000	248.051	246.752
M 255×6	6	3.248	255.000	251.103	248.505
M 255×4	4	2.165	255.000	252.402	250.670
M 260×6	6	3.248	260.000	256.103	253.505
M 260×4	4	2.165	260.000	257.402	255.670
M 265×6	6	3.248	265.000	261.103	258.505
M 265×4	4	2.165	265.000	262.402	260.670
M 270×6	6	3.248	270.000	266.103	263.505
M 270×4	4	2.165	270.000	267.402	265.670
M 275×6	6	3.248	275.000	271.103	268.505
M 275×4	4	2.165	275.000	272.402	270.670
M 280×6	6	3.248	280.000	276.103	273.505
M 280×4	4	2.165	280.000	277.402	275.670
M 285×6	6	3.248	285.000	281.103	278.505
M 285×4	4	2.165	285.000	282.402	280.670
M 290×6	6	3.248	290.000	286.103	283.505
M 290×4	4	2.165	290.000	287.402	285.670
M 295×6	6	3.248	295.000	291.103	288.505
M 295×4	4	2.165	295.000	292.402	290.670
M 300×6	6	3.248	300.000	296.103	293.505
M 300×4	4	2.165	300.000	297.402	295.670

▶**표 2.5** 미터 가는나사의 지름과 피치와의 조합 (KS B 0204)

(단위 : [mm])

호칭지름[1]			피 치											
1	2	3	6	4	3	2	1.5	1.25	1	0.75	0.5	0.35	0.25	0.2
1														0.2
	1.1													0.2
1.2														0.2
	1.4													0.2
1.6														0.2
	1.8													0.2
2													0.25	
	2.2												0.25	
2.5												0.35		
3												0.35		
	3.5											0.35		
4											0.5			
	4.5										0.5			
5											0.5			
		5.5									0.5			
6										0.75				
		7								0.75				
8									1	0.75				
		9							1	0.75				
10								1.25	1	0.75				
		11							1	0.75				
12							1.5	1.25	1					
	14						1.5	1.25[2]	1					
		15					1.5		1					
16							1.5		1					
	17						1.5		1					
	18					2	1.5		1					
20						2	1.5		1					
	22					2	1.5		1					
24						2	1.5		1					
		25				2	1.5		1					
		26					1.5							
	27					2	1.5		1					
		28				2	1.5		1					
30					(3)	2	1.5		1					
		32				2	1.5							
	33				(3)	2	1.5							
		35[3]					1.5							
36					3	2	1.5							

▶표 2.5 미터 가는나사의 지름과 피치와의 조합(KS B 0204) (계속)

호칭지름[1]			피 치											
1	2	3	6	4	3	2	1.5	1.25	1	0.75	0.5	0.35	0.25	0.2
		38					1.5							
	39				3	2	1.5							
		40			3	2	1.5							
42				4	3	2	1.5							
	45			4	3	2	1.5							
48				4	3	2	1.5							
		50			3	2	1.5							
	52			4	3	2	1.5							
		55		4	3	2	1.5							
56				4	3	2	1.5							
		58		4	3	2	1.5							
	60			4	3	2	1.5							
		62		4	3	2	1.5							
64				4	3	2	1.5							
		65		4	3	2	1.5							
	68			4	3	2	1.5							
		70	6	4	3	2	1.5							
72			6	4	3	2	1.5							
		75		4	3	2	1.5							
	76		6	4	3	2	1.5							
		78				2								
80			6	4	3	2	1.5							
		82				2								
	85		6	4	3	2								
90			6	4	3	2								
	95		6	4	3	2								
100			6	4	3	2								
	105		6	4	3	2								
110			6	4	3	2								
	115		6	4	3	2								
	120		6	4	3	2								
125			6	4	3	2								
	130		6	4	3	2								
		135	6	4	3	2								
140			6	4	3	2								
		145	6	4	3	2								
	150		6	4	3	2								
		155	6	4	3									
160			6	4	3									
		165	6	4	3									
	170		6	4	3									
		175	6	4	3									

▶표 2.5 미터 가는나사의 지름과 피치와의 조합(KS B 0204) (계속)

호칭지름 [1]			피					치					
1	2	3	6	4	3	2	1.5	1.25	1	0.75	0.5	0.35	0.25	0.2
180			6	4	3									
		185	6	4	3									
	190		6	4	3									
		195	6	4	3									
200			6	4	3									
		205	6	4	3									
	210		6	4	3									
		215	6	4	3									
220			6	4	3									
		225	6	4	3									
		230	6	4	3									
		235	6	4	3									
	240		6	4	3									
		245	6	4	3									
250			6	4	3									
		255	6	4										
	260		6	4										
		265	6	4										
		270	6	4										
		275	6	4										
280			6	4										
		285	6	4										
		290	6	4										
		295	6	4										
	300		6	4										

주 (1) 1란을 우선적으로 택하고 필요에 따라 2란 또는 3란을 선택한다.

(2) 호칭지름 14 [mm], 피치 1.25 [mm]의 나사는 내연기관 점화플러그나사에 한하여 사용한다.

(3) 호칭지름 35 [mm]의 나사는 롤링베어링을 고정하는 나사에 한하여 사용한다.

비고 1. 팔호를 붙인 치수는 될 수 있는 한 사용하지 않는다.

2. 이 표에 표시된 나사보다 가는나사가 필요한 경우에는, 다음의 피치 중에서 선택한다.

3, 2, 1.5, 1, 0.75, 0.5, 0.35, 0.25, 0.2

다만 이들의 피치에 대하여 사용되는 최대의 호칭지름은 다음 표에 따르는 것이 바람직하다.

가는 피치의 나사에 사용되는 최대의 호칭지름

피 치	0.5	0.75	1	1.5	2	3
최대의 호칭지름	22	33	80	150	200	300

3. 호칭지름의 범위 150~300 [mm]에서 6 [mm]보다 큰 피치가 필요한 경우에는 8 [mm]를 선택한다.

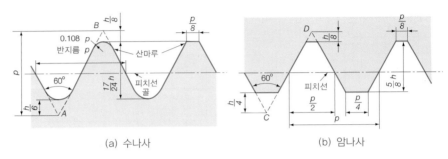

(a) 수나사　　　　　　　　　(b) 암나사

그림 2.10 유니파이나사의 모양

ⓑ 유니파이나사(unified screw thread)…1948년 영, 미, 캐나다의 협정에
의하여 정한 나사로 **ABC나사**라고도 한다. 나사의 호칭지름을 인치 단
위로 표시하며 피치 1인치당 나사산의 개수를 표시한다. 나사산의 각
도는 60°로서 영국의 휘트워드나사(whitworth screw)보다는 오히려 미
국 표준나사에 가깝다.

수나사(external thread)와 암나사(internal thread)가 각각 다르다. 그
림 2.10과 같이 암나사는 나사봉우리와 골이 모두 평탄하다. 골은
$\frac{p}{8}$이고 나사봉우리는 $\frac{p}{4}$이다. 수나사는 (a)에서 보는 바와 같이 골은
둥금새를 주고, 나사봉우리는 $c = 0.108\,p$의 둥금새를 주거나 $\frac{p}{8}$로 평
탄하게 한다.

▶**표 2.6** 유니파이 보통나사의 기준치수(KS B 0203)

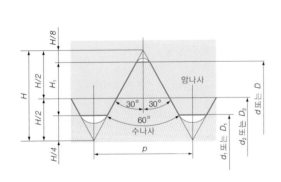

$$p = \frac{25.4}{n} \qquad H = \frac{0.866025}{n} \times 25.4$$

$$H_1 = \frac{0.541266}{n} \times 25.4$$

$$d = (d) \times 25.4 \qquad\qquad D = d$$

$$d_2 = \left(d - \frac{0.649519}{n}\right) \times 25.4 \qquad D_2 = d_2$$

$$d_1 = \left(d - \frac{1.082532}{n}\right) \times 25.4 \qquad D_1 = d_1$$

$$\left. \right\} \quad (2.8)$$

n : 25.4 [mm]에 대한 나사산의 수

(단위 : [mm])

나사의 호칭[1]			나사산 수 25.4 [mm] 에 대한 n	피치 P (참고)	접촉 높이 H	암 나 사		
						골지름 D	유효지름 D_2	안지름 D_1
						수 나 사		
1	2	참 고				바깥지름 d	유효지름 d_2	골지름 d_1
No. 2 - 56 UNC	No. 1 - 64 UNC	0.0730 - 64 UNC	64	0.3969	0.215	1.854	1.598	1.425
		0.0860 - 56 UNC	56	0.4536	0.246	2.184	1.890	1.694
	No. 3 - 48 UNC	0.0990 - 48 UNC	48	0.5292	0.286	2.515	2.172	1.941
No. 4 - 40 UNC		0.1120 - 40 UNC	40	0.6350	0.344	2.845	2.433	2.156
No. 5 - 40 UNC		0.1250 - 40 UNC	40	0.6350	0.344	3.175	2.764	2.487
No. 6 - 32 UNC		0.1380 - 32 UNC	32	0.7938	0.430	3.505	2.990	2.647
No. 8 - 32 UNC		0.1640 - 32 UNC	32	0.7938	0.430	4.166	3.650	3.307
No.10 - 24 UNC		0.1900 - 24 UNC	24	1.0583	0.573	4.826	4.138	3.680
	No.12 - 24 UNC	0.2160 - 24 UNC	24	1.0583	0.573	5.486	4.798	4.341
1/4 - 20 UNC		0.2500 - 20 UNC	20	1.2700	0.687	6.350	5.524	4.976
5/16 - 18 UNC		0.3125 - 18 UNC	18	1.4111	0.764	7.938	7.021	6.411
3/8 - 16 UNC		0.3750 - 16 UNC	16	1.5875	0.859	9.525	8.494	7.805
7/16 - 14 UNC		0.4375 - 14 UNC	14	1.8143	0.982	11.112	9.934	9.149
1/2 - 13 UNC		0.5000 - 13 UNC	13	1.9538	1.058	12.700	11.430	10.584
9/16 - 12 UNC		0.5625 - 12 UNC	12	2.1167	1.146	14.288	12.913	11.996
5/8 - 11 UNC		0.6250 - 11 UNC	11	2.3091	1.250	15.875	14.376	13.376
3/4 - 10 UNC		0.7500 - 10 UNC	10	2.5400	1.375	19.050	17.399	16.299
7/8 - 9 UNC		0.8750 - 9 UNC	9	2.8222	1.528	22.225	20.391	19.169
1 - 8 UNC		1.0000 - 8 UNC	8	3.1750	1.719	25.400	23.338	21.963
1 1/8 - 7 UNC		1.1250 - 7 UNC	7	3.6286	1.964	28.575	26.218	24.648
1 1/4 - 7 UNC		1.2500 - 7 UNC	7	3.6286	1.964	31.750	29.393	27.823
1 3/8 - 6 UNC		1.3750 - 6 UNC	6	4.2333	2.291	34.925	32.174	30.343
1 1/2 - 6 UNC		1.5000 - 6 UNC	6	4.2333	2.291	38.100	35.349	33.518
1 3/4 - 5 UNC		1.7500 - 5 UNC	5	5.0800	2.750	44.450	41.151	38.951
2 - 4 1/2 UNC		2.0000 - 4.5 UNC	4 1/2	5.6444	3.055	50.800	47.135	44.689
2 1/4 - 4 1/2 UNC		2.2500 - 4.5 UNC	4 1/2	5.6444	3.055	57.150	53.485	51.039
2 1/2 - 4 UNC		2.5000 - 4 UNC	4	6.3500	3.437	63.500	59.375	56.627
2 3/4 - 4 UNC		2.7500 - 4 UNC	4	6.3500	3.437	69.850	65.725	62.977
3 - 4 UNC		3.0000 - 4 UNC	4	6.3500	3.437	76.200	72.075	69.327
3 1/4 - 4 UNC		3.2500 - 4 UNC	4	6.3500	3.437	82.550	78.425	75.677
3 1/2 - 4 UNC		3.5000 - 4 UNC	4	6.3500	3.437	88.900	84.775	82.027
3 3/4 - 4 UNC		3.7500 - 4 UNC	4	6.3500	3.437	85.250	91.125	88.377
4 - 4 UNC		4.0000 - 4 UNC	4	6.3500	3.437	101.600	97.475	94.727

비고 식 중 (   ) 속의 수치는 0.0001인치의 자리에서 끊는 인치의 단위로 한다.

▶**표 2.7** 유니파이 가는나사의 기준치수(KS B 0206)

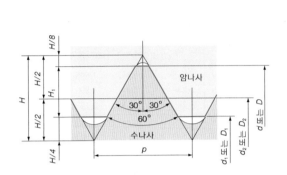

$$p = \frac{25.4}{n} \quad H = \frac{0.866025}{n} \times 25.4$$

$$H_1 = \frac{0.541266}{n} \times 25.4$$

$$d = (d) \times 25.4 \qquad\qquad D = d$$

$$d_2 = \left(d - \frac{0.649519}{n}\right) \times 25.4 \quad D_2 = d_2$$

$$d_1 = \left(d - \frac{1.082532}{n}\right) \times 25.4 \quad D_1 = d_1$$

n : 25.4 [mm]에 대한 나사산의 수

(2.9)

(단위 : [mm])

나사의 호칭[1]			나사산 수 25.4 [mm] 에 대한 n	피치 P (참고)	접촉 높이 H	암 나 사		
						골지름 D	유효지름 D_2	안지름 D_1
						수 나 사		
1	2	참 고				바깥지름 d	유효지름 d_2	골지름 d_1
No. 0 - 80 UNF		0.0600 - 80 UNF	80	0.3175	0.172	1.524	1.318	1.181
	No. 1 - 72 UNF	0.0730 - 72 UNF	72	0.3528	0.191	1.854	1.626	1.473
No. 2 - 64 UNF		0.0860 - 64 UNF	64	0.3969	0.215	2.184	1.928	1.755
	No. 3 - 56 UNF	0.0990 - 56 UNF	56	0.4536	0.246	2.515	2.220	2.024
No. 4 - 48 UNF		0.1120 - 48 UNF	48	0.5292	0.286	2.845	2.502	2.271
No. 5 - 44 UNF		0.1250 - 44 UNF	44	0.5773	0.312	3.175	2.799	2.550
No. 6 - 40 UNF		0.1380 - 40 UNF	40	0.6350	0.344	3.505	3.094	2.817
No. 8 - 36 UNF		0.1640 - 36 UNF	36	0.7056	0.382	4.166	3.708	3.401
No.10 - 32 UNF		0.1900 - 32 UNF	32	0.7938	0.430	4.826	4.310	3.967
	No.12 - 28 UNF	0.2160 - 28 UNF	28	0.9071	0.491	5.486	4.897	4.503
1/4 - 28 UNF		0.2500 - 28 UNF	28	0.9071	0.491	6.350	5.761	5.367
5/16 - 24 UNF		0.3125 - 24 UNF	24	1.0583	0.573	7.938	7.249	6.792
3.8 - 24 UNF		0.3750 - 24 UNF	24	1.0583	0.573	9.525	8.837	8.379
7/16 - 20 UNF		0.4375 - 20 UNF	20	1.2700	0.687	11.112	10.287	9.738
1/2 - 20 UNF		0.5000 - 20 UNF	20	1.2700	0.687	12.700	11.874	11.326
9/16 - 18 UNF		0.5625 - 18 UNF	18	1.4111	0.764	14.288	13.371	12.761
5/6 - 18 UNF		0.6250 - 18 UNF	18	1.4111	0.764	15.875	14.958	14.348
3/4 - 16 UNF		0.7500 - 16 UNF	16	1.5875	0.859	19.050	18.019	17.330
7/8 - 14 UNF		0.8750 - 14 UNF	14	1.8143	0.982	22.225	21.046	20.262
1 - 12 UNF		1.0000 - 12 UNF	12	2.1167	1.146	25.400	24.026	23.109
1 1/8 - 12 UNF		1.1250 - 12 UNF	12	2.1167	1.146	28.575	27.201	26.284
1 1/4 - 12 UNF		1.2500 - 12 UNF	12	2.1167	1.146	31.750	30.376	29.459
1 3/8 - 12 UNF		1.3750 - 12 UNF	12	2.1167	1.146	34.925	33.551	32.634
1 1/2 - 12 UNF		1.5000 - 12 UNF	12	2.1167	1.146	38.100	36.726	35.809

주 (1) 1란을 우선적으로 택하고 필요에 따라 2란을 택한다. 참고란에 표시하는 것은 나사의 호칭을 10진법으로 표시한 것이다.

ⓒ 관용나사(pipe thread)…파이프를 연결하는 나사로 쓰이며 파이프는 살
의 두께가 얇기 때문에 지름의 크기에 비하여 피치는 작게 하였다. 테
이퍼 관용나사와 평행 관용나사의 두 종류가 있고, 기밀용에는 특히
테이퍼형이 좋다. 테이퍼 수나사는 테이퍼 암나사 또는 평행 암나사에
대하여, 평행 수나사는 평행 암나사에 대하여 사용하는 것을 원칙으로
하고 있다. KS B 0221에는 관용 평행나사에 대하여 KS B 0222에는
관용 테이퍼나사에 대해서 규격화되어 있다. 지름 약 48 [mm]의 나사
에 대하여 관용나사와 그 밖의 나사 및 피치와 나사산의 높이를 비교
하여 보면 표 2.8 과 같이 되어 그 차이를 알 수 있다.

ⓓ 평행 관용나사(parallel pipe threads)…그림 2.11 참조

▶표 2.8 나사의 피치와 높이의 비교

나사의 형식 　　　치 수	호 칭	나사의 바깥지름	피 치	나사산의 높이
미터 보통나사	M 48	48.000	5.000	3.248
관용 테이퍼나사	PT 1½	47.803	2.300	1.479
미터 가는나사	M 48	48.000	1.500	0.974
미터 극히가는나사	M 48	48.000	1.000	0.605

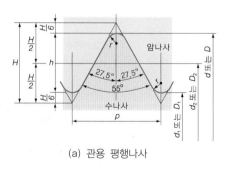

(a) 관용 평행나사

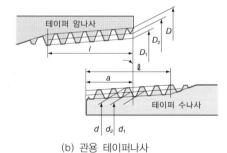

(b) 관용 테이퍼나사

그림 2.11 관용나사

▶**표 2.9** 관용 평행나사의 기준산모양 및 기준치수

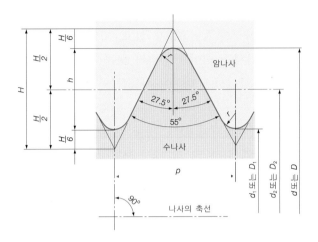

굵은 실선은 기준산모양을 표시한다.

$$P = \frac{25.4}{n}$$
$$H = 0.960491P$$
$$h = 0.640327P$$
$$r = 0.137329P$$
$$d_2 = d - h \quad D_2 = d_2$$
$$d_1 = d - 2h \qquad D_1 = d_1$$

(2.10)

(단위 : [mm])

나사의 호칭	나사산 수 25.4 [mm]에 대하여 n	피치 P (참고)	나사산의 높이 h	산의 봉우리 및 골의둥글기 r	암 나 사		
					바깥지름 d	유효지름 d_2	골지름 d_1
					수 나 사		
					골지름 D	유효지름 D_2	안지름 D_1
G 1/16	28	0.9071	0.581	0.12	7.723	7.142	6.561
G 1/8	28	0.9071	0.581	0.12	9.728	9.147	8.566
G 1/4	19	1.3368	0.856	0.18	13.157	12.301	11.445
G 3/8	19	1.3368	0.856	0.18	16.662	15.806	14.950
G 1/2	14	1.8143	1.162	0.25	20.955	19.793	18.631
G 5/8	14	1.8143	1.162	0.25	22.911	21.749	20.587
G 3/4	14	1.8143	1.162	0.25	26.441	25.279	24.117
G 7/8	14	1.8143	1.162	0.25	30.201	29.039	27.877
G 1	11	2.3091	1.479	0.32	33.249	31.770	30.291
G 1 1/8	11	2.3091	1.479	0.32	37.897	36.418	34.939
G 1 1/4	11	2.3091	1.479	0.32	41.910	40.431	38.952
G 1 1/2	11	2.3091	1.479	0.32	47.803	46.324	44.845
G 1 3/4	11	2.3091	1.479	0.32	53.746	52.267	50.788
G 2	11	2.3091	1.479	0.32	59.614	58.135	56.656
G 2 1/4	11	2.3091	1.479	0.32	65.710	64.231	62.752
G 2 1/2	11	2.3091	1.479	0.32	75.184	73.705	72.226
G 2 3/4	11	2.3091	1.479	0.32	81.534	80.055	78.576
G 3	11	2.3091	1.479	0.32	87.884	86.405	84.926
G 3 1/2	11	2.3091	1.479	0.32	100.330	98.851	97.372
G 4	11	2.3091	1.479	0.32	113.030	111.551	110.072
G 4 1/2	11	2.3091	1.479	0.32	125.730	124.251	122.772
G 5	11	2.3091	1.479	0.32	138.430	136.951	135.472
G 5 1/2	11	2.3091	1.479	0.32	151.130	149.651	148.172
G 6	11	2.3091	1.479	0.32	163.830	162.351	160.872

비고 표 중의 관용 평행나사를 표시하는 기호 G 는 필요에 따라 생략하여도 좋다.

(2) 운동용 나사

① 사각나사 (square thread) : 그림 2.12에서 (a) 는 아르멘고드 (Armengaurd) 가 제안한 운동용 나사로, 바깥지름을 D 라 할 때 피치 p 는 $p = 0.09D + 2\,[\text{mm}]$ 로 규정하고 있다. 이 나사는 단면이 사각형이기 때문에 밀링 커터로는 제작이 곤란하다. 따라서 이것을 개량하여 모서리에 둥금새를 붙인 나사가 언윈 (Unwin) 에 의하여 제안되었다 (그림 2.12 (b)).

그림 2.13은 미국에서 많이 사용되는 셀러 사각나사로서 피치는 셀러 삼각나사의 2 배로 취하고, $h = \dfrac{7}{16}\,p$ 로 정하고 있다. 사각나사는 추력을 전달시킬 수가 있고, 강력한 이송나사 등에 이용된다.

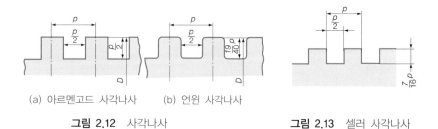

(a) 아르멘고드 사각나사   (b) 언윈 사각나사

그림 2.12 사각나사   **그림 2.13** 셀러 사각나사

② 사다리꼴나사 (trapezoidal screw thread) : 애크미 (acme) 나사라고도 한다. 꼭지각은 미터계에서는 30°, 인치계에서는 29°가 있지만 30°사다리꼴나사는 KS에서는 폐지되었다.

스러스트 (추력) 를 전달시키는 운동용 나사로서 순수한 사각나사가 기구학적으로 우수하지만 제작이 곤란하므로 사다리꼴나사로 대체하여 사용한다. 공작기계의 이송나사로서 널리 사용된다. 또한 나사의 밑이 두꺼우므로 저항력이 크고, 나사봉우리와 골에 틈이 생기게 되므로 공작이 쉽고, 물림이 좋으며 마모에 대해서는 조정하기 쉽다는 이점이 있다.

표 2.10은 사다리꼴나사의 나사산의 기준치를 나타내며, 표 2.11은 사다리꼴나사의 기준치수를 나타낸다.

▶표 2.10 29° 사다리꼴나사의 나사산의 기준치수

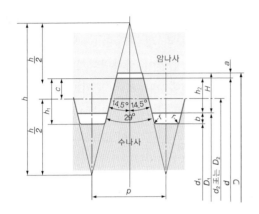

굵은 실선은 기준산형을 표시한다.

$$P = \frac{25.4}{n}$$

다만, n은 산의 수(25.4 [mm] 당)

$$
\begin{aligned}
h &= 1.9335P & d_1 &= d - 2c \\
c &\fallingdotseq 0.25P & d_1 &= d - 2h_1 \\
h_1 &= 2c + a & D &= d + 2a \\
h_2 &= 2c + a - b & D_2 &= d_2 \\
H &= 2c + 2a - b & D &= d_1 + 2b
\end{aligned}
\tag{2.11}
$$

(단위 : [mm])

나사산의 수 25.4 [mm]에 대한 n	피치 p	틈 새		c	걸리는 높이 h_2	수나사 산의 높이 h_1	암나사의 나사산 높이 H	수나사골 구석의 둥글기 r
		a	b					
12	2.1167	0.25	0.50	0.50	0.75	1.25	1.00	0.25
10	2.5400	0.25	0.50	0.60	0.95	1.45	1.20	0.25
8	3.1750	0.25	0.50	0.75	1.25	1.75	1.50	0.25
6	4.2333	0.25	0.50	1.00	1.75	2.25	2.00	0.25
5	5.0800	0.25	0.75	1.25	2.00	2.75	2.25	0.25
4	6.3500	0.25	0.75	1.50	2.50	3.25	2.75	0.25
3 1/2	7.2511	0.25	0.75	1.75	3.00	1.75	3.25	0.25
3	8.4667	0.25	0.75	2.00	3.50	4.25	3.75	0.25
2 1/2	10.1600	0.25	0.75	2.50	4.50	5.25	4.75	0.25
2	12.7000	0.25	0.75	3.00	5.50	6.25	5.75	0.25

▶표 2.11 29° 사다리꼴나사의 기준치수

(단위 : [mm])

호 칭	산 수 (25.4 [mm]당) n	피 치 P	수 나 사			암 나 사		
			바깥지름 d	유효지름 d_2	골지름 d_1	골지름 D	유효지름 D_2	안지름 D_1
TW 10	12	2.1167	10	9.0	7.5	10.5	9.0	8.5
TW 12	10	2.5400	12	10.8	9.1	12.5	10.8	10.1
TW 14	8	3.1750	14	12.5	10.5	14.5	12.5	11.5
TW 16	8	3.1750	16	14.5	12.5	16.5	14.5	13.5
TW 18	6	4.2333	18	16.0	13.5	18.5	16.0	14.5
TW 20	6	4.2333	20	18.0	15.5	20.5	18.0	16.5
TW 22	5	5.0800	22	19.5	16.5	22.5	19.5	18.0
TW 24	5	5.0800	24	21.5	18.5	24.5	21.5	20.0
TW 26	5	5.0800	26	23.5	20.5	26.5	23.5	22.0
TW 28	5	5.0800	28	25.5	22.5	28.5	25.5	24.0
TW 30	4	6.3500	30	27.0	23.5	30.5	27.0	25.0
TW 32	4	6.3500	32	29.0	25.5	32.5	29.0	27.0
TW 34	4	6.3500	34	31.0	27.5	34.5	31.0	29.0
TW 36	4	6.3500	36	33.0	29.5	36.5	33.0	31.0
TW 38	3 1/2	7.2571	38	34.5	30.5	38.5	34.5	32.0
TW 40	3 1/2	7.2571	40	36.5	32.5	40.5	36.5	34.0
TW 42	3 1/2	7.2571	42	38.5	34.5	42.5	38.5	36.0
TW 44	3 1/2	7.2571	44	40.5	36.5	44.5	40.5	38.0
TW 46	3	8.4667	46	42.0	37.5	46.5	42.0	39.0
TW 48	3	8.4667	48	44.0	39.5	48.5	44.0	41.0
TW 50	3	8.4667	50	46.0	41.5	50.5	46.0	43.0
TW 52	3	8.4667	52	48.0	43.5	52.5	48.0	45.0
TW 55	3	8.4667	55	51.0	46.5	55.5	51.0	48.0
TW 58	3	8.4667	58	54.0	49.5	58.5	54.0	51.0
TW 60	3	8.4667	60	56.0	51.5	60.5	56.0	53.0
TW 62	3	8.4667	62	58.0	53.5	62.5	58.0	55.0
TW 65	2 1/2	10.1600	65	60.0	54.5	65.5	60.0	56.0
TW 68	2 1/2	10.1600	68	63.0	57.5	68.5	63.0	59.0
TW 70	2 1/2	10.1600	70	65.0	59.5	70.5	65.0	61.0
TW 72	2 1/2	10.1600	72	67.0	61.5	72.5	67.0	63.0
TW 75	2 1/2	10.1600	75	70.0	64.5	75.5	70.0	66.0
TW 78	2 1/2	10.1600	78	73.0	67.5	78.5	73.0	69.0
TW 80	2 1/2	10.1600	80	75.0	69.5	80.5	75.0	71.0
TW 82	2 1/2	10.1600	82	77.0	71.5	82.5	77.0	73.0
TW 85	2	12.7000	85	79.0	72.5	85.5	79.0	74.0
TW 88	2	12.7000	88	82.0	75.5	88.5	82.0	77.0
TW 90	2	12.7000	90	84.0	77.5	90.5	84.0	79.0
TW 92	2	12.7000	92	86.0	79.5	92.5	86.0	81.0
TW 95	2	12.7000	95	89.0	82.5	95.5	89.0	84.0
TW 98	2	12.7000	98	92.0	85.5	98.5	92.0	87.0
TW100	2	12.7000	100	94.0	87.5	100.5	94.0	89.0

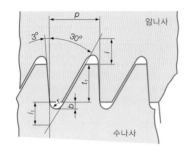

그림 2.14 톱니나사

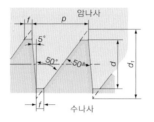

그림 2.15 5°수정형

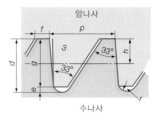

그림 2.16 3~33°형

③ **톱니나사**(buttress screw thread) : 압착기 등과 같이 압력의 방향이 일정할 때 사용되는 것으로서 압력쪽을 사각나사, 반대쪽을 삼각나사를 깎아서 각각의 장점을 가진 나사이다. 나사각은 30°와 45°의 2 가지가 있고, 하중을 받지 않는 뒷면에 대략 0.2 [mm] 틈새를 준다. 그리고 압력쪽은 완전한 사각나사가 아니고, 제작을 쉽게 하기 위하여 나사각이 30°의 경우에는 3°의 경사를 붙이고, 45°의 경우에는 5°의 경사를 붙인다. 힘을 받는 면은 거의 축에 직각 방향이다. 바이스, 압착기 등에 사용된다. DIN에서는 103호, 263호, 378호, 379호에 규격화되어 있다.

최근에는 나사각 50°의 5° 수정형 (그림 2.15) 과 3~33°형 (그림 2.16) 이 쓰이기도 한다. 3~33°형은 운전 성능이 좋다.

④ **둥근나사** (너클나사 : round thread, knuckle thread) : 나사산의 모양이 반원형이며 원형나사라고도 한다. 나사각은 30°로 나사봉우리와 골은 크고 둥글게 되어 있다. 이 나사는 먼지, 모래 등이 나사산으로 들어갈 염려가 있는 경우 또는 전구용나사로 사용된다. 그리고 오염된 액체를 취급할 때의 밸브 또는 호스의 이음나사 등에 사용된다. 큰 힘을 견딜 수 있으므로 충격을 많이 받는 곳에 사용해도 좋다. 그림에서 표준치수 DIN에 규정된 것은 꼭지각이 30°이며 그 밖의 치수는 다음과 같다 (그림 2.17).

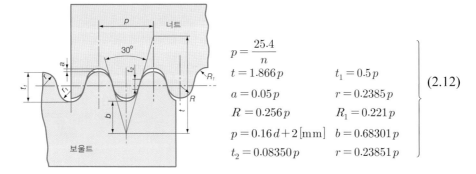

$$p = \frac{25.4}{n}$$

$$t = 1.866\,p \qquad\qquad t_1 = 0.5\,p$$

$$a = 0.05\,p \qquad\qquad r = 0.2385\,p$$

$$R = 0.256\,p \qquad\qquad R_1 = 0.221\,p \qquad (2.12)$$

$$p = 0.16\,d + 2\,[\mathrm{mm}] \quad b = 0.68301\,p$$

$$t_2 = 0.08350\,p \qquad\quad r = 0.23851\,p$$

그림 2.17 둥근나사

▶ 표 2.12 둥근나사의 규격

바깥지름 d [mm]	25.4 [mm]에 있는 나사산의 수 n	피치 p [mm]	나사산의 높이 h_1
8~12	10	3.540	1.270
14~33	8	3.175	1.588
45~100	6	4.233	2.177
150~200	4	6.340	3.175

⑤ 볼나사(ball screw) : 볼나사는 수나사 부분과 너트 부분에 나선형의 골을 만들어서 여기에 강구를 넣어 축과 구멍이 부드러운 나사의 역할을 한다. 따라서, 마찰이 극히 적어 공작기계의 수치 제어에 의한 위치결정용이나 자동차의 조향장치 등에 쓰인다(그림 2.18).

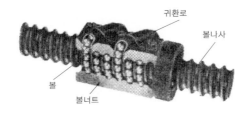

그림 2.18 볼나사

(3) 삼각나사의 정밀도 등급

		높음 ←	정밀도 →	낮음
미터나사		1급	2급	3급
유니파이나사	수나사 ;	3 A	2 A	1 A
	암나사 ;	3 B	2 B	1 B

2.3 나사의 역학

2.3.1 나사의 원리

(1) 사각나사의 경우

① 나사를 죌 때 : 결합용 나사는 운동용 나사와는 다르기 때문에 조인 후 힘을 제거해도 풀리지 않아야 하며, 그 조건을 자립조건이라고 한다. 사각나사의 경우에 대하여 생각해 보면, 그림 2.19에서 너트를 돌리는 데 필요한 힘 P와 축방향의 저항력 Q와의 관계를 계산하기로 한다. 그림 2.20에서 나사면에 균일하게 힘이 작용하고 $\dfrac{d+d_1}{2}=d_2$의 유효지름에 집중하여 힘이 작용한다고 가정하면, P와 Q는 각각의 경사면에 평행인 힘과 수직인 힘으로 나누어진다.

$$수직력 = Q\cos\lambda + P\sin\lambda$$
$$평행력 = P\cos\lambda - Q\sin\lambda$$

수직력에 의하여 평행 방향에 마찰력이 작용하고, 이것과 평행력이 균

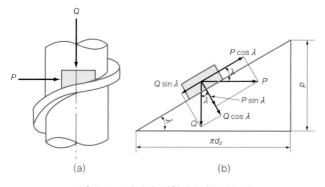

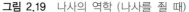

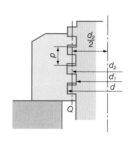

(a)   (b)

그림 2.19 나사의 역학 (나사를 죌 때)   **그림 2.20** 볼트와 너트 이음

형상태를 유지한다고 생각하면

$$P\cos\lambda - Q\sin\lambda = \mu(Q\cos\lambda + P\sin\lambda) \tag{2.13}$$

$$P(\cos\lambda - \mu\sin\lambda) = Q(\mu\cos\lambda + \sin\lambda)$$

나사면의 마찰계수를 μ 라 하고 마찰각을 ρ 라고 하면, $\mu = \tan\rho$

$$\therefore P = Q\frac{\tan\rho\cos\lambda + \sin\lambda}{\cos\lambda - \tan\rho\sin\lambda} = Q\frac{\tan\rho + \tan\lambda}{1 - \tan\rho\tan\lambda}$$

$$= Q\tan(\lambda + \rho) \tag{2.14}$$

그런데 $\tan\rho = \mu,\ \tan\lambda = \dfrac{p}{\pi d_2}$

$$\therefore P = Q\frac{p + \mu\pi d_2}{\pi d_2 - \mu p} \tag{2.15}$$

따라서 나사를 죌 경우에는 죄는힘 $P > Q\tan(\lambda + \rho)$의 힘이 필요하게 된다.

② 나사를 풀 때 : 그림 2.21과 같이 수평력 P로써 너트를 풀어내릴 때는 P의 방향이 올릴 때와는 반대가 되므로 나사면의 수직력은 $Q\cos\lambda$와 $P\sin\lambda$이므로

$$수직력 = Q\cos\lambda - P\sin\lambda$$

나사면의 평행력은 $P\cos\lambda$와 $Q\sin\lambda$이므로

$$평행력 = P\cos\lambda + Q\sin\lambda$$

마찰력은 수직력과 마찰계수로부터

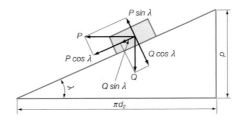

그림 2.21 나사의 역학 (나사를 풀 때)

$$마찰력 = \mu(Q\cos\lambda - P\sin\lambda)$$

그러므로 힘의 균형 상태를 생각하여 정리하면 다음과 같다.

$$P = Q\tan(\lambda - \rho)$$

또한
$$\mu = \tan\rho$$

$$\tan\lambda = \frac{p}{\pi d_2} \text{이므로}$$

$$P = Q\frac{\mu\pi d_2 - p}{\pi d_2 + \mu p} \tag{2.16}$$

(2) 삼각나사의 경우

① 나사를 죌 때 : 삼각나사의 경우에는 그림 2.22와 같이 나사산의 각을 α 라 하면 나사면에 대한 법선력은

$$법선력 = \frac{Q}{\cos\dfrac{\alpha}{2}}$$

법선력에 대한 나사면의 마찰계수를 μ 라 하면

$$마찰력 = \mu\frac{Q}{\cos\dfrac{\alpha}{2}} = \mu' Q$$

그러므로 삼각나사인 경우 축방향으로 가하면 힘 Q 에 대한 나사면의 마찰계수 μ 는 μ' 로 된다.

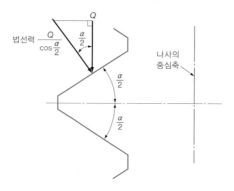

그림 2.22 나사면에 작용하는 힘

또한 마찰계수가 μ'인 경우 마찰각은 ρ'가 되므로

$$\mu' = \tan \rho' \qquad \rho' = \tan^{-1} \mu'$$

나사를 죄는 힘은 다음과 같이 된다.

$$P = Q \tan(\lambda + \rho') = Q \, \frac{p + \mu'\pi d^2}{\pi d_2 - \mu' p} \tag{2.17}$$

② 나사를 풀 때 : 나사를 풀 때는 회전방향이 죌 때와는 반대가 되므로

$$P = Q \tan(\rho' - \lambda) = Q \, \frac{\mu'\pi d_2 - p}{\pi d_2 + \mu' p} \tag{2.18}$$

2.3.2 나사의 자립

(1) 사각나사의 경우

나사가 축방향 하중 Q를 받은 상태에서 임의의 위치에 정지한 상태를 유지하려면 나사를 풀어주는 힘은 $P = 0$이 되어야 하며 이 경우 $\rho = \lambda$가 된다. 이러한 상태를 나사의 **자동결합**(self locking)이라고 한다. 그리고 나사를 풀어 내리려고 하는 경우에 풀어주는 힘은 $P > 0$으로 되어야 하고 이 경우는 $\rho > \lambda$이므로 나사가 스스로 풀리지 않는다. 이와 같이 나사가 스스로 풀리지 않는 것을 나사가 **자립상태**(self sustenance)에 있다고 한다. 나사가 자연히 풀어지는 경우는 $P < 0$이어야 하며 이때 $\rho < \lambda$ 값이 됨을 알 수 있다. 따라서, 자립상태의 필요조건은 나사의 마찰각이 리드각보다 커야 된다.

예를 들면, 마찰계수 μ가 0.15라면

$$\mu = \tan\rho = 0.15$$
$$\rho = 8°32'$$

자립상태의 필요조건에서 $\rho > \lambda$이므로

$$\therefore \; 8°32' > \lambda$$

즉, 리드각 λ가 $8°32'$보다 작아야만 자립상태를 유지하고 나사가 스스로 풀리지 않는다. 그러나 사각나사의 경우는 주로 운동용나사에 사용되므로 자립

상태의 필요조건은 중요하지 않다.

(2) 삼각나사의 경우

사각나사와 삼각나사가 같은 마찰계수를 가진 재료로 된 나사면이더라도 실제적으로 삼각나사의 경우는 사각나사에 비해 나사산의 나사면이 $\frac{\alpha}{2}$ 만큼 기울어져 있으므로 축방향하중 Q 에 대한 마찰계수는

$$\mu' = \frac{\mu}{\cos\frac{\alpha}{2}}$$

이 되므로 삼각나사의 자립상태는 $\rho' > \lambda$ 의 조건에서 다음과 같이 된다.

$$\tan^{-1}\mu' = \rho' > \lambda$$

예를 들면, 나사에 사용된 재료의 마찰계수가 $\mu = 0.15$ 인 경우, 삼각나사 ($\alpha = 60°$) 의 마찰계수와 마찰각은 다음과 같이 계산된다.

$$\mu' = \frac{0.15}{\cos\frac{60°}{2}} = 0.173 \qquad \rho' = \tan^{-1} 0.173 = 9°49'$$

자립상태의 필요조건에서

$$\therefore\ 9°49' > \lambda$$

즉, 마찰각 $\rho' = 9°49'$ 이 리드각 λ 보다 커야 자립상태를 유지한다.

리드각 λ 가 일정한 경우는 마찰각의 값이 클수록 자립상태가 더욱 효과적이다. 마찰계수가 같은 나사면일 때 삼각나사의 마찰각이 사각나사의 마찰각보다 크기 때문에 삼각나사가 사각나사보다 풀리기 어렵다. 그러므로 결합용에는 주로 삼각나사가 사용되고, 삼각나사를 결합용에 사용할 경우에만 자립조건이 필요하다.

2.3.3 나사의 비틀림 모멘트

그림 2.23과 같이 잭으로 물건을 올릴 때 잭의 핸들을 돌려서 나사에 비틀림 모멘트를 주게 된다. 이 비틀림 모멘트 T를 계산하여 보기로 한다.

축하중 Q를 받을 때 나사를 비트는 데 필요한 비틀림 모멘트 T는 유효지름의 원둘레에 작용한다.

사각나사일 경우 ······ $T = \dfrac{Pd_2}{2}$

$$= Q\,\dfrac{d_2}{2}\tan(\rho+\lambda)$$

삼각나사일 경우 ······ $T = Q\,\dfrac{d_2}{2}\tan(\rho_\Delta+\lambda)$

μ의 값은 $\begin{cases} \text{수나사가 강철 또는 청동의 경우} \\ \text{암나사가 강철 또는 주철의 경우} \end{cases}$

나사면 사이가 윤활이 되지 않은 경우 ······ $\mu = 0.15 \sim 0.25$

나사면 사이에 윤활이 된 경우 ······ $\mu = 0.11 \sim 0.17$

지금 사각나사에 있어서 W1호 및 M1호 나사의 각 지름에 대하여 $\dfrac{d_2}{2}\tan(\rho_\Delta+\lambda) = C$ 라 하면

$$T = QC = \frac{QC}{d}d = \frac{C}{d}Qd = C_0 Qd$$

$$T = QC = \frac{QC}{d_1}d_1 = \frac{C}{d_1}Qd_1 = C_1 Qd_1$$

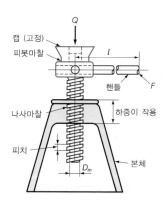

그림 2.23 나사의 회전력

이라고 하면 C_0, C_1의 값을 조사하여 보기로 한다.

W1호 나사에 있어서 $\mu = 0.15$라고 하면

$$\mu_\Delta = 1.13 \times 0.15 = 0.17$$

$$\rho_\Delta = \tan^{-1} 0.17 = 9°38'$$

d 호칭 [inch]	$\frac{3}{8}$	$\frac{1}{2}$	$\frac{5}{8}$	$\frac{3}{4}$	1	$1\frac{1}{2}$	2
$\lambda = \tan^{-1} \frac{p}{\pi d_2}$	3°24′	3°24′	2°55′	2°38′	2°29′	2°11′	2°11′
$\tan(\lambda + \rho_\Delta)$	0.232	0.232	0.223	0.217	0.215	0.209	0.209
C	0.099	0.132	0.161	0.189	0.251	0.370	0.494
C_0	0.104	0.104	0.104	0.099	0.099	0.097	0.097
C_1	0.132	0.132	0.125	0.120	0.118	0.113	0.113

M1호 나사에 있어서 $\mu = 0.15$라고 하면

$$\mu_\Delta = 1.15 \times 0.15 = 0.173$$

$$\rho_\Delta = \tan^{-1} 0.173 = 9°48'$$

d 호칭 [inch]	10	12	16	20	24	39	52
$\lambda = \tan^{-1} \frac{p}{\pi d_2}$	3°2′	2°56′	2°29′	2°29′	2°29′	2°	1°52′
$\tan(\lambda + \rho_\Delta)$	0.223	0.226	0.218	0.218	0.218	0.209	0.207
C	0.103	0.108	0.160	0.201	0.240	0.381	0.506
C_0	0.103	0.103	0.100	0.100	0.100	0.098	0.097
C_1	0.137	0.129	0.121	0.121	0.121	0.114	0.112

이상에서 보는 범위에 있어서 대략 T는 다음과 같이 된다.

$$T = 0.1Qd = 0.13Qd_1$$

그림 2.24에서 보는 바와 같이 와셔에 맞대어 있는 너트 또는 볼트 머리를 하중에 저항하면서 돌리면, 너트와 와셔 사이에 $\mu'Q$의 마찰력이 생기므로 이것을 고려해야 한다. μ'는 이 사이의 마찰계수로서 μ보다 약간 작게 취한다.

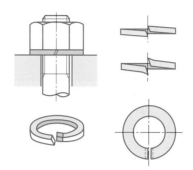

그림 2.24 와셔

보통 육각너트 또는 육각볼트 머리에서는 한 변의 길이 d 의 정육각형에서 동심으로 지름 d 의 원을 뚫을 때의 평면원형의 회전반지름, 즉 $0.74d$ 를 반지름으로 하는 원주상에 마찰이 집중적으로 작용하고 $T' = 0.74\mu'Qd$ 로 한다.

만일 바깥지름 D, 안지름 d 인 속빈 원형단면의 회전반지름 $0.35\sqrt{D^2+d^2}$ 인 곳에 마찰이 집중하여 작용한다면

$$T' = 0.35\mu'Q\sqrt{D^2+d^2} \tag{2.19}$$

따라서 전체의 비틀림 모멘트 T_t 는

$$T_t = T + T' \tag{2.20}$$

여기서, $T = \dfrac{d_2}{2}P = \dfrac{Qd_2(\tan\lambda + \tan\rho)}{2(1-\tan\lambda\tan\rho)} = \dfrac{Qd_2(\tan\lambda + \mu)}{2(1-\mu\tan\lambda)} \tag{2.21}$

2.3.4 나사의 효율

나사의 효율은 나사가 1회전하는 동안에 실제로 행한 일량 중 몇 퍼센트가 유효한 일을 하였는가로 나타낸다. 이 비율을 **나사의 효율**(efficiency of screw) 이라 하며 η 로 표시한다.

나사가 회전하여 일을 한다고 할 때 나사면에 마찰이 없는 경우가 이상적 이지만, 실제로 암나사와 수나사 사이의 마찰면에는 마찰이 존재한다. 그러므 로 나사를 죄는 경우 나사의 회전력은 마찰이 있을 때 리드각 λ 에 마찰각 ρ

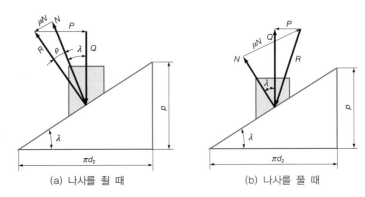

(a) 나사를 죌 때   (b) 나사를 풀 때

그림 2.25 나사면에서의 힘

만큼 증가시킨 $(\lambda + \rho)$의 나사면에 Q의 물체를 밀어 올리는 것과 같은 결과가 되고, 마찰이 없는 경우 $\rho = 0$이 되므로

나사의 회전력은

마찰이 없는 경우 $P_0 = Q\tan\lambda$ (2.22)

마찰이 있는 경우 $P = Q\tan(\lambda + \rho)$ (2.23)

마찰이 없는 경우

$$\text{이상적인 일량} = \pi d_2 \times P_0 = Q\,p \tag{2.24}$$

마찰이 있는 경우

$$\text{실제로 행한 일량} = 2\pi T = 2\pi \frac{d_2}{2} P = 2\pi Q\frac{d_2}{2}\tan(\lambda + \rho)$$

$$= Q\,\pi d_2 \tan(\lambda + \rho) = \pi d_2 P \tag{2.25}$$

또한, 나사면의 마찰로 인하여 생긴 일량은 다음과 같다.

$$\therefore \ \text{마찰에 의한 손실일량} = Q\,\pi d_2 \tan(\lambda + \rho) - Q\,p \tag{2.26}$$

$$\therefore \ \eta = \frac{Q\,p}{2\pi T} = \frac{Q\,p}{\pi d_2 P} = \frac{\pi d_2 P_0}{\pi d_2 P} = \frac{P_0}{P}$$

$$\therefore \ \eta = \frac{P_0}{P} = \frac{\tan\lambda}{\tan(\lambda + \rho)} = \frac{p(\pi d_2 - \mu p)}{\pi d_2(p + \mu \pi d_2)} \tag{2.27}$$

즉, 나사의 효율$= \dfrac{\text{마찰이 없는 경우의 회전력}}{\text{마찰이 있는 경우의 회전력}}$

η의 값은 $\lambda = 0$과 $\lambda + \rho = 90°$, 즉 $\lambda = 90° - \rho$에 있어서 0이 된다. 이 사이에 η가 최대로 되는 λ의 값이 존재할 것이다.

$$\frac{d\eta}{d\lambda}=0 \text{ 에서 } \quad \tan\left(\lambda+\frac{\rho}{2}\right)=1$$

즉, $\lambda = 45° - \frac{\rho}{2}$ 일 때

$$\eta_{\max} = \eta_{\lambda=45°-\frac{\rho}{2}} = \frac{\tan\left(45°-\frac{\rho}{2}\right)}{\tan\left(45°+\frac{\rho}{2}\right)}$$

$$\therefore \ \eta_{\max} = \tan^2\left(45°-\frac{\rho}{2}\right) \tag{2.28}$$

자립상태에서의 나사의 효율

나사가 스스로 풀리지 않는 한계, 즉 자립상태를 유지하고 있는 한계는 $\lambda = \rho$ 가 되므로

$$\eta = \frac{\tan\lambda}{\tan(\lambda+\rho)} = \frac{\tan\rho}{\tan 2\rho} = \frac{\tan\rho\,(1-\tan^2\rho)}{2\tan\rho} = \frac{1-\tan^2\rho}{2}$$

$$= \frac{1}{2} - \frac{1}{2}\tan^2\rho < \frac{1}{2}$$

$$\therefore \ \tan 2\rho = \frac{2\tan\rho}{1-\tan^2\rho} \tag{2.29}$$

자립상태를 유지하는 나사의 효율은 반드시 50 % 미만이다. 결합용 나사는 삼각나사가 사용되고, 또 너트가 닿는 면의 마찰도 고려해야 한다.

삼각나사의 경우에는

$$\eta_\Delta = \frac{P_0}{P} = \frac{\tan\lambda}{\tan(\lambda+\rho_\Delta)} = \frac{p\left(\pi d_2 - \dfrac{\mu p}{\cos\alpha}\right)}{\pi d_2\left(p + \dfrac{\mu\pi d_2}{\cos\alpha}\right)} \tag{2.30}$$

너트의 조이는 마찰을 고려하면 1 회전의 마찰 일량이 육각너트라면

$$2\pi T' = 2\pi \times 0.74\mu' Q d = 1.48\pi d\mu' Q$$

$$\therefore \ \eta_\Delta' = \frac{Qp}{2\pi T + 2\pi T'} = \frac{Qp}{\pi d_2 p + 1.48\pi d\mu' Q}$$

$$= \frac{p}{\pi d_2 \dfrac{p + (\mu \pi d_2 / \cos \alpha)}{\pi d_2 - (\mu p / \cos \alpha)} + 1.48 \pi d \mu'} \tag{2.31}$$

전동용 나사에서는 나사의 효율의 제한이 없고 효율도 좋게 하여야 하므로 λ 를 크게 하는 것이 좋으며 다중나사가 많이 사용된다. 그림 2.26은 사각나사 에 있어서 리드각 λ 에 대한 나사의 효율을 η 를 도시한 것이며, 마찰각 $\rho = 6°$ 로 한 것이다.

$$\rho = 6°, \qquad \therefore \ \tan 6° = 0.105 = \mu \ \text{이므로}$$

$$\lambda = 45° - \frac{\rho}{2} = 45° - \frac{6°}{2} = 42° \ \text{에서 효율이 최대로 되며}$$

$$\eta_{\max} = \tan^2(45° - 3°) = \tan^2 42° = 0.81$$

즉, 81 %가 된다.

그림 2.26 에서 효율은 경사각 λ 의 증가에 따라 초기에 많이 증가하고, $\lambda = 15°$ 의 부근에서 차차로 평평한 곡선이 된다. λ 가 작은 나사는 회전모멘 트가 작고 효율이 낮다.

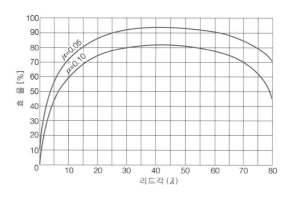

그림 2.26 사각나사의 효율

2.3.5 사각나사와 삼각나사의 특성

(1) 사각나사

사각나사는 운동용 나사로서의 특성이 필요하다. 그림 2.27에서 보는 바와 같 이 나사가 잘 풀어지려면 $\lambda > \rho$, 즉 리드각이 마찰각보다 커야 되며 $p > \mu \pi d_2$

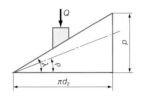

그림 2.27 $\lambda > \rho$ 의 나사

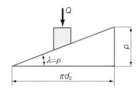

그림 2.28 $\lambda = \rho$ 의 나사

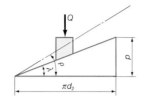

그림 2.29 $\lambda < \rho$ 의 나사

로 되고, 푸는 힘 P 는 $P > 0$ 이다. 나사는 하중 Q 에 의하여 자연히 돌아가서 하중은 아래로 내려간다. 이 나사는 나사 프레스 등에 사용된다.

$\lambda = \rho$ 의 경우에는 그림 2.28에서 보는 것처럼 푸는 힘 P 는 $P = 0$ 이다.

하중 Q 를 받고 있으며 임의의 위치에 정지하고 나사가 스스로 풀어지지 않는 이 상태가 자동결합의 경우이며, 이 때의 최대효율은 50 % 이하이다. 즉 $\eta < 0.5$ 이다.

(2) 삼각나사

$\lambda < \rho$ 의 경우에는 $P < 0$ 으로 되고 하중을 하강시키는 데 힘이 필요하다 (그림 2.29). 즉 나사는 자립의 상태를 유지하고 있고, 삼각나사의 특성으로서 결합용으로 사용된다. 죔 볼트 등에 사용된다.

🔒 **예제 1**

$d_2 = 32\,[\text{mm}]$, $p = 5\,[\text{mm}]$인 잭으로 3 [ton] 의 무게를 올리려고 한다. 레버의 유효길이를 250 [mm], 나사의 마찰계수 $\mu = 0.1$ 이라고 하면, 레버에 가하게 되는 힘을 구하시오.

풀이

$$Pl = T = \frac{Q}{2}d_2 \frac{p + \mu\pi d_2}{\pi d_2 - \mu p}$$

$$250\,P = 3000 \times 9.8 \times \frac{32}{2} \times \frac{5 + 0.1 \times \pi \times 32}{\pi \times 32 - 0.1 \times 0.5}$$

$$\therefore \; P = \frac{470400}{250} \times \frac{15.05}{99.98} \fallingdotseq 283.2\,[\text{N}]$$

🔒 **예제 2**

바깥지름이 24 [mm]인 사각나사에서 $p = 6\,[\text{mm}]$, 유효지름이 22.051 [mm], 마찰계수 $\mu = 0.1$ 로 하여 나사의 효율을 구하시오.

풀이

$$\tan \lambda = \frac{p}{\pi d_2} = \frac{6}{\pi \times 22.051} = 0.0865, \quad \lambda \fallingdotseq 5°$$

$$\tan \rho = \mu = 0.1, \quad \therefore \rho = 6°$$

$$\eta = \frac{\tan \lambda}{\tan(\lambda + \rho)} = \frac{\tan 5°}{\tan(5° + 6°)} = 0.45, \quad \eta = 45[\%]$$

🔓 **예제 3**

바깥지름이 24 [mm]의 미터나사에서 $\mu = 0.1$ 로 하여 나사의 효율을 구하시오.
$d_2 = 22.051 \,[\mathrm{mm}]$, $p = 3\,[\mathrm{mm}]$ 이다.

풀이

$$\mu_\Delta = 0.1 \times 1.15 = 0.115$$

$$\tan \mu_\Delta = 0.115, \quad \therefore \rho_\Delta = 6°30'$$

$$\tan \lambda = \frac{p}{\pi d_2} = \frac{3}{\pi \times 22.051} = 0.04325, \quad \lambda = 2°30'$$

$$\eta_\Delta = \frac{\tan \lambda}{\tan(\eta_\Delta + \lambda)} = \frac{\tan 2.5°}{\tan(2.5° + 6.5°)} = 0.275, \quad \eta_\Delta = 27.5\,[\%]$$

2.4 나사의 기본설계

2.4.1 나사의 강도와 치수

나사는 그 사용목적에 따라 다음과 같은 경우에 각각 다른 종류의 하중을 받는다.

① 축방향의 인장하중만을 받는 경우

② 축방향의 인장 또는 압축하중을 받으면서 회전할 때 비틀림 모멘트를 받는 경우

③ 축방향에 직각방향으로 하중을 받고 전단하중을 발생하는 경우

(1) 축방향에 인장하중만을 받는 경우

그림 2.30과 같은 아이 볼트에서 W를 축방향에 작용하는 인장하중, σ_a를 볼트 재료의 허용인장응력이라고 하면

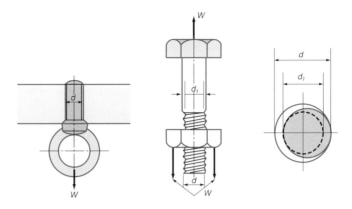

그림 2.30 인장하중 W 만을 받을 때

$$W = \frac{\pi}{4} d_1{}^2 \sigma_a$$

$$d_1 = \sqrt{\frac{4W}{\pi \sigma_a}} \tag{2.32}$$

나사의 지름은 그 바깥지름 d 로 호칭하므로

$$W = \frac{\pi}{4} \left(\frac{d_1}{d} \right)^2 d^2 \sigma_a$$

나사에 있어서 $\left(\dfrac{d_1}{d} \right)$ 또는 $\left(\dfrac{d_1}{d} \right)^2$ 의 값을 표시하면 다음과 같다.

바깥지름 d [inch]	$\frac{3}{8}$	$\frac{1}{2}$	$\frac{5}{8}$	$\frac{3}{4}$	1	$1\frac{1}{2}$	2
d_1 / d	0.786	0.786	0.814	0.830	0.840	0.858	0.853
$(d_1 / d)^2$	0.62	0.62	0.66	0.69	0.71	0.74	0.74

M1호 나사는 다음과 같다.

바깥지름 d [mm]	10	12	16	20	24	39	52
d_1 / d	0.792	0.797	0.827	0.827	0.829	0.858	0.867
$(d_1 / d)^2$	0.63	0.64	0.68	0.68	0.68	0.74	0.75

지름 $(d_1/d)^2$ 의 값을 간단히 하기 위하여 나사의 지름에 관계없이 일정하

다고 하고 그 작은 값 0.62 를 택하면, 그 값보다 큰 값에 대해서는 더욱 안전하게 된다.

$$W = \frac{\pi}{4}(d_1/d)^2 d^2 \cdot \sigma_a^2$$

$$W = \frac{\pi}{4} \times 0.62 \, d^2 \cdot \sigma_a$$

$$W \fallingdotseq 0.5 \, d^2 \sigma_a$$

$$d = \sqrt{\frac{2W}{\sigma_a}} \tag{2.33}$$

여기서, $\sigma_a = 60 \, [\mathrm{MPa}]$로 하면

$$W = 30 \, d^2 \, [\mathrm{N}] \tag{2.34}$$

여기서, d의 단위는 $[\mathrm{mm}]$이다.

윗 식에서 구한 값은 일반적인 KS규격의 값이 아닌 경우가 많으므로 안전을 고려하여 항상 그 계산값보다 큰 KS규격값을 선택하여야 한다.

(2) 축하중을 받고 있는 수나사에 끼워맞춤 되어 있는 암나사를 비트는 경우

이 때는 W에 의한 인장응력 σ 이외에 나사를 비트는 데 필요한 나사산 사이의 마찰 모멘트 T 가 고려된다. 따라서 비틀림 작용을 받아서 전단응력 τ 가 추가된다.

$$\tau = \frac{T}{\dfrac{\pi}{16} d_1^{\,3}} = \frac{0.13 \, W d_1}{\dfrac{\pi}{16} d_1^{\,3}} = 0.52 \, \frac{W}{\dfrac{\pi}{4} d_1^{\,2}} = 0.52 \, \sigma \tag{2.35}$$

즉, 비틀림 작용을 받아 인장응력의 약 절반의 전단응력이 생기며, 이와 같이 축에 인장응력 σ 와 비틀림응력 τ 가 동시에 작용하여 조합응력으로 작용할 때는 최대주응력설에 의하여

$$\sigma_{\max} = \frac{1}{2}\sigma + \sqrt{\frac{1}{4}\sigma^2 + \tau^2}$$

여기에 $\tau = 0.52 \, \sigma$ 를 대입하여

$$\sigma_{\max} = 0.5 \, \sigma + 0.78 \, \sigma = 1.28 \, \sigma$$

즉, $\sigma_{\max}$ 는 σ 에 비하여 약 30 [%] 크게 된다. 최대전단응력설에 의하면

$$\tau_{\max} = \frac{1}{2}\sqrt{\sigma^2 + 4\tau^2} = \frac{1}{2}\sqrt{\sigma^2 + 4\times(0.52\,\sigma)^2}$$
$$= 0.72\,\sigma = 1.39\times 0.52\,\sigma$$

즉, 비틀림만을 생각할 때의 τ 의 값에 대하여 1.39≒1.4 배의 응력을 생기게 한다. 실제로는 허용전단응력을 더욱 낮게 취해서 $\tau_w = \frac{1}{1.4}\tau$ 로 하여

$$\tau = \frac{0.13\,Wd_1}{\frac{\pi}{16}d_1^{\,3}} = \frac{0.66}{d_1^{\,2}}W = \frac{0.66\,W}{0.63d^2} = \frac{1.05\,W}{d^2}$$

$$\therefore\ d = \sqrt{\frac{1.05\,W}{\tau}} \tag{2.36}$$

보통 전단응력은 인장응력의 절반 정도로 하고, 다시 허용전단응력을 1.4 배 낮게 하므로 $\tau = \frac{\sigma_a}{2\times 1.4}$ 로 취하여

$$d = \sqrt{\frac{1.05\,W}{\frac{\sigma_a}{2.8}}} = \sqrt{\frac{2.9\,W}{\sigma_a}} \tag{2.37}$$

(3) 축방향에 하중을 받으면서 회전력을 동시에 받는 경우

① 스패너로 볼트를 조일 때 : 그림 2.31에서 L : 스패너의 유효길이, P_s : 조이기 위하여 스패너의 끝에 가하는 힘이라 하면, $T_t = P_s L$ 이 된다. 비틀림 모멘트로 너트를 스패너로 조일 때 볼트는 축방향에 인장을 받는다. 그 인장력을 Q 라고 한다.

이때 너트의 밑면의 마찰 모멘트는

$$T' = 0.74\,\mu' Q\,d \quad \text{(육각너트일 때)} \tag{2.38}$$

또는 $$T' = 0.35\,\mu' Q\sqrt{D^2 + d^2}$$
$$\text{(바깥지름 } D,\ \text{안지름 } d \text{ 의 와셔가 있을 때)} \tag{2.39}$$

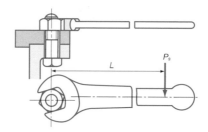

그림 2.31 스패너의 회전 모멘트

또 $\qquad T - \dfrac{d_2}{2}Q\tan(\lambda+\rho)$

전체의 비틀림 모멘트 T_t 는

$$T_t = T' + T = 0.74\,\mu'\,Q\,d + \frac{d_2}{2}Q\tan(\lambda+\rho) = P_s\,L$$

혹은 $\qquad T_t = 0.35\,\mu'\,Q\sqrt{D^2+d^2} + \dfrac{d_2}{2}Q\tan(\lambda+\rho) = P_s\,L$

$$\left.\begin{array}{l} \therefore\ Q = \dfrac{P_s\,L}{0.74\,\mu'd + 0.5\,d_2\tan(\lambda+\rho)} \\[5mm] Q = \dfrac{P_s\,L}{0.35\,\mu'\sqrt{D^2+d^2} + 0.5\,d_2\tan(\lambda+\rho)} \end{array}\right\} \qquad (2.40)$$

W1호 나사 또는 M1호 나사에 있어서 $\mu' = 0.12$ 라고 하면

$$T' = 0.74 \times 0.12\,Q\,d = 0.089\,Q\,d \ \ (\text{육각너트})$$
$$T = 0.1\,Q\,d$$

이므로, 일반적으로 스패너에서 $L \fallingdotseq 12\,d$ 라고 하여 $T_t = 12\,d\,P_s$ 로 놓고

$$12\,d\,P_s = 0.089\,Q\,d + 0.1\,Q\,d = 0.189\,Q\,d$$

$$Q = \frac{12\,d\,P_s}{0.189\,d} = 63.5\,P_s \qquad (2.41)$$

Q 에 의하여 생기는 응력은 $\sigma = \dfrac{Q}{0.5\,d^2} = \dfrac{2Q}{d^2}$

또, $\tau = 0.52\,\sigma = 0.52\,\dfrac{2Q}{d^2} = \dfrac{1.04\,Q}{d^2}$

$$\tau_{\max} = \frac{1}{2}\sqrt{\sigma^2 + 4\tau^2} = \frac{1}{2}\sqrt{\left(\frac{2Q}{d^2}\right)^2 + 4\left(\frac{1.04\,Q}{d^2}\right)^2}$$

$$= \frac{1.44\,Q}{d^2} = \frac{1.44 \times 63.5\,P_s}{d^2} = 91.4\,\frac{P_s}{d^2} \tag{2.42}$$

$\dfrac{3''}{4}$ W1호 나사로서 $L \fallingdotseq 240\,\mathrm{mm}$ 의 스패너 끝에 $P_s = 20\,[\mathrm{kg_f}] = (20 \times 9.8)[\mathrm{N}]$ 의 힘을 작용시켜서 비틀면 $d = 19.05\,[\mathrm{mm}]$, $L = (240 \div 19.05)\,d \fallingdotseq 12\,d$ 로서

$$\tau_{\max} = 91.4 \times \frac{20 \times 9.8}{19.05^2} \fallingdotseq 49.4\,[\mathrm{N/mm^2}] = 49.4\,[\mathrm{MPa}]$$

같은 방법으로 $P_s = 20\,[\mathrm{kg_f}]$ 으로 $L = 12\,d$ 의 스패너를 돌려서 조이면 $\dfrac{3''}{8}$ 볼트에서는 $\tau_{\max} = 204.0\,[\mathrm{MPa}]$ 가 되며, $\dfrac{1''}{2}$ 볼트에서는 $\tau_{\max} \fallingdotseq 114.7$ $[\mathrm{MPa}]$로 된다.

이 결과를 고찰하여 보면 지름이 작은 나사를 스패너로 충분히 조이려고 하면 볼트를 파단시킬 염려가 있다. 따라서 충분히 조이려고 할 때는 볼트의 지름이 대략 $\dfrac{3''}{4}$ 이하의 작은 볼트는 되도록 사용하지 않는 것이 좋다.

② 나사 굵기의 계산식 : 스패너로 강하게 죄는 기초볼트의 경우 또는 그림 2.32와 같은 나사 프레스의 나사봉은 축방향의 힘과 동시에 비틀림 힘을 받는다. 비틀림 힘에 의한 죔나사와 잭의 나사막대에 생기는 응력은 수직응력의 $\dfrac{1}{3}$ 정도로 보기 때문에 축방향의 하중을 $\dfrac{4}{3}$ 배하여 이 속에 비틀림의 힘을 포함시킨 상당하중의 값을 식 (2.33) 에 적용시켜서 축방향의 하중만이 작용하고 있는 경우와 같은 양으로 취급하여 계산한다.

즉, $$d = \sqrt{2 \times \frac{4}{3}\,W/\sigma_a} = \sqrt{\frac{8\,W}{3\,\sigma_a}} \tag{2.43}$$

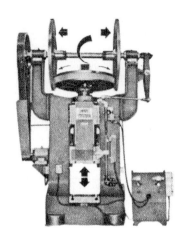

그림 2.32 나사 프레스

🔒 예제 4

$4\,[\mathrm{ton}]\,(=4000\times 9.8)\,[\mathrm{N}]$의 축방향 하중과 비틀림이 동시에 작용하고 있을 때 결합용 나사, 미터 보통나사 중에서 적당한 것을 고르시오. 단, 허용인장응력은 47 [MPa] 이다.

풀이

$$d=\sqrt{\frac{8\,W}{3\,\sigma_a}}=\sqrt{\frac{8\times 4000\times 9.8}{3\times 47}}\fallingdotseq 47.2\,[\mathrm{mm}]\quad \therefore M\,48$$

🔒 예제 5

$2\,[\mathrm{ton}]\,(=2000\times 9.8)\,[\mathrm{N}]$의 하중을 올리는 나사잭의 나사막대의 지름을 계산하시오. 허용인장응력은 60 [MPa]라 한다. 단, 사다리꼴나사를 사용하며 $d_1=0.8\,d$로 가정한다.

풀이

$$d=\sqrt{\frac{8\,W}{3\,\sigma_a}}=\sqrt{\frac{8\times 2000\times 9.8}{3\times 60}}\fallingdotseq 29.5\,[\mathrm{mm}]$$

$M\,30,\quad$ 즉 30 [mm]의 나사를 사용

🔒 예제 6

그림 2.33 과 같이 $1\,[\mathrm{ton}]\,(=1000\times 9.8)\,[\mathrm{N}]$, 반지름 4 [m]의 기중기를 지지하는 기초 볼트를 설계하시오. 여기서, 회전축 기둥부분의 무게는 $950\,[\mathrm{kg_f}]\,(=950\times 9.8)\,[\mathrm{N}]$이며, 그 곳에서 0.75 [m] 되는 곳에 무게 800 [kg_f] 의 돌출봉이 있고 밑둘레는 그림과 같이 배치되어 있다. $P_1=1000\,[\mathrm{kg_f}]=9800\,[\mathrm{N}]$, $G=800\,[\mathrm{kg_f}]=7840\,[\mathrm{N}]$, $G_1=950\,[\mathrm{kg_f}]=9310\,[\mathrm{N}]$, $l=400\,[\mathrm{cm}]$, $l_1=75\,[\mathrm{cm}]$, $l_a=120\,[\mathrm{cm}]$, $l_c=10\,[\mathrm{cm}]$이다.

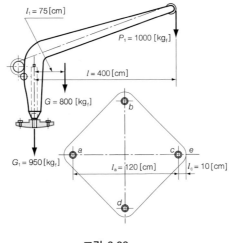

그림 2.33

풀이

e 점에 관하여 하중의 모멘트를 구하면

$$M_e = 1000 \times 9.8 \left(l - \frac{l_a}{2} - l_c \right) + 800 \times 9.8 \left(l_1 - \frac{l_a}{2} - l_c \right) - 950 \times 9.8 \left(\frac{l_a}{2} + l_c \right)$$

$$= 1000 \times 9.8 \left(4000 - 600 - 100 \right) + 800 \times 9.8 \left(750 - 600 - 100 \right)$$

$$\quad - 950 \times 9.8 \left(600 + 100 \right)$$

$$= 1000 \times 9.8 \times 3300 + 800 \times 9.8 \times 50 - 950 \times 9.8 \times 700 = 26215000 \ [\text{N} \cdot \text{mm}]$$

이 모멘트를 밑면에 있는 a, b, c, d의 4개의 볼트로 지지하고 있으므로 각 볼트에 작용하는 하중을 각각 P_a, P_b, P_c, P_d라고 하면 $P_b = P_d$가 되며 a볼트가 받는 인장하중 P_a가 최대로 된다.

그리고 중점에 관한 모멘트를 취하면

$$M_e = P_a (l_a + l_c) + 2 P_b \left(\frac{l_a}{2} + l_c \right) + P_c l_c$$

즉, $\qquad M_e = P_a \times 1300 + 2 P_b \times 700 + P_c \times 100$

여기서 $\qquad 2 P_b = P_a \dfrac{700}{1300} , \quad P_c = P_a \dfrac{100}{1300}$

$$\therefore \ M_e = 26215000 = P_a \times 1300 + 2 P_a \frac{700^2}{1300} + P_a \frac{100^2}{1300}$$

$$\therefore \ P_a = \frac{26215000}{2061.5} = 12716.5 \ [\text{N}]$$

일반적으로 기초볼트의 인장응력을 50 [MPa]라고 하고 a볼트의 단면적은

$$A = \frac{P_a}{Q_a} = \frac{12716.5}{50} ≒ 254.3 \ [\text{mm}^2] ≒ 2.5 \ [\text{cm}^2]$$

W1호 나사를 사용한다고 하면 $\dfrac{7''}{8}$의 골면적이 272 [mm^2]이므로 $\dfrac{7''}{8}$를 취한다. 그러나 M1호 나사를 사용한다고 하면 바깥지름 22 [mm]의 볼트가 $A = 269.6$ [mm^2]가 되어 가장 가까운 볼트이므로 22 [mm] M나사를 채택하면 된다. 또한 b, c, d 볼트는 각각 a볼트보다 지름이 작은 볼트를 사용해도 좋지만 일반적으로 같은 치수의 볼트를 사용한다.

(4) 충분히 조여진 볼트에 다시 인장하중이 작용하는 경우

플랜지 등을 조일 때는 그림 2.34에서 보는 것처럼 처음에 충분히 조여진 상태에 있으므로 볼트에 Q_0의 인상력이 작용하고 있다. 이 인장력 Q_0 때문에 볼트는 늘어난 상태에서 죄어져서 중간편은 수축하여 균형의 상태를 이루게 된다.

지금 Q_0 때문에 늘어난 볼트의 길이를 δ_t라 하고, Q_0 때문에 줄어든 중간편의 길이를 δ_c라 하여, 이 죔 상태를 하중-변형량선도로 표시하면 그림 2.35의 (a), (b), (c)와 같이 된다. 즉 (a)는 볼트의 하중-변형량선도, (b)는 중간편의 하중-변형량선도이며, (c)는 (a)와 (b)를 조합한 것이다.

또한 이러한 상태에서 그림 2.36에서 보는 것처럼 W의 하중이 다시 가해졌다고 하면, 볼트는 W에 의하여 다시 δ만큼 늘어난다(그림 2.36 a).

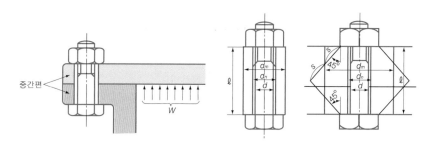

그림 2.34 플랜지 등의 죔

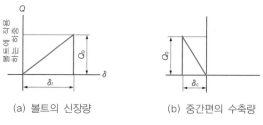
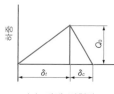

(a) 볼트의 신장량   (b) 중간편의 수축량   (c) 전체 변형량

그림 2.35 하중-변형량선도

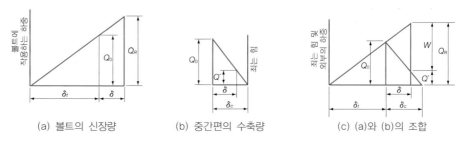

(a) 볼트의 신장량   (b) 중간편의 수축량   (c) (a)와 (b)의 조합

그림 2.36 충분히 조여진 볼트에 다시 W 의 하중의 작용할 때의 하중 – 변형량선도

이때 볼트에 작용하는 인장력을 Q_R 라 하면 다음 관계가 성립한다.

$$\frac{Q_R}{Q_0} = \frac{\delta_t + \delta}{\delta_t}$$

즉, $$Q_R = Q_0 \frac{\delta_t + \delta}{\delta_t} \tag{2.44}$$

여기에 대하여 중간편의 줄어든 길이는 $(\delta_c - \delta)$ 로 감소한다 (그림 2.36 b). 이 때의 중간편의 압축력을 Q' 라 하면 다음 관계가 성립한다.

$$\frac{Q_0}{Q'} = \frac{\delta_c}{\delta_c - \delta}$$

$$\therefore \ Q' = Q_0 \cdot \frac{\delta_c - \delta}{\delta_c}$$

따라서 볼트와 중간재의 선도를 조합하면 볼트에 작용하는 인장력 Q_R 는 하중 W 와 중간편에 주어진 압축력 Q' 와의 합으로 표시할 수 있다 (그림 2.37).

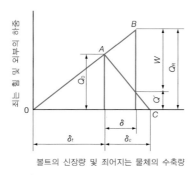

볼트의 신장량 및 죄어지는 물체의 수축량

그림 2.37 볼트와 중간재와의 힘 – 변형의 조합선도

따라서 다음 식이 성립한다.

$$Q_R = Q' + W = Q_0 \frac{\delta_c - \delta}{\delta_c} + W \tag{2.45}$$

또 식 (2.44) 으로부터 $\delta = \delta_t \left(\dfrac{Q_R}{Q_0} - 1 \right)$ 이므로, 이것을 식 (2.45)에 대입하면 다음 식이 성립한다.

$$Q_R = Q_0 \frac{\delta_c - \dfrac{Q_R \delta_t}{Q_0} + \delta_t}{\delta_c} + W$$

$$\therefore \quad Q_R = Q_0 + W \frac{\delta_c}{\delta_t + \delta_c}$$

그림 2.37에서 세로축에는 힘, 가로축에는 볼트의 신장량 및 죄어지는 물체의 수축량을 잡는다. 그림에서 $\overline{\text{OB}}$ 는 볼트의 인장력, $\overline{\text{AO}}$ 는 죄어지는 물체의 압축력이다. A점은 볼트가 조여진 상태이고 인장력은 Q_0, 여기 해당하는 신장량 δ_t, 수축량 δ_c 를 표시한다. B점은 여기에 다시 W 의 하중이 가해져 볼트가 인장력 Q_R, 압축력 Q' 로 된 상태로서, 각각의 크기의 관계는 앞의 식들로 표시된다.

또한 W 가 커서 W 때문에 볼트의 신장량이 $\delta = \delta_c$ 로 되면, 중간재의 수축량은 0으로 되며 압축력은 $Q' = 0$ 이 되어 $Q_R = W$ 로 된다.

따라서 B 의 상태는 W 가 다음으로 표시되는 범위 내에 있을 경우에만 성립된다.

$$0 < W < Q_0 \frac{\delta_t + \delta_c}{\delta_t} \tag{2.46}$$

그리고 W 가 크게 되어 볼트의 신장량이 아무리 증가하더라도 여전히 $Q' = 0$ 이므로

$$W < Q_0 \frac{\delta_t + \delta_c}{\delta_t} \tag{2.47}$$

이고 $Q_R = W$ 가 된다.

이 상태는 그림 2.36의 (c)가 된다. Q_R는 볼트에 작용하는 합성인장력이므로 볼트의 크기는 Q_R로서 설계되어야 한다. 엔진의 실린더 헤드 뚜껑, 압력용기의 뚜껑, 파이프 이음 등에 있어서 W가 아주 크면 볼트의 헤드 아랫부분의 길이가 죄어지는 물체의 두께 이상으로 늘어나기 때문에 틈이 생겨 기밀을 유지할 수가 없게 된다.

따라서 기밀 이음에서는 접합부에 패킹을 넣는다. 패킹으로는 종이, 고무, 파이버, 석면, 연판, 동판 등이 쓰인다. 또 플랜지에 기밀의 목적으로 가스켓을 사용한다. δ_t와 δ_c는 재료의 탄성뿐만 아니라 형상, 길이 등에 의하여 정해지며 다음과 같이 계산할 수도 있다. δ_t는 볼트의 신장량이 생기는 부분의 단면적이 균일하지 않으므로, 이것을 몇 개의 부분으로 나누고 각 부분마다

$$\delta_t = \frac{Q_0 l}{EA} \tag{2.48}$$

에 의하여 계산하며 이것들을 총합하여 구한다.

여기서, l : 그 부분의 길이 [mm],

A : 그 부분의 단면적 [mm^2]

E : 재료의 종탄성계수 [MPa],

Q_0 : 인장력 [N]

원추형 등 단면적이 점차로 변하는 부분은 평균지름을 나사부의 유효지름으로 단면적을 구한다. 나사부의 길이 l은 너트에 박혀 있는 길이와 너트 이하의 늘고 있는 길이를 합하여 유효길이로 한다(그림 2.38). 그리고

$$\delta_t = 0.95(\delta' + \delta'' + \delta''' + \cdots) \tag{2.49}$$

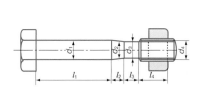

그림 2.38 지름이 다른 볼트의 신장량

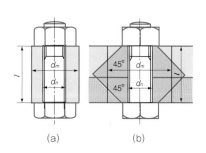

그림 2.39 Thum의 수정계수

여기서, 0.95는 Thum의 수정계수로서 실측과 일치시키기 위한 계수이다.

δ_c 는 그림 2.39의 (a) 에 있어서

$$\delta_c = \frac{Q_0\, l}{E\, \dfrac{\pi}{4}(d_m^{\,2} - d_n^{\,2})} \tag{2.50}$$

일반적으로 $\delta_c / \delta_t = 0.65 \sim 1$ 이다. $\qquad\qquad\qquad$ (2.51)

🔒 **예제 7**

그림과 같은 실린더의 지름 460 [mm], 최대 압력 1.2 [MPa]의 복동증기기관의 피스톤 로드의 나사부를 설계하시오.

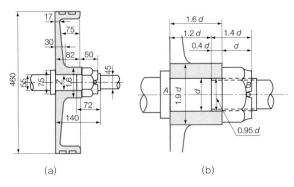

(a) $\qquad\qquad\qquad\qquad$ (b)

그림 2.40

풀이

크랭크축에서 피스톤에 작용하는 전체의 압력은 피스톤 로드의 단면적을 실린더 면적의 1.5 [%] 로 생각한다.

$$W = \frac{\pi}{4} \times 460^2 \times (1 - 0.015) \times 1.2 = 196437\,[\mathrm{N}]$$

로드에 피스톤을 통하여 너트로 조일 때 처음 조여진 힘을 Q_0 라고 하고, 여기에 대한 로드의 나사부 AB의 신장량 δ_t 와 피스톤 보스부의 수축량 δ_c 를 고려하여, 그림 2.40(b)와 같이 치수의 비율을 취하면 $\delta_t = 0.95(\delta' + \delta'' + \delta''' + \cdots)$ 이므로

$$\delta_t = 0.95\frac{Q_0}{E}\left\{\frac{1.2\,d}{\dfrac{\pi}{4}d^2} + \frac{1.4\,d}{\dfrac{\pi}{4}(0.95\,d)^2}\right\} = 0.95\frac{Q_0}{\dfrac{\pi}{4}d^2\,E}\left(1.2\,d + \frac{1.4\,d}{0.9}\right)$$

$$= \frac{0.95 \times Q_0}{\dfrac{\pi}{4}d^2 \times 210 \times 10^3} \times 2.75\,d = \frac{1.58}{10^5} \cdot \frac{Q_0}{d}$$

단, 로드 재료를 강철로 하고 $E = 210 \times 10^3 \,[\mathrm{MPa}]$라 하면

$$\delta_c = \frac{Q_0}{E} \cdot \frac{1.6\,d}{\frac{\pi}{4}\{(1.9\,d)^2 - d^2\}} = \frac{Q_0}{100 \times 10^3} \cdot \frac{1.6\,d}{\frac{\pi}{4}d^2(3.61 - 1)}$$

$$= \frac{0.78}{10^5} \cdot \frac{Q_0}{d} \quad [\text{단, 피스톤의 재료는 주철}, E = 100 \times 10^3 \,[\mathrm{MPa}]]$$

$$\frac{\delta_t}{\delta_c} = \frac{1.58}{0.78} = 2.03$$

최대하중 때 피결합부에 대하여 조여지는 힘 Q_c가 0이 되지 않으려면

$$Q \geqq W \frac{\delta_t}{\delta_t + \delta_c} = 196437 \times \frac{2.03}{2.03 + 1} = 131606 \,[\mathrm{N}]$$

지금 $\qquad Q_c = 0.25\,W = 0.25 \times 196437 = 49109 \,[\mathrm{N}]$

을 준다고 하면 최대하중 때 나사부가 받는 인장력은

$$Q_R = W + Q_c = 196437 + 49109 = 245546 \,[\mathrm{N}]$$

인장력의 증가는

$$Q_R - Q_0 = W \frac{\delta_c}{\delta_t + \delta_c} = 196437 \times \frac{1}{2.03 + 1} = 64831 \,[\mathrm{N}]$$

$$\therefore \ Q_0 = Q_R - 6500 = 245546 - 64831 = 180715 \,[\mathrm{N}]$$

로드 재료인 SF 45는 인장강도 $\sigma_u = 450\,[\mathrm{MPa}]$, 탄성한계 $\sigma_c = 260\,[\mathrm{MPa}]$이다.
Q_0에 대하여 나사부의 초결합응력을 σ_e의 0.5라 하면

$$\sigma_f = 0.5 \times 260 = 130 \,[\mathrm{MPa}]$$

이것으로 나사부의 필요한 골 단면적은

$$A = \frac{180715}{130} \fallingdotseq 1390 \,[\mathrm{mm}^2]$$

W1호 나사에서 호칭 $2''$의 규격에서

$$d = 50.8 \,[\mathrm{mm}], \qquad d_1 = 43.6 \,[\mathrm{mm}], \qquad d_2 = 47.2 \,[\mathrm{mm}]$$

$A = 1490\,[\mathrm{mm}^2]$로서 $1390\,[\mathrm{mm}^2]$에 가장 가까운 것이다.

초결합력 Q_0을 주기 위하여 너트에 주는 비틀림 모멘트는

$$T = 0.184\,Q_0 d = 0.184 \times 180715 \times 50.8 = 1689179.2 \,[\mathrm{N} \cdot \mathrm{mm}] \fallingdotseq 1689.2 \,[\mathrm{N} \cdot \mathrm{m}]$$

$$L = 12\,d = 12 \times 50.8 = 610 \,[\mathrm{mm}]\text{로 하여}$$

스패너의 끝에 가하는 힘은 공식에서

$$P_s = \frac{Q_0}{65.3} = \frac{180715}{65.3} = 2767.5 \, [\text{N}]$$

P_s 가 너무 크므로 L 을 길게 하여 1000 [mm]로 하면

$$P_s = \frac{2767.5 \times 600}{1000} = 1660.5 \, [\text{N}]$$

이 힘을 3명이 조인다면 $\frac{1660.5}{3} = 553.5 \, [\text{N}]$

즉, 1명당 약 554 [N]의 힘이 든다.

2.4.2 볼트의 나사산에 있어서의 하중분포

같은 재료로 제작된 볼트, 너트에 있어서 볼트에 너트를 결합할 때 나사산의 하중분포상태를 나타내면 그림 2.41과 같이 된다. 그림에서 물림 나사산의 최초의 나사만으로 전하중의 $\frac{1}{3}$ 정도를 받고 있는 것을 알 수 있다. 따라서 일반적인 나사결합체에서는 나사산이 물리는 처음 부분이 가장 파손되기 쉽다.

이와 같은 볼트와 너트 사이의 하중분포상태를 가능하면 균일하게 하여 볼트의 파손을 방지하려면 여러 가지의 개선 방법을 생각하여야 한다. 예를 들면 그림 2.42 (a) 에서와 같은 모양의 너트를 사용하면 물리는 나사산에 작용하는 분포하중은 비교적 고르게 분포되고, 또 그림 2.42 (b) 와 같이 너트를 볼트보다 탄성률이 작은 재료로 사용하면 상당히 고른 하중분포상태로 할 수 있다.

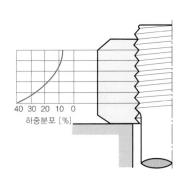

그림 2.41 물림 나사산에 있어서 하중분포 상태

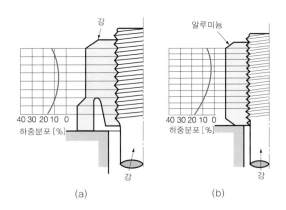

그림 2.42 나사산 하중분포의 개선

2.4.3 삼각나사 너트의 높이

너트의 전 높이 H에 나사부가 있을 때 나사산의 수를 n 이라 하고 p를 나사의 피치라 하면 다음과 같이 된다.

$$H = np, \quad 즉, \ n = \frac{H}{p} \tag{2.52}$$

나사산은 굽힘 또는 전단으로 파괴된다. 실험에 의하면 삼각나사는 굽힘으로 파괴되며, 사각나사와 사다리꼴나사는 전단작용으로 파괴된다. 주철은 주로 전단작용으로 파괴되는 것으로 알려져 있다. 지금 그림 2.43에서 보는 바와 같이 M1호 나사에 대하여 강도의 측면에서 너트의 높이와 지름 d 와의 관계를 생각하여 보면, 하중 Q가 작용할 때 이 Q가 뿌리 밑에서 $\frac{h}{3}$ 인 곳에 집중하중으로 작용한다고 하면

$$Q = \frac{\pi}{4} d_1^2 \sigma_t \tag{2.53}$$

또
$$M = \frac{h}{3} Q = 0.32 \, pQ \quad \left(\because \frac{h}{3} = 0.32 \, p \right)$$

외팔보의 고정단의 단면은 높이 $\frac{5}{6} p$, 폭 $n \pi d_1$ 의 사각형 단면이라고 생각되므로

단면계수 $Z = \dfrac{1}{6} (n \pi d_1) \times \left(\dfrac{5}{6} p \right)^2 = \dfrac{25}{216} n d_1 p^2 \pi$

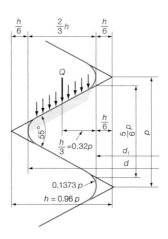

그림 2.43 너트의 높이

$$\therefore \; \sigma_b = \frac{M}{Z} = \frac{0.32 \times 216}{25\,\pi} \cdot \frac{Q}{n\,d_1 p} = \frac{2.7648\,Q}{n\,\pi d_1 p} \tag{2.54}$$

같은 사각형 단면에 있어서 전단응력을 구하면

$$\tau_{\max} = \frac{3}{2}\,\tau_{\mathrm{mean}} = \frac{3}{2}\,\frac{Q}{\dfrac{5}{6}\,p\,n\,\pi d_1} = \frac{1.8\,Q}{\pi n\,d_1\,p} \tag{2.55}$$

$$\therefore \; \frac{\sigma_{\max}}{\tau_{\max}} = \frac{2.7648}{1.8} = \frac{1}{0.65} \tag{2.56}$$

그런데 일반적으로 $\dfrac{\sigma_b}{\tau} = \dfrac{1}{0.8}$ 이므로 굽힘에 대해서만 계산해도 된나.

식 (2.53) 을 식 (2.54) 에 대입하면 최대굽힘응력 σ_b 는

$$\sigma_b = \frac{2.7648}{n\,\pi d_1 p} \times \frac{\pi}{4} d_1{}^2 \sigma_t = 0.691 \frac{d_1}{n\,p} \sigma_t \tag{2.57}$$

또 $H = n p$ 를 대입하여

$$H = n p = 0.691 \frac{\sigma_t}{\sigma_b} d_1 \tag{2.58}$$

일반적으로 $\;\sigma_b \fallingdotseq \sigma_t\;$, $\;H = 0.7\,d_1$

$$d_1 = 0.85\,d \; 로 \; 하면 \quad H = 0.6\,d$$

너트의 재료가 볼트의 재료보다 강한 강철로 만들어졌으면 너트의 높이 H 는 $0.6\,d$ 정도로 하여야 한다. 그러나 일반적으로는 볼트의 재료가 너트의 재료보다 강하다.

이때 σ_{bN} 은 너트 재료의 허용굽힘응력, σ_{bB} 는 볼트 재료의 허용굽힘응력이라고 하면

$$H = \frac{\sigma_{bB}}{\sigma_{bN}} d_1 \tag{2.59}$$

예를 들면 연강으로된 볼트는 $\sigma_{bB} = 47\,[\mathrm{MPa}]$, 황동너트는 $\sigma_{bN} = 30\,[\mathrm{MPa}]$ 이므로

$$H = \frac{480}{300} d_1 = 1.6\, d_1 = 1.5\, d \tag{2.60}$$

그리고 같은 재료의 너트와 볼트를 사용할 때는 $H = d$ 로 설계한다. 기타의 재료에 대해서는 표 2.13에 표시한다. JIS에서는 $H = 0.8\, d$ 로 규정한다.

▶**표 2.13** 너트의 높이

볼 트	너 트	H
강 철	강 철	$\fallingdotseq d$
강 철	주 철	$\fallingdotseq 1.5\, d$
강 철	청 동	$\fallingdotseq 1.25\, d$

2.4.4 사각나사 너트의 높이

사각나사 등 전동용 나사에는 오히려 나사의 접촉면 압력에 의하여 너트의 높이를 결정하는 것이 중요하다. Q 가 각 나사산에 완전히 균일하게 작용하고 있다고 하면 평균압력 q_m 은

$$q_m = \frac{Q}{n \cdot \frac{\pi}{4}(d^2 - {d_1}^2)}$$

나사의 평균지름 $d_m = d_2 = \dfrac{d + d_1}{2}$

나사산의 높이 $h = \dfrac{d - d_1}{2}$ 이므로

$$q_m = \frac{Q}{n \pi d_2 h} \tag{2.61}$$

축하중이 증가되면 나사를 돌릴 때 나사 사이의 마찰이 크게 되며 압축강도 에까지 도달하면 나사면의 마멸이 아주 심하게 되어 타게 되는 수도 있어 사고의 위험이 있다. 따라서 q_m 의 값을 크게 해서는 안 된다. 특히 정밀한 것을 필요로 하는 이송나사 등에서는 충분히 낮은 값이 되도록 하지 않으면 마멸이 심하다.

결합용에는 비교적 높은 값을 선택해도 좋지만, 가끔 나사를 풀어서 조정하

는 나사일 때는 낮은 값을 선택하여야 한다. 나사산의 수를 증가시키지 않고 면압력을 낮게 하려면 나사의 지름을 크게 해도 좋다. 룃체르 (Röttcher) 는 허용압력 q_a 를 표 2.14와 같이 제시하였다.

▶표 2.14 허용압력

재료		q_a [MPa]	
볼트	너트	결합용	전동용
연 강	연강 또는 청동	30	10
경 강	경강 또는 청동	40	13
강	주철	15	50

또 로이트와일러 (Leutwiler) 는 전동용의 나사에 대하여

저속도일 때에는 $q_a = 12 \sim 18\,[\mathrm{MPa}]$

중속도일 때에는 $q_a = 3.5 \sim 10\,[\mathrm{MPa}]$

으로 하는 것이 좋다고 하였다.

$$Q = \frac{\pi}{4}(d^2 - d_1{}^2)\, n\, q_a$$

$$\therefore\; n = \frac{4Q}{\pi(d^2 - d_1{}^2)q_a} = \frac{Q}{\pi d_2 h q_a} \tag{2.62}$$

$$\therefore\; H = np = \frac{4Qp}{\pi(d^2 - d_1{}^2)q_a} = \frac{Qp}{\pi d_2 h q_a} \tag{2.63}$$

이것으로 면압력의 견지에서 너트의 높이 H를 결정한다.

예제 8

$35\,[\mathrm{ton}] = 35000 \times 9.8\,[\mathrm{N}]$ 프레스의 나사 재료를 연강으로 만들고, 볼트의 바깥지름을 100 [mm], 골지름을 80 [mm]라고 한다. 피치 $p = 2''\,(50.8\,[\mathrm{mm}])$ 라고 할 때, 너트의 높이 H와 내부에 일어나는 응력을 계산하시오. 단, 좌굴응력은 무시한다.

풀이

유효지름 $d_2 = \dfrac{d + d_1}{2} = \dfrac{100 + 80}{2} = 90\,[\mathrm{mm}]$

$$T = \frac{d_2}{2} P = \frac{d_2}{2} Q \cdot \frac{p + \mu \pi d_2}{\pi d_2 - \mu p} = 35000 \times 9.8 \times \frac{90}{2} \times \frac{50.8 + \pi \times 90 \times 0.1}{\pi \times 90 - 50.8 \times 0.1}$$

$$= 4395655 \,[\text{N} \cdot \text{mm}] = 4395.7 \,[\text{N} \cdot \text{mm}]$$

비틀림에 의하여 생긴 전단응력 τ 는

$$\tau = \frac{T}{\frac{16}{\pi} d_1^{\,3}} = \frac{4395655}{\frac{16}{\pi} \times 80^3} = 1.69 \,[\text{MPa}]$$

인장응력 σ_t 는

$$\sigma_t = \frac{35000 \times 9.8}{\frac{\pi}{4} \times 80^2} = 68.2 \,[\text{MPa}]$$

인장과 전단의 조합응력을 생각하면

$$\sigma_{\max} = 0.35 \sigma_t + 0.65 \sqrt{\sigma_t^{\,2} + 4(\alpha_0 \tau)^2}$$

연강에서는 $\sigma_t = 100 \,[\text{MPa}]$, $\tau = 85 \,[\text{MPa}]$이라고 하여

$$\alpha_0 = \frac{\sigma_t}{1.3\tau} = \frac{100}{1.3 \times 85} \fallingdotseq 0.9$$

$$\sigma_{\max} = 0.35 \times 68.2 + 0.65 \sqrt{68.2^2 + 4(0.9 \times 1.69)^2} = 23.9 + 44.4 = 68.3 \,[\text{MPa}]$$

너트를 청동으로 하면 $q_w = 10 \,[\text{MPa}]$

$$H = \frac{4Qp}{\pi (d^2 - d_1^{\,2}) q_a}$$

$$\therefore \ H = \frac{4 \times 35000 \times 9.8 \times 50.8}{\pi (100^2 - 80^2) \times 10} \fallingdotseq 616 \,[\text{mm}]$$

너트의 높이가 $616 \,[\text{mm}]$면 너무 높기 때문에 삼중나사로 하면, $H_a = \frac{H}{3} \fallingdotseq 205 \,[\text{mm}]$

$\fallingdotseq 21 \,[\text{cm}]$로 한다.

2.5 나사의 실기문제

잭은 기계가공을 할 때, 또는 공작물의 지지와 기계부품을 수리할 때, 중량물을 일시적으로 유지하는 데 쓰이며 나사식, 랙식, 리프트식, 빔식, 유압식 등이 있다.

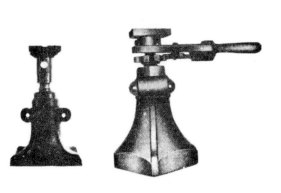

그림 2.44 나사식 잭의 외관

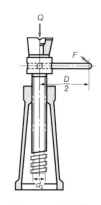

그림 2.45   나사잭

잭은 일반적으로 용량은 하중 2~25 [t], 양정 100~300 [mm], 중량 5~50 [kg_f] 정도에서 쓰인다.

📖 설계과제 1

그림 2.44에서와 같은 잭에서, 나사봉을 연강이라 하고, 핸들을 돌려서 하중 $W = 3000\,[\text{kg}_f](= 3000 \times 9.8)\,[\text{N}]$를 양정 150 [mm] 만큼 올릴 수 있는 나사잭을 설계하시오.

1) 연강의 허용인장응력 $\sigma_a = 98\,[\text{MPa}]$이고, 사각나사의 피치를 6 [mm] 라 할 때 나사의 유효지름을 구하시오.
2) 너트를 놋쇠로 만들고 마찰계수 $\mu = 0.1$ 이라 할 때 나사를 돌리는 힘을 구하시오.
3) 경강과 놋쇠의 볼트 이음에서 허용접촉면압력 $q = 13\,[\text{MPa}]$ 이다. 너트의 높이를 구하시오.
4) 나사봉의 전 길이와 토크를 구하시오. 단, 나사접촉부의 길이 $H = 70\,[\text{mm}]$이다.
5) 나사의 효율은 몇 [%] 인가?
6) 나사부의 강도를 검토하시오.
7) 핸들의 지름을 구하시오.

[풀이]

1) 식 (2.43)에서

$$d = \sqrt{\frac{8W}{3\sigma_a}} = \sqrt{\frac{8 \times (3000 \times 9.8)}{3 \times 98}} = \sqrt{8 \times 100} = \sqrt{800} = 28.3\,[\text{mm}]$$

규격으로부터 $d = 30\,[\text{mm}]$로 결정한다.

나사 피치 $p = 6\,[\text{mm}]$이므로 안지름 $d_1 = 30 - 6 = 24\,[\text{mm}]$

나사의 유효지름 $d_2 = \dfrac{d + d_1}{2} = \dfrac{30 + 24}{2} = 27\,[\text{mm}]$

2) $\tan \rho \fallingdotseq \mu = 0.1$　　$\therefore$　$\rho = 5°43'$

리드각 λ 는 $\tan \lambda = \dfrac{p}{\pi d_2} = \dfrac{6}{3.14 \times 27} = 0.0735,$　$\therefore$　$\lambda = 4°10'$

$\lambda < \rho$ 이므로 지름과 피치의 수치는 적당하다.

나사를 돌리는 힘을 P라 하면

$$P = W \tan(\lambda + \rho)$$

$$W \frac{(p + \mu \cdot \pi d_2)}{\pi \cdot d_2 - \mu \cdot p} = 3000 \times 9.8 \times \frac{6 + 0.1 \times \pi \times 27}{\pi \times 27 - 0.1 \times 6} = 5055 \,[\mathrm{N}]$$

2) $q = 13\,[\mathrm{MPa}]$이므로

$$H = \frac{4Wp}{\pi(d^2 - d_1{}^2)q} = \frac{4 \times 3000 \times 9.8 \times 6}{\pi(30^2 - 24^2) \times 13} \fallingdotseq 54\,[\mathrm{mm}]$$

4) 나사봉의 전 길이 L은 나사 접촉부의 길이 H와 양정 H_0를 고려하여 결정한다. 나사봉은 지름에 대하여 길이가 길기 때문에 이것을 장주로 보고 계산해야 된다.

즉, 양정 H_0는 $W_B = \dfrac{n\pi^2 EI}{l^2}$ 의 오일러의 공식에서

$$H_0{}^2 = \frac{n\pi^2 EI}{W}　\therefore　H_0 = \sqrt{\frac{n\pi^2 EI}{W}}$$

단, E : 종탄성계수 $[\mathrm{MPa}]$, I : 최소단면 2차모멘트 $[\mathrm{mm}^4]$, W : 좌굴하중 $[\mathrm{N}]$, n : 단말계수이다.

$$\therefore H_0 = \sqrt{\frac{n\pi^2 EI}{W}} = \sqrt{\frac{1 \times \pi^2 \times 1600 \times \pi \times 30^4}{3000 \times 9.8 \times 64}} \fallingdotseq 146\,[\mathrm{mm}]$$

단, $n = 1$ (양단회전단으로 보아 단말계수는 1이다)

여기서 구한 146 [mm]는 과제의 양정 150 [mm]보다 작으므로 안전하다고 볼 수 있다. 이것으로 L은

$$L = 70 + 150 \fallingdotseq 224\,[\mathrm{mm}]$$

로 된다. 나사를 돌리는 회전 모멘트 T는

$$T = P \times \frac{d_2}{2} = W \cdot \frac{d_2}{2} \cdot \frac{p + \mu \pi d_2}{\pi d_2 - \mu p}$$

$$= 3000 \times 9.8 \times \frac{27}{2} \times \frac{6 + 0.1 \times \pi \times 27}{27\pi - 0.1 \times 6} \fallingdotseq 68250\,[\mathrm{N \cdot mm}] \fallingdotseq 68.3\,[\mathrm{N \cdot m}]$$

5) $\eta = \dfrac{p(\pi \cdot d_2) - \mu p}{\pi d_2 (p + \mu \pi d_2)} = \dfrac{\tan \lambda}{\tan(\rho + \lambda)}$

$$= \frac{6(\pi \times 27 - 0.1 \times 6)}{\pi \times 27(6 + 0.1 \times \pi \times 27)} = 0.413$$

$$\eta \fallingdotseq 41.3 \, [\%]$$

6) 나사를 돌리는 토크 T에 의하여 나사봉에 생기는 사용비틀림응력 τ는

$$\tau = \frac{16 \, T}{\pi d_2^{\,3}} = \frac{16 \times 68250}{\pi \times 27^3} \fallingdotseq 17.7 \, [\mathrm{MPa}]$$

좌굴을 고려하지 않으면 사용압축응력 σ_c는

$$\sigma_c = \frac{W}{\dfrac{\pi}{4} d_2^{\,2}} = \frac{4 \, W}{\pi d_2^{\,2}} = \frac{4 \times 3000 \times 9.8}{\pi \times 27^2} \fallingdotseq 51.4 \, [\mathrm{MPa}]$$

압축과 비틀림이 동시에 작용할 때의 상당압축응력 σ_{ca}는

$$\sigma_{ca} = 0.35 \, \sigma_c + 0.65 \sqrt{\sigma_c^{\,2} + 4(\alpha_0 \tau)^2} \leqq K_c$$

여기서, $K_c = 90 \, [\mathrm{MPa}]$, $K h_d = 60 \, [\mathrm{MPa}]$라 하면

$$\alpha_0 = \frac{90}{1.3 \times 60} = 1.15$$

$$\sigma_{ca} = 0.35 \times 51.4 + 0.65 \sqrt{51.4^2 + 4 \times (1.15 \times 17.7)^2}$$
$$= 18.0 + 42.6 = 60.6 \, [\mathrm{MPa}]$$

σ_{ca}는 재료의 허용압축응력 90 [MPa] 보다 작으므로 적합하다. 나사산의 굽힘응력 σ_b를 구하면, 외팔보로 가정하여 길이 h_1, 폭 πd_2, W가 $\dfrac{h_1}{2}$의 곳에 집중하중으로 걸리는 것으로 생각된다.

$$\sigma_b = \frac{M}{Z} = \frac{W \cdot \dfrac{h_1}{2}}{\dfrac{n \pi d_1}{6} \cdot \left(\dfrac{p}{2} \right)^2} = \frac{12 \, W h_1}{n \pi d_1 p^2}$$

$$\therefore \ \sigma_b = \frac{12 \times 3000 \times 9.8 \times 3}{55 \times \pi \times 24 \times 6^2} \fallingdotseq 7.1 \, [\mathrm{MPa}]$$

또, 전단응력 τ는

$$\tau = \frac{W}{n \pi d_1 \dfrac{p}{2}} = \frac{2 \times 3000 \times 9.8}{55 \times \pi \times 24 \times 6} = 2.4 \, [\mathrm{MPa}]$$

7) 핸들의 길이를 l_0라 하면 핸들을 돌리는 힘 F는 $T = F l_0$에서 사람 손의 힘이 15~20 [kg$_\mathrm{f}$] 이므로 $F = 17 \, [\mathrm{kg_f}]$라 하면

$$l_0 = \frac{T}{F} = \frac{68250}{17 \times 9.8} \fallingdotseq 410 \, [\mathrm{mm}]$$

위 계산상에서 핸들의 길이는 410 [mm] 이지만 손을 잡는 것을 고려하여 420~

450 으로 한다.

핸들축의 지름을 d_0 라 하면

$$d_0 = \sqrt[3]{\frac{32\,T}{\pi\sigma_b}} = \sqrt[3]{\frac{32 \times 68250}{\pi \times 98}} \fallingdotseq 19.2\,[\mathrm{mm}]$$

안전을 고려하여 $d_0 = 22\,[\mathrm{mm}]$

　이상의 결과를 종합하여 양정과 너트부 길이의 합에 여유를 두어서 나사봉의 전 길이를 결정하고 이것으로부터 본체의 높이를 결정한다. 기타 본체와 핸들 부착부와 세부의 형상, 치수를 결정하여 전체의 도면을 그린다. 이것을 기초로 하여 조립도, 부품도를 그린다. 제도 중에서도 공작조립할 때 수정이 필요하면 형상, 치수 등을 설계 변경한다.

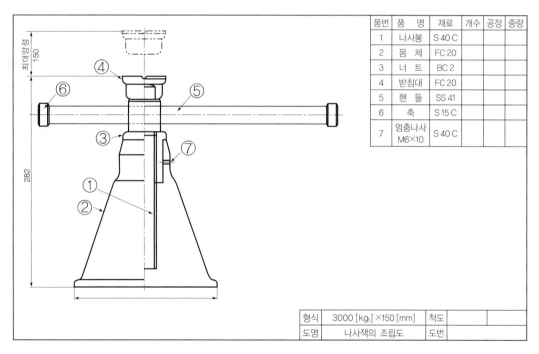

품번	품　　명	재료	개수	공정	중량
1	나사봉	S 40 C			
2	몸　체	FC 20			
3	너　트	BC 2			
4	받침대	FC 20			
5	핸　들	SS 41			
6	축	S 15 C			
7	멈춤나사 M6×10	S 40 C			

형식	3000 [kg₁] ×150 [mm]	척도	
도명	나사잭의 조립도	도번	

그림 2.46 나사잭의 조립도

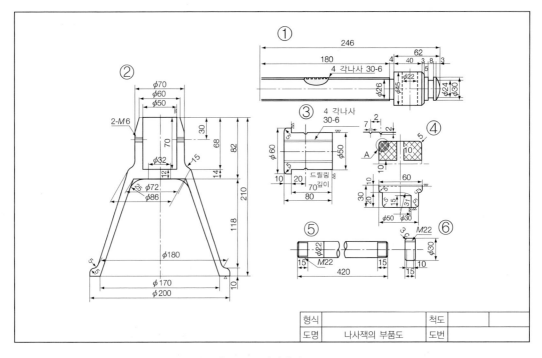

그림 2.47 나사잭의 부품도

연습 문제

1. 그림 2.48 과 같이 2개의 물체를 죈 볼트가 있다. 볼트와 물체는 같은 재료이고 같은 단면적을 갖고 있다. 지금 볼트가 힘 24500 [N] 로 물체를 죌 때, 이 물체를 분리시키는 데 필요한 힘 P 를 구하시오.

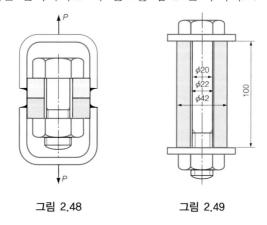

그림 2.48   **그림 2.49**

2. 그림 2.49 와 같은 강제볼트로 동관을 죄려고 한다. 볼트의 나사는 피치 2.5 [mm]이다. 지금 볼트를 $\frac{1}{5}$ 회전하여 관을 죌 때 볼트와 동관에 생기는 응력을 구하시오. 동의 종탄성계수는 $E_c = 107800\,[\mathrm{MPa}] \fallingdotseq 108\,[\mathrm{GPa}]$ 이다.

3. 지름 20 [mm]의 미터 보통나사의 나사산을 가진 너트를 암의 길이 300 [mm]의 스패너 끝에 98 [N] 의 힘을 가하여 죌 때, 나사의 축선에 따라 작용하는 힘은 얼마인가? 단, 나사면의 마찰계수 $\mu = 0.15$ 라 하고, 너트와 자리면 사이의 마찰계수 $\mu' = 0.2$ 이다.

4. 그림 2.50 과 같은 철강제 압력용기에 뚜껑이 12개의 강제볼트로 죄어 있다. 볼트는 10 [mm]의 것을 사용하였고, 결합력 9800 [N] 으로 죄어져 있다. 압력용기에 1.47 [MPa]의 압력이 가해져 있을 경우, 각 볼트에 작용하는 힘을 구하시오. 단, 압력상승 시에 온도상승은 없는 것으로 하며, 가스켓용 아연판의 종탄성계수는 $E_z = 82320\,[\mathrm{MPa}]$ 라 한다.

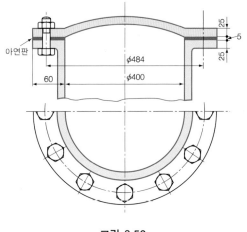

그림 2.50

5. $d = 24 \, [\mathrm{mm}]$의 사각나사에서 피치 $p = 6 \, [\mathrm{mm}]$, 유효지름 $d_2 = 22.051$ $[\mathrm{mm}]$이라면 나사의 효율은 얼마인가?

6. 9800 [N] 하중을 아이볼트 1개로 매달 때 볼트를 설계하시오. 단, 허용인 장응력 $\sigma_a = 58.8 \, [\mathrm{MPa}]$이다.

해답 **1.** 49000 [N] **2.** 볼트의 응력 637 [MPa], 동관의 응력 204 [MPa]
3. 6429 [N] **4.** 9970 [N] **5.** 45 [%]
6. KS B 0201의 $d = 18 \, [\mathrm{mm}]$

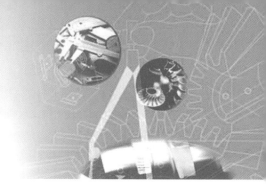

Chapter 03

키 · 코터 · 핀

3.1 키(key)

3.1.1 키의 종류

키는 그림 3.1과 같이 축에 기어, 풀리, 플라이휠, 커플링, 클러치 등을 고정시켜서 상대적인 운동을 방지하고 회전력을 전달시키는 결합용 기계요소이다. 회전축과 키를 포함하는 평면에 직각으로 작용하므로 주로 전단력을 받게 된다. 키는 일반적으로 원형 또는 사각형의 단면의 쐐기 형상인 경우가 많다. 그리고 키는 축재질보다 단단한 재질을 사용한다.

축에 키를 박는 홈, 즉 키홈 (key way) 을 파려면 그림 3.2에서 보는 바와 같이 밀링커터 또는 엔드밀로써 가공하며, 풀리보스의 홈가공에는 브로치가공, 슬로터가공 등을 한다.

그림 3.3은 밀링커터로 판 키홈이고, 그림 3.4는 엔드밀로 판 키홈을 나타낸 것이다.

키는 사용 목적에 축과 보스를 고정하는 키와 미끄럼키, 스플라인키처럼 축과 키를 결합하고, 그 측면에서 보스를 활동시켜서 보스에 토크를 전달시키는 키가 있다.

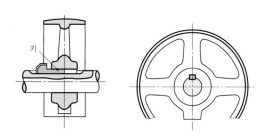

그림 3.1 키에 의한 축과 풀리의 고정

▶**표 3.1** 키의 종류

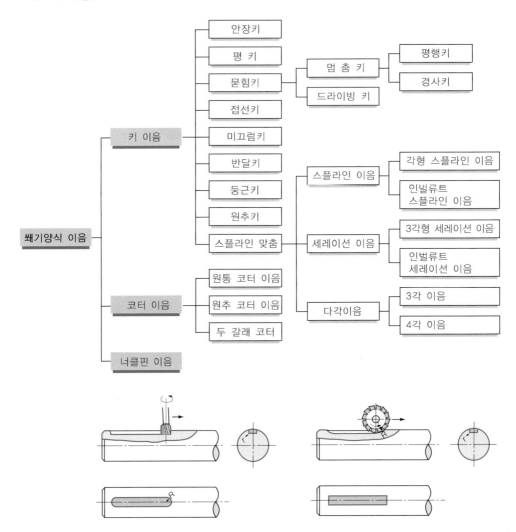

그림 3.2 키홈의 가공

그림 3.3 밀링커터로 판 키홈   **그림 3.4** 엔드밀로 판 키홈

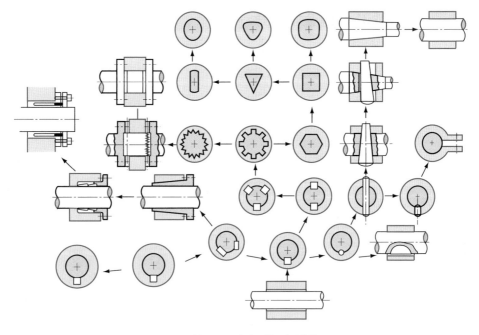

그림 3.5 키의 기능적 전개

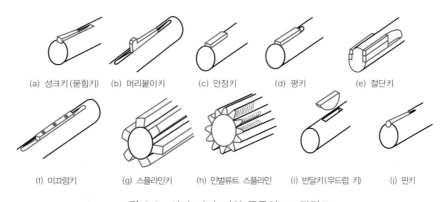

(a) 성크키(묻힘키) (b) 머리붙이키 (c) 안장키 (d) 평키 (e) 절단키

(f) 미끄럼키 (g) 스플라인키 (h) 인벌류트 스플라인 (i) 반달키(우드럽 키) (j) 핀키

그림 3.6 여러 가지 키의 종류와 그 단면도

이상 키의 종류를 기능적 관점에서 계통적으로 나타내면 그림 3.5와 같이 된다.

그림 3.6은 여러 가지 키의 종류를 나타낸 것이다.

3.1.2 소회전력의 키

그림 3.7에서 보는 바와 같이 안장키, 평키, 둥근키 등이 있다.

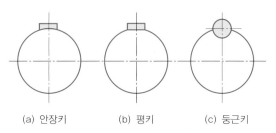

(a) 안장키　　　(b) 평키　　　(c) 둥근키

그림 3.7 소회전력의 키

(1) 안장키(saddle key, 새들키)

축에는 홈을 파지 않고 보스에만 $\frac{1}{100}$ 정도의 기울기의 홈을 파고 이 홈 속에 키를 박는 것으로, 키의 한 면은 축의 원호에 잘 맞도록 凹형으로 깎고 이 축의 안장키면에 접촉압력을 생기게 하고, 이 마찰저항에 의하여 원주에 작용하는 힘을 전달시키는 키이다. 축은 가공을 하지 않으므로 강도를 감소시키지 않으며, 또 벨트 및 풀리, 기어 등을 임의의 위치에 매달 수 있는 이점이 있다. 그러나, 마찰력에 의해서만 회전을 전달시키므로 큰 동력을 전달시킬 수 없고 불확실하다. 안장키는 이미 설치되어 있는 축의 어느 부분에 새로이 풀리를 달려고 할 때 사용하면 편리하다.

(2) 평키(flat key)

축을 키의 폭만큼 납작하게 깎아서 보스의 키홈과의 사이에 밀어 넣는다. $\frac{1}{100}$ 의 기울기를 주며, 안장키보다 약간 큰 힘을 전달시킬 수 있다. 전달하는 회전력은 작지만 축의 강도를 거의 저하시키지 않는다.

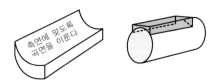

그림 3.8 안장키

(3) 둥근키 (round key)

핀키 (pin key) 라고도 하며 핸들과 같이 토크가 작은 것을 고정할 때 사용한다. 단면은 그림 3.9에서 보는 바와 같이 원형으로 하중이 작을 때만 사용된다. d 를 축의 지름이라 할 때 핀키의 지름 d_p 는 다음 식으로 구한다.

$$d_p = (0.6 \sim 0.7)\sqrt{d} \qquad (3.1)$$

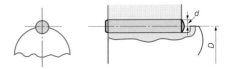

그림 3.9 둥근키

3.1.3 반달키 (woodruff key)

우드럽키라고도 하며, 반달모양의 키로서 축에 홈을 파기 때문에 축의 강도가 약해진다. 그러나 키와 키홈 등이 모두 가공하기 쉽고, 키가 자동적으로 축과 보스 사이에 자리를 잘 잡을 수 있는 장점이 있어서 자동차, 공작기계 등에 널리 사용된다. 일반적으로 60 [mm] 이하의 작은 축에 사용되고 특히 테이퍼축에 사용하면 편리하다 (그림 3.10). 표 3.2는 반달키의 치수, 표 3.3은 반달키홈의 치수를 나타낸다.

그림 3.10 반달키   **그림 3.11** 반달키의 종류

▶**표 3.2** 반달키의 KS규격 (KS B 1313)

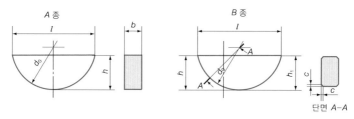

비고 표면 거칠기는 양측면은 6.3 S로 하고, 그 밖에는 25 S로 한다.

(단위 : [mm])

키의 호칭 치수 $b \times d_0$	반 달 키 의 치 수										참 고		
	b		d_0		h		h_1				전 단 단면적 [mm²]	적응하는 축지름 d
	기준 치수	허용차 (h 9)	기준 치수	허용차	기준 치수	허용차 (h 11)	기준 치수	허용차	c	l		
2.5×10	2.5	0 −0.025	10	0 −0.1	3.7	0 −0.075	3.55	±0.1	0.16~0.25	9.6	21	7~12
3×10	3		10		3.7		3.55			9.6	26	8~14
3×13			13		5.0		4.75			12.6	35	9~16
3×16			16		6.5	0 −0.090	6.3			15.7	45	11~18
4×13	4		13		5.0	0 −0.075	4.75			12.6	46	11~18
4×16			16		6.5	0 −0.090	6.3			15.7	57	12~20
4×19			19		7.5		7.1			18.5	70	14~22
5×16	5	0 −0.030	16		6.5		6.3			15.7	72	14~22
5×19			19		7.5		7.1			18.5	86	15~24
5×22			22		9.0		8.5			21.6	102	17~26
6×22	6		22	0 −0.2	9.0		8.5			21.6	121	19~28
6×25			25		10.0		9.5			24.4	141	20~30
6×28			28		11.0	0 −0.110	10.6			27.3	155	22~32
6×32			32		13.0		12.5			31.4	180	24~34
(7×22)	7		22	0 −0.1	9	0 −0.090	8.5	±0.2	0.25~0.40	21.6	139	20~29
(7×25)			25		10		9.5			24.4	159	22~32
(7×28)			28		11		10.6			27.3	179	24~34
(7×32)			32		13	0 −0.110	12.5			31.4	209	26~37
(7×38)			38		15		14.0			37.1	249	29~41
(7×45)			45		16		15.0			43.0	288	31~45
8×25	8	0 −0.036	25		10	0 −0.090	9.5			24.4	181	24~34
8×28			28	0 −0.2	11		10.6			27.3	203	26~37
8×32			32		13		12.5			31.4	239	28~40
8×38			38		15	0 −0.110	14.0			37.1	283	30~44
10×32	10		32		13		12.5		0.40~0.60	31.4	295	31~46
10×45			45		16		15.0			43.0	406	38~54
10×55			55		17		16.0			50.8	477	42~60
10×65			65		19	0 −0.130	18.0			59.0	558	46~65
12×65	12	0 −0.043	65		19		18.0	±0.3		59.0	660	50~73
12×80			80		24		22.4			73.3	834	58~82

▶**표 3.3** 반달키홈의 치수

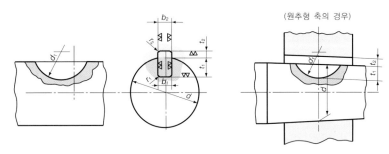

(원추형 축의 경우)

(단위 : [mm])

키의 호칭 치수 $b \times d_0$	반 달 키 홈 의 치 수										참 고 해 당 축지름 d
	b_1		b_2		t_1	t_2		r_1 및 r_2	d_1		
	기준 치수	허용차 (N 9)	기준 치수	허용차 (F 9)	기준 치수	기준 치수	t_1, t_2의 허용차	기준 치수	기준 치수	허용차	
2.5×10	2.5		2.5		2.5				10		7~12
3×10		− 0.004 − 0.029		+0.031 +0.006	2.5	1.4			10	+0.2 0	8~14
3×13	3		3		3.8				13		9~16
3×16					5.3				16		11~18
4×13					3.5				13		11~18
4×16	4		4		5	1.7		0.08~0.16	16		12~20
4×19					6				19	+0.3 0	14~22
5×16					4.5				16	+0.2 0	14~22
5×19	5	0 − 0.030	5	+0.040 +0.010	5.5	2.2			19		15~24
5×22					7				22		17~26
6×22					6.6				22		19~28
6×25	6		6		7.6	2.6			25		20~30
6×28					8.6				28		22~32
6×32					10.6		+0.1 0		32		24~34
(7×22)					6.4				22		20~29
(7×25)					7.4				25		22~32
(7×28)	7		7		8.4	2.8		0.16~0.25	28		24~34
(7×32)					10.4				32	+0.3 0	26~37
(7×38)					12.4				38		29~41
(7×45)					13.4				45		31~45
8×25		0 − 0.036		+0.049 +0.013	7.2				25		24~34
8×28	8		8		8.2	3			28		26~37
8×32					10.2				32		28~40
8×38					12.2				38		30~44
10×32					9.8				32		31~46
10×45	10		10		12.8	3.4			45		38~54
10×55					13.8			0.25~0.40	55		42~60
10×65					15.8				65		46~65
12×65	12	0 − 0.043	12	+0.059 +0.016	15.2	4			65	+0.5 0	50~73
12×80					20.2				80		58~82

비고 ( ) 가 있는 호칭치수는 되도록 사용하지 않는다.

3.1.4 묻힘키

성크키라고도 하며 축의 길이방향으로 절삭된 키홈에 키를 미리 묻어 놓고, 그 위에 보스를 축방향으로부터 활동시켜서 축과 보스를 결합하는 방법의 키이다. 묻힘키에는 양측면은 평행이며, 윗면만이 $\frac{1}{100}$ 의 한쪽 경사를 가진 경사키와 위아래면이 모두 평행인 평행키가 있다. 그림 3.12는 경사키, 그림 3.13은 평행키이다. 이 때 힘을 전달하는 면은 측벽면이므로 키의 측면은 키홈에 잘 박혀 있어야 된다. 그리고 축선방향의 이동은 세트 스크류를 사용하여 고정한다. 묻힘키의 양끝의 모양은 반원모양으로 다듬질한다.

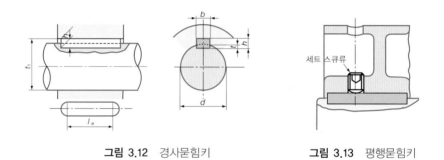

그림 3.12 경사묻힘키   **그림 3.13** 평행묻힘키

(1) 평행키

KS B 1311에는 평행키, 경사키, 반달키와 키홈들에 대하여 규정하고 있다. 표 3.4와 표 3.5는 평행키 및 키홈의 모양과 치수이다.

그림 3.14 평행키의 실물

▶**표 3.4** 평행키의 모양 및 치수

[키 몸체]

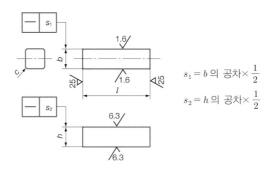

$$s_1 = b \text{의 공차} \times \frac{1}{2}$$

$$s_2 = h \text{의 공차} \times \frac{1}{2}$$

[나사용 구멍] (구멍 A : 고정 나사용 구멍,   구멍 B : 빠짐 나사용 구멍)

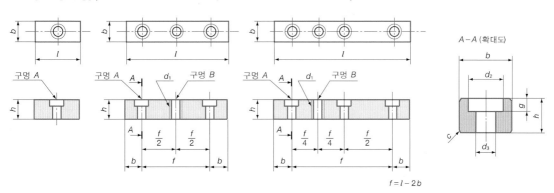

$f = l - 2b$

(단위 : [mm])

키의 호칭 치수 $b \times h$	키 몸 체						나 사 용 구 멍				
	b		h		$c^{(2)}$	$l^{(1)}$	나사의 호칭				
	기준 치수	허용차 (h 9)	기준 치수	허용차			d_1	d_2	d_3	g
2×2	2	0 −0.025	2	0 −0.025	0.16~0.25	6~ 20	−	−	−	−
3×3	3		3			6~ 36	−	−	−	−
4×4	4	0 −0.030	4	0 −0.030		8~ 45	−	−	−	−
5×5	5		5		h9	10~ 56	−	−	−	−
6×6	6		6		0.25~0.40	14~ 70	−	−	−	−
(7×7)	7	0 −0.036	7	0 −0.036		16~ 80	−	−	−	−
8×7	8		7			18~ 90	M 3	6.0	3.4	2.3
10×8	10		8	0 −0.090	h11	22~110	M 3	6.0	3.4	2.3
12×8	12	0 −0.043	8		0.40~0.60	28~140	M 4	8.0	4.5	3.0
14×9	14		9			36~160	M 5	10.0	5.5	3.7

키의 호칭 치수 $b \times h$	키 몸 체						나 사 용 구 멍			
	b		h		$c^{(2)}$	$l^{(1)}$	나사의 호칭 d_1	d_2	d_3	g
	기준 치수	허용차 (h 9)	기준 치수	허용차						
(15×10)	15		10			40~180	M 5	10.0	5.5	3.7
16×10	16		10			45~180	M 5	10.0	5.5	3.7
18×11	18		11			50~200	M 6	11.5	6.6	4.3
20×12	20		12			56~220	M 6	11.5	6.6	4.3
22×14	22		14			63~250	M 6	11.5	6.6	4.3
(24×16)	24	0 −0.052	16	0 −0.110	0.60~0.80	70~280	M 8	15.0	9.0	5.7
25×14	25		14			70~280	M 8	15.0	9.0	5.7
28×16	28		16			80~320	M10	17.5	11.0	10.8
32×18	32		18			90~360	M10	17.5	11.0	10.8
(35×22)	35	0 −0.062	22	0 −0.130	1.00~1.20	100~400	M10	17.5	11.0	10.8
36×20	36		20			—	M12	20.0	14.0	13.0
(38×24)	38		24			—	M10	17.5	11.0	10.8
40×22	40	0 −0.062	22	0 −0.130	1.00~1.20	—	M12	20.0	14.0	13.0
(42×26)	42		26			—	M10	17.5	11.0	10.8
45×25	45		25			—	M12	20.0	14.0	13.0
50×28	50		28			—	M12	20.0	14.0	13.0
56×32	56		32	h11		—	M12	20.0	14.0	13.0
63×32	63	0 −0.074	32		1.60~2.00	—	M12	20.0	14.0	13.0
70×36	70		36	0 −0.160		—	M16	26.0	18.0	17.5
80×40	80		40			—	M16	26.0	18.0	17.5
90×45	90	0 −0.087	45		2.50~3.00	—	M20	32.0	22.0	21.5
100×50	100		50			—	M20	32.0	22.0	21.5

주 [1] l은 표의 범위 내에서 다음 중에서 고르는 것이 좋다.

그리고 l의 치수 허용차는 h12로 한다.

6, 8, 10, 12, 14, 16, 18, 20, 22, 25, 28, 32, 36, 40, 45, 50, 56, 63, 70, 80, 90, 100, 110, 125, 140, 160, 180, 200, 220, 250, 280, 320, 360, 400

[2] 45° 모떼기(c) 대신에 둥글기(r)를 주어도 좋다.

비고 호칭치수에 괄호를 붙인 것은 대응 국제 규격에는 규정되어 있지 않으므로 새로운 설계에는 사용하지 않는다.

참고 표에 규정하는 키의 허용차보다 공차가 작은 키가 필요한 경우에는 키의 나비 b에 대한 허용차를 h7로 한다. 이 경우 높이 h의 허용차는, 키의 호칭치수 7×7 이하는 h7, 키의 호칭치수 8×7 이상은 h11로 한다.

▶표 3.5 평행키용의 키홈의 모양 및 치수

키홈의 단면

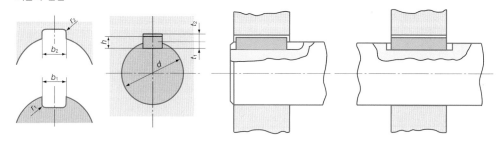

(단위 : [mm])

| 키의 호칭 치수 $b \times h$ | b_1 및 b_2의 기준 치수 | 활 동 형 | | 보 통 형 | | 조 립 형 | r_1 및 r_2 | t_1의 기준 치수 | t_2의 기준 치수 | t_1 및 t_2의 허용차 | 참 고 |
		b_1 허용차 (H9)	b_2 허용차 (D10)	b_1 허용차 (N9)	b_2 허용차 (Js9)	b_1 및 b_2 허용차 (P9)					적용하는 축지름[3] d
2× 2	2	+0.025 0	+0.060 +0.020	−0.004 −0.029	±0.0125	−0.006 −0.031	0.08～0.16	1.2	1.0	+0.1 0	6～ 8
3× 3	3							1.8	1.4		8～ 10
4× 4	4	+0.030 0	+0.078 +0.030	0 −0.030	±0.0150	−0.012 −0.042		2.5	1.8		10～ 12
5× 5	5						0.16～0.25	3.0	2.3		12～ 17
6× 6	6							3.5	2.8		17～ 22
(7× 7)	7	+0.036 0	+0.098 +0.040	0 −0.036	±0.0180	−0.015 −0.051		4.0	3.3		20～ 25
8× 7	8							4.0	3.3		22～ 30
10× 8	10						0.25～0.40	5.0	3.3		30～ 38
12× 8	12							5.0	3.3		38～ 44
14× 9	14	+0.043 0	+0.120 +0.050	0 −0.043	±0.0215	−0.018 −0.061		5.5	3.8		44～ 50
(15×10)	15							5.0	5.3		50～ 55
16×10	16							6.0	4.3	+0.2 0	50～ 58
18×11	18							7.0	4.4		58～ 65
20×12	20	+0.052 0	+0.149 +0.065	0 −0.052	±0.0260	−0.022 −0.074	0.40～0.60	7.5	4.9		65～ 75
22×14	22							9.0	5.4		75～ 85
(24×16)	24							8.0	8.4		80～ 90
25×14	25							9.0	5.4		85～ 95
28×16	28							10.0	6.4		95～110
32×18	32	+0.062 0	+0.180 +0.080	0 −0.062	±0.0310	−0.026 −0.088	0.70～1.00	11.0	7.4	+0.3 0	110～130
(35×22)	35							11.0	11.4		125～140
36×20	36							12.0	8.4		130～150
(38×24)	38							12.0	12.4		140～160
40×22	40							13.0	9.4		150～170
(42×26)	42							13.0	13.4		160～180

키의 호칭 치수 $b \times h$	b_1 및 b_2의 기준 치수	활동형		보통형		조립형	r_1 및 r_2	t_1의 기준 치수	t_2의 기준 치수	t_1 및 t_2의 허용차	참고 적용하는 축지름[3] d
		b_1 허용차 (H9)	b_2 허용차 (D10)	b_1 허용차 (N9)	b_2 허용차 (Js9)	b_1 및 b_2 허용차 (P9)					
45×25	45							15.0	10.4		170~200
50×28	50							17.0	11.4		200~230
56×32	56							20.0	12.4		230~260
63×32	63	+0.074 0	+0.260 +0.100	0 −0.074	±0.0370	−0.032 −0.106	1.20~1.60	20.0	12.4		260~290
70×36	70							22.0	14.4		290~330
80×40	80							25.0	15.4		330~380
90×45	90	+0.087 0	+0.220 +0.120	0 −0.087	±0.0435	−0.037 −0.0124	2.00~2.50	28.0	17.4		380~440
100×50	100							31.0	19.5		440~500

주 [3] 적용하는 축지름은 키의 강도에 대응하는 토크에서 구할 수 있는 것으로 일반 용도의 기준으로 나타낸다. 키의 크기가 전달하는 토크에 대하여 적절한 경우에는 적용하는 축지름보다 굵은 축을 사용하여도 좋다. 그 경우에는 키의 옆면이 축 및 허브에 균등하게 닿도록 t_1 및 t_2를 수정하는 것이 좋다. 적용하는 축지름보다 가는 축에는 사용하지 않는 편이 좋다.

비고 호칭치수에 괄호를 붙인 것은 대응 국제 규격에는 규정되어 있지 않으므로, 새로운 설계에는 사용하지 않는다.

(2) 경사키

표 3.6, 3.7, 3.8은 경사키의 모양과 치수를 나타낸다.

▶**표 3.6** 경사키의 모양 및 치수

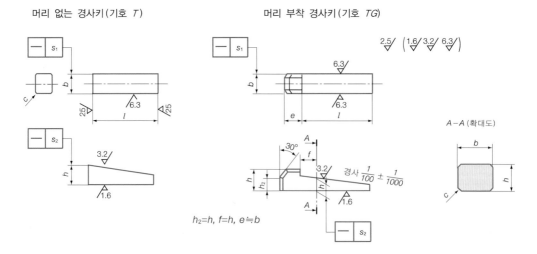

(단위 : [mm])

키의 호칭 치수 $b \times d_0$	키 몸체						
	b		h		h_1	$c^{(2)}$	$l^{(1)}$
	기준 치수	허용차 (h 9)	기준 치수	허용차			
2×2	2	0 / −0.025	2	0 / −0.025	—	0.16~0.25	6~30
3×3	3	0 / −0.025	3	0 / −0.025	—	0.16~0.25	6~36
4×4	4	0 / −0.030	4	0 / −0.030 (h 9)	7	0.25~0.40	8~45
5×5	5	0 / −0.030	5	0 / −0.030 (h 9)	8	0.25~0.40	10~56
6×6	6	0 / −0.030	6	0 / −0.030 (h 9)	10	0.25~0.40	14~70
(7×7)	7	0 / −0.036	7.2	0 / −0.036 (h 9)	10	0.25~0.40	16~80
8×7	8	0 / −0.036	7	0 / −0.090 (h11)	11	0.25~0.40	18~90
10×8	10	0 / −0.043	8	0 / −0.090 (h11)	12	0.25~0.40	22~110
12×8	12	0 / −0.043	8	0 / −0.090 (h11)	12	0.25~0.40	28~140
14×9	14	0 / −0.043	9	0 / −0.090 (h11)	14	0.25~0.40	36~160
(15×10)	15	0 / −0.043	10.2	0 / −0.070 (h10)	15	0.40~0.60	40~180
16×10	16	0 / −0.052	10	0 / −0.090 (h11)	16	0.40~0.60	45~180
18×11	18	0 / −0.052	11	0 / −0.110 (h11)	18	0.40~0.60	50~200
20×12	20	0 / −0.052	12	0 / −0.110 (h11)	20	0.40~0.60	56~220
22×14	22	0 / −0.052	14	0 / −0.110 (h11)	22	0.40~0.60	63~250
(24×16)	24	0 / −0.052	16.2	0 / −0.070 (h10)	24	0.60~0.80	70~280
25×14	25	0 / −0.052	14	0 / −0.110 (h11)	22	0.60~0.80	70~280
28×16	28	0 / −0.052	16	0 / −0.110 (h11)	25	0.60~0.80	80~320
32×18	32	0 / −0.062	18	0 / −0.110 (h11)	28	0.60~0.80	90~360
(35×22)	35	0 / −0.062	22.3	0 / −0.084 (h10)	32	1.00~1.20	100~400
36×20	36	0 / −0.062	20	0 / −0.130 (h11)	32	1.00~1.20	—
(38×24)	38	0 / −0.062	24.3	0 / −0.084 (h10)	36	1.00~1.20	—
40×22	40	0 / −0.062	22	0 / −0.130 (h11)	36	1.00~1.20	—
(42×26)	42	0 / −0.062	26.3	0 / −0.084 (h10)	40	1.00~1.20	—
45×25	45	0 / −0.062	25	0 / −0.130	40	1.00~1.20	—
50×28	50	0 / −0.062	28	0 / −0.130	45	1.00~1.20	—
56×32	56	0 / −0.074	32	0 / −0.160 (h11)	50	1.60~2.00	—
63×32	63	0 / −0.074	32	0 / −0.160 (h11)	50	1.60~2.00	—
70×36	70	0 / −0.074	36	0 / −0.160 (h11)	56	1.60~2.00	—
80×40	80	0 / −0.074	40	0 / −0.160 (h11)	63	2.50~3.00	—
90×45	90	0 / −0.087	45	0 / −0.160 (h11)	70	2.50~3.00	—
100×50	100	0 / −0.087	50	0 / −0.160 (h11)	80	2.50~3.00	—

비고 호칭치수에 괄호를 붙인 것은 대응 국제 규격에는 규정되어 있지 않으므로 새로운 설계에는 사용하지 않는다.

▶ **표 3.7** 경사키의 모양 및 치수

둥근바닥 (기호 WA)   납작바닥 (기호 WB)

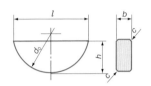 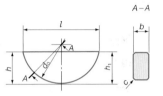

비고 표면 거칠기는 양쪽면은 $1.6\mu\mathrm{m}R_\mathrm{a}$로 하고, 기타는 $6.3\mu\mathrm{m}R_\mathrm{a}$로 한다.

(단위 : [mm])

키의 호칭 치수 $b \times d_0$	키 몸 체									참 고
	b		d_0		h		h_1		$c^{(2)}$	l (계산값)
	기준 치수	허용차 (h 9)	기준 치수	허용차	기준 치수	허용차 (h 11)	기준 치수	허용차		
1×4	1		4	0 −0.120	1.4	0 −0.060	1.1	±0.1	0.16~0.25	−
1.5×7	1.5		7		2.6		2.1			−
2×7	2		7	0 −0.150	2.6		2.1			−
2×10			10		3.7		3.0			−
2.5×10	2.5	0 −0.025	10		3.7		3.0			9.6
(3×10)	3		10	0 −0.1	3.7	0 −0.075	3.55			9.6
3×13			13	0 −0.180	5.0		4.0			12.6
3×16			16		6.5	0 −0.090	5.2			15.7
(4×13)	4		13	0 −0.1	5.0	0 −0.075	4.75			12.6
4×16			16	0 −0.180	6.5		5.2			15.7
4×19			19	0 −0.210	7.5		6.0			18.5
5×16	5	0 −0.030	16	0 −0.180	6.5	0 −0.090	5.2	±0.2	0.25~0.40	15.7
5×19			19		7.5		6.0			18.5
5×22			22	0 −0.210	9.0		7.2			21.6
6×22	6		22		9.0		7.2			21.6
6×25			25		10.0		8.0			24.4
(6×28)			28	0 −0.2	11.0	0 −0.110	10.6			27.3
(6×32)			32		13.0		12.5			31.4
(7×22)	7	0 −0.036	22	0 −0.1	9.0	0 −0.090	8.5			21.6
(7×25)			25		10.0		9.5			24.4
(7×28)			28	0 −0.2	11.0	0 −0.110	10.6			27.3
(7×32)			32		13.0		12.5			31.4

키의 호칭 치수 $b \times d_0$	키 몸 체									참 고
	b		d_0		h		h_1		$c^{(2)}$	l (계산값)
	기준 치수	허용차 (h 9)	기준 치수	허용차	기준 치수	허용차 (h 11)	기준 치수	허용차		
(7×38)			38		15.0		14.0			37.1
(7×45)			45		16.0		15.0			43.0
(8×25)			25		10.0	0 −0.090	9.5			24.4
8×28	8		28	0 −0.210	11.0		8.8		0.40~0.60	27.3
(8×32)			32	0 −0.2	13.0		12.5		0.25~0.40	31.4
(8×38)			38		15.0	0 −0.110	14.0			37.1
10×32	10		32	0 −0.250	13.0		10.4			31.4
(10×45)			45		16.0		15.0			43.0
(10×55)			55		17.0		16.0		0.40~0.60	50.8
(10×65)			65	0 −0.2	19.0		18.0			59.0
(12×65)	12	0 −0.043	65		19.0	0 −0.130	18.0	±0.3		59.0
(12×80)			80		24.0		22.4			73.3

비고 호칭치수에 괄호를 붙인 것은 대응 국제 규격에는 규정되어 있지 않으므로 새로운 설계에는 사용하지 않는다.

▶ 표 3.8 경사키용의 키홈의 모양 및 치수

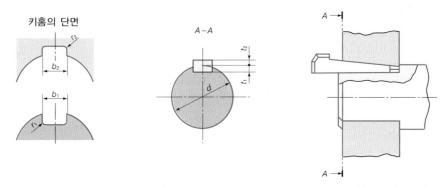

(단위 : [mm])

키의 호칭 치수 $b \times h$	b_1 및 b_2		r_1 및 r_2	t_1의 기준 치수	t_2의 기준 치수	t_1 및 t_2의 허용차	참 고 (5) 적용하는 축지름 d
	기준 치수	허용차 (D10)					
2×2	2	+0.060 +0.020	0.08~0.16	1.2	0.5	+0.05 0	6~8
3×3	3			1.8	0.9		8~10
4×4	4	+0.078 +0.030	0.16~0.25	2.5	1.2	+0.1 0	10~12
5×5	5			3.0	1.7		12~17

키의 호칭 치수 $b \times h$	b_1 및 b_2		r_1 및 r_2	t_1의 기준 치수	t_2의 기준 치수	t_1 및 t_2의 허용차	참고 (5) 적용하는 축지름 d
	기준 치수	허용차 (D10)					
6×6	6			3.5	2.2		17~22
(7×7)	7	+0.098 +0.040		4.0	3.0		20~25
8×7	8			4.0	2.4		22~30
10×8	10			5.0	2.4	+0.2 0	30~38
12×8	12		0.25~0.40	5.0	2.4		38~44
14×9	14	+0.120 +0.050		5.5	2.9		44~50
(15×10)	15			5.0	5.0	+0.1 0	50~55
16×10	16			6.0	3.4		50~58
18×11	18			7.0	3.4	+0.2 0	58~65
20×12	20			7.5	3.9		65~75
22×14	22	+0.149 +0.065		9.0	4.4		75~85
(24×16)	24		0.40~0.60	8.0	8.0	+0.1 0	80~90
25×14	25			9.0	4.4		85~95
28×16	28			10.0	5.4	+0.2 0	95~110
32×18	32			11.0	6.4		110~130
(35×22)	35			11.0	11.0	+0.15 0	125~140
36×20	36			12.0	7.1	+0.3 0	130~150
(38×24)	38	+0.180 +0.080		12.0	12.0	+0.15 0	140~160
40×22	40		0.70~1.00	13.0	8.1	+0.3 0	150~170
(42×26)	42			13.0	13.0	+0.15 0	160~180
45×25	45			15.0	9.1	+0.3 0	170~200
50×28	50			17.0	10.1		200~230
56×32	56			20.0	11.1		230~260
63×32	63	+0.220 +0.100	1.20~1.60	20.0	11.1		260~290
70×36	70			22.0	13.1		290~330
80×40	80			25.0	14.1		330~380
90×45	90	+0.260 +0.120	2.00~2.50	28.0	16.1		380~440
100×50	100			31.0	18.1		440~500

비고 호칭치수에 괄호를 붙인 것은 대응 국제 규격에는 규정되어 있지 않으므로 새로운 설계에는 사용하지 않는다.

(3) 묻힘키의 강도계산

그림 3.15에서와 같이 키의 단면 AEFD는 보스의 홈에, 단면 EBCF는 축의 홈에 끼워져 박혀 있고, 축으로부터 보스쪽에 키를 통하여 토크를 전달하고 있다. 키의 옆면 EB에 힘 P'가 작용하고, 키는 측면 DF를 통하여 보스쪽에 힘 P'를 전달하여 보스에 토크를 전달하고 있다.

그림 3.16은 키에 작용하는 힘을 나타낸 것으로, 키의 옆면 EB에는 힘 P'가 작용하고, 옆면 DF는 키로부터 보스쪽에 미치는 힘의 반작용으로 키는 힘 P를 받는다. 이 때문에 키는 단면 EF를 경계면으로 서로 힘의 크기가 같고 반대방향인 힘 P, P'를 받는 것으로 되어 키에는 전단응력이 발생한다.

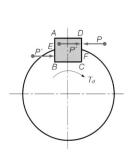

그림 3.15 키에 의한 토크 전달

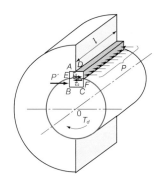

그림 3.16 키에 작용하는 힘

여기서 T : 키가 전달하는 비틀림 모멘트

d : 축지름 b : 키의 폭

h : 키의 높이 l : 키의 유효길이

τ : 키에 생기는 허용전단응력 σ_c : 키에 생기는 허용압축응력

이라 하면

$$T = \frac{d}{2}P, \qquad P = \tau l b$$

$$\therefore \ T = \frac{\tau l b d}{2} \quad \therefore \ \tau = \frac{2T}{l b d} \tag{3.2}$$

다음 압축응력을 살펴보면 그림 3.17에서

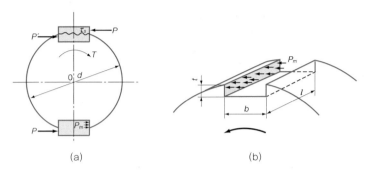

그림 3.17 묻힘키의 압축응력

$$\sigma_c = \frac{P}{tl} = \frac{2T}{dtl} \tag{3.3}$$

단, t : 축에 묻히는 키의 길이

그런데 $t = \dfrac{h}{2}$ 라 하면

$$\sigma_c = \frac{4T}{hld} \tag{3.4}$$

지금 키의 전단저항과 압축저항을 같도록 설계하여야 하므로

$$\tau lb = \sigma_c l \frac{h}{2}$$

$$\therefore \ \frac{b}{h} = \frac{\sigma_c}{2\tau} \qquad \therefore h = b\frac{2\tau}{\sigma_c} \tag{3.5}$$

여기서, $\sigma_c = 2\tau$ 라고 하면 $b = h$ 로 되어 단면이 정사각형으로 된다.

그러나 일반적으로 $\tau > 0.5\sigma_c$ 이므로 $h > b$ 로도 된다. 그러나, 키의 두께가 너무 높으면 보스와 축에 홈을 깊게 파야 되기 때문에 축이 약해지게 되므로 깊이를 폭보다 길게 하는 것은 좋지 않다. 따라서 치수가 큰 것에 있어서는 $b > h$ 로 하며 압축에 대하여 약하게 된 점은 길이를 길게 하여 보완하여야 한다. 또 키의 전단저항에 의한 회전력이 축에 작용하는 회전력과 같게 하여

$$T = \tau lb \frac{d}{2} = \frac{\pi d^3}{16}\tau_d \tag{3.6}$$

τ_d 를 축에 생기는 최대전단응력, 축과 키를 같은 재료라고 하면

$\tau = \tau_d$ 로 하여 $\qquad\qquad lb\dfrac{d}{2} = \dfrac{\pi d^3}{16}$

키가 축에 충분히 박히려면 키의 길이 l은 경험에 의하여 $l > 1.5\,d$ 이어야 된다. 따라서

$l = 1.5\,d$ 라고 하여

$$\frac{3\,bd^2}{4} = \frac{\pi d^3}{16}$$

$$\therefore\ b = \frac{\pi}{12}d \fallingdotseq \frac{d}{4} \tag{3.7}$$

d를 축지름 [mm] 으로 할 때, 키의 단면 치수는 대체로

$$\begin{cases} \qquad b = 0.2\,d + 3 \,[\text{mm}] \\ \text{또는 } b = \left(\frac{3}{16} \sim \frac{1}{4}\right)d + 3\,[\text{mm}] \end{cases}$$

$$\begin{cases} \qquad h = 0.1\,d + 3\,[\text{mm}] \\ \text{또는 } h = \frac{d}{8} + 2\,[\text{mm}] \text{ 로 하면 적당하다.} \end{cases}$$

🔓 **예제 1**

지름 60 [mm]의 강축이 전달할 수 있는 비틀림 모멘트를 전달시키는 머리붙이키를 설계 제도하시오.

풀이

$d = 60\,[\text{mm}]$　$\tau_w = 50\,[\text{MPa}]$로 하여

$$T = \frac{\pi}{16}d^3\tau_w = \frac{\pi}{16} \times 60^3 \times 50 \fallingdotseq 2120575\,[\text{N} \cdot \text{mm}] \fallingdotseq 2120.6\,[\text{N} \cdot \text{mm}]$$

$$d = 60\,[\text{mm}],\qquad b = \frac{d}{4} = 15\,[\text{mm}]$$

표 3.6에서 $h = 10\,[\text{mm}]$

$$l_e = \frac{2\,T}{b\tau_w d} = \frac{2 \times 2120575}{15 \times 50 \times 60} \fallingdotseq 94.3\,[\text{mm}] \equiv 9.5\,[\text{cm}]$$

머리의 높이 $1.75\,h = 1.75 \times 10 = 17.5\,[\text{mm}]$
이것을 제도하면 그림과 같다.

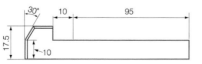

🔒 예제 2

지름 75 [mm]의 강축을 사용하여 $N = 250$ [rpm]으로 $H = 90$ [ps]을 전달시키는 묻힘키를 설계하시오.

풀이

표 3.5에서 키의 단면 치수는
$d = 75$ [mm]에 대하여
$b = 20$ [mm], $h = 13$ [mm]이므로
$T = \dfrac{7018760 \cdot H_{PS}}{N}$ [N · mm]에서

$$T = \frac{7018760 \times 90}{250} = 2526754 \,[\text{N} \cdot \text{mm}] \fallingdotseq 2526.8 \,[\text{N} \cdot \text{m}]$$

$$T = P \times \frac{d}{2} = P \times \frac{75}{2}$$

$$P = 2 \times \frac{2526754}{75} = 67380 \,[\text{N}]$$

$\sigma_w = 150$ [MPa]라고 하면, 키의 유효길이 l_e 는

$$l_e = \frac{2T}{\mu' b \times d \times \sigma_w} = \frac{2 \times 2526754}{0.2 \times 20 \times 75 \times 150} \fallingdotseq 112 \,[\text{mm}]$$

이 때의 전단응력은 $\tau_w = \dfrac{2T}{lbd} = \dfrac{2 \times 2526754}{115 \times 20 \times 75} \fallingdotseq 29.3$ [MPa]
강철의 허용전단은 30 [MPa] 정도이므로 안전하다.

🔒 예제 3

어느 축과 키에 있어서 인장과 압축응력의 관계가 최대전단응력설에 기본하여 $\tau = \frac{1}{2}\sigma$ 라 하고 키의 길이를 구하시오. 단, 주축의 토크의 값을 기초로 하여 구하여라. 여기서 축의 항복점응력 400 [MPa], 축지름 80 [mm], 키 재료의 항복점응력 340 [MPa], 키의 치수 22×22 [mm], 안전율은 2 이다.

풀이

축의 토크 $\tau_a = \dfrac{T}{Z_p}$ 에서 $\quad T = \dfrac{\pi d^3}{16}\tau_a = \dfrac{\pi \times 80^3}{16} \cdot \dfrac{200}{2} = 1.005 \times 10^7 \,[\text{N} \cdot \text{mm}]$
$\qquad\qquad\qquad\qquad\qquad = 1.005 \times 10^4 \,[\text{N} \cdot \text{m}]$

축표면의 접선력 $P = \dfrac{2T}{d} = \dfrac{2 \times 1.005 \times 10^7}{80} = 251250$ [N]

키의 길이 l 에 대하여 축의 항복점을 고려하면

$$l = \frac{P}{\sigma_a \dfrac{h}{2}} = \frac{251250}{\dfrac{400}{2} \times \dfrac{22}{2}} \fallingdotseq 114 \,[\text{mm}]$$

키 재료의 항복점을 고려하면

$$l = \frac{P}{\sigma_a \cdot \dfrac{h}{2}} = \frac{251250}{\dfrac{340}{2} \times \dfrac{22}{2}} \fallingdotseq 134 \,[\mathrm{mm}]$$

키의 전단을 기본으로 하면

$$l = \frac{P}{\tau_a b} = \frac{251250}{\dfrac{170}{2} \times 22} \fallingdotseq 134 \,[\mathrm{mm}]$$

∴ l은 약 140 [mm]를 선정하는 것이 좋다.

3.1.5 접선키 (tangential key)

사각키, 안장키 등의 키는 반지름방향의 압축력이 작용하고 있지만 실제로 전단하는 힘은 축의 바깥둘레에 접선방향으로 작용하고 있으므로, 키를 박을 때 이 방향에 힘이 생기도록 하면 유리할 것이다.

이렇게 만들어진 것이 접선키이며 아주 큰 회전력 또는 힘의 방향이 변화하는 곳에 사용되고 있다. 키의 기울기는 $\dfrac{1}{40} \sim \dfrac{1}{45}$ 정도이다. 축과 보스의 양쪽에 삼각형의 홈을 합하여 직사각형이 되도록 하고, 그림 3.18에서 보는 바와 같이 한쪽에만 기울기를 가지고 있는 높이 h, 폭 $\dfrac{b}{2}$의 키를 반대로 2개를 조합하여 전체의 폭이 b의 키로 하여 집어넣는다. 그러나 한 곳에만 넣으면 한 방향의 회전에만 견딜 수 있으므로 양쪽 방향의 회전에는 120° 또는 180° 의 각도로 두 곳에 설치한다. 180°로 하면 키홈의 조정이 쉽지만 축을 손상시킨다. 그러므로 120°로 두 곳에 배치하는 것이 좋으며 전동력이 큰 축(100 [mm] 이상 또는 플라이휠)에 주로 사용된다. 독일의 표준규격 DIN에는 충격적 교번하중의 경우(DIN 268)에 $d = 100 \sim 1000 \,[\mathrm{mm}]$에 대하여

$$\left.\begin{array}{ll} b = 0.3\,d & h(=t) = 0.1\,d \\ a = 3 \sim 9 \,[\mathrm{mm}] & r = 2 \sim 8 \,[\mathrm{mm}] \end{array}\right\} \tag{3.8}$$

일반적인 교번하중의 경우(DIN 271)에 있어서는 $d = 60 \sim 1000 \,[\mathrm{mm}]$에 대하여

$$\left.\begin{array}{ll} b = \dfrac{d}{4} & h(=t) \fallingdotseq \dfrac{1}{15}d \\ a = 1.5 \sim 5 \,[\mathrm{mm}] & r = 1 \sim 4 \,[\mathrm{mm}] \end{array}\right\} \tag{3.9}$$

로 정하고 있다.

표 3.9는 DIN의 접선키에 대한 치수이다.

▶**표 3.9** 접선키의 DIN 규격

(단위 : [mm])

축지름 d	보통의 경우		충격적인 경우		축지름 d	보통의 경우		충격적인 경우	
	높이 t	나비 b	높이 t	나비 b		높이 t	나비 b	높이 t	나비 b
60	7	19.3		-	420	30	108.2	42	126
70	7	21.0	-	-	440	30	110.9	44	132
80	8	24.0	-	-	460	30	113.6	46	138
90	8	25.6	-	-	480	34	123.1	48	144
100	9	28.6	10	30	500	34	125.7	50	150
110	9	30.1	11	33	520	34	128.5	52	156
120	10	33.2	12	36	540	38	138.6	54	162
130	10	34.6	13	39	560	38	140.8	56	168
140	11	37.7	14	42	580	38	143.5	58	174
150	11	39.1	15	45	600	42	153.1	60	180
160	12	42.1	16	48	620	42	155.8	62	186
170	12	43.5	17	51	640	42	158.5	64	192
180	12	44.9	18	54	660	46	168.1	66	198
190	14	49.6	19	57	680	46	170.8	68	204
200	14	51.0	20	60	700	46	173.4	70	210
210	14	52.4	21	63	720	50	183.0	72	216
220	16	57.1	22	69	740	50	185.7	74	222
230	16	58.5	23	69	760	50	195.4	76	228
240	16	59.9	24	72	780	54	198.0	78	234
250	18	64.6	25	75	800	54	200.7	80	240
260	18	66.0	26	78	820	54	203.4	82	246
270	18	67.4	27	81	840	58	213.0	84	252
280	20	72.1	28	84	860	58	215.7	86	258
290	20	73.5	29	87	880	58	218.4	88	264
300	20	74.8	30	90	900	62	227.9	90	270
320	22	81.0	32	96	920	62	230.6	92	276
340	22	83.6	34	102	940	62	233.2	94	282
360	26	93.2	36	108	960	66	242.9	96	288
380	26	95.9	38	114	980	66	245.6	98	294
400	26	98.6	40	120	1000	66	248.3	100	300

보통의 경우	축지름	600~150	160~240	250~340	360~460	480~680	700~1000
	홈의 둥금새 (r)	1	1.5	2	2.5	3	4
	키의 구석살 깎아내기 (a)	1.5	2	2.5	3	4	5
충격적인 경우	축지름	100~220	230~360	380~460	480~580	600~860	880~1000
	홈의 둥금새 (r)	2	3	4	5	6	8
	키의 필릿 깎아내기 (a)	3	4	5	6	7	9

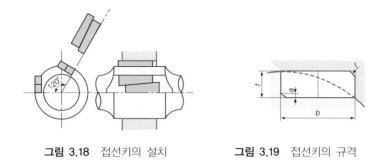

그림 3.18 접선키의 설치 　　**그림 3.19** 접선키의 규격

3.1.6 미끄럼키 (feather key)

(1) 미끄럼키의 개요

　슬라이딩키라고도 하며 보스가 축과 더불어 회전하는 동시에 축방향으로 미끄러져 움직일 수 있도록 만든 키를 미끄럼키라고 한다. 키와 보스 또는 축과의 사이에 약간의 틈새를 두고 있다. 키에는 기울기가 없고 평행으로 한다. 키의 단면은 직사각형이고 키의 길이와 키홈은 활동하는 범위의 길이만큼 선택한다.

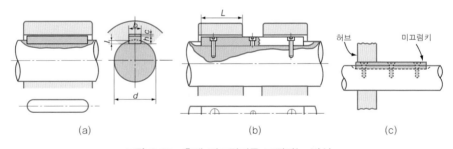

(a)　　　　　　　　　(b)　　　　　　　　　(c)

그림 3.20 축에 미끄럼키를 고정하는 방식

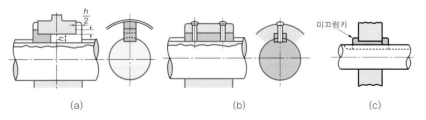

(a)　　　　　　　　　(b)　　　　　　　　　(c)

그림 3.21 키를 보스에 고정하는 방식

일반적으로 키의 호칭은 명칭과 나비(b)×높이(h)×길이(l)로 표시된다.

보기 미끄럼키 24×16×160

미끄럼키의 고정은 키를 축에 고정시키는 방식과 보스에 고정시키는 방식이 있고 모두 측면만으로 회전력을 전달시키는 것이므로, 측면압축강도를 충분히 갖도록 설계하여야 한다. 측면으로 힘을 받으면서 미끄럼활동운동도 하므로 접촉압력 p_a의 허용치는 묻힘키에 비하여 상당히 작아야 한다.

표 3.10은 허용접촉응력 p_a의 값을 표시한다.

미끄럼키는 보스 또는 축에 기계나사 또는 압입방법으로 설치한다. 그림 3.22는 보스쪽에 평행 미끄럼키를 압입하여 축홈 속에 이동할 수 있도록 한 예이다.

▶**표 3.10** 미끄럼키의 허용 접촉압력 p_a

키	보스 또는 축	p_a [MPa]	
		정회전력	변동회전력
반 경 강	주철	10~20	10
	강	10~20	10
열처리강	열처리강	≦40	20

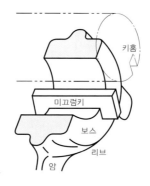

그림 3.22 미끄럼키의 설치 (보스쪽에 압입)

(2) 미끄럼키의 전달 토크

그림 3.23(a)는 1개의 미끄럼키를 이용한 경우이고, 그림 (b)는 2개를 이용한 경우이다. 그림 (a)의 경우 축의 토크 T는

$$T = P_1 \frac{d}{2}, \qquad \therefore \ P_1 = \frac{2T}{d}$$

그 마찰력 μP_1은 축방향력으로 되어 그림 (c)에서 보는 것처럼 보스를 축방향으로 이동하는 데 필요한 힘으로 된다.

$$2\mu P_1 = \frac{4\mu T}{d}$$

2개의 미끄럼키를 이용하는 경우에는

$$T = P_2 d, \qquad P_2 = \frac{T}{d}$$

$$2\mu P_2 = \frac{2\mu T}{d} \qquad\qquad (3.10)$$

마찰력에 대하여 2개의 식을 비교하면 2개의 미끄럼키에 작용하는 축방향력은 1개의 미끄럼키의 $\frac{1}{2}$이 되는 것을 알 수 있다.

표 3.11은 미끄럼키의 모양 및 치수를 나타내며, 표 3.12는 미끄럼키홈의 모양 및 치수를 나타낸다.

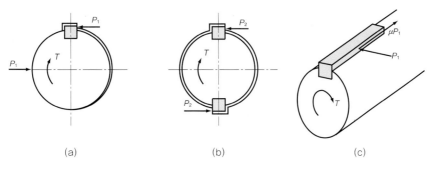

(a)   (b)   (c)

그림 3.23 미끄럼키

▶표 3.11 미끄럼키의 모양 및 치수

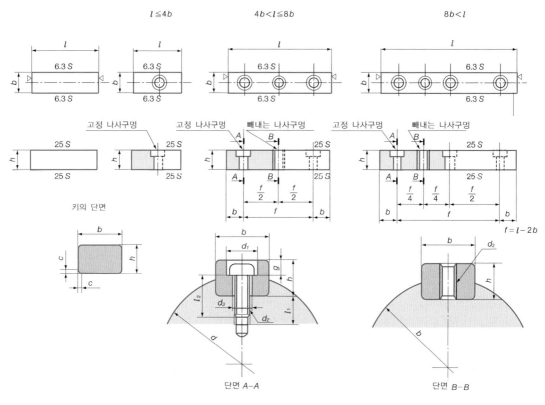

(단위 : [mm])

키의 호칭 치수 $b \times h$	키 의 치 수											참 고		
	b		h		C	$l^{(3)}$	d_1	나사의 호칭 d_2	d_3	g	고정 나사		적응하는[4] 축지름 d
	기준 치수	허용차 (h 9)	기준 치수	허용차							l_1	l_2	
2×2	2	0 −0.025	2	0 −0.025	0.16 ~0.25	6~ 20	—	—	—	—	—	—	6초과 8이하
3×3	3		3			6~ 36	—	—	—	—	—	—	8초과 10이하
4×4	4	0 −0.030	4	0 −0.030		8~ 45	—	—	—	—	—	—	10초과 12이하
5×5	5		5		h9	10~ 56	—	—	—	—	—	—	12초과 17이하
6×6	6		6			14~ 70	—	—	—	—	—	—	17초과 22이하
(7×7)	7	0 −0.036	7	0 −0.036	0.25 ~0.40	16~ 80	—	—	—	—	—	—	20초과 25이하
8×7	8		7			18~ 90	6.0	M3×0.5	3.4	2.3	5	8	22초과 30이하
10×8	10		8	0 −0.090		22~110	6.0	M3×0.5	3.4	2.3	6	10	30초과 38이하
12×8	12	0 −0.043	8		h11 0.40 ~0.60	28~140	8.0	M4×0.7	4.5	3.0	7	10	38초과 44이하
14×9	14		9			36~160	10.0	M5×0.8	5.5	3.7	8	12	44초과 50이하
(15×10)	15		10			40~180	10.0	M5×0.8	5.5	3.7	10	14	50초과 55이하
16×10	16		10			45~180	10.0	M5×0.8	5.5	3.7	8	12	50초과 58이하

키의 호칭 치수 $b \times h$	키 의 치 수										참 고		
	b		h		C	$l^{(3)}$	d_1	나사의 호칭 d_2	d_3	g	고정 나사		적응하는[4] 축지름 d
	기준 치수	허용차 (h 9)	기준 치수	허용차							l_1	l_2	
18×11	18		11			50~200	11.5	M6	6.5	4.3	10	14	58초과 65이하
20×12	20		12			56~220	11.5	M6	6.5	4.3	8	14	65초과 75이하
22×14	22		14			63~250	11.5	M6	6.5	4.3	8	16	75초과 85이하
(24×16)	24	0 −0.052	16	0 −0.110	0.60 ~0.80	70~280	15.0	M8	8.8	5.7	14	20	80초과 90이하
25×14	25		14			70~280	15.0	M8	8.8	5.7	10	16	85초과 95이하
28×16	28		16			80~320	17.5	M10	11.0	10.8	14	16	95초과 110이하
32×18	32		18			90~360	17.5	M10	11.0	10.8	16	20	110초과 130이하
(35×22)	35		22			100~400	17.5	M10	11.0	10.8	16	25	125초과 140이하
36×20	36		20			—	20.0	M12	14.0	13.0	18	20	130초과 150이하
(38×24)	38	0 −0.062	24	0 −0.130	1.00 ~1.20	—	17.5	M10	11.0	10.8	16	25	140초과 160이하
40×22	40		22			—	20.0	M12	14.0	13.0	20	25	150초과 170이하
(42×26)	42		26			—	17.5	M10	11.0	10.8	18	28	160초과 180이하
45×25	45		25			—	20.0	M12	14.0	13.0	18	25	170초과 200이하
50×28	50		28			—	20.0	M12	14.0	13.0	20	30	200초과 230이하
56×32	56		32			—	20.0	M12	14.0	13.0	20	35	230초과 260이하
63×32	63	0 −0.074	32		1.60 ~2.00	—	20.0	M12	14.0	13.0	20	35	260초과 290이하
70×36	70		36	0 −0.160		—	26.0	M16	14.0	17.5	22	35	290초과 330이하
80×40	80		40		2.50 ~3.00	—	26.0	M16	18.0	17.5	22	40	330초과 380이하
90×45	90	0 −0.087	45			—	32.0	M20	22.0	21.5	25	45	380초과 440이하
100×50	100		50			—	32.0	M20	22.0	21.5	25	50	440초과 500이하

주 [3] l은 위 표의 범위 내에서 다음의 것을 택한다.

또한, l의 치수 허용차는 KS B 0401의 h12로 하는 것을 원칙으로 한다.

6, 8, 10, 12, 14, 16, 18, 20, 22, 25, 28, 32, 36, 40, 45, 50, 56, 63, 70, 80, 90, 100, 110, 125, 140, 160, 180, 200, 220, 250, 280, 320, 360, 400

[4] 참고로 표시한 적응하는 축지름은 일반 용도의 목표값을 나타낸 것에 불과한 것으로서 키 선택에 있어서는 축의 토크에 대응하는 키의 치수 및 재료를 결정한다.

비고 1. 고정용 나사의 호칭 M8까지는 KS B 1021 (홈붙이 작은나사) 의 납작머리 작은 나사 또는 KS B 1023 (+자홈 작은나 사) 의 냄비머리 작은나사를 사용한다. 호칭 M10 이상은 KS B 1003 (육각 구멍붙이 볼트) 으로 사용한다.

2. ( )가 있는 호칭치수는 되도록 사용하지 않는다.

▶**표 3.12** 미끄럼키홈의 모양 및 치수

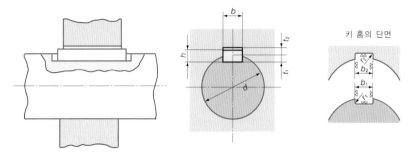

키 홈의 단면

(단위 : [mm])

키의 호칭 치수 $b \times h$	키 의 치 수								참 고
	b_1		b_2		r_1 및 r_2	t_1의 기준치수	t_2의 기준치수	t_1, t_2의 허용차	적응하는 축지름 d
	기준 치수	허용차 (H 9)	기준 치수	허용차 (D 10)					
2× 2	2	+0.025 0	2	+0.060 +0.020	0.08~0.16	1.2	1.0	+0.1 0	6초과 8이하
3× 3	3		3			1.8	1.4		8초과 10이하
4× 4	4	+0.030 0	4	+0.078 +0.030		2.5	1.8		10초과 12이하
5× 5	5		5			3.0	2.3		12초과 17이하
6× 6	6		6		0.16~0.25	3.5	2.8		17초과 22이하
(7× 7)	7	+0.036 0	7	+0.098 +0.040		4.0	3.5		20초과 25이하
8× 7	8		8			4.0	3.3		22초과 30이하
10× 8	10		10			5.0	3.3	+0.2 0	30초과 38이하
12× 8	12	+0.043 0	12	+0.120 +0.050	0.25~0.40	5.0	3.3		38초과 44이하
14× 9	14		14			5.5	3.8		44초과 50이하
(15×10)	15		15			5.0	5.5		50초과 55이하
16×10	16		16			6.0	4.3		50초과 58이하
18×11	18		18			7.0	4.4		58초과 65이하
20×12	20	+0.052 0	20	+0.149 +0.065	0.40~0.60	7.5	4.9		65초과 75이하
22×14	22		22			9.0	5.4		75초과 85이하
(24×16)	24		24			8.0	8.5		80초과 90이하
25×14	25		25			9.0	5.4		85초과 95이하
28×16	28		28			10.0	6.4		95초과 110이하
32×18	32		32			11.0	7.4		110초과 130이하
(35×22)	35	+0.062 0	35	+0.180 +0.080	0.70~1.00	11.0	12.0	+0.3 0	125초과 140이하
36×20	36		36			12.0	8.4		130초과 150이하
(38×24)	38		38			12.0	13.0		140초과 160이하
40×22	40		40			13.0	9.4		150초과 170이하
(42×26)	42		42			13.0	14.0		160초과 180이하
45×25	45		45			15.0	10.4		170초과 200이하
50×28	50		50			17.0	11.4		200초과 230이하
56×32	56	+0.074 0	56	+0.220 +0.100	1.20~1.60	20.0	12.4		230초과 260이하
63×32	63		63			20.0	12.4		260초과 290이하
70×36	70		70			22.0	14.4		290초과 330이하
80×40	80	+0.087 0	80	+0.260 +0.120	2.00~2.50	25.0	15.4		330초과 380이하
90×45	90		90			28.0	17.4		380초과 440이하
100×50	100		100			31.0	19.5		440초과 500이하

비고 ( )가 있는 호칭치수는 되도록 사용하지 않는다.

3.1.7 스플라인 (spline)

(1) 스플라인의 특성과 종류

큰 토크를 축과 보스에 전달시키려면 1개의 키만으로 전달시키는 것은 불가능하므로 4개~수십 개의 키를 같은 간격으로 축과 일체로 깎아낸 것이 스플라인축이다. 축의 전체 둘레에 몇 개의 키홈을 절삭하면 축의 단면적이 감소하고, 또 키홈은 축에 노치(notch)를 만든 것이 되므로, 키홈의 밑바닥에 응력집중이 발생하여 축의 강도를 많이 감소시킨다. 또 스플라인축은 미끄럼키와 같은 양으로 회전토크를 전달시키는 동시에 축방향으로 이동도 할 수 있고, 토크를 수 개의 키로써 분담하는 것이 되므로 큰 힘을 전달시킬 수가 있고 내구력도 좋다. 자동차, 항공기, 발전용, 증기터빈 등의 기어 속도변환축에 사용되고 있다(그림 3.24).

스플라인은 이의 모양에 따라 각형스플라인, 인벌류트 스플라인 및 **세레이션**(serration) 등의 종류가 있다.

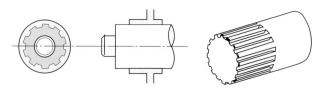

그림 3.24 스플라인축

(2) 각형 스플라인

일반적인 스플라인을 말하며, 4, 6, 8, 10, 16, 20의 짝수 개의 이와 이의 홈을 각각 축과 보스에 같은 간격으로 깎아낸 것이다. 이것은 자동차의 부품 중에 강력하고도 내구성이 필요한 부분에 쓰인다. 축과 보스에 질이 좋은 특수강을 기계다듬질, 표면경화, 연마 등의 방법으로 가공한다. KS B 2006 (1977)에 규격화되어 있다.

(3) 각형 스플라인의 규격

표 3.13과 그림 3.25는 미국의 ASE 규격의 스플라인의 표준잇수를 표시한 것이다. 일본의 JIS 505에는 자동차용 스플라인에 대하여 6, 8, 10홈의 3종을 규정하고 있다.

▶**표 3.13** 스플라인키의 미국규격

	6 잇수	4 잇수	10 잇수
고정 상태	$d = 0.90\,D$ $w = 0.25\,D$ $h = 0.05\,D$	$d = 0.85\,D$ $w = 0.241\,D$ $h = 0.075\,D$	$d = 0.91\,D$ $w = 0.156\,D$ $h = 0.045\,D$
하중이 작용하지 않을 때	$d = 0.85\,D$ $w = 0.25\,D$ $h = 0.075\,D$	$d = 0.75\,D$ $w = 0.241\,D$ $h = 0.125\,D$	$d = 0.86\,D$ $w = 0.156\,D$ $h = 0.07\,D$
하중이 작용할 때	$d = 0.80\,D$ $w = 0.25\,D$ $h = 0.10\,D$		$d = 0.81\,D$ $w = 0.156\,D$ $h = 0.095\,D$

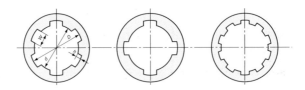

그림 3.25 스플라인키의 잇수

(4) 스플라인축의 전달토크

b : 이나비 c : 이면의 모따기

d : 평균지름 h : 이높이

d_2 : 스플라인의 큰 지름 d_1 : 스플라인의 작은 지름

l : 보스의 길이 P_a : 이측면의 허용접촉면압력

T : 전달토크 Z : 스플라인의 잇수 (홈수)

η : 이측면의 접촉효율

잇수 Z개의 스플라인이의 측벽에 작용하는 힘 P는 다음과 같다.

$$P = Z(h - 2c)\,l\,P_a\,(\mathrm{N}) \tag{3.11}$$

여기서, 이측면의 접촉효율 η는 이론상으로는 100 [%]이지만 실제로는 스플라인이의 절삭가공 정밀도의 문제를 생각하여, 즉, 접촉효율 η는 보통 $\eta = 75\,[\%]$로 잡는다.

스플라인의 전달할 수 있는 토크 T는 다음과 같다.

$$T = \eta P \cdot \frac{d}{2} = \eta Z(h-2c)l P_a \frac{1}{4}(d_1+d_2) \qquad (3.12)$$

▶표 3.14 스플라인의 허용접촉면압력

(단위 : [MPa])

허용접촉압력	고 정	무하중에서 접동	하중상태에서 접동
P_a	45~70	30~45	3.0 이하

🔒 예제 4

그림 3.26과 같은 스플라인축에 있어서 전달마력 H는 얼마인가?

단, 회전속도 $N = 1023$ [rpm]   허용면압력 $P_a = 10$ [MPa]

보스의 길이 $l = 100$ [mm]   잇수 $Z = 6$

큰지름 $d_2 = 50$ [mm]   작은지름 $d_1 = 46$ [mm]

모따기 $c = 0.4$ [mm]   이높이 $h = 2$ [mm]

이나비 $b = 9$ [mm]   접촉효율 $\eta = 0.75$

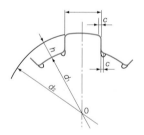

그림 3.26

풀이

전달토크 T는

$$T = \eta Z(h-2c)l P_a \frac{1}{4}(d_1+d_2) \, [\text{N} \cdot \text{mm}]$$

$$= 0.75 \times 6(2-2 \times 0.4) \times 100 \times 10 \times \frac{50+46}{4} = 129600 \, [\text{N} \cdot \text{mm}]$$

$$= 129.6 \, [\text{N} \cdot \text{m}]$$

$$H_{PS} = \frac{T \, [\text{kg}_f \cdot \text{mm}] \cdot N \, [\text{rpm}]}{716200} = \frac{T \, [\text{N} \cdot \text{mm}] \cdot N \, [\text{rpm}]}{9.8 \times 716200}$$

$$= \frac{129600 \times 1023}{9.8 \times 716200} \fallingdotseq 18.9 \, [\text{PS}] = 18.9 \times 736 \, [\text{W}]$$

$$\fallingdotseq 1390 \, [\text{W}] = 13.9 \, [\text{kW}]$$

(5) 전달토크의 계산

d : 축지름 [mm] H_{kW} : 전달동력 [kW]

H_{PS} : 전달동력 [PS] N : 회전속도 [rpm]

T : 전달토크 [N · mm] τ_d : 축의 비틀림응력 [MPa]

축에 전달하는 동력을 [kW]로 표시하면

$$T = 9545200 \ \frac{H_{kW}}{N} \ [\text{N} \cdot \text{mm}] \tag{3.13}$$

축에 전달하는 동력을 마력으로 표시하면

$$T = 7018760 \ \frac{H_{PS}}{N} \ [\text{N} \cdot \text{mm}] \tag{3.14}$$

3.2 코터 (cotter)

3.2.1 코터의 형상과 기울기

코터는 팽팽한 쐐기모양의 강편 (쇠조각) 으로 피스톤 로드, 크로스 헤드 및 커넥팅 로드 사이의 결합용 기계요소로서 사용되며, 일반적으로 코터의 재료는 축의 재료보다 강도가 약간 높은 것을 사용한다. 코터의 결합은 그림 3.30 에서와 같이 로드, 소켓, 코터의 세 부분으로 구성되며, 결합방법은 로드에 소켓을 끼우고 코터구멍에 코터를 때려 박아서 연결한다. 코터 이음은 가공이 어려우므로 핀으로 사용하기도 한다.

| 그림 3.27 코터 이음의 분해 | 그림 3.28 코터 이음의 형상 |

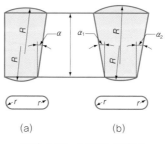

그림 3.29 코터의 기울기

코터는 한쪽에만 기울기가 있는 것 (그림 3.29(a)) 과 양쪽이 모두 기울기가 있는 것 (그림 3.29(b)) 이 있으며, 제작이 쉽기 때문에 한쪽만 기울어진 코터가 더 많이 사용된다. 코터의 단면은 직사각형 모양으로 각이 지게 하면 응력집중이 생기므로 이것을 방지하기 위하여 측면의 모서리에 둥금새 r (roundness) 를 주고, 또 양끝면은 타격에 의한 반곡을 방지하기 위하여 구면 R 로 한다.

키는 전단력을 받지만 코터는 축방향에 직각으로 집어넣기 때문에 주로 굽힘 모멘트를 받게 된다. 코터의 기울기는 가끔 빼서 조정할 필요가 있을 경우는 크게 하여 $\tan \alpha$ 또는 $\tan(\alpha_1 + \alpha_2)$ 를 1/10~1/15 정도로 취하고, 영구적으로 박은 채 뺄 필요가 없을 경우는 1/20~1/40 정도로 한다.

3.2.2 코터에 작용하는 힘

코터의 기울기면을 소켓과 로드 구멍의 기울기면에 밀착시키기 위하여 코터를 타격하여 박는다. 코터는 기울기면의 마찰력에 의하여 자립상태를 유지하고 있으며, 하나의 쐐기의 역할을 한다. 그림 3.30은 힘의 균형상태를 나타낸다. 힘의 자유물체도를 그리면 그림 3.31과 같이 된다. 여기서 P, P_1, P_2 를 축방향의 힘이라 하고, Q, Q_1, Q_2 를 코터를 박는 힘, R, R_1, R_2 를 반력, α, α_1, α_2 를 테이퍼, ρ, ρ_1, ρ_2 를 마찰각이라 한다.

(1) 양쪽 기울기의 경우

그림 3.31(a) 에서 코터를 Q의 힘으로 축에 두드려 박으면 코터는 축으로부터의 반작용으로서 그림 3.31(b)에서 보는 것처럼 접촉면에 수직으로 R 또는 접촉면에 따라 마찰력 μR가 작용한다. 이 힘들의 상하방향의 분력의 균형

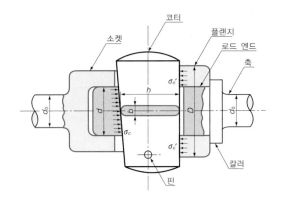

그림 3.30 코터 이음의 때려 박음

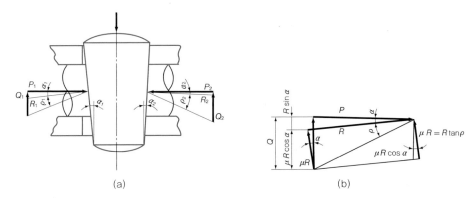

(a) (b)

그림 3.31 코터의 타격에 의한 힘의 균형

을 $R_1 = R_2 = R$, $\rho = \rho_1 = \rho_2$ 라 하면

$$Q = 2(R\sin\alpha + \mu R\cos\alpha)$$

$$\therefore\ Q = 2(R\sin\alpha + R\tan\rho\cos\alpha)$$

$$= 2R(\sin\alpha + \tan\rho\cos\alpha)$$

$$= 2R\frac{\sin(\alpha+\rho)}{\cos\rho} \tag{3.15}$$

$$\left(\begin{array}{l}\sin(\alpha+\rho) = \sin\alpha\,\cos\rho + \cos\alpha\,\sin\rho \\[4pt] \tan\rho = \sin\rho/\cos\rho\,\text{이므로}\end{array}\right)$$

그리고 $P = R_1\cos(\alpha_1 + \rho_1) = R_2\cos(\alpha_2 + \rho_2)$로 주어지고 $Q = Q_1 + Q_2$ 로 분할된다.

$$\therefore \ Q_1 = R_1 \sin(\alpha_1 + \rho_1),$$
$$Q_2 = R_2 \sin(\alpha_2 + \rho_2)$$

또 힘 P를 인수로 하면

$$Q_1 = P \tan(\alpha_1 + \rho_1),$$
$$Q_2 = P \tan(\alpha_2 + \rho_2)$$

$$\therefore \ Q = R_1 \sin(\alpha_1 + \rho_1) + R_2 \sin(\alpha_2 + \rho_2) \tag{3.16}$$

$$Q = P\{\tan(\alpha_1 + \rho_1) + \tan(\alpha_2 + \rho_2)\} \tag{3.17}$$

한편 빠져나오는 힘을 Q'라 하면 윗 식을 유도한 것과 같은 모양으로 하여 다음 식이 성립된다.

$$Q' = P\{\tan(\alpha_1 - \rho_1) + \tan(\alpha_2 - \rho_2)\} \tag{3.18}$$

(2) 한쪽 기울기의 경우

그림 3.32에 있어서 $Q = Q_1 + Q_2$

또 $Q_1 = P_1(\sin\alpha + \mu\cos\alpha), \quad R_2 = P_2, \quad Q_2 = \mu R_2 = \mu P_2$

$$\therefore \ Q = P_1(\sin\alpha + \mu\cos\alpha) + \mu P_2$$

$$\therefore \ P_2 = P_1(\cos\alpha - \mu\sin\alpha)$$

$$\therefore \ P_1 = \frac{Q}{\cos\alpha(2\mu + \tan\alpha - \mu^2\tan\alpha)} \fallingdotseq \frac{Q}{\cos\alpha(2\mu + \tan\alpha)} \tag{3.19}$$

$$P_2 = \frac{(1 - \mu\tan\alpha)Q}{2\mu + \tan\alpha - \mu^2\tan\alpha} \fallingdotseq \frac{(1 - \mu\tan\alpha)Q}{2\mu + \tan\alpha} \tag{3.20}$$

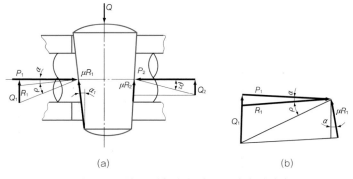

(a)   (b)

그림 3.32 한쪽 기울기인 경우 코터의 타격력

빠져나오는 데 필요한 힘 Q'는

$$Q' = \mu P_2 - P_1(\sin\alpha - \mu\cos\alpha) \tag{3.21}$$

$$P_2 = P_1(\cos\alpha - \mu\sin\alpha) \tag{3.22}$$

식 (3.21), (3.22)로부터

$$P_1 = \frac{P_2}{\cos\alpha - \mu\sin\alpha} \tag{3.23}$$

$$\therefore\ Q - \left(\mu - \frac{\sin\alpha - \mu\cos\alpha}{\cos\alpha - \mu\sin\alpha}\right)P_2 - \left(\mu - \frac{\tan\alpha - \mu}{1 + \mu\tan\alpha}\right)P_2 \tag{3.24}$$

3.2.3 코터의 자립상태

(1) 양쪽 기울기의 경우

코터가 스스로 빠져나오지 않으려면, 즉 자립상태 (self-sustenance) 를 유지하려면 $Q' \leqq 0$ 이어야 한다.

즉, $$\tan(\alpha_1 - \rho_1) + \tan(\alpha_2 - \rho_2) \leqq 0 \tag{3.25}$$

$\alpha_1 = \alpha_2 = \alpha$, $\rho = \rho_1 = \rho_2$ 라 하면

$$2\tan(\alpha - \rho) \leqq 0$$

$$\therefore\ \tan(\alpha - \rho) \leqq 0$$

$\angle\alpha$, $\angle\rho$ 를 모두 극히 작다고 하면

$$\alpha - \rho \leqq 0 \qquad \therefore\ \alpha \leqq \rho \tag{3.26}$$

(2) 한쪽 기울기의 경우

$\alpha_2 = 0$, $\alpha_1 = \alpha$, $\rho_1 = \rho_2 = \rho$ 일 때 자립상태를 유지하려면

$$Q' \leqq 0$$

$$\therefore\ \tan(\alpha - \rho) + \tan(-\rho) \leqq 0 \tag{3.27}$$

$$\alpha - \rho - \rho \leqq 0$$

$$\therefore\ \alpha \leqq 2\rho \tag{3.28}$$

윤활유막의 유무에 의한 마찰계수와 마찰각의 관계를 표 3.15에 표시하며, 실제로 사용되는 α 값을 표 3.16에 표시한다.

▶**표 3.15** 마찰계수 μ와 마찰각 ρ

윤활유	μ	ρ
유	0.05~0.10	3°~6°
무	0.15~0.4	8.5°~22°

▶**표 3.16** 미끄럼 방지

테이퍼 $\tan \alpha$	미끄럼 방지
$\dfrac{1}{40} \sim \dfrac{1}{20}$	필요하지 않음
$\dfrac{1}{15} \sim \dfrac{1}{10}$	핀
$\dfrac{1}{15} \sim \dfrac{1}{5}$	너 트

3.2.4 코터 이음의 응력해석과 설계치수

코터 이음에 인장 또는 압축하중이 외력으로서 작용하는 경우 코터 로드, 소켓의 각부에 발생하는 응력을 해석하여 그 결과로 설계치수를 결정한다.

여기서, b : 코터의 두께 h : 코터의 폭

d : 로드 끝의 지름 d_0 : 축지름

D : 소켓 플랜지의 지름 h_1 : 로드 끝의 길이

h_2 : 칼러와 코터 구멍 사이의 길이

M : 굽힘 모멘트 $M_{\max}$: 최대 굽힘 모멘트

P : 축방향의 힘 Z : 직 사각형의 단면계수

σ_b : 코터의 굽힘응력 σ_c : 축의 압축응력

σ_t : 축의 코터 구멍의 인장응력 τ_s : 축의 전단응력

(1) 코터의 압축응력

로드가 코터에 접하는 부분에 가해지는 압축응력 σ_c 는

$$\sigma_c = \frac{P}{bd} \tag{3.29}$$

소켓이 코터에 접하는 부분의 압축응력 $\sigma_c{'}$ 는

$$\sigma_c{}' = \frac{P}{b(D-d)} \tag{3.30}$$

따라서 설계에서는 $\sigma_c = \sigma_c{}'$로 하는 것이 좋으므로

$$\frac{P}{bd} = \frac{P}{b(D-d)}$$

$$bd = bD - bd \quad \therefore \ d = \frac{D}{2}$$

(2) 코터의 인장응력

축의 인장응력 σ_t 는

$$\sigma_t = \frac{P}{\dfrac{\pi d_0{}^2}{4}} \tag{3.31}$$

로드 엔드의 코터 구멍의 인장응력 $\sigma_t{}'$ 에 대해서는

$$\sigma_t{}' = \frac{P}{\dfrac{\pi d^2}{4} - bd} \tag{3.32}$$

$\sigma_t = \sigma_t{}'$로 설계하는 것이 원칙이므로

$$\frac{P}{\dfrac{\pi d_0{}^2}{4}} = \frac{P}{\dfrac{\pi d^2}{4} - bd}$$

$$\therefore \ \frac{\pi d_0{}^2}{4} = \frac{\pi d^2}{4} - bd$$

$$b = \frac{\pi}{4}\left(\frac{d^2 - d_0{}^2}{d}\right) = \frac{\pi}{4}d\left(1 - \frac{d_0{}^2}{d^2}\right)$$

그러나 실제로 코터 구멍의 내부에는 큰 응력집중이 생기므로 로드의 지름을 축지름보다 크게 하여 대체로 $d = \frac{4}{3}d_0$로 한다.

$$b = \frac{\pi}{4}\left(\frac{d^2 - \frac{9}{16}d^2}{d}\right) = \frac{\pi}{4} \times \frac{7\,d}{16} = 0.343\,d \tag{3.33}$$

일반적으로 코터의 두께 $b = \left(\frac{1}{4} \sim \frac{1}{3}\right)d$ \hfill (3.34)

(3) 코터의 굽힘응력

그림 3.33에서와 같이 코터의 모양을 직사각형 보(beam)로 생각하면 그림 3.33(c)와 같은 굽힘 모멘트 선도가 그려진다. 여기서 코터의 최대굽힘 모멘트 $M_{\max}$ 는

$$M_{\max} = \frac{P}{2}\left(\frac{3}{8} - \frac{1}{8}\right)D = \frac{PD}{8}$$

$$\sigma_b = \frac{M_{\max}}{Z} \text{에서 } Z = \frac{bh^2}{6} \text{이므로}$$

또, $M = \sigma_b Z, \quad Z = \frac{bh^2}{6}$

$$\therefore \ \sigma_b = \frac{M_{\max}}{Z} = \frac{6M_{\max}}{bh^2} = \frac{PD}{8} \Big/ \frac{bh^2}{6} = \frac{6\,PD}{8\,bh^2}$$

가 되고 코터의 폭 h 는

$$\therefore \ h = \sqrt{\frac{3PD}{4b\,\sigma_b}}$$

여기서, $b = \frac{1}{4}d, \quad d_0 = \frac{3}{4}d, \quad d = \frac{1}{2}D$ 라 하고 $P = \frac{\pi}{4}d_0^2\,\sigma_t$ 라 하면

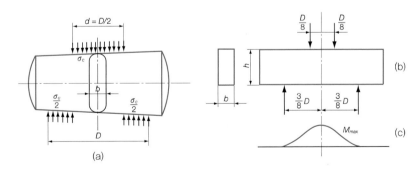

그림 3.33 코터의 굽힘 모멘트

$$h^2 = \frac{3PD}{4b\sigma} = \frac{3 \cdot \frac{\pi}{4}d_0{}^2 \sigma_t\, 2d}{d\sigma_b} = \frac{2 \cdot \frac{3}{4}\left(\frac{3}{4}\right)\pi d^2 \sigma_t}{\sigma_b}$$

$$= \frac{2 \times 3^3\, \pi \sigma_t}{4^3 \sigma_b}d^2 = 2.65\frac{\sigma_t}{\sigma_b}d^2$$

$$\therefore\ h = \left(2.65\frac{\sigma_t}{\sigma_b}\right)^{\frac{1}{2}} d \tag{3.35}$$

코터를 축보다 단단한 재질로 하여 $\dfrac{\sigma_t}{\sigma_b} = \dfrac{2}{3}$ 라 하면

$$h = \left(2.65 \times \frac{2}{3}\right)^{\frac{1}{2}} d \fallingdotseq \frac{4}{3}d$$

일반적으로 코터의 폭 h 는 로드 지름 d 에 대하여 다음 범위로 하면 된다.

$$h = \left(\frac{2}{3} \sim \frac{3}{2}\right) d \tag{3.36}$$

(4) 코터의 전단응력

로드 끝의 전단응력 τ_s 는 $\tau_s = \dfrac{P}{2dh_1}$ \hfill (3.37)

로드 끝의 길이 h_1 은 $h_1 = \dfrac{P}{2d\tau_s} = \dfrac{\pi}{4}d_0{}^2 \sigma_t / 2d\tau_s$

$$= \frac{\pi d_0{}^2 \sigma_t}{8d\tau_s} = \frac{\pi 3^2 d^2\, 2\tau_s}{8 \times 4^2 d\tau_s}$$

$$= \frac{56.5}{128} \times \frac{3}{2}h \fallingdotseq \frac{169}{256}h \fallingdotseq \frac{2}{3}h \tag{3.38}$$

일반적으로 \hspace{2em} $h_1 = h_2 = \left(\dfrac{1}{2} \sim \dfrac{2}{3}\right)h$ \hfill (3.39)

P 의 값은 코터를 박을 때 다시 힘이 추가되므로 $1.25\,P$ 로 설계하는 것이 바람직하다.

3.2.5 코터 이음의 파괴강도

그림 3.34에서 다음 사항이 고려된다.

(1) 인장력에 의한 로드의 절단 : 그림 3.34(a)에서

$$P = \frac{\pi}{4} d_0{}^2 \sigma_t \tag{3.40}$$

(2) 인장력에 의한 로드의 코터 구멍 부분에서의 절단 : 그림 3.34(b)에서

$$P = \left(\frac{\pi}{4} d - b\right) d \sigma_t \tag{3.41}$$

(3) 코터의 압축력에 의한 로드의 코터 구멍과 축단 사이의 전단파괴 : 그림 3.34(c)에서

$$P = 2 d h_1 \tau_s \tag{3.42}$$

(4) 코터의 압축력에 의한 로드 칼러의 압축 : 그림 3.34(d)에서

$$P = d b \sigma_c \tag{3.43}$$

(5) 소켓 끝의 압축력에 의한 로드 칼러의 압축 : 그림 3.34(e)에서

$$P = \frac{\pi}{4} (d_3{}^2 - d^2) \sigma_c \tag{3.44}$$

(6) 소켓 끝의 압축력에 의한 로드 칼러의 전단 : 그림 3.34(f)에서

$$P = \pi d h_3 \tau_s \tag{3.45}$$

(7) 인장력에 의한 소켓의 구멍 단면의 절단 : 그림 3.34(g)에서

$$P = \left\{ \frac{\pi}{4} (d_1{}^2 - d^2) - (d_1 - d) b \right\} \sigma_t{}' \tag{3.46}$$

(8) 코터의 압축력에 의한 소켓의 코터 구멍 측면과 소켓 플랜지 사이의 전단 : 그림 3.34(h)에서

$$P = 2 (D - d) h \tau_s{}' \tag{3.47}$$

(9) 로드와 소켓의 압축력에 의한 코터의 이면전단 : 그림 3.34(i)에서

$$P = 2 b h \tau_s{}'' \tag{3.48}$$

(10) 코터의 압축력에 의한 소켓 플랜지부의 압축 :

$$P = (D-d)\,b\,\sigma_c'$$ (3.49)

(11) 로드와 소켓의 압축력에 의한 코터의 굽힘 ;

$$P = \frac{4\,b\,h^2\,\sigma_b}{3D}$$ (3.50)

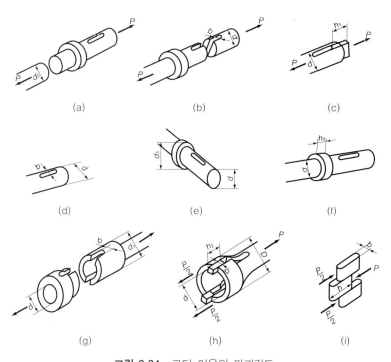

그림 3.34 코터 이음의 파괴강도

🔒 **예제 5**

그림 3.35에 도시한 것은 유압브레이크계 중의 하나인 유닛이다. 이 유닛에 있어서 작은 피스톤에 가하는 힘에서 벨 크랭크의 지점핀 A의 지름을 구하시오. 단, 작은 피스톤에 가하는 힘 300 [N], 핀의 허용전단응력 50 [MPa], 큰 피스톤 지름 80 [mm], 작은 피스톤 지름 20 [mm]라 한다.

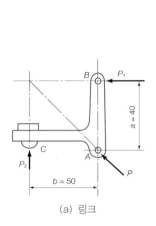

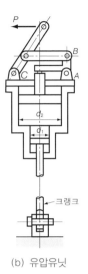

(a) 링크

(b) 유압유닛

그림 3.35

풀이

큰 피스톤에 가하는 힘 P_2 는

$$P_2 = F\,\frac{d_2^{\,2}}{d_1^{\,2}} = 300 \times \frac{80^2}{20^2} = 4800\,[\mathrm{N}]$$

B 점에 가해지는 힘 P_1 은

$$P_1 = P\,\frac{b}{a} = 4800 \times \frac{50}{40} = 6000\,[\mathrm{N}]$$

A 점의 핀에 작용하는 힘 P 는

$$P = \sqrt{P_1^{\,2} + P_2^{\,2}} = \sqrt{4800^2 + 6000^2} = \sqrt{59040000} \fallingdotseq 7684\,[\mathrm{N}]$$

핀의 지름 d 는 $d = \sqrt{\dfrac{4P}{n\pi\tau}} = \sqrt{\dfrac{4 \times 7684}{2 \times \pi \times 50}} \fallingdotseq 9.89\,[\mathrm{mm}] \fallingdotseq 10.0\,[\mathrm{mm}]$

3.3 핀 (pin)

3.3.1 핀의 종류

핀은 풀리, 기어 등에 작용하는 하중이 작을 때 설치가 간단하므로 키 대용으로 널리 사용된다. KS에는 평행핀(KS B 1320), 분할핀(KS B 1321), 스플릿 테이퍼핀(KS B 1323), 스프링핀(KS B 1339) 등이 있다.

표 3.17은 평행핀의 모양과 치수, 표 3.18, 3.19는 분할핀의 모양과 치수를 나타낸다.

▶**표 3.17** 평행핀의 모양 및 치수

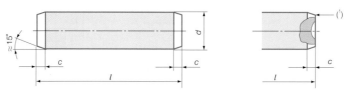

주 (¹) 반지름 또는 딤플된 핀 끝단 허용

(단위 : [mm])

d	m6 / h8(¹)		0.6	0.8	1	1.2	1.5	2	2.5	3	4	5	6	8	10	12	16	20	25	30	40	50
c	약		0.12	0.16	0.2	0.25	0.3	0.35	0.4	0.5	0.63	0.8	1.2	1.6	2	2.5	3	3.5	4	5	6.3	8
l(²)																						
호칭	최소	최대																				
2	1.75	2.25																				
3	2.75	3.25																				
4	3.75	4.25																				
5	4.75	5.25																				
6	5.75	6.25																				
8	7.75	8.25																				
10	9.75	10.25																				
12	11.5	12.5																				
14	13.5	14.5																				
16	15.5	16.5																				
18	17.5	18.5																				
20	19.5	20.5																				
22	21.5	22.5																				
24	23.5	24.5																				
26	25.5	26.5																				
28	27.5	28.5																				
30	29.5	30.5																				
32	31.5	32.5																				
35	34.5	35.5																				
40	39.5	40.5																				
45	44.5	45.5																				
50	49.5	50.5																				
55	54.25	55.75																				
60	59.25	60.75																				
65	64.25	65.75																				
70	69.25	70.75																				
75	74.25	75.75																				
80	79.25	80.75																				
85	84.25	85.75																				
90	89.25	90.75																				
95	94.25	95.75																				
100	99.25	100.75																				
120	119.25	120.75																				
140	139.25	140.75																				
160	159.25	160.75																				
180	179.25	180.75																				
200	199.25	200.75																				

상용길이의 범위

주 (¹) 그 밖의 공차는 당사자 간의 협의에 따른다.
　　(²) 호칭길이가 200 mm를 초과하는 것은 20 mm 간격으로 한다.

▶표 3.18 분할핀의 모양 및 치수

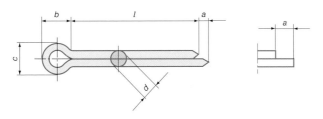

(단위 : [mm])

호 칭([1])		0.6	0.8	1	1.2	1.6	2	2.5	3.2
d	최대	0.5	0.7	0.9	1.0	1.4	1.8	2.3	2.9
	최소	0.4	0.6	0.8	0.9	1.3	1.7	2.1	2.7
a	최대	1.6	1.6	1.6	2.50	2.50	2.50	2.50	3.2
	최소	0.8	0.8	0.8	1.25	1.25	1.25	1.25	1.6
b	약	2	2.4	3	3	3.2	4	5	6.4
c	최대	1.0	1.4	1.8	2.0	2.8	3.6	4.6	5.8
	최소	0.9	1.2	1.6	1.7	2.4	3.2	4.0	5.1
상응 지름([2])	볼 트 초과	−	2.5	3.5	4.5	5.5	7	9	11
	볼 트 이하	2.5	3.5	4.5	5.5	7	9	11	14
	클레비스핀 초과	−	2	3	4	5	6	8	9
	클레비스핀 이하	2	3	4	5	6	8	9	12

호 칭([1])		4	5	6.3	8	10	13	16	20
d	최대	3.7	4.6	5.9	7.5	9.5	12.4	15.4	19.3
	최소	3.5	4.4	5.7	7.3	9.3	12.1	15.1	19.0
a	최대	4	4	4	4	6.30	6.30	6.30	6.30
	최소	2	2	2	2	3.15	3.15	3.15	3.15
b	약	8	10	12.6	16	20	26	32	40
c	최대	7.4	9.2	11.8	15.0	19.0	24.8	30.8	38.5
	최소	6.5	8.0	10.3	13.1	16.6	21.7	27.0	33.8
상응 지름([2])	볼 트 초과	14	20	27	39	56	80	120	170
	볼 트 이하	20	27	39	56	80	120	170	−
	클레비스핀 초과	12	17	23	29	44	69	110	160
	클레비스핀 이하	17	23	29	44	69	110	160	−

비고 1. 호칭크기=분할핀 구멍의 지름에 대하여 다음과 같은 공차를 분류한다.

       H13 ≤ 1.2   H14 >1.2

  2. 철도용품 또는 클레비스핀 안의 분할핀은 서로 가로방향 힘을 받는다면 표에서 규정된 것보다 큰 다음 단계의 핀을 사용하는 것이 바람직하다.

▶표 3.19 분할핀의 호칭길이와 크기

(단위 : [mm])

길 이(l)			호 칭 크 기															
호칭	최소	최대	0.6	0.8	1	1.2	1.6	2	2.5	3.2	4	5	6.3	8	10	13	16	20
4	3.5	4.5																
5	4.5	5.5																
6	5.5	6.5																
8	7.5	8.5																
10	9.5	10.5																
12	11	13																
14	13	15																
16	15	17																
18	17	19																
20	19	21																
22	21	23																
25	24	26																
28	27	29																
32	30.5	33.5						상용길이의 범위										
36	34.5	37.5																
40	38.5	41.5																
45	43.5	46.6																
50	48.5	51.5																
56	54.5	57.5																
63	61.5	64.5																
71	69.5	72.5																
80	78.5	81.5																
90	88	92																
100	98	102																
112	110	114																
125	123	127																
140	138	142																
160	158	162																
180	178	182																
200	198	202																
224	222	226																
250	248	252																
280	278	282																

4. 요구사항과 관련 국제 규격 핀의 요구 사항과 관련 규격은 표 3에 따른다.

그림 3.36은 너클 조인트(knuckle joint)이며, 그림 3.37은 너클 조인트의 조립 상태를 도시한 것으로 인장하중의 작용을 받는 2개의 축의 연결에 이용된다. 이것을 이용하려면 이음이 용이하게 분해, 조정, 수리 등을 할 수 있어야 한다.

이음의 각부는 단조에 의하여 성형되고, 그림 3.37(a)의 오른쪽에 도시한 아이 (eye) 부는 기계가공으로 만들어진다. 그림 3.38, 3.39는 여러 가지 핀의 종류를 도시한 것이다.

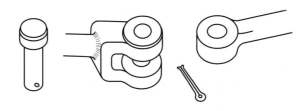

그림 3.36 너클 조인트

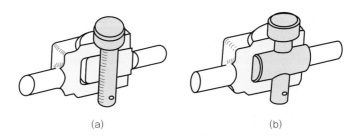

(a)   (b)

그림 3.37 너클 조인트의 조립 상태

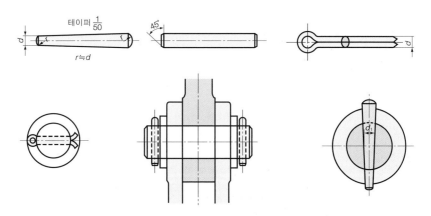

그림 3.38 여러 가지 핀의 종류

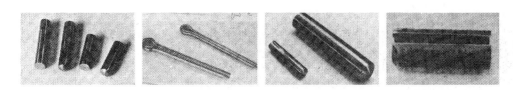

그림 3.39 여러 가지 핀의 실물사진

3.3.2 너클핀 (knuckle joint)

(1) 너클핀의 파괴에 관하여

그림 3.40에 있어서 포크, 아이, 핀의 재료가 동일한 경우 인장응력 σ_t, 압축응력 σ_c, 굽힘응력 σ_b, 전단응력을 τ라 할 때 다음 여러 가지의 파괴상태를 검토한다.

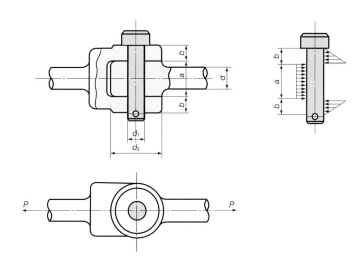

그림 3.40 너클 조인트의 파괴

① 강제축의 파괴 $\qquad\qquad\qquad\qquad P = \dfrac{\pi d^2}{4}\sigma_t$ $\qquad$ (3.51)

② 너클핀의 전단에 의한 파괴 $\qquad\quad P = 2\dfrac{\pi d_1^2}{4}\tau$ $\qquad$ (3.52)

③ 아이 (eye) 의 전단에 의한 파괴 $\qquad P = a\,(d_2 - d_1)\,\tau$ $\qquad$ (3.53)

④ 포크 (fork)의 전단에 의한 파괴 $\qquad P = 2\,b\,(d_2 - d_1)\,\tau$ $\qquad$ (3.54)

⑤ 아이의 인장에 의한 파괴 $\qquad\quad P = a\,(d_2 - d_1)\,\sigma_t$ $\qquad$ (3.55)

⑥ 포크의 인장에 의한 파괴 $\qquad\quad P = 2b\,(d_2 - d_1)\,\sigma_t$ $\qquad$ (3.56)

⑦ 핀의 접촉면응력 σ_c에 의한 아이의 파괴 $\quad P = a\,d_1\,\sigma_c$ $\qquad$ (3.57)

⑧ 핀의 접촉면응력 σ_c에 의한 포크의 파괴 $\quad P = 2\,b\,d_1\,\sigma_c$ $\qquad$ (3.58)

⑨ 핀의 굽힘에 의한 파괴

$$M_b = \frac{P}{2}\left\{\left(\frac{1}{2}a + \frac{1}{3}b\right) - \frac{1}{4}a\right\} = \frac{P}{2}\left(\frac{a}{4} + \frac{b}{3}\right)$$

$$= \frac{P}{24}(3\,a + 4\,b) \tag{3.59}$$

또

$$M_b = Z\sigma_b = \frac{\pi d_1^{\,3}}{32}\sigma_b = \frac{P}{24}(3\,a + 4\,b)$$

$$\therefore \quad P = \frac{3\,\pi d_1^{\,3}\sigma_b}{4(3\,a + 4\,b)} \tag{3.60}$$

연습 문제

1. 그림과 같은 스핀들에 조립되어 있는 레버의 끝에 접선력이 작용하고 있다. 이때 이 힘 P를 구하시오. 단, 사각키를 통하여 이 힘을 전달하는 것으로 하여 키재료의 전단허용응력을 넘어서는 안 되며 마찰은 무시한다. 여기서 스핀들의 지름 25 [mm], 레버의 길이 750 [mm], 키의 치수 $6 \times 6 \times 38$ [mm], 키의 전단허용응력 58.8 [MPa] 라 한다.

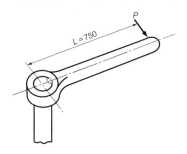

2. 벨트의 인장력 $T_t = 66640$ [N], $T_s = 53900$ [N], 키의 치수 $20 \times 20 \times 50$ [mm], 축지름 60 [mm], 풀리의 바깥지름이 90 [mm]인 그림과 같은 벨트 전동장치에 사용되는 묻힘키의 전단과 압축의 응력값을 계산하시오.

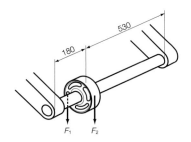

3. 모터에서 최대회전 중의 토크는 전부하토크의 2 배이다. 이것에 사용하는 키의 최대전단응력 $\tau_{\max}$와 압축응력 $\sigma_{\max}$를 구하시오. 단, 키의 치수는 $24 \times 16 \times 300$ [mm], 전달마력 추가 200 [PS](≈ 147 [kW]), 회전속도 1000 [rpm], 축지름 100 [mm]라 한다.

4. 키가 축의 토크를 양호한 상태에서 전달하려면 키재료의 최저항복점의 값은 어떻게 되는가? 단, 축의 항복점 353 [MPa], 축지름 80 [mm], 안전율 2, 키의 치수는 20 × 20 × 120 [mm]라 한다.

5. 기어가 강축에 의하여 고정되어 있다. 이 축이 전토크를 전달할 때 축에 따라 기어를 구동시키려면 어느 정도의 힘이 필요한가? 단, 축과 보스의 마찰은 무시한다. 보스의 길이 76 [mm], 사각키의 치수는 12 × 12 [mm], 축지름 50 [mm], 마찰계수 $\mu = 0.15$, 축의 전단응력 68.6 [MPa]라 한다.

해답   **1.** $P = 225$ [N]   **2.** $\tau = 6.37$ [MPa], $\tau_c = 117.68$ [MPa]
       3. $\tau_{\max} = 7.85$ [MPa], $\sigma_{\max} = 23.54$ [MPa]
       4. $\sigma = 373$ [MPa]   **5.** $F = 10780$ [N]

Chapter 04

리벳 이음

4.1 리벳의 종류

그림 4.1과 같이 강판 또는 형강 등을 영구적으로 접합하는 데 사용하는 결합용 기계요소를 리벳 (rivet) 이라고 하며, 비교적 간단하기 때문에 응용범위도 넓다. 보일러, 물탱크, 가스탱크, 철근 구조물, 철교, 항공기, 선체 등에 사용되고 있다.

재료는 일반적으로 연강, 동, 황동, 알루미늄, 듀랄루민 등이 사용되며 강도가 강한 곳에 사용할 때 또는 내식성을 크게 할 필요가 있을 때에는 특수강을 사용하기도 한다. 리벳은 **리벳 헤드** (rivet head) 와 **리벳 자루** (rivet shank) 로 구성되어 있다.

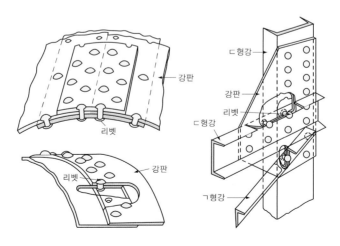

그림 4.1 리벳 이음

4.1.1 리벳의 모양에 의한 분류

리벳에는 제작 시에 냉간에서 성형되는 냉간성형 리벳 (KS B 1101, 호칭지름 1~22 [mm]의 작은 지름) 과 열간에서 성형되는 열간성형 리벳 (호칭지름 10~40 [mm]) 이 있으며, 보일러용에는 44 [mm]까지 큰지름의 리벳도 쓰인다. 냉간성형 리벳은 연강선재, 황동, 알루미늄을 사용하고, 열간성형 리벳은 압연선재를 사용한다. 표 4.1은 리벳의 분류를 나타낸 것이다.

(1) 열간성형 리벳과 냉간성형 리벳

열간성형 리벳은 그림 4.2에서 보는 것처럼 둥근머리 리벳, 접시머리 리벳, 둥근접시 리벳, 납작머리 리벳, 보일러용 둥근머리 리벳, 보일러용 둥근접시머리 리벳, 선박용 둥근접시머리 리벳의 7종류가 KS B 1102에 규격화되어 있

▶**표 4.1** 리벳의 분류

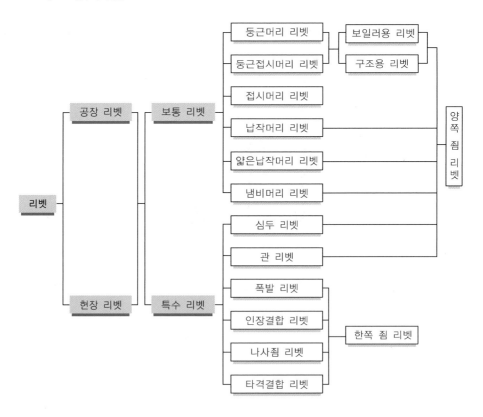

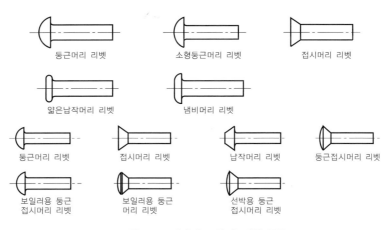

그림 4.2 리벳의 모양에 의한 종류

으며, 냉간성형 리벳은 둥근머리 리벳, 소형둥근머리 리벳, 접시머리 리벳, 얇은납작머리 리벳, 냄비머리 리벳의 5종류가 KS B 1101에 규격화되어 있다.

리벳의 종류 명칭은 그 머리부의 모양으로 분류하며, 크기는 리벳 자루의 지름으로 표시한다. 리벳 자루의 지름 d는 목밑으로부터 $\frac{1}{4}d$의 곳에서 측정하는 것을 원칙으로 하고 있다.

표 4.2는 냉간성형 둥근머리 리벳의 모양과 치수, 표 4.3은 냉간성형 소형 둥근머리 리벳의 모양과 치수, 표 4.4는 열간성형 둥근머리 리벳의 모양과 치수를 나타낸다.

▶**표 4.2** 냉간성형 둥근머리 리벳의 모양과 치수

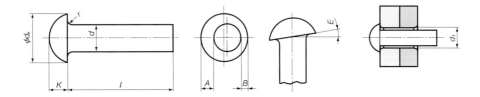

(단위 : [mm])

호칭지름[5]	1란	3		4		5	6	8	10	12		
	2란		3.5		4.5							14
	3란										13	
축지름 (d)	기준 치수	3	3.5	4	4.5	5	6	8	10	12	13	14
	허용차	+0.12 / −0.03	+0.14 / −0.04	+0.16 / −0.04	+0.18 / −0.05	+0.2 / −0.05	+0.24 / −0.06	+0.32 / −0.08	+0.4 / −0.08	+0.48 / −0.08	+0.5 / −0.08	+0.56 / −0.1
머리부 지름 (d_K)	기준 치수	5.7	6.7	7.2	8.1	9	10	13.3	16	19	21	22
	허용차	±0.2					±0.3					
머리부 높이 (K)	기준 치수	2.1	2.5	2.8	3.2	3.5	4.2	5.6	7	8	9	10
	허용차	±0.15					±0.2		±0.25			
목 아래의 둥글기 (r) [6]	최대	0.15	0.18	0.2	0.23	0.25	0.3	0.4	0.5	0.6	0.65	0.7
$A-B$	최대	0.2				0.3		0.4	0.5	0.7		
E	최대	2°										
구멍의 지름 (d_1)	(참고)	3.2	3.7	4.2	4.7	5.3	6.3	8.4	10.6	12.8	13.8	15
길이 (l)	기준 치수	3										
		4	4	4								
		5	5	5	5	5						
		6	6	6	6	6	6					
		7	7	7	7	7	7					
		8	8	8	8	8	8	8				
		9	9	9	9	9	9	9				
		10	10	10	10	10	10	10	10			
		11	11	11	11	11	11	11	11			
		12	12	12	12	12	12	12	12	12		
		13	13	13	13	13	13	13	13	13		
		14	14	14	14	14	14	14	14	14	14	14
		15	15	15	15	15	15	15	15	15	15	15
		16	16	16	16	16	16	16	16	16	16	16
		18	18	18	18	18	18	18	18	18	18	18
		20	20	20	20	20	20	20	20	20	20	20
			22	22	22	22	22	22	22	22	22	22
				24	24	24	24	24	24	24	24	24
					26	26	26	26	26	26	26	26
						28	28	28	28	28	28	28
						30	30	30	30	30	30	30
							32	32	32	32	32	32
							34	34	34	34	34	34
							36	36	36	36	36	36
								38	38	38	38	38
								40	40	40	40	40
								42	42	42	42	42
									45	45	45	45
									48	48	48	48
									50	50	50	50
										52	52	52
										55	55	55
										58	58	58
										60	60	60
											62	62
											65	65
												68
												70

l 의 구분	허용차	
4 이하	+0.4 / 0	—
4 초과 10 이하	+0.5 / 0	+0.7 / 0
10 초과 20 이하	+0.6 / 0	+0.8 / 0
20 초과 40 이하	+0.8 / 0	+1.0 / 0
40을 넘는 것	+1.0 / 0	+1.0 / 0

		1란/16	2란/18	3란/19	20	22
호칭지름 [5]	1란	16			20	
	2란		18			22
	3란			19		
축지름 (d)	기준 치수	16	18	19	20	22
	허용차	+0.6 / −0.15	+0.8 / −0.2			
머리부 지름 (d_K)	기준 치수	26	29	30	32	35
	허용차	±0.4				
머리부 높이 (K)	기준 치수	11	12.5	13.5	14	15.5
	허용차	±0.3				
목 아래의 둥글기 (r) [6]	최대	0.8	0.9	0.95	1.0	1.1
$A-B$	최대	0.8	0.9	0.9	1.0	1.1
E	최대	2°				
구멍의 지름 (d_1)	(참고)	17	19.5	20.5	21.5	23.5
길이 (l)	기준 치수	18				
		20	20			
		22	22	22		
		24	24	24	24	
		26	26	26	26	
		28	28	28	28	28
		30	30	30	30	30
		32	32	32	32	32
		34	34	34	34	34
		36	36	36	36	36
		38	38	38	38	38
		40	40	40	40	40
		42	42	42	42	42
		45	45	45	45	45
		48	48	48	48	48
		50	50	50	50	50
		52	52	52	52	52
		55	55	55	55	55
		58	58	58	58	58
		60	60	60	60	60
		62	62	62	62	62
		65	65	65	65	65
		68	68	68	68	68
		70	70	70	70	70
		72	72	72	72	72
		75	75	75	75	75
		80	80	80	80	80
			85	85	85	85
			90	90	90	90
				95	95	95
				100	100	100
					105	105
					110	110
						115
						120

l 의 구분		허용차				
10 초과 20 이하		+0.8 / 0	−			
20 초과 40 이하		+1.0 / 0				
40을 넘는 것		+1.0 / 0				

주 [5] 1 란을 우선적으로 하며 필요에 따라 2 란, 3 란의 순으로 고른다.
　 [6] r의 수치는 목 아래 둥글기의 최대값이며, 목 아래에는 반드시 둥글기를 붙인다.
비고 1. 머리부의 모양은 구의 일부로 구성되어 있다.
　　 2. 길이 (l) 가 특히 필요한 경우에는 지정에 따라 위 표 이외의 것을 사용할 수 있다.

▶표 4.3 냉간성형 소형둥근머리 리벳의 모양과 치수

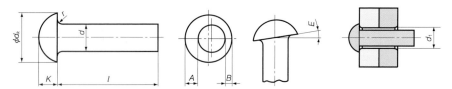

(단위 : [mm])

항목	구분	1	1.2	1.4	1.6	1.7	2	2.3	2.5	2.6	3	3.5	4	5
호칭지름[5]	1란	1	1.2		1.6		2		2.5		3		4	5
	2란			1.4								3.5		
	3란					1.7		2.3		2.6				
축지름(d)	기준 치수	1	1.2	1.4	1.6	1.7	2	2.3	2.5	2.6	3	3.5	4	5
	허용차	+0.04 / −0.02	+0.05 / −0.02	+0.06 / −0.02	+0.07 / −0.02	+0.07 / −0.02	+0.08 / −0.02	+0.09 / −0.02	+0.1 / −0.03	+0.1 / −0.03	+0.12 / −0.03	+0.14 / −0.04	+0.16 / −0.04	+0.2 / −0.05
머리부 지름(d_K)	기준 치수	1.8	2.2	2.5	3	3	3.5	4	4.5	4.5	5.2	6.2	7	8.8
	허용차	±0.1	±0.1	±0.1	±0.15	±0.15	±0.15	±0.15	±0.15	±0.15	±0.2	±0.2	±0.2	±0.3
머리부 높이(K)	기준 치수	0.6	0.7	0.8	1	1	1.2	1.4	1.6	1.6	1.8	2.1	2.4	3
	허용차	±0.1	±0.1	±0.1	±0.1	±0.1	±0.1	±0.1	±0.1	±0.1	±0.15	±0.15	±0.15	±0.15
목 아래의 둥글기(r)[6]	최대	0.05	0.06	0.07	0.09	0.09	0.1	0.12	0.13	0.13	0.15	0.18	0.2	0.25
$A - B$	최대	0.1	0.1	0.1	0.2	0.2	0.2	0.2	0.2	0.2	0.2	0.2	0.2	0.3
E	최대	2°	2°	2°	2°	2°	2°	2°	2°	2°	2°	2°	2°	2°
구멍의 지름(d_1)	(참고)	1.1	1.3	1.5	1.7	1.8	2.1	2.4	2.7	2.8	3.2	3.7	4.2	5.3
길이(l)	기준 치수	1												
		1.5	1.5	1.5										
		2	2	2	2	2	2							
		2.5	2.5	2.5	2.5	2.5	2.5	2.5						
		3	3	3	3	3	3	3	3	3	3			
		4	4	4	4	4	4	4	4	4	4	4	4	
		5	5	5	5	5	5	5	5	5	5	5	5	5
		6	6	6	6	6	6	6	6	6	6	6	6	6
		7	7	7	7	7	7	7	7	7	7	7	7	7
		8	8	8	8	8	8	8	8	8	8	8	8	8
		9	9	9	9	9	9	9	9	9	9	9	9	9
		10	10	10	10	10	10	10	10	10	10	10	10	10
				11	11	11	11	11	11	11	11	11	11	11
				12	12	12	12	12	12	12	12	12	12	12
					13	13	13	13	13	13	13	13	13	13
					14	14	14	14	14	14	14	14	14	14
									15	15	15	15	15	15
									16	16	16	16	16	16
									18	18	18	18	18	18
									20	20	20	20	20	20
											22	22	22	22
												24	24	24
														26
														28
														30

l 의 구분		허용차	허용차
2.5 이하		+0.2 / 0	—
2.5 초과 4 이하		+0.3 / 0	+0.74 / 0
4 초과 10 이하		+0.4 / 0	+0.5 / 0
10 초과 20 이하		+0.6 / 0	+0.6 / 0
20 초과 40 이하		+0.8 / 0	+0.8 / 0
40을 넘는 것		—	+1.0 / 0

주 [5] 1란을 우선적으로 하며, 필요에 따라 2란, 3란의 순으로 고른다.
　 [6] r의 수치는 목 아래 둥글기의 최대값이며, 목 아래에는 반드시 둥글기를 붙인다.
비고 1. 머리부의 모양은 구의 일부로 구성되어 있다.
　　 2. 길이(l)가 특히 필요한 경우에는 지정에 따라 위 표 이외의 것을 사용할 수 있다.

▶ 표 4.4 열간성형 둥근머리 리벳의 모양과 치수

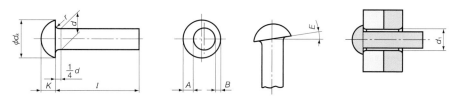

(단위 : [mm])

항목	구분	1	2	3	4	5	6	7	8	9	10	11	12	13	14	15	16	17	18
호칭지름[4]	1란	10	12			16			20		24				30			36	
	2란				14		18			22			27				33		40
	3란			13				19				25		28		32			
축지름(d)	기준 치수	10	12	13	14	16	18	19	20	22	24	25	27	28	30	32	33	36	40
	허 용 차	+0.6 / 0					+0.8 / 0				+0.8 / 0				+1.0 / 0				
머리부 지름(d_K)	기준 치수	16	19	21	22	26	29	30	32	35	38	40	43	45	48	51	54	58	64
	허 용 차	+0.5 / −0.25			+0.55 / −0.3		+0.6 / −0.35				+0.7 / −0.4						+0.8 / −0.5		
머리부 높이(K)	기준 치수	7	8	9	10	11	12.5	13.5	14	15.5	17	17.5	19	19.5	21	22.5	23	25	28
	허 용 차	+0.6 / 0					+0.8 / 0				+0.9 / 0				+1.0 / 0				
턱 밑의 둥글기(r)[6]	최대	0.5	0.6	0.65	0.7	0.8	0.9	0.95	1.0	1.1	1.2	1.25	1.35	1.4	1.5	1.6	1.65	1.8	2.0
$A-B$	최대	0.5	0.7	0.7	0.7	0.8	0.9	0.9	0.9	1.1	1.2	1.3	1.3	1.5	1.5	1.6	1.6	1.8	2.0
E	최대	2°									2°								
구멍의 지름(d_1)	(참고)	11	13	14	15	17	19.5	20.5	21.5	23.5	25.5	26.5	28.5	29.5	32	34	35	38	42
길이(l)	기준 치수	10																	
		12	12																
		14	14	14															
		16	16	16	16														
		18	18	18	18	18													
		20	20	20	20	20	20												
		22	22	22	22	22	22	22											
		24	24	24	24	24	24	24	24										
		26	26	26	26	26	26	26	26										
		28	28	28	28	28	28	28	28	28									
		30	30	30	30	30	30	30	30	30									
		32	32	32	32	32	32	32	32	32	32								
		34	34	34	34	34	34	34	34	34	34								
		36	36	36	36	36	36	36	36	36	36	36							
		38	38	38	38	38	38	38	38	38	38	38	38	38					
		40	40	40	40	40	40	40	40	40	40	40	40	40	40				
		42	42	42	42	42	42	42	42	42	42	42	42	42					
		45	45	45	45	45	45	45	45	45	45	45	45	45	45	45	45		
		48	48	48	48	48	48	48	48	48	48	48	48	48	48	48			
		50	50	50	50	50	50	50	50	50	50	50	50	50	50	50	50	50	
				52	52	52	52	52	52	52	52	52	52	52	52	52	52	52	
				55	55	55	55	55	55	55	55	55	55	55	55	55	55	55	
				58	58	58	58	58	58	58	58	58	58	58	58	58	58	58	
			60	60	60	60	60	60	60	60	60	60	60	60	60	60	60	60	60
				62	62	62	62	62	62	62	62	62	62	62	62	62	62	62	62
				65	65	65	65	65	65	65	65	65	65	65	65	65	65	65	65
					68	68	68	68	68	68	68	68	68	68	68	68	68	68	68
					70	70	70	70	70	70	70	70	70	70	70	70	70	70	70
						72	72	72	72	72	72	72	72	72	72	72	72	72	72

구분	1	2	3	4	5	6	7	8	9	10	11	12	13	14	15	16	17	18
호칭지름[5] 1란	10	12			16			20		24				30			36	
호칭지름[5] 2란				14		18			22			27				33		40
호칭지름[5] 3란			13				19				25		28		32			
축지름(d) 기준 치수	10	12	13	14	16	18	19	20	22	24	25	27	28	30	32	33	36	40
축지름(d) 허용차	+0.6 / 0					+0.8 / 0				+0.8 / 0				+1.0 / 0				
머리부 지름(d_K) 기준 치수	16	19	21	22	26	29	30	32	35	38	40	43	45	48	51	54	58	64
머리부 지름(d_K) 허용차	+0.5 / -0.25		+0.55 / -0.3				+0.6 / -0.35					+0.7 / -0.4			+0.8 / -0.5			
머리부 높이(K) 기준 치수	7	8	9	10	11	12.5	13.5	14	15.5	17	17.5	19	19.5	21	22.5	23	25	28
머리부 높이(K) 허용차	+0.6 / 0					+0.8 / 0				+0.9 / 0				+1.0 / 0				
턱 밑의 둥글기(r)[6] 최대	0.5	0.6	0.65	0.7	0.8	0.9	0.95	1.0	1.1	1.2	1.25	1.35	1.4	1.5	1.6	1.65	1.8	2.0
$A - B$ 최대	0.5	0.7	0.7	0.7	0.8	0.9	0.9	0.9	1.1	1.2	1.3	1.3	1.5	1.5	1.6	1.6	1.8	2.0
E 최대	2°													2°				
구멍의 지름(d_1) (참고)	11	13	14	15	17	19.5	20.5	21.5	23.5	25.5	26.5	28.5	29.5	32	34	35	38	42
(길이)						75	75	75	75	75	75	75	75	75	75	75	75	75
(길이)						80	80	80	80	80	80	80	80	80	80	80	80	80
(길이)							85	85	85	85	85	85	85	85	85	85	85	85
(길이)						90	90	90	90	90	90	90	90	90	90	90	90	90
(길이)							95	95	95	95	95	95	95	95	95	95	95	95
(길이)							100	100	100	100	100	100	100	100	100	100	100	100
(길이)								105	105	105	105	105	105	105	105	105	105	105
(길이)								110	110	110	110	110	110	110	110	110	110	110
(길이)									115	115	115	115	115	115	115	115	115	115
(길이)									120	120	120	120	120	120	120	120	120	120
(길이)										125	125	125	125	125	125	125	125	125
(길이)										130	130	130	130	130	130	130	130	130
(길이)												135	135	135	135	135	135	135
(길이)												140	140	140	140	140	140	140
(길이)														145	145	145	145	145
(길이)														150	150	150	150	150
(길이)															155	155	155	155
(길이)															160	160	160	160
(길이)																	165	165
(길이)																	170	170
(길이)																	175	175
(길이)																	180	180
(길이)																		185
(길이)																		190
허용차	+1.0 / 0					+1.5 / 0						+1.5 / 0			+2.0 / 0			

주[5] 1 란을 우선적으로 필요에 따라 2 란, 3 란의 순으로 고른다.

[6] r의 수치는 턱 밑 둥글기의 최대이고, 턱 밑은 반드시 둥글게 한다.

비고 1. 머리부의 모양은 구의 일부로 이루어져 있다.

2. 축지름(d)은 턱 밑에서 $\frac{1}{4}d$ 지점에서 잰다.

3. 길이(l)가 특히 필요한 경우에는 지정에 따라 위 표 이외의 것을 사용할 수 있다.

4.2 리벳 작업

4.2.1 리벳팅 (riveting)

결합하려고 하는 모재에 먼저 구멍을 뚫는다. 구멍을 뚫는 방법에는 **펀칭** (punching) 과 **드릴링** (drilling) 의 2가지 방법이 있다.

펀칭은 시간적으로는 경제적이지만 구멍이 정확하지 않고 구멍 주위가 약하게 되므로 압력이 작용하는 보일러의 경우에는 사용하지 않는다. 구멍을 뚫은 뒤에는 구멍을 리머 (reamer) 로 다듬질한다. 드릴링을 하면 구멍을 정확하게 뚫을 수가 있다. 리벳의 구멍은 보통 리벳 지름보다 1~1.5 [mm] 크게 뚫는다.

이와 같이 하여 구멍을 뚫은 뒤에는 그림 4.3과 같이 구멍을 맞추어서 겹쳐 놓고, 가열된 리벳 자루를 구멍에 집어넣어 머리를 스냅 (snap) 으로 받치고, 자루의 끝에 또 다른 스냅을 대고 손의 힘이나 기계적인 힘에 의하여 두드려 제2의 리벳 머리를 만든다.

리벳의 지름 25 [mm] 정도까지는 손의 힘으로 할 수 있으나, 그 이상의 지름은 압축공기 또는 수압 등의 기계를 이용하여 작업한다. 열간리벳 작업은 작업 후 리벳이 냉각되면서 리벳이 줄어들어 리벳 사이의 판을 세게 죄므로 기밀효과를 얻을 수 있다. 그러나 리벳 자체에는 인장력이 생기므로 작업이 끝난 뒤에도 리벳이 냉각할 때까지 계속하여 눌러놓아야 된다. 일반적으로 리벳 자루의 길이 l 은 축지름 d 의 5배 정도로 하는 것이 바람직하며 접합부의 그립 (죔 두께 ; grip) 으로부터 $(1.3~1.6)d$ 정도 긴 것이 좋다.

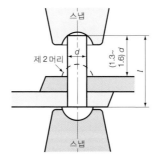

그림 4.3 리벳 작업

4.2.2 코킹 (caulking)

보일러와 같이 기밀을 필요로 할 때는 리벳 작업이 끝난 뒤에 리벳 머리의 주위와 강판의 가장자리를 정 (chisel) 과 같은 공구로 때린다. 이와 같은 작업을 코킹 작업이라고 하며, 그림 4.4와 같이 강판의 가장자리를 75~85° 가량 경사지게 놓는다.

코킹 작업에서는 아래쪽의 강판에 때린 자국이 나지 않도록 주의할 필요가 있으며, 더욱 기밀을 완전하게 하기 위하여 플러링 (fullering) 을 한다. 이것은 강판과 같은 나비의 플러링 공구로 때려 붙이는 작업을 말한다. 코킹을 할 때 강판의 두께에는 제한이 있다. 강판의 두께가 5 [mm] 이하일 때는 코킹의 효과가 없으므로 얇은 강판에는 그 사이에 기름종이나 그 밖의 패킹재료를 집어넣는다. 고온에 접촉하는 곳은 석면을 사용한다.

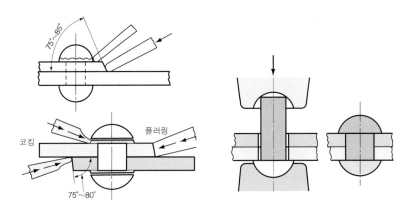

그림 4.4 코킹 작업

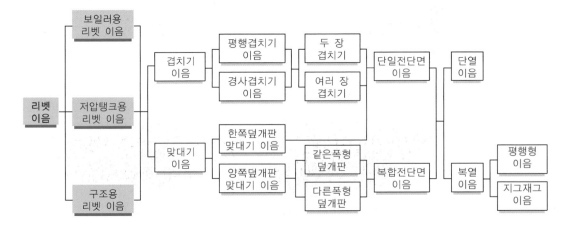

4.3 리벳 이음의 분류

4.3.1 강판의 배치에 의한 종별

(1) 겹치기 리벳 이음(lap joint)

결합하려고 하는 강판을 서로 겹쳐 포개놓고 리벳으로 결합하는 이음으로서 가스와 액체용기의 이음 또는 보일러의 세로방향 이음에 사용된다(그림 4.5).

(2) 맞대기 리벳 이음(butt joint)

결합하려고 하는 양쪽의 강판을 서로 끝에 맞추고, 한쪽 또는 양쪽에 덮개

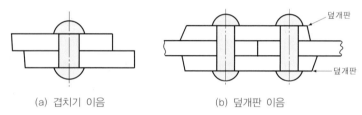

(a) 겹치기 이음   (b) 덮개판 이음

그림 4.5 리벳 이음의 종류

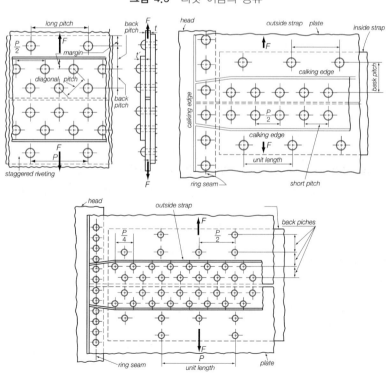

그림 4.6 맞대기 리벳 이음

판(strap)을 대고 리벳 작업을 하는 형식이며, 보일러의 세로방향 이음이나 구조물 등에 사용된다. 양쪽 덮개판의 폭이 같으면 같은 폭형이고 다르면 다른 폭형이다(그림 4.6).

4.4 리벳 이음의 강도계산

4.4.1 이론적 강도계산

일반적으로 리벳 이음에서 리벳 자루에 직각방향으로 인장력이 작용하여 파괴되는 경우 그 파괴상태는 다음 5가지 경우가 고려된다(그림 4.7).
 (1) 리벳이 전단으로 파괴되는 경우
 (2) 리벳 구멍 사이의 강판이 찢어지는 경우(판의 절단)
 (3) 강판 가장자리가 전단되는 경우(판의 전단)
 (4) 리벳 또는 강판이 압축되는 경우
 (5) 강판 끝이 절개되는 경우
파괴상태를 해석하기 위하여 인장력 W는 리벳 자루에 직각방향으로 작용한다.
 또한 강도는 1줄 겹치기 이음에서 1피치의 나비로 생각한다.

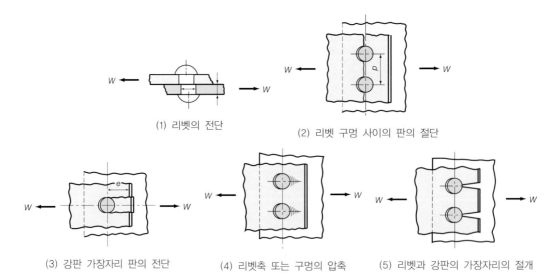

(1) 리벳의 전단   (2) 리벳 구멍 사이의 판의 절단

(3) 강판 가장자리 판의 전단   (4) 리벳축 또는 구멍의 압축   (5) 리벳과 강판의 가장자리의 절개

그림 4.7 리벳 이음의 파괴상태(5가지)

(1) 리벳의 전단

리벳의 지름을 $d\,[\mathrm{mm}]$, 리벳의 전단응력을 $\tau\,[\mathrm{MPa}]$, 하중 $W\,[\mathrm{N}]$이라 하면

$$W = \frac{\pi d^2}{4}\tau \tag{4.1}$$

(2) 리벳 구멍 사이의 판의 절단

판의 두께를 $t\,[\mathrm{mm}]$, 리벳의 피치를 $p\,[\mathrm{mm}]$, 판의 인장응력을 $\sigma_t\,[\mathrm{MPa}]$, 하중 $W\,[\mathrm{N}]$이라 하면

$$W = (p-d)\,t\,\sigma_t \tag{4.2}$$

(3) 강판 가장자리 판의 전단

리벳 중심에서 강판 가장자리까지의 거리를 $e\,(\mathrm{mm})$, 판의 전단응력을 $\tau'\,(\mathrm{MPa})$, 하중 $W\,(\mathrm{N})$이라 하면

$$W = 2\,et\tau' \tag{4.3}$$

(4) 리벳의 지름 또는 강판의 압축

리벳 또는 강판의 압축응력을 $\sigma_c\,(\mathrm{MPa})$라 하면

$$W = d\,t\,\sigma_c \tag{4.4}$$

(5) 강판 끝의 절개 경우

리벳의 지름과 같은 길이의 판 중앙에 W의 집중하중을 받아서 판이 굽어 진다고 하면, 굽힘 모멘트 M은

$$M = \frac{1}{8}\,Wd$$

단면계수 $Z = \frac{1}{6}\left(e - \frac{d}{2}\right)^2 t$ 이므로
$M = \sigma_b Z$ 식으로부터

$$M = \frac{1}{8}\,Wd = \sigma_b Z = \sigma_b \cdot \frac{1}{6}\left(e - \frac{d}{2}\right)^2 t$$

$$W = \frac{1}{3d}(2e-d)^2 t\sigma_b \tag{4.5}$$

이상의 각 저항력이 모두 같은 값으로 똑같은 강도를 가지도록 각부의 치수를 결정하고 설계하는 것이 좋다. 그러나 이것을 모두 만족시킬 수는 없으므로, 실제적인 경험치를 기초로 하여 결정한 값에 대하여 윗 식을 적용시켜 그 한계 이내에 있도록 설계한다. 예를 들어 전단저항과 압축저항을 같다고 하면

$$\frac{\pi}{4}d^2\tau = dt\sigma_c \qquad \therefore \ d = \frac{4t\sigma_c}{\pi\tau} \tag{4.6}$$

이 식으로 주어진 강판의 두께 t 에 대하여 리벳 지름 d 를 결정할 수 있지만 리벳 이음을 한 강판의 σ_c 의 적당한 값을 정할 수 없으므로 실제적으로는 식 (4.6) 은 정확하지 않으며 t 에 대한 d 의 경험치를 사용하는 수가 많다.

그러나 전단저항을 인장저항과 같게 하면

$$\frac{\pi}{4}d^2\tau = (p-d)t \cdot \sigma_t$$

$$p = d + \frac{\pi d^2\tau}{4t\sigma_t} \tag{4.7}$$

재료에 따라 τ 와 σ_t 의 적당한 값을 취할 수 있으므로 윗 식에서 d 와 t 의 값에 대하여 p 를 계산할 수 있다. 그리고 한줄맞대기 리벳 이음 이외일 경우에는 단위길이 내에 있는 리벳이 전단을 받는 곳의 수를 n 이라고 하면

$$p = d + \frac{\pi d^2 n\tau}{4t\sigma_t} \tag{4.8}$$

강판 3장을 조일 경우 리벳 1개에 대하여 전단하는 곳이 2개이므로 $n=2$ 로 해야 되지만, 안전을 위하여 $n=1.75\sim1.875$ 로 한다. p 의 길이가 어느 정도 이상이 되면 리벳과 리벳 사이가 잘 조여지지 않아 누설이 생길 염려가 있으므로 다음에 표시하는 경험치를 넘지 않도록 하여야 된다.

그리고 리벳의 구멍에서 강판의 가장자리로 향하는 전단파괴에 대해서는 $W=2et\tau'$ 가 되지만 경험상

$$d = \frac{4}{\pi} t \frac{\sigma_c}{\tau} \tag{4.9}$$

가 된다. 보통의 재료에서는 $\sigma_c = 1.25\tau$ 이므로

$$d = 1.59\,t \tag{4.10}$$

이고 식 (4.4) 와 식 (4.8) 로부터

$$e = \frac{1}{2}\left(1 + \sqrt{\frac{3\pi d \cdot \tau}{4 t \sigma_b{}'}}\right)d \tag{4.11}$$

$\sigma_b{}' = \sigma_t{}' = \sigma_t$, $\tau = 0.85\,\sigma_t$ 로 하고, $p = \dfrac{d}{2}$ 로 하여 식 (4.11) 에 대입하면

$$e = 1.5\,d \tag{4.12}$$

다음에 식 (4.1) 과 (4.3) 으로부터

$$e = \frac{\pi}{8} \cdot \frac{d^2}{t} \cdot \frac{\tau}{\tau'} \tag{4.13}$$

이며, $\tau = \tau'$ 라 하고 식 (4.10) 의 조건을 넣으면 $e = 0.624\,d$ 가 되어 식 (4.12) 를 만족하며, (5) 의 경우와 (3) 의 경우 모두 안전하다는 것을 알 수 있다.

강판의 가장자리까지의 길이 e 는 $e = 1.5\,d$ 로 한다.

리벳 줄의 중심선 간의 거리 e_1 과 e_2 는 가장 가까운 2 개의 리벳의 중심 간격이 $2\,d$ 이상이 되어야 된다.

4.4.2 최대피치의 경험식

리벳에 대한 치수의 결정은 판의 규격, 구멍을 뚫는 데 필요한 비용 등이 최소가 되도록 결정하여야 하므로 경험식이 중요하다. 피치를 정할 때는 판의 강도, 기밀작업조건 등을 고려하여 정한다. 피치가 너무 크면 리벳 사이에 틈이 생겨 코킹, 플러링 (fullering) 등을 할 수 없으므로 최대피치를 경험적으로 다음 식으로 한다.

$$p = C\,t + 42 \tag{4.14}$$

▶**표 4.5** C의 값

p의 최대피치 중에 있는 리벳 수	겹치기 리벳 이음	양쪽 덮개판맞대기 리벳 이음
1	1.30	1.75
2	2.60	3.50
3	3.45	4.60
4	4.15	5.50
5	…	6.00

여기서, p : 최대피치 [mm], t : 동판의 두께 [mm], C : 상수(표 4.5에서 구함)
또 최소피치 $p_{\min}$ 도 공작을 고려하여

$$p_{\min} \geqq 2.5\,d \tag{4.15}$$

맞대기 리벳 이음에 사용되는 덮개판의 두께는 한쪽 덮개판의 경우 $1.29\,[t]$ 정도, 양쪽 덮개판의 경우에는 $(0.6 \sim 0.8)t$ 정도로 한다.

4.5 리벳의 효율

리벳 이음을 하기 위하여 강판에 구멍을 뚫으면 구멍이 없는 강판보다 인장강도가 많이 저하된다.

4.5.1 강판의 효율

구멍이 없는 강판과 구멍이 있는 강판의 인장강도의 비를 강판의 효율 η_t 로 표시하고 다음과 같다.

$$\eta_t = \frac{1피치나비에 \ 있어서의 \ 구멍이 \ 있는 강판의 \ 인장강도}{1피치나비에 \ 있어서의 \ 구멍이 \ 없는 강판의 \ 인장강도}$$
$$= \frac{(p-d)t \cdot \sigma_t}{pt\sigma_t} = \frac{p-d}{p} = 1 - \frac{d}{p} \tag{4.16}$$

4.5.2 리벳의 효율

구멍이 없는 강판의 강도에 대한 리벳의 전단강도의 비를 리벳의 효율이라

하고, 이것을 η_s로 표시하면

$$\eta_s = \frac{1\text{피치나비 내에 있는 리벳의 전단강도}}{1\text{피치나비에서 구멍이 없는 강판의 인장강도}}$$

$$= \frac{n\frac{\pi}{4}d^2\tau}{pt\sigma_t} = \frac{n\pi d^2\tau}{4pt\sigma_t} \tag{4.17}$$

여기서, n은 1피치 내에 있는 리벳의 전단면의 수

그러나 두 줄 또는 세 줄의 양쪽 덮개판맞대기 이음과 같이 가장 바깥줄의 전단과 제 두 줄의 리벳 사이의 강판의 절단이 동시에 일어나는 경우가 있다. 이때의 효율을 η_{st}라고 하면

$$\eta_{st} = \frac{\frac{\pi}{4}d^2\tau + (p - zd)t\sigma_t}{pt\sigma_t}$$

$$= \frac{\pi d^2\tau}{4pt\sigma_t} + \frac{p - zd}{p} = \frac{\eta_s}{n} + \frac{p - zd}{p} \tag{4.18}$$

여기서, z는 단위길이에 있는 강판의 파단하는 곳 줄의 리벳수

η_t를 증가시키려면 p를 크게 하면 되고, η_s를 크게 하려면 p를 작게 하면 된다. 이상의 효율 중 가장 낮은 효율로서 그 리벳 이음의 효율과 강도를 결정한다.

일반 설계에 있어서 여러 가지 형의 리벳 이음의 효율은 대략 표 4.6의 범위 내에 있다.

▶표 4.6 리벳 이음의 효율

이음	리벳의 줄 수	효율 η [%]
겹치기	1	45~60
	2	60~75
	3	65~84
맞대기	1	55~65
	2	70~80
	3	75~88
	4	85~95

🔒 **예제 1**

강판의 두께 $t = 10\,[\mathrm{mm}]$, 리벳의 지름 $d = 20\,[\mathrm{mm}]$, $p = 45\,[\mathrm{mm}]$, 리벳의 중심에서 강판의 가장자리까지의 거리 $e = 30\,[\mathrm{mm}]$인 한 줄 겹치기 리벳 이음의 효율을 구하시오. 단, 재료의 $\sigma_t = 88\,[\mathrm{MPa}]$, $\sigma_c = 160\,[\mathrm{MPa}]$, $\tau = 700\,[\mathrm{MPa}]$이다.

풀이

$t = 10\,[\mathrm{mm}]$, $d = 20\,[\mathrm{mm}]$, $p = 45\,[\mathrm{mm}]$, $e = 30\,[\mathrm{mm}]$의 리벳 이음의 각 부의 허용최대인장하중을 구하면 다음과 같다.

① 리벳의 전단에 대하여 : $W_1 = \dfrac{\pi}{4} \times 20^2 \times 70 \fallingdotseq 22\,[\mathrm{kN}]$

② 강판 가장자리의 전단에 대하여 : $W_2 = 2\,e\,t\tau' = 2 \times 30 \times 10 \times 70 = 42\,[\mathrm{kN}]$

$\qquad\qquad\qquad\qquad\qquad\qquad\quad \tau = \tau'$로 하여 계산한다.

③ 강판의 인장파단에 대하여 : $W_3 = (p-d)\,t\sigma_t = (45-20) \times 10 \times 88 = 22\,[\mathrm{kN}]$

④ 강판의 압축에 대하여 : $W_4 = dt\sigma_c = 20 \times 10 \times 160 = 32\,[\mathrm{kN}]$

⑤ 강판의 절개에 대하여 : $W_s = \dfrac{88}{3} \times \dfrac{10 \times (60-20)^2}{2} = 23.5\,[\mathrm{kN}]$

강판의 인장강도는 $P_0 = R = p \cdot t \cdot \sigma_t = 45 \times 10 \times 88 = 39.6\,[\mathrm{kN}]$

이 리벳 이음에서는 리벳의 전단, 강판의 인장강도가 가장 약하다.

따라서 효율은 $\eta = \dfrac{22}{39.6} \times 100 \fallingdotseq 56\,[\%]$

🔒 **예제 2**

강판의 두께 $t = 20\,[\mathrm{mm}]$의 한 줄 겹치기 리벳 이음을 설계하시오. 단, 강판의 압축강도와 인장강도는 같고, 리벳의 전단강도는 압축강도의 70 [%]이다.

풀이

설계에 있어서 d를 크게 하면 강판이 약하게 되고 피치 p를 작게 하면 효율이 저하된다.

$\sigma_c / \tau = 10/7$이므로

$$d = \frac{4t\sigma_c}{\pi\tau} = \frac{4 \times 20 \times 10}{\pi \times 7} = 32.2\,[\mathrm{mm}]$$

따라서 $d = 32\,[\mathrm{mm}]$로 결정한다 (d를 크게 하면 강판이 약해진다).

$\sigma_t = \sigma_c$이므로

$$p = \frac{\pi d^2 \tau}{4t\sigma_t} + d = \frac{\pi \times 32^2 \times 7}{4 \times 20 \times 10} + 32 = 60.1\,[\mathrm{mm}]$$

p를 작게 하면 효율이 떨어지고, 또 $p_{\min} = 2d$라는 것을 고려해서 $p = 67\,[\mathrm{mm}]$로 결정한다.

🔓 **예제 3**

두께 $t = 10\,[\mathrm{mm}]$, 리벳의 지름 $d_0 = 19\,[\mathrm{mm}]$라고 할 때, 두 줄 겹치기 이음에서 지그재그형으로 리벳을 박을 때 피치 p와 이음의 효율을 구하시오. 단, $\sigma_t = 88$ [MPa], $\tau = 70\,[\mathrm{MPa}]$이다.

풀이

$t = 10\,[\mathrm{mm}], \quad d_0 = 19\,[\mathrm{mm}], \quad$ 따라서 $d = 20\,[\mathrm{mm}]$

$$p = \frac{n\pi d^2}{4t} \times \frac{\tau}{\sigma_t} + d = \frac{2 \times \pi \times 20^2}{4 \times 10} \times \frac{70}{88} + 20 \fallingdotseq 70\,[\mathrm{mm}]$$

$$e = 1.5\,d = 1.5 \times 20 = 30\,[\mathrm{mm}]$$

$$e_1 = 2\,d = 40\,[\mathrm{mm}]$$

강판의 효율 $\eta_t = \dfrac{p - d}{p} \times 100 = \dfrac{50}{70} \times 100 = 71.4\,[\%]$

리벳의 효율 $\eta_s = \dfrac{2\dfrac{\pi}{4}d^2\tau}{pt\sigma_t} \times 100 = \dfrac{\pi \times 20^2 \times 70}{2 \times 70 \times 10 \times 88} \fallingdotseq 71.4\,[\%]$

이것을 나타내면 그림 4.8과 같다.

그리고 리벳의 길이와 무게는 보일러용 리벳이라 하고
$d_0 = 19\,[\mathrm{mm}]$, 그림 $s = 20\,[\mathrm{mm}]$라고 하면

$$l = K_{1S} + K_2 = 1.16 \times 20 + 24 = 47.2 \fallingdotseq 48\,[\mathrm{mm}]$$

$$w = K_3 + K_4 l = 52.8 + 2.225 \times 48 = 159.8\,[\mathrm{g}]$$

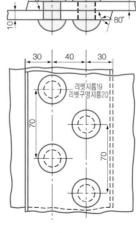

그림 4.8

4.6 기밀과 강도를 필요로 하는 리벳 이음

리벳 이음 중에서 조건이 가장 나쁜 것으로서 증기보일러와 압력용기의 리벳 이음이 있다. 강판의 가장자리 또는 리벳의 머리에 기밀을 유지하기 위하여 코킹을 하기도 한다.

4.6.1 보일러 동체의 설계

(1) 세로 이음의 강도

원통형의 보일러 동체가 내부압력을 받을 때, 그 파괴는 세로단면 (longitudinal section) 에 생기는 경우와 가로단면 (transverse section) 에서 일어나는 경우의 2가지를 생각할 수 있다.

D : 보일러 동체의 안지름 [mm], t : 강판의 두께 [mm]

p : 증기의 사용압력 [MPa], σ_t : 강판의 인장강도 [MPa]

l : 보일러 동체의 길이라 하면

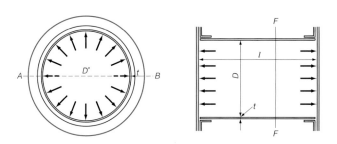

그림 4.9 보일러의 리벳 이음 강도

그림 4.9의 종단면의 AB선에 있어서 상하로 파괴될 때 강도 관계를 계산하면 증기압력의 반원주에 있어서의 총합력은 pDl 이고, 해당 세로단면에 있어서의 동판은 이 힘에 저항한다. 그리고 좌우에 있어서 동판의 절단면적은 $2tl$ 이 되므로, 그 저항력은 $2tl\sigma_t$ 가 된다.

$$\therefore \ pDl = 2tl\sigma_t$$

$$\sigma_t = \frac{pDl}{2tl} = \frac{pD}{2t} \qquad \therefore \ t = \frac{pD}{2\sigma_t} \qquad (4.19)$$

식 (4.19) 는 리벳 이음과 부식 등을 고려하지 않았으므로 다음과 같이 수정한다.

먼저 판자에 일어나는 인장응력은 동판재료의 인장강도 σ와 안전율 S로서 정해지는 허용인장응력보다 작아야 한다.

$$즉, \qquad\qquad \sigma_t \leqq \frac{\sigma}{S} \qquad\qquad (4.20)$$

그리고 강판의 강도는 리벳 이음 때문에 약해져 있으므로 실제 강판의 강도는 효율 η를 곱해야 한다.

$$\sigma_t = \frac{\sigma\,\eta}{S} \qquad\qquad (4.21)$$

보일러판의 두께는 $t = \dfrac{p\,D\,S}{2\,\sigma\,\eta} + C$ \qquad\qquad (4.22)

여기서 S는 안전계수, C는 부식을 고려한 값으로 육상보일러에서는 1 [mm], 선박용보일러는 1.5 [mm], 화학약품용 용기는 내용물에 따라 1~7 [mm]로 잡는다.

(2) 원주 이음의 강도

보일러동체 축에 직각한 가로단면에 작용하는 힘을 생각하면 동판의 가로단면적은 $\pi D t$이고, 여기에 작용하는 힘은 $\frac{\pi}{4} d^2 p$이므로 판자의 인장응력 $\sigma_t{}'$는

$$\sigma_t{}' = \frac{\dfrac{\pi}{4}D^2 p}{\pi D t} = \frac{D\,p}{4\,t} \qquad\qquad (4.23)$$

이것은 세로 이음의 $\dfrac{1}{2}$이다. 따라서 계산은 안전율을 생각하여 세로 이음 경우에 대해서만 하면 된다.

예제 4

$P = 0.85$ [MPa], $D = 1800$ [mm], $\sigma = 340$ [MPa]의 보일러가 있다. 세로 이음은 양쪽덮개판 두 줄 지그재그형 맞대기 리벳 이음이며, 원주 이음은 한 줄 겹치기 이음으로 하였다고 할 때 강판의 두께와 리벳 이음을 설계하시오.

풀이

① 강판의 두께 :

$\eta = 72\,\%$, $S = 4$ 라고 하면

$$t = \frac{pDS}{2\sigma\eta} + 1\,[\text{mm}]$$
$$= \frac{0.85 \times 1800 \times 4}{2 \times 340 \times 0.72} + 1 = 13.5\,[\text{mm}] \quad \therefore\ t = 14\,[\text{mm}]$$

② 세로 이음 :

$$d = \sqrt{50\,t} - 6\,[\text{mm}]$$
$$- \sqrt{50 \times 13.5} - 6 = \sqrt{675} - 6$$
$$\fallingdotseq 26.0 - 6.0 = 20\,[\text{mm}]$$

또는 $\quad d = t + 0.6 = 14 + 6 = 20\,[\text{mm}]$

표준값을 취하면 리벳 지름 $d_0 = 19\,[\text{mm}]$로 정한다.

$$p = 3.5\,d + 15 = 3.5 \times 20 + 15 = 85\,[\text{mm}]$$
$$e = 1.5\,d = 1.5 \times 20 = 30\,[\text{mm}]$$
$$e_1 = 0.5\,p = 0.5 \times 85 \fallingdotseq 43\,[\text{mm}]$$
$$e_2 = 0.9\,e = 0.9 \times 30 = 27\,[\text{mm}]$$
$$t_1 = 1.4 \times 6.5 \fallingdotseq 9\,[\text{mm}]$$

절구의 경사를 $18°$로 하고 $\dfrac{t_1}{4} = \dfrac{9}{4} \fallingdotseq 2.3\,[\text{mm}]$ 그러므로 3 [mm]로 한다.

③ 원주 이음 :

표준값을 취하여 $d = t + 8$

$$= 14 + 8 = 22\,\text{mm},\ d = 23\,[\text{mm}]$$
$$p = 2\,d + 8 = 2 \times 23 + 8 = 54\,[\text{mm}]$$
$$e = 1.5\,d = 1.5 \times 23 = 34.5\,[\text{mm}] \quad \therefore\ e = 35\,[\text{mm}]$$

절구의 경사 $= \dfrac{t}{4} = 14 \times \dfrac{1}{4} = 35\,[\text{mm}]$, $\therefore$ 4 [mm]

🔒 **예제 5**

지름 2200 [mm] 의 랭카셔 보일러 (Lancashire boiler) 의 보일러동체 세로 이음을 설계하시오. 단, 판자의 두께 15 [mm], 이음 효율을 80 [%] 이상으로 하고, 이음 세 줄 부동폭 양쪽 덮개판 막대기 리벳 이음을 사용한다.

풀이

$t = 15\,[\text{mm}]$, $d = t + 5 = 20\,[\text{mm}]$

또는 $\quad d = \sqrt{50\,t} - 7 = \sqrt{50 \times 1.5} - 7 \fallingdotseq 27 - 7 = 20\,[\mathrm{mm}]$

$\qquad p = 6\,d + 20 = 140\,[\mathrm{mm}]$

그러나 보일러의 피치 p 를 구하는 공식을 사용하면

$\qquad \therefore\ \ p = c\,t + 42 = 6.00 \times 15 + 42 = 132\,[\mathrm{mm}] \fallingdotseq 130\,[\mathrm{mm}]$

재료를 SB 41과 SV 41을 사용할 때 효율은

$\qquad \eta_t = \dfrac{p - d}{p} = \dfrac{130 - 20}{130} = 0.846, \qquad \sigma = 410\,[\mathrm{MPa}]$

안전율 $\quad S = 4, \qquad \tau_w = 70\,[\mathrm{MPa}]$

$\qquad \tau = 4 \times 70 = 280\,[\mathrm{MPa}]$

단위 길이 중에 일면전단의 리벳 1개, 양면전단의 리벳 4개, 따라서

$\qquad n = 1 + 1.8 \times 4 = 8.2$

단, 양면전단은 일면전단의 1.8 배의 저항력이라고 한다.

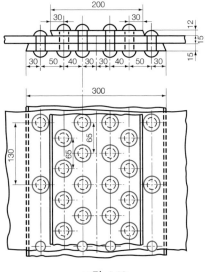

그림 4.10

$$\eta_s = \frac{n\,\pi\,d^2\,\tau}{4\,p\,t\,\sigma} = \frac{8.2 \times \pi \times 20^2 \times 280}{4 \times 130 \times 15 \times 410} = 0.881 > \eta_t$$

$$\eta_{st} = \frac{\eta_s}{n} + \frac{p - z\,d}{p} = \frac{0.881}{8.2} + \frac{130 - 2 \times 20}{130} = 0.8$$

$$e = 1.5\,d = 1.5 \times 20 = 30\,[\mathrm{mm}]$$

$$e_1 = 2\,d = 2 \times 20 = 40\,[\mathrm{mm}]$$

$$e_2 = 2.5\,d = 2.5 \times 20 = 50\,[\mathrm{mm}]$$

$$t_1 = 0.6 + 2 = 0.6 \times 15 + 2 = 11 \,[\text{mm}]$$

바깥 덮개판의 두께를 12 [mm], 안덮개판의 두께를 15 [mm] 로 정한다.
이것을 나타내면 그림 4.10과 같다.

4.7 구조용 리벳 이음

철교, 기중기, 철근건축물 등의 구조물은 형강(rolled steel), 평강, 동강 등을 리벳으로 이어서 만든다. 이때 리벳 이음 부분에 있어서 리벳에는 전단력만 작용하도록 각 부분을 배치하고, 굽힘 등은 나타나지 않도록 하여야 한다.

구조물에 작용하는 힘으로는 자중, 작용하중, 풍압과 관성력 등을 생각할 수 있다. 이 모든 합계힘의 최대치에 대하여 생각하고, 또한 그 힘이 정하중인가, 동하중인가, 충격하중인가 또는 진동이 작용하는지 등을 고려하여야 한다.

여기서 피치 사이에 있는 리벳의 수를 n 이라고 하면 강판의 미끄럼저항은 $P = n\dfrac{\pi}{4}d^2\sigma_t$ 이 된다. 충격하중의 경우 σ_t 의 값은 정하중일 경우의 $\dfrac{1}{2}$ 정도로 한다.

만일 미끄럼 저항을 생각하지 않고, 리벳의 전단응력에 대하여 생각하면

$$P = n\frac{\pi}{4}d^2\tau$$

리벳과 강판 구멍과의 접촉면에 생기는 압축력 P 는 압축응력을 σ_c 라 할 때

$$P = ndt\sigma_c \tag{4.24}$$

구조물의 경우 전단강도 τ 는 인장강도의 약 0.8이므로 압축강도 σ_c 는 전단강도의 약 2.5배로 한다.

전단강도와 압축응력을 생각할 때 겹치기 이음 또는 한쪽 덮개판맞대기 이음일 때는

$$\frac{\pi}{4}d^2\tau = dt\sigma_c = dt\,2.5\,\tau\,(\sigma_c = 2.5\,\tau)$$

$$\therefore\ t = \frac{\pi}{10}d = 0.314\,d \qquad \therefore\ d = 3.2\,t \tag{4.25}$$

즉, $d < 3.2\,t$ 의 경우는 리벳의 전단에 의하여 파괴되며, $d > 3.2\,t$ 의 경우는 리벳의 압축에 의하여 파괴된다.

또한 전단면수가 2개일 때는

$$2\frac{\pi}{4}d^2\tau = dt\sigma_c = dt \times (2.5\,\tau)$$

$$t = \frac{\pi}{5}d \quad \therefore \quad d = 1.6\,t \tag{4.26}$$

그리고 리벳의 전단력과 강판의 구멍을 제거한 부분의 인장저항력을 같게 하려면

$$\frac{\pi}{4}d^2\tau = (p-d)\,t\,\sigma_t$$

및 $\tau = 0.8\,\sigma_t$, 전단면수를 1로 하면

$$d = 3.2\,t \quad \therefore \quad \frac{\pi}{4}d^2\,0.8\,\sigma_t = (p-d)\frac{d}{3.2}\sigma_t$$

이것을 풀어서 $$p = 3\,d = 9.54\,t \tag{4.27}$$

$$\eta = \frac{p-d}{p} = \frac{3\,d-d}{3\,d} = \frac{2}{3} = 0.67 \tag{4.28}$$

같은 방법으로 전단면수 2에 대하여 계산한 결과는 표 4.7과 같다.

표에서와 같이 전단면수가 1인 경우 리벳은 매우 짧아지고, 전단면수가 2인 경우는 작은 리벳을 많이 사용한다. 일반적으로 리벳에서 전단면수가 1인 경우는 강판의 인장저항, 즉 미끄럼 저항이 크게 되거나 또는 리벳의 전단저항이 크게 된다. 그러나 전단면수가 2인 경우는 압축응력이 크게 된다. 그러나 이러한 것들은 이론적인 것이며, 경험적으로 다음 식으로 계산한다.

$$d = \sqrt{50\,t} - 2\,[\text{mm}]$$

열응력을 고려하여 그립 (grip) s 와 피치 p 는

$$\left.\begin{array}{l} s \le (4-6)\,d \\[2mm] p = (3-8)\,d \end{array}\right\} \tag{4.29}$$

▶**표 4.7** 구조용 리벳의 설계 치수

리벳 이음의 전단면수	1	2
리벳 구멍의 지름 d	3.20 t	1.60 t
리벳축의 길이	0.63 d	1.25 d
피 치 p	9.54 t	4.77 t
효 율 η	0.67	0.67

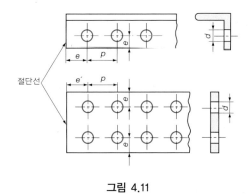

그림 4.11

그리고 그림 4.11에서

$$\left.\begin{aligned} e &= (1.5 - 2.5)\,d \\ e' &= (1.5 - 2)\,d \end{aligned}\right\} \tag{4.30}$$

또는 표 4.7에 의하여 결정해도 좋다.

피치 p 가 너무 크면 강판의 이은 틈으로 물, 먼지 등이 들어가서 부식이나 파괴의 원인이 될 수 있으므로 형강과 강판을 접합할 때에는 다음의 제한을 주도록 하는 것이 좋다.

$$\left.\begin{aligned} t &= 8 \sim 11\,[\text{mm}] \qquad p \leqq 5\,d \\ t &> 11\,[\text{mm}] \qquad\ \ p \leqq 6\,d \end{aligned}\right\} \tag{4.31}$$

▶표 4.8 구조용 리벳의 피치와 두께

두께 t	리벳 지름 d	피치 p	e	e'
10 [mm] 이하	14.0	40~100	22 이상	25 이상
	17.0	50~110	25 〃	28 〃
10~12.5	20.5	57~150	28 〃	32 〃
12.5~15	23.5	66~150	32 〃	38 〃

🔓 예제 6

$10\,[\mathrm{ton}](= 10000 \times 9.8)\,[\mathrm{N}]$ 의 인장력을 받는 양쪽 덮개판맞대기 리벳 이음이 있다. 리벳의 지름을 $16\,[\mathrm{mm}]$라 하면 몇 개의 리벳이 필요한가? 단, 리벳의 허용전단응력은 $60\,[\mathrm{MPa}]$이다.

풀이

전단면수가 2인 경우이므로

$$\tau_a = \frac{P}{A} \text{에서} \quad A\tau_a = 10000 \times 9.8\,[\mathrm{N}]$$

$$\frac{\pi}{4}d^2(2\,n)\,\tau_a = 98000\,[\mathrm{N}]$$

$$n = \frac{4 \times 98000}{2\,d^2\,\tau_a\,\pi} = \frac{4 \times 98000}{2 \times 16^2 \times 60 \times \pi} \fallingdotseq 4.1 \quad \therefore \quad n = 5\,\text{개}$$

🔓 예제 7

그림 4.12 와 같은 구조용 겹치기 리벳 이음에 있어서 $W = 9\,[\mathrm{ton}](= 9000 \times 9.8)\,[\mathrm{N}]$ 의 하중이 작용한다. $d = 17\,[\mathrm{mm}]$, $b = 120\,[\mathrm{mm}]$, $t = 10\,[\mathrm{mm}]$라 할 때, 리벳에 생기는 전단응력, 리벳 구멍에 생기는 압축응력 및 그림에 표시한 각 단면에 생기는 인장응력들을 구하시오.

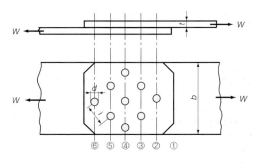

그림 4.12

풀이

① 리벳의 전단응력 $\tau = \dfrac{W}{(\pi d^2/4)\cdot n} = \dfrac{9000\times9.8}{(\pi\times17^2/4)\times9} \fallingdotseq 43.2\,[\text{MPa}]$

② 리벳의 압축응력 $\sigma_c = \dfrac{W}{dtn} = \dfrac{9000\times9.8}{17\times10\times9} \fallingdotseq 57.6\,[\text{MPa}]$

③ 각 단면의 인장응력 $\sigma_1 = \dfrac{W}{b\,t} = \dfrac{9000\times9.8}{120\times10} \fallingdotseq 73.5\,[\text{MPa}]$

$\sigma_2 = \dfrac{W}{(b-d)\,t} = \dfrac{9000\times9.8}{(120-17)\times10} \fallingdotseq 85.6\,[\text{MPa}]$

$\sigma_3 = \dfrac{W-W/9}{(b-2d)\,t} = \dfrac{(9000-1000)\times9.8}{(120-2\times17)\times10} \fallingdotseq 91.2\,[\text{MPa}]$

$\sigma_4 = \dfrac{W-3W/9}{(b-3d)\,t} = \dfrac{(9000-3000)\times9.8}{(120-3\times17)\times10} \fallingdotseq 85.2\,[\text{MPa}]$

$\sigma_5 = 34.2\,[\text{MPa}]$

$\sigma_6 = 9.4\,[\text{MPa}]$

4.8 편심하중을 받는 리벳 이음

그림 4.13과 같이 편심하중을 받고 있는 리벳 이음에서 리벳의 수를 Z, 작용하는 하중을 P라 하고 이 하중이 각 리벳에 고르게 분포하고 있다고 하면, 리벳은 직접하중 P/Z와 편심에 의한 모멘트 Pe의 영향을 받는다. 모멘트에 의하여 생기는 힘은 전체 리벳군의 중심에서 각 리벳까지의 거리에 비례하고 중심까지의 반지름에 직각으로 작용한다고 하면,

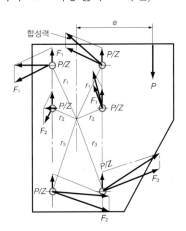

그림 4.13 편심하중을 받는 리벳 이음

$$F_1 = Kr_1, \quad F_2 = Kr_2, \quad F_3 = Kr_3 \tag{4.32}$$

또,
$$M = Pe = Z_1\,F_1\,r_1 + Z_2\,F_2\,r_2 + Z_3\,F_3\,r_3$$

$$= K(Z_1\,r_1^2 + Z_2\,r_2^2 + Z_3\,r_3^2) \tag{4.33}$$

🔓 예제 8

그림 4.14 와 같은 $4.5\,[\mathrm{ton}](= 4500 \times 9.8)\,[\mathrm{N}]$의 편심하중을 받는 리벳 이음에서 리벳에 생기는 최대응력을 구하시오. 단, 리벳의 지름은 $19\,[\mathrm{mm}]$ 라 한다.

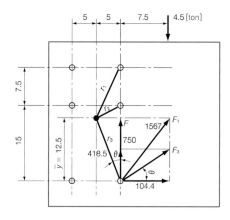

그림 4.14

[풀이]

리벳에 대한 직접력 F 는

$$F = \frac{4500 \times 9.8}{6} = 7350\,[\mathrm{N}]$$

리벳군의 중심좌표

$$\overline{y} = \frac{2 \times 22.5 + 2 \times 15}{6} = \frac{35}{6} = 12.5$$

$$r_1{}^2 = 100 + 25 = 125$$

$$r_2{}^2 = 6.25 + 25 = 31.25$$

$$r_3{}^2 = 12.5^2 + 5^2 = 181.25$$

$$4500 \times 9.8 \times 12.5 = K(2 \times 125 + 2 \times 31.25 + 2 \times 181.25)$$

$$\therefore \quad K \fallingdotseq \frac{4500 \times 9.8 \times 12.5}{98906} \fallingdotseq 5.57\,[\mathrm{N/mm}]$$

최대력은 $F_3 = 5.57 \times 13.5 \fallingdotseq 75.1\,[\mathrm{N}]$,

F_3의 분력을 각각 x, y라 할 때

$$\tan\theta = \frac{5}{12.5} = 0.4 \qquad \therefore \ \theta = 21°50''$$

$$\sin\theta = \frac{x}{75.1}, \qquad x = 75.1 \times 0.372 ≒ 27.9 \,[\text{N}]$$

$$\cos\theta = \frac{y}{75.1}, \qquad y = 75.1 \times 0.928 ≒ 69.7 \,[\text{N}]$$

합성력 F_r는 $F_r = \sqrt{(x+F)^2 + y^2} = \sqrt{(27.9+7350)^2 + 69.7^2} = 7378\,[\text{N}]$

전단면적 $A = \dfrac{\pi}{4} \times 19^2 = \dfrac{\pi}{4} \times 361 = 283.53 = 284\,[\text{mm}^2]$

$$\therefore \ = \frac{7378}{284} ≒ 26.0\,[\text{MPa}]$$

연습 문제

1. 두께 $t = 11\,[\text{mm}]$의 강판을 지름 $19\,[\text{mm}]$ (구멍지름 $d = 20.2\,[\text{mm}]$) 의 리벳으로 1줄 리벳 겹치기 이음으로 할 때, 피치 p는 몇 $[\text{mm}]$가 적당한 가? 단, 강판의 허용인장응력 $\sigma_a = 39.2\,[\text{MPa}]$, 리벳 재료의 허용전단응 력은 $\tau_a = 35.3\,[\text{MPa}]$이다.

2. $t = 10\,[\text{mm}]$, $\sigma = 98.1\,[\text{MPa}]$, $\tau = 83.4\,[\text{MPa}]$의 구조용 단열겹치기 이음을 설계하시오.

3. 지름 $500\,[\text{mm}]$, 압력 $12\,[\text{atm}]\,(= 1.216\,[\text{MPa}])$인 보일러의 길이방향의 이음을 설계하시오. 단, 강판의 인장강도는 $343\,[\text{MPa}]$, 안전율은 4.75이다.

4. 두께 $11\,[\text{mm}]$의 강판 2열 지그재그 겹치기 이음에 있어서 리벳의 지름, 피치 및 이음 효율을 구하시오. 단, 강판의 인장강도를 $333.4\,[\text{MPa}]$, 리벳 및 강판의 압축강도를 $333.4\,[\text{MPa}]$, 리벳의 전단강도는 $264.8\,[\text{MPa}]$이다.

해답　**1.** 피치 $p = 48\,[\text{mm}]$
　　　2. $p = 49\,[\text{mm}]$, $\eta_1 = \eta_2 = 0.58 = 58\,[\%]$
　　　3. $\eta_1 = 80\,[\%]$, $\eta_2 = 69\,[\%]$, $d = 13\,[\text{mm}]$, $t = 8.02\,[\text{mm}]$
　　　4. $d = 19\,[\text{mm}]$, $p = 67\,[\text{mm}]$, $\eta_1 = 71\,[\%]$, $\eta_2 = 72\,[\%]$

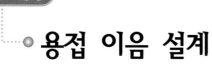

Chapter 05

용접 이음 설계

5.1 용접의 개요

용접은 2개의 금속을 용융온도 이상으로 가열하여 접합하는 영구적 결합법이다. 즉 용접은 기계요소를 결합하는 것이 아니고 일종의 제조 공정 중 하나라 할 수 있다.

용접은 보통 압연재를 필요한 형상과 치수로 절단하여 같은 재료의 용접봉을 녹여서 서로 응고접합하는 것이다.

용접구조물은 리벳 구조물, 주조물, 단조물에 비하여 다음과 같은 이점이 있다.

(1) 리벳 이음은 제한된 강판 두께로 인하여 강도면에서 한계가 있다. 예를 들면 리벳 구조물은 사용압력 40 [kg_f/cm^2]까지의 고압용기, 강판 두께 30 [mm]를 한계로 하고, 그 이상은 이음 없는 단조강을 사용한다. 그러나 용접 이음은 한도가 없다. 실제로 용접 구조에서는 사용압력 45~120 [kg_f/cm^2], 강판 두께 40~120 [mm]의 것이 많이 제작되고 있다.

(2) 리벳 이음에 비해서 기밀성이 높다.

(3) 리벳 이음에서의 이음 효율은 이음 형식과 리벳 지름에 따라서 30~80 [%]의 효율을 가진다. 그러나, 용접 이음에서의 이음 효율은 강판의 두께에 관계없이 100 [%] 까지도 할 수 있다.

(4) 압연재는 단조물 또는 구조물 등에 비하여 재질이 우수하고 재료의 선택이 자유롭기 때문에 구조물을 가볍게 할 수 있다.

(5) 리베팅에 비해 작업 시 소음을 발생시키지 않으며, 부식방지를 위한 페인
트 작업도 쉽게 할 수 있다.

표 5.1은 용접 구조가 리벳 구조 또는 단조 구조에 비하여 실제로 우수한
점을 나타낸다.

▶표 5.1 용접의 장점

종 류	중량 경감 [%]	제작기간 단축 [%]	제작비 절약 [%]
리벳 이음	4~25	약 50	14
주 철	30~50	30~50	20
주 강	20~30	30	50

5.2 용접의 종류

용접의 종류는 가열방법, 처리방법 및 모재의 상태에 따라서 구분할 수 있
으며 크게 나누어 **융접**(fusion welding) 과 **압접**(pressure welding) , **경납땜**
(brazing) 이 있다.

용접은 모재를 반용접상태 또는 냉간에 기계적 압력 또는 해머 등의 압력
을 가하여 결합시키는 것이며, 융접은 모재를 용접상태에서 결합시키는 방법
이다. 또한 경납땜은 융점이 낮은 경납을 이용하여 모재를 결합시키는 방법이
다. 표 5.2 는 여러가지 용접의 종류들을 나타낸다.

5.3 용접법의 종류

5.3.1 용접의 KS규격

용접에 대한 관련 KS규격은 표 5.3과 같다.

5.3.2 아크 용접법

금속 아크 용접법은 가장 많이 사용되는 용접법으로 압력탱크, 구조물, 선박
공작기계 및 기관 등에 있어서 보통 강철과 특수강의 강판 또는 형강을 용접할

▶표 5.2 용접의 분류

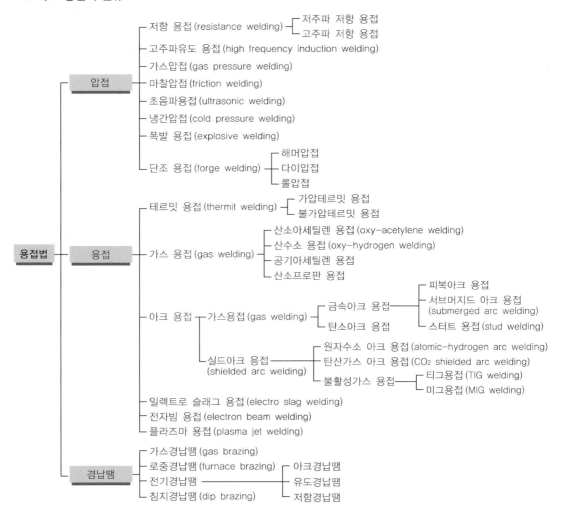

때 사용되며 1.6 [mm] 이상의 두께로부터 시작하여 그 살두께에는 제한이 없다.
　금속 아크 용접법은 용접봉의 종류에 따라 이음의 강도가 달라지므로 용접봉을 잘 선택하면 모재와 같은 이음 강도가 생긴다.
　여러 가지 저합금강, 고망간강, 부수강과 일부의 동합금 용접도 가능하며 탄소 아크 용접법은 주로 동합금 등의 비철금속의 용접에 유리하고 얇은 강판의 경우에도 금속 아크 용접법이 이용된다. 또한 원자수소 아크 용접법은 금속 아크 용접법으로 용접하기 어려운 특수 합금과 고도의 기밀이 필요한 압력탱크의 용접에 이용된다.

▶표 5.3 용접에 관한 KS규격

규격번호	규 격 내 용	제정년월일 (개정 또는 확인)
KS B 0052	용접기호	1967(2007)
KS B 0106	용접용어	1963(2001)
KS B 0833	강의 맞대기 용접 이음-인장시험 방법	1971(2001)
KS B 0841	금속재료 용접부의 파괴시험-십자 및 겹치기 이음 인장시험	1971(2001)
KS B 0842	측면 필릿 용접 이음의 전단시험 방법	1971(1977)
KS B 0844	T형 필릿 용접 이음의 굽힘시험 방법	1971(2006)
KS B 0845	강용접이음부의 방사선 투과시험 방법	1976(2005)
KS B 0850	점용접부의 경사방법	1981(1991)
KS B 0879	불활성가스 아크 용접 작업표준(알루미늄 및 알루미늄 합금)	1971(2006)
KS B 0887	땜납 작업표준	1971(1995)

아르곤(Ar)을 이용한 불활성가스 아크 용접법은 알루미늄과 마그네슘의 용접에서 발달하여 현재에는 얇은 크롬니켈 합금 재료의 용접에도 적용한다.

이와 같은 용접은 일반적으로 사람의 손으로 하지만 긴 길이의 직선, 원주 이음 또는 같은 형상의 물품을 다량으로 생산할 때는 자동용접기나 로보트 등을 이용한 자동용접이 사용된다.

아크 용접법은 일반 용접 전류의 5배 이상의 큰 용접 전류를 사용하여 용

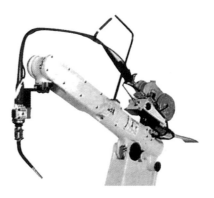

그림 5.1 자동용접기

그림 5.2 서브머지드 용접(submerged welding)

접 이음 위에 미리 살포시킨 협금작용이 있는 특수한 가루 모양의 용제(flux) 속에서 아크 용접을 하는 것으로 발열량이 아주 많다. 이와 같은 용접법은 압력 탱크 용접 등에 사용된다.

서브머지드 아크용접(그림 5.2)은 깊이가 깊고 비드 표면이 매끈하며 비교적 두꺼운 강판도 한번에 용접할 수 있으므로 능률이 매우 높다. 그러나 자동 용접이므로 직선이나 원호 등 단순한 용접선에서는 효과가 크지만, 복잡한 용접선이나 필릿 용접이 많이 쓰이는 구조물의 용접에는 비효율적이다. 그러므로 조선에서 선박의 외판이라든가 압력용기 중 원통형용기의 원주 이음과 길이 이음 및 철도차량의 제작 과정에서 많이 쓰인다.

5.3.3 테르밋 용접법

강판의 두께가 두꺼운 사각형 또는 원형의 큰 단면 강재를 용접할 때 제작비를 절약할 수 있는 이점이 있으므로, 대규모의 보수 또는 봉형의 강철 용접에 사용된다. 그러나 양질의 기계적 성질을 요구하는 중요한 이음에는 사용하지 않는다.

5.3.4 가스 용접법

가스 용접은 이음의 기계적 성질이나 용접 속도가 아크 용접에 비해서 떨어지므로 대략 3 mm 이하의 얇은 강판의 용접, 일부의 특수강, 주철 또는 구리합금 등의 비철금속의 용접에 사용한다. 그러나 작은 지름의 파이프, 얇은 파이프 등을 용접하는 경우는 가스 용접이 아크 용접보다 우수하다. 특수한 사용 예로써 내면에서 이면 용접을 할 수 없는 압력탱크의 맞대기 용접 이음 시 첫째층의 용접에 사용된다.

5.3.5 저항 용접법

전극을 사용하여 전류를 통하는 동시에 압력을 가하여 용접하는 방법으로 **점용접** 또는 **심**(seam) 용접이 있으며, 통기관이나 자동차의 차체와 같은 얇은 재료의 용접 또는 작은 재료의 용접에 사용되어 왔으나, 근래에는 상당히 두꺼운 재료의 용접에도 사용된다. 또한 항공기동체의 알루미늄, 마그네슘합금의 용접에도 사용된다.

프로젝션 용접법(projection welding) 은 용접하는 강판에 많은 작은 돌기를 붙여 놓고 이 강판을 대형전극에 의하여 가압통전하여 이 돌기부를 동시에 점용접하게 되는 것이다. 플래시(flash) 와 업셋(upset) 용접법은 **테르밋 용접법**과 같이 주로 봉재, 형재의 맞대기 용접에 사용된다. **업셋 용접법**은 **플래시 용접법**에 비하여 능률이 떨어지고 또 이음의 기계적 성질도 떨어지는 단점이 있으므로, 현재는 단면적 약 5 [cm^2] 이하의 간단한 형상의 용접에 사용된다.

플래시 용접법은 접촉면의 전기저항에 의한 발생열 이외에 접합하기 직전에 잠시 아크를 발생하고 접촉면을 녹여서 비산(flash off) 시키므로 접촉면은 깨끗한 상태로 가압되고 또 열영향의 범위도 국한되어 이음의 기계적 특성도 매우 좋다.

5.3.6 가스 압접법

산소 - 아세틸렌 불꽃장치와 간단한 가압장치만 있으면 용접이 가능하며, 또 플래시 용접법과 같은 기계적 성능을 기대할 수 있다. 접합부는 용가제 첨가 없이 일정 압력에 의해 형성된다. 결합부는 open 타입과 closed 타입의 두 종류가 있다. 주로 봉재와 형강(rolled steel) 등의 용접에 사용되며 고탄소강, 합금강, 오스테나이트강, 주철, 비철금속의 용접도 가능하며, 대형 레일 등의 용접도 가능하다.

5.3.7 납땜

납땜은 가는 파이프의 이음 또는 작은 부품의 접합에 사용되며, 기밀장치 등 높은 이음 강도를 필요로 하지 않는 경우에 사용하며 값싸고 다량생산에 적합한 용접법으로 용접온도가 높지 않은 경우에 사용된다. 일반적으로 용접온도는 600~1000 [℃] 정도이다.

5.4 용접부

5.4.1 용접부의 구성

용접에 의하여 용접봉, 모재의 일부가 용융하여 응고한 부분을 **용착부** (weld metal zone) 라 하고, 그 부분의 금속을 **용접금속** (weld metal) 이라 한다. 용접 금속 중 용접봉이 녹아서 만들어진 것을 **용착금속** (deposit metal), 용융은 되지 않지만 열에 의하여 조직, 특성 등이 변화한 모재의 부분을 **열영향부**라 하며 용착부와 합하여 **용접부** (weld zone) 라 한다. 용접부의 치수 이상으로 표면으로부터 높게 올라온 용접금속을 **살돋움** (reinforcement of weld) 이라 한다 (그림 5.3).

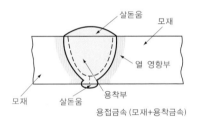

그림 5.3 용접부

5.4.2 용접부의 종류

(1) 접합부의 모양에 의한 분류

① 홈 용접 (groove weld) : 접합하는 모재 사이의 홈을 그루부 (groove)라 하

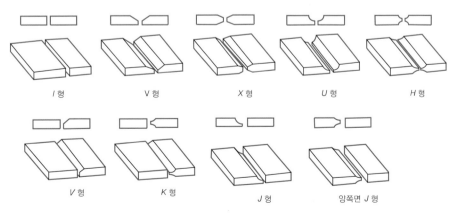

그림 5.4 모재 이음의 형식

며 이 홈 부분에 하는 용접을 홈 용접이라 한다.

홈의 표준형은 한쪽면 홈과 양쪽면 홈이 있으며 홈의 모양에 따라 I형, V형, *V*형 X형, U형, J형, H형, K형, 양면 J형이 있다. 홈의 모양 및 치수 등은 모재의 두께, 재질, 용접조건에 가장 적합하도록 결정하여야 한다. 그림 5.5는 X형 홈을, 그림 5.6은 V형 홈을 나타낸 것이다.

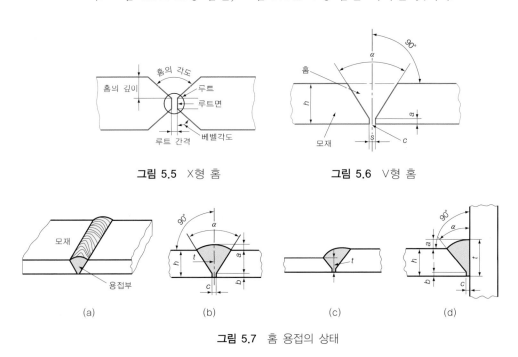

그림 5.5 X형 홈   **그림 5.6** V형 홈

그림 5.7 홈 용접의 상태

그림 5.6, 및 5.7에서 h : 모재의 두께

a : 살돋움높이 (reinforced height)

t : 목두께

α : 홈의 각도 (open angle)

c : 밑틈새 (root clearance)

$\frac{1}{2}\alpha$: 베벨각도 (bevel angle)

f : 밑면 나비

그림 5.8에서 용접부의 면 끝을 따라 모재가 파여지고 용착금속이 채워지지 않아서 홈으로 남아 있는 부분을 **언더컷** (undercut) 이라 하며, 용착금속이 변 끝에서 모재에 융합하지 않고 겹친 부분을 **오버랩** (overlap) 이라

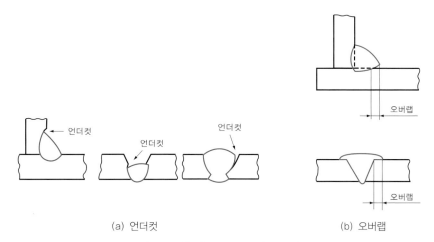

(a) 언더컷   (b) 오버랩

그림 5.8 홈 용접의 언더컷과 오버랩

한다.

② **필릿(fillet) 용접** : 겹치기 이음, T 이음, 모서리 이음의 경우 거의 직교하는 두 면을 결합하는 3각형 단면의 용착부를 가지는 용접을 말한다.

용접선의 방향이 전달하는 응력의 방향과 거의 직각인 **전면 필릿 용접**과 용접선의 방향이 전달하는 응력의 방향과 거의 평행한 **측면 필릿 용접**이 있다.

그림 5.9는 필릿 용접, 맞대기 용접의 목의 실제두께를 나타내며, 그림 5.10은 필릿 용접의 치수를 나타낸다.

③ **비드 용접**(bead weld) : 1회의 용접작업에 의하여 생긴 용착 금속부를 비드라고 하며 모재의 평면 위에 용착비드를 융착시키는 용접을 비드 용접이라고 한다 (그림 5.11).

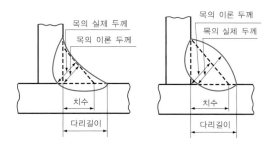

그림 5.9 필릿 용접의 목의 실제 두께

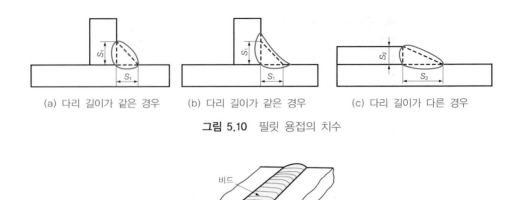

(a) 다리 길이가 같은 경우   (b) 다리 길이가 같은 경우   (c) 다리 길이가 다른 경우

그림 5.10 필릿 용접의 치수

그림 5.11 비드 용접

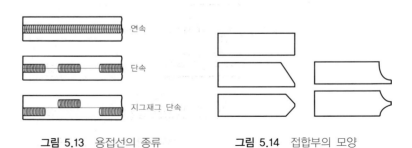

(a)   (b)

그림 5.12 플러그 용접

④ 플러그 용접(plug weld) : 접합하는 모재의 한쪽에 구멍을 뚫고 판자의
  표면까지 가득 차게 용접하여 다른 쪽의 모재와 접합하는 용접을 말한다
  (그림 5.12).

(2) 용접선의 단속에 의한 분류

그림 5.13에서 보는 것처럼 용접선이 연속되고 있으면 연속 용접이라 하고,
도중에 끊어져 있으면 단속 용접이라고 한다. 단속 용접에는 평행 단속 용접
과 지그재그 단속 용접이 있다.

연속

단속

지그재그 단속

그림 5.13 용접선의 종류   **그림 5.14** 접합부의 모양

(3) 접합부 끝의 모양에 의한 분류

그림 5.14에서와 같이 모재의 끝모양에 따라 나눌 수 있다.

(4) 용접부의 표면모양에 의한 분류

용접부의 용접금속 표면 살돋움모양에 따라 평형, 볼록형, 오목형의 3가지로 나눌 수 있다(그림 5.15 참조).

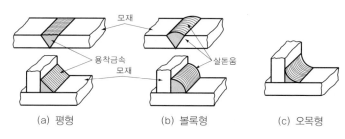

그림 5.15 용접부의 표면모양

5.5 용접 이음 설계

5.5.1 용접 이음의 종류

용접 이음은 용접부의 형식에 의하여 표시할 수도 있으나, 접합하는 모재의 상대적 관계에 의하여 표 5.4와 같이 분류하고 있다.

(1) 맞대기 용접 이음

모재접합부의 양끝을 일직선 위에 놓고 용접하는 형식으로서 그림 5.16과 같이 모재 끝의 모양에 따라 I형, V형, X형, U형, H형, V형, J형, K형, 양면 J형으로 나눌 수 있다. 표 5.5는 이 형식이 응용되는 모재의 두께 h 와 각부 치수를 표시한 것이다.

▶표 5.4 용접 이음의 종류

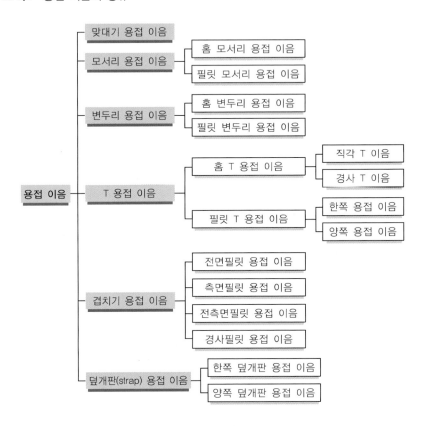

▶표 5.5 맞대기 이음의 치수

(단위 : [mm])

형 식	h	각부 치수
I형	$1 \sim 5$	$c = 1 \sim 3$
V형	$6 \sim 12$	$b = 1.5 \sim 2.5, \ c = 2 \sim 4$
X형	$12 \sim 25$	$\alpha = 60° \sim 90° \ b = 2 \sim 4, \ c = 2.5 \sim 4$
U형	$16 \sim 50$	$c = 3 \sim 5, \ c_0 = 15 \sim 22 \ b = 3 \sim 6$
H형	$25 \sim 50$	$c = 3 \sim 4, \ c_0 = 15 \sim 18 \ b = 3 \sim 5$

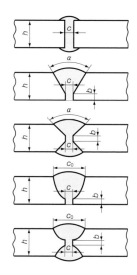

그림 5.16 맞대기 이음의 종류

(2) 덮개판 맞대기 이음

한쪽 덮개판 맞대기 이음(그림 5.17)과 양쪽 덮개판 맞대기 이음(그림 5.18)이 있다.

그림 5.17 한쪽 덮개판 맞대기 이음   **그림 5.18** 양쪽 덮개판 맞대기 이음

(3) 겹치기 이음(lap joint)

두 부재의 일부를 겹쳐서 부재의 표면과 두께면에 필릿 용접을 하는 용접으로 $\alpha = 45 \sim 30°$는 되도록 사용하지 않는 것이 좋으며 모재의 두께가 다른 경우에는 얇은 쪽을 택한다.

$$h \leqq 12 \text{에서는 } b \geqq (2h+10) \sim 4h \,[\text{mm}]$$
$$h \geqq 16 \text{에서는 } b \geqq (2h+15) \sim 4h \,[\text{mm}] \tag{5.1}$$

그림 5.20은 맞물림 겹치기 이음을 나타낸다.

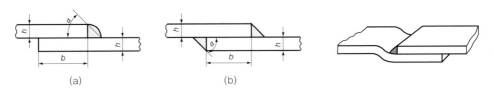

그림 5.19 겹치기 이음   그림 5.20 맞물림 겹치기 이음

(4) T형 용접 이음

한판의 끝면을 다른판의 표면에 올려놓고 T형으로 대략 직각이 되도록 용접하는 이음으로 (a) 평절형, (b) 편절형, (c) 양절형의 3가지 경우가 있다(그림 5.21).

(b) $h = 6 \sim 25\,[\mathrm{mm}], \quad b = 0 \sim 4\,[\mathrm{mm}], \quad c = 1 \sim 3\,[\mathrm{mm}]$

(c) $h = 12 \sim 25\,[\mathrm{mm}], \quad b = 1 \sim 3\,[\mathrm{mm}], \quad c = 1 \sim 3\,[\mathrm{mm}]$

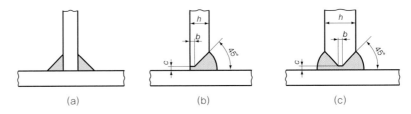

그림 5.21 T형 이음의 3가지 경우

(5) 모서리 이음

두 부재를 대략 직각인 L자 모양으로 유지하고, 그 각진 부분을 접합하는 이음으로 (a) 평절형, (b), (c) 편절형, (d) 양절형의 3가지 경우가 있다(그림 5.22).

$$h = 6 \sim 25\,[\mathrm{mm}], \ b = 0 \sim 4\,[\mathrm{mm}], \ c = 1 \sim 3\,[\mathrm{mm}]$$

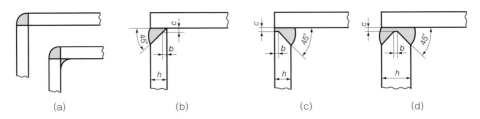

그림 5.22 모서리 이음의 여러 가지 경우

(6) 변두리 이음(edge joint)

두 개 이상이 거의 평행하게 겹친 부재의 끝면 사이의 이음이다(그림 5.23). 그림 5.24 는 여러 가지 용접 이음을 나타내었다.

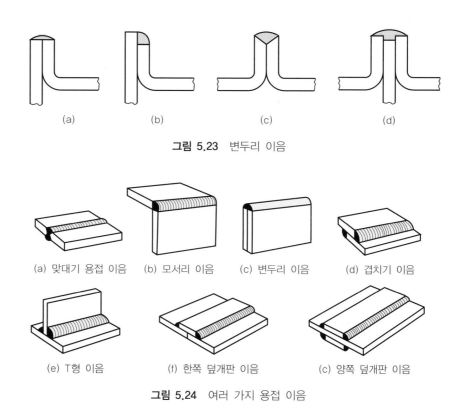

(a)　　　　　(b)　　　　　(c)　　　　　(d)

그림 5.23 변두리 이음

(a) 맞대기 용접 이음　(b) 모서리 이음　(c) 변두리 이음　(d) 겹치기 이음

(e) T형 이음　　　(f) 한쪽 덮개판 이음　　　(c) 양쪽 덮개판 이음

그림 5.24 여러 가지 용접 이음

5.5.2 용접 이음의 강도계산

(1) 맞대기 용접 이음

맞대기 이음을 할 때 극히 얇은 강판은 한쪽면만을 용접하지만 일반적인 용접은 한쪽면을 용접하고 반대편면도 잘 다듬어서 용접한다. 양면을 모두 용접하면 충분한 강도를 유지할 수 있지만 한쪽면만 용접을 하면 충분한 강도를 기대할 수 없다.

따라서 일반적으로 구조물의 안전성을 확보하려면 인장강도와 함께 충분한 연성이 필요하기 때문에 강도가 중요한 곳의 맞대기 이음은 완전하게 양면 용접을 해야 한다.

맞대기 이음은 판자의 두께에 따라 일반적으로 보강높임 (살돋움) 을 하지만, 이음의 강도를 계산할 때 이 살돋움은 무시하기도 한다. 살돋움 a 는 모재의 두께를 h 라고 할 때 V형에서는 $a = 0.25\,h$, X형에서는 보통 $a = 0.125\,h$ 로 한다 (그림 5.25 참조).

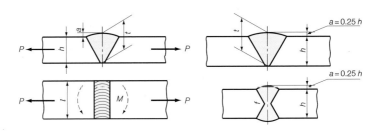

그림 5.25 맞대기 용접 이음

여기서, P : 하중 [N] h : 모재의 두께 [mm]
         t : 목두께 [mm] l : 용접 유효길이 [mm]
         σ : 응력 [MPa] 라고 하면

$$P = t\,l\,\sigma \tag{5.2}$$

$t = h$ 로 하거나 안전을 위하여 $t = h - 1\,[\mathrm{mm}]$ 로 하기도 한다.

그리고 굽힘 모멘트 $M\,[\mathrm{N \cdot mm}]$은

$$M = \frac{1}{6}\,t\,l^2\,\sigma \tag{5.3}$$

이때 용접부의 인장강도는 대체로 모재와 같거나 또는 그 이상이 된다. $\sigma_u = 2.6 \sim 4.2\,[\mathrm{MPa}]$라 할 때 양면을 모두 용접한 경우 피로한도는 $\sigma_f = 1.8\,[\mathrm{MPa}]$ 이며 한쪽만 용접한 경우 피로한도는 $\sigma_f = 1.2\,[\mathrm{MPa}]$이다.

(2) 필릿 용접 이음

겹치기 용접 이음 (lap joint), T형 용접 이음, 모서리 이음에서 거의 직교하는 두 면을 결합하는 삼각형 단면의 용착부를 갖는 용접이다. 하중방향에 따라서 전면 필릿 이음 (front fillet weld) (그림 5.26) 과 측면 필릿 이음 (side fillet weld) (그림 5.27) 이 있다.

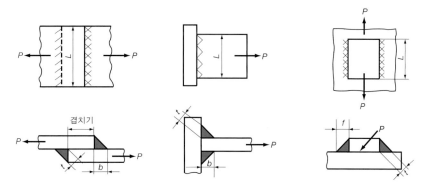

그림 5.26 전면 필릿 용접 이음   그림 5.27 측면 필릿 용접 이음

① 겹치기 용접 이음(lap weld) : 필릿의 다리 길이 f(다리 길이가 다른 경우
는 짧은 쪽을 말한다)를 한 변으로 하는 직각이등변 삼각형을 만들어
그 높이를 목두께 t 라 하면

$$t = f \cos 45° = \frac{f}{\sqrt{2}} ≒ 0.707f \tag{5.4}$$

만일 f 를 강판의 두께 h 와 같게 하면

$$t = 0.707h \tag{5.5}$$

그림 5.28 (a) 와 같은 측면 필릿 이음의 경우에는 목의 단면에 전단이
작용하므로, 전단응력 τ 는 목부분의 전단 단면적을 A, 하중을 P 라 하면

$$\tau = \frac{P}{A} = \frac{P}{2lt} = \frac{P}{\sqrt{2}\,lf} = \frac{0.707P}{lf} \tag{5.6}$$

그림 5.28 (b) 와 같은 전면 필릿 이음의 경우는

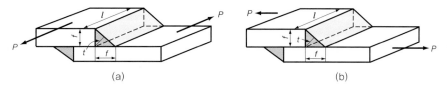

(a)   (b)

그림 5.28 필릿 이음

$$\sigma = \frac{P}{2lt} = \frac{\sqrt{2}\,P}{lf} \fallingdotseq \frac{1.414P}{lf} \tag{5.7}$$

만일 f 를 판자의 두께 h 와 같게 하면

$$\tau = \frac{1.414P}{lh} \tag{5.8}$$

연강의 전단강도 : $\tau_e = 265 \sim 294\,[\text{MPa}]$,

피로한도 : $\tau_f = 118\,[\text{MPa}]$

② T 형 이음의 경우 : T 형 이음은 강구조의 용접에 많이 쓰인다. 이 때도 전면 필릿 이음의 경우와 측면 필릿 이음의 두 가지 경우가 고려된다. 그림 5.29는 용접선에 평행하게 하중이 작용하는 측면 필릿 이음이다. 이때 목두께는 다음과 같다.

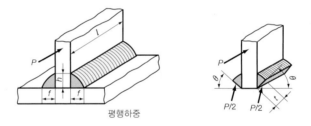

그림 5.29 측면 필릿 이음의 T 형 이음

$$t = \frac{f}{(\sin\theta + \cos\theta)} \tag{5.9}$$

따라서 단면적 A 는 다음과 같다.

$$A = tl = \frac{fl}{(\sin\theta + \cos\theta)} \tag{5.10}$$

그리고 전단응력 τ 는 다음과 같다.

$$\tau = \frac{\dfrac{P}{2}}{A} = \frac{P(\sin\theta + \cos\theta)}{2fl} \tag{5.11}$$

$\dfrac{d\tau}{d\theta}=0$ 을 만족하는 θ 의 값을 구하면

$$\frac{d\tau}{d\theta} = \frac{P}{2fl}(\cos\theta - \sin\theta) = 0$$

여기서 $\qquad\qquad\qquad \cos\theta - \sin\theta = 0$

따라서 $\sin\theta = \cos\theta$, 즉 $\theta = 45°$일 때 전단응력의 최대값을 얻을 수 있다.

이때 τ의 값은

$$\tau_{\max} = \frac{P \cdot 2}{2fl \cdot \sqrt{2}} = \frac{P}{\sqrt{2}\,fl} = \frac{P}{2tl} \qquad (5.12)$$

가 된다. 필릿의 목부분에서 전단이 일어나는 것으로 가정하고, 이것에 견딜 수 있는 필릿 용접을 한다.

③ 편심하중을 받는 필릿 용접이음

ⓐ 그림 5.30과 같은 경우 용접부의 굽힘 모멘트 M은 $M = Fa$이며, 목 구멍을 통하는 단면의 단면계수 $Z = \dfrac{tl^2}{6}$이다. 각각 한쪽의 용접에 대하여

$$Z = \frac{tl^2}{6}$$

이 값을 굽힘 공식 $M = \sigma Z$에 대입하면

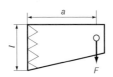

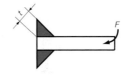

그림 5.30 편심하중을 받는 필릿 이음

$$\sigma = \frac{M}{Z} = \frac{3Fa}{tl^2} = \frac{3Fa}{fl^2\cos 45°} = \frac{4.24Fa}{fl^2} \tag{5.13}$$

전단응력이 균일하게 분포한다고 가정하면 전단응력 τ_s 는

$$\tau_s = \frac{F}{A} = \frac{F}{2tl} = \frac{F}{2lf\cos 45°} = \frac{0.707F}{lf} \tag{5.14}$$

최대전단응력설에 의하면 최대전단응력 $\tau_{\max}$ 는 다음과 같다.

$$\tau_{\max} = \left[\tau_s^2 + \left(\frac{\sigma}{2}\right)^2\right]^{\frac{1}{2}} = \left[\left(\frac{F}{2tl}\right)^2 + \left(\frac{3Fa}{2tl^2}\right)^2\right]^{\frac{1}{2}} \tag{5.15}$$

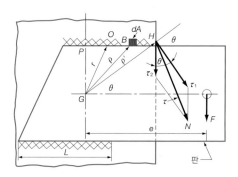

그림 5.31 편심하중을 받는 필릿 이음

ⓑ 그림 5.31과 같이 용접되어 있는 구조물에 편심하중 F 가 작용하여 Fe 의 모멘트를 받을 때, Fe 로 인하여 용접부의 어느 점에 생기는 응력은 중심(重心) G로부터의 거리에 비례한다.

즉, $$\frac{\tau}{\rho} = \frac{\tau_1}{\rho'}$$

여기서, τ 는 임의의 점 B에서의 응력이고, τ_1 은 최대 반지름 ρ' 의 점 H 에서 만들어지는 최대응력이다.

B점에 미소면적 dA 를 취하면 dA 에 생기는 저항 모멘트(resistance moment) 는 $\rho\tau dA$ 가 된다.

$$\therefore Fe = \rho\tau dA = \frac{\tau_1}{\rho'}\int \rho^2 dA \tag{5.16}$$

여기서 $\int \rho^2 dA$ 는 단면의 극관성 모멘트(polar moment of inertia) J_G 이다.

$$\therefore \ Fe = \frac{\tau_1 \, J_G}{\rho^{\,\prime}} \tag{5.17}$$

$$\therefore \ \tau_1 = \frac{Fe \, \rho^{\,\prime}}{J_G} \tag{5.18}$$

만일 단면의 G에 관한 극관성 모멘트 J_G 대신에 용접선의 G에 관한 극관성 모멘트를 I_G 라고 하면

$$I_G = \int \rho^2 \, dL, \ dA = t \cdot dL$$

$$J_G = \int \rho^2 \, dA = \int \rho^2 t \cdot dL = t \int \rho^2 dL = t \cdot I_G = 0.7f \cdot I_G$$

$$\therefore \ \tau_1 = \frac{Fe \rho^{\,\prime}}{0.7f I_G} \tag{5.19}$$

I_G 의 값은 그림 5.32에서

$$\left.\begin{array}{l} 4 \text{측 필릿}: I_G = \dfrac{(L+b)^3}{6} \\[2mm] \text{상하 2측 필릿}: I_G = \dfrac{L(3b^2 + L^2)}{6} \\[2mm] \text{좌우 2측 필릿}: I_G = \dfrac{b(3L^2 + b^2)}{6} \end{array}\right\} \tag{5.20}$$

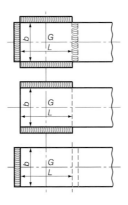

그림 5.32 필릿 용접 이음

J_G는 G축에 대한 전체의 목면적(throat area) 의 극관성 모멘트이다. 그러나 면적에 수직인 중심축 O에 관한 길고 가는 면적의 관성 모멘트는

$$J = \frac{AL^2}{12}$$

가 된다. 또 극관성 모멘트에 대한 정리를 이용하면

$$J_G = J + Ad^2 = \frac{AL^2}{12} + A\,r^2 \tag{5.21}$$

여기서, r 은 복면적의 중심 O와 전체 목면직의 중심 G와의 기리이다. 그리고 H점의 아래방향으로 전단응력 τ_2 가 생기고

$$\tau_2 = \frac{F}{A} = \frac{F}{\Sigma Lt} = \frac{F}{\Sigma\,0.7f\,L} \tag{5.22}$$

H점에 있어서 τ_1 과 τ_2 를 합성하면 코사인법칙에서

$$\tau_{\max} = \sqrt{\tau_1{}^2 + \tau_2{}^2 + 2\,\tau_1\,\tau_2\cos\theta} \tag{5.23}$$

ⓒ 그림 5.33은 굽힘 모멘트 M을 받는 원모양 필릿의 경우이다. 즉 미소 길이 $r\,d\theta$의 인장응력을 σ 라고 하면 그 곳의 인장하중은

$$dP = \sigma\,dA = \sigma\,t\,r\,d\theta$$

가 된다.

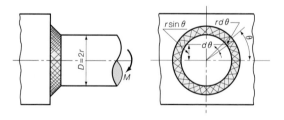

그림 5.33 원형단면의 용접

🔒 **예제 1**

그림 5.34와 같이 인장하중을 받는 폭 100 [mm], 두께 12 [mm]의 강판의 측면을 필릿 용접하였다. 필릿 용접의 두께를 12 [mm], 용접 길이를 120 [mm]라 하고, 용접부의 허용전단응력을 40 [MPa]라 할 때 몇 [N] 의 인장하중에 견딜 수 있겠는가?

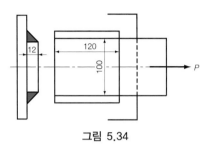

그림 5.34

풀이

$$P = 2\,t\,l\,\tau_a = 2 \times 12 \times 0.707 \times 120 \times 40 \fallingdotseq 81446 \;[\mathrm{N}]$$

🔒 **예제 2**

그림 5.35에서와 같은 풀리에서 10 [PS], 250 [rpm]의 동력을 전달시킬 경우 림과 보스의 용접부에 생기는 전단응력을 구하시오. 단, 전체 둘레의 필릿 용접의 크기는 림부가 4 [mm], 보스부가 6 [mm]이다.

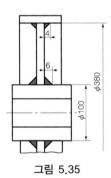

그림 5.35

풀이

$$10 \;\mathrm{PS} \fallingdotseq 10 \times 736 \;[\mathrm{W}] = 7.36 \;[\mathrm{kW}]$$

전달토크 T 는

$$T = 974000 \times \frac{7.36}{250} \fallingdotseq 28675 \;[\mathrm{kg_f \cdot mm}] = 281015 \;[\mathrm{N \cdot mm}]$$

응력계산도법에서

보스부의 응력 $\quad \tau_B = \dfrac{2.83\,T}{\pi\,h\,D^2} = \dfrac{2.83 \times 281015}{3.14 \times 6 \times 100^2} = 4.22 \;[\mathrm{MPa}]$

림부의 응력 $\quad \tau_R = \dfrac{2.83\,T}{\pi\,h\,D^2} = \dfrac{2.83 \times 281015}{4 \times 3.14 \times 380^2} = 0.44 \;[\mathrm{MPa}]$

🔒 예제 3

그림 5.36과 같은 용접 이음에 있어서 하중 $1000\,[\mathrm{kg_f}]\,(=9800\,[\mathrm{N}])$를 작용시킬 경우, 용접부의 크기를 구하시오. 단, 용접부의 허용전단응력을 70 [MPa]라 한다.

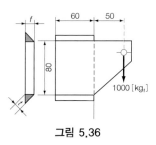

그림 5.36

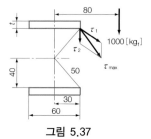

그림 5.37

풀이

$$\tau = \frac{P}{2tl} = \frac{1000 \times 9.8}{2 \times t \times 60} = \frac{81.7}{t}\,[\mathrm{MPa}]$$

$$M = Pe = (1000 \times 9.8) \times 80 = 784000\,[\mathrm{N \cdot mm}] = 784\,[\mathrm{N \cdot mm}]$$

$$I_G = I_o \cdot t = \frac{tl(3b^2+l^2)}{6} = \frac{t \times 60 \times (3 \times 80^2 + 60^2)}{6} = 228000\,t\,[\mathrm{mm^4}]$$

$$r = 50\,[\mathrm{mm}]$$

$$\tau_2 = \frac{M \cdot r}{I_G} = \frac{784000 \times 50}{228000t} = \frac{171.9}{t}\,[\mathrm{MPa}]$$

그림 5.37에서 합성응력은 허용응력의 70 [MPa]와 같아야 된다.

$$70^2 = \tau_1{}^2 + \tau_2{}^2 + 2\tau_1\tau_2\frac{30}{50}$$

$$= \left(\frac{81.7}{t}\right)^2 + \left(\frac{171.9}{t}\right)^2 + 2 \times \left(\frac{81.7}{t}\right)\left(\frac{171.9}{t}\right) \times \frac{30}{50} = \frac{1}{t^2}(6674.9 + 29549.6 + 16853.1)$$

$$t = \frac{\sqrt{53077.6}}{70} ≒ 3.29\,[\mathrm{mm}]$$

$$h = \frac{t}{0.707} = \frac{3.29}{0.707} ≒ 4.65 ≒ 5\,[\mathrm{mm}]$$

🔒 예제 4

그림 5.38에서와 같은 ⊏ 형강을 가로로 놓고 용접하였다. 용접부의 치수는 모두 같고, 허용전단응력은 80 [MPa]이다. 받을 수 있는 하중 P는 몇 [N] 인가?

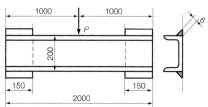

그림 5.38

풀이

$$\tau = \frac{P}{4\,t\,l} = \frac{P}{4 \times 6 \times 150} = 0.000278\,P \,[\text{MPa}]$$

⊏ 형강에 생기는 최대 모멘트 $M_{\max}$ 는

$$M_{\max} = \frac{Pl}{8} = \frac{2000}{8}\,P = 250\,P\,[\text{MPa}]$$

$$r = \sqrt{100^2 + 75^2} = 125\,[\text{mm}]$$

식 (5.20)에서

$$I_G = \frac{t\,L\,(3\,b^2 + L^2)}{6}$$

$$= \frac{6 \times 150 \times (3 \times 200^2 + 150^2)}{6} = 2.14 \times 10^7\,[\text{mm}^4]$$

모멘트에 의한 전단응력은

$$\tau_2 = \frac{Mr}{I_G} = \frac{250\,P \times 125}{2.14 \times 10^7} = 0.00146P\,[\text{MPa}]$$

그림 5.39에서 τ_1 과 τ_2 의 합성응력은 80 [MPa]이므로

$$80^2 = (0.000278\,P)^2 + (0.00146\,P)^2 + 2 \times 0.000278\,P \times 0.00146\,P \times \frac{75}{125}$$

$$6400 = 10^{-8}(7.72 + 213 + 48.7)P^2$$

$$P = 10^4 \sqrt{\frac{6400}{269}} \fallingdotseq 48776.9\,[\text{N}]$$

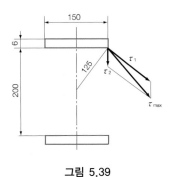

그림 5.39

🔒 예제 5

그림 5.40 에서와 같이 하중 $P = 5000\,[\text{kg}_\text{f}]\,(= 5000 \times 9.8\,[\text{N}])$를 받고 있을 때 200×70의 ⊏ 형강이 4층 용접으로서 그림의 치수와 같이 되어 있다고 하면 용접부의 최대 응력은 얼마인가?

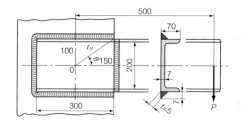

그림 5.40

풀이

$$L = 300\,[\mathrm{mm}], \quad b = 200\,[\mathrm{mm}]$$

$$\therefore\ I_G = \frac{(L+b)^3}{6} = \frac{(300+200)^3}{6} \fallingdotseq 20.833 \times 10^6\,[\mathrm{mm}^3]$$

$$t = 0.7f = 0.7 \times 7 \fallingdotseq 49\,[\mathrm{mm}]$$

$$\rho' = \sqrt{100^2 + 150^2} \fallingdotseq 180\,[\mathrm{mm}]$$

$$\tau_1 = \frac{F\,e\,\rho'}{0.7f\,I_G} = \frac{(5000 \times 9.8) \times 500 \times 180}{4.9 \times (20.833 \times 10^6)} \fallingdotseq 43.2\,[\mathrm{MPa}]$$

$$\tau_2 = \frac{F}{\Sigma\,0.7f\,L} = \frac{(5000 \times 9.8)}{2 \times 4.9 \times (200+300)} = 10.0\,[\mathrm{MPa}]$$

$$\therefore \tau_{\max} = \sqrt{\tau_1^{\,2} + \tau_2^{\,2} + 2\,\tau_1\,\tau_2 \cos\theta}$$

$$= \sqrt{43.2^2 + 10.0^2 + 2 \times 43.2 \times 10.2 \times \frac{15}{18}} \fallingdotseq 51.8\,[\mathrm{MPa}]$$

예제 6

22 [kW], 240 [rpm] 을 전달하는 기어의 용접구조를 설계하시오.

풀이

기어가 받는 회전 모멘트 T 는

$$T = 9.8 \times \frac{974000\,H_{\mathrm{kW}}}{N} = \frac{9545200\,H_{\mathrm{kW}}}{N} = \frac{9545200 \times 22}{240}$$

$$\fallingdotseq 874977\,[\mathrm{N \cdot mm}] \fallingdotseq 874977\,[\mathrm{N \cdot mm}]$$

i) 그림 5.41에서 림과 원판과의 용접

필릿다리 $f = 10\,[\mathrm{mm}]$, 오목형의 목두께 $t = 0.4 \times 10 = 4\,[\mathrm{mm}]$, $D = 470\,[\mathrm{mm}]$ 이므로

$$T = 2 \times \frac{\pi}{32} \times \frac{2}{D+2t}\{(D+2t)^4 - D^4\}\tau$$

$$= 2 \times \frac{\pi}{32} \times \frac{2}{470+2 \times 4}\{(470+2 \times 4)^4 - 470^4\} \times \tau = \frac{0.3925}{478} \times 3.408 \times 10^9 \times \tau$$

$$\therefore\ \tau = \frac{874977 \times 478}{0.3925 \times 3.408 \times 10^9} \fallingdotseq 0.313\,[\mathrm{MPa}] \fallingdotseq 0.3\,[\mathrm{MPa}]$$

ii) 보스와 원판과의 용접

필릿다리 $f = 10\,[\mathrm{mm}]$, 볼록형의 목두께 $t = 0.7 \times 10\,[\mathrm{mm}]$, $D = 120\,[\mathrm{mm}]$

$$T = 2 \times \frac{\pi}{32} \times \frac{2}{120+14}\{(120+14)^4 - 120^4\}\tau = \frac{0.3925}{134} \times 1.151 \times 10^8 \times \tau$$

$$\tau = \frac{874977 \times 134}{0.3925 \times 1.151 \times 10^8} \fallingdotseq 2.595\,[\mathrm{MPa}] \fallingdotseq 2.6\,[\mathrm{MPa}]$$

iii) 용접부

$\tau_w = 21 \sim 28\,[\mathrm{MPa}]$라고 하면

안전율 : $S = \dfrac{21}{2.6} \sim \dfrac{28}{2.6} \fallingdotseq 8.1 \sim 10.8$

안전율 표에서 보면 동하중에는 충분하지만 반복하중에는 조금 약한 듯하다.

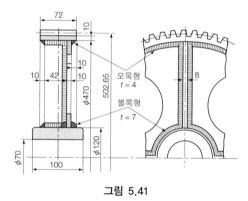

그림 5.41

🔒 **예제 7**

그림 5.42 와 같은 양면 필릿 용접에서 허용응력을 80 [MPa]라 할 때 허용하중 P 는 몇 [N]인가? i) 6 [mm]의 양면 필릿 용접의 경우, ii) 우측이 용접다리 길이 12 [mm], 좌측이 용접다리 길이 6 [mm]의 양면 필릿 용접의 경우

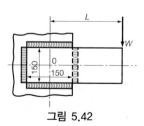

그림 5.42

풀이

i) 전용접 목부의 면적 $A = 6 \times 0.707 \times 150 \times 4 = 2545\,[\mathrm{mm}^2]$

허용하중 $P = \sigma A = 80 \times 2545 = 203600\,[\mathrm{N}]$

ii) 왼쪽 목부의 면적 A_1 는

$$A_1 = 6 \times 0.707 \times 150 \times 2 = 1273 \, [\mathrm{mm}^2]$$

오른쪽 목부의 면적 A_2 는

$$A_2 = 12 \times 0.707 \times 150 \times 2 = 2545 \, [\mathrm{mm}^2]$$

전체 목부의 면적 $A = A_1 + A_2 = 3818 \, [\mathrm{mm}^2]$

목부의 중심이 왼쪽 끝에서 $x \, \mathrm{mm}$ 에 있고 왼쪽 끝에 관한 목부의 모멘트가 균형을 이루면

$$3818x = 1273 \times 75 + 2545 \times 385$$
$$\therefore \ x = 282 \, [\mathrm{mm}]$$

왼쪽 용접부의 극단면 2차 모멘트 J_{G1} 은

$$J_{G1} = A_1 \left(\frac{L_1^{\,2}}{12} + r_1^{\,2} \right) = 1273 \left[\frac{150^2}{12} + \left(282 - \frac{150}{2} \right)^2 \right] = 56930000 \, [\mathrm{mm}^4]$$

오른쪽 용접부의 J_{G2} 는

$$J_{G2} = A_2 \left(\frac{L_1^{\,2}}{12} + r_2^{\,2} \right) = 2545 \left[\frac{150^2}{12} + (385 - 282)^2 \right] = 31770000 \, [\mathrm{mm}^4]$$

전체 용접부 $J_G = J_{G1} + J_{G2} = 88700000 \, [\mathrm{mm}^4]$

직접응력 $\sigma_D = \dfrac{P}{A} = \dfrac{P}{3818} = 0.000262 \, P$

왼쪽 끝 a점의 굽힘 모멘트에 관한 응력 σ_M 은

$$\sigma_M = \frac{Tr}{J_G} = \frac{[P\{282 - (150 + 80)\}] \times 282}{88700000} = 0.000165 \, P$$

전응력 $\sigma = \sigma_D + \sigma_M$

$$80 = 0.000262 \, P + 0.000165 \, P$$
$$0.000427 \, P = 80$$
$$\therefore \ P = \frac{80}{0.000427} \fallingdotseq 187354 \, [\mathrm{N}]$$

5.5.3 Jenning 의 응력계산식

용접 이음의 여러 가지 경우에 대하여 제닝은 다음과 같은 응력계산도표를 발표했다(그림 5.43).

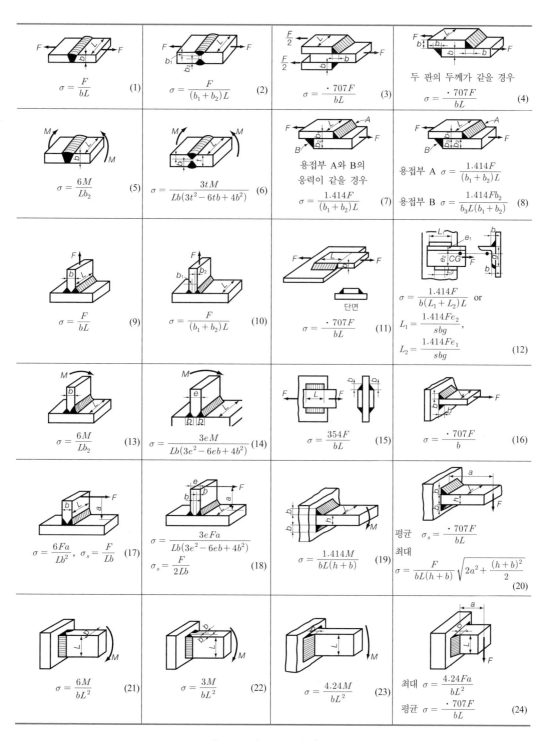

$\sigma = \dfrac{F}{bL}$ (1)	$\sigma = \dfrac{F}{(b_1+b_2)L}$ (2)	$\sigma = \dfrac{\cdot 707F}{bL}$ (3)	두 판의 두께가 같을 경우 $\sigma = \dfrac{\cdot 707F}{bL}$ (4)
$\sigma = \dfrac{6M}{Lb_2}$ (5)	$\sigma = \dfrac{3tM}{Lb(3t^2-6tb+4b^2)}$ (6)	용접부 A와 B의 응력이 같을 경우 $\sigma = \dfrac{1.414F}{(b_1+b_2)L}$ (7)	용접부 A $\sigma = \dfrac{1.414F}{(b_1+b_2)L}$ 용접부 B $\sigma = \dfrac{1.414Fb_2}{b_3L(b_1+b_2)}$ (8)
$\sigma = \dfrac{F}{bL}$ (9)	$\sigma = \dfrac{F}{(b_1+b_2)L}$ (10)	$\sigma = \dfrac{\cdot 707F}{bL}$ (11)	$\sigma = \dfrac{1.414F}{b(L_1+L_2)L}$ or $L_1 = \dfrac{1.414Fe_2}{sbg}$, $L_2 = \dfrac{1.414Fe_1}{sbg}$ (12)
$\sigma = \dfrac{6M}{Lb_2}$ (13)	$\sigma = \dfrac{3eM}{Lb(3e^2-6eb+4b^2)}$ (14)	$\sigma = \dfrac{354F}{bL}$ (15)	$\sigma = \dfrac{\cdot 707F}{b}$ (16)
$\sigma = \dfrac{6Fa}{Lb^2}$, $\sigma_s = \dfrac{F}{Lb}$ (17)	$\sigma = \dfrac{3eFa}{Lb(3e^2-6eb+4b^2)}$ $\sigma_s = \dfrac{F}{2Lb}$ (18)	$\sigma = \dfrac{1.414M}{bL(h+b)}$ (19)	평균 $\sigma_s = \dfrac{\cdot 707F}{bL}$ 최대 $\sigma = \dfrac{F}{bL(h+b)}\sqrt{2a^2+\dfrac{(h+b)^2}{2}}$ (20)
$\sigma = \dfrac{6M}{bL^2}$ (21)	$\sigma = \dfrac{3M}{bL^2}$ (22)	$\sigma = \dfrac{4.24M}{bL^2}$ (23)	최대 $\sigma = \dfrac{4.24Fa}{bL^2}$ 평균 $\sigma = \dfrac{\cdot 707F}{bL}$ (24)

그림 5.43 Jenning의 응력계산

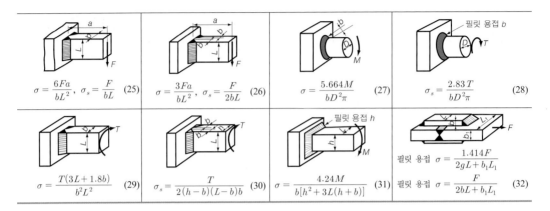

$$\sigma = \frac{6Fa}{bL^2}, \ \sigma_s = \frac{F}{bL} \quad (25)$$

$$\sigma = \frac{3Fa}{bL^2}, \ \sigma_s = \frac{F}{2bL} \quad (26)$$

$$\sigma = \frac{5.664M}{bD^2\pi} \quad (27)$$

$$\sigma_s = \frac{2.83\,T}{bD^2\pi} \quad (28)$$

$$\sigma = \frac{T(3L+1.8b)}{b^2L^2} \quad (29)$$

$$\sigma_s = \frac{T}{2(h-b)(L-b)b} \quad (30)$$

$$\sigma = \frac{4.24M}{b[h^2+3L(h+b)]} \quad (31)$$

필릿 용접 $\sigma = \dfrac{1.414F}{2gL+b_1L_1}$

필릿 용접 $\sigma = \dfrac{F}{2bL+b_1L_1} \quad (32)$

그림 5.43 Jenning의 응력계산 (계속)

5.5.4 용접기호

용접기호는 KS B 0052에 규정되어 있으며, 기본기호와 보조기호로 표시한다(표 5.6, 5.7, 5.8, 5.9).

▶ **표 5.6** KS의 부문별 기호

명 칭	그 림	기 호
돌출된 모서리를 가진 평판 사이의 맞대기 용접 에지 플랜지형 용접(미국) / 돌출된 모서리는 완전 용해		八
평행(I형) 맞대기 용접		‖
V형 맞대기 용접		V
일면 개선형 맞대기 용접		V
넓은 루트면이 있는 V형 맞대기 용접		Y
넓은 루트면이 있는 한 면 개선형 맞대기 용접		Y
U형 맞대기 용접(평행 또는 경사면)		Y
J형 맞대기 용접		Y

▶표 5.6 KS의 부문별 기호 (계속)

명 칭	그 림	기 호
이면 용접		▽
필릿 용접		◿
플러그 용접 : 플러그 또는 슬롯 용접 (미국)		⊓
점 용접		○
심 (seam) 용접		⊖
개선 각이 급격한 V형 맞대기 용접		⩔
개선 각이 급격한 일면 개선형 맞대기 용접		⫽
가장자리 (edge) 접합부		‖‖
표면 육성		⌒⌒
표면 (surface) 용접		=
경사 접합부		∥
겹침 접합부		⊋

▶표 5.7 양면용접부 조합기호 (보기)

명 칭	그 림	기 호
양면 V형 맞대기 용접 (X용접)	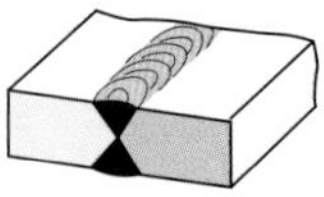	$\times$
K형 맞대기 용접	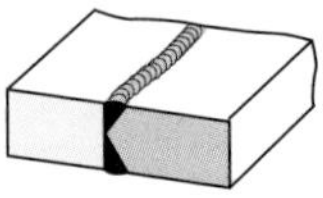	K
넓은 루트면이 있는 양면 V형 용접	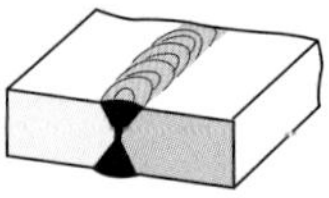	 $\curlyvee$
넓은 루트면이 있는 K형 맞대기 용접	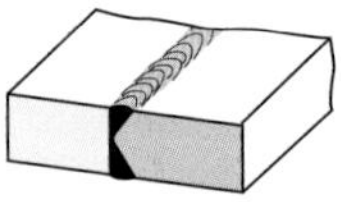	 K
양면 U형 맞대기 용접	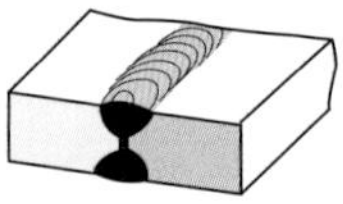	 $\asymp$

▶표 5.8 보조기호

용접부 표면 또는 용접부 형상	기 호
a) 평면 (동일한 면으로 마감 처리)	——
b) 볼록형	⌒
c) 오목형	⌣
d) 토우를 매끄럽게 함.	 ⏝
e) 영구적인 이면 판재 (backing strip) 사용	M
f) 제거 가능한 이면 판재 사용	MR

▶**표 5.9** 보조기호의 적용 보기

명 칭	그 림	기 호
평면 마감 처리한 V형 맞대기 용접		
볼록 양면 V형 용접		
오목 필릿 용접		
이면 용접이 있으며 표면 모두 평면 마감 처리한 V형 맞대기 용접		
넓은 루트면이 있고 이면 용접된 V형 맞대기 용접		
평면 마감 처리한 V형 맞대기 용접		
매끄럽게 처리한 필릿 용접		

연습 문제

1. 그림 5.44에서와 같은, 필릿 용접 이음에 하중 $P = 98000 \, [\mathrm{N}]$가 작용할 때의 합성응력을 구하시오. 단, 치수는 같은 치수로 하여 $s = 6 \, [\mathrm{mm}]$, 유효길이 $l = 100 \, [\mathrm{mm}]$라 한다.

2. 그림 5.44와 같은 브래킷을 프레임에 양쪽 필릿 용접을 하였다. 치수는 $s = 8 \, [\mathrm{mm}]$, 유효길이 $l = 100 \, [\mathrm{mm}]$, $c = 20 \, [\mathrm{mm}]$, 허용응력 $\sigma_a = 137 \, [\mathrm{MPa}]$라 할 때 수평하중 P의 최대치를 구하시오.

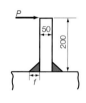

그림 5.44

3. 그림 5.45에 있어서 하중 $P = 1.8 \, [\mathrm{ton}] \, (= 17640 \, [\mathrm{N}])$이 수직방향으로 작용하였을 경우, $s = 5 \, [\mathrm{mm}]$, $l = 120 \, [\mathrm{mm}]$, $d = 20 \, [\mathrm{mm}]$, $\sigma_a = 137 \, [\mathrm{MPa}]$, $\tau_a = 88 \, [\mathrm{MPa}]$라 하면 안전한 설계인지 검토하시오.

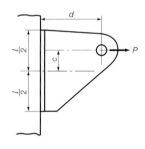

그림 5.45

4. 그림 5.46과 같은 양쪽 필릿 용접 이음의 브래킷에 있어서 $l_1 = 60 \, [\mathrm{mm}]$, $s_1 = 8 \, [\mathrm{mm}]$, $l_2 = 40 \, [\mathrm{mm}]$, $s_2 = 6 \, [\mathrm{mm}]$, $b = 50 \, [\mathrm{mm}]$, $c = 20 \, [\mathrm{mm}]$, $P = 3 \, [\mathrm{ton}] = 29400 \, [\mathrm{N}]$일 때, 최대응력을 계산하시오.

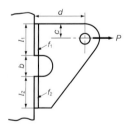

그림 5.46

6.1 축의 분류

축(shaft)은 막대모양의 부품으로서 동력 장치에서 발생한 회전운동이나 왕복운동의 동력을 직접 또는 간접적으로 전달하는 기계요소를 말한다. 일반적으로 축은 풀리, 기어, 플라이 휠, 바퀴 등을 끼워서 사용한다.

축은 그 단면의 형상에 의하여 원형축, 각축, 스플라인축 등의 종류가 있고, 또 속에 구멍이 뚫어져 있는 속빈축(hollow shaft)과 속이 비지 않은 실체축 (solid shaft)으로 나누어진다. 또한 축이 일직선으로 곧은 직선축과 크랭크축과 같이 구부러진 곡선축이 있다. 표 6.1은 축을 분류한 것이다.

6.1.1 작용 하중의 형식에 의한 분류

(1) 차축

동력을 전달하지 않는 축으로서 주로 굽힘 작용을 받는다.

① 정지차축 : 축 그 자체가 정지하고 있는 차축으로서 자동차의 앞 차축과 같이 바퀴는 회전하지만 그것을 받치는 차축은 회전하지 않는다.
② 회전차축 : 철도차량용 차축과 같이 차축이 바퀴에 고정되어 있어 바퀴와 같이 회전하는 차축을 말한다(그림 6.1).

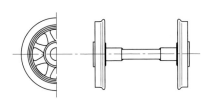

그림 6.1 차축과 바퀴

▶표 6.1 축의 분류표

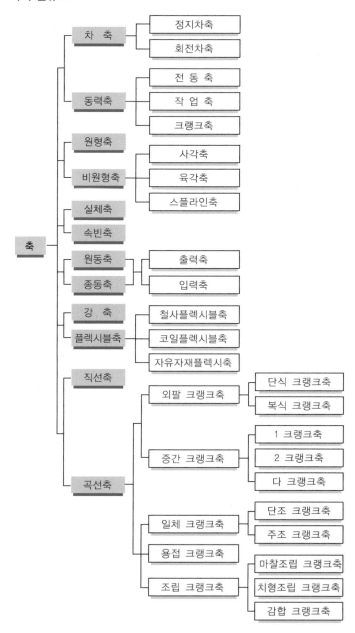

(2) 전동축 (transmission shaft)

주로 비틀림 또는 비틀림과 굽힘을 동시에 받아서 동력을 전달시키는 것을 주목적으로 하는 회전축으로 일반 공장용의 축은 여기에 속한다. 전동축은 다시 다음 3종류로 나눌 수 있다(그림 6.2).

① 주축 (main shaft) : 원동기에서 직접 동력을 받는 축을 말하며 제1축이라고도 한다.

② 선축 (line shaft) : 주축에서 동력을 받아서 각 공장에 분배하는 역할을 하는 축

③ 중간축 (counter shaft) : 선축에서 동력을 전달받아서 각각의 기계에 필요한 속도와 방향을 조정하여 동력을 전달시키는 축

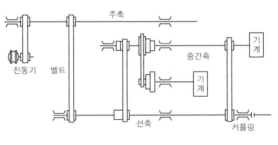

그림 6.2 전동축

(3) 작업축

① 스핀들축 (spindle shaft) : 형상 치수가 정밀하며 변형량이 극히 작은 짧은 회전축으로서 선반, 밀링머신 등의 공작기계의 주축으로 사용된다. 공구 날 등을 지지하며 직접 작업을 하면서 동력을 전달시키는 축으로 주로 비틀림을 받는다. 그림 6.3은 선반의 스핀들축이다.

② 추진축 : 굽힘, 비틀림 이외에 인장, 압축도 동시에 받으면서 토크를 전달하는 축을 말하며 프로펠러축, 나사축 등이 여기에 속한다.

③ 플렉시블축 (flexible shaft) : 축이 일직선이 아닌 경우 축의 방향을 바꾸거나 충격을 완화할 목적으로 사용하는 축으로, 비틀림강성도 (torsional stiffness) 는 크지만, 굽힘강성도 (bending stiffness) 는 극히 작은 축으로서, 축선방향이 변화하더라도 작은 회전 토크의 전달을 할 수 있는 축을 말한다. 철사를 보통 4~10층으로 꼬아서 자유롭게 휘어질 수 있는 코일

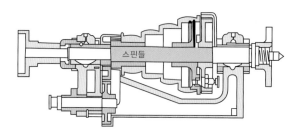

그림 6.3 선반의 스핀들축

형 플렉시블축과 소형 커플링 또는 단축원통을 여러 개 이어 맞추어 축 전체로서 자유롭게 구부러질 수 있도록 한 자유이음형 플렉시블축의 2가지 형이 있다.

6.2 축의 설계에 있어서 고려되는 사항

축을 설계할 경우 운전조건과 하중조건에 따라 변형이나 파손이 되지 않도록 충분한 강도(strength)와 처짐(deflection)과 비틀림이 어느 한도 이내에 있도록 강성도(stiffness)를 갖도록 해야 한다. 또한, 위험속도(critical speed) 전후로 25 [%] 범위 밖에서 사용할 수 있도록 하는 조건들이 요구된다. 이 3가지 조건들은 축을 설계하는 목적에 따라 서로 다르므로 실제 설계에 있어서는 각 조건에 대하여 축의 치수를 계산하고, 이것들을 총합하여 가장 안전한 치수와 형상을 결정하여야 한다. 일반적으로 변형의 제한조건을 만족하는 축은 강도가 충분하므로 먼저 변형조건에 따라 설계한 다음에 강도를 검토하는 것이 좋다. 축의 설계에 있어서 고려해야 되는 사항들은 다음과 같다.

(1) 강도(strength)

정하중, 반복하중, 교번하중 충격하중 등 하중의 종류에 따라 충분한 강도를 갖게 한다. 특히 키홈, 원주홈, 단달림축의 모서리 부분에 발생하는 집중응력 등을 고려하여 설계한다.

(2) 변형(deflection)

① 처짐변형 : 축의 자체 무게가 무겁거나 굽힘하중을 받는 축의 경우에는 축의 강도가 충분하더라도 처짐이 어느 한도 이상이 되면 베어링 압력의

불균형, 베어링 틈새의 불균일, 기어의 물림 상태의 부정확 등이 생긴다. 공작기계의 스핀들의 경우에는 가공물의 정밀도를 저하시킨다. 따라서 축의 종류에 따라 처짐의 양이 일정한 한도 이내에 있도록 처짐을 제한하여 설계해야 될 것이다.

② **비틀림변형** : 긴 축의 양단이 동시에 회전하는 천장기중기의 회전축, 윤전기의 롤러축 등에 있어서 축의 비틀림각이 크면 기계적 불균형이 생기므로 확실한 전동이 필요한 축에 있어서는 축의 비틀림각을 제한하여 설계해야 된다.

(3) 진동 (vibration)

축의 굽힘진동 또는 비틀림진동이 축의 고유진동과 같을 때에는 공진 (resonance) 현상에 의하여 축이 파괴되고, 운전의 안정을 잃는 경우가 있으므로, 고속회전의 회전체에 대하여서는 진동에 주의하고 진동 방지 대책을 강구해야 한다.

(4) 열응력 (thermal stress)

제트 엔진, 증기터빈의 회전축과 같이 고온상태에서 사용되는 축에 있어서는 열응력, 열팽창 등에 주의하여 설계하여야 한다. 열에 의해 축의 길이가 변할 때 축이 구속되어 있으면 축에 열응력이 생기고 베어링하중이 증가한다. 축의 길이가 온도로 인하여 변하면 기어 등이 있는 경우에는 그 물림 상태가 나쁘게 된다.

(5) 부식 (corrosion)

선박 프로펠러축, 수차축 및 펌프축 등과 같이 항상 액체에 접촉하고 있는 축은 전기적, 화학적 작용 등에 의하여 부식되므로 재료의 선택이나 표면처리 등을 고려하여야 한다.

6.3 강도에 의한 축지름의 설계

6.3.1 정하중을 받는 직선축의 강도

T : 축에 작용하는 비틀림 모멘트 [N·mm]

M : 축에 작용하는 굽힘 모멘트 [N·mm]

N : 축의 1분간의 회전 속도 [rpm]

$H = H_{PS}$: 전달 마력 [PS]

$H' = H_{kW}$: 전달 마력 [kW]

d : 실체원형축의 지름 [mm]

d_1 : 속빈원형축의 안지름 [mm]

d_2 : 속빈원형축의 바깥지름 [mm]

l : 축의 길이 [mm]

σ_a : 축의 허용굽힘응력 [MPa]

τ_a : 축의 허용전단응력 [MPa]

이라고 하면 재료역학의 굽힘 공식 $M = \sigma Z$의 관계와 비틀림 공식 $T = \tau_a Z_p$ 의 관계에서 다음과 같은 관계식들이 성립된다.

(1) 차축과 같이 굽힘 모멘트 M만을 받는 축

굽힘 모멘트의 크기는 축의 지지방법과 하중의 종류 등에 따라 다르지만 위험단면의 최대굽힘응력 σ 는

$$\sigma = \frac{M}{Z} \quad \therefore \quad M = \sigma Z$$

① 실체원형축의 경우

단면계수 $Z = \frac{\pi}{32} d^3$ 이므로

$$M = \sigma Z = \sigma \frac{\pi}{32} d^3 \tag{6.1}$$

축의 허용굽힘응력 σ_a 를 사용하면 축의 지름은 다음 식으로 결정된다.

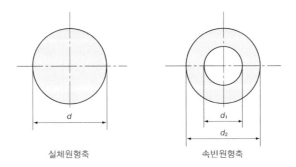

실체원형축   속빈원형축

그림 6.4 실체원형축과 속빈원형축

$$d = \sqrt[3]{\frac{32}{\pi \sigma_a} M} \fallingdotseq 2.17 \sqrt[3]{\frac{M}{\sigma_a}} \tag{6.2}$$

그림 6.4에서 안지름을 d_1, 바깥지름을 d_2라 하고 안지름과 바깥지름의 비를 $x = \dfrac{d_1}{d_2}$ 라 하면 다음 식이 성립된다.

② 속빈원형축의 경우

단면계수 $Z = \dfrac{\pi}{32}\left(\dfrac{d_2^{\,4} - d_1^{\,4}}{d_2}\right)$ 이므로

$$M = \frac{\pi}{32}\left(\frac{d_2^{\,4} - d_1^{\,4}}{d_2}\right)\sigma_a = \frac{d_2^{\,3}}{10.2}(1 - x^4)\,\sigma_a \tag{6.3}$$

$$d_2 = \sqrt[3]{\frac{10.2 M}{(1 - x^4)\,\sigma_a}} \fallingdotseq 2.17 \sqrt[3]{\frac{M}{(1 - x^4)\,\sigma_a}} \tag{6.4}$$

표 6.2는 각종 단면의 단면 2차 모멘트(관성 모멘트) I와 단면계수 Z의 값을 나타낸 것이다.

▶**표 6.2** 각종 단면형상의 단면 2차 모멘트와 단면계수, 회전반지름

단 면 형 태	면 적 A	단면 2차 모멘트 I	단면계수 $Z = \dfrac{I}{y}$	회전반지름 $k^2 = \dfrac{I}{A}$
1	bh	$\dfrac{1}{12}bh^3$	$\dfrac{1}{6}bh^2$	$\dfrac{1}{12}bh^2$
2	$b(h_2 - h_1)$	$\dfrac{1}{12}b(h_2{}^3 - h_1{}^3)$	$\dfrac{1}{6}\cdot\dfrac{b(h_2{}^3 - h_1{}^3)}{h_2}$	$\dfrac{1}{12}\cdot\dfrac{h_2{}^3 - h_1{}^3}{h_2 - h_1}$
3	h^2	$\dfrac{1}{12}h^4$	$\dfrac{1}{6}h^3$	$\dfrac{1}{12}h^2$
4	$h_2{}^2 - h_1{}^2$	$\dfrac{1}{12}(h_2{}^4 - h_1{}^4)$	$\dfrac{1}{6}\cdot\dfrac{h_2{}^4 - h_1{}^4}{h_2}$	$\dfrac{1}{12}(h_2{}^2 + h_1{}^2)$
5	h^2	$\dfrac{1}{12}h^4$	$\dfrac{\sqrt{2}}{12}h^3$	$\dfrac{1}{12}h^2$
6	$h_2{}^2 - h_1{}^2$	$\dfrac{1}{12}(h_2{}^4 - h_1{}^4)$	$\dfrac{\sqrt{2}}{12}\cdot\dfrac{h_2{}^4 - h_1{}^4}{h^2}$	$\dfrac{1}{12}(h_2{}^2 + h_1{}^2)$
7	$\dfrac{1}{2}bh$	$\dfrac{1}{36}bh$	$e_1 = \dfrac{2}{3}h,\ e_2 = \dfrac{1}{3}h$ $Z_1 = \dfrac{1}{24}bh^2,\ Z_1 = \dfrac{1}{12}bh^2$	$\dfrac{1}{18}h^2$
8	$h\left(b + \dfrac{1}{2}b_1\right)$	$\dfrac{6b^2 + 6bb_1 + b_1{}^2}{36(2b + b_1)}\cdot h^3$	$e_1 = \dfrac{1}{3}\cdot\dfrac{3b + 2b_1}{2b + b_1}\cdot h$ $Z_1 = \dfrac{6b_2 + 6bb_1 + b_1{}^2}{12(3b + 2b_1)}\cdot h^2$	$\dfrac{6b_2 + 6bb_1 + b_1{}^2}{18(2b + b_1)^2}\cdot h^2$

▶**표 6.2** 각종 단면형상의 단면 2차 모멘트와 단면계수, 회전반지름 (계속)

단 면 형 태	면 적 A	단면 2차 모멘트 I	단면계수 $Z = \dfrac{I}{y}$	회전반지름 $k^2 = \dfrac{I}{A}$
9		$A = b_2 h_2 - b_1 h_1$ $I = \dfrac{1}{12}(b_2 h_2{}^3 - b_1 h_1{}^3)$ $Z = \dfrac{1}{6} \cdot \dfrac{b_2 h_2{}^3 - b_1 h_1{}^3}{h_2}$		$\dfrac{1}{12} \cdot \dfrac{b_2 h_2{}^3 - b_1 h_1{}^3}{b_2 h_2 - b_1 h_1}$
10		$A = b_1 h_1 + b_2 h_2$ $I = \dfrac{1}{12}(b_1 h_1{}^3 + b_2 h_2{}^3)$ $Z = \dfrac{1}{6} \cdot \dfrac{b_1 h_1{}^3 + b_2 h_2{}^3}{h_2}$		$\dfrac{1}{12} \cdot \dfrac{b_1 h_1{}^3 + b_2 h_2{}^3}{b_1 h_1 + b_2 h_2}$
11		$A = b_1 h_1 + b_2 h_2$ $I = \dfrac{1}{3}(b_3 e_2{}^3 - b_1 h_3{}^3 + (b_2 e_1){}^3)$ $e_2 = \dfrac{b_1 h_1{}^2 + b_2 h_2{}^2}{2(b_1 h_1 + b_2 h_2)}$		$\dfrac{1}{3} \cdot \dfrac{b_3 e_2{}^3 - b_1 h_3{}^3 + b_2 e_1{}^3}{b_1 h_1 + b_2 h_2}$
12	$\dfrac{\pi}{4}d^2$	$\dfrac{\pi}{64}d^4$	$\dfrac{\pi}{32}d^3$	$\dfrac{1}{16}d^2$
13	$\dfrac{\pi}{4}(d_2{}^2 - d_1{}^2)$	$\dfrac{\pi}{64}(d_2{}^4 - d_1{}^4)$	$\dfrac{\pi}{32} \cdot \dfrac{d_2{}^4 - d_1{}^4}{d_2}$ $\fallingdotseq 0.8 dm^2 t$ (t/dm가 작을 때)	$\dfrac{1}{16}(d_2{}^2 + d_1{}^2)$
14	$\dfrac{\pi}{2}r^2$	$\left(\dfrac{\pi}{8} - \dfrac{8}{9\pi}\right)r^4$ $= 0.1098 r^4$	$e_1 = 0.5756 r$ $e_2 = 0.4244 r$ $Z_1 = 0.1908 r^3$ $Z_2 = 0.2587 r^3$	$\dfrac{9\pi^2 - 64}{36\pi^2} \cdot r^2$ $= 0.0697 r^2$
15	$\pi a b$	$\dfrac{\pi}{4}a^3 b$	$\dfrac{\pi}{4}a^2 b$	$\dfrac{1}{4}a^2$

(2) 비틀림 모멘트만을 받을 때

① 실체원형축의 경우

$$T = \frac{\pi}{16}\, \tau_a d^3 \fallingdotseq \frac{1}{5.1} d^3 \tau_a \,[\text{N} \cdot \text{mm}] \tag{6.5}$$

$$\therefore\ d = \sqrt[3]{\frac{5.1}{\tau_a} T} = 1.72 \sqrt[3]{\frac{T}{\tau_a}}\ [\text{mm}] \tag{6.6}$$

축이 전달하는 동력을 마력 H_{PS}로 표시하면

$$1\,\text{PS} = 75\,[\text{kg}_\text{f} \cdot \text{m/s}] \qquad \omega = \frac{2\pi N}{60}$$

또,
$$H = H_{PS} = \frac{T \cdot \omega}{75 \times 1000} = \frac{T \times \frac{2\pi N}{60}}{75 \times 1000} = \frac{2\pi NT}{75 \times 60 \times 1000}\,[\text{PS}]$$

$$\therefore\ T = \frac{716200\,H_{PS}}{N}\,[\text{kg}_\text{f} \cdot \text{mm}]$$

$$= \frac{7018760 \cdot H_{PS}}{\text{N}}\,[\text{N} \cdot \text{mm}] \tag{6.7}$$

$1\,[\text{kW}] = 102\,[\text{kg}_\text{f} \cdot \text{m/s}]$ 이므로

$$H' = H_{\text{kW}} = \frac{T \cdot \omega}{102 \times 1000} = \frac{T \times \frac{2\pi N}{60}}{102 \times 1000} = \frac{2\pi NT}{102 \times 60 \times 1000}\,[\text{kW}]$$

$$\therefore\ T = \frac{974000\,H_{\text{kW}}}{N}\,[\text{kgf} \cdot \text{mm}]$$

$$= \frac{9545200 \cdot H_{\text{kW}}}{N}\,[\text{N} \cdot \text{mm}] \tag{6.8}$$

비틀림의 식 (6.5)와 (6.7)을 같이 놓으면 $H = H_{PS}$ 마력을 $N\,[\text{rpm}]$으로 전달시키는 축의 지름 d는 다음 식으로 계산된다.

$$\frac{\pi}{16} d^3 \tau_a = \frac{7018760 \cdot H_{PS}}{N}$$

$$\therefore\ d = \sqrt[3]{\frac{3.575 \times 10^7 H_{PS}}{\tau_a \cdot N}} = 329.4 \sqrt[3]{\frac{H_{PS}}{\tau_a \cdot N}}\ [\text{mm}] \tag{6.9}$$

여기서 τ [MPa], N [rpm] 이다.

또한 비틀림의 식 (6.5)와 H_{kW} 의 식 (6.8)을 같이 놓으면 [kW]의 동력을 전달시키는 축의 지름 d 를 구할 수 있다.

$$d = 365.0 \sqrt[3]{\frac{H_{kW}}{\tau_a N}} \; [\text{mm}] \tag{6.10}$$

재료에 따른 허용전단응력 τ_a 의 값을 대입하면 축의 직경 d 는 다음과 같다.

$$\text{연 강 : } \tau_a = 20 \,[\text{MPa}] \;\; \therefore \; d \fallingdotseq 121 \sqrt[3]{\frac{H_{PS}}{N}} \fallingdotseq 135 \sqrt[3]{\frac{H_{kW}}{N}} \,[\text{mm}]$$

$$\text{보통강 : } \tau_a = 29 \,[\text{MPa}] \;\; \therefore \; d \fallingdotseq 107 \sqrt[3]{\frac{H_{PS}}{N}} \fallingdotseq 119 \sqrt[3]{\frac{H_{kW}}{N}} \,[\text{mm}] \tag{6.11}$$

$$\text{압연강 : } \tau_a = 12 \,[\text{MPa}] \;\; \therefore \; d \fallingdotseq 144 \sqrt[3]{\frac{H_{PS}}{N}} \fallingdotseq 159 \sqrt[3]{\frac{H_{kW}}{N}} \,[\text{mm}]$$

$$\text{Ni-Cr 강 : } \tau_a = 49 \,[\text{MPa}] \;\; \therefore \; d \fallingdotseq 90 \sqrt[3]{\frac{H_{PS}}{N}} \fallingdotseq 100 \sqrt[3]{\frac{H_{kW}}{N}} \,[\text{mm}]$$

② 속빈원형축의 경우

$d_1 = x d_2$ 라 하면 $T = \tau_a Z_p$ 에서

$$T = \frac{\pi}{16}\left(\frac{d_2{}^4 - d_1{}^4}{d_2}\right)\tau_a = \frac{d_2{}^3}{5.1}(1 - x^4)\tau_a \tag{6.12}$$

$$\therefore \; d_2 = \sqrt[3]{\frac{5.1\,T}{(1 - x^4)\tau_a}} = 1.72 \sqrt[3]{\frac{T}{(1 - x^4)\tau_a}} \,[\text{mm}] \tag{6.13}$$

또는
$$d_2 = 329.4 \sqrt[3]{\frac{H_{PS}}{(1 - x^4)\tau_a N}} \,[\text{mm}] \tag{6.14}$$

$$d_2 = 365.0 \sqrt[3]{\frac{H_{kW}}{(1 - x^4)\tau_a N}} \,[\text{mm}] \tag{6.15}$$

속빈원형축은 실체원형축보다 바깥지름이 약간 크지만 무게는 훨씬 가볍고 강도와 변형강성도 크므로, 속빈원형축이 우수하다.

실체원형축과 속빈원형축의 강도가 같을 경우 지름의 비는 다음과 같다.

$$T = \frac{\pi}{16} d_2^{\,3} \left(1 - x^4\right) \tau_a = \frac{\pi}{16} d^3 \tau_a$$

$$\frac{d_2}{d} = \sqrt[3]{\frac{1}{1 - x^4}} \tag{6.16}$$

여기서, x 는 안지름과 바깥지름의 지름비를 표시한다.

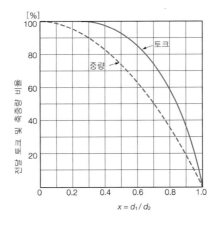

그림 6.5 전달토크 및 축중량의 비율 [%]

그림 6.5는 속빈원형축의 안지름과 바깥지름의 지름비가 여러 가지로 변화하는 경우의 전달토크와 축중량의 비율을, 같은 바깥지름을 가진 실체원형축과의 경우를 비교한 선도이다.

즉, $x = 0.4$ 의 속빈원형축의 경우 실체원형축에 비해 중량은 약 16 [%] 감소하지만 전달토크는 겨우 4 [%] 정도만 감소하였다.

따라서 비틀림을 받는 동력축은 실체원형축보다 속이 빈 단면의 축이 경제적이다.

(3) 굽힘 모멘트와 비틀림 모멘트를 동시에 받는 축

일반적으로 축에는 굽힘 모멘트와 비틀림 모멘트를 동시에 받는 경우가 많다. 축의 무게 또는 축에 조립된 기계요소에 의해서 굽힘 모멘트가 발생하며, 동력을 전달할 때 비틀림 모멘트가 작용한다. 굽힘모멘트에 의하여 수직응력이 생기며 비틀림 모멘트에 의해 전단응력이 생긴다. 따라서 이 응력들의 조합으로 최대굽힘응력 $\sigma_{\max}$ 및 최대전단응력 $\tau_{\max}$ 는 각각 다음과 같다.

$$\sigma_{\max} = \frac{1}{2}\sigma + \frac{1}{2}\sqrt{\sigma^2 + 4\tau^2} \qquad (6.17)$$

$$\tau_{\max} = \frac{1}{2}\sqrt{\sigma^2 + 4\tau^2} \qquad (6.18)$$

즉 랭킨(Rankine)의 최대주응력설에 상당굽힘응력(equivalent bending stress) σ_e 는 다음 식으로 주어진다.

$$\sigma_e = \frac{\sigma}{2} + \frac{1}{2}\sqrt{\sigma^2 + 4\tau^2} \qquad (6.19)$$

또, Guest의 최대전단응력설에 의한 상당비틀림응력(equivalent twisting stress) τ_e 는 다음 식으로 주어진다.

$$\tau_e = \frac{1}{2}\sqrt{\sigma^2 + 4\tau^2} \qquad (6.20)$$

$\sigma = \dfrac{M}{Z}$, $\sigma = \dfrac{32M}{\pi d^3}$, $\tau = \dfrac{T}{Z_p}$, $\tau = \dfrac{16T}{\pi d^3}$ 를 각각 윗 식에 대입하면, 최대주응력설에 의하여 σ_e 는 $M_e = \dfrac{1}{2}(M + \sqrt{M^2 + T^2})$ 와 같은 모멘트가 굽힘 모멘트로서 작용하였을 때의 굽힘응력에 해당되며 최대전단응력설에 의하면 τ_e 는 $T_e = \sqrt{M^2 + T^2}$ 과 같은 모멘트가 비틀림 모멘트로서 작용하였을 때의 비틀림응력에 해당된다. 이 M_e 를 **상당굽힘 모멘트**(equivalent bending moment)라고 한다.

또 한편 Saint-Venant 는 축의 파손은 최대변형 때문에 일어난다고 하여 σ_e 를 상당응력으로 하고, 파손되지 않기 위해서는 σ_e 가 허용응력 σ_a 보다 작아야 된다고 하였다.

즉,
$$\sigma_a \geqq \sigma_e = \varepsilon \cdot E = \frac{m-1}{2m}\sigma + \frac{m+1}{2m}\sqrt{\sigma^2 + 4\tau^2}$$

단, ε : 최대변형률, E : 종탄성계수, m : 프와송의 비

그러나 M 과 T 의 성질이 다른 경우에는 Bach는 τ 대신 $\alpha_0\tau$ 를 사용하였다.

여기서,
$$\alpha_0 = \frac{m}{m+1}\frac{\sigma_a}{\tau_a}$$

따라서

$$\sigma_a \geqq \sigma_e = \varepsilon \cdot E = \frac{m-1}{2m}\sigma + \frac{m+1}{2m}\sqrt{\sigma^2 + 4(\alpha_0 \tau)^2} \qquad (6.21)$$

여기서, σ_e를 **상당굽힘응력**이라 한다.

윗 식에 $M = \frac{\pi}{32}d^3\sigma$, $T = \frac{\pi}{16}d^3\tau$, $m = \frac{10}{3}$을 대입하면

$$\frac{\pi}{32}d^3\sigma_a \geqq 0.35\,M + 0.65\sqrt{M^2 + {\sigma_0}^2 T^2} \qquad (6.22)$$

단, $$\alpha_0 = \frac{1}{1.3}\frac{\sigma_a}{\tau_a}$$

그리고 $$M_e = 0.35\,M + 0.65\sqrt{M^2 + (\alpha_0 T^2)} \qquad (6.23)$$

여기서 M_e는 **상당굽힘 모멘트**이다.

그러므로 축의 파손이 최대인장응력에 의한 것인가, 최대전단응력에 의한 것인가 또는 최대변형에 의한 것인가를 다음 식 중에서 선택하여 결정해야 한다.

① 최대주응력설에 의한 Rankine의 식

$$M_e = \frac{1}{2}(M + \sqrt{M^2 + T^2}) \qquad (6.24)$$

② 최대전단응력설에 의한 Guest의 식

$$T_e = \sqrt{M^2 + T^2} \qquad (6.25)$$

③ 최대변형률설에 의한 Saint-Vennant의 식

$$M_e = 0.35\,M + 0.65\sqrt{M^2 + (\alpha_0 T)^2} \qquad (6.26)$$

단, $\alpha_0 = \dfrac{\sigma_a}{1.3\,\tau_a}$

α_0는 $0.47 \sim 0.1$의 값이며 연강일 경우 0.47이다.

일반적으로 강과 같이 연성재료의 축은 최대전단응력설이 가장 잘 일치하며, 주철과 같이 취성재료에서는 최대주응력설이 가장 잘 일치하므로 Rankine

의 식이 많이 사용된다.

① 실체원형축의 경우

  강 등 연성재료의 경우

$$\tau = \frac{16}{\pi d^3} \sqrt{M^2 + T^2} \tag{6.27}$$

$$\therefore \ d = \sqrt[3]{\frac{5.1}{\tau} \sqrt{M^2 + T^2}} \tag{6.28}$$

  주철 등 취성재료의 경우

$$\sigma = \frac{32}{\pi d^3} \times \frac{1}{2} (M + \sqrt{M^2 + T^2}) = \frac{16}{\pi d^3} (M + \sqrt{M^2 + T^2}) \tag{6.29}$$

$$\therefore \ d = \sqrt[3]{\frac{5.1}{\sigma} (M + \sqrt{M^2 + T^2})} \tag{6.30}$$

② 속빈원형축의 경우

  연성재료의 경우

$$\tau = \frac{16}{\pi (1 - x^4) d_2^{\ 3}} \sqrt{M^2 + T^2} \tag{6.31}$$

$$\therefore \ d_2 = \sqrt[3]{\frac{5.1}{(1 - x^4) \tau} \sqrt{M^2 + T^2}} \tag{6.32}$$

  취성재료의 경우

$$\sigma = \frac{16}{\pi (1 - x^4) d_2^{\ 3}} (M + \sqrt{M^2 + T^2}) \tag{6.33}$$

$$\therefore \ d_2 = \sqrt[3]{\frac{5.1}{(1 - x^4) \sigma} (M + \sqrt{M^2 + T^2})} \tag{6.34}$$

(4) 굽힘 모멘트 M, 비틀림 모멘트 T 및 축방향의 힘이 동시에 작용하는 축의 경우

  웜 기어의 축, 선박용 프로펠러축 또는 무거운 하중을 받아서 축하단이 스러스트 베어링으로 지지되어 있는 수직축 등은 비틀림과 압축작용을 동시에 받는다.

  축에 압축축하중 P가 작용할 때 좌굴을 고려하지 않아도 되는 단축과 좌굴을 고려하여야 하는 장축으로 나누어 생각한다.

① 단축의 경우 : 굽힘과 비틀림 모멘트 이외에 축방향에 하중을 받는 축에서
는 그림 6.6에서 보는 바와 같이 축의 바깥둘레 위의 A 점에 가장 큰 응
력이 작용한다. 여기서 A 점에 작용하는 응력상태에서 모어의 응력원을
그리면 그림 6.7과 같이 된다.

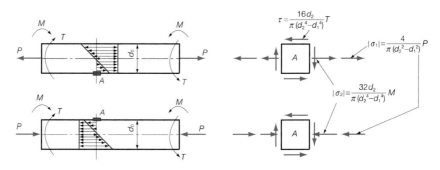

그림 6.6 굽힘, 비틀림, 축방향의 힘을 받는 축

최대주응력, 최대전단응력은 $\tau = \dfrac{16\,T}{\pi d^3}$, $\sigma_b = \dfrac{32\,M}{\pi\,d^3}$, $\sigma_t = \dfrac{4\,P}{\pi\,d^2}$ 이므로

$$\sigma_{\max} = \frac{1}{2}(\sigma_b + \sigma_t) + \frac{1}{2}\sqrt{(\sigma_b + \sigma_t)^2 + 4\tau^2}$$

$$= \frac{16}{\pi d^3}\left\{\left(\frac{d}{8}P + M\right) + \sqrt{\left(\frac{d}{8}P + M\right)^2 + T^2}\right\} \tag{6.35}$$

$$\tau_{\max} = \frac{16}{\pi d^3}\sqrt{\left(\frac{d}{8}P + M\right)^2 + T^2} \tag{6.36}$$

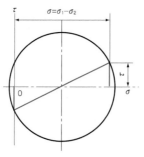

인장력이 작용하는 경우

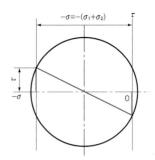

압축력이 작용하는 경우

그림 6.7 A 점의 모어원

또 윗 식의 $\sigma_{\max}$, $\tau_{\max}$ 에 축재료의 허용응력 σ_a, τ_a 를 사용하여 축의
지름을 결정하면 다음과 같다.

ⓐ 연성재료의 경우

$$d^3 = \frac{16}{\pi\tau_a}\sqrt{\left\{\frac{P(1+x^2)d}{8} + M\right\}^2 + T^2} \tag{6.37}$$

ⓑ 취성재료의 경우

$$d^3 = \frac{16}{\pi\sigma_a}\left\{\frac{P(1+x^2)d}{8} + M\right\} + \sqrt{\left\{\frac{P(1+x^2)d}{8}\right\}^2 + T^2} \tag{6.38}$$

여기서 x 는 속빈원형축의 경우 안지름과 바깥지름의 비 $x = \dfrac{d_1}{d_2}$ 을
표시한다. 이 식들을 사용하여 축지름을 구하려면 먼저 대략적인 축지름
의 값을 대입하여 좌우양변을 비교하면서 양쪽변이 거의 같게 될 때까지
맞추어 가면 된다.

② 장축의 경우 : 축방향력에 압축력을 받을 때 축이 가늘고 긴 경우에는 좌
굴에 대한 위험성을 고려하기 위한 계수를 사용해야 한다. 이 계수는 축
을 베어링으로 지지되는 장주로 생각하여 다음과 같이 정한다.

η : 좌굴효과를 표시하는 계수

l : 베어링 사이의 거리

k : 축의 단면 2 차반지름 (회전반지름)

λ : 세장비, $\quad \lambda = \dfrac{l}{k}$

σ_Y : 압축항복점

n : 축의 받침계수 (단말계수),
볼 베어링과 같이 자유상태로 지지되어 있을 경우는 $n=1$, 폭
이 있는 미끄럼 베어링에서는 $n=2.5$, 완전고정인 경우 $n=4$
로 한다.

k 는 실체원축의 경우 $k = \dfrac{d}{4}$, 속빈원축의 경우 $k = (1+x^2)\dfrac{d}{4}$ 로 한다.

$$\lambda = \frac{l}{k} > 110 \ \text{의 경우} \quad \eta = \frac{(\sigma_Y \, n \, \pi^2 E)}{\lambda^2} \tag{6.39}$$

$$\lambda = \frac{l}{k} < 110 \ \text{의 경우} \quad \eta = 1 \left\{ 1 - 0.004 \left(\lambda \sqrt{n} \right) \right\} \tag{6.40}$$

ⓐ 연성재료의 경우

$$d^3 = \frac{16}{\pi \tau_a} \sqrt{\left\{ \frac{\eta \, P \, (1 + x^2) \, d}{8} + M \right\}^2 + T^2} \tag{6.41}$$

ⓑ 취성재료의 경우

$$d^3 = \frac{16}{\pi \sigma_a} \left\{ \frac{\eta \, P \, (1 + x^2) \, d}{8} + M \right\} + \sqrt{\left\{ \frac{\eta \, P \, (1 + x^2) \, d}{8} + M \right\}^2 + T^2} \tag{6.42}$$

이와 같이 축지름을 구하면 처음에는 k 와 η 값을 알지 못하므로 최초에 적당한 d 를 가정하여 먼저 η 를 정하고, d 및 η 의 값을 윗 식들에 대입, 좌우양변을 비교하여 그 결과에서 d, η 를 수정하면서 차츰 d 의 근사치를 구해 가는 것이다. 단, 속빈원축의 경우 d 는 바깥지름 d_2 를 의미한다.

6.3.2 동하중을 받는 직선축의 강도

일반적으로 기계의 축에 작용하는 굽힘 모멘트 M 과 비틀림 모멘트 T 의 값은 일정하지 않고 하중의 종류에 따라 변한다. 정하중보다는 동하중, 충격하중이 작용하는 경우가 많다.

또 축의 어떤 단면에서는 축에 끼워진 부품들의 중량과 풀리 등에 작용하는 벨트의 장력 때문에 회전할 때마다 반복하중을 받게 된다.

따라서 이와 같이 동적 영향을 고려하여 축에 작용하는 M 에 대하여 계수 k_m 을 곱해 $k_m M$ 으로 하고, T 에 대하여 계수 k_t 를 곱하여 $k_t T$ 로 하여 축의 지름을 계산해야 된다. 표 6.3은 동적효과계수 k_m, k_t 를 나타냈다.

▶표 6.3 동적효과계수 k_m, k_t의 값

하중의 종류	회 전 축		정 지 축	
	k_t	k_m	k_t	k_m
정하중 또는 심하지 않는 동하중	1.0	1.5	1.0	1.0
심한 변동하중 또는 가벼운 충격하중	1.0~1.5	1.5~2.0	1.5~2.0	1.5~2.0
격렬한 충격하중	1.5~3.0	2.0~3.0	-	-

(1) 비틀림 모멘트 T와 굽힘 모멘트 M이 동시에 작용하는 경우

연성재료의 경우 다음 식으로 구한다.

$$d = \sqrt[3]{\frac{16}{\pi(1-x^4)\tau_a}\sqrt{(k_m M)^2 + (k_t T)^2}} \tag{6.43}$$

취성재료의 경우 다음 식으로 구한다.

$$d = \sqrt[3]{\frac{16}{\pi(1-x^4)\sigma_a}\left(k_m M + \sqrt{(k_m M)^2 + (k_t T)^2}\right)} \tag{6.44}$$

🔒 예제 1

매분당 500회전하여 15 [PS]를 전달시키는 강철제의 실체원축에 작용하는 굽힘 모멘트가 392000 [N·mm]인 경우 축지름을 설계하시오. 단, 허용전단응력 $\tau_a = 40$ [MPa]라 한다. 동적효과계수는 $k_m = 1.5$, $k_t = 1.2$로 한다.

풀이

$$T_d = k_t \frac{(716200 \times 9.8)H_{PS}}{N} = 1.2 \times \frac{7018760 \times 15}{500}$$
$$\fallingdotseq 252675 \,[\text{N·mm}]$$

$$M_d = k_m \times 392000 = 1.5 \times 392000 = 588000 \,[\text{N·mm}]$$

$$d = \sqrt[3]{\frac{16}{\pi \cdot \tau_a}\sqrt{(k_m M)^2 + (k_t T)^2}} = \sqrt[3]{\frac{16 \times \sqrt{252675^2 + 588000^2}}{\pi \times 40}}$$
$$\fallingdotseq 43.4 \,[\text{mm}]$$

(2) 비틀림 모멘트 T 와 굽힘 모멘트 M 및 축방향하중 P 가 작용하는 경우

연성재료에 대해서는 다음 식으로 구한다.

$$d_2 = \left[\frac{16}{\pi \left(1 - x^4\right) \tau_a} \sqrt{\left\{ k_m M + \eta \, d_2 \frac{\left(1 + x^2\right)}{8} P \right\}^2 + \left(k_t \, T\right)^2} \right]^{\frac{1}{3}} \quad (6.45)$$

취성재료에 대해서는 다음 식으로 구한다.

$$d_2 = \left[\frac{16}{\pi \left(1 - x^4\right) \sigma_a} \left\{ k_m M + \eta \, d_2 \frac{\left(1 + x^2\right)}{8} P \right\} \right.$$
$$\left. + \sqrt{\left\{ k_m M + \eta \, d_2 \frac{\left(1 + x^2\right)}{8} P \right\}^2 + \left(k_t \, T\right)^2} \right]^{\frac{1}{3}} \quad (6.46)$$

단, d_2 는 속빈원형축의 바깥지름을 표시한다. $x = 0$ 의 경우, 즉 실체원형축의 경우에는 $d_2 = d$ 가 된다.

6.4 강성도 (stiffness) 에 의한 축지름의 설계

6.4.1 직선축의 비틀림강성도

(1) 비틀림 모멘트만 작용하는 축의 설계

축의 비틀림각 θ 가 너무 크면 동력을 전달할 때 문제가 생길 수 있다. 예를 들면 축에 끼워진 기어의 이가 파손되어 사고의 원인이 된다. 따라서 일반적으로 전동축에서는 축에 작용하는 최대의 비틀림 모멘트 T 에 의한 비틀림각 θ 가 축의 길이 1 m 에 대하여 0.25° (0.004363 rad) 이내에 있도록 설계해야 된다고 Bach 는 주장하고 있다.

또한 $l = 20\,d$ 에 대하여 1° 이내로 설계하는 것이 좋다고 주장하는 사람도 있어서 대체로 이상 두 가지 경우를 검토하여 설계한다.

지금 θ : 축의 비틀림 [rad] $\theta°$: 축의 비틀림각 [°]

  l : 축의 길이 [mm] G : 축재료의 횡탄성계수 [MPa]

라 하면

① **실체원형축**에 있어서

$\theta = \dfrac{Tl}{GI_P}$ 에서 극관성 모멘트 $I_p = \dfrac{\pi d^4}{32}$ 이므로

$$\theta = \frac{32}{\pi d^4} \cdot \frac{Tl}{G} = \frac{10.2\,Tl}{G\,d^4} \ [\mathrm{rad}] \tag{6.47}$$

또 $\theta° = \dfrac{180}{\pi} \theta$ 이므로

$$\theta° = \frac{583.6\,Tl}{G\,d^4} \tag{6.48}$$

$T = \dfrac{\pi}{16} d^3 \tau$ 이므로

$$\theta° = \frac{114.6\,\tau\,l}{G\,d} \tag{6.49}$$

마력 H_{PS} 로 나타내면

$$T = 7018760 \frac{H_{PS}}{N} \ [\mathrm{N \cdot mm}]$$

이므로

$$\theta = \frac{32}{\pi} \cdot \frac{7018760}{G} \frac{l \cdot H_{PS}}{Nd^4} [\mathrm{rad}] \fallingdotseq 7.149 \times 10^7 \frac{l \cdot H_{PS}}{GNd^4} [\mathrm{rad}] \tag{6.50}$$

$$\theta° \fallingdotseq 4.096 \times 10^9 \frac{l \cdot H_{PS}}{GNd^4} \ [°] \tag{6.51}$$

② **속빈원형축**에 있어서는

$$\theta° = \frac{583.6\,Tl}{(d_2{}^4 - d_1{}^4)\,G} \ [°]$$

여기서, G 의 값은

연강 : 78~83 [GPa]

황동 : 41 [GPa]

Ni, Ni − Cr, Cr − V : 59~82 [GPa]

인청동 : 42 [GPa]

설계에 있어서는 $\theta°$에 대하여 보통 다음과 같이 제한한다.

i) $l = 20\,d$ 에 대하여 $\theta \leq 1°$

ii) $l = 1\,\mathrm{m}$ 에 대하여 $\theta \leq \dfrac{1°}{4}$ ·········· 공식

i)의 관계를 식 (6.49) $\theta° = \dfrac{114.6\,\tau\,l}{d\,G}$ 에 대입하면

$$\theta° = 1 = \frac{114.6\,\tau \times 20\,d}{d\,G} \quad \therefore\ \tau = \frac{G}{2292}$$

연강에 대한 G를 대입하면

$$\tau = \frac{(78 \sim 83) \times 10^3}{2292} \fallingdotseq (34 \sim 36)[\mathrm{MPa}]$$

즉 사용응력이 이 값 이하이면 비틀림강성도는 필요한 범위 내에 있다. ii)의 경우 Bach의 제한을 사용하면 제한 조건을 식 (6.51) 대입하고 연강에 대하여 $G = 81\,[\mathrm{GPa}]$로 하면

$$\theta° = \frac{1}{4} = \frac{(4.096 \times 10^9) \times 1000 \times H_{PS}}{(81 \times 10^3)\,N \times d^4}$$

$$\therefore\ d \fallingdotseq 120\sqrt[4]{\frac{H_{PS}}{N}}\ [\mathrm{mm}] \tag{6.52}$$

윗 식을 **Bach의 축공식**이라고 한다.

Bach의 축공식을 H_{kW}로 환산하면

$$T = \frac{9745200 \cdot H_{\mathrm{kW}}}{N}\ [\mathrm{N} \cdot \mathrm{mm}] \tag{6.53}$$

$$\therefore\ d \fallingdotseq 130\sqrt[4]{\frac{H_{\mathrm{kW}}}{(1-x^4)\,N}}\ [\mathrm{mm}] \tag{6.54}$$

(2) 비틀림강성도와 전단강도에 의한 축지름의 비교

H_{PS} 마력을 전달하면서 매분 N 회전하는 강제실체원형축을 설계하는 경우, 전단강도에 의한 축지름과 비틀림강성도에 의한 축지름은 각각 앞식들에서 구해진다.

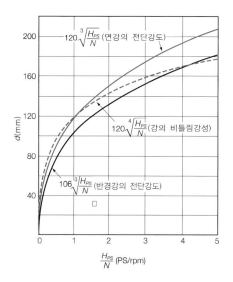

그림 6.8 축지름의 비교

이러한 관계를 가로축에 $\dfrac{H_{PS}}{N}$ [PS/rpm] 로 잡고, 세로축에 d를 잡아서 나타내면 그림 6.8과 같이 된다. 그림에서 연강축의 경우 $\dfrac{H_{PS}}{N}$ 가 1 이하이면 강성도에 의한 축지름이 커지게 되는 것을 알 수 있다.

이와 같이 일반적인 사용 조건에서는 비틀림강성도가 충분한 축은 전단강도에도 충분하므로, 축설계에 있어서는 먼저 강성도에서 설계하고, 다음에 강도를 검토하는 편이 좋다.

한편 공작기계의 스핀들과 기계의 내부에 설치한 축 등에서는 비틀림과 처짐 등의 변형이 극히 작아야 되므로 이와 같은 축에서는 충분한 강성도를 갖도록 설계해야 한다.

(3) 단붙은 축의 비틀림각

앞절들에서 비틀림각을 구하는 공식은 단면이 균일한 원형축에 대한 것이었다. 따라서 단붙은 축에도 앞의 식을 적용시키기 위하여 단붙은 축을 균일한 지름을 가진 등가축(equivalent shaft)으로 바꿀 필요가 있다.

비틀림 모멘트 T를 받는 경우를 생각하면 축의 비틀림각은 다음 식으로 구해진다. 그림 6.9과 같은 단붙은실체원형축이 비틀림 모멘트 T를 받는 경우를 생각하면 축의 비틀림각은 다음 식으로 구해진다.

$$\theta = \frac{32\,T\,l_1}{\pi\,d_1{}^4\,G} + \frac{32\,T\,l_2}{\pi\,d_2{}^4\,G} + \cdots\cdots + \frac{32\,T\,l_n}{\pi\,d_n{}^4\,G}$$

$$= \frac{32\,T}{\pi\,d_1{}^4\,G}\left(l_1 + \frac{d_1{}^4}{d_2{}^4}\,l_2 + \cdots\cdots + \frac{d_1{}^4}{d_n{}^4}\,l_n\right) \tag{6.55}$$

윗 식에서

$$l_1 + \frac{d_1{}^4}{d_2{}^4}\,l_2 + \cdots\cdots + \frac{d_1{}^4}{d_n{}^4}\,l_n = l \tag{6.56}$$

이라 놓으면 θ 는 다음 식과 같이 표시할 수 있다.

$$\theta = \frac{32\,T\,l}{\pi\,d_1{}^4\,G} \tag{6.57}$$

위식은 길이 l 이고, 지름 d_1 의 균일단면을 가진 원형축에 대한 비틀림각을 구하는 공식과 같다. 즉 식 (6.56)으로 구해지는 길이 l 을 가진 지름 d_1 의 원형축은 그림 6.9와 같이 **많은 단을 가진 축의 등가축**으로 볼 수 있다.

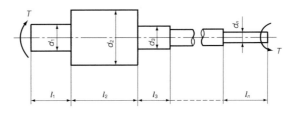

그림 6.9 비틀림을 받는 단붙은 축

6.4.2 굽힘 모멘트 M 만 작용하는 축지름

(1) 전동축의 처짐강성도

일반적으로 축이 굽힘 모멘트 M을 받으면 축의 중심선은 최초의 위치에서부터 처짐이 생긴다. 이 처지는 정도, 즉 처짐의 양 δ는 하중의 크기와 위치, 또 축의 지름과 형상, 베어링 사이의 거리, 재질 등에 따라 다르다. 또한 베어링의 거리가 길면 축의 자중에 의한 처짐도 무시할 수 없으며, 3점 이상의 베어링으로 받쳐져 있을 때에는 연속보로 계산해야 한다.

그리고 모터, 가스 터빈과 같이 로터, 케이싱의 틈이 작을 때와 기어의 물림불량을 방지하기 위하여 또는 베어링에 무리가 생기지 않도록 하기 위하여 축의 처짐 δ 를 일정한 값 이내로 제한해야 한다. 이 처짐의 제한은 여러 가지 사용목적에 의하여 다르지만 몇 가지의 처짐의 범위는 다음과 같다.

$$\text{일반전동축 : 균일분포하중 : } \delta \leqq 0.30\,[\text{mm/m}] \tag{6.58}$$

$$\text{터빈축 및 전기기계축}\begin{cases} \text{원통형축 : } \delta \leqq 0.026 \sim 0.128\,[\text{mm/m}] \\ \text{원판형축 : } \delta \leqq 0.128 \sim 0.165\,[\text{mm/m}] \end{cases} \tag{6.59}$$

그러나 일반적으로 허용굽힘 처짐은 $\delta_w \leqq 0.00033\,l$ 로 한다. 여기서, l 은 축의 길이이다.

(2) 전동축의 처짐각도

축의 변형은 처짐량 δ 와 처짐각도 β 로 표시한다. 일반 전동축에는 축의 최대처짐 각도 β 가 $\dfrac{1}{1000}\,[\text{rad}]$ 이하가 되도록 해야 된다고 하는 설(공식 : Bach)과 스핀들 기어축, 수차축 등에 대하여는 더욱 작게 $\dfrac{1}{1200}\,[\text{rad}]$ 이하로 제한해야 된다고 하는 설(Pfarr)이 있다.

그림 6.10에서와 같이 보의 중앙에 집중하중 W 를 받고 있는 단순보의 경우에는

$$\delta_{\max} = \delta = \frac{Wl^3}{48\,EI}, \qquad \beta = \frac{Wl^2}{16\,EI}$$

$$\therefore \ \frac{\delta}{\beta} = \frac{1}{3}\,l$$

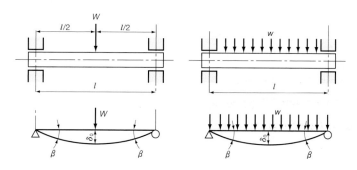

그림 6.10 처짐에 의한 설계의 조건

$\beta \leq \dfrac{1}{1000}$ 을 대입하면 다음 식이 얻어진다.

$$\delta \leq \frac{l}{3000} \tag{6.60}$$

균일분포하중 w 를 받는 단순보에 있어서

$$\delta = \frac{5\,w\,l^4}{384\,EI}, \quad \beta = \frac{w\,l^3}{24\,EI}$$

$$\frac{\delta}{\beta} = \frac{5}{16}\,l$$

$\beta \leqq \dfrac{1}{1000}$ 을 대입하면 $\delta = \dfrac{l}{3200}$

즉 축의 중앙에 집중하중을 받는 단순보의 경우 축의 최대처짐량은 축 길이의 $\dfrac{l}{3000}$ 이하로 제한하고, 균일 분포하중을 받는 경우에는 축의 길이의 $\dfrac{l}{3200}$ 이하로 제한하여 설계한다.

6.5 축의 진동

축이 처진상태 또는 비틀린상태에서 진동을 하면서 회전할 때 이 진동이 축의 고유진동수와 일치하는 경우 공진(resonance)이 생겨 진동은 더욱 격렬해지며, 진폭은 점차 증대되어 결국 축의 탄성한도를 넘어서 파괴된다. 이와 같은 축의 회전속도를 **위험속도**(critical speed)라고 한다.

회전축에 있어서 늘어남, 처짐, 비틀림의 3가지 진동이 고려되지만, 늘어남의 진동에 대해서는 비교적 위험성이 적으므로 주로 처짐진동과 비틀림진동 등에 대해서만 고려한다. 축이 짧은 거리에 베어링으로 받쳐져 있을 경우에는 처짐진동은 억제되므로 비틀림진동만을 고려하면 되고, 베어링 길이가 길고 증기 터빈과 같이 횡진동을 억제하는 축에서는 주로 처짐진동에 대하여 고려해야 한다. 회전축의 상용회전속도는 그 축의 고유진동수의 25 % 이내가 되지 않도록 하는 것이 좋다. 즉 1000 rpm의 제 1차 고유진동수로 하는 축에서는 상용회전속도를 750 rpm 이하로 하거나 1250 rpm 이상으로 하는 것이 좋다.

6.5.1 축의 처짐진동

송풍기, 압축기, 펌프, 터빈, 축 등은 베어링 사이의 간격이 길고, 특성상 축의 지름을 너무 크게 할 수 없기 때문에 회전체의 중량, 자중에 의한 처짐이 커지므로, 처짐진동에 의한 위험속도를 검토해야 한다.

즉, 회전체의 무게에 의한 처짐, 재료의 불균질 또는 낮은 제작 정밀도 등에 의하여 회전축의 축선이 회전의 기하학적 축선과 정확하게 일치하지 않은 상태로 회전하면, 편심중량에 원심력이 작용하여 편심과 처짐이 커진다. 또한 축의 회전속도에 따라 공진으로 인하여 처짐이 커져서 결국 축은 파괴되어 부러진다. 이러한 속도를 위험속도라고 한다.

(1) 단면이 고르지 않을 경우의 위험속도

그림 6.11에서와 같이 중량 W_1, W_2, W_3, $\cdots$의 회전체가 축에 달려 있을 때 각 회전체의 설치 위치에 있어서의 축의 정적 처짐을 각각 δ_1, δ_2, δ_3, $\cdots$라 하면, 이때 축에 저축된 탄성변형에너지 E_p는

$$E_p = \frac{W_1 \delta_1}{2} + \frac{W_2 \delta_2}{2} + \frac{W_3 \delta_3}{2} + \cdots \tag{6.61}$$

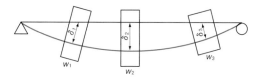

그림 6.11 회전축의 위험속도

축의 1차 진동의 주기를 계산하기 위하여 축의 정적 처짐곡선을 진동 중의 처짐곡선이라 하고, 또 축의 처짐의 진동이 단현운동을 하는 것으로 가정하면 각 회전체의 임의의 시각 t에 있어서 수직방향의 변위는 각각 다음 식으로 표시된다.

$$X_1 = \delta_1 \cos \omega t, \ X_2 = \delta_2 \cos \omega t, \ X_3 = \delta_3 \cos \omega t \tag{6.62}$$

진동에 의한 처짐곡선이 정적 처짐곡선에 일치한다는 것은 그림 6.12에서 B에 대한 A곡선은 C에 대한 B곡선에 일치하는 것이 되며, 진동할 때 정적

균형의 위치에서 최대처짐($\delta_{\max}$)에 이르기까지의 변형에너지의 증가는 식 (6.61)의 값으로 주어진다.

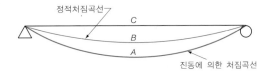

그림 6.12 진동에 의한 처짐곡선

진동 중 운동에너지가 최대로 되는 곳은 진동의 중간위치, 즉 정적 균형의 위치를 통과할 때이며, 그 때의 속도는 식 (6.62)에서 다음과 같이 된다.

$$\frac{d}{dt}\delta \cos \omega t = -\delta \omega \sin \omega t = -\delta \omega$$

여기서, t : 미소단위시간

따라서 각 하중점에서의 속도가 $\omega \delta_1,\ \omega \delta_2,\ \omega \delta_3$로 되므로 운동에너지 E_k는 다음 식으로 주어진다.

$$E_k = \frac{W_1}{2g}(\omega \delta_1)^2 + \frac{W_2}{2g}(\omega \delta_2)^2 + \frac{W_3}{2g}(\omega \delta_3)^2$$

$$= \frac{\omega^2}{2g}(W_1 \delta_1{}^2 + W_2 \delta_2{}^2 + W_3 \delta_3{}^2) \tag{6.63}$$

에너지의 손실이 없다면 E_p와 E_k는 같아야 된다.

즉, $\dfrac{1}{2}(W_1 \delta_1 + W_2 \delta_2 + W_3 \delta_3 + \cdots) = \dfrac{\omega^2}{2g}(W_1 \delta_1{}^2 + W_2 \delta_2{}^2 + W_3 \delta_3{}^2 + \cdots)$

$$\therefore\ \omega = \sqrt{\frac{g(W_1 \delta_1 + W_2 \delta_2 + W_3 \delta_3 + \cdots)}{W_1 \delta_1{}^2 + W_2 \delta_2{}^2 + W_3 \delta_3{}^2 + \cdots}} \tag{6.64}$$

축의 처짐의 위험속도를 N_{cr} rpm이라 하면 윗 식에서 다음 식이 얻어진다.

$$N_{cr} = \frac{60\omega}{2\pi} = \frac{30}{\pi}\sqrt{\frac{g(W_1 \delta_1 + W_2 \delta_2 + W_3 \delta_3 + \cdots)}{W_1 \delta_1{}^2 + W_2 \delta_2{}^2 + W_3 \delta_3{}^2 + \cdots}} \fallingdotseq 300\sqrt{\frac{\Sigma W \delta}{\Sigma W \delta^2}} \tag{6.65}$$

즉, 축의 각 하중점에서의 정적처짐이 구해지면 윗 식에서 위험속도를 계산할 수 있으며, 이 방법을 Rayleigh법이라 한다.

　그러나 Dunkerley는 자중을 고려하여 여러 개의 회전체를 가지고 있는 경우의 위험속도는 실험적으로 다음과 같다고 하였다. 이 식을 Dunkerley의 실험식이라고 한다.

$$\frac{1}{N_{cr}{}^2} = \frac{1}{N_0{}^2} + \frac{1}{N_1{}^2} + \frac{1}{N_2{}^2} + \cdots \tag{6.66}$$

여기서,　N_{cr} : 축의 처짐의 위험속도 [rpm]

　　　　　N_0 : 축만의 경우의 위험속도 [rpm]

　　　　　N_1, N_2 : 각 회전체를 단독으로 축에 설치했을 경우 위험속도 [rpm]

최근 고성능의 고속회전기계에서는 축의 질량이 축방향에 분포하고 있다고 생각하고, 필요에 따라 2차 이상의 위험속도도 정확하게 계산하여 그것을 고려하여야 하는 경우가 있다.

　이와 같은 경우에는 전달매트릭스법 또는 유한요소법을 사용하여 베어링, 베어링대의 강성 등도 고려하여 위험속도를 계산해야 한다. 그리고 1차와 2차와의 위험속도 사이에서 운전하는 경우에는 1차 위험속도의 1.2배 이상에서 2차 위험속도의 0.8배 이하의 범위에서 사용하도록 축지름 또는 질량을 설계하여야 한다. 전달매트릭스법 또는 유한요소법에 의한 위험속도의 계산은 일반적으로 컴퓨터를 사용한다.

(2) 한 개의 회전체를 가지고 있는 축의 위험속도

축의 자중을 무시하면 위험회전속도는 다음 식으로 주어진다.

$$N_{cr} = \frac{60}{2\pi}\omega_c = \frac{60}{2\pi}\sqrt{\frac{k}{m}} = \frac{30}{\pi}\sqrt{\frac{g}{\delta}} \text{ [rpm]} \tag{6.67}$$

여기서, W : 1개의 회전체의 무게 [N]

　　　　m : 1개의 회전체의 질량 $= \frac{W}{g}$ [N·s^2/m]

　　　　δ : 축의 정적 처짐 [mm]

　　　　k : 축의 스프링상수 $= \frac{W}{\delta}$ [N/mm]

　　　　N_{cr} : 회전축의 위험속도 [rpm]

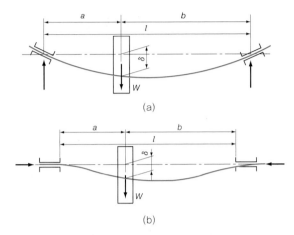

그림 6.13 축의 위험속도

① 축이 양단에서 베어링으로 자유롭게 지지되어 있는 경우(자중은 고려하지 않는다) : 그림 6.13의 (a)에서

$$\delta = \frac{W a^2 b^2}{3 E I l}$$

이므로 위험속도는 다음 식으로 주어진다.

$$N_{cr} = \frac{30}{\pi} \sqrt{\frac{g}{\delta}} = \frac{30}{\pi} \sqrt{\frac{3 E I l g}{W a^2 b^2}} \tag{6.68}$$

지름 d 의 원형축이라 하면 $I = \frac{\pi}{64} d^4$ 이므로

$$N_{cr} = 362.8 \, d^2 \sqrt{\frac{E l}{W a^2 b^2}} \; [\text{rpm}] \tag{6.69}$$

여기서, $d\,[\text{mm}]$, $E\,[\text{MPa}]$, $l\,[\text{mm}]$, $W\,[\text{N}]$, $a\,[\text{mm}]$, $b\,[\text{mm}]$, $N_{cr}\,[\text{rpm}]$ 이다.

② 축이 양단의 베어링으로써 회전축선방향으로 지지되어 있는 경우, 즉 추력을 받는 경우(축의 자중은 고려하지 않는다) : 그림 6.13의 (b)에서 $\delta = \dfrac{W a^3 b^3}{3 E I (a+b)^3}$ 이므로 위험속도 N_{cr} 는 다음 식으로 주어진다.

$$N_{cr} = \frac{30}{\pi} \sqrt{\frac{3\,EIl^3 g}{W a^3 b^3}} \ [\mathrm{rpm}] \tag{6.70}$$

지름 d의 원형축에서는 N_{cr}는 다음 식과 같이 될 것이다.

$$N_{cr} = 362.8\,d^2 \sqrt{\frac{E\,l^3}{W a^3 b^3}} \ [\mathrm{rpm}] \tag{6.71}$$

③ 지름이 균일한 축만이 양단에서 자유롭게 지지되어 있는 경우(자중을 고려하는 경우, 즉 횡하중을 받는다) : w는 축의 단위 길이당 무게 [N/mm], l은 축의 베어링 사이의 길이 [mm]이다.

$$N_{cr} = \frac{30}{\pi} \cdot \frac{\pi^2}{l^2} \sqrt{\frac{EIg}{w}} \ [\mathrm{rpm}] \tag{6.72}$$

지름 d의 원형축에서는 위험속도 N_{cr}는 다음 식과 같이 된다.

$$N_{cr} = 2067 \frac{d^2}{l^2} \sqrt{\frac{E}{w}} \ [\mathrm{rpm}] \tag{6.73}$$

여기서, $d\,[\mathrm{mm}]$, $E\,[\mathrm{MPa}]$, $l\,[\mathrm{mm}]$, $w\,[\mathrm{N/mm}]$이다.

④ 지름이 균일한 축만이 양단의 베어링에서 회전축선방향으로 지지되어 있는 경우(자중을 고려한 경우) : 이 때는 추력을 받는 경우이며

$$N_{cr} = \frac{30}{\pi} \cdot \frac{22.45}{l^2} \sqrt{\frac{EIg}{w}} \ [\mathrm{rpm}] \tag{6.74}$$

원형축에서의 위험속도는 다음과 같이 된다.

$$N_{cr} = 4702 \frac{d^2}{l^2} \sqrt{\frac{E}{w}} \ [\mathrm{rpm}] \tag{6.75}$$

처짐을 가능한 작게 하여 위험속도의 값을 가능한 높이고 위험속도에 의한 축의 파괴를 방지해야 한다.

처짐진동에 의한 위험을 방지하려면 먼저 상용회전속도와의 차를 크게 해야 하고, 그 차이가 위험속도의 25 [%] 이상 또는 이하로 하는 것이 좋다. 이

때 사용속도가 위험속도보다 높은 것은 지장이 없지만 가속할 때 위험속도를 빨리 통과시켜야 한다.

🔒 예제 2

그림 6.14에서 보는 바와 같이 지름 $d = 180\,[\mathrm{mm}]$의 낮은 리프트의 원심펌프축의 위험속도 N_{cr}를 검토하시오. 단, 축의 상용회전속도는 327 [rpm]이다.

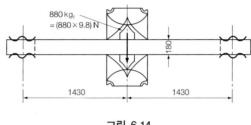

그림 6.14

폴이

축지름 $d = 180\,[\mathrm{mm}]$의 균일한 축으로 가정한다.
강축이므로

$$E = 206\,[\mathrm{GPa}], \quad \gamma = 7.693 \times 10^{-5}\,[\mathrm{N/mm^3}]$$

최대처짐 $\delta_{\max}$ 는 날개 바퀴가 달린 부분의 중앙부에 생기고

$$\delta = \frac{Wl^3}{48\,EI} = \frac{(880 \times 9.8) \times 2860^3}{48 \times (206 \times 10^3) \times \left(\dfrac{\pi}{64} \times 180^4\right)} = 0.3960\,[\mathrm{mm}]$$

회전체 1개가 양단에서 자유롭게 지지되어 있으므로

$$N_1 = 362.8\,d^2 \sqrt{\frac{El}{Wa^2b^2}} = 362.8 \times 180^2 \times \sqrt{\frac{(206 \times 10^3) \times (1430 + 1430)}{(880 \times 9.8) \times 1430^2 \times 1430^2}}$$

$$\fallingdotseq 1500\,[\mathrm{rpm}]$$

축의 매 mm마다의 무게 :

$$w = (7.693 \times 10^5) \times \frac{\pi}{4} \times 180^2 = 1.958\,[\mathrm{N/mm}]$$

축의 자중만을 고려할 때 :

$$N_0 = 2067 \frac{d^2}{l^2} \sqrt{\frac{E}{w}} = 2067 \times \frac{180^2}{2860^2} \sqrt{\frac{206 \times 10^3}{1.958}} \fallingdotseq 2656\,[\mathrm{rpm}]$$

$$\therefore \ \frac{1}{N_{cr}{}^2} = \frac{1}{N_0{}^2} + \frac{1}{N_1{}^2} = \frac{1}{2656^2} + \frac{1}{1500^2} = 5.862 \times 10^{-7}$$

$$\therefore \ N_{cr} = \sqrt{\frac{1}{5.862 \times 10^{-7}}} \fallingdotseq 1306 \, [\mathrm{rpm}]$$

사용회전속도는 327 [rpm]이므로 그 차이는

$$\frac{1306 - 327}{1306} \times 100 \fallingdotseq 75 \, [\%] > 25 \, [\%]$$

따라서 위험속도 면에서 안전하다.

🔒 **예제 3**

지름 50 [mm]의 강철제의 축이 있고, 이것이 거리 2500 [mm]의 양단에서 베어링으로 자유롭게 지지되어 있다. 지금 스팬의 중앙에 무게 23 $[\mathrm{kg_f}] (= 23 \times 9.8) \, [\mathrm{N}]$의 풀리를 달아 놓았다. 이 때의 위험속도는 얼마인가? 그리고 그 위에 다시 무게 14 $[\mathrm{kg_f}] = (14 \times 9.8) \, [\mathrm{N}]$의 2개의 풀리를 각각 양단에서 250 [mm]의 곳에 추가한다면 이 때의 위험속도는 얼마인가?

(단, 축의 탄성계수 $E = 190 \, [\mathrm{GPa}]$, 비중 $\gamma = 7.693 \times 10^{-5} \, [\mathrm{N/mm^3}]$)

풀이

풀리가 없는 실체원형축의 위험속도 N_{cr} 는

$$l = 250 \, [\mathrm{mm}], \qquad E = 190 \, [\mathrm{GPa}]$$
$$w = (7.693 \times 10^{-5}) \times \frac{\pi}{4} \times 50^2 = 0.151 \, [\mathrm{N/mm}]$$
$$N_0 = 2067 \frac{d^2}{l^2} \sqrt{\frac{E}{w}} = 2067 \times \frac{50^2}{2500^2} \times \sqrt{\frac{190 \times 10^3}{0.151}} = 928 \, [\mathrm{rpm}]$$

스팬의 중앙에 23 $[\mathrm{kg_f}]$ 의 풀리가 작용할 때의 자중을 무시한 위험속도는 다음과 같다.

$$W = 23 \, [\mathrm{kg_f}] \fallingdotseq 225 \, [\mathrm{N}], \quad l_1 = l_2 = 1250 \, [\mathrm{mm}]$$
$$I = \frac{\pi}{64} d^4 = \frac{\pi}{64} \times 50^4 = 306796 \, [\mathrm{mm^4}]$$
$$N_1 = \frac{30}{\pi} \sqrt{\frac{3\,EI(a+b)\,g}{W a^2 b^2}} = \frac{30}{\pi} \sqrt{\frac{3 \times (190 \times 10^3) \times 306796 \times 2500 \times 9800}{225 \times 1250^2 \times 1250^2}}$$
$$\fallingdotseq 843 \, [\mathrm{rpm}]$$

따라서 자중을 고려하여 무게 23 [kg_f] 의 풀리 1개 때의 합성된 위험속도는 던커레이의 공식에서

$$\frac{1}{N_{cr}{}^2} = \frac{1}{N_0{}^2} + \frac{1}{N_1{}^2} = \frac{1}{928^2} + \frac{1}{843^2}$$
$$\therefore \ N_{cr} = 624 \, [\mathrm{rpm}]$$

다음에 양단에서 250 [mm] 떨어진 곳에 14 [kg$_f$] 의 풀리가 있을 경우의 종합 위험 속도는 Dunkerley 의 공식에서

$$\frac{1}{N_{cr}{}^2} = \frac{1}{N_0{}^2} + \frac{1}{N_1{}^2} + \frac{2}{N_2{}^2} = \frac{1}{928^2} + \frac{1}{843^2} + \frac{2}{2970^2}$$

$$\therefore \ N_{cr} = 598 \,[\mathrm{rpm}]$$

연습 문제

1. 400 [rpm]으로 5 [PS]를 전달시키는 연강제원축의 지름을 구하시오. 단, 비틀림강도를 고려한다.

2. 지름 50 [mm]의 실체원형축이 9.8×10^5 [N · mm]의 비틀림 모멘트와 4.9×10^5 [N · mm]의 굽힘 모멘트를 동시에 받을 때 생기는 최대전단응력 τ_{max} 및 최대수직응력 σ_{max} 를 구하시오.

3. 길이 6 m의 실체원형축에 3920 [N · m]의 비틀림 모멘트가 작용하였을 경우 비틀림각이 전 길이에 대하여 3° 이내에 있기 위해서는 지름을 얼마로 해야 되는가? 단, 연강제로서 횡탄성계수 $G = 80$ [MPa]라 한다.

4. 120 [rpm]으로 147 [kW]를 전달시키는 실체원형축의 지름은 몇 cm로 설계할 것인가? 단, 축재료의 허용전단응력을 19.6 [MPa]라 한다.

5. 지름 150 [mm]로서 매분 300회전하는 강철제의 축이 동력을 전달시키고 있다. 이 축의 500 [mm] 떨어진 임의의 두 단면 간의 비틀림각을 측정한 결과 0.05°이었다. 이 축이 전달시킬 수 있는 마력 수를 계산하시오.

6. 같은 재료로 만들어져 있고, 비틀림강도가 같은 속빈원형축과 실체원형축의 중량을 비교하시오. 단, 속빈원형축은 안지름과 바깥지름의 $x = \dfrac{d_1}{d_2} = 0.5$라 한다.

7. 지름 80 [mm]의 실체원형축과 비틀림강도가 같고 중량이 60 [%]의 속빈원형축의 안지름과 바깥지름 d_1, d_2 를 구하시오. 단, 축의 재료는 같다.

해답 **1.** $d = 28$ [mm]   **2.** $\tau_{max} = 44.7$ [MPa], $\sigma_{max} = 64.7$ [MPa]
     3. 88 [mm]   **4.** 140 [mm]   **5.** $H = 301$ PS $= 221$ [kW]
     6. 1.28 배   **7.** $d_1 = 80$ [mm], $d_2 = 110$ [mm]

축이음

7.1 축이음 (shaft joint)

원동축과 종동축을 연결하여 동력을 전달시키는 기계요소로서 커플링과 클러치가 있다. 커플링 (coupling) 은 운전 중 결합을 끊을 수 없는 영구축이음이며 클러치 (clutch) 는 필요에 따라서 운전 중 결합을 풀거나 연결할 수 있는 가동축 (착탈축) 이음이다.

7.1.1 커플링 (coupling)

운전 중 절대로 연결하거나 풀 수 없으며 장치한 후에는 분해하지 않으면 연결을 분리할 수 없는 축이음을 말한다.

(1) 고정 커플링 (fixed coupling)

일직선상에 있는 두 축을 연결한 것으로 볼트 또는 키를 사용하여 결합하고, 양축 사이의 상호이동이 전혀 허용되지 않는 구조의 커플링이다. 고정 커플링에는 통형 커플링과 플랜지 커플링이 있다. 플랜지형 고정축 커플링에 대해서는 KS B 1551에 규격화되어 있다.

(2) 플렉시블 커플링 (flexible coupling)

커플링은 원칙적으로 직선상에 있는 두 축의 연결에 사용하지만 두 축의 중심이 다소 일치하지 않을 경우 또는 축이 고속 회전할 때 생기는 진동을 완화하며 소음 및 베어링에 무리를 주지 않기 위하여 쓰이는 커플링이다.

(3) 올드햄 커플링 (oldham coupling)

두 축이 평행하고 두 축의 거리가 아주 가까울 때 사용되는 커플링이다.

(4) 유니버설 커플링(universal joint or Hook's joint)

두 축의 축선이 어느 각도로써 교차되고, 그 사이의 각도가 운전 중 다소 변하더라도 자유로이 운동을 전달할 수 있도록 구조가 되어 있는 커플링이다.

7.1.2 클러치(clutch)

운전 중이나 정지 중에 간단한 조작으로 결합을 연결하거나 풀 수 있는 가동축 이음으로 두 축은 일직선상에 있는 경우가 많다.

(1) 확동 클러치(positive clutch)

각축에 설치된 돌기의 클로(claw)로 연결을 한 클러치이다. 주로 저속·소하중의 경우 사용한다.

▶표 7.1 축이음의 분류

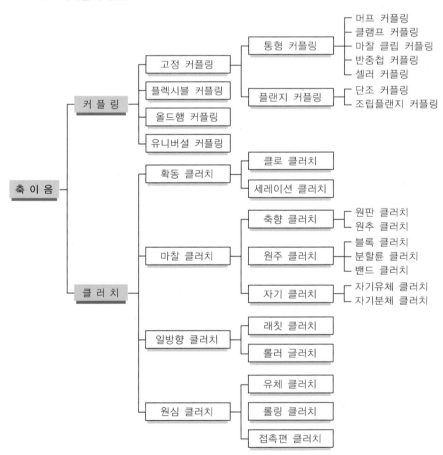

(2) 마찰 클러치(friction clutch)

각축에 붙어 있는 두 개의 원판을 밀착시켜 그 접촉면의 마찰력으로 동력을 전달하며, 이때 전달되는 토크의 크기는 압력판의 압력의 세기와 마찰계수에 비례한다. 접촉면을 미는 힘을 없애고 마찰을 제거하여 분리한다. 마찰 클러치는 고속회전 상태에서 연결이 가능하다.

(3) 일방향 클러치

구동축이 종동축보다 속도가 늦어졌을 때 종동축이 자유롭게 공전할 수 있도록 한 것으로 한쪽방향으로만 동력을 전달시키고 역방향으로는 전달할 수 없는 클러치이다.

(4) 원심 클러치

구동축의 회전에 의한 원심력에 의하여 클러치의 결합이 이루어지는 것으로 유체 클러치, 롤링 클러치, 접촉편 클러치 등이 있다.

7.2 커플링

7.2.1 설계에서 고려되는 사항

1) 중심 맞추기가 완전할 것
2) 회전균형이 잡혀 있을 것
3) 설치, 분해 등이 쉽도록 할 것
4) 소형으로 충분한 전동능력을 갖게 할 것
5) 회전부에 돌기물이 없도록 할 것
6) 진동에 대하여 강할 것
7) 윤활은 가능한 필요하지 않도록 할 것
8) 전동토크의 특성을 충분히 고려하여 특성에 맞는 형식으로 할 것
9) 가볍고 값이 쌀 것
10) 양축 상호 간의 관계, 위치를 고려할 것 등이다.

7.2.2 원통 커플링(box or cylindrical coupling)

원통 커플링은 가장 간단한 구조로서 두 축의 끝을 맞대어 맞추고 접촉면

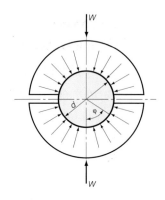

그림 7.1 통형 커플링의 비틀림 모멘트

을 중앙으로 원통의 보스를 끼워 맞춤하여 키 또는 마찰력으로 전동하는 커플링으로서 머프 커플링, 마찰 통형 커플링, 셀러 커플링, 반중첩 커플링, 분할통 커플링 등이 있다.

원통 커플링에서 키의 작용을 생각하지 않고 축과 원통 사이의 마찰에 의하여서만 축의 비틀림 모멘트 T를 전달시키는 것이라고 생각하면 그림 7.1에서 전달시킬 수 있는 축의 비틀림 모멘트 T는 다음 식으로 구해진다.

$$T = \frac{d}{2}\mu \int_0^{2\pi} p\frac{L}{2} \cdot \frac{d}{2}d\phi$$

$$= \mu\pi p\frac{Ld^2}{4} = \frac{\mu\pi Wd}{2}$$

$$p = \frac{W}{d \cdot \dfrac{L}{2}} \tag{7.1}$$

T : 축의 비틀림 모멘트 [N·mm]

W : 원통을 조이는 힘 [N]

p : 원통과 축 사이에 생기는 압력 [N/mm²＝MPa]

μ : 마찰계수 (0.2～0.25)

L : 원통의 전 길이 [mm]

그리고 축의 주위에 작용하는 전달력을 P라 하면 축과 보스의 접촉면 사이의 마찰력 F는 P보다 커야 할 것이다.

$$F = \pi dLp\mu \geq P = \frac{2T}{d} \tag{7.2}$$

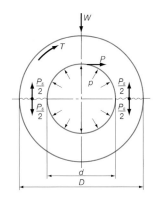

그림 7.2 원통 커플링에 작용하는 힘

윗 식에 허용전단응력 $\tau_a = \dfrac{16\,T}{\pi d^3}$ 을 대입하면 그림 7.2에 있어서 다음 식이 성립된다.

$$\frac{L}{d} \geqq \frac{1}{8} \cdot \frac{\tau_a}{\mu p} \tag{7.3}$$

다음에 단면적 $A = (D-d)\,L$ 인 원통의 보스의 종단면에 작용하는 인장력을 P_S 라 하면

$$P_s = d\,L\,p = \frac{F}{\pi \mu} \geqq \frac{P}{\pi \mu} = \frac{2\,T}{\pi \mu d} = \frac{1}{8} \cdot \frac{\tau_a}{\mu}\,d^2 \tag{7.4}$$

따라서 종단면의 평균응력 σ_{mean} 은 다음 식으로 구해진다.

$$\sigma_{mean} = \frac{P_s}{A} \geqq \frac{1}{8} \cdot \frac{\tau_a}{\mu} \cdot \frac{d^2}{(D-d)L} \tag{7.5}$$

보스가 파괴되지 않는 최대응력이 평균응력이므로 이것을 통형커플링의 허용응력 σ_a 와 같게 설계하여

$$\frac{D}{d} \geqq 1 + \frac{1}{8} \cdot \frac{\tau_a}{\mu \sigma_a} \cdot \frac{d}{L} \tag{7.6}$$

μ 와 p 의 허용치는 일반적으로 다음 범위로 정한다.

$$p = 30 \sim 50 \,[\text{MPa}] \ (\text{주철 대 강의 경우})$$

$$p = 50 \sim 90 \,[\text{MPa}] \,(\text{강 대 강의 경우})$$

실제로는 $\dfrac{L}{d} = 3.5 \sim 5.2$, $\dfrac{D}{d} = 2 \sim 4$ 이며 통형 커플링의 종류에 따라 약간 다르다.

(1) 머프 커플링 (muff coupling)

주철제의 원통 속에서 두 축을 맞대어 맞추고 키로 고정한 것이며, 축지름과 하중이 아주 작을 경우 사용되는 가장 간단한 원통 커플링이다. 인장력이 작용하는 축에는 적합하지 않다. 그림 7.3에서 보는 바와 같이 종동키의 머리가 노출되어 있으면 작업자가 다칠 염려가 있으므로 안전커버로 덮어 씌워야 한다. 각부의 치수는 경험상 다음과 같다.

$$\text{원통의 길이} : L = 3d + 35 \,[\text{mm}]$$
$$\text{원통살 두께} : e = 0.4d + 10 \,[\text{mm}]$$
$$\text{원통의 지름} : D = 1.8d + 20 \,[\text{mm}]$$

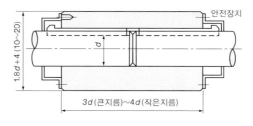

그림 7.3 머프 커플링

(2) 반중첩 커플링 (half lap coupling)

축단을 약간 크게 하여 경사지게 중첩시켜 공통의 키로 고정한 커플링이며, 축방향에 인장력이 작용하는 경우에 사용한다 (그림 7.4).

$$\left.\begin{array}{ll} L = (2 \sim 3)d, & D = (1 \sim 1.25)d \\[2mm] l = (1 \sim 1.2)d, & T = 0.5d \end{array}\right\} \tag{7.7}$$

l 부분은 $1 : 12$의 경사를 갖는다.

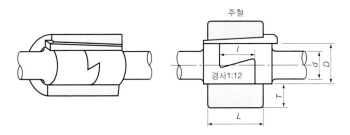

그림 7.4 반중첩 커플링

(3) 마찰원통 커플링 (friction clip coupling)

바깥둘레를 원추형으로 다듬질한 주철제 분할통으로 2축의 연결부를 덮어 씌우고, 연강제의 고리로 양단에서 때려박아 조인 것으로, 분할통은 중앙에서 양단으로 향하여 $\frac{1}{20} \sim \frac{1}{30}$ 의 테이퍼를 가지고 있다. 또한 중앙부를 축지름 d 와 같은 길이로 경사지게 하지 않고 평행하게 하기도 한다. 큰 토크의 전달에는 부적당하지만 설치 및 분해가 쉬우며, 축을 임의의 위치에 고정할 수 있으므로 긴 전동축의 연결에 편리하다.

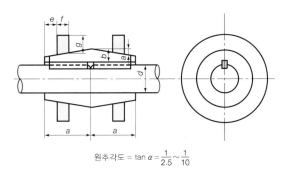

원추각도 $= \tan \alpha = \frac{1}{2.5} \sim \frac{1}{10}$

그림 7.5 통형 커플링

(4) 분할원통 커플링 (clamp coupling or split muff coupling)

그림 7.6 (a)에서와 같이 주철 또는 철강제의 2개의 반원통, 즉 클램프 (clamp)를 보통 6개의 볼트를 두 줄로 나누어 조이고 테이퍼가 없는 키를 박은 것으로, 축지름이 200 [mm]까지에 사용된다. 클램프 커플링이라고 하며, 긴 전동축의 연결에 적합하다. 전달토크가 작을 경우에는 볼트로 조여서 마찰력으로 축에 고정시켜도 좋지만 토크가 아주 커서 키로써 보완하여 사용할 경

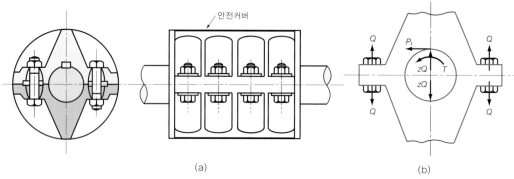

그림 7.6 분할원통 커플링

우에는 미끄럼키를 사용하는 것이 좋다. 이 커플링에 있어서 볼트를 설계할 경우에는 다음 식에 의하여 1개의 볼트에 대하여 작용하는 인장하중을 구하여 볼트의 지름을 결정한다.

그림 7.6 (b)에서

H_{PS} : 전달동력 [PS]	H_{kW} : 전달동력 [kW]
T : 전달토크 [N·mm]	N : 회전속도 [rpm]
P_t : 축에 작용하는 접선력 [N]	d : 축지름 [mm]
Q : 1개의 볼트에 작용하는 힘 [N]	z : 볼트의 수
μ : 축지름과 커플링 사이의 마찰계수	

라고 하면

$$T = \frac{716200 \cdot H_{PS}}{N} [\mathrm{kg_f \cdot mm}] = \frac{974000 \cdot H_{\mathrm{kW}}}{N} [\mathrm{kg_f \cdot mm}]$$

$$= \frac{7018760 \cdot H_{PS}}{N} [\mathrm{N \cdot mm}] = \frac{9545200 \cdot H_{\mathrm{kW}}}{N} [\mathrm{N \cdot mm}]$$

$$\therefore\ P_t = \frac{2T}{d} = \frac{14037520 \cdot H_{PS}}{dN} = \frac{19090400 \cdot H_{\mathrm{kW}}}{dN} [\mathrm{N}] \tag{7.8}$$

따라서

$$Q = \frac{P_t}{\mu z} = \frac{14037520 \cdot H_{PS}}{\mu z d N} = \frac{19090400 \cdot H_{\mathrm{kW}}}{\mu z d N} [\mathrm{N}] \tag{7.9}$$

볼트의 지름을 δ라 하고, 볼트의 허용인장응력을 σ_a라 하면 δ는 다음 식으로 구해진다.

그림 7.7 분할원통 커플링의 실물

$$\delta = \sqrt{\frac{4Q}{\pi \sigma_a}} = 4228\sqrt{\frac{H_{PS}}{\mu z d N \sigma_a}} = 4930\sqrt{\frac{H_{\mathrm{kW}}}{\mu z d N \sigma_a}} \qquad (7.10)$$

그림 7.7은 분할원통 커플링의 실물이고 그림 7.8에서 설계치수는 다음과 같다.

$$\text{커플링의 길이} : L = (3.5 \sim 5.0)d$$
$$\text{커플링의 지름} : D = (2 \sim 4)d$$

DIN규격에서 클램프 커플링의 표준치수를 다음과 같이 규정하고 있다.

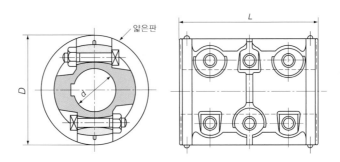

그림 7.8 클램프 커플링의 설계 치수

▶**표 7.2** 클램프 커플링의 표준 치수

d [mm]	25	30	35	40	45	50	55	60	70	80	90	100
D [mm]	82	100	100	125	140	155	170	185	200	220	240	280
L [mm]	90	110	110	140	160	180	200	220	240	275	310	350
C [mm]	40	52	52	68	78	85	95	65	78	92	100	110
z (볼트의수)	4	4	4	4	4	4	4	6	6	6	6	6
δ (볼트의 지름)	$\frac{3''}{8}$	$''$	$''$	$\frac{1''}{2}$	$''$	$''$	$\frac{5''}{8}$	$\frac{5''}{8}$	$\frac{5''}{8}$	$\frac{3''}{4}$	$\frac{7''}{8}$	$1''$

🔓 **예제 1**

그림 7.9와 같은 지름 95 [mm]의 축을 클램프 커플링 (분할원통형 커플링) 을 이용하여 이음할 때 $\frac{7}{8}''$ 의 볼트 6개를 사용한다면 볼트가 받는 응력을 구하시오. 단, 축의 허용전단응력은 20 [MPa], $\mu = 0.25$ 라 한다.

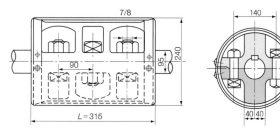

그림 7.9

풀이

볼트의 총수를 z, 지름을 δ, 통과 축 사이의 압력을 p, 볼트의 축방향으로 작용하는 힘의 압력을 W라고 하면

공식에서 $P = \dfrac{W}{d \cdot \dfrac{L}{2}}$

$$T = \frac{d}{2}\mu \int_0^{2\pi} p \frac{L \cdot d}{2 \times 2} d\phi = \mu \pi p \frac{L d^2}{4} = \frac{\mu \pi W d}{2}$$

$$T = \frac{\pi}{16}d^3\tau = \frac{\pi}{16} \times 95^3 \times 20 \fallingdotseq 3.3669 \times 10^6 \, [\text{N} \cdot \text{mm}]$$

$$W = \frac{2T}{\mu \pi d}$$

$$z\frac{\pi}{4}\delta^2 \sigma_{bt} = \frac{2T}{\mu \pi d}$$

$$\sigma_{bt} = \frac{8T}{\pi^2 \mu z \delta^2 d} = \frac{8 \times (3.3669 \times 10^6)}{\pi^2 \times 0.25 \times 6 \times \left(\frac{7}{8} \times 25.4\right)^2 \times 95} = 2.3 \, [\text{MPa}]$$

(5) 셀러 커플링 (Seller's coupling)

이것은 머프 커플링을 Seller가 개량한 것으로, 그림 7.10에서 보는 바와 같이 주철제의 바깥통은 그 내면이 기울기가 $\frac{1}{6.5} \sim \frac{1}{10}$ 정도 기울어져 있어 원추형으로 되고, 이 바깥통에 2개의 주철제 원추통을 쌍방에 박아 3개의 볼트로 조여서 축을 고정시키는 것이다. 따라서 테이퍼된 슬리브 커플링 (tapered sleeve coupling) 이라고도 한다. 그림 7.11은 셀러 커플링을 분해한

것으로, 구멍원추와 축 사이에는 키를 집어넣는다. 3개의 볼트는 내외원추면 사이의 미끄럼을 방지하는 안전키의 역할을 한다. 비틀림 모멘트의 전달은 내외원추의 테이퍼박음과 구멍 원추와 축 사이의 조이는 압력에 의한 마찰을 이용한다. 키는 미끄럼키가 사용된다.

계산식은 다음과 같다.

$$P = \frac{Q}{\mu}(\sin\alpha + \mu\cos\alpha) \tag{7.11}$$

결합용 볼트의 수를 z, 볼트의 골지름을 δ라 하면 볼트가 받는 인장응력은 다음 식으로 주어진다.

$$\sigma = \frac{P}{z\frac{\pi}{4}\delta^2} \tag{7.12}$$

셀러 커플링은 어느 정도의 자동조심성을 가지고 있으며 구조상 볼트의 머리와 너트가 바깥통으로 돌출하지 않아서 편리하다. 그리고 바깥통을 겸용할 수 있도록 설계할 수 있다는 장점이 있다.

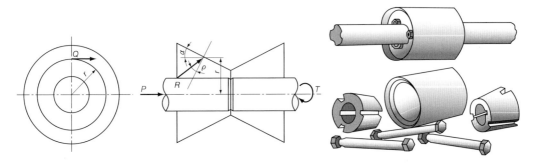

그림 7.10 셀러 커플링의 단면 　　　　**그림 7.11** 셀러 커플링의 분해도

7.2.3 플랜지 커플링 (flange coupling, KS B 1551)

(1) 플랜지 커플링의 개요

플랜지 커플링은 가장 많이 사용되는 축이음 방법으로 큰 축과 고속도 정밀회전축에 적당하다. 플랜지는 주철, 철강 또는 단조강 등으로 만들고 축에

플랜지를 때려 박고 키로써 고정시킨다. 때로는 구멍의 지름을 축지름보다 약 1 [cm]에 대하여 0.04 [mm] 작게 하여 열끼워맞춤 또는 힘박음 등의 방법으로 플랜지를 고정시키고 안전을 위하여 키로써 고정시키며, 일반적으로 큰 하중에 사용된다. 양축의 중심을 맞추는 방법에는 한쪽 축 끝의 일부를 상대편 축의 플랜지에 박는 수도 있으나, 일반적으로는 그림 7.12에서 같이 양쪽 플랜지면의 중앙에 요철 면을 만들어 축의 중심을 일치시키고, 이 요철의 중앙부는 접촉시키지 않고 바깥원 둘레 부분만을 접촉시킨다.

이와 같이 하는 것은 바깥둘레에 큰 회전마찰저항을 생기게 하고 비틀림 모멘트를 크게 하기 위함이다. 볼트와 그 구멍은 정확하게 다듬질하여 각 볼트가 균일하게 힘을 받도록 하는 것이 좋다. 플랜지의 외부에 돌기를 붙여서 볼트의 돌출에 의한 위험을 방지할 수 있다.

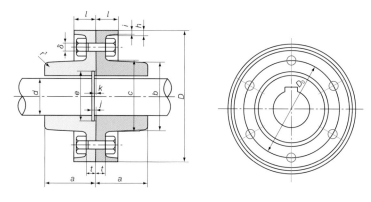

그림 7.12 플랜지 커플링 (요철면)

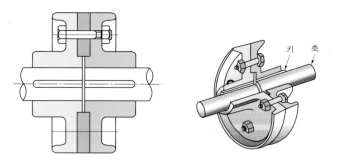

그림 7.13 스플릿 링의 플랜지 커플링

(2) 조립플랜지 커플링의 강도계산

① 응력계산 : 볼트를 죄면 플랜지 상호 간에 수직압력이 생기며, 이것에 의하여 마찰저항에 의한 모멘트가 발생한다.

여기서, D_f : 마찰면의 평균지름, $\frac{1}{2}$ (안지름 + 바깥지름) [mm]

Q : 볼트 한 개에 작용하는 인장력 [N]

μ : 마찰계수

z : 볼트의 수

T_1 : 마찰저항에 의하여 생기는 마찰저항 모멘트를 T_1 이라고 하면

$$T_1 = z\, Q \mu \frac{D_f}{2} \tag{7.13}$$

여기서 D_f 를 크게 하면 T_1 이 크게 된다. 플랜지 커플링은 마찰만으로 축의 비틀림 모멘트를 확보하기는 어려우므로, 볼트로 조인 저항을 더하여야 된다.

여기에서 δ : 볼트의 지름 [mm]

D_B : 볼트 중심 간 거리, 즉 볼트 중심원의 지름 [mm]

τ_B : 볼트의 전단응력 [MPa]

T_2 : 전단비틀림 모멘트 [N · mm]

라 할 때 플랜지를 조이는 볼트는 전단비틀림 모멘트에 의한 전단과 축에 작용하는 굽힘하중에 의한 인장을 받게 된다. 커플링을 가능한 베어링 근처에 설치하여 굽힘에 의한 영향을 없게 할 수 있으므로 전단에 대하여 계산하면 다음 식이 얻어진다.

$$\left. \begin{aligned} T_2 &= z\, \frac{\pi}{4} \delta^2 \tau_B \frac{D_B}{2} = \frac{z\, \pi\, \delta^2 \tau_B D_B}{8} \\ \tau_B &= \frac{2.55\, T_2}{\delta^2 z\, D_B} \end{aligned} \right\} \tag{7.14}$$

즉 앞의 T_1 과 뒤의 T_2 와의 합이 최대저항 모멘트이므로, 축에 작용하는 비틀림 모멘트를 T 라고 하면

$$T = T_1 + T_2$$

또 축의 허용비틀림 모멘트는

$$T = \frac{\pi}{16} d^3 \tau$$

단, τ : 축재료의 허용전단응력, d : 축의 지름

$$\therefore \quad \frac{\pi}{16} d^3 \tau = z\, Q \mu \frac{D_f}{2} + z\, \frac{\pi}{4}\, \delta^2\, \tau_B \frac{D_B}{2} \tag{7.15}$$

플랜지 커플링에는 하급과 보통급의 2등급이 있고, 보통급에서 토크는 이상과 같이 T_1과 T_2를 고려하지만 상급은 주로 볼트의 전단강도에 의하여 토크를 전달한다. 즉 $T = T_2$로 계산한다.

$$\frac{\pi d^3}{16} \tau = \frac{z\, \pi\, \delta^2\, \tau_B D_B}{8} \tag{7.16}$$

② 볼트의 설계
ⓐ 전단에 의한 경우
식 (7.16)에서

$$\delta^2 = \frac{d^3 \tau}{2\, z\, \tau_B D_B}$$

$$\therefore \quad \delta = \sqrt{\frac{d^3 \tau}{2\, z\, \tau_B D_B}} = 0.71 \sqrt{\frac{d^3 \tau}{z\, D_B \tau_B}}$$

$R_B = \dfrac{D_B}{2}$ 이므로

$$\delta = \sqrt{\frac{d^3 \tau}{4\, z\, \tau_B R_B}} = 0.5 \sqrt{\frac{d^3 \tau}{z\, R_B \tau_B}}$$

$\tau_B = \tau$ 라 가정하면

$$\delta = 0.71 \sqrt{\frac{d^3}{z D_B}} = 0.5 \sqrt{\frac{d^3}{z R_B}} \tag{7.17}$$

ⓑ 마찰력에 의한 경우

$R_f = \dfrac{D_f}{2}$ 를 마찰면의 평균반지름이라 하면 마찰력에 의한 비틀림 토크 T는

$$T = \mu\, z\, Q R_f \qquad\qquad ①$$

볼트 1개의 탄성한계를 P_e라 하면

$$Q = 0.85 P_e = 0.85 \times 0.75 \times \frac{\pi}{4}\delta^2\sigma_y = 0.64 \times \frac{\pi}{4}\delta^2\sigma_y \qquad ②$$

단, 볼트의 결합력은 $Q = 0.85 P_e$, σ_y는 단순항복인장응력

지금 허용결합응력을 σ_a라 하고 $\sigma_a = \dfrac{\sigma_Y}{1.3}$ 이라 하면

$$Q = 0.64\,\delta^2 \times \frac{\pi}{4} \times 1.3\,\sigma_a = 0.83 \times \frac{\pi}{4}\delta^2\sigma_a \qquad ③$$

또 축의 전달토크는

$$T = \frac{\pi}{16}d^3\tau \fallingdotseq \frac{\pi}{16}d^3\frac{\sigma_a}{2} \qquad\qquad ④$$

식 ①에 식 ③, ④를 대입하면 볼트의 지름 δ는

$$\delta^2 = 0.15 \times \frac{d^3}{\mu\, z\, R_f}$$

$R_f = R_B = \dfrac{1}{2}D_B$라 하면

$$\delta = 0.55 \sqrt{\frac{d^3}{\mu\, z\, D_B}} \qquad\qquad (7.18)$$

일반적으로 $\mu = 0.15 \sim 0.25$로 한다. 볼트의 허용인장응력을 30 [MPa] 이하로 하고 허용전단응력은 20 [MPa] 이하로 하면 볼트의 지름 δ는 마찰력에 의한 것보다 전단력에 의한 계산값이 작게 된다. 그리고 볼트가 받는 응력해석에서 증명되는 바와 같이 볼트의 지름이 작은 범위에서는 δ가 조금 작아져도 응력은 급속히 증가되어 위험하게 되므로 10 [mm] 정도 크게 하면 안전성이 있다.

즉, $\delta = 0.5 \sqrt{\dfrac{d^3}{z R_B}} + 10 \, [\mathrm{mm}]$

그리고 볼트의 수 z 는 $0.75 d + 2.5$ 에 가까운 정수를 취한다.

$d : 40 \, [\mathrm{mm}]$ 이하일 때 $z = 3$

$d : 40 \sim 100 \, [\mathrm{mm}]$ 일 때 $z = 4$

$d : 100 \sim 150 \, [\mathrm{mm}]$ 일 때 $z = 6$

$d : 150 \sim 200 \, [\mathrm{mm}]$ 일 때 $z = 8$

$d : 200 \, [\mathrm{mm}]$ 이상일 때 $z = 10$

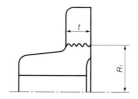

그림 7.14 플랜지 커플링 뿌리부의 전단

그림 7.14에서

t : 플랜지 뿌리의 두께 [mm]

R_1 : 플랜지 뿌리까지의 반지름 [mm]

τ_f : 플랜지 재료의 허용전단응력 [MPa]

$$\frac{\pi}{16} d^3 \tau = 2 \pi R_1 t \tau_f R_1 = 2 \pi R_1{}^2 t \tau_f \qquad (7.19)$$

식에서 $2 R_1$ 을 가정하고 t 를 구한다.

표 7.3 은 플랜지형 고정축 커플링의 축구멍 지름의 치수, 표 7.4 는 커플링 각부의 치수공차, 표 7.5 는 플랜지형 고정축 커플링용 커플링 볼트의 치수이다.

▶ 표 7.3 플랜지형 고정축 커플링

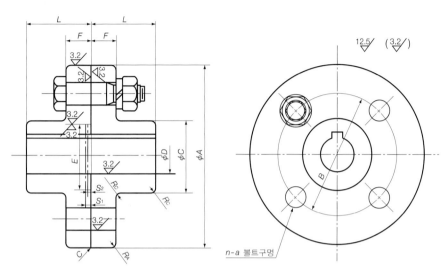

비고 볼트 구멍의 배치는 키홈에 대하여 대략 균등하게 등분한다.

(단위 : [mm])

커플링 바깥 지름 A	D		L	C	B	F	n (개)	a	참 고						
	최대축 구멍 지름	(참고) 최소축 구멍 지름							끼 움 부			R_c (약)	R_A (약)	c (약)	볼트 뽑기 여유
									E	S_2	S_1				
112	28	16	40	50	75	16	4	10	40	2	3	2	1	1	70
125	32	18	45	56	85	18	4	14	45	2	3	2	1	1	81
140	38	20	50	71	100	18	6	14	56	2	3	2	1	1	81
160	45	25	56	80	115	18	8	14	71	2	3	3	1	1	81
180	50	28	63	90	132	18	8	14	80	2	3	3	1	1	81
200	56	32	71	100	145	22.4	8	16	90	3	4	3	2	1	103
224	63	35	80	112	170	22.4	8	16	100	3	4	3	2	1	103
250	71	40	90	125	180	28	8	20	112	3	4	4	2	1	126
280	80	50	100	140	200	28	8	20	125	3	4	4	2	1	126
315	90	63	112	160	236	28	10	20	140	3	4	4	2	1	126
355	100	71	125	180	260	35.5	8	25	160	3	4	5	2	1	157

비고 1. 볼트 뽑기 여유는 축 끝에서의 치수로 나타낸다.
     2. 커플링을 축에서 뽑기 쉽게 하기 위한 나사 구멍은 적당히 설정하여도 좋다.

▶**표 7.4** 커플링 각부의 치수공차

커플링 축 구멍	H7	–
커플링 바깥지름	–	g7
끼움부	(H7)	(g7)
볼트 구멍과 볼트	H7	h7

▶**표 7.5** 플랜지형 고정축 커플링용 커플링 볼트

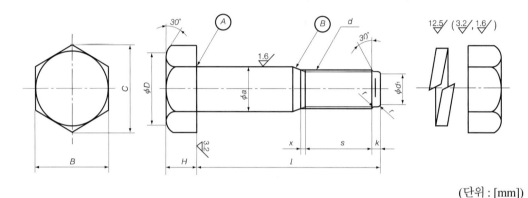

(단위 : [mm])

호 칭 $a \times l$	나사의 호칭 d	a	d_1	s	k	l	r (약)	H	B	C (약)	D (약)
10×46	M10	10	7	14	2	46	0.5	7	17	19.6	16.5
14×53	M12	14	9	16	3	53	0.6	8	19	21.9	18
16×67	M16	16	12	20	4	67	0.8	10	24	27.7	23
20×82	M20	20	15	25	4	82	1	13	30	34.6	29
25×102	M24	25	18	27	5	102	1	15	36	41.6	34

비고 1. 육각너트는 KS B 1012의 스타일 1 (부품 등급A)의 것으로서, 강도 구분은 6, 나사 정밀도는 6H 로 한다.
　　 2. Ⓐ 부에는 연삭용 여유를 주어도 좋다. Ⓑ 부는 테이퍼 또는 단붙임하여도 좋다.
　　 3. x 는 불안전 나사부 또는 나사 절삭용 여유로 하여도 좋다. 다만, 불완전 나사부일 때는 그 길이를 약 2산으로 한다.

7.2.4 플렉시블 커플링 (flexible coupling)

(1) 플렉시블 커플링의 개요

　　 회전축이 자유롭게 이동할 수 있도록 만들어진 커플링으로, 원동기의 축을 발전기 또는 원심펌프, 공작기계 등의 기계축에 직접연결할 때 양쪽의 축선을

정확하게 일직선상에 설치하는 것은 매우 힘들다. 설령 처음에는 양축이 일직선상에 정확하게 설치되었다고 하더라도 쌍방의 베어링이 마멸되는 정도가 다르기 때문에 축선이 휘어지게 되고 베어링에 무리가 생긴다. 또는 전달 모멘트의 크기에 상당한 변동이 일어날 때 또는 고속도로 회전하기 때문에 진동이 생기게 된다. 그러나 플랙시블 커플링은 축이음이 약간 여유가 있기 때문에 충격이나 진동을 감소시키고 소음이 적은 상태에서 베어링에 무리가 생기지 않게 회전을 전동시킬 수가 있다.

(2) 플렉시블 커플링의 설계상 고려되는 사항
① 일반적인 커플링의 설계 조건을 만족시킬 것
② 구조가 간단하고 운전이 정숙할 것
③ 마멸이 작고 다시 조절하지 않아도 좋을 것
④ 물 또는 먼지 등에 의하여 고장을 일으키지 않을 것
⑤ 진동의 감쇠작용이 좋고 소음이 적을 것
⑥ 필요하면 전기적으로 절연되어 있을 것
⑦ 가변축 연결 부분이 일부 파단되더라도 운전에 지장이 없는 구조로 설계할 것

(3) 플렉시블 커플링의 형식
탄성형과 간극형의 두 가지가 있다.
① 탄성형
양 플랜지의 연결에 피혁 또는 고무 등 잘 휘어지는 비금속재료로 된 탄성체의 탄성을 이용하거나 강철스프링의 탄성을 이용하여 잘 휘어지게 하는 형식으로, 굽힘탄성형, 압축탄성형, 전단탄성형 등의 형식이 있다.

ⓐ 굽힘탄성형
벨트식 플렉시블 커플링은 Zodel's 플렉시블 커플링 또는 Voith 플렉시블 커플링이라고도 한다. 그림 7.15에서와 같이 양축 끝에 고정되어 있는 원판플랜지의 둘레를 각각 여러 개의 돌기로 되어 있는 호편으로 나누고, 이 호편에 따라 1개의 벨트를 파도모양으로 감고, 이것으로 좌우 원판을 연결시킨 구조로 되어 있다. 벨트의 인장력으로 동력을 전달한다. 따라서 오래 사용하면 벨트의 탄성이 감소되므로 가끔 교환하여야 된다. 비틀림 진동의 방지 작용이 크고, 전기절연효과도 크고 잘 휘어지므로 수력전동기

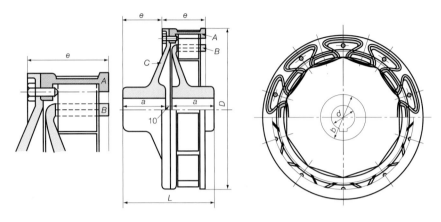

그림 7.15 Zodel's 플렉시블 커플링

와 발전기를 연결하는 커플링으로 널리 사용된다. 일반적으로 다음과 같이
치수를 정한다. 즉 축지름을 $d\,[\mathrm{mm}]$라고 하면

$$a = 1.9\,d, \qquad D = 8\,d$$

벨트의 폭 $B = 0.5\,d + 25\,[\mathrm{mm}], \qquad t = 0.08\,B$

호편의 수 $z = 0.08\,d + 2$

ⓑ 압축탄성형

(i) 압축 스프링 플렉시블 커플링 누털 플렉시블 커플링 (nuttall coupling)
이라고 하는 플렉시블 커플링으로서 그림 7.16에서와 같이 주강으로 만든
플랜지 속에 강철로 만든 코일 스프링과 리벳 모양의 스프링 밀기를 매개
물로 연결한 것으로 충격과 진동을 많이 감소시킨다.

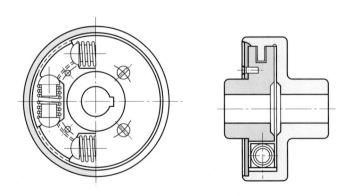

그림 7.16 누털 커플링

전단토크 $T\,[\text{N}\cdot\text{mm}]$는 다음 식으로 주어진다.

$$T = z\,P_c\,R = z\,k\,\delta\,R \tag{7.20}$$

여기서, z : 볼트의 수, $\quad$ R : 볼트 피치원의 반지름 [mm]

$\qquad$ P_c : 한 개의 스프링에 작용하는 압축력 [N]

$\qquad$ k : 스프링 상수 [N/mm], $\quad$ δ : 스프링의 처짐 [mm]

(ii) 탄성고무, 피혁플렉시블 커플링 고무, 피혁 등의 비금속탄성을 이용한 커플링으로서 압축을 이용한 커플링과 인장을 이용한 커플링이 있다.

진동 방지에 많은 효과가 있어 모터와 펌프의 연결에 많이 사용된다. 플랜지의 볼트구멍에 가죽 또는 고무링을 끼우고 이 인장력으로써 토크를 전달한다. 회전 중 고무링의 경사를 α라 하면

$$T = z\,P_t\,R\cos\alpha \tag{7.21}$$

여기서 z : 고무링의 수, $\quad$ P_t : 고무링의 인장력 [N]

$\qquad$ R : 종동축 편의 중심반지름 [mm]

또 고무의 폭을 b [mm], 두께를 t [mm], 허용인장응력을 σ_a [MPa]라 하면 고무링의 인장력은 다음과 같다.

$$P_t = 2\,b\,t\,\sigma_a \tag{7.22}$$

고무의 경우 허용인장응력은 2~3 [MPa] 정도로 한다.

그림 7.17은 인장고무 플렉시블 커플링을 나타낸다.

표 7.6은 플랜지형 플렉시블 축 커플링의 치수, 표 7.7은 플랜지형 플렉시블 축 커플링용 커플링 볼트의 치수를 나타낸다.

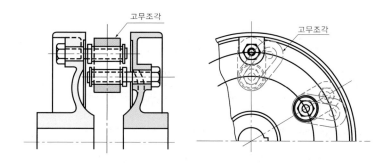

그림 7.17 인장 고무 조각이 들어있는 플렉시블 커플링

▶ **표 7.6** 플랜지형 플렉시블 축 커플링

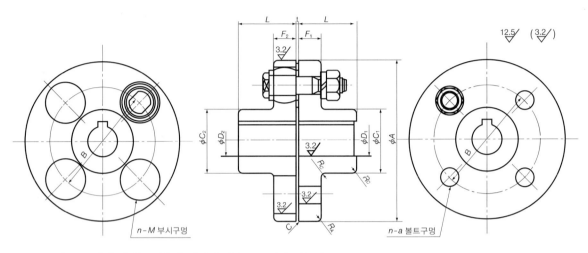

비고 볼트 구멍의 배치는 키홈에 대하여 대략 균등하게 나눈다.

(단위 : [mm])

커플링 바깥지름 A	D			L	C		B	F		$n^{(1)}$ 개	a	M	$t^{(2)}$	참 고			
	최대축 구멍지름		(참고) 최소축 구멍지름		C_1	C_2		F_1	F_2					R_C	R_A	c	볼트 뽑기 여유
	D_1	D_2															
90	20		—	28	35.5		60	14		4	8	19	3	2	1	1	50
100	25		—	35.5	42.5		67	16		4	10	23	3	2	1	1	56
112	28		16	40	50		75	16		4	10	23	3	2	1	1	56
125	32	28	18	45	56	50	85	18		4	14	32	3	2	1	1	64
140	38	35	20	50	71	63	100	18		6	14	32	3	2	1	1	64
160	45		25	56	80		115	18		8	14	32	3	3	1	1	64
180	50		28	63	90		132	18		8	14	32	3	3	1	1	64
200	56		32	71	100		145	22.4		8	20	41	4	3	2	1	85
224	63		35	80	112		170	22.4		8	20	41	4	3	2	1	85
250	71		40	90	125		180	28		8	25	51	4	4	2	1	100
280	80		50	100	140		200	28	40	8	28	57	4	4	2	1	116
315	90		63	112	160		236	28	40	10	28	57	4	4	2	1	116
355	100		71	125	180		260	35.5	56	8	35.5	72	5	5	2	1	150
400	110		80	125	200		300	35.5	56	10	35.5	72	5	5	2	1	150
450	125		90	140	224		355	35.5	56	12	35.5	72	5	5	2	1	150
560	140		100	160	250		450	35.5	56	14	35.5	72	5	6	2	1	150
630	160		110	180	280		530	35.5	56	16	35.5	72	5	6	2	1	150

주 (1) n은 부시 구멍 또는 볼트 구멍의 수를 말한다.
  (2) t는 조립했을 때의 커플링 몸체의 틈새이며 커플링 볼트의 와셔 두께에 상당한다.

▶표 7.7 플랜지형 플렉시블 축 커플링용 커플링 볼트

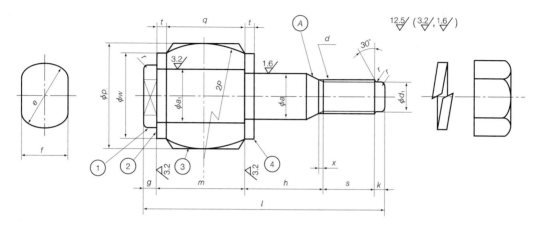

(단위 : [mm])

호 칭	① 볼 트												
$a \times l$	나사의 호칭 d	a_1	a	d_1	e	f	g	m	h	s	k	l	r (약)
8×50	M8	9	8	5.5	12	10	4	17	15	12	2	50	0.4
10×56	M10	12	10	7	16	13	4	19	17	14	2	56	0.5
14×64	M12	16	14	9	19	17	5	21	19	16	3	64	0.6
20×85	M20	22.4	20	15	28	24	5	26.4	24.6	25	4	85	1
25×100	M24	28	25	18	34	30	6	32	30	27	5	100	1
28×116	M24	31.5	28	18	38	32	6	44	30	31	5	116	1
35.5×150	M30	40	35.5	23	48	41	8	61	38.5	36.5	6	150	1.2

호 칭	② 와 셔			③ 부 시			④ 와 셔		
$a \times l$	a_1	w	t	a_1	p	q	a	w	t
8×50	9	14	3	9	18	14	8	14	3
10×56	12	18	3	12	22	16	10	18	3
14×64	16	25	3	16	31	18	14	25	3
20×85	22.4	32	4	22.4	40	22.4	20	32	4
25×100	28	40	4	28	50	28	25	40	4
28×116	31.5	45	4	31.5	56	40	28	45	4
35.5×150	40	56	5	40	71	56	35.5	56	5

비고 Ⓐ 부는 테이퍼 또는 단붙이로 하여도 좋다.

(iii) 부시에 생기는 내압과 볼트의 강도설계 하중을 부담하는 볼트의 유효개수를 실제개수 z의 절반이라고 가정하면 볼트 1개가 받는 유효하중 P_e [N]는 다음 식으로 주어진다.

$$P_e = \frac{T}{\frac{z}{2} \cdot \frac{D_B}{2}} = \frac{4T}{D_B z} \tag{7.23}$$

여기서, D_B [mm]는 피치원의 지름이다.

고무부시의 면압은 다음 식으로 계산된다.

$$\left. \begin{array}{l} \text{바깥둘레면압} : p_1 = \dfrac{P_3}{(p\,q)} \;[\mathrm{N/mm^2} = \mathrm{MPa}] \\[3mm] \text{안둘레면압} : p_2 = \dfrac{P_3}{(q\,a_1)} \;[\mathrm{N/mm^2} = \mathrm{MPa}] \end{array} \right\} \tag{7.24}$$

단, p [mm] 및 q [mm]는 표 7.7 에서 각각 부시의 바깥지름과 폭을 말하며 a_1 [mm]은 부시의 안지름을 표시한다. 또 볼트에 작용하는 최대굽힘모멘트는

$$M = \frac{P_e(t+q)}{2} \;[\mathrm{N \cdot mm}] \tag{7.25}$$

단, t : 와셔의 두께 [mm]

그러므로 볼트에 생기는 최대 굽힘응력은 단면계수를 Z [mm³]라고 하면

$$\sigma_{\max} = \frac{M}{Z} = \frac{16\,P_e(t+q)}{\pi\,\delta^3} \;[\mathrm{MPa}] \tag{7.26}$$

면압의 허용치는 최고 3.2 [MPa] 정도로 설계된다.

표 7.8 은 커플링 각부에 사용하는 재료를 표시하며, 설계할 때는 이와 같은 것으로 하거나 이보다 좋은 것으로 하여야 한다.

그림 7.18 에서와 같이 고무 원판으로 된 특수형도 있으며 피혁원판이나 타원판을 사용한 것도 있다. 그림 7.19 는 피혁 타원판으로 된 것을 나타내고 표 7.9 는 그 치수를 표시한다.

▶**표 7.8** 커플링 각부의 재료

부 품	재 료
몸 체	GC200, SC410, SF440A, SM25C
커플링 볼트[1] 볼 트 너 트 와 셔 스프링 와셔 부 시	 SS400 SS400 SS400 HSWR62 (A, B) B(12) $-$ J_1a_1[Hs$=$70][2]

주 (1) 커플링 볼트란 볼트, 너트, 와셔, 스프링 와셔 및 부시를 조립한 것을 말한다.
　　(2) 내유성의 가황고무

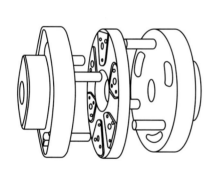

그림 7.18 플랜지형 플렉시블 커플링 B형

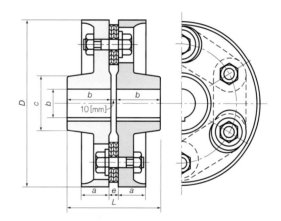

그림 7.19 피혁 타원판을 넣은 플랜지형 플렉시블 커플링

▶**표 7.9** 플랜지형 플렉시블 커플링 치수 (그림 7.19)

구멍지름 d [mm]	D [mm]	L [mm]	a [mm]	b [mm]	c [mm]	e [mm]	전달동력/rev		최 대 회전속도 [rpm]
							[kW]	[PS]	
20	100	80	18	35	40	10	1.6×10^{-3}	2.1×10^{-3}	1800
25	125	100	22	45	50	10	3.2	4.3	1800
30	150	120	24	55	60	10	4.8	6.4	1800
40	180	160	27	75	70	10	28.4	11.2	1800
50	205	200	30	95	86	20	14.4	19.3	1800
60	230	240	35	115	100	20	23.6	31.6	1800
70	260	280	40	135	115	20	34.8	46.6	1800
80	290	310	45	150	136	20	49.6	66.4	1800
90	320	310	50	150	156	30	62.8	84.2	1800

ⓒ 전단탄성형

(ⅰ) 리본 스프링 플렉시블 커플링   Faik coupling 또는 Bibby coupling이라고도 하며, 전단탄성을 이용한 형식으로 그림 7.20에서와 같이 강철로 된 리본모양의 스프링을 양축의 치형돌기에 감아서 연결한 플렉시블 커플링으로서, 부하의 크기에 따라서 강판 스프링은 그림에서와 같이 변형한다.

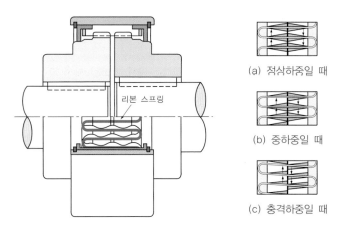

(a) 정상하중일 때

(b) 중하중일 때

(c) 충격하중일 때

그림 7.20 Bibby 커플링

(ⅱ) 합성고무 전단플렉시블 커플링   그림 7.21에서와 같이 합성고무 타이어의 전단탄성을 이용한 커플링으로, 중간에 넣는 고무의 모양에 따라 여러 가지 형식이 있다.

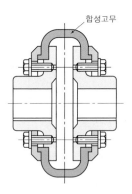

합성고무

그림 7.21 합성고무 전단 플렉시블 커플링

② 간극형

접촉부의 간격을 넓게 만들어서 이것으로 무리한 운전을 완화시키는 형식으로 **롤러 커플링**(roller coupling)과 **기어 커플링**(gear coupling)이 있다. 모두 탄성은 없으나 축선이 다소 경사지더라도 강도가 크므로 고속회전을 시킬 수 있다. 그림 7.22에서와 같이 같은 치수의 바깥 기어와 안기어를 물려서 그 간격으로 무리를 완화시키는 커플링이 기어 커플링이다. 기어 커플링은 바깥통에 있는 안기어와 안쪽통에 있는 바깥기어를 서로 맞물려 회전력을 전달시킨다. 압력각은 20°의 것이 많이 쓰인다.

그림 7.24는 스프로킷 휠(sprocket wheel)과 롤러 체인을 연결시킨 롤러 체인 커플링이다. 기어 커플링의 안기어를 2열의 롤러 체인으로 바꾸어 놓았다.

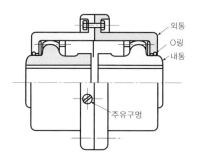

그림 7.22 기어 커플링

그림 7.23 기어 커플링

그림 7.24 롤러 체인 커플링

7.2.5 올드햄 커플링(oldham coupling)

2개의 축이 평행하고, 그 축의 중심선의 위치가 약간 어긋났을 경우 각속도의 변화 없이 회전동력을 전달시키려고 할 때 사용되는 커플링이다. 구조는 그림 7.25 와 같이 한 개의 원반 Q 의 앞뒤에 서로 직각방향에 키 모양의 돌기를 만들어, 지름방향의 홈이 파져 있는 양편의 플랜지 P, R 사이에 끼워 그 한쪽의 축을 회전시키면 중앙의 원판이 홈을 따라 미끄러지면서 다른 쪽의 축에 회전을 전달시키게 된다.

고속회전에는 부적당하다. 재료는 주로 주철제로 하고 마찰손실을 작게 하기 위하여 윤활을 하는 것이 좋다.

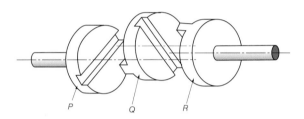

그림 7.25 올드햄 커플링의 분해

7.2.6 후크의 유니버설 커플링

(1) 유니버설 커플링의 특성

유니버설 커플링은 **후크의 조인트**(Hook's joint)라고도 하며, 2축이 같은 평면 내에 있으면서 그 중심선이 서로 일정 각도($\alpha \leq 30°$)로 교차하고 있을 때 사용되는 축이음으로 구면 2중 크랭크 기구의 응용이다. 회전전동 중에 2축을 맺는 각이 변화할 수 있으므로 공작기계, 자동차의 전달기구, 압연롤러의 전동축 등에 널리 사용되고 있다. 그림 7.26 은 자동차에 사용된 예이고, 그림 7.27 은 자동차의 프로펠러축에 사용된 후크의 조인트이다.

구조는 그림 7.28 에서와 같이 원동축 A 와 종동축 B 의 양끝에 십자형의 저널(journal)을 결합하여 회전할 수 있도록 연결한 구조이고, 원동축과 종동축의 각속비 $\dfrac{\omega_B}{\omega_A}$ 는 양축이 교차하는 각 α 뿐 아니라 원동축의 회전축의 위치

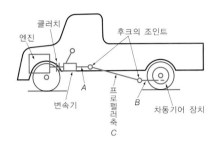

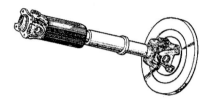

그림 7.26 자동차 동력 전달 기구   **그림 7.27** 자동차 프로펠러축의 후크 조인트

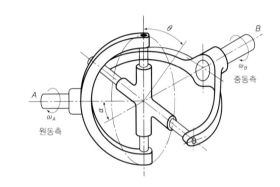

그림 7.28 후크의 조인트

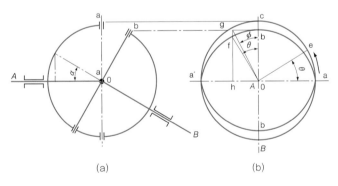

(a)   (b)

그림 7.29 후크의 조인트의 속도비

에 따라 변화하는 특징이 있다. 즉 후크 조인트에서는 원동축이 1회전하면 종
동축도 1회전하지만, 그 1회전 중에 각속비의 변화가 생기기 때문에 좋지 않다.
　지금 그림 7.29에서 2개의 포오크(fork)의 핀의 끝 a와 b가 긋는 2개의
원을 A축에 직각한 평면상에 투상하면 a의 통로는 원 aca′가 되고, b의 통
로는 타원 aba′로 된다. 그리고 그림 7.29(b)에서 a가 a에 있을 때에는 b

는 물론 b에 있으나, a가 θ만큼 각운동을 하여 e에 오면 b는 f에 온다. 십자형의 부품 c의 각 aOb는 직각이고, 암 Oa는 aca'의 평면상에 있으므로 각 aOb의 투상각인 각 eOf도 직각이고, 각 bOf = θ로 된다. f를 지나서 cO에 평행하게 gfh를 그으면 투상각에 있어서 각 bOf에 보이는 각의 실제의 각도는 각 bOg와 같으므로, A축이 θ만큼 회전하면 B축은 ϕ만큼 회전하는 것이 된다. 따라서 α를 A축과 B축을 맺는 각이라고 하면

$$\frac{\tan\phi}{\tan\theta} = \frac{Oh/gh}{Oh/fh} = \frac{fh}{gh} = \frac{Ob}{Oc} = \cos\alpha \tag{7.27}$$

$$\therefore \ \tan\phi = \tan\theta \cdot \cos\alpha$$

이것을 시간 t로 미분하면 다음과 같이 된다.

$$\sec^2\phi \cdot \frac{d\phi}{dt} = \cos\alpha \cdot \sec^2\theta \cdot \frac{d\theta}{dt}$$

$$\omega_A = \frac{d\theta}{dt} = \text{A축의 각속도 (rad/s)}$$

$$\omega_B = \frac{d\phi}{dt} = \text{B축의 각속도 (rad/s)}$$

라고 하면
$$\phi = \tan^{-1}(\tan\theta\cos\alpha)$$

$$\omega_B = \frac{d\phi}{dt} = \frac{d}{dt}\{\tan^{-1}(\tan\theta\cos\alpha)\} = \frac{\dfrac{d}{dt}(\tan\theta\cos\alpha)}{1+\tan^2\theta\ \cos^2\theta}$$

$$= \frac{\cos\alpha\ \sec^2\theta\ \dfrac{d\theta}{dt}}{1+\dfrac{\sin^2\theta}{\cos^2\theta}\cos^2\theta} = \frac{\cos\alpha}{\cos^2\theta+\sin^2\theta\ \cos^2\alpha}\times\frac{d\theta}{dt}$$

$$= \frac{\cos\alpha}{(1-\sin^2\theta)+\sin^2\theta\ (1-\sin^2\alpha)}\times\frac{d\theta}{dt}$$

$$= \frac{\cos\alpha}{1-\sin^2\theta\ \sin^2\alpha}\times\frac{d\theta}{dt} = \frac{\cos\alpha}{1-\sin^2\theta\ \sin^2\alpha}\times\omega_A$$

$$\therefore \ \frac{\omega_B}{\omega_A} = \frac{\cos\alpha}{1-\sin^2\theta\ \sin^2\alpha} \tag{7.28}$$

지름 θ의 여러 가지 값에 대하여 계산하면 다음 표와 같은 관계가 성립한다.

$\theta = 0°$	90°	180°	270°	360°
$\omega_B = (\cos\alpha)\omega_A$	$\dfrac{1}{\cos\alpha}\omega_A$	$(\cos\alpha)\omega_A$	$\dfrac{1}{\cos\alpha}\omega_A$	$(\cos\alpha)\omega_A$

즉, 속도비 $\dfrac{\omega_B}{\omega_A}$ 는 축이 $\dfrac{1}{4}$ 회전할 때마다 최소 $\cos\alpha$ 에서 최대 $\dfrac{1}{\cos\alpha}$ 의 사이를 변화한다. 즉 반회전을 주기로 하여 종동축 B의 각속도 ω_B의 변화가 반복된다.

따라서, ω_B의 변화와 ω_A에 대한 비는 다음과 같이 표시된다.

$$\frac{\left(\dfrac{1}{\cos\alpha}\right)\omega_A - (\cos\alpha)\omega_A}{\omega_A} = \left(\frac{1}{\cos\alpha}\right) - \cos\alpha = \tan\alpha\sin\alpha$$

즉, α의 여러 가지 값에 대하여 다음 표와 같은 관계가 성립된다.

$\alpha° = 2$	4	5	6	8	10	12	14	16	18	20	24	28	30
변화율 = 0.15	0.5	0.8	1.1	2	3.1	4.4	6	7.9	10	12.4	18	25	28.9

또한 다음과 같은 식이 성립한다.

$$\omega_{B\max} \propto \frac{1}{\cos\alpha}, \quad \omega_{B\min} \propto \cos\alpha$$

그러므로

$$\frac{\omega_{B\max}}{\omega_{B\min}} = \frac{1}{\cos^2\alpha} \tag{7.29}$$

$\alpha = 5°$인 경우

$$\frac{\omega_{B\max}}{\omega_{B\min}} = \frac{1}{0.9962^2} = 1.008$$

$\alpha = 10°$이 경우

$$\frac{\omega_{B\max}}{\omega_{B\min}} = \frac{1}{0.9848^2} = 0.031$$

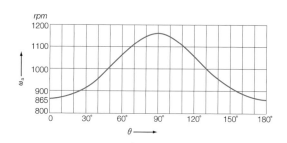

그림 7.30 후크 조인트의 속도비 변화

그림 7.30은 $\alpha = 30°$, $\omega_A = 1000\,[\mathrm{rpm}]$으로 하여 B축의 회전속도의 변화를 선도로 나타낸 것이다.

따라서 각속도의 변화를 원하지 않는 경우에는 α를 5° 이하로 제한하여야 된다. α의 각도가 크면 각속비의 변화도 크게 되므로 원활한 운동을 하지 못하게 된다. 보통 α는 25° 정도로 제한한다.

$\alpha = 90°$이면
$$\cos \alpha = 0, \qquad \frac{1}{\cos \alpha} = \infty$$

로 되므로 직교하는 두 축에는 운동을 전달할 수 없다.

그리고 또 각속도비와 같은 비틀림 모멘트도 받게 되므로 무거운 회전체를 양축에 고정시키고 있을 경우 회전관성 때문에 커플링에 큰 무리가 생긴다.

(2) 등각속도 유니버설 커플링

원동축의 각속도 ω_A가 일정한 경우 종동축의 ω_B는 $\cos \alpha$와 $\frac{1}{\cos \alpha}$ 사이에서 변동하며, 원동축이 90° 회전할 때마다 ω_B는 ω_A보다 빨라지기도 하고 늦어지기도 한다. 따라서 전달토크 T도 같은 주기로 변동하므로 그대로 회전 전달하는 것은 α가 작은 범위에서는 별 지장이 없지만 10° 이상이 되면 부적당하다.

따라서 양축의 각속도비를 같게 하기 위한 방법으로서, 그림 7.31에서 보는 바와 같이 중간축 C를 양축 사이에 설치하여 각축을 C축의 같은 측은 반대 측에 나오게 하여 같은 경사각 α가 되도록 하면 각속도비는 항상 1이 된다. 이와 같이 향상시킨 것이 등각속도 유니버설 커플링이다.

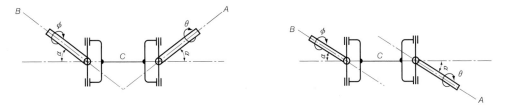

그림 7.31 후크의 유니버설 커플링의 중간축의 설치

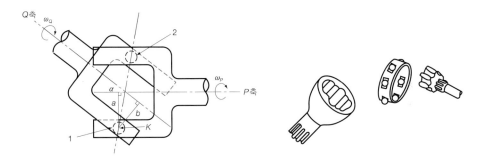

그림 7.32 등각속도 유니버설 커플링   **그림 7.33** Zeppa 유니버설 커플링

중간축 대신에 볼을 통하여 등각속도로 한 예도 있다. 지금 그림 7.32에는 볼 1, 2를 중개로 하여 운동을 전달시키는 경우 P축과 Q축 사이에서 토크를 전달하는 볼의 중심을 K점, P축과 Q축의 각속도비를 각각 ω_P, ω_Q라 하고, θ를 P축에 관한 K점의 회전각이라 하면 다음 식이 성립된다.

$$\frac{\omega_P}{\omega_Q} = \frac{a^2\sin^2\theta + b^2\cos^2\theta}{ab}$$

윗 식에서 K점을 축, Q축의 이등분면상에 항상 있도록 하면 $a=b$로 되고, 항상 $\omega_P = \omega_Q$로 되어 양축의 각속도비는 항상 1이 된다. 그림 7.33에서 보는 바와 같이 제파(R. Zeppa) 유니버설 커플링은 볼을 통하여 회전을 전달하는 것으로서 양축이 경사지더라도 각속도의 변화 없이 자동차의 앞바퀴를 구동할 수 있다.

(3) 유니버설 커플링의 설계

평균회전 토크 T_m, 변동회전 토크의 진폭을 T_r라 하면 이들은 다음 식으로 구해진다.

$$T_m = \frac{1}{2}\,T\left(\frac{1}{\cos\alpha} + \cos\alpha\right) = \frac{1+\cos^2\alpha}{2\cos\alpha}\,T\;[\text{N}\cdot\text{mm}]$$

$$T_r = \frac{1}{2}\,T\left(\frac{1}{\cos\alpha} - \cos\alpha\right) = \frac{\sin^2\alpha}{2\cos\alpha}\,T\;[\text{N}\cdot\text{mm}]$$

(7.30)

지금 후크의 조인트에 작용하는 상당토크를 T_e 라 하면 T_e 는 다음 식으로 구할 수 있다.

$$T_e = T_m + \beta_{kt}\left(\frac{\sigma_Y}{\sigma_e}\right)T_r$$
$$= \left\{\frac{1+\cos^2\alpha}{2\cos\alpha} + \beta_{kt}\left(\frac{\sigma_Y}{\sigma_e}\right)\frac{\sin^2\alpha}{2\cos\alpha}\right\}T$$

(7.31)

여기서, σ_Y : 재료의 인장항복점 [MPa] σ_e : 교번인장, 압축피로한도 [MPa]
β_{kt} : 노치 등에 의한 비틀림피로한도의 수정계수

따라서 그림 7.34에서 유니버설 커플링의 핀에 작용하는 힘을 P_e 라 하면 P_e 는 다음 식으로 구해진다.

$$P_e = \frac{T_e}{2\,l_1} = \frac{T}{4\,l_1\cos\alpha}\left\{1+\cos^2\alpha + \beta_{kt}\left(\frac{\sigma_Y}{\sigma_e}\right)\sin^2\alpha\right\}\;[\text{N}]$$

(7.32)

그리고 핀의 뿌리 부분의 mn 단면에는 다음과 같은 굽힘 모멘트가 작용한다.

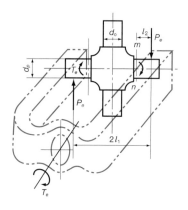

그림 7.34 유니버설 커플링의 핀에 작용하는 힘

$$M_e = P_e\, l_2 = \frac{l_2\, T}{4\, l_1 \cos\alpha}\left\{1 + \cos^2\alpha + \beta_{kb}\left(\frac{\sigma_Y}{\sigma_e}\right)\sin^2\alpha\right\}\,[\text{N}\cdot\text{mm}] \quad (7.33)$$

여기서, β_{kb} : 노치 등에 의한 굽힘피로한도의 수정계수

따라서 핀의 지름을 d_p 라 하고 그 굽힘의 허용응력을 σ_b 라 하면 $d_p^{\,3}$ 는 다음 식으로 구해진다.

$$d_p^{\,3} = \frac{32 M_e}{\pi\,\sigma_b}$$

$$\therefore\ d_p = 1.37 \sqrt[3]{\frac{l_2\, T}{\sigma_b\, l_1 \cos\alpha}\left\{1 + \cos^2\alpha + \beta_{kb}\left(\frac{\sigma_Y}{\sigma_e}\right)\sin^2\alpha\right\}}\,[\text{mm}] \quad (7.34)$$

다음에 후크 조인트의 요크(york)가 받는 힘은 그림 7.35에서 그 뿌리 부분의 m′n′ 단면에는 굽힘 모멘트 $P_e \cos\alpha\cdot l_3$ 에 의한 굽힘응력과 압축력 $P_e \sin\alpha$ 에 의한 압축응력이 작용한다.

m′n′ 단면에 작용하는 합성된 최대응력을 $\sigma_{\max}$ 라 하면

$$\begin{aligned}
\sigma_{\max} &= \frac{-\,P_e \cos\alpha\, l_3}{t\, b^2/6} - \frac{P_e \sin\alpha}{t\, b}\\[2mm]
&= \frac{-\,T}{4\, l_1 \cos\alpha}\left[\frac{6\, l_3 \cos\alpha}{t\, b^2}\left\{1 + \cos^2\alpha + \beta_{kb}\left(\frac{\sigma_Y}{\sigma_e}\right)\sin^2\alpha\right\}\right.\\[2mm]
&\left.\quad + \frac{\sin\alpha}{t\, b}\left\{1 + \cos^2\alpha + \beta_{kc}\left(\frac{\sigma_Y}{\sigma_e}\right)\sin^2\alpha\right\}\right]\,[\text{MPa}] \qquad (7.35)
\end{aligned}$$

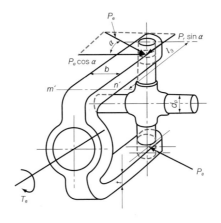

그림 7.35 후크의 조인트 요크에 작용하는 힘

여기서 β_{kc} : 반복압축 피로한도에 대한 수정계수

식 (7.32)의 α_t 대신 압축에 대하여는 β_{kc}로 놓는다.

윗 식에 있어서 σ_{max}에 허용응력 σ_a를 사용하면 다음과 같이 된다.

$$t\,b = \frac{-T}{4\,l_1 \cos\alpha \cdot \sigma_a}\left[\frac{6\,l_3\cos\alpha}{b}\left\{1+\cos^2\alpha+\beta_{kb}\left(\frac{\sigma_Y}{\sigma_e}\right)\sin^2\alpha\right\}\right.$$
$$\left.+\sin\alpha\left\{1+\cos^2\alpha+\beta_{kc}\left(\frac{\sigma_Y}{\sigma_e}\right)\sin^2\alpha\right\}\right]\,[\mathrm{mm}] \qquad (7.36)$$

일반저으로 요크의 폭 b는 핀의 지름 d_p에 대하여 $b \geqq 2.5\,d_p$로 하므로, 식 (7.34)에서 구한 d_p에 b를 적당하게 가정하면 윗 식에서 요크의 두께 t를 설계할 수 있다.

후크의 유니버설 조인트의 축의 크기는 다음 식으로 계산한다.

$$d = \sqrt[3]{\frac{16\times\tau}{\pi\tau_a\cos\alpha}} = \sqrt[3]{\frac{16}{\pi\tau_a\cos\alpha}\times\left(716200\times 9.8\times\frac{H_{PS}}{N}\right)}$$
$$= 329\sqrt[3]{\frac{H_{PS}}{\tau_a\cdot N\cdot\cos\alpha}}\ [\mathrm{mm}]$$

같은 방법으로 $\qquad d = 365\sqrt[3]{\dfrac{H_{kW}}{\tau_a\cdot N\cdot\cos\alpha}}\ [\mathrm{mm}] \qquad (7.37)$

단, d : 축의 지름 [mm]

$\qquad \tau_a$: 축의 허용비틀림응력 [MPa]

$\qquad \alpha$: 2 축의 교차각 [°]

$\qquad N$: 회전수 [rpm]

$\qquad H_{PS}$: 동력 [PS]

$\qquad H_{kW}$: 동력 [kW]

유니버설 커플링의 설계비례치수

$$u = d/3 + 10\ [\mathrm{mm}]$$

이라 할 때, 각부 치수의 비례치수는 그림 7.36에서 보는 바와 같다.

다음 표 7.10은 공작기계용 유니버설 커플링에 대한 치수이다.

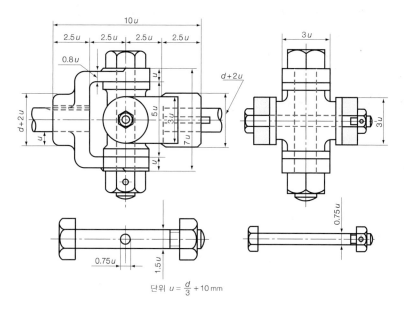

그림 7.36 유니버설 커플링 각부의 비례치수

▶**표 7.10** 유니버설 커플링의 설계치수

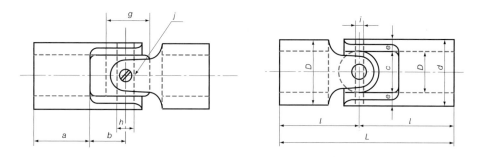

d	L	l	D	a	b	c	e	f	g	h	i	j
20 이하	68	34	11	24	10	11	4.5	10	13	6	5	—
25까지	86	43	14	29	14	14	5.5	12	18	8	6	3
30 〃	96	48	18	30	18	18	6.0	16	22	10	6	3
35 〃	106	53	20	33	20	20	7.5	18	22	11	8	3
40 〃	110	55	22	33	22	22	9.0	20	25	12	9	3
45 〃	116	58	25	34	24	25	10	22	30	14	10	3
50 〃	140	70	30	42	28	30	10	27	36	18	11	3
60 〃	170	85	35	50	35	35	12.5	32	42	20	12	3

7.3 클러치

7.3.1 클로 클러치 (claw clutch)

운전 중 결합을 연결하거나 풀 수 있는 가동축 (착탈축) 이음으로 물림 클러치와 마찰 클러치가 있다.

(1) 형식과 종류

확동 클러치 중에서 가장 많이 사용되는 것으로 양쪽의 턱 (jaw) 이 서로 맞물려 동력을 전달하므로 확실한 동력 전달이 가능하다. 턱을 가지고 있는 플랜지를 1개는 원동축에 키로써 고정하고, 다른 1개는 미끄럼키 (feather key) 로써 종동축에 달고, 이것을 축방향에 작동시켜서 분리 결합한다. 축방향의 이동은 종동축의 보스에 있는 홈에 시프터 (shifter) 를 넣어서 한다. 그림 7.37 과 그림 7.38 은 클로 클러치의 외형을 나타낸 것이고, 그림 7.39 는 클로 클러치의 실물이다.

클로 클러치의 클로의 수, 높이 등은 전동토크, 회전속도 등에 의하여 결정되고 맞물림면은 반드시 중심을 통과하는 방사선상에 있다. 물림면의 모양은

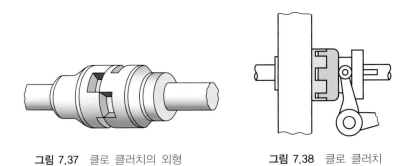

그림 7.37 클로 클러치의 외형   그림 7.38 클로 클러치

그림 7.39 클로 클러치의 실물

사각형, 삼각형, 톱니형, 사다리꼴형, 스파이럴형 등이 있고, 작은 삼각형의 클로를 많이 넣은 것을 특히 마우스 기어 클러치 (mouth gear clutch) 라 한다.

맞물림면의 모양은 회전방향 하중의 크기와 종류에 따라 여러 가지 모양이 있고, 그 종류와 특성은 그림 7.40 과 표 7.11에서 보는 바와 같다.

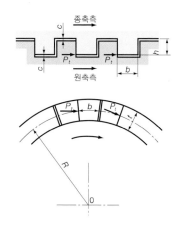

그림 7.40   각형클로 클러치의 강도

▶표 7.11   클로 클러치의 맞물림면의 모양에 따른 종류와 특성

종 류	모 양	하 중	회 전 방 향	분 리 결 합
삼 각 형		비교적 경하중	회전방향 변화	운전 중 분리 결합이 가능하다. (비교적 낮은 속도일 때)
			회전방향 일정	
스파이럴형		비교적 중하중	회전방향 일정	
사 각 형		중 하 중	회전방향 일정	정지하고 있을 때에만 결합할 수 있고 운전 중에 분리는 가능하다.
사 다 리 형				
		초 중 하 중	회전방향 일정	분리 결합이 쉽다.

(2) 클로 클러치의 기본설계

① 굽힘강도의 검토 : 사각형에 대하여 클로, 즉 턱의 높이를 h [mm], 폭을 b [mm], 두께를 t [mm]라 하고, 틈새 c [mm]로 물고 있다고 한다(그림 7.41). 최악의 경우로 접선력 P_t[N]가 클로의 앞쪽 끝에 작용하는 것으로 하면 클로의 뿌리에 작용하는 응력 σ_b[MPa]는 다음과 같다.

$$\sigma_b = \frac{P_t h}{t b^2/6} = \frac{6 P_t h}{t b^2} \ [\text{MPa}] \tag{7.38}$$

z 개의 클로에 P_t 가 균일하게 작용한다고 하면 전달토크 T는

$$T = z P_t R = z P_t \frac{D_1 + D_2}{4} \ [\text{N} \cdot \text{mm}] \tag{7.39}$$

여기서, D_2 : 클러치 원통의 바깥지름 [mm], D_1 : 클러치 원통의 안지름 [mm]

$$R : (D_2 + D_1)/4 \, (\text{평균반지름}) \ [\text{mm}]$$

그림 7.41에서 $\qquad \sigma_b = \dfrac{6\,T h}{z R t b^2} = \dfrac{24\,T h}{(D_2 + D_1) z t b^2}$ \hfill (7.40)

c는 보통 $\left(\dfrac{1}{5} \sim \dfrac{1}{10}\right) h$ 로 한다.

② 회전토크의 계산 : 지금 클로 뿌리면의 단면적을 A 라 하고, 허용전단응력을 τ_a [MPa]라 하면 회전토크 T는 다음 식으로 구해진다.

$$T = z A \tau_a \frac{D_1 + D_2}{4} \ [\text{N} \cdot \text{mm}] \tag{7.41}$$

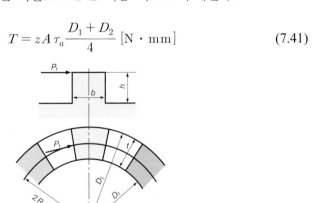

그림 7.41 각형클로 클러치의 토크

사각형 클로이므로

$$zA = \frac{1}{2}\pi(D_2{}^2 - D_1{}^2)/4 = \frac{1}{8}\pi(D_2{}^2 - D_1{}^2)$$

$$\therefore\ T = \frac{\pi(D_2{}^2 - D_1{}^2)(D_1 + D_2)}{32} \cdot \tau_a \tag{7.42}$$

③ **접촉면압력** : 클로의 접촉면 허용압력을 p_a 라 하면, p_a 는 보통 강철인 경우 30 [MPa] 정도로 한다. 맞물림의 실제면적을 A [mm^2]라 하면

$$A_c = (h - c)\,t\,z = (h - c)\frac{D_2 - D_1}{2}z\ [\mathrm{mm^2}] \tag{7.43}$$

$$T = A_c\,p_a\frac{D_1 + D_2}{4} = \left(\frac{D_2{}^2 - D_1{}^2}{8}\right)(h - c)\,z\,p_a\ [\mathrm{N \cdot mm}] \tag{7.44}$$

c 는 생략해도 큰 지장은 없다.

z 는 펀칭 머신, 전단기 등의 경우 $z = 2 \sim 4$로 하고, 공작기계와 같이 가끔 분리 결합을 하는 경우에는 $z = 24$ 까지 할 수 있다.

스파이럴 클로 클러치의 주요 치수는 표 7.12와 같다.

▶표 7.12 스파이럴 클로 클러치의 주요 치수

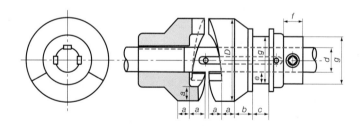

d	40	50	60	70	80	90	100	110	120
D	100	125	150	175	200	225	250	275	300
a	20	23	25	30	35	40	45	50	55
b	40	50	60	70	80	90	100	110	120
c	20	25	30	35	40	45	50	55	60
e	16	18	20	22	24	26	28	30	32
f	30	32	34	39	38	40	42	44	46
g	72	86	100	114	128	142	156	170	183
클로 수 z	3	3	4	4	4	5	5	6	6

🔒 예제 2

그림 7.42 와 같은 클로 클러치가 있다. 3.7 [kW], 160 [rpm] 으로 동력을 전달할 경우 클로의 높이 h 를 계산하고, 클로의 뿌리에 생기는 전단응력을 계산하시오. 단, 클러치는 연강제이고 허용면압 $p_a = 2 \, [\mathrm{MPa}]$ 이다.

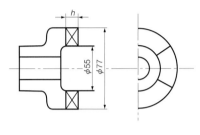

그림 7.42

풀이

$$T = 9545200 \frac{H_{\mathrm{kW}}}{N} = 9545200 \times \frac{3.7}{160} \fallingdotseq 220733 \, [\mathrm{N \cdot mm}] \fallingdotseq 220.7 \, [\mathrm{N \cdot m}]$$

$$h = \frac{8\,T}{p_a (D_2{}^2 - D_1{}^2) z} = \frac{8 \times 220733}{2 \times (77^2 - 55^2) \times 3} \fallingdotseq 101.4 \, [\mathrm{mm}]$$

뿌리에 생기는 전단응력 τ 는

$$\tau = \frac{32\,T}{\pi (D_1 + D_2)(D_2{}^2 - D_1{}^2)}$$

$$= \frac{32 \times 220733}{\pi \times (77 + 55)(77^2 - 55^2)} \fallingdotseq 5.9 \, [\mathrm{MPa}]$$

7.3.2 마찰 클러치

(1) 마찰 클러치의 기능과 설계상 고려되는 일반사항

일직선상에 회전축을 가지고 있는 원동축과 종동축을 접촉면의 마찰력을 이용하여 양축을 연결하는 클러치로, 회전 중에 분리 결합을 할 수 있는 축이음이다. 즉 회전 중인 원동축에 종동축을 큰 충격 없이 자유로이 연결시키는 방법으로, 처음에 물릴 때 약간의 미끄럼이 생기지만 그 때의 마찰력에 의하여 종동원판을 구동시킨다. 따라서 큰 비틀림 모멘트를 전달시킬 수 있다. 또 과대한 하중이 종동부분에 생겨도 접촉면의 마찰 부분에서 미끄러져서 원동축에는 일정 이상의 회전력이 작용하지 않으므로 안전장치도 된다는 장점이 있다.

따라서 공작기계, 자동차, 그 밖의 일반 기계에 널리 사용되고 있다. 사용 중 마찰면의 마멸, 눌어붙어서 파손되는 것, 또는 밀어붙이는 힘이 약하게 되는 것 등의 고장이 생기므로 마찰 클러치를 설계할 때 고려할 사항들은 다음과 같다.

① 접촉면의 마찰계수를 적당한 크기로 할 것, 마찰계수는 마찰재료의 종류, 마찰면의 다듬질상태, 건조 또는 기름의 유무, 평균 미끄럼 속도 등에 따라 다르다.

② 관성을 작게 하기 위하여 소형이며 가벼워야 할 것

③ 마멸이 생겨도 이것을 적당하게 수정할 수 없도록 할 것

④ 마찰에 의하여 생긴 열을 쉽게 냉각시켜서, 눌어붙음 등이 생기지 않도록 할 것

⑤ 원활하게 분리 결합을 할 수 있도록 할 것

⑥ 분리 결합을 할 때 큰 외력이 필요하지 않도록 할 것, 또 접촉면을 밀어 붙이는 힘이 너무 크지 않을 것

⑦ 균형 상태가 좋을 것

(2) 마찰 클러치의 형식

마찰 클러치는 그림 7.43 과 같은 형식으로 나누어진다.

(3) 마찰재료

① 마찰재료의 구비 조건

ⓐ 적당한 크기의 마찰계수 μ 를 가지고 있을 것

ⓑ 내마모성이 좋고 상대편을 손상시키지 않을 것

ⓒ 마찰열에 의한 온도 상승에 대하여 내열성이 크고, 또 냉각에 의한 열전도도가 클 것

ⓓ 내유성이 크고, 기름이 묻더라도 특성이 변화하지 않을 것

ⓔ 강도가 클 것

ⓕ 공작이 용이할 것

② 마찰재료의 종류

ⓐ 경질목재…주로 가벼운 하중, 낮은 회전속도에 사용되고 상대편에는 주철이 사용된다. 벚나무, 단풍나무, 팽나무 등이 사용되며, 마찰계수는

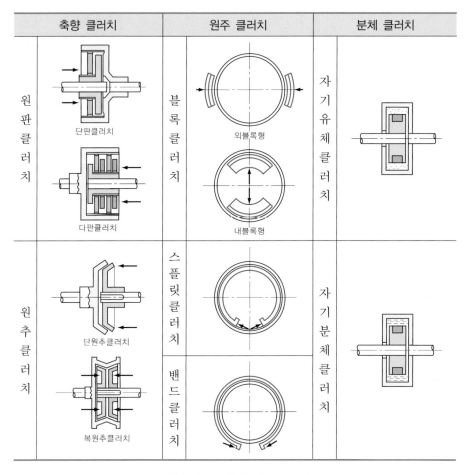

축향 클러치	원주 클러치	분체 클러치
원판클러치 단판클러치 다판클러치	블록클러치 외블록형 내블록형	자기유체클러치
원추클러치 단원추클러치 복원추클러치	스플릿클러치 밴드클러치	자기분체클러치

그림 7.43 마찰 클러치의 형식

크지만 내열성이 작다.

ⓑ 소가죽…소가죽을 피마자유, 우지 등에 담그거나 그 속에서 쪄서 짜낸 것을 사용한다. 이것도 마찰계수는 크지만 내열성은 작다.

ⓒ 석면직물(asbestos lining)…질이 좋은 석면섬유 등에 목면이나 그 밖의 다른 물질을 약간 섞어 황동면으로 보강하여 실을 만들어, 직물모양으로 만들거나 적당한 형상으로 압착하여 소결시킨 판자 또는 밴드(띠)모양으로 한 재료의 두께는 3~7 [mm] 정도로 하여 이것을 붙여 접촉면을 만든다. 마찰계수, 내열성 등 마찰재료로 가지고 있어야 될 필요조건을 비교적 잘 구비하고 있는 좋은 마찰재료로써 자동차 등에 널리 사용되고 있다. 직물식은 과격하게 사용하여도 비교적 잘 견딘다. 압형

식은 이러한 점에 있어서 직물식보다 약간 떨어진다.

석면직물을 원판 또는 원주에 붙일 때에는 지름 3 [mm] 정도의 황동 리벳을 사용하고, 리벳의 머리와 허리가 라이닝의 표면에서 돌출하지 않도록 속에 파묻어 버린다. 붙이는 방법은 그림 7.44 와 같다. 리벳의 재료는 동, 황동, 알루미늄 등과 같이 상대편의 금속보다 연한 재료를 사용한다. 리벳의 위치를 너무 끝에 하면 그 부분에서 찢어지는 수가 있다.

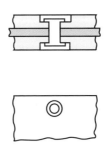

그림 7.44 아스베스트 라이닝의 리벳 이음

ⓓ 코르크 (cork)⋯금속 대 금속클러치의 아래쪽의 금속접촉면에는 마개의 형상을 하고 있는 코르크를 박는 수가 있다. 코르크 마개의 지름은 15~20 [mm] 정도이고, 이것이 차지하는 면적은 접촉면의 10~40 [%] 정도로 한다. 접촉면에 압력이 작용하지 않을 때에는 코르크를 금속면에서 약간 솟아나오게 하고, 시동연결할 때에 하중이 급격히 작용하는 것을 방지하며, 또 압력이 충분히 작용할 때에는 수축해서 금속면과 같은 면으로 하여 금속면의 마찰계수를 상당히 증대시키는 역할을 하게된다. 또 마찰면을 적당하게 윤활하는 기름을 포함하는 작용도 한다.

이상 열거한 비금속재료와 접촉하게 되는 상대편의 금속은 주철, 주강, 강철, 청동 등이다. 또한 금속끼리 접촉하는 클러치로서는 주철 대 주철, 주철 대 주강, 강철 대 강철, 강철 대 청동, 청동 대 알루미늄 (코르크를 넣는 수가 많다), 주철 대 청동 등의 조합이 사용된다. 모두 적당한 윤활이 필요하며, 기름은 적당한 점도의 것을 주지 않으면 접촉면이 밀착해서 클러치를 분리할 때 즉시 분리되지 않으므로 주의해야 한다.

(4) 축방향마찰 클러치

① 특징

ⓐ 마찰면이 축방향으로 이동한다.

ⓑ 전동력이 작고 경부하 고속용에 사용한다.

② 원판 클러치(disk clutch)

ⓐ 일반사항…구동축과 종동축이 각각 1개 또는 몇 개의 원판을 가지고 이 것을 서로 접촉시켜서 그 사이의 마찰에 의하여 회전토크를 전달시킨 다. 원판의 수에 의하여 다판식과 단판식으로 나누어진다. 자동차는 구 조를 간단히 히기 위하여 단판식이 주로 사용되며, 공작기계에서는 소 형으로 하기 위하여 다판식이 많이 사용된다(그림 7.45).

그림 7.45 다판 클러치의 실물

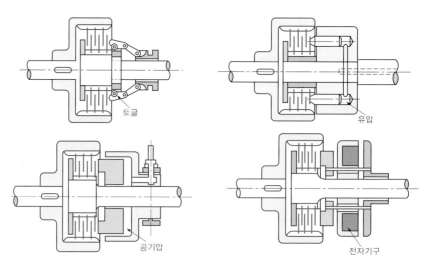

그림 7.46 원판클러치의 조작방식

원판 클러치의 조작방식에는 그림 7.46 에서 보는 바와 같이 다음 여러 가지 방식이 있다.

(a) 토글(toggle) 기구에 의한 것

(b) 유압기구에 의한 것

(c) 공기압기구에 의한 것

(d) 전자기구에 의한 것

(e) 스프링기구에 의한 것

ⓑ 원판 클러치의 기본설계…그림 7.47 은 전동능력 계산식을 만들기 위한 간단한 단판식원판 클러치의 그림이다.

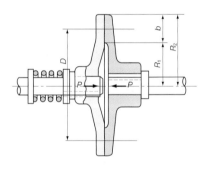

그림 7.47 단판식원판 클러치

T : 회전토크 [N・mm] P : 축방향의 힘 [N]

μ : 마찰계수 D_1 : 원판의 안지름 $= 2R_1$ [mm]

D_2 : 원판의 바깥지름 $= 2R_2$ [mm]

D : 원판마찰면의 평균지름 $\dfrac{D_1 + D_2}{2} = 2R$ [mm]

z : 접촉면의 수(그림에서 $z = 1$)

p : 접촉압력 [MPa] N : 회전속도 [rpm]

H_{PS} : 전동마력수 [PS] b : 접촉면의 폭 [mm]

H_{kW} : 전동동력 [kW]

이라 하면 마찰면에 생기는 압력 p 는 처음에는 균일하게 분포하지만 약간 사용한 후에는 마찰면의 바깥쪽일수록 더욱 많이 마멸되므로 $pR = c$(일정)로 표시되는 압력분포 상태가 된다(그림 7.48). 그리고 평균반지름 R 은 압력분포의 상태에 따라 다음 2가지 경우가 생긴다.

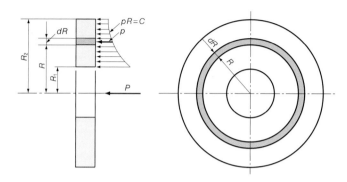

그림 7.48 원판 클러치의 설계

(a) 마멸량이 일정한 경우 마찰판이 어느 상대속도로 미끄러지고 있을 때 미끄럼마찰에 의한 마멸량은 마찰일량에 비례한다고 생각하면 마찰 일량은 압력 p 와 미끄럼속도 v 의 곱에 비례하므로

$$마멸량 \propto pv$$

또 $v = r\omega \,(\omega :$ 각속도 [rad/s])이므로

$$마멸량 \propto pr\omega \tag{7.45}$$

지금 주위의 반지름 R 의 위치에 미소폭 dR 을 가지는 좁은 바퀴모양 의 면적을 생각하고, 여기 작용하는 압력을 p 라 하면 밀어붙이는 힘 P 와의 힘의 평형조건에서

$$P = \int_{R_1}^{R_2} 2\pi p R dR = \int_{R_1}^{R_2} 2\pi c \, dR = 2\pi c (R_2 - R_1) \tag{7.46}$$

$$\therefore \; c = \frac{P}{2\pi(R_2 - R_1)} \tag{7.47}$$

이때 최대압력 $p_{\max}$ 는 안반지름 R_1 의 위치에서 생기고

$$p_{\max} = \frac{P}{2\pi R_1 (R_2 - R_1)} \; [\mathrm{MPa}]$$

다음에 원판의 전달토크 T 는 마찰면의 마찰계수를 μ 로 가정하였으 므로

$$T = \int_{R_1}^{R_2} \mu(2\pi p\, R dR)R = \int_{R_1}^{R_2} 2\pi\mu p\, R^2\, dR \qquad (7.48)$$

$$= \int_{R_1}^{R_2} 2\pi\mu c\, R dR = \pi\mu c(R_2{}^2 - R_1{}^2)\,[\mathrm{N\cdot mm}]$$

윗 식에 식 (7.47)을 대입하면 $R = \dfrac{R_1 + R_2}{2}$ 이고

$$T = \mu P\frac{(R_1 + R_2)}{2} = \mu PR = \mu P\frac{D}{2} = \mu P\frac{D_1 + D_2}{4} \qquad (7.49)$$

즉, 이 경우의 토크는 P가 마찰면의 평균반지름의 위치에 집중 작용한 것으로 생각할 때의 토크와 거의 같은 결과가 얻어진다.

즉, $T = \mu P\dfrac{D}{2}$ 에 그림 7.49 에서 보는 바와 같이

$D = \dfrac{D_1 + D_2}{2}$ 와 $P = \dfrac{\pi}{4}p(D_2{}^2 - D_1{}^2)$을 대입하면

$$T = \mu\frac{\pi}{4}p(D_2{}^2 - D_1{}^2)\frac{D_1 + D_2}{4}\,[\mathrm{N\cdot mm}] \qquad (7.50)$$

(b) 압력 p가 일정하게 분포되는 경우 마찰면에 강성이 충분하여 초기 마모에 있어서는 압력이 전체 접촉면에 고르게 분포되며 $p = $ 일정 (const) 하게 된다.

즉,
$$\left.\begin{array}{l} P = \pi(R_2{}^2 - R_1{}^2)p \\[2mm] T = 2\pi\mu\displaystyle\int_{R_1}^{R_2} p R^2\, dR = \dfrac{2\pi\mu}{3}(R_2{}^3 - R_1{}^3)p \end{array}\right\} \qquad (7.51)$$

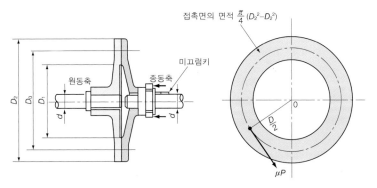

그림 7.49 원판마찰 클러치의 회전토크

윗 식에서

$$T= \mu\frac{2}{3}\left(\frac{R_2{}^3-R_1{}^3}{R_2{}^2-R_1{}^2}\right)P= \frac{\mu P}{3}\left(\frac{D_2{}^3-D_1{}^3}{D_2{}^2-D_1{}^2}\right) \tag{7.52}$$

실제로 $R_1=(0.6\sim0.7)R_2$ 로 설계하므로

$$\frac{2}{3}\left(\frac{R_2{}^3-R_1{}^3}{R_2{}^2-R_1{}^2}\right)\fallingdotseq\frac{R_1+R_2}{2}=R=\frac{D}{2}\;(\text{평균반지름}) \tag{7.53}$$

따라서 약간의 오차는 있지만 이 때에도 $T=\mu P\dfrac{D}{2}$ 의 식을 사용해도 좋다. 또 이 클러치가 N [rpm]의 H_{PS} [PS]를 전달시키면

$$\frac{\mu PD}{2}=7018760\frac{H_{PS}}{N}[\text{N}\cdot\text{mm}]$$

$$\therefore\; H_{PS}=\frac{\mu PDN}{14037520}[\text{PS}] \tag{7.54}$$

만일 z 가 접촉면의 수라 하면

$$\left.\begin{array}{l}T=\dfrac{\mu zPD}{2}\;[\text{N}\cdot\text{mm}]\\[2mm]H_{PS}=\dfrac{\mu zPDN}{14037520}[\text{PS}]\end{array}\right\} \tag{7.55}$$

또 $P=\pi(R_2{}^2-R_1{}^2)p=\pi(R_1+R_2)(R_2-R_1)p$

그런데 $b=R_2-R_1$: 접촉면의 폭

$\qquad D=R_2+R_1$: 평균지름

$$\therefore\; P=\pi D b p[\text{N}] \tag{7.56}$$

식 (7.55), 식 (7.56)의 두 식에서 전달력은 다음과 같이 표시된다.

$$H_{PS}=\frac{\pi\mu zbpND^2}{14037520} \tag{7.57}$$

실제로는 허용압력 p_a 의 값이 너무 크면 빨리 마멸되고, 너무 작으면 클러치의 치수가 대형으로 된다.

허용마찰계수 μ_a 의 값은 적당해야 된다. Maleev에 의한 설계 자료는 표 7.13 과 같다. 따라서 실제 설계에서는 p_a, μ_a를 택하여 원판마찰 클러치의 기본설계공식은 다음과 같이 된다.

$$P = \frac{2T}{\mu_a Dz}[\text{N}],$$
$$P = \pi D b p_a [\text{N}]$$
$$H_{PS} = \frac{\pi \mu_a z b p_a N D^2}{14037520} \tag{7.58}$$

한편 허용마찰계수 μ_a 와 허용압축력 p_a 의 값에 대하여 Leutwiler는 그 값은 클러치 접촉면의 속도에 의하여 다음과 같이 변화한다고 하였다.

$K = \mu_a \cdot p_a$, $v = 100$ [rpm]에 있어서 접촉면 평균지름 D [mm]의 원주속도 (m/s) 즉, $v = \frac{\pi D \times 100}{1000 \times 60} = 0.00524D$ [m/s]라 하여 석면직물 (아스베스트 라이닝) 대 주철 또는 주철에 있어서는 $\mu_a = 0.2 \sim 0.3$, $p_a < 0.15$ [MPa] 이 가장 적당하다고 알려져 있다.

목재 대 주철의 경우 : $\qquad K \fallingdotseq \frac{1.65}{v + 0.65}$

주철 대 주철의 경우 : $\qquad K \fallingdotseq 1.26 - \frac{v}{3.53}$ $\qquad$ (7.59)

코르크를 넣은 주철 대 주철의 경우 : $K = 1.19 - \frac{v}{10.6}$

▶표 7.13 원판 클러치의 실용설계 자료

접촉면 재료	마찰계수 μ_a			허용응력 p_a [MPa=N/mm^2]
	건 조	그리이스	윤 활	
목재와 주철	0.35~0.20	0.12~0.08		0.41~0.62
피혁과 주철	0.5~0.3	0.20~0.15	0.15~0.12	0.07~0.27
파이버와 금속		0.20~0.10		0.07~0.27
아스베스트와 금속	0.5~0.35	0.30~0.25	0.25~0.20	0.21~0.55
코르크와 금속	0.35	0.30~0.25	0.25~0.22	0.06~0.11
주철과 주철	0.2~0.15	0.10~0.06	0.10~0.05	1.03~1.72
청동과 주철		0.10~0.05	0.10~0.05	0.55~0.82
강철과 주철	0.35~0.25	0.12~0.07	0.10~0.06	0.82~1.37

🔒 **예제 3**

출력 24 [PS], 행정 115 [mm], 피스톤의 속도 5 [m/s]의 자동차 엔진에 사용하는 원판 클러치가 있다. 이 원판 클러치의 한편의 마찰재료로서 석면을 사용하고 $\mu_a = 0.13$, 허용평균압력 $p_a = 0.08336$ [MPa]을 받고 있다. 클러치 원판의 바깥지름 $D_2 = 250$ [mm], 안지름 $D_1 = 150$ [mm]의 치수를 가지게 설계되어 있을 때 이 원판 클러치의 마찰면수 z를 구하시오.

풀이

피스톤이 1회 왕복하는 동안 크랭크 축은 1회전한다. 편도거리를 S라 하고, v를 피스톤의 평균속도라 하면, $2s : 2\pi = v : \left(\dfrac{2\pi}{60} N\right)$이 성립함. 따라서

$$N = \frac{30 \cdot v}{s} = \frac{30 \times 5}{0.115} \fallingdotseq 1304 \, [\text{rpm}]$$

$$T = 9.8 \times 716200 \times \frac{H_{PS}}{N} = 7018760 \times \frac{24}{1304} \cong 129179.6 \, [\text{N} \cdot \text{mm}]$$

마찰면 전 압력 P는

$$P = \pi(R_2{}^2 - R_1{}^2)\, p_a = \frac{\pi}{4}(D_2{}^2 - D_1{}^2)\, p_a$$

단, D_2 : 바깥지름, D_1 : 안지름

$$P = \frac{\pi}{4}(250^2 - 150^2) \times 0.08336 \cong 2619 \, [\text{N}]$$

마찰면의 수를 z라 하면

$$T = \frac{\mu_a P D z}{2}$$

$$129179.6 = \frac{0.13 \times 2619 \times (250 + 150) \times z}{2 \times 2}$$

$$\therefore \ z \fallingdotseq 3.8$$

따라서 $z = 4$로 한다.

🔒 **예제 4**

300 [rpm]으로 12 [kW]의 동력을 전달시키는 원판 클러치를 설계하시오. 단, 접촉면의 압력 $p_a = 1.5$ [MPa], $\dfrac{D_2}{D_1} = 1.5$, $\mu_a = 0.3$ 이라 한다.

풀이

$$T = 9.8 \times 974000 \times \frac{12}{300} = 381808 \, [\text{N} \cdot \text{mm}] \fallingdotseq 381.8 \, [\text{N} \cdot \text{m}]$$

$$P = \pi (R_2{}^2 - R_1{}^2) \, p_a = \frac{\pi}{4} (D_2{}^2 - D_1{}^2) \, p_a = \frac{\pi}{4} D_1{}^2 \left\{ \left(\frac{D_2}{D_1} \right)^2 - 1 \right\} p_a$$

$$T = \frac{\mu_a P D z}{2} = \mu_a z \times \frac{\pi}{4} D_1{}^2 \left\{ \left(\frac{D_2}{D_1} \right)^2 - 1 \right\} p_a \cdot \frac{D_1 + D_2}{4}$$

$$381808 = 0.3 \times 1 \times \frac{\pi}{4} \left\{ (1.5^2 - 1) \right\} \times 0.15 \times \frac{2.5}{4} \times D_1^3$$

$$D_1 \fallingdotseq 240 \, [\mathrm{mm}]$$

$$D_2 = 240 \times 1.5 = 360 \, [\mathrm{mm}]$$

$$b = \frac{D_2 - D_1}{2} = \frac{360 - 240}{2} = 60 \, [\mathrm{mm}]$$

🔒 예제 5

자동차 엔진이 지름 90 [mm] 의 실린더 6 개를 가지고 있고, 그 행정은 115 [mm] 이다. 이 엔진이 900 [rpm] 으로 30 [PS] 를 전달시킨다. 이때 클러치의 바깥지름 275 [mm], 안지름 175 [mm] 의 단식원판 클러치를 사용하고, 스프링으로 주는 마찰압력이 655 [kgf] 가 되도록 설계되어 있다. 주철과 아스베스트 라이닝을 접촉 마찰 재료로 사용하였을 때 마찰계수를 결정하시오. 마찰면수 $z = 2$ 라 한다.

풀이

$$p_a = \frac{655 \times 9.8}{\frac{\pi}{4} (275^2 - 175^2)} = 0.182 \, [\mathrm{MPa}]$$

$$T = 9.8 \times 716200 \times \frac{30}{900} \fallingdotseq 233959 \, [\mathrm{N/mm}]$$

$$D = \frac{D_1 + D_2}{2} = \frac{275 + 175}{2} = 225 \, [\mathrm{mm}]$$

$$T = \mu_a P z \cdot \frac{D}{2}$$

$$\mu_a = \frac{2 \, T}{z \, P D} = \frac{2 \times 233959}{2 \times (9.8 \times 655) \times 225} \fallingdotseq 0.162$$

③ 원추 클러치

ⓐ 원추 클러치의 일반 사항…구조는 원동축의 끝단에 묻힘키로 고정된 원추면 A 와 종동축의 끝단에 페더키로 활동할 수 있게 고정된 원추면으로 구성되어 있으며 두 원추면을 접촉하여 응력을 전달한다. 접촉의 초기에는 다소의 미끄럼이 있지만 두 축 간의 마찰회전력에 의하여 종동축의 회전속도가 점차로 올라가서 결국은 서로 밀착하여 충분히 동력을 전달할 수 있다. 이것은 접촉면을 원추형으로 하여 쐐기모양으로

밀어박아서 접촉압력을 크게 한 것이다. 이때 원추각 α 가 너무 크면 마찰 회전력이 작아져 큰 동력을 전달시킬 수 없고, 너무 작으면 클러치를 결합하고 분리할 때 불편하다 (그림 7.50).

ⓑ 원추 클러치의 기본설계…그림 7.51에서 보는 바와 같이 마찰면은 원추의 표면이 되며 접촉면 압력의 합력 Q 는 축방향에 클러치를 넣기 위하여 가해지는 힘 P 에 의하여 발생된다. 안쪽의 원추를 바깥원추에 충분히 밀어붙일 때에는 접촉면에 따라 밀어넣는 방향에도 마찰저항이 있다 (그림 7.52).

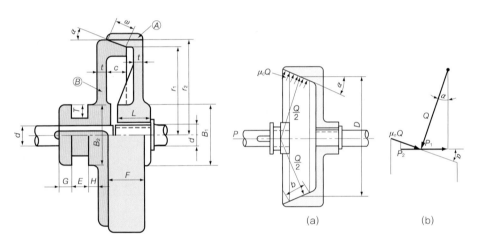

그림 7.50 원추 클러치   **그림 7.51** 원추 클러치에 작용하는 힘

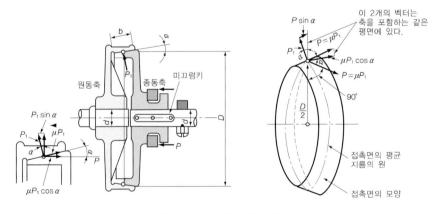

그림 7.52 원추 클러치의 마찰저항

α : 원추꼭지각의 $\dfrac{1}{2}$

μ_c : 밀어붙이는 방향에 있어서의 마찰계수라 하면

$$P = P_1 + P_2 = Q \sin \alpha + \mu_c Q \cos \alpha = Q\left(\sin \alpha + \mu_c \cos \alpha\right) [\text{N}] \quad (7.60)$$

따라서 원추마찰면이 전달할 수 있는 회전 모멘트는 원판 클러치의 경우와 같은 모양으로 다음과 같다.

$$T = \frac{\mu QD}{2} \, [\text{N} \cdot \text{mm}] \quad\quad (7.61)$$

D는 원추마찰면의 평균지름으로 마찰이 이 원주에 집중하고 있다고 가정한 것이다. 그러나 위의 식은 마찰면이 미끄러지지 않고 운전하고 있는 동안의 관계이며, 원판 클러치의 경우와 마찬가지로 연결시동할 때의 상태를 생각하면 다음과 같다.

$$\frac{\mu QD}{2} > T' \quad\quad (7.62)$$

여기서, T'는 클러치가 전달해야 할 회전 모멘트이다. 실용설계에서는 마찰계수의 허용치 μ_a를 사용한다.

$$T' = \frac{\mu_a QD}{2} \quad\quad (7.63)$$

$$\therefore \ P = Q(\sin \alpha + \mu_c \cos \alpha) = \frac{2T'}{D} \cdot \frac{\sin \alpha + \mu_c \cos \alpha}{\mu_a} \quad\quad (7.64)$$

μ_c의 값은 엄밀히 말하면 μ_a와 약간 다르다. 그러나 설계에서는 보통 간략히 하기 위하여 $\mu_a = \mu_c$로서 계산한다.

만일 클러치를 떼기 위하여 더해지는 필요한 힘을 P'라고 하면

$$P' = Q\left(\sin \alpha - \mu_c \cos \alpha\right) = \frac{2T'}{D} \cdot \frac{\sin \alpha - \mu_c \cos \alpha}{\mu_a} \quad\quad (7.65)$$

또, $\quad T' = 9.8 \times 716200 \times \dfrac{H_{PS}}{N} = \dfrac{P \mu_a D}{2\left(\sin \alpha + \mu_c \cos \alpha\right)} \quad\quad (7.66)$

또
$$P = \frac{9.8 \times 716200 \times 2 \times \dfrac{H_{PS}}{N}}{D} \cdot \frac{\sin \alpha + \mu_c \cos \alpha}{\mu_a}$$

$$= \frac{14037520\, H_{PS}(\sin \alpha + \mu_c \cos \alpha)}{N \mu_a D} \; [\mathrm{N}]$$

$$H_{PS} = \frac{N \mu_a D P}{14037520(\sin \alpha + \mu_c \cos \alpha)} \; [\mathrm{PS}] \tag{7.67}$$

$$\therefore \; Q = \frac{14037520\, H_{PS}}{N \mu_a D} \; [\mathrm{N}] \tag{7.68}$$

또 b : 원추접촉면의 폭, p_a : 원추접촉면 사이의 허용압력이라고 하면 다음 식이 성립된다.

$$Q = \pi D\, b\, p_a \; [\mathrm{kg_f}] \tag{7.69}$$

$$\therefore \; \pi\, b\, D\, p_a = \frac{14037520 H_{PS}}{N \mu_a D}$$

$$H_{PS} = \frac{\mu_a P_a D^2 \pi b N}{14037520} \; (\mathrm{PS}) \tag{7.70}$$

$$D^2 = \frac{14037520\, H_{PS}}{\pi \mu_0 b p_a N} \tag{7.71}$$

그런데 $\dfrac{b}{D} = x\,(x = 0.2 \sim 0.5)$이므로

$$D^3 = \frac{14037520 H_{PS}}{\pi \mu_0 x p_a N} \tag{7.72}$$

따라서 전동마력 (H_{PS}), 회전속도 (N), 마찰계수 (μ)와 평균압력 (p_a)이 결정되면 위의 식에서 D의 값을 알 수 있다.

일반적으로

$$\tan \alpha \geqq \frac{1}{6} > \mu \tag{7.73}$$

로 정하여 클러치를 분리하기 쉽게 한다.

원추각 α가 작을수록 P가 작아도 좋으나 α가 너무 작아서 마찰각이 그

이하로 되면 시동할 때 클러치가 급격하게 물리므로 충격이 생기며 또한 안쪽원추를 분리할 때 힘이 들어서 불편하다. 따라서 α 는 보통 $10\sim12°$ 정도로 한다.

표 7.14는 μ_a, p_a, α 등의 값을 표시한 것으로, 실제로 설계할 때 설계자료로 사용된다.

▶ **표 7.14** 원추 클러치의 설계자료

접 촉 면	μ_a	α	p_a [N/mm²=MPa]
가죽 대 금속 : 기름을 약간 바른다.	$0.15\sim0.20$	$10\sim13°$	$0.05\sim0.08$
아스베스트라이닝 대 금속 : 기름을 약간 바른다.	$0.20\sim0.30$	$11\sim14\frac{1}{2}°$	$0.07\sim0.10$
코르크 섞인 금속 대 금속 : 기름을 약간 바른다.	$0.22\sim0.30$	$8\sim12°$	$0.05\sim0.08$
주철 대 주철 : 기름을 약간 바른다.	0.07 이하	$8\sim11°$	$0.29\sim0.34$
목재 대 주철 : 건조	$0.20\sim0.30$	$11\frac{1}{2}\sim14°$	$0.20\sim0.29$

🔒 **예제 6**

단식원추 클러치가 있다. 원추접촉면의 평균지름 D가 400 [mm], 마찰면의 폭 b가 50 [mm], 원추접촉면의 단위직압력 $p=0.07$ [MPa]라 하면 몇 마력을 전달시킬 수가 있는가? 단, $N=900$ [rpm]이라 하고 $\alpha=12°$, $\mu_a=0.2$로 한다.

풀이

$Q = \pi \cdot D \cdot b \cdot p_a = \pi \times 400 \times 50 \times 0.07 ≒ 4398$ [N]

식 (7.68)에서 $Q = \dfrac{14037520\, H_{PS}}{N \mu_a D}$

$\therefore\ H_{PS} = \dfrac{QN\mu_a D}{14037520} = \dfrac{4398 \times 900 \times 0.2 \times 400}{14037520} ≒ 22.6$ [PS]

🔒 **예제 7**

2.6 [kW]를 300 [rpm]으로서 전달시키는 주철제 원추 클러치를 지름 300 [mm]의 중간축 풀리에 집어넣을 수 있도록 설계하시오.

풀이

마찰면은 주철 대 주철, $\mu_a=0.06$, $\alpha=10°$, $p_a=0.3$ [MPa]라고 가정한다.

$T' = 9.8 \times 974000 \times \dfrac{H_{\text{kW}}}{N}$ 에서

$$T' = 9.8 \times 974000 \times \frac{2.6}{300} \fallingdotseq 82725\,[\mathrm{N \cdot mm}]$$

$$\sin 10° = 0.174, \qquad \cos 10° = 0.985$$

풀리의 지름에서 원추의 평균지름을 $D = 280\,[\mathrm{mm}]$로 정한다. 원추를 밀어붙이는 데 필요한 힘은

$$P = \frac{2T'}{D} \cdot \frac{\sin \alpha + \mu_a \cos \alpha}{\mu_a} = \frac{2 \times 82725}{280} \times \frac{0.174 + 0.06 \times 0.985}{0.06} \fallingdotseq 2296\,[\mathrm{N}]$$

마찰면 전체의 압력은

$$Q = \frac{2T'}{\mu_a D} = \frac{2 \times 82725}{0.06 \times 280} \fallingdotseq 9848\,[\mathrm{N}]$$

또 원추접촉면의 폭은 다음과 같이 구해진다.

$$b = \frac{Q}{\pi D p_a} = \frac{9848}{\pi \times 280 \times 0.3} \fallingdotseq 38\,[\mathrm{mm}]$$

이상을 설계제도하면 그림 7.53과 같다.

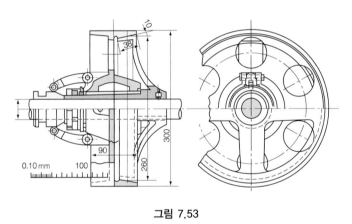

그림 7.53

(5) 원주 클러치(rim clutch)

마찰면이 원주가 되고, 마찰면에 작동시킬 때 마찰면은 반지름방향, 즉 축심을 향하여 움직인다. 전동능력은 비교적 크며 저속중하중용에 적합하다. 블록 클러치, 분할윤 클러치, 밴드 클러치 등이 있다.

7.4 축이음 종합문제

※ 평기어 감속기 도면을 참고로 하여 아래 문제를 계산하시오.

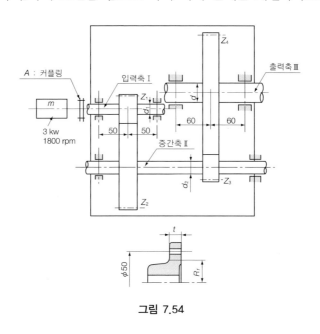

그림 7.54

> 3 [kW]에 1800 [rpm]인 모터로 전동하고, 입력축은 모터에 직결되어 있으며 감속
> 비는 $\dfrac{1}{20}\left(i_1 \times i_2 = \dfrac{1}{4} \times \dfrac{1}{5}\right)$이고 피니언 잇수는 18개인 감속기이다.

문제 1 기어 Z_2, Z_4의 잇수를 구하시오. (단, $Z_1 = Z_3$ 이다).

문제 2 I, II, III축에 걸리는 토크를 각각 구하시오.

문제 3 피니언 Z_1, Z_3에 작용하는 접선력 P_1 및 P_3를 각각 구하시오. 단, Z_1의
모듈 $m = 3$, Z_3의 모듈 $m = 5$

문제 4 비틀림과 굽힘이 동시에 작용할 때 입력축과 출력축의 지름을 각각 구하
시오.
축 및 기어의 자중은 무시한다. 단, 축의 동하중계수 $K_m = 2.0$, $K_t = 1.5$,
$\tau_a = 69\,[\mathrm{MPa}]$이고, 축의 키홈의 영향을 고려하여 $\dfrac{1}{0.75}$로 계산한다.

문제 5 A부의 플랜지 커플링의 볼트를 3개 사용할 때, 볼트의 지름 d를 구하시오.
플랜지 커플링의 볼트 원의 지름 $D_B = 50\,[\mathrm{mm}]$, $\tau_B = 9.8\,[\mathrm{MPa}]$이다.

문제 6 플랜지의 뿌리부의 두께 t를 구하시오. 단, 뿌리부의 지름 $D = 30\,[\mathrm{mm}]$,

$$\tau_f = 1.6 \,[\text{MPa}] \text{이다.}$$

풀이

1. $Z_1 = Z_3 = 18$ 이므로

$$\frac{Z_1}{Z_2} = \frac{1}{4} \qquad \therefore \ Z_2 = 4\,Z_1 = 4 \times 18 = 72 \text{ 개}$$

$$\frac{Z_3}{Z_4} = \frac{1}{5} \qquad \therefore \ Z_4 = 5\,Z_3 = 5 \times 18 = 90 \text{ 개}$$

2. $T_\mathrm{I} = 9.8 \times 974000 \times \dfrac{H_\text{kW}}{N} = 9.8 \times 974000 \times \dfrac{3}{1800} \fallingdotseq 15909 \,[\text{N} \cdot \text{mm}]$

$T_\mathrm{II} - T_\mathrm{I} \times \dfrac{1}{i_1} = 15909 \times 4 - 63636 \,[\text{N} \cdot \text{mm}]$

$T_\mathrm{III} = T_\mathrm{I} \times \dfrac{1}{i_2} = 63636 \times 5 = 318180 \,[\text{N} \cdot \text{mm}]$

3. $D_1 = Z_1 \cdot m = 54 \,[\text{mm}], \ \ T_1 = P_1 \cdot \dfrac{D_1}{2}, \ \ m : \text{모듈}$

$\therefore \ P_1 = \dfrac{2\,T_1}{D_1} = \dfrac{2\,T_1}{Z_1 \cdot m} = \dfrac{2 \times 15909}{18 \times 3} \fallingdotseq 589 \,[\text{N}]$

$D_3 = Z_3 \cdot m = 18 \times 5 = 90 \,[\text{mm}],$

$T_1 = \dfrac{P_3 D_3}{2}$

$\therefore \ P_3 = \dfrac{2\,T_1}{D_3} = \dfrac{2 \times 63636}{90} \fallingdotseq 1414 \,[\text{N}]$

4. $R_1 = \dfrac{P_1}{2} = 294.5 \,[\text{N}]$

$M_\text{max} = R_1 \cdot l = 294.5 \times 50 = 14725 \,[\text{N} \cdot \text{mm}]$

① 입력축지름 : $d_1 = \sqrt[3]{\dfrac{16 \cdot T_e}{\pi \cdot \tau}} = \sqrt[3]{\dfrac{16}{\pi \cdot \tau} \sqrt{(K_m \cdot M_1)^2 + (K_t \cdot T_1)^2}}$

$\qquad = \sqrt[3]{\dfrac{16}{\pi \times 69} \times \sqrt{(2.0 \times 14725)^2 + (1.5 \times 15909)^2}} \fallingdotseq 14.09 \,[\text{mm}]$

키의 영향을 고려하여 $\dfrac{14.09}{0.75} \fallingdotseq 18.79 \,[\text{mm}]$

② 출력축지름 : $d_3 = \sqrt[3]{\dfrac{16 \cdot T_e}{\pi \cdot \tau}} = \sqrt[3]{\dfrac{16}{\pi \cdot \tau} \sqrt{(k_m \cdot M_\mathrm{II})^2 + (k_t \cdot T_\mathrm{II})^2}}$

$R_3 = \dfrac{P_3}{2} = 707 \,[\text{N}]$

$M_\text{max} = R_3 \cdot l = 707 \times 60 = 42420 \,[\text{N} \cdot \text{mm}]$

$$d_3 = \sqrt[3]{\frac{16}{\pi \times 69} \sqrt{(2.0 \times 42420)^2 + (1.5 \times 318180)^2}} = 32.95 \, [\mathrm{mm}]$$

키의 영향을 고려하여 $\dfrac{32.95}{0.75} \fallingdotseq 43.93 \, [\mathrm{mm}] \fallingdotseq 44 \, [\mathrm{mm}]$

5. $T_1 = Z \cdot \dfrac{\pi d^2}{4} \tau_B \cdot \dfrac{D_B}{2} = \dfrac{Z \cdot \pi \cdot d^2 \cdot \tau_B \cdot D_B}{8}$ 에서

$$d = \sqrt{\frac{8 T_1}{Z \cdot \pi \cdot \tau_B \cdot D_B}} = \sqrt{\frac{8 \times 15909}{3.14 \times 3 \times 9.8 \times 50}} \fallingdotseq 5.25 \, [\mathrm{mm}]$$

6. $T_1 = \dfrac{\pi \cdot d^3 \cdot \tau_f}{16} = 2 \cdot \pi \cdot R_f{}^2 \cdot t \cdot \tau_f$ 에서 플랜지의 두께 t 는

$$t = \frac{15909}{2 \cdot \pi \cdot R_f{}^2 \cdot \tau_f} = \frac{15909}{2 \times \pi \times 15^2 \times 1.6} \fallingdotseq 7.03 \, [\mathrm{mm}]$$

연습 문제

1. 1000 [rpm]으로 5 [PS](=3.6776 [kW])를 전달시키는 지름 50 [mm]의 2축을 클램프 커플링(분할원통 커플링)으로 연결할 때, 클러치에 사용하는 볼트의 지름을 결정하시오. 단, 볼트의 수는 4개, 인장강도는 343 [MPa], 축과 클러치 사이의 마찰계수는 $\mu = 0.2$ 라 하고, 안전율 $S_f = 2$ 라 한다.

2. 그림 7.55와 같은 보통급 플랜지 커플링의 전달마력을 계산하시오. 단, 볼트 수 $z = 4$, 지름 $\delta = 16$ [mm], 각 볼트에 작용하는 조이는 힘은 9800 [N], 회전속도 $N = 300$ [rpm], 플랜지 사이의 마찰계수 $\mu = 0.15$ 라 한다.

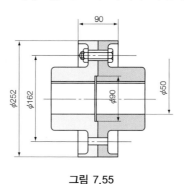

그림 7.55

3. 지름 30 [mm]로서 매분당 회전수 900 [rpm]인 2축을 연결하는 그림과 같은 전단탄성형 bibby coupling이 있다. 스프링은 두께 0.5 [mm], 폭 4 [mm]의 것이 사용되고, 폭의 중심에서 스프링의 폭의 중앙까지의 반지름은 38 [mm]이다. 지금 이 커플링으로 10 [PS] (=7.355 [kW])를 전달하려고 할 때 스프링 감김 수를 결정하시오. 단, 스프링 강의 전단강도는 588 [MPa]라 하고, 설계상의 안전율을 4 라 한다.

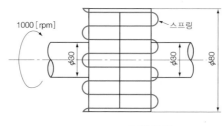

그림 7.56

4. 서로 30°의 각을 맺는 2축 사이에 유니버설 커플링이 달려있다. 원동축에 작용하는 토크가 98 [N·m]로 일정할 때, 종동축에 전달되는 토크의 변동의 진폭을 구하시오.

5. 85 [PS](=62.518 [kW])의 동력을 전달하는 플랜지 커플링에 22 [mm]의 볼트 4개를 사용하였을 경우 볼트에 생기는 전단응력을 구하시오. 단, 플랜지 접촉면에 마찰이 없는 것으로 하고 볼트 구멍의 피치원 지름을 235 [mm]라 한다.

해답 **1.** 3.6 [mm]   **2.** 15.0 [kW]   **3.** 4개
     4. 13720 [N·mm]=1372 [N·m]   **5.** 8.9 [MPa]

Chapter 08

구름 베어링

회전이나 왕복운동을 하는 축을 지지하여 하중을 받는 기능을 하는 기계요
소를 **베어링**(bearing) 이라 하며, 축 중에서 베어링과 접촉하여 축이 받쳐지고
있는 축부분은 **저널**(journal) 이라 한다.

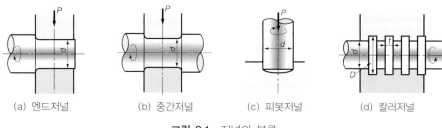

| (a) 엔드저널 | (b) 중간저널 | (c) 피봇저널 | (d) 칼러저널 |

그림 8.1 저널의 분류

8.1 베어링의 종류

저널과 베어링과의 상대운동에 따라 **미끄럼 베어링**(sliding bearing) 과 **구름
베어링**(rolling bearing) 으로 나누고, 하중의 작용방식에 따라 수평방향으로
힘을 받는 **레이디얼 베어링**(radial or journal bearing) 과 축방향으로 힘을 받
는 **스러스트 베어링**(thrust or axial bearing) 으로 구분한다.

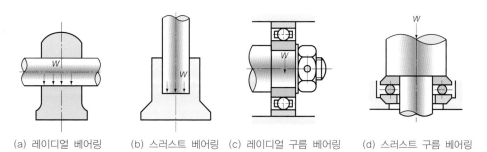

| (a) 레이디얼 베어링 | (b) 스러스트 베어링 | (c) 레이디얼 구름 베어링 | (d) 스러스트 구름 베어링 |

그림 8.2 베어링의 종류

8.1.1 미끄럼 베어링 (sliding bearing)

미끄럼 베어링은 축의 표면과 베어링의 내면과의 운동이 미끄럼운동을 하며 일반적으로, 축과 베어링 메탈 사이에 기름막을 형성하여 면접촉을 이루도록 한다. 레이디얼형과 스러스트형의 두 가지로 구분한다.

8.1.2 구름 베어링 (rolling bearing)

축과 베어링이 구름접촉을 하는 것이며, 일반적으로 미끄럼 베어링보다 마찰이 적고 고속 회전이 가능하다.

구름 베어링의 구조는 내륜 (inner race), 외륜 (outer race), 강철구 (steel ball), 유지기 (retainer) 로 되어 있으며, 내륜과 외륜 사이에 볼 또는 롤러를 넣는 것에 따라 볼 베어링과 롤러 베어링으로 구분된다.

8.1.3 베어링의 마찰상태

(1) 고체마찰

2개의 고체가 접촉할 때 윤활제와 같은 물질이 없이, 직접 고체면이 접촉하는 마찰상태를 고체마찰이라 한다. 접촉은 점접촉으로 시작하여 탄성적 또는 소성적 변형을 일으켜, 아주 큰 압력의 강도로 미끄러지므로 마찰저항이 크고, 열을 발생하여 마모를 일으키므로 베어링에 있어서 절대로 발생하지 않아야 할 마찰상태이다. 이와 같은 마찰을 **건조마찰** (dry friction) 이라고도 한다.

(2) 완전 윤활마찰 (perfect lubricated friction)

2개의 고체면 사이에 유동성 윤활제 등이 있어 2개의 고체면이 서로 직접 접촉하지 않고, 운전 중 두 활동면 사이에 완전히 유막이 형성되어 가장 좋은 윤활 조건의 마찰상태를 말한다. 이를 **유체마찰** (fluid friction) 이라고도 한다. 이때는 마찰저항이 가장 작고 발열과 마모가 극히 적은 양호한 마찰상태이다.

(3) 불완전 윤활마찰 (imperfect lubricated friction)

고체마찰과 유체마찰의 중간쯤 되는 마찰상태로써 일부는 완전 윤활마찰상태이지만 어떤 곳에서는 유막이 깨져서 금속끼리 직접 접촉하여 윤활작용이 완전하지 못한 마찰상태를 말한다. 따라서 **혼성마찰** (combined friction), 또는 특수한 경계현상을 나타내므로 **경계마찰** (boundary friction) 이라고도 한다.

8.1.4 베어링의 설계에서 주의사항

1) 마찰저항이 작고 손실동력을 극소화시킬 것
2) 마모가 적을 것
3) 과대한 열의 발생으로 인한 베어링의 사용온도를 높이지 말 것
4) 구조가 간단하고 보수유지 등이 쉬울 것
5) 강도가 충분할 것
6) 눌어붙음이 없고 강하며 신뢰성이 높을 것
7) 치수가 정확할 것, 특히 평면베어링에 있어서는 베어링의 간극(clearance)을 정확하게 설치할 것
8) 하중과 미끄럼속도 또는 구름속도에 의하여 마찰면이 파괴되지 않을 것
9) 진동하중과 축진동에 대하여 충분히 고려할 것
10) 마찰면 내에 물 또는 먼지 등이 침입되지 않을 것
11) 윤활유의 소비량이 적고 또 열화되지 않을 것
12) 고속도, 큰 하중에 있어서 열의 발산이 쉬울 것. 필요하면 윤활제의 다량공급에 의한 냉각방법을 고려할 것

8.1.5 미끄럼 베어링과 볼 베어링의 비교

▶표 8.1 미끄럼 베어링과 볼 베어링의 비교

조 건	미끄럼 베어링	볼 베어링
① 고속성능	마찰저항이 크지만 일반적으로 유리하다. 오일 휘프(oil whip)가 일어나 베어링 메탈을 때려서 파손하는 경우가 있다. 그 때문에 기름의 점도와 급유법을 바꾼다. 저하중에 사용한다.	구조상으로 전동체와 유지기 등 탄성지지 회전체이기 때문에 탄성진동을 일으키고, 전동체 유지기 등에 미끄럼이 생긴다. 이것을 예압으로 억제한다. 윤활유의 비산과 복잡한 구조 때문에 일반적인 다양성이 없다.
② 저속성능	중압베어링에서는 유막구성력이 감소되고 불리하다.	유막구성력이 불충분하더라도 좋다.
③ 크기	지름은 작지만, 폭이 크게 된다. 또 베어링의 지름을 1 [mm] 이하로 쉽게 할 수 있다.	베어링 지름에 대하여 길이가 작다.
④ 내충격성	크다.	작다.
⑤ 베어링 수명	응력변동이 작고 수명이 길다. 눌어붙음(소부)에 주의해야 한다.	궤도면에 반복응력을 받는다.

조 건	미끄럼 베어링	볼 베어링
⑥ 소음	작다.	크다. 전동체와 유지기 사이의 미끄럼마찰음
⑦ 온도특성	저용점금속을 베어링 메탈로 사용하므로 고온에 약하다. 100 ℃ 이상은 곤란하다.	고온에 대하여 강하다.
⑧ 경제성	중압미끄럼 베어링은 염가이다. 정압미끄럼 베어링은 부대설비가 고가	양산, 규격화가 되어 있으므로 비교적 염가이다.
⑨ 하중방향	추력 또는 횡하중을 단독으로밖에 받을 수 없다.	추력과 횡하중등 합성하중을 동시에 받을 수도 있다.
⑩ 부대장치	구조가 간단하지만 강제윤활에는 기름의 누수방지대책, 정압베어링에는 고압에서 다량의 급유장치를 부대장치로 설치한다.	베어링 구조는 복잡하지만 파손, 소손 등에 대하여 교환이 쉽고, 윤활은 그리이스에 의한 것이 많으므로 보수, 수리가 쉽다.
⑪ 마찰특성	동마찰저항은 작고, 정압 베어링에서는 기동 시의 마찰저항이 아주 작다.	기동 시의 마찰저항은 비교적 작다.
⑫ 베어링강성	동압 베어링에서는 축심의 변동이 작고 정압 베어링에서는 축심이 변동가능하다.	축심의 변동은 작다.
⑬ 교환성	규격의 통일이 불충분하고, 교환성이 나쁘다. 단, 자가제작이 쉽다.	규격화되어 있어 교환성이 아주 좋다.
⑭ 베어링 허용 부하용량	동압 베어링에서는 고속저하중에 유리하며, 정압 베어링에서는 고속고하중에 유리하다.	저속고하중에 유리하며, 수명시간이 일정하다고 생각할 경우 속도가 증가하면 허용하중은 회전의 세제곱에 반비례하여 저하한다.

8.2 구름 베어링의 구조와 작용

구름 베어링의 구조는 내륜(inner race), 외륜(outer race), 강구(steel ball), 유지기(cage or retainer)의 4가지 부분으로 구성되어 있다. 유지기(리테이너)는 강구를 전 원둘레에 고르게 배치하고, 상호 간의 접촉을 피하고 마멸과 소음을 방지하는 역할을 한다(그림 8.3).

롤러의 배열은 단열(single raw)과 복열이 있으며, 구면좌의 것은 자동조심작용(self-align acting)을 하게 된다. 외륜에는 안쪽에 홈이 파져 있고, 내륜은 바깥측에 홈을 설치하여, 홈부에 볼 또는 롤러를 넣어 조립한 것이다.

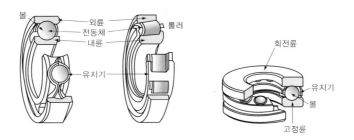

그림 8.3 구름 베어링의 구조

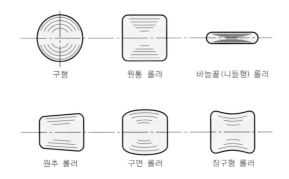

그림 8.4 전동체의 여러 가지 형상

전동체의 모양은 그림 8.5에서와 같이 구형·원통형 롤러, 원추형 롤러, 니들형 롤러, 구면형 롤러, 장구형 롤러 등이 있다. 볼 베어링의 강구에 대해서는 KS B 2001에 규격화되어 있다.

8.3 구름 베어링의 장단점

8.3.1 장점

1) 미끄럼 베어링에 비교해서 동력이 절약된다.
   퍼센트 [%]로 표시하면

공장전동축 20~25,	제지기 10~40
전동기 5~15,	금속압연기 40~50
방직기스핀들 15~20,	고무 롤러 30~40
일반 방직기 5~20,	전차, 객차, 화차 등 10~30

2) 기동저항이 작다. 미끄럼 베어링의 10~50 [%] 정도로 작다.

3) 윤활유가 절약된다.

4) 윤활유에 의한 기계의 오손이 적다.

5) 신뢰성이 있다. 단, 취급방법이 좋지 못한 경우에는 신뢰성이 떨어진다.

6) 유지비가 감소된다.

7) 기계의 정밀도를 유지할 수 있다. 또 마멸도 극히 적다.

8) 고속 회전할 수 있다.

9) 베어링의 길이를 단축시킬 수가 있다.

8.3.2 단 점

1) 가격이 비교적 비싸다.

2) 소음이 생기기 쉽다.

3) 바깥지름이 크게 된다.

4) 충격에 약하다.

8.4 구름 베어링의 표시

8.4.1 호칭 번호의 구성

호칭 번호는 기본 번호 및 보조기호로 이루어지며 기본 번호의 구성은 다음과 같다. 보조기호는 인수·인도 당사자 간의 협정에 따라 기본 번호의 전후에 붙일 수 있다.

▶표 8.2 호칭 번호의 구성

형식 기호 ─────────────

치수 계열 기호

나비(또는 높이) 계열 기호 ─────

지름 계열 기호 ─────

안지름 번호 ─────────────

접촉각 기호 ─────────────

8.4.2 기본 기호

① 베어링 계열 기호 : 베어링 계열 기호는 형식 기호 및 치수 계열 기호로 이루어지며, 일반적으로 사용하는 베어링 계열 기호는 표 8.3 과 같다.

② 형식 기호 : 베어링의 형식을 나타내는 기호로, 한 자의 아라비아 숫자 또는 한 자 이상의 라틴 문자로 이루어진다.

또한, 치수 계열이 22 및 23의 자동조심 볼 베어링에서는 형식 기호가 관례적으로 생략되고 있다.

③ 치수 계열 기호 : 치수 계열 기호는 나비 계열 기호 및 지름 계열 기호의 두 자의 아라비아 숫자로 이루어진다.

또한, 나비 계열 0 또는 1의 깊은 홈 볼 베어링, 앵귤러 볼 베어링 및 원통 롤러 베어링에서는 나비 계열 기호가 관례적으로 생략되는 경우가 있다.

비고 테이퍼 롤러 베어링의 치수 계열 22C, 23C 또는 03D의 라틴 문자 C 또는 D는 호칭 번호의 구성상 접촉각 기호로 취급한다.

④ 안지름 번호 : 안지름 번호는 표 8.4 와 같다. 다만, 복식 평면 자리형 스러스트 볼 베어링의 안지름 번호는 같은 지름 계열에서 같은 호칭 바깥지름을 가진 단식 평면 자리형 스러스트 볼 베어링의 안지름 번호와 동일하게 한다.

⑤ 접촉각 기호 : 접촉각 기호는 표 8.5 와 같다.

▶표 8.3 베어링 계열 기호

베어링의 형식		단면도	형식 기호	치수 계열 기호	베어링 계열 기호
깊은 홈 볼 베어링	단열 홈 없음 비분리형		6	17 18 19 10 02 03 04	67 68 69 60 62 63 64
앵귤러 볼 베어링	단열 비분리형		7	19 10 02 03 04	79 70 72 73 74

▶**표 8.3** 베어링 계열 기호 (계속)

베어링의 형식		단면도	형식 기호	치수 계열 기호	베어링 계열 기호
자동 조심 볼 베어링	복렬 비분리형 외륜 궤도 구면		1	02 03 22 23	12 13 22 23
원통 롤러 베어링	단열 외륜 양쪽 턱붙이 내륜 턱 없음		N U	10 02 22 03 23 04	NU10 NU 2 NU22 NU 3 NU23 NU 4
	단열 외륜 양쪽 턱붙이 내륜 한쪽 턱붙이		N J	02 22 03 23 04	NJ 2 NJ22 NJ 3 NJ23 NJ 4
	단열 외륜 양쪽 턱붙이 내륜 한쪽 턱붙이 내륜 이완 리브붙이		N U P	02 22 03 23 04	NUP 2 NUP22 NUP 3 NUP23 NUP 4
	단열 외륜 양쪽 턱붙이 내륜 한쪽 턱붙이 L형 이완 리브붙이		N H	02 22 03 23 04	NH 2 NH22 NH 3 NH23 NH 4
	단열 외륜 턱 없음 내륜 양쪽 턱붙이		N	10 02 22 03 23 04	N10 N 2 N22 N 3 N23 N 4
	단열 외륜 한쪽 턱붙이 내륜 양쪽 턱붙이		N F	10 02 22 03 23 04	NF10 NF 2 NF22 NF 3 NF23 NF 4
	복렬 외륜 양쪽 턱붙이 내륜 턱 없음		N N U	49	NNU49
	복렬 외륜 턱 없음 내륜 양쪽 턱붙이		N N	30	NN30

▶표 8.3 베어링 계열 기호 (계속)

베어링의 형식		단면도	형식 기호	치수 계열 기호	베어링 계열 기호
솔리드형 니들 롤러 베어링	내륜 붙이 외륜 양쪽 턱붙이		N A	48 49 59 69	NA 48 NA 49 NA 59 NA 69
	내륜 없음 외륜 양쪽 턱붙이		R N A	-	RNA 48[1] RNA 49[1] RNA 59[1] RNA 69[1]
테이퍼 롤러 베어링	단열 분리형		3	29 20 30 31 02 22 22C 32 03 03D 13 23 23C	329 320 330 331 302 322 322 C 332 303 303 D 313 323 323 C
자동 조심 롤러 베어링	복렬 비분리형 외륜 궤도 구면		2	39 30 40 41 31 22 32 03 23	239 230 240 241 231 222 232 213[2] 223
단식 스러스트 볼 베어링	평면 자리형 분리형		5	11 12 13 14	511 512 513 514
복식 스러스트 볼 베어링	평면 자리형 분리형		5	22 23 24	522 523 524
스러스트 자동 조심 롤러 베어링	평면 자리형 단식 분리형 하우징 궤도 반궤도 구면		2	92 93 94	292 293 294

주 [1] 베어링 계열 NA48, NA49, NA59 및 NA69의 베어링에서 내륜을 뺀 서브유닛의 계열 기호이다.
　[2] 치수 계열에서는 203이 되나, 관례적으로 213으로 되어 있다.

▶표 8.4 안지름 번호

호칭 베어링 안지름 [mm]	안지름 번 호	호칭 베어링 안지름 [mm]	안지름 번 호	호칭 베어링 안지름 [mm]	안지름 번 호
0.6	/0.6[1]	75	15	480	96
1	1	80	16	500	/500
1.5	/1.5[1]	85	17	530	/530
2	2	90	18	560	/560
2.5	/2.5[1]	95	19	600	/600
3	3	100	20	630	/630
4	4	105	21	670	/670
5	5	110	22	710	/710
6	6	120	24	750	/750
7	7	130	26	800	/800
8	8	140	28	850	/850
9	9	150	30	900	/900
10	00	160	32	950	/950
12	01	170	34	1000	/1000
15	02	180	36	1060	/1060
17	03	190	38	1120	/1120
20	04	200	40	1180	/1180
22	/22	220	44	1250	/1250
25	05	240	48	1320	/1320
28	/28	260	52	1400	/1400
30	06	280	56	1500	/1500
32	/32	300	60	1600	/1600
35	07	320	64	1700	/1700
40	08	340	68	1800	/1800
45	09	360	72	1900	/1900
50	10	380	76	2000	/2000
55	11	400	80	2120	/2120
60	12	420	84	2240	/2240
65	13	440	88	2360	/2360
70	14	460	92	2500	/2500

주 [1] 다른 기호를 사용할 수 있다.

▶표 8.5 접촉각 기호

베어링의 형식	호칭 접촉각	접촉각 기호
단열 앵귤러 볼 베어링	10° 초과 22° 이하	C
	22° 초과 32° 이하	A[1]
	32° 초과 45° 이하	B
테이퍼 롤러 베어링	17° 초과 24° 이하	C
	24° 초과 32° 이하	D

주 [1] 생략할 수 있다.

8.4.3 보조 기호

보조 기호는 표 8.6과 같다.

또한 유지기, 봉입 그리스, 재료, 열처리 등의 시방을 나타내는 보조 기호는 인수·인도 당사자 간의 협정에 따른다.

▶**표 8.6** 보조 기호

시 방	내용 또는 구분	보조 기호
내부 치수	주요 치수 및 서브유닛의 치수가 ISO 355와 일치하는 것	J 3 [2]
실·실드	양쪽 실붙이	U U [2]
	한쪽 실붙이	U [2]
	양쪽 실드붙이	Z Z [2]
	한쪽 실드붙이	Z [2]
궤도륜 모양	내륜 원통 구멍	없음
	플랜지붙이	F [2]
	내륜 테이퍼 구멍 (기준 테이퍼비 $\frac{1}{12}$)	K
	내륜 테이퍼 구멍 (기준 테이퍼비 $\frac{1}{30}$)	K 30
	링 홈붙이	N
	멈춤 링붙이	N R
베어링의 조합	뒷면 조합	D B
	정면 조합	D F
	병렬 조합	D T
레이디얼 내부 틈새[3]	C 2 틈새	C 2
	C N 틈새	C N [1]
	C 3 틈새	C 3
	C 4 틈새	C 4
	C 5 틈새	C 5
정밀도 등급[4]	0급	없음
	6X급	P 6 X
	6급	P 6
	5급	P 5
	4급	P 4
	2급	P 2

주 [1] 생략할 수 있다.
　[2] 다른 기호를 사용할 수 있다.
　[3] KS B 2102 참조,
　[4] KS B 2014 참조

8.4.4 호칭 번호의 보기

보기 1   F 6 8 4 C 2 P 6

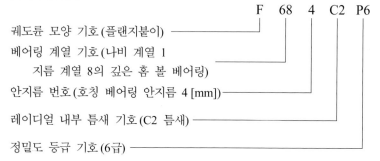

궤도륜 모양 기호 (플랜지붙이) ─────────
베어링 계열 기호 (나비 계열 1
  지름 계열 8의 깊은 홈 볼 베어링)
안지름 번호 (호칭 베어링 안지름 4 [mm]) ─────
레이디얼 내부 틈새 기호 (C2 틈새) ─────
정밀도 등급 기호 (6급) ─────

보기 2   6 3 0 6 N R

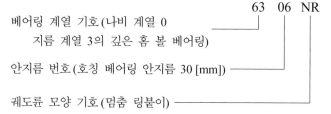

베어링 계열 기호 (나비 계열 0
  지름 계열 3의 깊은 홈 볼 베어링)
안지름 번호 (호칭 베어링 안지름 30 [mm])
궤도륜 모양 기호 (멈춤 링붙이) ─────────

보기 3   7 2 1 0 C D T P 5

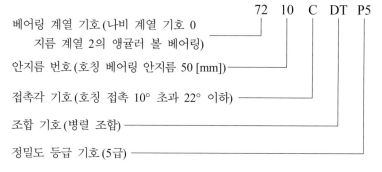

베어링 계열 기호 (나비 계열 기호 0
  지름 계열 2의 앵귤러 볼 베어링)
안지름 번호 (호칭 베어링 안지름 50 [mm])
접촉각 기호 (호칭 접촉 10° 초과 22° 이하) ─────
조합 기호 (병렬 조합) ─────────
정밀도 등급 기호 (5급) ─────────

보기 4   N U 3 1 8 C 3 P 6

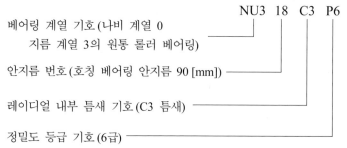

베어링 계열 기호 (나비 계열 0
  지름 계열 3의 원통 롤러 베어링)
안지름 번호 (호칭 베어링 안지름 90 [mm])
레이디얼 내부 틈새 기호 (C3 틈새) ─────
정밀도 등급 기호 (6급) ─────

8.5 구름 베어링의 종류와 특성

▶표 8.7 구름 베어링의 분류

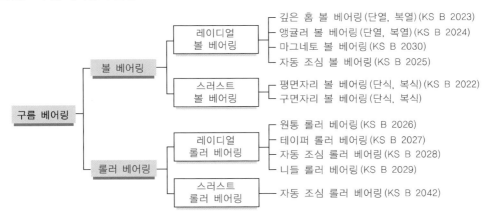

8.6 구름 베어링의 KS규격

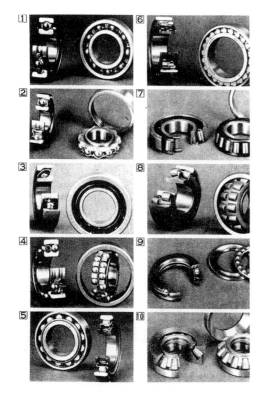

① 깊은 홈 한줄 볼 베어링
 (노치 없음)
② 레이디얼 컨텍트 볼 베어링
 (분리형)
③ 앵귤러 볼 베어링
 (비분리형)
④ 자동조심 볼 베어링
 (외륜궤도구면)
⑤ 원통롤러 베어링
 (외륜 플랜지 없음)(단열)
⑥ 레이디얼 원통롤러 베어링
 (외륜플랜지 부착)(복열)
 (외륜플랜지 없음)
⑦ 앵귤러 테이퍼 롤러 베어링
 (단열)
⑧ 자동조심 롤러 베어링
 (외륜궤도구면)(복열)
⑨ 스러스트 볼 베어링
 (단면좌형)
⑩ 스러스트 자동조심 롤러 베어링
 (외륜궤도구면)(단식)

그림 8.5 구름 베어링의 실물

8.7 볼접촉의 기초이론

8.7.1 Hertz의 탄성이론

볼 베어링의 설계는 많은 사항을 고려해야 한다. 그러나 여기서는 극히 일반적인 이론적 계산을 하기로 한다. 볼의 접촉압력, 변형에 대한 탄성역학적 계산은 Hertz 의 계산식을 이용한다. 그림 8.6에서와 같이 탄성계수 E[MPa] 가 같은 반지름 r_1[mm]과 r_2[mm]인 2볼을 P(N)의 힘으로써 서로 밀어 압력을 가하면 접촉면은 변형하여 지름 $2a$의 좁은 원형면적으로 된다. 그리고 2볼의 중심 간의 거리는 처음에 외접의 경우에는 $r_1 + r_2$ 이었던 것이 δ만큼 가까워지고, 또한 그림 8.7에서와 같이 내접하고 있는 경우도 처음에는 중심 거리가 $r_2 - r_1$ 이었던 것이 δ만큼 가까워질 것이다.

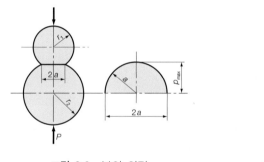

그림 8.6 볼의 외접   **그림 8.7** 볼의 내접

그리고 이때 a 와 δ 는 헤르츠에 의하면 다음 식으로 주어진다.

$$a = 1.109 \sqrt[3]{\frac{P}{E} \cdot \frac{r_1 r_2}{r_1 + r_2}} \ [\mathrm{mm}] \tag{8.1}$$

$$\delta = 2.46 \sqrt[3]{\frac{P^2}{E^2} \cdot \frac{r_1 + r}{r_1 r_2}} \ [\mathrm{mm}] \tag{8.2}$$

접촉면의 압력은 접촉원의 중심에서 최대치 $p_{\max}$ 로 되고 주위에서는 0이 된다. 평균압력 p_{mean} 은 P를 원면적으로 나눈 값이므로, 다음 관계식이 성립된다.

$$p_{\mathrm{mean}} = \frac{P}{\pi a^2} = \frac{1}{1.109^2 \pi} \sqrt[3]{PE^2 \left(\frac{r_1 + r_2}{r_1 r_2}\right)^2} \ [\mathrm{N/mm^2 = MPa}]$$

$p_{\max} = 1.5 \, p_{\mathrm{mean}}$ 의 관계가 있으므로 최대치 $p_{\max}$ 은 다음과 같이 표시된다.

$$p_{\max} = 0.388 \sqrt[3]{PE^2 \left(\frac{r_1 + r_2}{r_1 r_2} \right)^2} \; [\mathrm{MPa}] \qquad (8.3)$$

만일 지름 d 인 2개의 강구가 접촉하는 경우 $r_1 = r_2 = \dfrac{d}{2}$ 로 되어

$$p_{\max} = 0.388 \sqrt[3]{\frac{16PE^2}{d^2}} \; (\mathrm{MPa}), \quad P = \left(\frac{p_{\max}}{0.388} \right)^3 \cdot \frac{d^2}{16E^2} [\mathrm{N}] \qquad (8.4)$$

또는 강구 내부에 일어나는 최대압축응력을 $\sigma_{\max}$ 라고 하면, 이것은 $p_{\max}$ 와 같으므로

$$\sigma_{\max} = 0.388 \sqrt[3]{\frac{16PE^2}{d^2}} \; (\mathrm{MPa}), \quad P = \left(\frac{\sigma_{\max}}{0.388} \right)^3 \cdot \frac{d^2}{16E^2} [\mathrm{N}] \qquad (8.5)$$

그리고 반지름 r 의 볼이 반지름 $2r$ 의 볼의 내면에 접촉하는 경우

$$\sigma_{\max} = 0.388 \sqrt[3]{\frac{PE^2}{d^2}} \; (\mathrm{MPa}), \quad P = \left(\frac{\sigma_{\max}}{0.388} \right) \cdot \frac{d^2}{E_2} [\mathrm{N}] \qquad (8.6)$$

다음에 평면상에 볼이 접촉하는 경우는 $r_2 = \infty$ 로 되어 다음 식으로 된다.

$$\sigma_{\max} = 0.388 \sqrt[3]{\frac{4PE^2}{d^2}} \; (\mathrm{MPa}), \qquad P = \left(\frac{\sigma_{\max}}{0.388} \right) \cdot \frac{d^2}{4E_2} [\mathrm{N}] \qquad (8.7)$$

이상을 종합하여 표 8.8에 나타냈다.

위의 결과에서와 같이 볼이 평면과 접촉할 때에는 $\sigma_{\max}$ 의 같은 값에 대하여 압축력의 크기가 같은 볼이 접할 때의 4배가 되며, 볼의 2배의 지름이 볼면에 내접할 때에는 16배가 되는 것을 알 수 있다. 즉 강구끼리 서로 외접시키는 것은 위험하므로 내접시키는 것이 좋다. 즉 볼 베어링에서 보는 것처럼 강구와 레이스의 홈이 접촉하는 것이 가장 좋다.

8.7.2 구름 베어링의 부하용량의 이론계산식

구름 베어링의 돌지 않는 상태에서 정적하중이 작용하였을 경우에 견딜 수

▶**표 8.8** 볼 베어링의 부하용량의 이론적 해석

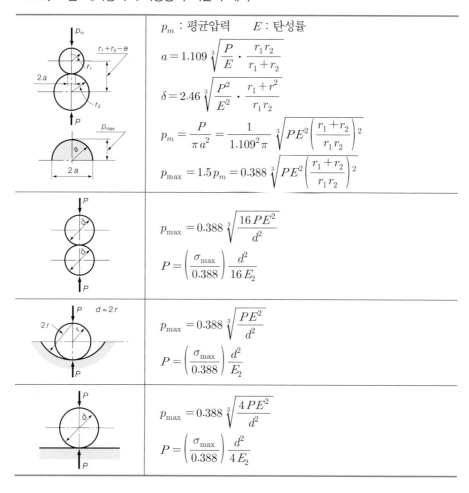

	p_m : 평균압력　　　E : 탄성률
	$a = 1.109 \sqrt[3]{\dfrac{P}{E} \cdot \dfrac{r_1 r_2}{r_1 + r_2}}$
	$\delta = 2.46 \sqrt[3]{\dfrac{P^2}{E^2} \cdot \dfrac{r_1 + r^2}{r_1 r_2}}$
	$p_m = \dfrac{P}{\pi a^2} = \dfrac{1}{1.109^2 \pi} \sqrt[3]{PE^2 \left(\dfrac{r_1 + r_2}{r_1 r_2}\right)^2}$
	$p_{\max} = 1.5 p_m = 0.388 \sqrt[3]{PE^2 \left(\dfrac{r_1 + r_2}{r_1 r_2}\right)^2}$
	$p_{\max} = 0.388 \sqrt[3]{\dfrac{16 PE^2}{d^2}}$ $\quad P = \left(\dfrac{\sigma_{\max}}{0.388}\right) \dfrac{d^2}{16 E_2}$
	$p_{\max} = 0.388 \sqrt[3]{\dfrac{PE^2}{d^2}}$ $\quad P = \left(\dfrac{\sigma_{\max}}{0.388}\right) \dfrac{d^2}{E_2}$
	$p_{\max} = 0.388 \sqrt[3]{\dfrac{4 PE^2}{d^2}}$ $\quad P = \left(\dfrac{\sigma_{\max}}{0.388}\right) \dfrac{d^2}{4 E_2}$

있는 하중의 크기가 구름 베어링의 부하용량이 되며, 볼 베어링이 횡하중을
받을 때 각볼에 걸리는 힘의 계산에 대하여서는 스트리벡 (Stribeck) 의 공식
을 이용하여 구한다. 즉 이 때는 그림 8.8에서 보는 것처럼 볼의 하반부분이
총하중 P 를 받고 볼의 상반부분은 하중을 받지 않는 상태에 있다. 이 볼들에
작용하는 힘을 각각 P_0, P_1, $P_2 \cdots$ 라 하면, P 방향에 있는 가장 아래에
있는 볼이 받는 힘 P_0 가 최대이다. P_0 의 힘을 받는 볼에서 다음 볼의 중심을
통과하는 선과 맺는 각을 α 라 하고, 볼의 수를 z 라 하면 $\alpha = \dfrac{360°}{z}$ 로 $\dfrac{1}{4}$
원 내에 있는 볼의 수는 $n \leq \dfrac{z}{4}$ 이다.

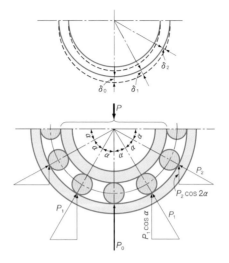

그림 8.8 볼 베어링의 부하해석

횡부하 P는 각 볼과 궤도륜(race) 과의 수직방향 압력의 분력 총합으로 지지되어 있으므로 다음 관계가 성립된다.

$$P = P_0 + 2P_1 \cos \alpha + 2P_2 \cos 2\alpha + \cdots + 2P_n \cos n\alpha \qquad (8.8)$$

볼이 압력을 받으면 변형하여 내륜과 외륜은 접근한다. 이때 양궤도륜의 반지름방향으로 접근되는 양은 볼의 압축변형률(compressive strain) 에 의하여 생기는 것이다. 그러나 볼의 크기가 같고 볼과 궤도륜 사이에는 틈이 없으며, 또 궤도륜은 아주 강하여 외력에 의하여 변형되지 않는다고 가정하면

$$\delta_1 = \delta_0 \cos \alpha, \ \ \delta_2 = \delta_0 \cos 2\alpha, \ \ \delta_n = \delta_0 \cos n\alpha \qquad (8.9)$$

또 Hertz 의 이론식에서

$$\frac{P_0{}^2}{\delta_0{}^3} = \frac{P_1{}^2}{\delta_1{}^3} = \frac{P_2{}^2}{\delta_2{}^3} = \cdots\cdots\cdots = \frac{P_n{}^2}{\delta_n{}^3} = 일정$$

따라서

$$P_1 = P_0 \left(\frac{\delta_1}{\delta_0} \right)^{\frac{3}{2}} = P_0 \cos^{\frac{3}{2}} \alpha$$

$$P_2 = P_0 \left(\frac{\delta_2}{\delta_0} \right)^{\frac{3}{2}} = P_0 \cos^{\frac{3}{2}} 2\alpha$$

$$\vdots$$

$$P_n = \cdots\cdots\cdots = P_0 \cos^{\frac{3}{2}} n\alpha$$

그러므로 $\quad P = P_0 (1 + 2\cos^{\frac{5}{2}}\alpha + 2\cos^{\frac{5}{2}}2\alpha + \cdots\cdots + 2\cos^{\frac{5}{2}}n\alpha)$ (8.10)

괄호 속은 z의 값에 따라서 다르나 z의 값으로 표시할 수 있다.

z	10	15	20
α	36°	24°	18°
괄호 속의 값	$2.28 = \dfrac{10}{4.38} = \dfrac{z}{4.38}$	$3.44 = \dfrac{15}{4.36} = \dfrac{z}{4.36}$	$4.58 = \dfrac{20}{4.37} = \dfrac{z}{4.37}$

그러므로 대체로 $\quad P = \dfrac{z}{4.38} P_0$

볼이 받는 최대하중 $\quad P_0 = \dfrac{4.38}{z} P$

각 볼은 같은 크기이고, 궤도륜이 변형되지 않는다는 가정하에서 얻은 것이므로 볼의 최대하중은 위의 식보다 약간 크게 된다.

대략 $P_0 = \dfrac{5}{z} P$

$$\therefore \ P = 0.2\, z P_0 \tag{8.11}$$

한편 Hertz의 탄성이론식에서

$$\delta = 2.46 \sqrt[3]{\dfrac{P_0^{\,2}}{E^2}\left(\dfrac{r_1 + r_2}{r_1 r_2}\right)^2}$$

$$\therefore \ \delta = (\text{상수}) \times \sqrt[3]{P_0^{\,2}}$$

$$\therefore \ \dfrac{P_0^{\,2}}{\delta^3} = \text{일정} \tag{8.12}$$

또 Hertz는 탄성적인 파괴하중은 볼 지름의 제곱 d^2에 정비례한다고 하였다. 볼이 내접하는 경우에는 다음과 같이 된다.

즉, $$P_0 = \left(\dfrac{\sigma_{\max}}{0.388}\right)^3 \dfrac{d^2}{E^2} [\text{N}]$$

볼에 허용응력을 줄 때 볼의 허용하중은 다음 식으로 주어진다.

$$P_0 = Kd^2 \tag{8.13}$$

여기서, K는 재료의 종류, 접촉면의 경도, 볼 홈의 형상, 하중상태 등에서 결정되는 상수로써 $d = 1 \,[\text{cm}]$이면 $K = P_0 \,[\text{kg}_\text{f}]$가 되므로 $d = 1 \,[\text{cm}]$의 경우의 값을 볼의 비하중(specific load)이라 한다. 식 (8.13)을 식 (8.11)에 대입하면 다음 식이 성립된다.

$$P = 0.2\, z K d^2 \tag{8.14}$$

윗 식을 **스트리벡의 공식**이라 한다.

속도의 영향을 고려하여 K의 값을 구하면 실험 결과에 의하여 그림 8.9와 같이 된다. 이 그림에서 가로축의 v 값은 다음 식을 이용하여 계산한 것이다.

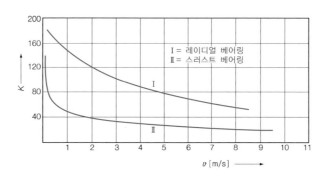

그림 8.9 롤러 베어링 K의 값

$$v = 0.000524\, D_m\, N \,[\text{m/s}] \tag{8.15}$$

단, D_m : 볼의 중심원의 지름

N : 궤도륜의 매분 회전속도

K의 값을 회전속도에 의하여 정하면 그림 8.10과 같이 된다. 그림 8.10은 가로형의 경우이고 곡선 I은 중심원 지름이 50 [mm] 이하의 경우, 곡선 II는 50~100 [mm] 이하의 경우, 곡선 III은 100~150 [mm] 이하의 경우이며, 곡선 IV는 200~250 [mm]의 경우이다.

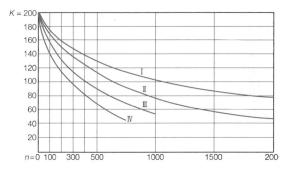

그림 8.10 회전속도와 K

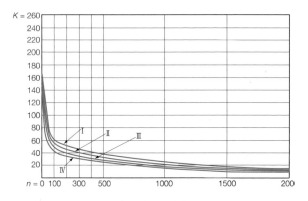

그림 8.11 스러스트 볼 베어링의 값

그림 8.11은 스러스트 볼 베어링에 대한 K의 값이다.

I : 100 [mm] 이하   II : 100~150 [mm]의 경우

III : 150~200 [mm]의 경우   IV : 200~250 [mm]의 경우

8.7.3 원통형 롤러 베어링의 부하하중

앞에서 논술한 바와 같이 통형 볼 베어링의 부하하중은 $P_0 = Kd^2$ 으로 계산한다. 따라서 원통형에 대해서는 d^2 대신에 롤러의 길이를 l [cm]이라 할 때 dl을 대입하면 된다.

즉, $$P_0 = Kdl \ [\mathrm{kg_f}] \tag{8.16}$$

K의 값은 교량, 구조물 등에 사용되어 거의 움직이지 않은 롤러 또는 주철로 만든 롤러가 주철제의 평판에 들어 있는 경우 $K = 26$, 같은 경우 강철의

롤러가 강철제의 평판 사이에 들어 있는 경우 $K = 60$, 기중기의 지주 등에 있어서 극히 느리게 회전하는 롤러 베어링으로 담금질한 강철제의 원통 롤러를 사용한 경우 $K = 150$으로 하는 것이 좋다. $d = l$의 짧은 원통형 롤러 베어링의 레이디얼 베어링의 경우 비하중 K의 값을 표시하면 다음 표 8.9와 같다.

▶ 표 8.9 비하중 K의 값

매분 회전속도 N	10	100	200	300	500	1,000	2,000	3,000	5,000
롤러의 평균속도 v	0.02	0.22	0.44	0.66	1.10	2.2	4.4	6.6	11.0
카탈로그의 부하하중용량 P	750	690	600	540	420	350	330	300	250
비하중 K	313	288	250	225	175	146	137	125	104

단, $v = 0.000524 DN$ [m/s]

🔒 예제 1

단열고정형의 레이디얼 볼 베어링, 호칭 번호 #6306에 0.5 [ton] $(= 500 \times 9.8$ [N]$)$의 횡하중이 작용하고 있을 경우, 각각의 볼에 작용하는 하중은 어느 정도인가? 단, 볼의 지름 31/64 [inch], 볼의 수 8, 볼의 중심이 긋는 원의 지름 52 [mm], 베어링 안지름 30 [mm], 베어링 바깥지름 72 [mm], 베어링의 폭은 19 [mm]라 한다.

풀이

그림 8.12와 같이 8개의 볼이 있고 축에 하중이 작용하고 있을 경우, 하중을 받는 볼은 아래쪽의 3개뿐이고, 좌우대칭이므로 가장 아래의 볼이 받는 하중 P_0와 그 옆의 볼이 받는 하중 P_1을 구한다. 스트리벡의 해석에 의하면

$$P_0 \fallingdotseq \frac{5P}{z}$$
$$P = 500 \times 9.8 = 4900 \text{ N}, \ z = 8, \ \therefore \ P_0 = 3062.5 \text{ [N]}$$
$$P_1 = P_0 \cos^{\frac{3}{2}} \alpha$$

그리고

$$\alpha = \frac{360°}{8} = 45°$$
$$P_1 = 3062.5 \times \left(\frac{1}{\sqrt{2}}\right)^{\frac{3}{2}} = \frac{3062.5}{2^{\frac{3}{4}}}$$
$$= \frac{3062.5}{1.682} \fallingdotseq 1821 \text{ [N]}$$

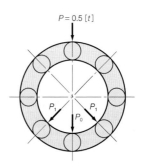

$P = 0.5$ [t]

P_1 P_1

P_0

그림 8.12 8개의 볼을 가진 단열고정형의 레이디얼 볼 베어링

8.7.4 구름 베어링의 기본부하용량

(1) 기본정적 부하용량

일반적으로 볼 베어링에서 볼의 열수를 λ 라 하고, 볼의 접촉각을 θ 라 하면 다음 식이 성립한다.

$$P = 0.2\,K z\,d^2\,\lambda \cos\theta \tag{8.17}$$

그리고 최대응력을 받고 있는 접촉부에서, 전동체의 영구변형량과 궤도륜의 영구변형량과의 합이 전동체 지름의 0.0001배로 되는 정적하중을 취하여 이 것을 기본정적 부하용량이라고 한다. 이것을 $C_0\,(\mathrm{N})$ 라 하며 KS B 2020에 다음과 같은 공식들을 규정하고 있다.

① 레이디얼 볼 베어링 $C_0 = f_0\,\lambda\,z\,d^2 \cos\theta$ (8.18)

② 레이디얼 롤러 베어링 $C_0 = f_0\,\lambda\,z\,l_e\,d \cos\theta$ (8.19)

③ 스러스트 볼 베어링 $C_0 = f_0\,z\,d^2 \sin\theta$ (8.20)

④ 스러스트 롤러 베어링 $C_0 = f_0\,z\,l_e\,d \sin\theta$ (8.21)

⑤ 자동조심볼 베어링 $C_0 = f_0\,\lambda\,z\,d^2 \cos\theta$ (8.22)

⑥ 깊은 홈 볼 베어링 및 앵귤러 볼 베어링 $C_0 = f_0\,\lambda\,z\,d^2 \cos\theta$ (8.23)

여기서 λ : 볼 또는 롤러의 줄수

     θ : 접촉각 [°]

     l : 롤러의 유효접촉길이 [mm]

     z : 한 줄 중의 볼 또는 롤러의 수

     d : 볼 또는 롤러의 지름 (원추롤러의 경우는 평균지름) [mm]

     f_0 : 베어링 각부의 모양 및 적용하는 응력수준에 따라 정하는 계수이고
표 8.10 에 나타낸다.

(2) 구름 베어링의 기본 동적 부하용량

베어링을 선정할 때 그 수명을 추정하는 것은 운전 중 베어링의 손상으로 인한 작업정지 때문에 생기는 경제적 손해를 방지하는 면에서 매우 중요하다. 베어링은 접촉압축응력에 의한 피로박리 (fatigue flaking) 현상 때문에 파괴된다. Palmgren과 Lundberg 등은 재료의 피로강도에 관한 실험계수를 이용하여

▶표 8.10 f_0의 값

베어링 형식		f_0
레이디얼 베어링	자동조심 볼 베어링	0.34
	깊은 홈 앵귤러 컨택트 볼 베어링	1.25
	롤러 베어링	2.2
스러스트 베어링	볼 베어링	5
	롤러 베어링	10

통계적으로 부하용량의 설계식을 구하였다.

실용상 베어링 수명은 "동일조건하에 있어서 베어링 그룹의 90 %가 피로 박리 현상을 일으키지 않고 회전할 수 있는 총회전속도"로 정의하고, 이것을 **베어링의 계산수명**이라고 한다. 따라서 기본부하용량은 100만 회전, 즉 $33\frac{1}{3}$ rpm의 속도로 500시간 회전하는 총회전속도의 계산수명을 갖는 일정하중을 말한다. 그리고 이와 같이 내륜을 회전시키고 외륜을 고정하는 조건하에서 한 무리의 같은 베어링을 개별적으로 운전시킬 때 계산수명이 100만 회전이 되는 방향과 크기가 변동하지 않는 하중을 기본동적 부하용량이라 한다. 수명을 시간으로 나타낼 경우에는 보통 500시간을 기준으로 한다. 그러므로 100만 회전의 수명은 $33.3 \times 60 \times 500 = 10^6$이므로 33.3 rpm에서 500시간의 수명에 견디는 하중이 된다. 기본동적 부하용량 $C\,[\mathrm{N}]$는 다음 식으로 주어진다.

① 레이디얼 볼 베어링

볼의 지름 d가 25.4 [mm] 이하인 경우 :

$$C = f_c (\lambda \cos \alpha)^{0.7} z^{\frac{2}{3}} d^{1.8} \tag{8.24}$$

볼의 지름 d가 25.4 mm 이상인 경우 :

$$C = f_c (\lambda \cos \alpha)^{0.7} z^{\frac{2}{3}} \times 0.647 d^{1.4} \tag{8.25}$$

② 레이디얼 롤러 베어링 $C = f_c (\lambda l_e \cos \alpha)^{\frac{7}{9}} z^{\frac{3}{4}} d^{\frac{29}{27}}$ \tag{8.26}

③ 단열 및 복열스러스트 볼 베어링

$d < 25.4$ 에 있어서

$\alpha = 90°$의 경우 : $C = f_c z^{\frac{2}{3}} d^{1.8}$ \tag{8.27}

$$\alpha \neq 90° \text{의 경우} : \ C = f_c \cos^{0.7} \alpha \tan \alpha \, z^{\frac{2}{3}} d^{1.8} \tag{8.28}$$

$d > 25.4$ 에 있어서

$$\alpha = 90° \text{의 경우} : \ C = f_c z^{\frac{2}{3}} \times 3.647 d^{1.4} \tag{8.29}$$

$$\alpha \neq 90° \text{의 경우} : \ C = (\cos \alpha)^{0.7} \tan \alpha \, z^{\frac{2}{3}} \times 3.647 d^{1.4} \tag{8.30}$$

④ 스러스트 롤러 베어링

$$\alpha = 90° \text{의 경우} : \ C = f_c l_e^{\frac{7}{9}} z^{\frac{3}{4}} d^{\frac{29}{27}} \tag{8.31}$$

$$\alpha \neq 90° \text{의 경우} : \ C = f_c (l_e \cos \alpha)^{\frac{7}{9}} \tan \alpha \, z^{\frac{3}{4}} d^{\frac{29}{27}} \tag{8.32}$$

이상의 식에서

λ : 한 개의 베어링 내의 전동체의 열수

C : 베어링 기본동적 부하용량[N]

z : 한 줄에 포함되어 있는 전동체의 수

d : 볼의 지름 (원추롤러의 경우는 중앙지름) [mm]

α : 접촉각 [°]

l_e : 롤러의 유효길이 [mm]

f_c : 베어링의 각부 모양, 가공정도 및 재료에 의하여 결정되는 계수

표 8.11 (a), (b)는 구름 베어링의 부하용량 규격표이다.

▶**표 8.11** (a) 구름 베어링의 부하용량

(단위 : [kg$_f$])

종 류	단열 깊은 홈 레이디얼 볼 베어링						단열 앵귤러 컨택트 볼 베어링				자동조심형 레이디얼 볼 베어링				원통 롤러 베어링			
하중의 구분	경하중용		중하중용		중하중용		경하중용		중하중용		경하중용		중하중용		경하중용		중하중용	
안지름 형번	6200		6300		6400		7200		7300		1200		1300		N 200		N 300	
번호	d	C	C_0	C	C_0	C	C_0	C	C_0	C	C_0	C	C_0	C	C_0	C	C_0	C	C_0
00	10	400	195	640	380							430	135	560	185				
01	12	535	295	760	470							435	150	740	240				
02	15	600	355	900	545							585	205	750	265				
03	17	755	445	1060	660	1770	1100					650	245	975	375				
04	20	1010	625	1250	790	2400	1560					775	325	980	410	980	695	1370	965
05	25	1100	705	1660	1070	2810	1900	1270	850	2080	1460	940	410	1410	610	1100	850	1860	1370
06	30	1530	1010	2180	1450	3350	2320	1770	1270	2650	1910	1220	590	1670	790	1460	1160	2450	1930
07	35	2010	1380	2610	1810	4300	3050	2330	1720	3150	2350	1230	675	1960	1000	2120	1700	3000	2360
08	40	2280	1580	3200	2260	5000	3750	2770	2130	3850	2930	1440	820	2310	1240	2750	2320	3750	3100
09	45	2560	1800	4150	3050	5850	4400	3100	2430	5000	3950	1700	975	2970	1620	2900	2500	4800	3900
10	50	2750	2000	4850	3600	6800	5000	3250	2600	5850	4700	1780	1100	3400	1780	3050	2700	5850	4960

번호	d																		
11	55	3400	2530	5650	4250	7850	6000	4000	3300	6750	5500	2090	1360	4000	2290	3650	3250	7100	5850
12	60	4100	3150	6450	4960	8450	6700	4850	4050	7700	6350	2350	1580	4450	2710	4400	4000	8500	7200
13	65	4500	3450	7300	5600	9250	7650	5500	4750	8700	7300	2410	1750	4850	2990	5100	4750	9500	8150
14	70	4850	3800	8150	6400	11100	10200	6000	5250	9800	8300	2710	1920	5800	3600	5300	5000	10400	9000
15	75	5150	4200	8900	7250	12000	11000	6200	5550	10600	9400	3050	2180	6200	3900	6200	5850	12700	11000
16	80	5700	4500	9650	8100	12700	12000	6950	6250	11500	10500	3100	2400	6900	4300	7100	6800	13400	12000
17	85	6500	5450	10400	9000	13600	13200	7800	7200	12400	11700	3850	2900	7600	4950	8150	7800	15000	13200
18	90	7500	6150	11200	10000	14500	14600	9200	8500	13400	13000	4450	3250	9050	5700	9800	9300	17300	15600
19	95	8500	7050	12000	11000			10500	9750	14300	14300	5000	3750	10300	6500	11400	11000	18600	17000
20	100	9550	8000	13600	13200			11300	10400	16200	17200	5400	4100	11100	7350	12700	12200	21600	19600
21	105	10400	9050	14400	14400			12300	11700	17200	18700	5800	4500	12100	8250	14000	13700	25000	22400
22	110	11300	10100	16100	16900			13300	13200	17300	22000	6850	5320	12700	9350	16300	15300	30000	26000
23	115																		
24	120	12100	11500	16200	16900			14300	14700	21000	25000					18300	18000	34000	30000

▶표 8.11 (b) 구름 베어링의 부하용량

(단위 : [kg$_f$])

종 류		테이퍼 베어링				구면구름 베어링				단식스러스트 볼 베어링				복식스러스트 볼 베어링			
하중의 구분		경하중용		중하중용		경하중용		중하중용		경하중용		중하중용		경하중용		중하중용	
형번 안지름		30200		30300		22200		22300		51100		51200		5220		52300	
번호	d	C	C_0	C	C_0	C	C_0	C	C_0	C	C_0	C	C_0	C	C_0	C	C_0
00	10									570	1140	720	1400				
01	12									570	1140	770	1550				
02	15			1290	980					615	1250	990	2000	990	2200		
03	17	1040	850	1630	1250					690	1480	1060	2200				
04	20	1600	1290	2550	1600					920	2000	1400	3050	1400	3050		
05	25	1760	1560	3050	2160					1300	3000	1800	4100	1800	4100	2260	4990
06	30	2400	2080	3550	2850					1420	3400	1980	4700	1980	4700	2780	6400
07	35	3100	2650	4750	3750					1580	4050	2650	6350	2650	6350	3600	8500
08	40	3600	3100	5400	4500			6300	5850	1970	5100	3200	7980	3200	7980	4500	11000
09	45	4150	3600	6800	5700			8000	7500	2100	5600	3350	8500	3350	8500	5270	13300
10	50	4550	4050	8000	6700			11000	10000	2230	6150	3500	9050	3500	9050	6350	16400
11	55	5600	5200	9150	7800			12900	11800	2750	7550	4900	12900	4900	12900	7600	20000
12	60	6100	5600	10800	9150			15600	14000	3250	9150	5300	14500	5300	14500	8000	21700
13	65	7200	6550	12500	10800			17600	15300	3350	9550	5500	15300	5500	15300	8400	23300
14	70	7800	7100	14300	12200			22400	19600	3500	10300	5700	16100	5700	16100	9800	27600
15	75	8650	8150	16000	13700			23200	21200	3680	11100	5900	16900	5900	16900	11200	32000
16	80	9650	8800	17600	15300	9500	10200	27500	24500	3750	11400	6050	17700	6050	17700	11700	34000
17	85	11400	10600	20000	17000	12200	13200	30000	26500	3900	12200	7250	21400	7250	21400	13200	39700
18	90	12700	12000	21600	19000	15600	16000	35500	31000	5000	15400	8750	26500	8350	26500	13200	39700
19	95	14000	13200	25500	22800	18300	19000	38000	34000								
20	100	16300	15600	28000	25500	21200	21200	45500	40500	6950	21800	10760	33300	10700	33300	15600	48400
21	105	18300	17000	30500	27500												
22	110	20400	19600	33500	30000	27500	26000	56000	50000	7300	23400	11400	36700	11400	36700		
23	115																
24	120	22800	21600	40000	36500	34000	33500	68000	60000	7600	25000	11700	38800	11700	38800		

▶**표 8.12** 구름 베어링의 수명계수 및 속도계수

베어링 형식	볼 베어링	롤러 베어링
수명시간	$L_h = 500\,f_h{}^3$	$L_h = 500\,f_h^{10/3}$
수명계수	$f_h = f_n \dfrac{C}{P}$	$f_h = f_n \dfrac{C}{P}$
속도계수	$f_n = \left(\dfrac{33.3}{N}\right)^{\frac{1}{3}}$	$f_n = \left(\dfrac{33.3}{N}\right)^{\frac{3}{10}}$

8.8 구름 베어링의 수명

8.8.1 구름 베어링의 수명계산식

계산수명은 $L\,[\mathrm{rpm}]$로 표시하면 L은 다음 식으로 주어진다.

$$\left.\begin{array}{l} L = \left(\dfrac{C}{P}\right)^r [10^6\ \mathrm{rev}] \\[3mm] P = C\dfrac{\sqrt[r]{10^6}}{\sqrt[r]{L}}\,[\mathrm{N}] \end{array}\right\} \tag{8.33}$$

축회전속도는 rpm으로 주어지지만 수명은 시간으로 표시되므로 다음과 같이 변형할 수 있다.

$$\frac{L}{10^6} = \left(\frac{C}{P}\right)^r \tag{8.34}$$

단, C를 100만 회전이라 규정하였으므로 L의 단위는 10^6이다. L_h를 수명시간이라 하면 L과의 관계는 다음과 같이 표시된다.

$$L_h = \frac{L}{60 \times N}\ [\mathrm{h}] \tag{8.35}$$

$L = L_n \times 10^6$이라 놓으면

$$L_h = \frac{L_n \times 10^6}{60 \times N}\ [\mathrm{h}] \tag{8.36}$$

그런데 $10^6 = 33.3\,[\mathrm{rpm}] \times 500 \times 60$ 이므로

$$L_n = \frac{L_h \times 60 \times N}{10^6} = \frac{L_h \times 60 \times N}{500 \times 33\frac{1}{3} \times 60} = \left(\frac{C}{P}\right)^r$$

$$\therefore\ \ L_h = 500\left(\frac{C}{P}\right)^r \times \frac{33.3}{N} \tag{8.37}$$

한편

$$L_h = 500\,{f_h}^r \tag{8.38}$$

여기서, f_h 는 수명계수라 한다.

식 (8.37)과 (8.38)에서 f_h 는 다음과 같이 된다.

$$f_h = \frac{C}{P}\sqrt[r]{\frac{33.3}{N}} \tag{8.39}$$

한편 $f_n = \sqrt[r]{\dfrac{33.3}{N}}$ 을 속도계수라 하고, 이것을 식 (8.39)에 대입하면 다음 식과 같이 된다.

$$f_h = f_n \frac{C}{P} \tag{8.40}$$

수명시간은 속도계수 f_n 과 수명계수 f_h 에서 구해진다.

볼 베어링에서는

$$L_h = 500\left(\frac{33.3}{N}\right)\left(\frac{C}{P}\right)^3 = 500\left(f_n\frac{C}{P}\right)^3 \tag{8.41}$$

롤러 베어링에서는

$$L_h = 500\left(\frac{33.3}{N}\right)\left(\frac{C}{P}\right)^{\frac{10}{3}} = 500\,{f_h}^{\frac{10}{3}} = 500\left(f_n\frac{C}{P}\right)^{\frac{10}{3}} \tag{8.42}$$

표 8.13은 구름 베어링의 여러 가지 용도에 따른 수명계수의 선정기준을 표시한 것이다.

▶표 8.13 구름 베어링에 있어서 수명계수의 선정기준

사 용 예		수명계수 f_h	수명시간 L_h
항상 회전하지 않는 것	팬의 개폐장치 자동차의 방향지시기 문바퀴	1	500
	항공발동기	1~3.5	500~1700
단속적으로 짧은 시간 사용하는 것	일반수동기계 기중기 농업기계 가정용기기	2~2.5	4000~8000
단속적 운전이지만 신뢰성을 요구하는 것	발전소용 보조기계 컨베이어 엘리베이터 일반하역기계 사용빈도가 적은 공작기계 응급기기 등	2.5~3	8000~13000
1일 8시간 운전하지만 항상 전부하가 아닌 것	공장의 모터(전동기) 일반 기어장치	3~3.5	14000~20000
1일 8시간 운전하며, 전부하운전의 경우	선적용 하역기계 공장 전동축 항상 운전 작업하는 기중기, 펌프, 송풍기, 압축기 일반생산기계 공작기계	3.5~4	2000~30000
1일 24시간 연속운전의 경우	펌프, 송풍기, 압축기 전동장치 광산권장기 24시간 연속 작업하는 작업기계	4.5~5	50000~60000
1일 24시간 연속운전 중 정지할 수 없는 경우	제지기계 그 밖의 화학기계 발전용 기계장치 광산 배수 펌프 수도급수장치 선박용 주기관 송배풍기계	6~7	100000~20000

8.9 구름 베어링의 설계

8.9.1 하중계수

베어링하중 P의 값은 축이 받는 중량 및 기어, 풀리, 벨트의 장력에 의한 힘 등에 의해서 구해진다. 그러나 베어링의 설치오차에 의한 진동, 기어의 정도와 다듬질, 변형에 의한 영향, 벨트에 가해지는 초장력의 영향 등 때문에 이론적으로 계산하지 못하는 하중을 받고 있다. 따라서 베어링을 선정할 때 베어링하중의 계산은 이론적 계산에서 구한 것에 경험으로부터 구한 보정계수인 **하중계수**를 곱한다. 즉 이론적 하중을 P_{th}라 하면 사용하중 P는 하중계수 f_w를 P_{th}에 곱하여 구한다.

$$P = f_w P_{th} \qquad (8.43)$$

또한 하중계수와는 별도로 기어장치에서 실제하중 P는 기어계수 f_g를 도입하여 다음 식으로 계산하기도 한다. 표 8.14는 하중계수 f_w를 표시하고

$$P = f_m f_g P_g \qquad (8.44)$$

단, f_m : 기계계수

P_g : 기어축에 작용하는 이론하중 [N]

풀리장치에서의 실제하중 P는 다음 식으로 주어진다.

$$P = f_m f_b P_b \qquad (8.45)$$

단, f_m : 기계계수

f_b : 벨트계수

P_b : 벨트의 유효회전력 (이론값) [N]

▶표 8.14 하중계수 f_w의 값

수명 시간 L_h / 하중 계수 f_w		2000~4000 [h]	5000~15000 [h]	20000~30000 [h]	40000~60000 [h]
		때때로 사용	단속적으로 사용한다. 항상 계속 사용하지 않는다.	연속적으로 계속 사용한다.	연속운전으로서 중요한 것
1~1.2	충격이 없는 원활한 운전	가정용 정전기 기구, 자전거 핸드·그라인더	컨베이어 호이스트 엘리베이터 에스컬레이터 톱닐판	일반 펌프 전동축 분리기 (seperator) 공작기계 윤전기 정당분밀기 모터 원심분리기	중요한 주전동축 중요한 모터
1.2~1.5	보통의 운전 상태		자동차	철도 차량 전차 소형 엔진 감속 치차장치	배수펌프 제지기계 볼 밀 (ball mill) 송풍기 기중기
1.5~2	어느 정도 충격과 진동을 수반한다.		석탄차 압연기		전차주전동기
2~2.5	진동, 충격을 수반하는 운전		건설기계, 진동이 많은 기어 장치	바이브레이터, 조오크러셔 (jaw crusher)	전차구동장치

다음 표 8.15는 기계계수 f_m, 표 8.16은 기어계수 f_g를, 표 8.17은 벨트계수를 표시한다.

▶표 8.15 기계계수 f_m

기계의 조건	
충격을 받지 않는 회전기계 예) 발전기, 전동기, 회전노, 터어보송풍기	1.0~1.2
왕복 운동을 하는 부분을 가진 기계 예) 내연기관, 요동식 선별기, 클랭크축	1.2~1.5
매우 심한 충격을 받는 기계 예) 압연기, 분쇄기	1.5~3.0

▶표 8.16 기어계수 f_g

기어의 종류	기어계수 f_g
정밀기계 (피치오차, 형상오차 모두 $20\,\mu$ 이하의 것)	$1.05 \sim 1.1$
보통기계가공기어 (피치오차, 형상오차 모두 $20 \sim 200\,\mu$의 것)	$1.1 \sim 1.3$

▶표 8.17 벨트계수 f_b

벨트의 종류	벨트계수 f_b
V 벨트	$2.0 \sim 2.5$
1플라이 평벨트 (고무, 가죽)	$3.5 \sim 4.0$
2플라이 평벨트 (고무, 가죽)	$4.5 \sim 5.0$

8.9.2 온도에 대한 고려

볼 베어링은 200 °C 이상의 온도에서는 사용하지 않는 것이 좋다. 온도에 의한 안전율을 다음과 같이 정하고, 카탈로그의 기재 하중용량을 이것으로 나누어 허용하중으로 하도록 규정하고 있다.

$$50\,°\sim 100\,[°C]\ 경우\ \cdots\cdots\ 1.5$$
$$100\,°\sim 150\,[°C]\ 경우\ \cdots\cdots\ 2$$

8.9.3 등가베어링하중 (equivalent bearing load)

(1) 베어링하중은 레이디얼 (수평) 하중과 스러스트 (축) 하중의 합성하중이 작용하는 경우가 많다. 또한 레이디얼 베어링에 스러스트 (축) 하중만 작용할 때도 가끔 있다. 이와 같은 경우 레이디얼 (수평) 하중에 대해서는 스러스트 (축) 하중을, 또 스러스트 베어링에 대해서는 수평하중을 각각 등가수평하중 또는 등가스러스트하중으로 환산한 것을 베어링하중으로 해야 한다. 수평방향의 레이디얼하중을 R, 축방향의 스러스트하중을 T라 하면 등가하중 P_r는 다음 식으로 계산된다.

$$\left.\begin{array}{l} P_r = vR \\ P_r = xvR + yT \end{array}\right\} \tag{8.46}$$

여기서 v : 회전계수, x : 레이디얼계수, y : 스러스트계수로서 각 베어링의 구조와 치수에 따라 다음 표 8.18에 표시한다. 단열베어링의 경우는 위의 2식으로 계산한 값 중에서 큰 쪽을 택한다. 복열 베어링의 경우는 아래식 $P_r = xvR + yT$의 식에서 계산한다.

표 8.18에서 내륜회전과 외륜회전의 구별은 실제로 내륜이나 외륜이 회전하는 경우를 말하는 것이 아니고, 하중의 방향에 대하여 내륜 또는 외륜의 상대적인 운동에 의하여 결정된다. 즉 **내륜회전**은 ① 실제로 내륜이 회전하여 하중의 방향이 일정한 경우와 ② 실제로는 외륜이 회전하지만 베어링하중의 방향도 역시 외륜과 더불어 회전하고, 축과 같이 고정한 내륜에 대하여 하중의 방향이 변화하는 경우이다.

외륜회전은 ① 실제로 외륜이 회전하고 하중의 방향이 일정한 경우와 ② 실제로는 내륜이 축과 더불어 회전하지만 베어링 하중의 방향도 역시 내륜과

▶ 표 8.18 단열구름 베어링의 v, x, y의 값

베어링의 종류	호칭번호	v		$P_r \leq vR$	
		내륜회전	외륜회전	x	y
단열레이디얼 볼 베어링		1	1.2	0.5	아래표
단열앵귤러 컨택트 볼 베어링	7202~7215 7303~7315	1	1.2	0.2	아래표
단열 원통 롤러 베어링	전종류	1	1.3	1	-
원추 롤러 베어링	30203~30204 30205~30212 30214~30230 30302~30303 30304~30307 30308~30324	1	1.3	0.3	2.2 2 1.7 2.8 2.5 2.2
	단열레이디얼 볼 베어링	단열 앵귤러 컨택트 볼 베어링			
	전종류	7202~7215 7303~7315			
$\dfrac{T}{D^2-d^2}$*	0.01	0.03	0.09	0	0.2	0.4
y	2	1.6	1.2	0.9	0.8	0.7

* 비고 D : 베어링 바깥지름 [mm], d : 베어링 안지름 [mm]

더불어 회전하고, 베어링 하우징에 고정된 외륜에 대하여 하중의 방향이 변화하는 경우이다.

복열베어링의 경우는 스러스트하중이 어느 한계까지는 복열 중 한쪽 열이 레이디얼하중의 일부를 받고, 다른 열이 횡하중의 일부와 스러스트하중을 받는다. 그러나 스러스트하중이 어느 한도를 넘으면 두 열 중의 어느 한쪽 열만이 하중을 받게 되므로, 표 8.19에서 (A)란과 (B)란에서 표시한 바와 같이 $P_r \geqq 2vR$, $P_r \leqq 2vR$에 따라 x, y의 값이 다르게 된다. 이 경우의 P_r를 계산하는 x, y는 (A), (B)란 어느 쪽을 사용해도 좋다.

등가 스러스트하중 P_t는

$$P_t = \frac{1}{y}P_r \qquad (8.47)$$

의 식으로 구할 수 있으나 일반 스러스트 베어링은 수평하중을 작용시킬 수 없다. 구면롤러(shpyrical roller)의 경우만 스러스트하중의 60 % 이내의 수평하중을 작용시킬 수 있으며, 다음 식으로 계산한다.

$$\text{회전좌 회전의 경우}: P_t = T + 1.5R \qquad (8.48)$$
$$\text{고정좌 회전의 경우}: P_t = T + 2.1R$$

회전좌 및 고정좌 회전의 구별은 각각 레이디얼 베어링의 경우의 내륜회전 및 외륜회전과 같은 양으로 생각한다.

(2) 단열앵귤러 컨택트 볼 베어링과 원추롤러 베어링 2개를 서로 상대하여 사용하는 경우, 횡하중이 작용하면 접촉각에 의하여 축방향의 분력이 생기게 되므로, 이것을 스러스트하중의 계산에 고려해야 될 것이다.

2개의 베어링에 대하여 각각

횡하중: R_1, R_2 등가하중: P_{r1}, P_{r2} 추력계수: y_1, y_2

라 하면 외부에서 스러스트하중 T를 받을 때

▶표 8.19 복열구름 베어링의 v, x, y의 값

베어링의 종류	호칭번호	v		(A) $P_r \geqq 2vR$		(B) $P_r \leqq 2vR$	
		내륜번호	외륜번호	x	y	x	y
복열 자동조심형 볼 베어링	1200~1203	1	1	0.6	3.5	1	2.5
	1204~1205				3.8		2.72
	1206~1207				4.5		3.25
	1208~1209				5.0		3.5
	1210~1212				5.5		4.0
	1213~1222				6.3		4.5
	1300~1303				3.2		2.25
	1304~1305				3.8		2.75
	1306~1309				4.2		3.0
	1310~1313				4.5		3.25
	1314~1322				5.0		3.5
	2204~2207				2.8		2.0
	2208~2209				3.5		2.5
	2210~2213				3.8		2.75
	2214~2215				4.2		3.0
	2304				2		1.5
	2305~2310				2.5		1.75
	2311~2315				2.8		2
복열 앵귤러 컨택트 볼 베어링	3204~3215	1	1.2	0.4	1.3	1	0.8
	3304~3313						
구면 롤러 베어링	22216~22217	1	1.3	0.6	4.2	1	3.0
	22218~22220				3.8		2.75
	22222~22260				3.7		2.6
	22308~22312				2.5		1.8
	22313~52340				2.8		2.0
	22344~22352				3.0		2.1

① $\dfrac{R_1}{1.6\,y_1} < \dfrac{R_2}{1.6\,y_2} + T$ 의 경우

$$P_{r1} = y\,vR_1 + y_1\left(\dfrac{R_1}{1.6\,y_2} + T\right) \tag{8.49}$$

$$P_{r2} = v\,R_2$$

② $\dfrac{R_1}{1.6\,y_2} > \dfrac{R_2}{1.6\,y_2} + T$ 의 경우

$$P_{r1} = vR_1$$

$$R_{r2} = x \cdot v \cdot R_2 + y_2\left(\dfrac{R_1}{1.6\,y_1} - T\right) \tag{8.50}$$

(3) 레이디얼 하중과 스러스트하중이 동시에 작용하는 스러스트 베어링에 레이디얼 하중 R과 스러스트하중 T가 동시에 작용할 때

$$P_r = xR + yT \tag{8.51}$$

로 구한다. $x,\ y$의 값은 표 8.20에 의한다.

▶**표 8.20** $x,\ y$의 값

베어링 종류	베어링 번호		$\dfrac{T}{R} \leqq e$		$\dfrac{T}{R} > e$		e
			x	y	x	y	
단열고정형 레이디얼 볼 베어링	60, 62 63, 64 등의 각번호	$T/c_0 = 0.04$			0.35	2	0.32
		$= 0.08$			0.35	1.8	0.36
		$= 0.12$	1	0	0.34	1.6	0.41
		$= 0.25$			0.33	1.4	0.48
		$= 0.4$			0.31	1.2	0.57
원추 롤러 베어링	30203~30204		1	0	0.4	1.75	0.34
	05~08					1.6	0.37
	09~22					1.45	0.41
	24~30					1.35	0.44
	30302~30303					2.1	0.28
	04~07					1.95	0.31
	08~24					1.75	0.34
자동 조심형 레이디얼 볼 베어링	1200~1203		1	2	0.65	3.1	0.31
	04~05			2.3		3.6	0.27
	06~07			2.7		4.2	0.23
	08~09			2.9		4.5	0.21
자동 조심형 레이디얼 롤러 베어링	10~12		1	3.4	0.65	5.2	0.19
	13~22			3.6		5.6	0.17
	24~30			3.3		5	0.2
	1300~1303			1.8		2.8	0.34
	04~05			2.2		3.4	0.29
	06~09			2.5		3.9	0.25
	10~24			2.8		4.3	0.23
	26~28			2.6		4	0.24

그림 8.13 과 같이 앵귤러 컨택트형, 레이디얼 볼 베어링 또는 원추롤러 베어링이 서로 대면하여 설치되어 있는 경우

① $\dfrac{R_1}{2\,y_1} \leqq \dfrac{R_2}{2\,y_2} + T$의 경우

$$\left.\begin{array}{l} P_1 = x_1\,R_1 + y_2\left(\dfrac{R_2}{2\,y_2} + T\right) \\[4mm] P_2 = R_2 \end{array}\right\} \qquad (8.52)$$

② $\dfrac{R_1}{2\,y_1} \geqq \dfrac{R_2}{2\,y_2} + T$의 경우

$$\left.\begin{array}{l} P_1 = R_1 \\[4mm] P_2 = x_2\,R_2 + y_1\left(\dfrac{R_1}{2\,y_1} - T\right) \end{array}\right\} \qquad (8.53)$$

여기서, $P_1,\ P_2$: 베어링 1, 2의 등가 레이디얼하중 (등가횡하중)

$R_1,\ R_2$: 베어링 1, 2에 작용하는 레이디얼하중

T : 외부에서 작용하는 스러스트하중

$x_1,\ x_2$: 베어링 1, 2의 레이디얼계수

$y_1,\ y_2$: 베어링 1, 2의 스러스트계수

$\dfrac{R}{2\,y}$: 횡하중 R에 의하여 생긴 스러스트하중

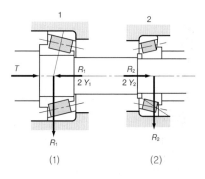

그림 8.13

🔒 **예제 2**

회전속도 300 [rpm]으로 베어링하중 110 [kg$_f$](= 1078 [N])를 받는 단열 레이디얼 볼 베어링을 선정하시오.

풀이

$L_h = \dfrac{L_n \times 10^6}{60\,N}$ [h]에서 $L_h = 60000$ 시간으로 생각한다.

$$L_n = \frac{60\,N L_h}{10^6} = \frac{60 \times 300 \times 60000}{10^6} = 1080 [10^6\,\text{rev}]$$

표(8.14)에서 $f_w = 1.5$로 하여 $P = 1.5 \times 1078 = 1617$ [N]

$$L_n = \left(\frac{C}{P}\right)^3$$
$$C = P \sqrt[3]{L_n} = 1617 \times \sqrt[3]{1080} \fallingdotseq 16590\,\text{N} \fallingdotseq 1693 [\text{kg}_f]$$

표(8.11)에서 No. 6207 ($C = 2010$ [kg$_f$]) 또는 No. 6306 ($C = 2180$ [kg$_f$])

🔒 **예제 3**

베어링 No. 6310 의 단열 레이디얼 볼 베어링에 그리이스 윤활로 30000시간의 수명을 주려고 한다. 최대사용회전속도와 그 때의 베어링하중을 구하시오.

풀이

베어링 No. 6310의 안지름 50 [mm]이고, 한계 dN의 값은 200000이므로

$$N = \frac{dN}{d} = \frac{200000}{50} = 4000 \text{ [rpm]}$$
$$L_n = \frac{60\,N L_h}{10^6} = \frac{60 \times 4000 \times 30000}{10^6} = 7200 \text{ } [10^6\text{회전}]$$

표(8.11)에서 No. 6310에 대하여 $C = 4850$ [kg$_f$] $\fallingdotseq 47530$ [N]

$$P = \frac{C}{\sqrt[3]{L_n}} = \frac{47530}{\sqrt[3]{7200}} \fallingdotseq 2462 \text{ [N]} \fallingdotseq 251 [\text{kg}_f]$$
$$\therefore \ 4000 \text{ [rpm]}, \quad 251 [\text{kg}_f] \,(= 2462 \text{ [N]})$$

🔒 **예제 4**

베어링하중 1960 [N]를 복열 자동조심형 볼 베어링으로 지지하고 회전속도 300 [rpm]으로 어느 정도의 충격을 수반하고 연속적으로 사용한다고 가정하여 베어링을 선정하시오.

풀이

표에서 $L_h = 30000$ [h]

$$L_n = \frac{60\,NL_h}{10^6} = \frac{60 \times 300 \times 30000}{10^6} = 540 \quad [10^6 회전]$$

어느 정도의 충격을 수반하므로 하중계수 $f_w = 2$ 로 하여

$$P = 2 \times 1960 = 3920\,[\mathrm{N}]$$
$$C = P\sqrt[3]{L_n} = 3920\sqrt[3]{540} = 31922\,[\mathrm{N}] = 3257\,[\mathrm{kg_f}]$$

그러므로 표에서 No. 1310 ($C = 3400\,[\mathrm{kg_f}]$) 또는 No. 1217 ($C = 3850\,[\mathrm{kg_f}]$)을 선정한다.

🔒 **예제 5**

단열레이디얼 볼 베어링 6204에 300 [rpm] 으로써 20000 시간의 수명을 주려고 한다. 이때 베어링의 지지할 수 있는 최대 베어링하중을 구하시오. 단, 일반적인 운전상태에 있다고 한다.(단, $C = 1296\,[\mathrm{kg_f}]$이다.)

풀이

$$C = 1296\,[\mathrm{kg_f}] = 12700\,[\mathrm{N}]$$

$$L_n = \frac{60\,NL_h}{10^6} = \frac{60 \times 300 \times 20000}{10^6} = 360 \quad [10^6 회전]$$

$$f_w = 1.5$$

$$P = \frac{12700}{1.5 \times \sqrt[3]{360}} = 1190.7\,[\mathrm{N}] = 121.5\,[\mathrm{kg_f}]$$

🔒 **예제 6**

용량 10 [ton]($= 10000 \times 9.8\,[\mathrm{N}]$) 윈치의 후크에 사용하는 단열 스러스트 볼 베어링을 선정하여라.

풀이

충격적으로 10 [ton]이 작용한다고 가정하고 하중계수를 $f_w = 2.5$ 로 하면

$$P = 2.5 \times (10000 \times 9.8) = 245000\,[\mathrm{N}] = 25000\,[\mathrm{kg_f}]$$

후크에는 약간의 움직임이 있을 뿐이므로 정적 기본 부하용량 C_0를 기준으로 선정한다. 표에서 No. 51218를 선정하면 $C_0 = 26500\,[\mathrm{kg_f}]$이므로 안전하다.

🔒 **예제 7**

150 [rpm]으로서 980 [N]의 하중을 받치는 감속기어축용의 단열 레이디얼 볼 베어링을 선정하시오. 단, 수명을 30000시간, 일반적인 운전상태로 한다.

풀이

$$f_w = 1.5, \quad P = 1.5 \times 980 = 1470\,[\text{N}] = 150\,[\text{kg}_\text{f}]$$

$$L_n = \frac{60 \times 150 \times 30000}{10^6} = 270 \quad [10^6 \text{ 회전}]$$

$$\therefore \quad C = 1470\sqrt[3]{270} \fallingdotseq 9501\,[\text{N}] \fallingdotseq 969\,[\text{kg}_\text{f}]$$

표에서 No. 6204 ($C = 1010\,[\text{kg}_\text{f}]$)

예제 8

원통 롤러 베어링 No. 206 이 500 [rpm] 으로 180 $[\text{kg}_\text{f}]\,(= 180 \times 9.8\,[\text{N}])$ 의 베어링하중을 지지하고 있다. 이 때의 수명시간을 계산하시오. 단, 일반적인 운전상태에 있다.

풀이

표 8.11에서 $C = 1460\,[\text{kg}_\text{f}] = 14308\,[\text{N}], \quad r = \dfrac{10}{3}, \quad f_w = 1.5$

$$\therefore \quad P = 1.5 \times (180 \times 9.8) = 2646\,[\text{N}] = 270\,[\text{kg}_\text{f}]$$

$$\therefore \quad L_n = \left(\frac{14308}{2646}\right)^{\frac{10}{3}} \fallingdotseq 278 \quad [10^6 \text{ 회전}] \quad \therefore \quad L_h = \frac{278 \times 10^6}{60 \times 500} \fallingdotseq 9270\,[\text{h}]$$

예제 9

1300형의 복열 자동조심형 볼 베어링으로 300 $[\text{kg}_\text{f}]\,(= 300 \times 9.8\,[\text{N}])$ 의 레이디얼하중과 100 $[\text{kg}_\text{f}]\,(= 1000 \times 9.8\,[\text{N}])$ 의 스러스트하중을 받고 있다. 회전속도 300 [rpm] 으로 30,000 시간의 수명을 주려고 할 때, 이 베어링을 선정하시오. 단, 운전은 일반적인 운전상태에 있다.

풀이

$$\frac{T}{R} = \frac{100}{300} = 0.333 > e = 0.29 \sim 0.24$$

따라서

$$x = 0.65, \quad y = 3.9\text{ 로 가정하고 } f_w = 1.5\text{ 로 하면}$$

$$y = f_w\,(x\,R + y\,T) = 1.5\,\{0.65 \times (300 + 4.0) + 3.9 \times (100 \times 9.8)\}$$

$$\fallingdotseq 8600\,[\text{N}] \fallingdotseq 878\,[\text{kg}_\text{f}]$$

$$L_n = \frac{60 \times 300 \times 30000}{10^6} = 540, \quad C = 8600\sqrt[3]{540} \fallingdotseq 70032\,\text{N} \fallingdotseq 7146\,[\text{kg}_\text{f}]$$

No. 1318($C = 9050\,[\text{kg}_\text{f}]$)의 베어링에 대한 $x = 0.65, \ y = 4.3$ 을 사용하여 검토하면

$$P = 1.5 \times \{0.65 \times (300 \times 9.8) + 4.3 \times (100 \times 9.8)\} \fallingdotseq 9188\,\text{N} \fallingdotseq 928\,[\text{kg}_\text{f}]$$

$$\therefore \quad L_n = \left(\frac{9050 \times 9.8}{9188}\right)^3 \fallingdotseq 899 > 540\,[10^6 \text{ 회전}] \quad \therefore \quad \text{No. 1318 적합함.}$$

8.10 구름 베어링의 종합문제

유량 $Q = 0.6\,[\mathrm{m}^3/\mathrm{min}]$, 양정 30 [m]의 원심펌프가 있다. 동력 3.7 [kW], 3500 [rpm]으로 구동될 때 다음 사항에 답하시오. 단, 굽힘을 고려하여 축의 재질을 SM 45C ($\sigma_b = 570\,[\mathrm{MPa}]$)라 하고 이 축에 생기는 허용전단응력 $\tau_a = \dfrac{\sigma_b}{2}$ 로 한다 (그림 8.14).

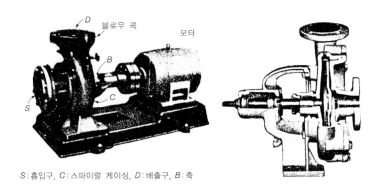

S:흡입구, C:스파이럴 케이싱, D:배출구, B:축

그림 8.14 원심펌프의 외관

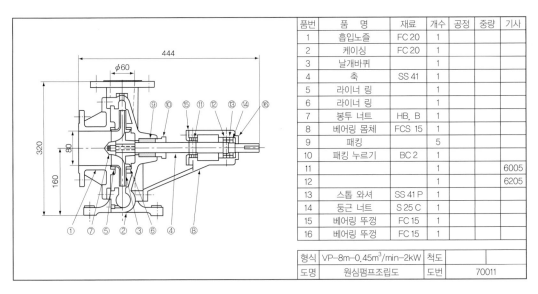

품번	품 명	재료	개수	공정	중량	기사
1	흡입노즐	FC 20	1			
2	케이싱	FC 20	1			
3	날개바퀴		1			
4	축	SS 41	1			
5	라이너 링		1			
6	라이너 링		1			
7	봉투 너트	HB, B	1			
8	베어링 몸체	FCS 15	1			
9	패킹		5			
10	패킹 누르기	BC 2	1			
11			1			6005
12			1			6205
13	스톱 와셔	SS 41 P	1			
14	둥근 너트	S 25 C	1			
15	베어링 뚜껑	FC 15	1			
16	베어링 뚜껑	FC 15	1			

형식	VP-8m-0.45m³/min-2kW	척도		
도명	원심펌프조립도	도번		70011

그림 8.15 원심펌프의 조립도

문제 1 펌프의 러너(runner)가 길이 500 [mm], 지름 20 [mm]의 축의 중앙에 설치되었을 때, 이 축의 사용전단응력을 구하고 안전성을 검토하시오.

문제 2 이 축과 러너를 6×3.5×18 [mm]의 묻힘키로서 고정할 때 키 내에 생기는 응력을 검토하시오.

문제 3 등가레이디얼하중 = 62 [kgf], 하중계수 $f_w = 2.0$, 기본부하중용량 $C = 1660$ [kgf]의 볼 베어링으로 이 축을 지지하고 있을 때 볼 베어링 계산수명은 몇 시간인가?

문제 4 지름 14 [mm]인 4개의 볼트로 원심펌프 장치를 설치대에 고정시킬 때 볼트에 생기는 전단응력을 구하시오. 볼트 사이의 거리는 100 [mm]이다.

> 풀이

1. $H' = H_{kW} = 3.7$ [kW], 회전속도 $N = 3500$ [rpm]

$$\text{토크} \quad T = 9754200 \frac{H_{kW}}{N} = 9545200 \times \frac{3.7}{3500} ≒ 10090.6 \, [\text{N} \cdot \text{mm}]$$

$$\text{또,} \quad T = \frac{\pi}{16} d^3 \tau$$

$$\therefore \tau = \frac{16 T}{\pi d^3} = \frac{16 \times 10090.6}{3.14 \times 20^3} ≒ 6.42 \, [\text{MPa}]$$

$$\tau_{\max} = \frac{\sigma_b}{2} = \frac{570}{2} = 285 \, [\text{MPa}]$$

$$\text{안전율} \quad S_f = \frac{\tau_{\max}}{\tau} = \frac{285}{6.42} ≒ 44$$

2. 펌프의 축의 회전력을 P [N]라 하면

$$T = P \times \frac{d}{2} \quad \therefore P = \frac{T}{\dfrac{d}{2}} = \frac{10090.6}{\dfrac{20}{2}} ≒ 1009.1 \, [\text{N}]$$

$$\text{전단면적} \quad A_s = 18 \times 6 = 108 \, [\text{mm}^2]$$

$$\therefore \text{전단응력} \quad \tau = \frac{P}{A_s} = \frac{1009.1}{108} ≒ 9.34 \, [\text{MPa}]$$

$$\text{또는 공식} \quad \tau = \frac{2 T}{b l d} = \frac{2 \times 10090.6}{6 \times 18 \times 20} ≒ 9.34 \, [\text{MPa}]$$

$$\text{측면의 압축면적} \quad A_c = 18 \times \frac{3.5}{2} = 31.5 \, [\text{mm}^2]$$

$$\text{압축응력} \quad \sigma_c = \frac{P}{A_c} = \frac{1009.1}{31.5} = 32.04 \, [\text{MPa}]$$

$$\text{또는} \quad \sigma_c = \frac{4 T}{h l d} = \frac{4 \times 10090.6}{3.5 \times 18 \times 20} = 32.04 \, [\text{MPa}]$$

충분히 안전하다.

3. 실제하중 $P = f_w P_0 = 2.0 \times (62 \times 9.8) = 1215.2\,[\mathrm{N}]$

   공식 $L_h = 500 \left(\dfrac{C}{P} \right)^3 \times \dfrac{33.3}{N} = 500 \left(\dfrac{1660 \times 9.8}{1215.2} \right)^3 \times \dfrac{33.3}{3500} \fallingdotseq 11413\,[\mathrm{h}]$

   또는 $L_n = \left(\dfrac{C}{P} \right)^3 \times 10^6 = \left(\dfrac{1660 \times 9.8}{1215.2} \right)^3 \times 10^6 \fallingdotseq 2.39916 \times 10^9\,[\mathrm{rev}]$

   $$L_h = \dfrac{L_n}{3500 \times 600} \fallingdotseq 1143\,[\mathrm{h}]$$

4. 1개의 볼트가 받는 전단력을 F_b 라 하면

   $$4\,F_b = \dfrac{B}{2} = T \quad \therefore\ F_b = \dfrac{T}{2\,B} = \dfrac{10090.6}{2 \times 100} \fallingdotseq 50.5\,[\mathrm{N}]$$

   또한 볼트의 지름을 d 라 하면

   $$\dfrac{F_b}{\dfrac{2\,d^2}{4}} = \tau \quad \therefore\ \tau = \dfrac{4\,F_b}{\pi\,d^2}$$

   $$\tau = \dfrac{4\,F_b}{\pi\,d^2} = \dfrac{4 \times 50.5}{\pi \times 14^2} \fallingdotseq 0.33\,[\mathrm{MPa}]$$

연습 문제

1. 깊은 홈형 볼 베어링 6210을 레이디얼하중 1960 [N], 스러스트하중 1960 [N], 회전속도 $N = 900$ [rpm]의 내륜회전으로 사용할 때 수명시간을 구하시오. 단, 하중계수 $f_w = 1.3$ 이라 한다.

2. 베어링 안지름 40 [mm]의 자동조심볼 베어링을 레이디얼하중 9800 [N], 회전속도 $N = 10$ [rpm]으로 일반적인 운전상태로 사용한다. 5000시간의 수명을 얻으려면 호칭 번호 몇 번의 것을 선정해야 되는가?

3. 사용조건이 레이디얼하중 343000 [N], 스러스트하중 34300 [N], 회전속도 (외륜회전) $N = 88$ [rpm]인 컨베이어의 드럼 베어링, 자동조심형 롤러 베어링으로 $e = 0.37$의 것을 사용하였다. 마모수명을 고려하였을 경우의 실용수명을 구하시오.

4. 단열깊은 홈형 레이디얼 볼 베어링 6212에 레이디얼하중 4900 [N]가 작용하고, 1000 [rpm]으로 회전할 때 수명시간을 계산하시오.

5. 문제 4번에서 스러스트하중 4900 [N] 를 동시에 받을 때 수명시간을 구하시오.

6. 150 [rpm]으로 회전하고 있는 단식스러스트 볼 베어링 51206이 있다. 1000시간을 확보하려면 스러스트하중을 얼마로 제한할 것인가? 단, 하중계수는 1.0이라 한다.

Chapter 09

미끄럼 베어링

9.1 미끄럼 베어링의 종류

미끄럼 베어링 (sliding bearing) 은 그림 9.1에서와 같이 축과 베어링 메탈 사이에 얇은 유막을 형성시켜서 상대 미끄럼운동을 하는 베어링으로써, 하중이 작용하는 방향에 따라 반지름방향의 하중을 받는 **레이디얼 미끄럼 베어링** (radial sliding bearing) 과 축방향의 하중을 받는 **스러스트 미끄럼 베어링** (thrust sliding bearing) 으로 구분한다.

또한 윤활의 원리에 따라 동압 베어링과 정압 베어링으로 나누어진다.

동압 베어링은 베어링과 축 사이의 상대운동에 의하여 동역학적으로 유막에 압력을 발생시킴으로써 하중을 지지하는 것이고, 정압 베어링은 정역학적으로 유막압력을 발생시켜서 하중을 지지하는 것이다.

베어링들을 분류하면 표 9.1과 같다.

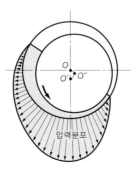

그림 9.1 미끄럼 베어링

▶**표 9.1** 미끄럼 베어링의 분류

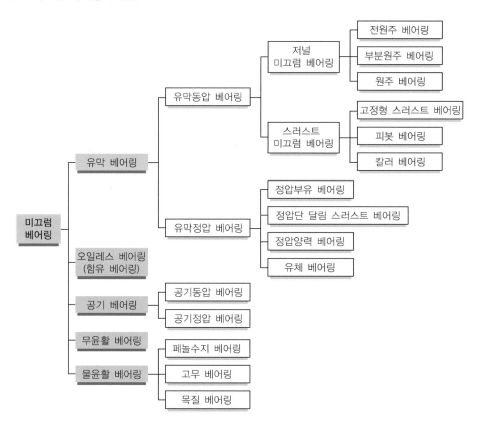

9.2 미끄럼 베어링에 있어서 미끄럼면의 형식

9.2.1 평행 미끄럼

미끄럼면이 서로 평행상태에 있는 경우를 말하며, 공작기계의 안내면, 칼러 스러스트 베어링의 미끄럼면, 크로스 헤드의 안내면 등이 이 형식에 속한다 (그림 9.2). 정지면 B에 윤활유 C가 있고, 그 위에 B면과 평행한 이동면 A

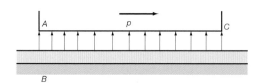

그림 9.2 평행 미끄럼

▶ 표 9.2 미끄럼 베어링의 형식

		레이디얼 베어링		스러스트 베어링	
	기본형식	특 징	기본형식	특 징
동압 베어링		원통저널 베어링으로써 가장 일반적이며, 2조각으로 분할 또는 부동 부시를 사용한다.		고정식 경사스러스트 베어링으로써 간단하고 값이 싸므로 널리 사용된다.
		부분저널 베어링으로써 부하 부분만 사용하므로 효율이 좋지만, 하중방향이 변화하는 경우는 사용하지 못한다.		평행면 스러스트 베어링으로써 간단한 기름 홈을 병용하는 수도 있으나 큰 추력에는 못 견딘다.
		미첼형 저널 베어링으로써 피봇 대신에 스프링을 사용하는 수도 있다. 부하용량이 크다.		미첼형 스러스트 베어링으로써 고성능이지만 비교적 고가이다.
정압 베어링		정압저널 베어링으로써 사방에서 정압으로 지지된 원통저널도 있다. 축심의 안정에 효과적이다.		정압스러스트 베어링으로 저속고하중이고, 동적인 유막구성능력이 낮은 경우에 유효하다.

가 화살표방향으로 B면에 평행하게 미끄러져 갈 때, 두 면 사이에 유압 p가 발생되고, 유압 p는 A면의 전체에 걸쳐서 고르고 낮은 압력분포를 나타내며, 그 전압력이 A면을 지지하는 힘이 된다.

9.2.2 경사 미끄럼면

미끄럼 면이 그림 9.3과 같이 경사면에 대하여 경사져 있어서 화살표방향으로 미끄러져 갈 때의 경우를 말한다. 압력분포는 균일하지 않으며, 그림에

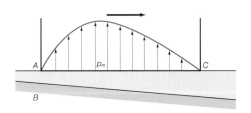

그림 9.3 경사 미끄럼면

서와 같이 입구와 출구에서는 0 이 되고, 중간에서 최고 P_{max} 로 되는 포물선 모양의 분포상태를 이루게 된다.

A 면을 지지하는 힘은 압력분포의 전체 수압면적에 대한 적분치이고, 받침 중심점은 분포 곡선 밑의 면적 중심이다. 이것은 미첼 베어링 (michell bearing), 즉 킹스베리 베어링 (kingsbury bearing) 등에 응용된다.

9.2.3 원통 미끄럼면

그림 9.4에서와 같이 축 A가 베어링 구멍 B에 대하여 화살표방향으로 회전하는 경우를 말하며, 일반적인 레이디얼 베어링은 여기에 속한다. 이 때의 압력분포는 그림에서와 같이 축중심 O와 구멍 중심 O_1에 의하여 최대간격이 a점, 최소간격이 b점으로서 분포된다. 축을 받치는 힘은 $\overline{ac}$ 사이에서 음 ($-$)이 되고 $\overline{cb}$ 사이는 양($+$)이 되어 이 총합의 상방분력이 지지하는 힘이 된다. 이 경우 경사 미끄럼면과 같고, 그 직선면을 반원통면으로 바꾼 것이다. 회전하는 동안 축중심 O는 하나의 정점을 점하고 있는 것은 아니고 상하 또는 좌우로 진동하면서 회전한다.

원통 미끄럼면에는 그림 9.5에서와 같이 전원둘레 베어링과 부분원둘레 베어링이 있다. 그림 9.5에서 (a)는 축의 전원둘레에 따라 미끄럼면이 있는 경우이며, (b)는 축의 둘레 일부분에 미끄럼면이 있는 것이다.

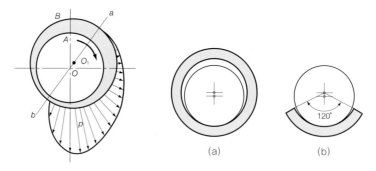

그림 9.4 원통 미끄럼면   **그림 9.5** 원통저널의 미끄럼면의 종류

9.3 미끄럼 베어링의 기초이론

9.3.1 레이놀즈의 방정식

미끄럼 베어링은 유체의 마찰을 이용하여 회전축을 지지하는 것이 이상적이다. 베어링면에 발생하는 유체유막의 압력분포는 그림 9.6에서 보는 바와 같이, 축중심이 하중방향과 회전방향에 의해 변하여 베어링폭 중앙에서 최대가 된다. 기름은 비압축성이고, 점도는 일정하며 흐름은 층류라 하고, 고체면과 유체막과의 경계면은 미끄럼이 생기지 않으며 유체압력은 유막의 두께방향에 균일하다고 가정한다.

그림 9.7에서와 같이 x를 흐름의 방향, y를 두께의 방향으로 하고, 기름의 점도를 $\eta(\mathrm{Pa \cdot s})$, 임의 층에 있어서의 속도를 u, 기름의 전단응력을 τ, 압력을 p라 하면

$$p\,dy - \left(p + \frac{dp}{dx}dx\right)dy - \tau\,dx + \left(\tau + \frac{d\tau}{dy}dy\right)dx = 0 \tag{9.1}$$

2차미소항을 생략하여

$$\frac{dp}{dx} = \frac{d\tau}{dy} \tag{9.2}$$

뉴턴의 점성방정식으로부터

$$\tau = \frac{F}{A} = \eta\,\frac{\partial u}{\partial y} \tag{9.3}$$

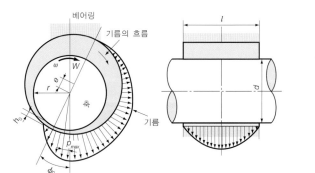

그림 9.6 유막압력 분포상태

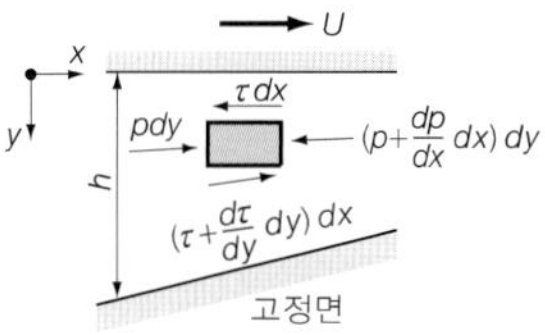

그림 9.7 유막압력과
전단력과의 평형
(2차원류)

여기서, F : 점성저항력, A : 전단단면적

식 (9.2), 식 (9.3)으로부터

$$\frac{dp}{dx} = \eta \frac{\partial^2 u}{\partial y^2} \tag{9.4}$$

$$\therefore \quad u = \frac{1}{2\eta} \frac{dp}{dx} y^2 + c_1 y + c_2 \tag{9.5}$$

점 x에 있어서 유막두께를 h라 하면,

$$y = 0 \text{ 에서 } u = U, \quad y = h \text{ 에서 } u = 0,$$

따라서 적분상수 $c_1 = -\left(\dfrac{h}{2\eta}\right) \cdot \left(\dfrac{dp}{dx}\right) - \dfrac{U}{h}$, $c_2 = U$로 되며

따라서 유속 u는

$$u = \frac{U(h-y)}{h} - \frac{y(h-y)}{2\eta} \cdot \frac{dp}{dx} \tag{9.6}$$

식 (9.6)은 윤활도중의 임의점에 있어서 속도분포를 표시하는 일반식이다. 그러나 위식의 우변의 제1항은 압력 p에 관계없이 전단속도 U를 최대치로 하는 직선분포를 나타내고, 제2항은 $-\left(\dfrac{h^2}{8\eta}\right) \cdot \left(\dfrac{dp}{dx}\right)$를 최대속도로 하는 포물 선상에 분포를 한다.

틈새를 흘러가는 단위마다의 유량 Q는

$$Q = \int_0^h u\, dy = \frac{Uh}{2} - \frac{h^3}{12\eta} \frac{dp}{dx} \tag{9.7}$$

연속의 식은 $\dfrac{dQ}{dx} = 0$ 이므로

$$\frac{dQ}{dx} = \frac{U}{2} \frac{dh}{dx} - \frac{d}{dx}\left(\frac{h^3}{12\eta} \times \frac{dp}{dx}\right) = 0 \tag{9.8}$$

$$\frac{d}{dx}\left(\frac{h^3}{\eta} \frac{dp}{dx}\right) = 6U \frac{dh}{dx} \tag{9.9}$$

이것을 **1차원흐름에 대한 레이놀즈 방정식**(Reynolds equation)이라 한다. h는 x의 함수이므로 이 식을 풀면 p가 x의 함수로써 구해진다. 식 (9.9)를

적분하여 $\dfrac{dp}{dx} = 0$, $h = h_0$ (h_0는 최대압력 위치에 있어서의 유막두께) 로부터 적분상수를 결정하면 다음 식이 얻어진다.

$$\frac{dp}{dx} = 6\,\eta\,U\left(\frac{1}{h^2} - \frac{h_0}{h^3}\right) \tag{9.10}$$

만일 축방향(z 방향)의 흐름을 생각하면 식 (9.9)는 다음과 같이 된다.

$$\frac{\partial}{\partial x}\left(\frac{h^3}{\eta}\,\frac{\partial p}{\partial x}\right) + \frac{\partial}{\partial z}\left(\frac{h^3}{\eta}\,\frac{\partial p}{\partial z}\right) = 6\,U\,\frac{\partial h}{\partial x} \tag{9.11}$$

식 (9.11)은 3차원흐름에 대한 레이놀즈 방정식이다.

$\dfrac{l}{d}\left(\dfrac{\text{폭}}{\text{축지름}}\right) > 4$이면 윗 식의 좌변 제2항을 무시한 무한대 베어링이론이 근사적으로 성립하고, 또 $\dfrac{l}{d} > \dfrac{1}{4}$이면 좌변 제1항을 무시한 무한소 베어링이 근사적으로 성립한다.

9.3.2 마찰과 윤활

(1) 미끄럼마찰

그림 9.8에서와 같이 물체 A가 일정한 속도로 미끄러지고 있을 때, 접촉면에 작용하는 마찰력 f는 쿨롱(Coulomb)의 법칙에 의하여 다음 관계가 성립한다.

$$f = \mu\,P \tag{9.12}$$

여기서, P : 접촉면 사이의 수직력,　μ : 마찰계수

접촉면에 기름이나 기타 물질이 없이 고체면에 직접 접촉하여 마찰하는 경우의 마찰을 **고체마찰** 또는 **건조마찰**(dry- friction)이라 한다. 특히 마찰면에

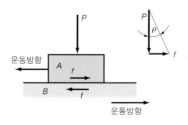

그림 9.8 미끄럼마찰

윤활제 등이 있을 경우에는 마찰의 형태는 건조마찰과는 몹시 다르다.

윤활상태의 마찰에 있어서도 마찰면 사이의 유막의 두께에 따라 유체마찰과 경계마찰(boundary friction)로 나누어진다. **유체마찰**은 유막의 두께가 충분할 때 생기고 기름의 점성에만 의한 전단력이 생기며, 물체의 재질이나 표면의 상태에는 관계가 없다. 마찰계수 μ는 극히 작다.

유막이 점차 얇게 되어 10^{-3}[mm] 이하로 되면 뉴턴의 법칙이 성립되기 어렵게 되고 건조마찰과 비슷하게 되며 쿨롱의 법칙이 거의 성립되지만 마찰력은 건조마찰보다 훨씬 작다.

이와 같은 유막층을 **경계층**(boundary layer)이라 하고, 유막의 두께가 이 정도일 때의 마찰을 **경계마찰**이라 한다. 실제로 물체 표면의 파상도와 거칠기는 경계층 정도의 두께이므로 그림 9.9에서 보는 바와 같이 경계마찰에서는 이미 거칠기의 돌출부가 부분적으로 직접 접촉하는 것으로 생각된다. 따라서 유막이 얇게 됨에 따라 유체마찰, 경계마찰, 고체마찰의 상태로 옮겨간다.

유체마찰만의 윤활상태를 유체마찰 또는 **완전윤활**이라 하고, 유체마찰 상태에서 마찰이 갑자기 증가하여 경계마찰 상태의 경계윤활에 이르는 영역을 **불완전윤활**이라 한다.

(2) 점도(η)

그림 9.10에서 평면상에 판자가 있고, 평면과 판자 사이에 기름이 있는 상태에서 판자가 속도 u로 운동하고 있을 때, 기름의 속도분포가 흐름의 방향에 수직의 단면에서 균일하다고 하면 평면에 접하는 점 a에서는 0이 되고 판자에 접하는 점 b에서는 u가 되며 그 사이에서는 직선적으로 변한다. 여기서 임의의 기름 부분 $abcd$를 생각하면 단위 시간 후에는 $ab'c'd$로 되어 일종의

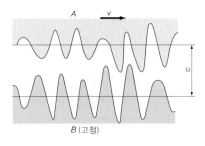

그림 9.9 경계마찰

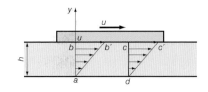

그림 9.10 점성저항

전단변형이 생기고 이것 때문에 전단저항이 생긴다. 이것은 기름에 점성이 있기 때문에 생기는 저항으로 이것을 기름의 **점성저항**이라 한다. 이 점성저항을 이기고 판자를 움직이는 힘을 F, 판자가 기름에 접하는 면적을 A라 하면 $\tau = F/A$가 전단응력에 해당하고 이 값이 뉴턴에 의하여 y축상의 속도경사 $\dfrac{du}{dy}$에 비례한다.

$$\tau = \eta \frac{du}{dy} \tag{9.13}$$

이 식의 비례상수 η를 **절대점도**라 한다. 이것은 유체 고유의 값으로 유막의 두께를 h라 하고 y축방향에 u가 직선적으로 증가한다고 하면

$$\tau = \frac{F}{A} = \eta \frac{u}{h}$$

$$\therefore \ \eta = \frac{F h}{A u} \tag{9.14}$$

이것을 CGS단위로 표시하면

$$\eta = \frac{F\,[\text{dyne}] \times h\,[\text{cm}]}{A\,[\text{cm}^2] \times u\,[\text{cm/s}]} = \frac{F h}{A u} \ [\text{dyn} \cdot \text{s/cm}^2] \tag{9.15}$$

이 단위를 포아즈(poise ; p), 또 이것의 $\dfrac{1}{100}$을 센티포아즈(centipoise ; cp)라 하며 점도의 단위로 하고 있다.

절대점도의 단위 $[\text{dyne} \cdot \text{s/cm}^2]$는 1 [cm]의 유막두께로 면적 1 $[\text{cm}^2]$의 판을 1 [cm/s]의 속도로 움직이는 데 필요한 1 [dyne]의 힘을 말하며 이 단위를 poise라 한다. 한편, 점도의 SI단위로 Pa · s로서, $1\,\text{cp} = 10^{-3}\,[\text{Pa} \cdot \text{s}] = 1\,[\text{mPa} \cdot \text{s}]$의 관계를 갖는다.

대부분의 윤활유의 점도는 1 p 보다 작으므로 점도의 실용 단위로써 절대점도의 $\dfrac{1}{100}$을 취하여 centi-poise (cp)를 사용한다. 20.2 [°C]의 물은 1 [cp]와 같다.

절대점도 η (poise)에 대한 동점도 ν (stokes)는 기름의 비중(cm^3당의 질량)을 ρ로 할 때

$$\left. \begin{aligned} \nu &= \frac{\eta}{\rho} \ [\text{cm}^2/\text{s}] \\[2mm] \eta\,[\text{cp}] &= \nu\,[\text{cs\,t}] \times \rho \end{aligned} \right\} \tag{9.16}$$

여기서, ρ : 기름의 비중 [dyne $\cdot$ s^2/cm^4] (1 [g/cm^3])

1 (stokes)의 $\frac{1}{100}$ 을 1 centi-stoke [cst]라 한다. 기름의 절대점도는 [cp]로 표시될 때가 많으나, 공학에서는 [kg$_f$ $\cdot$ s/m^2]를 사용하는 것이 계산에 편리하다.

(3) 페트로프(Petroff)의 베어링 방정식

그림 9.11에서 반지름 r 방향의 베어링 틈새 (radial clearance) 를 c, 베어링의 길이를 l, 회전속도를 N' [rpm], $N = \frac{N'}{60}$ [rev/s]으로 할 때 반지름 방향 틈새가 어느 곳에서나 일정하다고 가정하고 F를 유체의 마찰력이라 하면, 기름의 전단강도는

$$\tau_l = \frac{F}{A} = \eta \frac{U}{h} = \eta \frac{U}{c}$$

그림 9.11에서와 같이 원통 속에서 반지름 r의 축이 원통과의 틈새 c, 원주속도 u로 회전하고 있을 때 축의 단위 길이마다에 작용하는 마찰저항 F는 다음과 같이 구해진다.

$$F = 2\pi r \eta U l / c \tag{9.17}$$

$F_1 = \dfrac{F}{l}$ 로 하면

$$\frac{F_1}{\eta U}\left(\frac{c}{r}\right) = 2\pi \tag{9.18}$$

베어링의 마찰계수 μ는 $P_1 = \dfrac{p\,dl}{l}$ 로 할 때

$$\mu = \frac{F_1}{P_1} = \frac{F}{P} \tag{9.19}$$

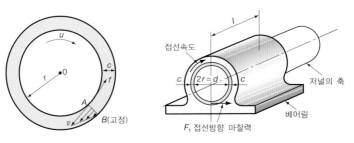

그림 9.11 페트로프의 법칙

또
$$\tau_l = \eta\,\frac{U}{h} = \eta\,\frac{2\,\pi\,rN}{c}$$

토크 T 는

$$T = (\tau_l\,A)\,r = \left(\eta\frac{2\,\pi\,rN}{c}\right)(2\,\pi\,rl)\,r = \eta\,\frac{4\,\pi^2\,r^3\,lN}{c} \tag{9.20}$$

베어링 수압력 p 는 베어링하중 P 를 $2rl$ 로 나눈 것이므로

$$p = \frac{P}{2\,rl}$$

$$T = \mu\,Pr = \mu(2\,rlp)r = 2\,r^2\mu lp$$

따라서
$$\mu = 2\,\pi^2\,\frac{\eta\,N}{p}\left(\frac{r}{c}\right) \tag{9.21}$$

이것을 **페트로프 (Petroff) 의 식**이라 하고, 편심이 작을 때 미끄럼 베어링의 마찰계수를 나타낸다. 여기서 $\eta N/p$, r/c의 값은 미끄럼 베어링의 성능 결정에 중요한 변수가 된다.

(4) 베어링계수 $(\eta N/p)$

$\eta N/p$는 유막의 상태와 두께에 관한 값으로 이 무차원량을 **베어링계수** (bearing modulus) 라 한다. 베어링계수의 값이 클 때는 유막이 두껍게 되어 유체윤활이 되고, 이 값이 작으면 유막이 얇게 되어 축과 베어링 사이의 아주 작은 요철부가 직접 접촉하여 경계윤활의 마찰계수가 큰 접촉상태로 된다.

그림 9.12는 $\eta N/p$의 베어링계수와 마찰계수 μ와의 일반적 관계를 표시한 것이다.

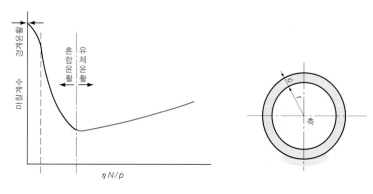

그림 9.12 μ와 $\eta N/p$와의 관계   **그림 9.13** 반지름 틈새

(5) 틈새비

그림 9.13에 있어서 축과 베어링의 반지름 틈새를 c, 축의 반지름을 r이라 하면

$$\phi = \frac{c}{r} \tag{9.22}$$

를 **베어링 틈새비**라 하며 마찰계수와 관계가 있다.

(6) 좀머펠트수

식 (9.21)의 $\mu = 2\pi^2 \eta \dfrac{N}{p} \left(\dfrac{r}{c} \right)$에 있어서 $\dfrac{r}{c} =$ 반지름 틈새비의 역수 $\left(\dfrac{1}{\phi} \right)$을 표시한다.

$$S = \frac{\eta N}{p} \left(\frac{r}{c} \right)^2 = \frac{\eta N}{p} \left(\frac{1}{\phi} \right)^2 \tag{9.23}$$

S를 **좀머펠트수**라 하고, 저널 베어링설계에 있어서 기본이 되는 설계계수이다.

9.4 저널의 기본설계

9.4.1 레이디얼 저널의 기본설계

저널과 피봇의 설계는 강도, 강성, 베어링압력, 열전도를 고려하여 설계한다.

(1) 베어링압력

베어링에 있어서 베어링압력은 이미 논술한 바와 같이 면의 위치에 따라 다르므로 다음과 같이 평균값을 사용한다. 즉 그림 9.14와 같이 저널의 표면 상에 미소면적 dA를 취하여 여기에 분포된 압력을 p라 하면, 베어링이 받는 하중 P는 다음과 같다.

$$P = \int_0^\pi p \, dA \sin\alpha$$

$dA = l \cdot \dfrac{d}{2} \cdot d\alpha$이고 p가 일정하다고 하면

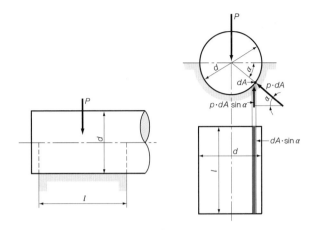

그림 9.14 허용 베어링압력

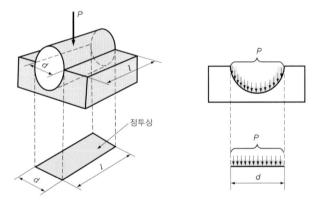

그림 9.15 레이디얼 저널 베어링의 투상면적

$$P = p \frac{d}{2} \cdot l \int_0^\pi \sin \alpha \, d\alpha = p \cdot d \cdot l \qquad (9.24)$$

여기서, $d \cdot l$은 그림 9.15에서 보는 것처럼 베어링면을 하중 P의 방향에 수직인 평면상에 투상된 면적, 즉 투상면적 (project area) 이다. 그러므로 베어링압력은 하중을 베어링의 투상면적으로 나눈 값을 말하고, 투상면적을 A라 하면 $d \cdot l = A$로 되므로 다음과 같은 관계식이 성립된다.

$$P = p \cdot A \quad \text{또는} \quad p = \frac{P}{A} \qquad (9.25)$$

즉, 하중을 투상면적으로 나눈 평면압력을 **베어링압력** (bearing pressure) 이라 하며, 미끄럼 베어링의 설계에 있어서, 저널 치수계산의 기초가 된다. 이 설계에 사용되는 베어링압력을 **허용 베어링압력**(allowable bearing pressure) 이라 하고, 이것을 p_a라 하면

$$p_a = \frac{P}{A} = \frac{P}{dl} \tag{9.26}$$

$$A = d \cdot l = \frac{P}{p_a} \tag{9.27}$$

p_a의 값은 재료, 윤활유, 윤활방법, 회전속도, 하중의 종류, 설계, 가공상태 등 여러 가지 조건에 따라 다르지만 일반적으로 표 9.3에 표시된 값으로 한다. 미끄럼 베어링의 형식에 의한 p_a의 값을 표시하면 표 9.4와 같다.

(2) 레이디얼 베어링의 강도계산

저널은 축의 일부분이므로 그 지름은 대체로 축의 지름에 따라 결정한다. 저널에는 축의 끝부분이 되는 엔드저널(end journal)과 축의 중간에 있는 중 간저널이 있다.

① 엔드저널의 경우 : 엔드저널은 축의 지름보다 조금 가늘게 한다. 그림 9.16 에서와 같이 하중 P가 베어링 길이의 중앙에 집중하여 작용하는 것으로 가정하여 굽힘공식에서 다음 식이 성립된다.

▶**표 9.3** 베어링 재료의 허용 베어링압력

(단위 : [MPa=N/mm^2])

재 료	p_a
강과 주철	2.0~2.9 (표준값)
강과 포금 또는 황동	4.9
강과 청동	4.9
다듬질하여 연마한 강과 청동	7.9
강과 화이트 메탈	5.9 (표준값), 9.8 (최대값)
담금질한 강과 화이트 메탈	8.8
담금질한 강과 알루미늄 합금	4.9 (목표값), 9.8 (최대값)
담금질하여 연마한 강과 강	14.7
연금한 수윤활한 견질목재	0.5~2.0
칠드주철과 주철	3.9 (표준값), 7.9 (최대값)
특히 고급재료	19.6~29.4

▶표 9.4 미끄럼 베어링의 형식에 의한 베어링압력의 값

(단위 : [MPa＝N/mm²])

기 계		베 어 링 종 류			
		메인 베어링	크랭크축	크로스 헤드핀	크로스헤드 스로이드
증기기관	고 속	1.1～2.0	2.5～3.9	6.4～9.8	0.2～0.4
	저 속	1.2～2.8	4.9～6.9	7.9～11.8	0.3～0.4
	선박용	1.8～2.9	2.9～4.9	7.9～9.8	0.3～0.5
기 관 차		2.0～2.9	9.8～11.8	19.6～25.5	0.3～0.4
내연기관	가 스	2.9～3.9	6.9～11.8	7.9～13.7	0.3～0.4
	가솔린	2.5～3.9	6.9～11.8	6.9～13.7	-
	디 젤	2.9～4.9	6.9～9.8	11.8～15.7	0.3～0.4
공기압축기	중앙크랭크	1.1～1.8	1.8～3.4	2.8～4.9	0.2～0.4
	한팔크랭크	1.2～1.7	2.9～5.9	3.9～8.8	0.2～0.4
전 단 기		12.8～25.5	34.3～49.0	-	-
증기터빈		0.3～0.5			
발전기와 모터		0.3～0.5			
차 량		2.0～3.4			
전동차	경하중	0.1～0.2			
	중하중	0.7～1.0			

$$M = \sigma_b z$$

$$\therefore \ \frac{P l}{2} = \frac{\pi}{32} d^3 \sigma_b$$

$$\therefore \ d = \sqrt[3]{\frac{5.1 P l}{\sigma_b}} \qquad (9.28)$$

한편,
$$P = p_a d l$$

$$p_a d l \frac{l}{2} = \sigma_b \frac{\pi}{32} d^3$$

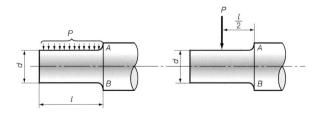

그림 9.16 엔드저널의 설계

$$p_a l^2 = \frac{\pi}{16} d^2 \sigma_b$$

$$\left(\frac{l}{d}\right)^2 = \frac{\pi}{16} \frac{\sigma_b}{p_a}$$

$$\therefore \; \frac{l}{d} = \sqrt{\frac{1}{5} \cdot \frac{\sigma_b}{p_a}} \qquad\qquad (9.29)$$

② 중간저널의 경우 : 간단한 단순보(simple beam)로 생각하여 그림 9.17의
(a)와 같이 하중이 작용한다고 하면, 최대굽힘 모멘트 M은 저널의 중간단
면에 생긴다. 이 값에 대하여 그림 (b)와 같은 집중하중이 작용하는 보로
치환하여 그 오른쪽의 절반을 외팔보로 가정하면 다음 계산이 성립된다.

$$M_{\max} = \frac{P}{2}\left(\frac{l}{2} + \frac{l_1}{2}\right) - \frac{P}{2} \cdot \frac{l}{4} = \frac{P}{2}\left(\frac{l}{2} + \frac{l_1}{2} - \frac{l}{4}\right)$$

$$= \frac{P}{2}\left(\frac{l}{4} + \frac{l_1}{2}\right) = \frac{P}{2} \cdot \frac{1}{4}(l + 2l_1) = \frac{P}{8} L \qquad (9.30)$$

$$\frac{P}{8} L = \sigma_b \frac{\pi}{32} d^3$$

$$\therefore \; d^3 = \frac{4}{\pi} \frac{PL}{\sigma_b}$$

$$\therefore \; d = \sqrt[3]{\frac{4}{\pi} \frac{PL}{\sigma_b}} \fallingdotseq \sqrt[3]{1.25 \frac{PL}{\sigma_b}} \qquad (9.31)$$

전길이 L과 저널 부분의 길이 l과의 비 $\dfrac{L}{l} = e$ 라 하면, 일반적으로 $L = e\,l$
$= 1.5\,l$ 이므로

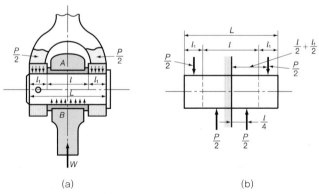

(a)   (b)

그림 9.17 중간저널의 설계

$$d = \sqrt[3]{\frac{1.25\,e\,P\,l}{\sigma_b}} = \sqrt[3]{\frac{1.25 \times 1.5\,p_a\,d\,l^2}{\sigma_b}} \tag{9.32}$$

$$d^3 = 1.25 \times 1.5 \frac{p_a}{\sigma_b} d\,l^2$$

$$\therefore \left(\frac{l}{d}\right)^2 = \frac{1}{1.25 \times 1.5} \frac{\sigma_b}{p_a}$$

$$\therefore \frac{l}{d} = \sqrt{\frac{1}{1.25 \times 1.5} \frac{\sigma_b}{p_a}} = \sqrt{\frac{1}{1.88} \frac{\sigma_b}{p_a}} \tag{9.33}$$

회전운동에 대한 마찰저항은 저널이 굵을수록 크게 되므로 마찰에 의한 에너지손실을 적게 하기 위하여 저널의 지름 d 는 작게 하는 것이 좋다. 그러나 베어링압력을 적당한 값으로 유지하기 위하여 베어링면적 $d\,l$ 의 값을 결정하면 지름이 너무 작은 저널이 되므로 강도와 강성도면에서 약하게 된다. 즉 강도와 베어링압력과의 양쪽에서 종합적으로 생각하면 저널의 길이와 지름과의 비 $\dfrac{l}{d}$ 에는 가장 알맞고, 균형이 잡힌 값이 있다.

표 9.5는 일반적으로 사용되는 $\dfrac{l}{d}$ 의 값을 표시한 것이다.

▶ 표 9.5 $\dfrac{l}{d}$ 의 값

기 계		베어링의 종류		
		메인베어링	크랭크핀	크로스헤드핀
증기기관	고속	2~3	1~1	1.4~1.6
	저속	1.75~2.25	1~1.25	1.2~1.5
	박용	1~1.5	1~1.5	-
내연기관	정치형	2~2.5	1~1.5	1.5~1.75
	가솔린 기관	1~1.75	1.2~1.4	1.7~2.25
증기 터빈		2~3		
발전기와 모터		2~3		
돌기펌프		2~2.5		
원심선풍기		2~3		
공작기계		2~4		
목공기계		2.5~4		
양어기		1.5~2		
전동축이 붙은 베어링	고정형	2.5~3		
	자동조심형	3~4		
고정형 보통 베어링	보통형	2.5~3.5		
	오일주유식	4~5		

(3) 열전도에서의 설계

① 열의 발열

저널과 베어링 사이의 미끄럼속도 [m/s] 를 v 라 한다면

$$v = \frac{\pi d N}{60 \times 1000} \tag{9.34}$$

여기서, d : 저널의 지름 [mm], N : 저널의 회전속도 [rpm] 이므로
매초당 마찰손실작업량 W_f 는 다음 식으로 표시된다.

$$W_f = \mu P v \, [\text{N} \cdot \text{m/s} = \text{W}] \tag{9.35}$$

마찰손실마력 H_f 는 다음과 같다.

$$H_f = \frac{\mu P v}{735.5} \, [\text{PS}] \tag{9.36}$$

마찰에 의해서 생기는 열량을 Q_f 라 하면

$$Q_f = \frac{W_f}{J} = \frac{W_f}{4185} \, [\text{kcal/s}] \tag{9.37}$$

② 열의 방출 (heat dissipation) : 앞에서 구한 마찰열은 베어링의 온도를 올리게 한다. 그러나 이 열은 저널과 베어링에서 전도와 복사 등에 의하여 방출되므로, 발생하는 마찰열과 방출되는 열이 양적으로 같게 되면 균형 온도가 결정된다. 따라서 방출되는 열량이 적으면 열이 점차로 축적되어 온도가 높아지고, 순조로운 운전을 방해할 뿐 아니라 때로는 베어링을 태워버려 심한 고장을 일으키기도 한다. 따라서 미리 이와 같은 위험성이 없도록 충분히 안전하게 설계해야 한다. 레이디얼 베어링에 있어서 열이 방출되는 열량은 투상면적 dl 에 정비례하는 것으로 생각된다. 비교의 편의상 마찰열은 마찰손실작업량을 베어링의 투상면적으로 나눈 값으로 표시한다. 이것을 **비마찰작업량**이라고 하고 w_f 로 표시하면 w_f 는 다음 식으로 표시된다.

$$w_f = \frac{W_f}{dl} = \frac{\mu P v}{dl} = \mu p v \, [\text{N/mm}^2 \cdot \text{m/s}] \tag{9.38}$$

단,
$$p = \frac{P}{dl}$$

베어링의 열방출용량도 역시 투상면적이 방출하는 열량을 일의 단위 [N·m/s]로써 표시하고 이것을 q_f로 표시하며, Pederson 은 다음과 같은 실험식을 발표하였다.

$$q_f = \frac{(t+18.3)^2}{K} \qquad\qquad (9.39)$$

여기서, t : 베어링 내외의 온도차 [°C]

K는 베어링의 형식과 주위 공기의 유통상태에 따라 결정되는 실험상수로써, 가벼운 구조로 공기가 유통하지 않는 경우 45250 정도의 값을 최고값으로 하고, 무거운 구조로 유통이 좋은 공기 중에 있는 베어링의 경우에는 26800 정도를 최저값으로 한다.

열의 발생은 주로 마찰열에 의하여 생기지만 증기터빈의 베어링과 같이 다른 열이 접촉부분에서 전달되는 수도 있으므로 주의가 필요하다. 베어링 내의 허용온도는 사용된 윤활유의 성질과 베어링의 용도 등에 따라 다르지만 보통 50 [°C] 이상이면 높은 편이고 가능한 60 [°C] 를 넘지 않도록 하는 것이 좋다.

③ **열관계를 고려한 $p \cdot v$의 제한치와 베어링의 길이** : 마찰열 때문에 베어링의 온도가 너무 올라가면, 고장의 원인이 된다. 따라서 비마찰작업량 w_f 가 어느 값을 넘지 않도록 제한해야 한다. $w_f = \mu p v$ 이므로 μ 를 계수로 생각하여 $p \cdot v$를 제한하면 된다. 완전 윤활이 항상 지속될 수 없는 베어링에 대하여 뢰첼 (Rotsher) 은 다음 표 9.6과 같이 제시하고 있다.

P : 베어링의 하중 [N], N : 저널의 회전속도 [rpm] 라고 하면

$$p \cdot v = \frac{P}{dl} \cdot \frac{\pi d N}{60000} \fallingdotseq \frac{PN}{20000\,l}$$

$$\therefore \ l = \frac{PN}{20000\,p \cdot v}$$

이므로 $p \cdot v$의 적당한 허용값을 대입하여 안전온도를 보장할 수 있는 베어링의 길이를 결정할 수 있다. 작업량을 고려하여 다음과 같이 한다.

▶표 9.6 $p \cdot v$값의 설계자료

증기기관 메인 베어링	$p \cdot v = 1.5 \sim 2.0 \left[\text{N/mm}^2 \cdot \text{m/s} \right]$
내연기관 화이트 메탈 베어링	$\geqq 2.9$
내연기관의 건메탈 베어링	$\leqq 2.5$
선박의 베어링	$2.9 \sim 3.9$
전동축의 베어링	$1.0 \sim 2.0$
왕복기계의 크랭크핀	$2.5 \sim 3.4$
화이트 메탈을 넣은 크랭크 축베어링	4.9
선박용 기관의 크랭크핀	$4.9 \sim 6.9$
철도차량 차축	4.9
기관차 차축	6.4

$$
\begin{aligned}
&\text{저속저널에는} &&l = 0.25 \sim 1.0\,d \\
&v < 1\,[\text{m/s}]\text{에서는} &&l \fallingdotseq 1.5\,d \\
&v = 2 \sim 4\,[\text{m/s}]\text{에서는} &&l = 1.8\,d \sim 2.5\,d \\
&v > 5\,[\text{m/s}]\text{에서는} &&l = 2.5\,d \sim 4\,d
\end{aligned} \tag{9.40}
$$

④ 냉각법 : 베어링의 온도를 낮추기 위하여 펌프를 사용하여 윤활유를 순환시켜 운전 중에 냉각시키는 방법이 사용되기도 한다. 그리고 이 때 냉각에 의하여 매초마다 제거되어야 하는 열량 H_q [kcal] 는 다음 식으로 구해진다.

$$
H_q = \frac{(w_f - q_f)\,d \cdot l}{4185} \; [\text{kcal/s}] \tag{9.41}
$$

그리고 냉각시키기 위하여 필요한 물 또는 기름의 순환량은 열방출의 균형에 맞게, 안전한 베어링 내의 온도로 결정된다. 만일 자연의 상태에서 w_f가 q_f보다 크고, 베어링온도가 안전한 온도보다 훨씬 올라갈 염려가 있을 경우에는 별도의 냉각장치를 설치하여야 한다. 냉각장치로 물 재킷 (water jacket) 을 설치하기도 하며, 또 베어링 메탈 부근에 파이프를 통하여 냉각수를 순환시키기도 한다. 이때 사용되는 물 또는 기름 순환량 Q [l/s] 은 다음 식으로 구해진다.

$$Q = \frac{H_q}{\gamma c(t_2 - t_1)} \qquad (9.42)$$

단, t_1 : 물 또는 기름의 유입온도 [°C]

t_2 : 물 또는 기름의 유출온도 [°C]

γ : 물 또는 기름의 단위 부피당 무게

c : 비열

$$H_q = Q\gamma c(t_2 - t_1) \qquad (9.43)$$

기 름	$\gamma = 0.9$	$c = 0.4$
물	$\gamma = 1$	$c = 1$

9.4.2 레이디얼 미끄럼 베어링의 설계순서

1) 저널의 지름 d는 축지름보다 작으므로 저널의 지름 d의 최대한도는 자연히 제한을 받게 된다.

2) 베어링을 설계하기 전, 축의 설계에서 축의 지름, 회전속도, 베어링하중 등이 결정된다.

3) 저널의 폭 l은 일단 경험적 값에서 결정하고, 이것을 마찰계수, 온도상승 등을 고려하여 검토한다.

4) 저널의 주요 치수 d와 l은 다음 사항들을 고려하여 결정한다.

① 저널의 지름은 하중에 대하여 강도와 강성에 모두 충분히 견딜 수 있도록 설계할 것

② 적당한 허용 베어링압력을 구하여 이것으로 필요한 투상베어링면적을 결정할 것

③ 베어링의 길이를 1)과 2)의 항목에 적합하도록 결정한다. 단, 베어링의 길이와 지름의 비에 대해서는 여러 가지 형식에 대한 적당한 경험치가 있으므로 여기에 맞도록 결정한다.

④ 열관계를 고려하고 만일 불안할 때에는 치수를 바꾸고, 냉각법을 사용하여 안전을 기할 것

🔒 **예제 1**

$P = 5\,[\text{ton}]\,(= 5000 \times 9.8\,[\text{N}])$ 의 하중을 받고, $N = 200\,[\text{rpm}]$으로 회전하는 칼러저 널에서 축지름 $d_1 = 150\,[\text{mm}]$라 하면, 칼러의 바깥지름 d_2는 얼마로 하면 되는 가? 단, 칼러의 수$= 3$, $pv = 2.94\,[\text{N/mm}^2 \cdot \text{m/s}]$라 한다.

풀이

$$d_2 - d_1 = \frac{1}{1000 \times 30}\,\frac{PN}{z\,p\,v}$$

$$d_2 = \frac{1}{1000 \times 30} \cdot \frac{PN}{z\,p\,v} + d_1 = \frac{(5000 \times 9.8) \times 200}{1000 \times 30 \times 3 \times 2.94} + 150 \fallingdotseq 37 + 150 = 187 \fallingdotseq 190\,[\text{mm}]$$

🔒 **예제 2**

$200\,[\text{rpm}]$으로서 $6370\,[\text{N}]$의 하중을 받는 지름 $80\,[\text{mm}]$ 의 수직축의 하단에 피봇 베어링을 설치하려고 한다. 그 치수를 설계하시오.

풀이

수압면의 평균지름을 $d_m = 50\,[\text{mm}]$로 하여

$$v_m = \frac{\pi d_m N}{60000} = \frac{\pi \times 50 \times 200}{60000} \fallingdotseq 0.524\,[\text{m/s}]$$

허용 베어링압력을 $p = 15\,[\text{MPa} = \text{N/mm}^2]$라고 하면

$$b = \frac{P}{\pi d_m p} = \frac{6370}{\pi \times 50 \times 1.5} \fallingdotseq 27\,[\text{mm}]$$

베어링압 면 바깥지름 $d_2 = d_m + b = 50 + 27 = 77\,[\text{mm}]$
베어링압 면 안지름 $d_1 = d_m - b = 50 - 27 = 23\,[\text{mm}]$

$$pv_m = 1.5 \times 0.524 = 0.786\,[\text{N/mm}^2 \cdot \text{m/s}] < 1.5$$

로 열방출에 따른 문제가 없다.

🔒 **예제 3**

그림 9.18과 같은 플랜지 5개를 가지고 있는 스러스 트 베어링이 웜 기어 장치에 사용되고 있고, 1000 [rpm]에 있어서 $P = 1400\,[\text{kg}_\text{f}]\,(= 1400 \times 9.8\,[\text{N}])$ 의 추력(스러스트)을 받고 있다. 이 플랜지 베어링은 안전한지 검토하여라.

풀이

평균 베어링압력은

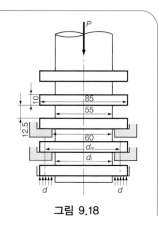

그림 9.18

$$p = \frac{P}{\frac{\pi}{4}(d_2{}^2 - d_1{}^2)z} = \frac{(1400 \times 9.8)}{\frac{\pi}{4}(85^2 - 60^2) \times 5} = 0.964\,[\mathrm{N/mm^2}]$$

$$d_m = (d_2 + d_1) \div 2 = (85 + 60) \div 2 = 72.5\,[\mathrm{mm}]$$

$$v_m = \frac{\pi d_m N}{60000} = \frac{\pi \times 72.5 \times 1000}{60000} = 3.79\,[\mathrm{m/s}]$$

$$pv_m = 0.964 \times 3.79 \fallingdotseq 3.654\,[\mathrm{N/mm^2 \cdot m/s}]$$

마찰열 관계를 표시하는 이 값은 너무 크므로 이 스러스트 베어링은 전하중으로써 연속 운전을 하면 눌어붙을 염려가 있다. 그러나 전하중이 작용하지 않게 하거나 불연속 운전의 경우는 사용할 수도 있다.

플랜지의 강도는 하중이 플랜지의 평균지름 d_m의 원주상에 작용하는 것으로 하여

$$\frac{P(d_m - d_i)}{2} = z\frac{\pi d_i h^2 \sigma_b}{6}$$

단, h : 플랜지의 두께, z : 플랜지의 수

$$\therefore \sigma_b = \frac{6P(d_m - d_i)}{2z\pi d_i h^2} = \frac{6 \times (1400 \times 9.8) \times (72.5 - 55)}{2 \times 5 \times \pi \times 55 \times 10^2} \fallingdotseq 8.3\,[\mathrm{N/mm^2}] = 8.3\,[\mathrm{MPa}]$$

9.5 레이디얼 미끄럼 베어링의 설계

베어링의 제1차 설계로써 중하중 베어링에서는 pv값, 일반적으로는 베어링계수 $\eta N/p$값을 기준으로 하고 허용 베어링압력 p_a, 최소유막두께 $h_{\min}$, 마찰계수 μ, 기름의 유량 Q, 온도상승 등을 계산하여 적당한 값인가를 알기 위해 일단 그 성능계산을 하는 것이 바람직하다.

9.5.1 미끄럼 베어링의 설계자료

(1) 베어링의 특성값

그림 9.19 는 마찰계수 μ 와 베어링 특성값 $\eta N/p$ 와의 관계를 도시한 것이다. 그림에 있어서 곡선 $ABCD$를 **마찰특성곡선** 또는 스트리벡곡선이라 한다.

그림 9.19 에서 마찰계수는 A에서 B까지는 감소하고, B에서 C를 향하여 불규칙적으로 급격히 증가한다. AB 사이를 유체윤활영역 (완전윤활영역), BC 사이를 **혼합윤활영역**, CD 사이를 **경계윤활영역**이라 하며, BD 사이를 총합하여 **불완전윤활영역**이라 한다. B점은 유체윤활에서 혼합윤활로 바뀌는 점으로

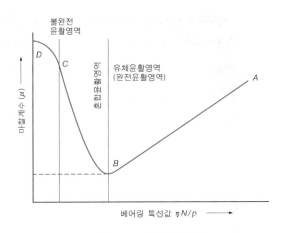

그림 9.19 마찰특성곡선

마찰계수가 최소로 되는 점인데, 이 점을 한계점이라 한다.

유체윤활영역 내에서 p가 비교적 작고 거의 일정한 경우에는 N 및 η의 증가에 의하여 각각 η 및 N이 감소하고 ηN는 일정하게 안정된 윤활상태를 유지하지만, N 및 η가 과소 또는 p가 과대할 경우에는 베어링압면적이 감소하여 얇은막 상태로 되어 마찰이 증가한다. 마찰열에 의하여 유막의 유지가 곤란하게 되어 불안정한 윤활상태로 되고 눌어붙음이 일어난다.

9.5.2 유막의 두께(h)와 $\eta N/p$와의 관계

축과 베어링 사이에 구성되는 유막의 두께 h는 $\eta N/p$의 값이 클수록 크게 된다는 것을 실험적으로 알게 되었다.

즉, ⅰ) 윤활유의 점도가 높을수록 (η가 클수록)

ⅱ) 점도가 일정하면 원주속도 (회전속도가 빠를수록, 즉 N이 클수록)

ⅲ) 하중이 낮을수록 (p가 작을수록)

유막 h는 두껍게 되고 그림 9.20의 (b)에 확대해서 도시한 바와 같이 축과 베어링은 완전히 유막으로 분리되어 유체마찰만으로 윤활이 되므로 마찰도 작고 마멸도 생기지 않는다.

반대로 $\eta N/p$의 값이 작으면 유막이 얇게 되어 그림 9.20 (a)에서와 같이 경계윤활로 된다. 특히 저속고하중의 경우에는 $\eta N/p$의 값이 작아지므로 윤활유가 충분히 공급될 수 있도록 하여야 된다.

실제의 유막두께는 표면거칠기, 하중, 기름의 점도 등의 영향을 받는다.

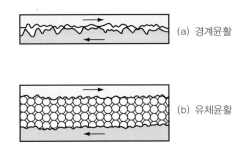

그림 9.20 윤활상태

저널 중심의 편심거리 e [mm], 반지름 틈새 c [mm], 편심률 $\varepsilon = e/c$ 라 하면 최소 유막두께 $h_{\min}$ 은

$$h_0 = h_{\min} = c(1 + \varepsilon \cos \theta)$$

로 구해진다. 축심이 베어링 중심 둘레를 회전하면 축의 회전에 의하여 기름은 오일휘프(oil whip) 현상을 일으킨다. 이것은 축의 진동에 관계가 있으며, 위험속도의 2배, 또는 그 이하의 회전속도에서 일어난다. 방지책으로는 폭을 짧게 하고 η 가 작은 기름을 사용하기도 하고 틈새를 크게 하기도 한다.

9.5.3 마찰계수

그림 9.21과 같이 축과 베어링 사이에 적당한 틈새가 있고 윤활유가 가득한 상태에서 정지하고 있을 경우는 그림 9.21 (a) 와 같이 축의 중심선은 수직이지만, 축이 회전하기 시작하면 금속면이 직접 접촉하기 때문에 그림 (b)와 같이 저널이 이동한다. 그러나 회전이 빨라지면 기름도 저널과 더불어 운동을 일으켜서 축을 기름 속에 떠오르게 한다. 이 변화를 그래프로 나타내면 그림 9.22와 같이 된다. 그림 9.21 (a) 의 마찰저항 상태는 그림 9.22의 A점에 해당

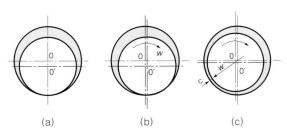

그림 9.21 축의 회전

하지만, 그림 9.21 (b), (c)의 상태로 됨에 따라 마찰저항이 그림 9.22의 B점, B'점으로 내려간다. 그러나 더욱 회전속도가 증가함에 따라 마찰저항은 안전을 위하여 베어링의 특성치 $\eta N/p$의 값은 μ가 최소 한계점의 마찰계수보다 적어도 4~5배가 되도록 실용설계값을 결정한다.

그림 9.23은 Wilson과 Barmard의 실험자료에 의하여 $\eta N/p$에 대한 μ의 값을 도시한 것이다. 이 결과 베어링의 모든 운전 조건에서의 관계가 하나의 곡선으로 표시된다. 이 선도에서 μ값이 최저인 $\eta N/p$의 값이 존재하고 이것을 한계점으로 하여 왼쪽은 불완전윤활, 오른쪽은 완전윤활로 판정한다.

그림 9.23에서 곡선 A는 지름 70 [mm], 길이 137 [mm]의 백색감마합금의 경우이고, B곡선은 지름 70 [mm], 길이 230 [mm]의 주철제 베어링의 경우를 도시한 것이며 각각 μ의 최저값의 위치가 다르다. A의 경우는 저속고압에서도

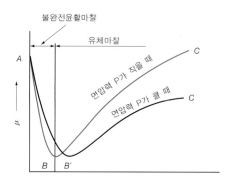

그림 9.22 회전속도와 마찰계수와의 관계

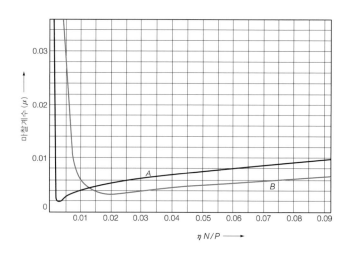

그림 9.23 μ와 베어링계수와의 관계

빨리 완전윤활을 할 수 있지만 B의 주철의 경우는 이보다 훨씬 늦다. 백색합금 (white metal) 은 연질이고 마찰면이 운전 중 압력 때문에 미끄해지며 기름에 대하여 잘 융화되는 성질이 있으므로 빨리 유막이 형성된다. 베어링은 μ의 최저상태에서 사용할 수 있으면 가장 좋지만, 이 상태에서는 매우 불안정하고 마찰열이 유막의 온도를 상승시키면 점도 η를 감소시키며, 따라서 $\eta N/p$의 값이 작게 되고 곧 불완전 윤활의 영역으로 빠지게 되어 μ가 갑자기 크게 된다. 그러므로 다소 μ의 값이 증가하더라도 이 한계점보다 오른쪽의 상태에서 운전하는 것이 오히려 안전하고, 실용상 $\eta N/p$의 값을 μ의 최저 한계값의 4~5배 정도로 취하여 운전하는 것이 바람직하다. 상태가 분명하지 못할 경우는 15배 정도로 정하여 운전한다.

예를 들면 그림 9.23에서

주철 베어링 μ의 최저의 $\dfrac{\eta N}{p} = 0.02$, 실용값 $\dfrac{\eta N}{p} = 0.1$

화이트 메탈 베어링 μ의 최저값 $\dfrac{\eta N}{p} = 0.004$, 실용값 $\dfrac{\eta N}{p} = 0.02$

9.5.4 베어링 틈새비

Pettroff의 식에서

$$\mu = \frac{F}{P} = \frac{\pi^2}{30} \cdot \frac{\eta N}{p} \frac{r}{\delta} \tag{9.44}$$

지름 δ를 틈새 c와 같이 하고 $\varphi = \dfrac{c}{r}$라 놓으면

$$\mu = \frac{\pi^2}{30} \frac{\eta N}{p} \frac{1}{\varphi} \tag{9.45}$$

즉 η를 cp (센티포아즈) 로 표시하면 $1\,[\mathrm{cp}] = (10^{-3}\,[\mathrm{Pa \cdot s}])$이므로 μ는 다음과 같다.

$$\mu = \frac{\pi^2}{30} \times 10^{-3} \left(\frac{\eta N}{p} \right) \left(\frac{1}{\varphi} \right) = 32.9 \left(\frac{nN}{p} \right) \left(\frac{L}{\varphi} \right) \times 10^{-5} \tag{9.46}$$

일반적으로 마찰계수는 l/d에 따라 변화하므로 Mackee 는 다음 실험식을 유도하였다.

$$\mu = 33.3 \left(\frac{\eta N}{p}\right)\left(\frac{1}{\varphi}\right) \times 10^{-10} + \mu_0 \qquad (9.47)$$

μ_0는 l/d에 의해 결정되는 상수로 그림 9.24 로부터 구해진다.

표 9.7은 틈새비 φ 와 최소특성치의 관계를 표시한 것이다.

φ 는 $\dfrac{1}{10000} \sim \dfrac{4}{10000}$ 를 표준으로 한다.

$$\varphi = 0.001 \sim 0.004 \qquad (9.48)$$

일반적으로 정밀기계는 축중심의 흔들림을 작게 하기 위하여 틈새 c 는 되도록 작게 하고 중하중 고속 베어링에서는 윤활유를 충분히 공급하여 윤활과 냉각을 겸해서 해야 되므로 틈새를 크게 잡는다.

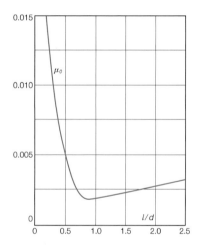

그림 9.24 맥키의 실험식에서 μ_0 의 값

▶**표 9.7** 최소 $\dfrac{\eta N}{p}$ 과 **틈새비** φ

베어링 메탈	최소 $\eta N/p\,[\mathrm{mPa \cdot s \cdot rpm/N/mm^2}]$	ϕ
Sn 화이트 메탈	2800	$(0.1 \sim 1.0) \times 10^{-3}$
Pb 화이트 메탈	1400	$(0.1 \sim 1.0) \times 10^{-3}$
Cd 화이트 메탈	500	$(0.8 \sim 1.0) \times 10^{-3}$
캘밋	500	$(1.2 \sim 1.5) \times 10^{-3}$
Ag-Pb-In	300	$(1.2 \sim 1.5) \times 10^{-3}$

9.5.5 비마모량

비마모량 W_f $[\mathrm{mm}^3/\mathrm{N} \cdot \mathrm{mm}]$ 은 단위하중 P $[\mathrm{N}]$, 단위거리 L $[\mathrm{mm}]$ 마다의 마모량을 말하고, W $[\mathrm{mm}^3]$ 를 마모량이라 하면

$$W_f = \frac{W}{PL} \tag{9.49}$$

마찰계수 μ 와 비마모량 W_f 를 측정하면 윤활상태를 알 수가 있다.

그림 9.25 는 스트리벡곡선의 윤활상태와 윤활 영역과의 관계를 도시한 것이다.

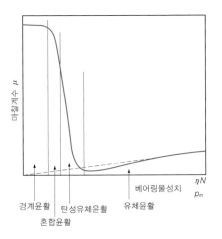

그림 9.25 스트리벡곡선

9.5.6 Q_f 값

마찰면의 단위시간마다의 발열량 Q $[\mathrm{J/s}]$ 는 베어링의 구조, 기름홈, 송유량 등을 결정하는 데 필요하다.

마찰계수를 μ, 하중을 P $[N]$, 속도를 v $[\mathrm{m/s}]$ 라 하면

$$Q = \mu P v \tag{9.50}$$

또 발열량과 기름으로부터 제거되고, 표면쇠붙이로 직접 들어가지 않는 경우의 마찰면온도 t_f 는 다음 식으로 주어진다.

$$t_f \propto \sqrt[4]{P} \cdot v \tag{9.51}$$

표 9.8 은 미끄럼 베어링의 설계자료이다.

▶**표 9.8** 미끄럼 베어링의 설계자료

기계이름	베어링	최대허용 압력 p_m [MPa=N/mm²]	최대허용압력 속도계수 $p_m V$ [N/mm² · m/s]	적정점성 계수 η [mPa · s=cp]	최소허용 $\eta N/p_m$ $\left[\dfrac{\text{mPa} \cdot \text{s} \cdot \text{rpm}}{\text{N/mm}^2}\right]$	표 준 틈새비 ψ	표준폭 지름비 l/d
자동차 및 항공기용 엔진	메인베어링 크랭크핀 피스톤핀	6+~12△ 10△+~35△ 15×+~40△	200 400 -	7~8	2000 1400 1000	0.001 0.001 <0.001	0.8~1.8 0.7~1.4 1.5~2.2
가스, 중유기관 (4사이클)	메인베어링 크랭크핀 피스톤핀	6×+~12△ 12×+~15△ 15×+~20△	15~20 20~30 -	20~65	2800 1400 700	0.001 <0.001 <0.001	0.6~2.0 0.6~1.5 1.5~2.0
가스, 중유기관 (2사이클)	메인베어링 크랭크핀 피스톤핀	4×+~5△ 7×+~10△ 8×+~13△	10~15 15~20 -	20~65	3500 1700 1400	0.001 <0.001 <0.001	0.6~2.0 0.6~1.0 1.5~2.0
선박용증기관	메인베어링 크랭크핀 피스톤핀	3.5 4 10	4~7 7~10 -	30 40 30	2800 2000 1400	<0.001 <0.001 <0.001	0.7~1.5 0.7~1.2 1.5~1.7
육지용증기 기관(저속)	메인베어링 크랭크핀 피스톤핀	3 10 13	2~3 5~10 -	60 80 60	2800 800 700	<0.001 <0.001 <0.001	1.0~2.0 0.9~1.3 1.2~1.5
육지용증기기관 (고속)	메인베어링 크랭크핀 피스톤핀	2 4 13	3~4 4~8 -	15 30 25	3500 800 700	<0.001 <0.001 <0.001	1.5~3.0 0.9~1.5 1.3~1.7
왕복 펌프 압축기	메인베어링 크랭크핀 피스톤핀	2× 4× 7×+	2~3 3~4 -	30~80	4000 2800 1400	0.001 <0.001 <0.001	1.0~2.2 0.9~2.0 1.5~2.0
증기기관차	구동축 크랭크핀 피스톤핀	4 14 18	10~15 25~20 -	100 40 30	4000 700 700	0.001 <0.001 <0.001	1.6~1.8 0.7~1.1 0.8~1.3
차량	축	3.5	10~15	100	7000	0.001	1.8~2.0
증기터빈	메인베어링	1×~2△	40	2~10	15000	0.001	1.0~2.0
발전기, 전기모터, 원심펌프	회전자 베어링	1×~1.5×	2~3	25	25000	0.0013	1.0~2.0
전동축	경하중 자동조심 중하중	0.2× 1× 1×	1~2	25~60	14000 4000 4000	0.001 0.001 0.001	2.0~3.0 2.5~4.0 2.0~3.0
정방기	스핀들	0.01	-	2	1500000	0.005	-
공작기계	메인베어링	0.5~2	0.5~1	40	150	<0.001	1.0~2.0
펀칭기 전단기	메인베어링 크랭크핀	28× 55×	-	100 100	-	0.001 0.001	1.0~2.0 1.0~2.0
압연기	메인베어링	20	50~80	50	1400	0.0015	1.1~1.5
감속기어	베어링	0.5~2	5~10	30~50	5000	0.001	2.0~4.0

비고 (1) $\eta N/p_m$ 을 무차원량으로 나타내려면 표의 값에 1.05×10^{-10} 을 곱하면 된다. 또 실제의 값으로 사용하려면 안전을 기하기 위하여 표의 값의 (2~3) 배를 잡는 것이 좋다.

(2) (×표)는 적하 또는 유륜식 급유를 표시한다.

(3) (+표)는 회전체의 일부를 기름 중에 담가 급유

(4) (△표)는 강제급유를 말한다.

9.6 미끄럼 베어링의 종합문제

그림 9.26과 같은 오일링식 고정 베어링에 있어서 다음에 답하시오.

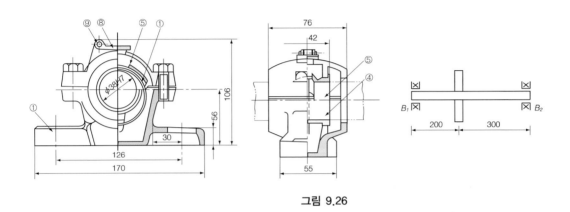

그림 9.26

문제 1 B1점에 걸리는 축력 P_1 을 구하시오. 단, 벨트에 걸리는 긴장측의 장력 $T_t = 7840\,[\mathrm{N}]$, 이완측의 장력 $T_s = 1960\,[\mathrm{N}]$ 이다.

문제 2 베어링에 작용하는 힘 $P = 14700\,[\mathrm{N}]$, 저널의 지름 $d = 38\,[\mathrm{mm}]$, 압력 $p = 20\,[\mathrm{MPa}]$ 이고 $l/d = 1.1$ 이라 할 때 베어링의 길이를 구하시오.

문제 3 $d = 38\,[\mathrm{mm}]$, 회전속도 $N = 720\,[\mathrm{rpm}]$, 베어링에 작용하는 힘 $P = 14700\,[\mathrm{N}]$, 마찰계수 $\mu = 0.05$ 일 때 손실마력을 구하시오. 단, 볼트의 허용인장응력 $\sigma_t = 30\,[\mathrm{MPa}]$ 이다.

문제 4 캡 볼트의 골지름 δ_1 을 구하시오. 단, 볼트의 허용인장응력 $\sigma_t = 30\,[\mathrm{MPa}]$ 이다.

문제 5 베어링대 ①의 속이 충실한 주물이라 하면 높이 h 는 몇 mm가 되는가? 단, $P = 14700\,[\mathrm{N}]$, $\tau = \sigma_b = 20\,[\mathrm{MPa}]$ 이다.

풀이

1. B_2 점에 대한 모멘트는

$$\text{축력 } P_1 = \frac{(T_t + T_s) \times 300}{500}$$

$$P_1 = \frac{(7840 + 1960) \times 300}{500} = 5880\,[\mathrm{N}]$$

2. $l \geq \dfrac{P}{pd} = \dfrac{14700}{20 \times 38} \fallingdotseq 19.34\,[\mathrm{mm}]$

$$\frac{l}{d} = 1.1 \quad \therefore \quad l = 1.1\,d = 1.1 \times 38 = 41.8 = 42\,[\mathrm{mm}]$$

3. $v = \dfrac{\pi\,d\,N}{60 \times 1000} = \dfrac{\pi \times 38 \times 720}{60000} \fallingdotseq 1.43\,[\mathrm{m/s}]$

비마찰작업량 $w_f = \mu\,P\,v = 0.05 \times 14700 \times 1.43 = 1051.1\,[\mathrm{N \cdot m/s}]$

$$H_f = \frac{w_f}{735.5} \fallingdotseq 1.43\,[\mathrm{PS}]$$

$$Q_f = \frac{w_f}{J} = \frac{1051.1}{4185} \fallingdotseq 0.25\,[\mathrm{kcal/s}]$$

4. $P = 2 \times \dfrac{\pi}{4}\,\delta_1{}^2 \times \sigma_t$

$$\therefore \quad 14700 = 2 \times \frac{\pi}{4} \times \delta_1^2 \times 30$$

$$\therefore \quad \delta_1 = \sqrt{\frac{2 \times 14700}{30 \times \pi}} \div 17.66 \fallingdotseq 18\,[\mathrm{mm}]$$

5. $\dfrac{P}{2}\,l = \dfrac{b\,h^2}{6}\sigma_b \quad l = 30\,\mathrm{mm},\ b = 55\,[\mathrm{mm}]$

$$\frac{14700}{2} \times 30 = \frac{55 \times h^2}{6} \times 20$$

$$\therefore \quad h = 35.03 \fallingdotseq 36\,[\mathrm{mm}]$$

연습 문제

1. $W = 83300\,[\mathrm{N}]$의 하중을 받는 엔드저널의 지름 d와 길이 l을 계산하시오 (단, 허용굽힘응력 $\sigma_a = 49\,[\mathrm{MPa}]$, 허용 베어링압력 $p = 3.9\,[\mathrm{MPa}]$이다).

2. 중간저널에서 $W = 1\,[\mathrm{ton}]$의 하중을 받을 때 $\dfrac{l}{d} = 1.4$, $L = 1.5\,l$, 허용굽힘응력 $\sigma_a = 34\,[\mathrm{MPa}]$라 하고 저널의 지름 d와 길이 l을 구하시오.

3. $W = 19600\,[\mathrm{N}]$의 하중을 받고 $N = 150\,[\mathrm{rpm}]$으로 회전하는 엔드저널의 치수를 구하시오. 허용굽힘응력 $\sigma_a = 49\,[\mathrm{MPa}]$, 최대허용 응력속도계수 $pv = 1.47\,[\mathrm{N/mm^2 \cdot m/s}]$라 한다.

4. 지름 $d_1 = 110\,[\mathrm{mm}]$의 축에 4개의 칼러를 설치하고, $W = 7350\,[\mathrm{N}]$의 하중을 지지하려고 할 때, 칼러와 바깥지름 d_2를 구하시오 (단, 평균 베어링 압력 $p = 0.29\,[\mathrm{MPa}]$이다).

5. 바깥지름 $d_2 = 500\,[\mathrm{mm}]$, 안지름 $d_1 = 400\,[\mathrm{mm}]$의 칼러 베어링이 $W = 29400\,[\mathrm{N}]$의 하중을 받아서 $N = 200\,[\mathrm{rpm}]$으로 회전할 때, 칼러의 개수 z를 구하시오 (단, pv의 허용값을 $0.49\,[\mathrm{N/mm^2 \cdot m/s}]$ 이다).

6. 지름 100 [mm], 폭 150 [mm]의 베어링이 회전속도 750 [rpm]으로써 9800 [N]를 받을 때, 틈새비를 0.0025, 윤활유의 점도를 온도 70 [℃]에서 21 [cp](21 [mPa · s])라 하고 최소유막의 두께를 구하시오. 마찰계수를 Mckee 식으로 구하시오.

7. 앞의 문제와 같은 베어링에서 하중을 147000 [N], 회전속도를 2000 [rpm]으로 증가하였을 경우 유막의 최소두께를 계산하시오. 또 마찰계수를 구하시오.

8. 선박용 터빈축이 18000 [PS](=13239.2 [kW]) 를 77 [rpm] 으로 전달할 때, 축추력을 12개의 칼러저널로서 받을 때, 베어링압력 및 마찰일량을 구하고 계산의 결과를 검토하시오. 단, 칼러저널의 치수는 바깥지름을 930 [mm], 저널지름을 600 [mm], 프로펠러 피치는 9000 [mm] 이다.

해답　**1.** $d = 120$ [mm]　$l = 180$ [mm],　　**2.** $d = 28$ [mm]　$l = 40$ [mm],

　　　3. $d = 60$ [mm] $l = 105$ [mm],　　　**4.** 145 [mm],　　**5.** 4개,

　　　6. $h_0 = 0.0375$ [mm] $\mu = 0.0051$,　　**7.** $h_0 = 0.0081$ [mm]　$\mu_n = 0.0025$,

　　　8. $p = 24.1$ [MPa]

Chapter 10

브레이크

10.1 브레이크

기계운동부분의 에너지를 흡수하여 그 운동을 멈추게 하거나 운동속도를 조절하여 위험을 방지하는 기계요소를 **브레이크**라고 한다. 일반적으로 운동에너지를 고체마찰에 의하여 열에너지로 바꾸는 마찰 브레이크가 가장 많이 사용되며 유체마찰을 이용한 것도 있다. 전자 브레이크에서는 운동에너지를 전기에너지로 변환한다. 브레이크의 구조는 서로 마찰력을 생기게 하는 **작동부분**과 이 부분에 힘을 주는 **조작부분**으로 구성된다. 조작부분에 작용시키는 힘은 인력, 증기, 진공, 압축공기, 유압, 전기 등을 사용한다.

10.2 브레이크의 종류

브레이크는 클러치의 종류와 구조는 거의 같지만 기능이 반대이다. 클러치는 토크를 주어서 가속시키지만 브레이크는 토크를 빼서 감속시킨다. 그리고 클러치는 축방향 클러치가 주로 사용되나 브레이크는 원주방향 브레이크가 주로 사용된다. 표 10.1은 브레이크의 종류이다.

10.2.1 원주 브레이크

(1) 블록 브레이크(block brake)

블록 브레이크는 브레이크바퀴(brake ring)의 원주 위에 1개 또는 2개의 브레이크 블록을 밀어붙여 마찰에 의한 제동작용을 하는 것이다. 브레이크바퀴는 주철, 철강으로 만들고 브레이크 블록은 나무 또는 나무에 가죽을 입힌 것 또는, 주철제의 블록에 석면직물 등을 붙인 것이 많이 사용된다. 철도차량

▶표 10.1 브레이크의 분류

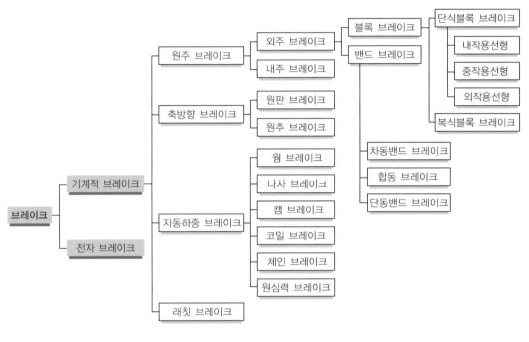

그림 10.1 자전거의 블록 브레이크

에는 주철제의 블록이 사용되며 바퀴가 브레이크바퀴의 역할을 한다.

그림 10.1에서는 자전거의 앞바퀴가 브레이크바퀴의 역할을 담당하고 있다.

① 단식블록 브레이크

일반적으로 제동축지름 50 [mm] 이하에 주로 사용되며 구조가 간단하고 제동축에 굽힘 모멘트가 작용하므로 너무 큰 회전력의 제동에는 사용되지 않는다.

그림 10.2는 단식블록 브레이크의 3가지 형식을 나타낸다. (a)는 내작용선형 ($c > 0$), (b)는 중작용선형 ($c = 0$), (c)는 외작용선형 ($c < 0$)이다. 이것은 한 개의 블록을 사용하고 있으며 브레이크바퀴의 회전에는 우회전과

좌회전의 경우가 있고 막대의 치수 a/b 의 표준치는 3~6이며 최대 10보다 크지 않아야 한다. 수동의 경우 사람이 손으로 줄 수 있는 힘 F 는 100~150 [N]이 적당하며 최대 200 [N]은 초과하지 않는다. 브레이크 블록과 브레이크바퀴 사이의 최대틈새의 표준치는 2~3 [mm] 정도가 적당한 값이다.

여기서, T : 브레이크 토크 [N · mm]

D : 브레이크바퀴의 지름 [mm]

Q : 브레이크의 회전력 $\left[= \dfrac{2T}{D} \text{ N}\right]$

P : 브레이크바퀴와 브레이크 블록 사이의 압력 [N]

F : 브레이크 막대의 끝에 작용하는 조작력 [N]

μ : 브레이크바퀴와 브레이크 블록 사이의 마찰계수

$a,\ b,\ c$: 그림에 도시한 브레이크 막대의 치수 [mm]

라 하면 $T = \dfrac{QD}{2} = \dfrac{\mu PD}{2}$ 이다.

내작용선형 [그림 10.2 (a)] **의 경우** : 브레이크 힘의 작용선이 브레이크 막대지점의 내측에 있다.

우회전일 때 $Fa - Pb - \mu Pc = 0$ $\therefore$ $F = \dfrac{P}{a}(b + \mu c) = \dfrac{Q}{\mu a}(b + \mu c)$

좌회전일 때 $Fa - Pb + \mu Pc = 0$ $\therefore$ $F = \dfrac{P}{a}(b - \mu c) = \dfrac{Q}{\mu a}(b - \mu c)$ $\left.\right\} (10.1)$

중작용선형 [그림 10.2 (b)] **의 경우** : 작용선이 브레이크 막대지점 위에 있다. $c = 0$ 이 되므로 회전방향에는 관계가 없고 우회전과 좌회전에서 모두 같다.

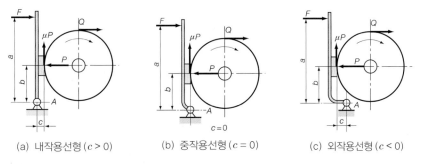

(a) 내작용선형 ($c > 0$)   (b) 중작용선형 ($c = 0$)   (c) 외작용선형 ($c < 0$)

그림 10.2 단식블록 브레이크의 형식

$$Fa - Pb = 0 \qquad \therefore \; F = P\,\frac{b}{a} \tag{10.2}$$

외작용선형 [그림 10.2 (c)]**의 경우** : 작용선이 브레이크 막대지점의 외측에 있다.

우회전일 때 $\; Fa - Pb + \mu Pc = 0 \;\; \therefore \; F = \dfrac{P}{a}(b - \mu c) = \dfrac{Q}{\mu a}(b - \mu c)$

좌회전일 때 $\; Fa - Pb - \mu Pc = 0 \;\; \therefore \; F = \dfrac{P}{a}(b + \mu c) = \dfrac{Q}{\mu a}(b + \mu c)$

$$\left.\phantom{\begin{array}{c}1\\1\end{array}}\right\} \tag{10.3}$$

이상은 모두 브레이크 막대지점 A에 대한 모멘트의 평형을 이용하여 만든 식이다.

이상 3가지 경우의 단식블록 브레이크를 비교하면 그림 10.2 (a) 의 경우는 브레이크 막대를 굽혀서 만들 필요가 없다는 장점이 있으나, 제동력은 축의 회전방향에 의하여 변화한다. 그 변화의 정도는 μ 의 값에 따라 다르지만, 차이는 일반적으로 10 [%] 이내이므로 실제로는 거의 지장이 없다. 그림 10.2 (b) 는 회전방향에 따른 제동력의 변화는 없으나 브레이크 막대를 굽혀서 만들어야 한다. 그림 10.2 (c) 의 경우는 브레이크 막대를 더욱 많이 굽혀야 한다. 이때 제동력이 회전방향에 따라 다르게 된다. 그림 10.2 (a) 의 좌회전, (c) 의 우회전의 경우는 $\dfrac{b}{\mu} \leqq c$ 이면 $F \leqq 0$ 로 되고, 브레이크 막대에 힘을 작용시키지 않더라도 자동적으로 브레이크가 걸리므로 축은 회전이 정지되고, 축의 회전속도를 조절제어하는 브레이크로는 사용할 수 없다.

마찰면의 저항력을 작은 힘 P 를 작용시켜 더욱 큰 효과를 나타나게 하려면 그림 10.3과 같이 쐐기작용을 가진 V 블록을 사용한다. V 홈 각 α 의

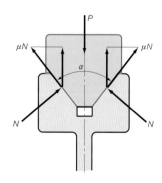

그림 10.3 쐐기형의 단식블록 브레이크

쐐기형 블록을 힘 P로서 브레이크바퀴에 밀어붙일 때 사면에 수직한 힘을 N, 마찰계수를 μ라 하면 다음 식이 성립된다.

$$P = 2\left(N\sin\frac{\alpha}{2} + \mu N\cos\frac{\alpha}{2}\right) \tag{10.4}$$

또는,

$$N = \frac{P}{2\left(\sin\dfrac{\alpha}{2} + \mu\cos\dfrac{\alpha}{2}\right)} \tag{10.5}$$

브레이크의 제동력 Q는 브레이크바퀴와 블록의 미끄럼방향에 작용하는 마찰력이므로 그 크기는 2개의 경사면을 생각하여 다음과 같이 한다.

$$Q = 2\times\mu N = 2\times\mu\times\frac{P}{2\left(\sin\dfrac{\alpha}{2} + \mu\cos\dfrac{\alpha}{2}\right)} = \frac{\mu}{\sin\dfrac{\alpha}{2} + \mu\cos\dfrac{\alpha}{2}}P \tag{10.6}$$

윗 식에서 $\mu' = \dfrac{\mu}{\sin\dfrac{\alpha}{2} + \mu\cos\dfrac{\alpha}{2}}$로 놓으면

$$Q = \mu'P \tag{10.7}$$

이 μ'는 실제의 마찰계수 μ가 평형에서 쐐기형으로 바뀜으로 인하여 마치 $\dfrac{1}{\sin\dfrac{\alpha}{2} + \mu\cos\dfrac{\alpha}{2}}$ 배로 증가한 것과 같다. 따라서 μ'를 외관마찰계수 또는 등가마찰계수라 한다. 따라서 쐐기형 블록의 제동력은 보통 평형블록인 경우의 μ 대신에 μ'를 사용하면 된다. 예를 들어 $\mu = 0.2 \sim 0.4$, $\alpha = 36°$라 하면 $\mu' = 0.40 \sim 0.58$로 되고, 마찰계수가 1.5~2배로 증가한 효과를 나타낸다. α가 작을수록 큰 제동력 Q가 얻어지지만 너무 작게 하면 쐐기가 V홈에 꼭 끼어 박히므로 보통 $\alpha \geq 45°$로 한다. 일반적으로 단식블록 브레이크는 축에 굽힘 모멘트가 작용하고 베어링하중이 커지므로 브레이크 토크가 큰 경우에는 사용하지 못한다.

② **복식블록 브레이크**

그림 10.4와 같이 축에 대칭으로 브레이크 블록을 놓고 브레이크 링을 양쪽으로부터 죄는 형식의 브레이크이다. 브레이크 힘이 크게 되면 단식블록 브레이크에서는 큰 굽힘이 생기므로 복식으로 하면 축에 대칭이 되어 굽힘 모멘트가 걸리지 않고, 베어링에도 그다지 하중이 걸리지 않는다. 이 때 브

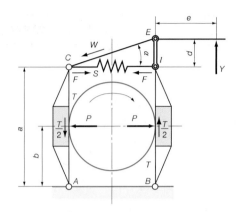

그림 10.4 복식블록 브레이크

레이크 토크는 단식의 2배가 된다.

전동윈치나 기중기 등에 주로 사용되고 브레이크제동력은 스프링을 이용하고, 전자석에 의해 브레이크를 풀어 주는 형식이 많다. 풀어 주는 힘 Y 는 브레이크 블록의 지점 A 둘레의 평형을 생각하여 $F = Pb/a$, 또 브레이크 막대의 지점 E 둘레의 평형을 고려하여 다음과 같이 한다.

$$Y = \frac{Fd}{e} \quad \therefore \quad Y = \frac{Pbd}{ae}, \quad P = Y\frac{ae}{bd} \tag{10.8}$$

또 브레이크의 제동력 $Q = 2\mu P$ 이므로 $Q = 2\mu Y\frac{ae}{bd}$ \hfill (10.9)

그림 10.5 는 전동윈치의 복식블록 브레이크의 실물이고, 그림 10.6 은 그 단면도이다. 한편 그림 10.7 에서 보는 것처럼 수동식 복식블록 브레이크에 μP의 제동력을 얻기 위하여 레버의 끝에 작용시켜야 되는 힘 F는 다음 식으로 구할 수 있다.

그림 10.7 에 있어서 A_1, A_2 두 지점 주위의 모멘트의 평형상태를 고려하면 다음 식이 성립된다.

A_1 지점에 대해서

$$K_1 a = \frac{1}{2}Pb + \frac{1}{2}\mu Pc$$

$$\therefore \quad K_1 = \frac{P(b+\mu c)}{2a}$$

그림 10.5 전동원치용의 복식블록
브레이크의 실물

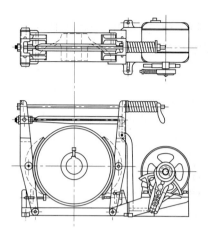

그림 10.6 전동원치용 복식블록
브레이크의 단면도

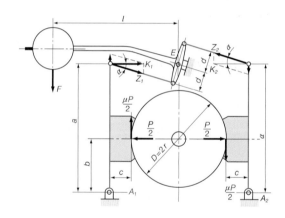

그림 10.7 수동식 복식블록 브레이크의 제동력

A_2 지점에 대하여

$$K_2 a = \frac{1}{2} Pb - \frac{1}{2} \mu Pc$$

$$\therefore \ K_2 = \frac{P(b - \mu c)}{2a}$$

또 E점에 대해서

$$Fl = Z_1 d + Z_2 d$$

그런데
$$Z_1 = \frac{K_1}{\cos\alpha}, \quad Z_2 = \frac{K_2}{\cos\alpha}$$

$$\therefore \; Fl = \frac{K_1}{\cos\alpha}d + \frac{K_2}{\cos\alpha}d$$

$$= (K_1 + K_2)\frac{d}{\cos\alpha}$$

$$= \left\{ \frac{P(b+\mu c)}{2a} + \frac{P(b-\mu c)}{2a} \right\}\frac{d}{\cos\alpha} = \frac{Pbd}{a\cos\alpha}$$

$$\therefore \; F = P\frac{bd}{al}\frac{1}{\cos\alpha} \tag{10.10}$$

(2) 블록 브레이크의 성능

① 브레이크 블록

브레이크의 바퀴는 주철 또는 철강제로 하며 브레이크 블록은 주철, 철강, 나무 또는 목편에 가죽, 석면직물 등을 라이닝한 마찰계수가 큰 것, 내마찰성이 높은 재료를 사용한다. 건조상태에서는 마찰계수 μ 가 크지만 마모가 빨리 되므로 마찰면에 기름을 조금 공급하여 사용한다. 표 10.2는 브레이크 재료의 μ 의 값을 표시한다.

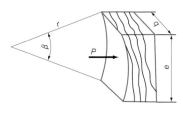

그림 10.8

그림 10.8에서

    P : 블록을 브레이크바퀴에 밀어붙이는 힘 [N]

    b : 브레이크 블록의 나비 [mm]

    e : 브레이크 블록의 길이 [mm]

    d : 브레이크바퀴의 지름 [mm]$= (2r)$

    A : 브레이크 블록의 마찰면적 [mm²]

이라 하면 블록과 브레이크바퀴 사이의 제동압력 q [N/mm² = Pa]는 다음 식이 된다.

▶표 10.2 브레이크 재료의 마찰계수 μ 의 값

재 료	허용 브레이크 압력 q_a [N/mm²=MPa]	마찰계수 μ	사용조건	재 료	허용 브레이크 압력 q_a [N/mm²=MPa]	마찰계수 μ	사용조건
주 철	1 이하	0.1~0.2 0.08~0.12	건 조 윤 활	연 철 놋 쇠 청 동 목 재 파이버 가 죽 석면직물	0.4~0.8 0.2~0.3	0.18 0.1~0.2 0.1~0.2 0.15~0.25 0.05~0.10 0.25~0.30 0.35~0.60	건 조 건조유욕 건조유욕 소량의 기름 건조유욕 건조윤활 건 조
강철대		0.15~0.20 0.10~0.15	건 조 윤 활				
연 강		0.15	건 조				

$$q = \frac{P}{A} = \frac{P}{b\,e} \tag{10.11}$$

e 의 값은 d 에 대하여 작을수록 압력이 균일하게 되어 좋지만, 보통 $\beta \doteqdot 50° \sim 70°$ 가 되도록 e/d 의 값을 정한다.

브레이크 면적 A 는 마찰열과 그 방열을 생각하여 균형 있게 한다.

② 브레이크 용량

지금 v : 브레이크바퀴의 주속 [m/s],

　　　Q : 브레이크바퀴의 제동력 [N],

　　H_{PS} : 제동마력 [PS], H_{kW} : 제동마력[kW]라 하면,

$$735.5 H_{PS} = Q\,v = \mu\,q\,A\,v = \mu P v$$

$$H_{PS} = \frac{Q\,v}{735.5} = \frac{\mu\,q\,A\,v}{735.5} = \frac{\mu P v}{735.5} \tag{10.12}$$

$$H_{kW} = \frac{\mu P v}{102}$$

따라서 마찰면의 단위면적마다의 일량은

$$\frac{\mu P v}{A} = \mu q v \ [\text{N/mm}^2 \cdot \text{m/s}] \tag{10.13}$$

여기서 $\mu q v$ 는 마찰계수, 브레이크 압력 [N/mm²] 과 속도 [m/s] 의 상승적으

로 **브레이크 용량**이라 한다. 브레이크 블록의 접촉면적 1 [mm²]마다 1초간에 흡수하고 또 열로 방출해야 되는 에너지이다.

$$A = \frac{735.5H_{PS}}{\mu q v} = \frac{102H_{kW}}{\mu q v} \qquad (10.14)$$

따라서 브레이크 면적 A는 제동마력 H와 브레이크 용량 $\mu p v$의 값에 따라 결정된다. 자연냉각을 하는 브레이크의 용량을 심하게 사용할 때는 0.06 [N/mm² · m/s] 이하로 하고, 가볍게 사용하는 경우는 0.1 [N/mm² · m/s] 이하로 하며, 또한 방열상태가 좋고 가볍게 하는 경우에는 0.3 [N/mm² · m/s] 이하로 한다.

10.2.2 내확 브레이크(Internal expansion brake)

(1) 내확 브레이크의 정의

복식블록 브레이크를 변형시킨 형식으로 그림 10.9에서와 같이 2개의 브레이크 블록이 브레이크바퀴의 안쪽에 있어서 이것을 바깥쪽으로 밀어 브레이크바퀴에 접촉시켜서 제동을 하게 된다. 이것은 마찰면이 안쪽에 있으므로 먼지와 기름 등이 마찰면에 부착하지 않고 또 브레이크바퀴의 바깥면에서 열을 발산시키는 데 편리하다. 그림 10.9는 내확 브레이크의 단면도로써 브레이크 슈(brake shoe)를 밀어붙일 때에는 캠을 사용하거나 유압장치를 사용한다. 자동차용으로는 주로 유압장치를 사용한다.

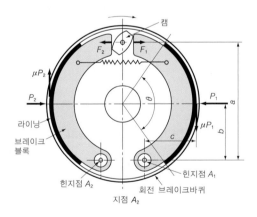

그림 10.9 캠에 의한 내확 브레이크의 단면도

(2) 내확 브레이크의 제동토크

그림 10.9 에 있어서

$P_1,\ P_2$: 마찰면에 작용하는 수직력 [N]

$F_1,\ F_2$: 브레이크 블록을 넓히는 데 필요한 힘 [N]

$Q_1(=\mu P_1),\ Q_2(=\mu P_2)$: 브레이크의 제동력

μ : 마찰계수

$a,\ b,\ c$: 그림에 도시한 브레이크 블록의 치수 [mm]

① 우회전의 경우

힌지점 A_1 의 주위의 모멘트를 고려하면

우회전 모멘트 : $F_1 a + Q_1 c = F_1 a + \mu P_1 c$

좌회전 모멘트 : $P_1 b$

우회전 모멘트와 좌회전 모멘트가 같을 때 평형이므로 F_1 을 구한다.

$$F_1 a + \mu P_1 c = P_1 b$$

$$F_1 a = P_1 b - \mu P_1 c = P_1 (b - \mu c)$$

$$F_1 = \frac{P_1}{a}(b - \mu c) \tag{10.15}$$

힌지점 A_2 주위의 모멘트를 고려하면

우회전 모멘트 : $Q_2 c + P_2 b = \mu P_2 c + P_2 b$

좌회전 모멘트 : $F_2 a$

우회전 모멘트와 좌회전 모멘트가 같을 때 평형이므로 F_2 를 구하면

$$\mu P_2 c + P_2 b = F_2 a$$

$$F_2 a = \mu P_2 c + P_2 b = P_2 (b + \mu c)$$

$$F_2 = \frac{P_2}{a}(b + \mu c)$$

② 좌회전의 경우

같은 방법으로 계산하면 우회전 경우의 반대가 되며 $F_1,\ F_2$ 는 다음과 같다.

$$\left.\begin{array}{l} F_1 = \dfrac{P_1}{a}(b + \mu c) \\[2mm] F_2 = \dfrac{P_2}{a}(b - \mu c) \end{array}\right\} \tag{10.16}$$

그리고 접촉면 각도 θ는 $\mu < 0.4$이면 $\theta < 90°$, $\mu < 0.2$이면 $\theta < 120°$이다. 브레이크바퀴 위의 제동력은 다음과 같다.

$$Q = \mu P_1 + \mu P_2 \tag{10.17}$$

그리고 제동토크를 T라 하면 T는 다음과 같이 구해진다.

$$T = Q \cdot \frac{D}{2} = (Q_1 + Q_2) \cdot \frac{D}{2} = \frac{\mu D}{2}(P_1 + P_2)$$

우회전하는 경우 지점에 대한 모멘트의 균형상태를 생각하면

$$F_1 a = P_1 b - \mu P_1 c = \mu P_1 \left(\frac{b - \mu c}{\mu} \right)$$

$$\therefore \ P_1 = \frac{F_1 a}{b - \mu c}$$

$$F_2 a = P_2 b + \mu P_2 c = \mu P_2 \left(\frac{b + \mu c}{\mu} \right)$$

$$\therefore \ P_2 = \frac{F_2 a}{b + \mu c}$$

두 식에서 브레이크의 제동력을 구하면 다음과 같다.

$$Q_1 = \mu P_1 = \frac{\mu F_1 a}{b - \mu c}$$

$$Q_2 = \mu P_2 = \frac{\mu F_2 a}{b + \mu c}$$

$$\therefore \ T = (Q_1 + Q_2)\frac{D}{2} = (\mu P_1 + \mu P_2)\frac{D}{2} = \left(\frac{F_1 a}{b - \mu c} + \frac{F_2 a}{b + \mu c} \right)\frac{\mu D}{2} \tag{10.18}$$

좌회전의 경우는

$$F_1 a = P_1 b + \mu P_1 c, \quad F_2 a = P_2 b - \mu P_2 c$$

$$\therefore \ T = \left(\frac{F_1 a}{b + \mu c} + \frac{F_2 a}{b - \mu c} \right)\frac{\mu D}{2} \tag{10.19}$$

🔒 예제 1

그림 10.10과 같은 브레이크바퀴에 70168 [N·mm]의 토크가 작용하고 있을 때, 레버에 147 [N] 의 힘을 가하여 제동하려면 브레이크바퀴의 지름은 몇 mm 로 하면 좋은가? 또한 브레이크바퀴의 회전방향이 반대로 되었을 경우 레버에 작용해야 하는 힘은 몇 N인가? 단, 브레이크 블록과 브레이크바퀴 사이의 마찰계수는 0.3이다.

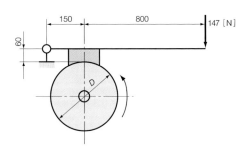

그림 10.10

🔖 풀이

$$Q = F \frac{\mu a}{(b - \mu c)} = 147 \times \frac{0.3 \times 950}{(150 - 0.3 \times 60)} = 317.4 \,[\text{N}]$$

$$D = \frac{2T}{Q} = \frac{2 \times 70168}{317.4} \fallingdotseq 442 \,[\text{mm}]$$

방향이 반대로 되면

$$Q = \frac{2T}{D} = \frac{2 \times 70168}{442} \fallingdotseq 317.5 \,[\text{N}]$$

$$F = \frac{Q(b + \mu c)}{\mu a} = \frac{317.5 \times (150 + 0.3 \times 60)}{0.3 \times 950} \fallingdotseq 187.2 \,[\text{N}]$$

🔒 예제 2

그림 10.11과 같은 확장 브레이크에서 실린더에 공급하는 유압이 4 [MPa], 실린더 지름이 18 [mm]이고 브레이크 드럼이 500 [rpm]이라 할 때 몇 마력을 제동할수 있는가? 단, 마찰계수는 0.3이다.

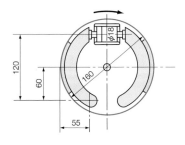

그림 10.11

풀이

그림에서 실린더 지름이 18 [mm] 이면

$$4\,\mathrm{MPa} = \frac{A}{F} = \frac{F}{\frac{\pi}{4} \times 18^2}$$

$$F = \frac{\pi}{4} \times 18^2 \times 4 = 1017.4\,[\mathrm{N}]$$

$$P_1 = \frac{Fa}{b - \mu c} = \frac{1017.4 \times 120}{60 - 0.3 \times 55} = 2807\,[\mathrm{N}]$$

$$P_2 = \frac{Fa}{b + \mu c} = \frac{1017.4 \times 120}{60 + 0.3 \times 55} = 1596\,[\mathrm{N}]$$

$$T = \mu(P_1 + P_2)\frac{D}{2} = 0.3 \times (2807 + 1596) \times \frac{160}{2} = 10567\,[\mathrm{N \cdot mm}]$$

$$H_{PS} = \frac{TN}{7018760} = \frac{105672 \times 500}{7018760} = 7.53\,[\mathrm{PS}] = 5.54\,[\mathrm{kW}]$$

🔓 예제 3

그림 10.12와 같이 내확 브레이크로 $H_{\mathrm{kW}} = 9\,[\mathrm{kW}]$, $N = 500\,[\mathrm{rpm}]$의 동력을 제동하려고 한다. 유압실린더의 안지름을 20 [mm] 라 할 때 필요한 유압을 구하시오. 단, $D = 150\,[\mathrm{mm}]$, $\mu = 0.35$ 라 하고 $a = 110\,[\mathrm{mm}]$, $b = 55\,[\mathrm{mm}]$, $c = 51\,[\mathrm{mm}]$ 이다.

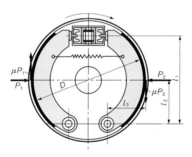

그림 10.12

풀이

필요한 브레이크 토크는

$$T = \frac{9545200 \times H_{\mathrm{kW}}}{N} = \frac{9545200 \times 9}{500}$$

$$= 171814\,[\mathrm{N \cdot mm}]$$

$$Q = \frac{T}{\frac{D}{2}} = \frac{171814}{75} = 2291\,[\mathrm{N}]$$

또 $\quad Q = \mu P_1 + \mu P_2 = \mu(P_1 + P_2)$

$$P_1 + P_2 = \frac{Q}{\mu} = \frac{2291}{0.35} = 6546\,[\mathrm{N}] \qquad ①$$

유압에 의하여 브레이크 슈를 미는 힘 F_1 및 F_2는 같으므로

$$\frac{P_1}{a}(b-\mu c) = \frac{P_2}{a}(b+\mu c) \qquad\qquad ②$$

①과 ②에서 $P_1(55-0.35\times51) = (6546-P_1)(55+0.35\times51)$ 이므로, $P_1 \fallingdotseq 4335\,[\text{N}]$ 이 된다.

따라서 $P_2 = 6546 - 4335 = 2211\,[\text{N}]$

$$F = \frac{P_1}{a}(b-\mu c) = \frac{4335}{110}(55 - 0.35\times51) \fallingdotseq 1464\,[\text{N}]$$

그러므로 필요한 유압은 다음과 같다.

$$q = \frac{1464}{\dfrac{\pi}{4}\times20^2} \fallingdotseq 4.66\,[\text{N/mm}^2] = 4.66\,[\text{MPa}]$$

10.2.3 밴드 브레이크(band brake)

(1) 구조와 기능

브레이크바퀴의 바깥 둘레에 강제의 밴드를 감고 밴드에 장력을 주어서 밴드와 브레이크바퀴 사이의 마찰에 의하여 제동작용을 하는 것으로써, 마찰계수 μ를 크게 하기 위하여 밴드의 안쪽에 나무조각, 가죽, 석면직물 등을 붙인다. 브레이크바퀴에 감긴 밴드위치에 의하여 단동식, 차동식, 합동식의 3가지 형식이 있다.

(2) 밴드 브레이크의 기초이론

밴드 양단의 장력 및 밴드와 브레이크바퀴 사이의 압력분포 상태는 벨트와 풀리와의 마찰전동과 같다.

그림 10.13에서

$T_1,\ T_2$: 밴드의 양단의 장력 [N]

θ : 밴드와 브레이크바퀴 사이의 접촉각 [rad]

μ : 밴드와 브레이크바퀴 사이의 마찰계수

Q : 브레이크 제동력 [N]

T : 회전토크 [N·mm]

F : 조작력 [N]

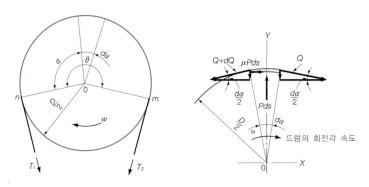

그림 10.13 밴드의 미소부분에 작용하는 힘

이라 하면
$$Q = \frac{2T}{D} \tag{10.20}$$

그림 10.13에서 n 점에서의 밴드 장력은 T_1, m점에서는 T_2 라 하면, 밴드가 감아져 있는 mn 사이의 장력은 T_2 에서 T_1 으로 변하고 있다. mn 사이의 임의의 미소길이 ds 를 취하여 생각하면, m 에 가까운 곳에는 Q, n 에 가까운 곳에는 $(Q+dQ)$의 장력이 작용한다. 밴드가 브레이크바퀴를 밀어붙이는 힘을 Pds라 하면, 그 사이에는 μPds의 마찰력, 즉 제동력이 생긴다. 장력의 반지름방향에서 힘의 균형상태를 생각하면 다음 식이 성립된다.

$$Pds = Q\sin\frac{d\alpha}{2} + (Q+dQ)\sin\frac{d\alpha}{2}$$
$$= 2Q\sin\frac{d\alpha}{2} + dQ\sin\frac{d\alpha}{2} \tag{10.21}$$

여기서, dQ, $d\alpha$ 는 아주 작으므로 제2항 $dQ\sin\dfrac{d\alpha}{2}$ 는 생략하고, $\sin\dfrac{d\alpha}{2}$ ≒ $\dfrac{d\alpha}{2}$ 로 해도 큰 지장은 없으므로 밀어붙이는 힘은 $Pds = 2Q\sin\dfrac{d\alpha}{2}$ $= 2Q\dfrac{d\alpha}{2} = Qd\alpha$가 Qds 에 의하여 원주방향과 회전방향에 반대인 마찰력 μPds가 생기므로, 원주방향에 대한 균형상태는 다음과 같이 된다.

$$Q+dQ = Q+\mu Pds$$
$$\therefore\ dQ = \mu Pds \tag{10.22}$$

이 식에 $Pds = Qd\alpha$를 대입하면

$$dQ = \mu Q \, d\alpha \qquad \therefore \frac{dQ}{Q} = \mu \, d\alpha \tag{10.23}$$

이것을 m 에서 n 까지 적분하면

$$\int_{T_2}^{T_1} \frac{dQ}{Q} = \mu \int_0^\theta d\alpha$$

$$\therefore \ln\frac{T_1}{T_2} = \mu\theta \quad (단, \ \log_e 를 \ \ln이라 \ 표시한다.) \tag{10.24}$$

$$\therefore \frac{T_1}{T_2} = e^{\mu\theta} \tag{10.25}$$

$T_1 - T_2 = Q$ 이므로

$$T_1 = Q\frac{e^{\mu\theta}}{e^{\mu\theta} - 1} \tag{10.26}$$

(3) 밴드 브레이크의 제동력

① 단동식 밴드 브레이크 : 우회전의 경우는 그림 10.14(a)에서 보는 바와 같이

$$Fl = T_2 a$$

$$F = Q\frac{a}{l} \cdot \frac{1}{e^{\mu\theta} - 1} \tag{10.27}$$

좌회전의 경우는 회전방향이 반대로 되면 T_1 과 T_2 가 반대로 되므로

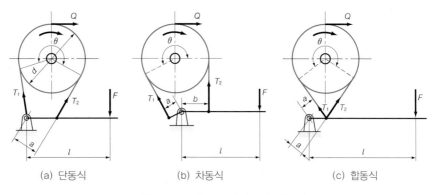

(a) 단동식   (b) 차동식   (c) 합동식

그림 10.14 밴드 브레이크의 제동력

$$F = Q \frac{a}{l} \cdot \frac{e^{\mu\theta}}{e^{\mu\theta} - 1} \tag{10.28}$$

즉, 같은 브레이크의 힘을 내기 위하여 F의 값을 $e^{\mu\theta}$배로 해야 된다. 다시 말해서 F가 일정하면 회전방향에 의하여 브레이크의 제동력이 다르게 되고, $\mu\theta$의 값이 클수록 그 차이가 크다.

② 차동식 밴드 브레이크 (differential band brake) : 그림 10.14 (b) 의 경우로 브레이크 막대에 힘 F를 작용시키면 밴드의 접촉이 시작하는 측은 이완하는 것 같이 작용하고, 접촉이 끝나는 측은 긴장하는 것과 같이 작용한다. 브레이크바퀴를 쇠는 효과는 자동적으로 작용한다.

우회전의 경우는

$$Fl = T_2 b - T_1 a$$

$$\therefore \ F = \frac{Q(b - a e^{\mu\theta})}{l(e^{\mu\theta} - 1)} \tag{10.29}$$

F는 b와 $a^{\mu\theta}$와의 차에 의하여 작용한다. 즉 차동적이다.

좌회전의 경우, 즉 역회전의 경우는 T_1과 T_2가 반대로 되므로 다음과 같이 된다.

$$F = \frac{Q(b e^{\mu\theta} - a)}{l(e^{\mu\theta} - 1)} \tag{10.30}$$

즉 같은 크기의 브레이크의 힘을 내려면 밑에서 상당히 큰 힘을 주어야 한다. 그리고 우회전의 경우는 $a e^{\mu\theta} \geqq b$, 좌회전의 경우는 $a \geqq b e^{\mu\theta}$로 되면 $F \leqq 0$로 되어 자동적으로 정지되고 회전축의 회전속도를 제어하는 브레이크로써 사용할 수 없다. 이와 같은 작용을 **자동잠김작용** (self-locking action) 이라 한다.

그리고 만일 우회전의 경우 $a e^{\mu\theta} = b$, 즉 $F = 0$으로 결정하면 $e^{\mu\theta}$는 항상 1보다 크다. 좌회전의 경우에 $b e^{\mu\theta}$는 항상 a보다 크게 되므로 F는 결코 0이 되지 않는다. 따라서 이와 같은 치수를 가진 차동식 밴드 브레이크장치를 설계하면 드럼의 반시계방향 회전은 자유로 할 수 있으나 시계방향회전은 할 수 없는 역전방지장치 (back stop mechanism) 가 된다. b와 $a e^{\mu\theta}$ 또는 a와 $b e^{\mu\theta}$의 비가 너무 작으면 진동이 발생하는 경우가 있으므로 일반적으로 $2.5 \sim 3.0$ 으로 한다. 그리고 a, b 중에서 작은 쪽의 값은 $30 \sim 50$ mm 로 잡는다.

③ 합동식 밴드 브레이크 : 그림 10.14 (c) 와 같이 브레이크바퀴를 죄는 효과가 합해진 것이고

$$F l = T_1 a + T_2 a$$

로부터 $$\therefore \quad F = \frac{a}{l}(T_1 + T_2) = \frac{a}{l} Q \frac{e^{\mu\theta}+1}{e^{\mu\theta}-1} \tag{10.31}$$

즉 차동식에서 $a = -b$ 로 된 것이고, 회전방향이 바뀌어도 F는 변하지 않는다. 단동식 때보다 F의 크기는 $(a^{\mu\theta}+1)$배로 커진다.

표 10.3은 밴드 브레이크의 종류에 따른 제동력을 나타냈으며, 표 10.4 는 $e^{\mu\theta}$의 값이다.

▶**표 10.3** 밴드 브레이크의 제동력

형식	단동식	차동식	합동식
우회전	$Fl = T_2 a$ $F = Q\dfrac{a}{l} \cdot \dfrac{1}{e^{\mu\theta}-1}$	$Fl = T_2 b - T_1 a$ $F = \dfrac{Q(b - a e^{\mu\theta})}{l(e^{\mu\theta}-1)}$	$Fl = T_1 a + T_2 b$ $F = \dfrac{Qa(e^{\mu\theta}+1)}{l(e^{\mu\theta}-1)}$
좌회전	$Fl = T_1 a$ $F = Q\dfrac{a}{l} \cdot \dfrac{e^{\mu\theta}}{e^{\mu\theta}-1}$	$Fl = T_1 b - T_2 a$ $F = \dfrac{Q(b e^{\mu\theta} - a)}{l(e^{\mu\theta}-1)}$	$Fl = T_1 a - T_2 a$ $F = \dfrac{Qa(e^{\mu\theta}-1)}{l(e^{\mu\theta}-1)}$

▶표 10.4 $e^{\mu\theta}$의 값

접촉각	$\theta°$						
θ	90°	180°	270°	360°	450°	540°	630°
$\mu = 0.1$	1.17	1.37	1.6	1.78	2.2	2.57	3.0
$\mu = 0.18$	1.3	1.76	2.34	3.1	4.27	5.45	7.5
$\mu = 0.2$	1.37	1.89	2.57	3.51	4.8	6.6	9.0
$\mu = 0.25$	1.48	2.19	3.25	4.81	7.1	10.6	15.6
$\mu = 0.3$	1.6	2.57	4.12	6.58	10.5	16.9	27.0
$\mu = 0.4$	1.9	3.51	6.59	12.33	23.1	43.4	81.3
$\mu - 0.5$	2.2	4.81	10.59	23.14	50.8	111.3	244.1

🔓 예제 4

그림 10.15에서와 같이 밴드 브레이크에서 4 [kW], 100 [rpm]의 동력을 제동하려고 한다. 레버에 작용시키는 힘을 200 [N]라 할 때 레버의 길이를 구하시오. 단, 마찰계수는 0.3이고 밴드의 접촉각은 225°이다.

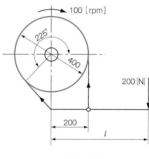

그림 10.15

풀이

$$T = 9545200 \frac{H_{\text{kW}}}{N} = 9545200 \times \frac{4}{100} = 381808 \, [\text{N} \cdot \text{mm}]$$

$$Q = \frac{2T}{D} = \frac{2 \times 381808}{400} \fallingdotseq 1909 \, [\text{N}]$$

$$\mu = 0.3, \; \theta = 225°, \quad \therefore \; e^{\mu\theta} = 3.25$$

$$l = Q \frac{a}{F} \frac{1}{e^{\mu\theta}-1} = 1909 \times \frac{200}{200} \times \frac{1}{3.25-1} \fallingdotseq 848 \, [\text{mm}]$$

🔒 예제 5

그림 10.16과 같은 밴드 브레이크장치에서 얻어지는 최대 브레이크 토크 T를 구하시오. 밴드는 석면직물을 라이닝한 것이고 $\mu = 0.4$ 이다. 또한 밴드의 두께 $h = 3\,[\text{mm}]$로 하였을 경우 폭을 구하시오. 단, 허용인장응력 $\sigma_a = 75\,[\text{MPa}]$라 한다.

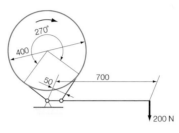

그림 10.16

풀이

우회전이므로 $Fl = T_2\,a$ $\therefore$ $F = Q\dfrac{a}{l}\dfrac{1}{e^{\mu\theta}-1}$ 에서

$\theta = 270°,\ \mu = 0.4$ $\therefore$ $e^{\mu\theta} = 6.59$

브레이크 제동력 $Q = F\dfrac{l}{a}(e^{\mu\theta}-1) = 200 \times \dfrac{700}{50} \times (659-1) = 15652\,[\text{N}]$

$$T = Q\dfrac{D}{2} = 15652 \times \dfrac{400}{2} = 3130400\,[\text{N} \cdot \text{mm}]$$

$$T_1 = Q\dfrac{e^{\mu\theta}}{e^{\mu\theta}-1} = 15652 \times \dfrac{6.59}{6.59-1} = 18452\,[\text{N}]$$

$$\therefore\ w = \dfrac{T_1}{\sigma_a h} = \dfrac{18452}{75 \times 3} \fallingdotseq 82\,[\text{mm}]$$

10.2.4 축방향 브레이크

브레이크바퀴의 축방향으로 압력이 작용하여 제동하는 브레이크로써 그 압력분포상태, 구조 등이 축방향 클러치와 비슷하다.

(1) 원판 브레이크(disk brake)

① 단판 브레이크 : 그림 10.17에서와 같이 1장의 브레이크 원판에 의한 것으로 마찰면은 1개이다. 지금 $P\,[\text{kg}_f]$를 축력, $R\,[\text{mm}]$를 평균반지름, Q를 평균지름에 있어서의 브레이크 제동력이라 하면

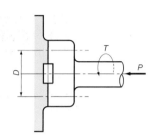
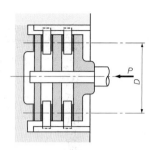

그림 10.17 단판원판 브레이크   **그림 10.18** 다판원판 브레이크

$$Q = \mu P$$

제동토크 $\qquad T = QR = \mu PR = \dfrac{\mu PD}{2}$ $\qquad\qquad$ (10.32)

② **다판 브레이크** : 그림 10.18에서와 같이 원판을 차례로 축에 끼워 미끄럼 키로 고정하고, 이것을 축방향에 밀어붙일 때 원판과 원판이 밀착하여 서로 압력을 받고, 그 사이에 생기는 마찰력에 의하여 축에 제동작용이 전달된다. 마찰면의 수를 z 라 하면

$$Q = z\,\mu P$$

$$T = QR = z\,\mu PR = \dfrac{z\,\mu PD}{2} \qquad\qquad (10.33)$$

원판의 재료는 주철 또는 강을 사용하고 일반적으로 석면직물, 파이버 등으로 라이닝한다. 단위면적마다의 브레이크 압력 q는 강과 청동의 경우 0.4~0.8 [MPa], 강과 석면직물의 경우 0.2~0.3 [MPa] 정도이고 브레이크 용량은 $\mu p v = 1 \sim 3$ [N·m/s·mm²]의 범위이다.

(2) 원추 브레이크 (cone brake)

그림 10.19와 같이 마찰면을 원추로 한 것으로서, 마찰면의 나비를 b mm 라 하고 마찰면과 브레이크축과의 원추각을 α rad 라 하면

$$P = 2\pi R p\,b\sin\alpha \qquad\qquad (10.34)$$

$$q = 2\pi R b\mu p = \dfrac{\mu}{\sin\alpha}P \qquad\qquad (10.35)$$

그림 10.20에서와 같이 바깥원추는 기계의 프레임에 고정되어 있고, 안쪽원

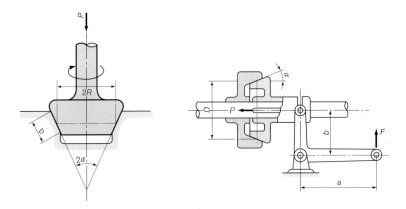

그림 10.19   원추 브레이크   그림 10.20   원추 브레이크의 작동력

추는 제동해야 되는 회전축에 미끄럼키로 결합되어 있으므로 여기에 힘 P로
써 밀어붙여 브레이크가 걸리게 한다. 제동토크를 [N·mm], 원추마찰면에 수
직으로 작용하는 힘을 N [N], 핸들에 작용시키는 힘을 F [N]라 하면

$$Q \leqq 2\mu N, \quad Q = \frac{2T}{D} \tag{10.36}$$

$$P = 2N(\sin\alpha + \mu\cos\alpha)$$

$$\therefore \ F \geqq Q\,\frac{b}{a}\,\frac{\sin\alpha + \mu\cos\alpha}{\mu}$$

$$F = \frac{2T}{D} \cdot \frac{b}{a}\,\frac{\sin\alpha + \mu\cos\alpha}{\mu} \tag{10.37}$$

단, a, b는 그림에 도시한 핸들의 치수이다. 원추부는 바깥쪽과 안쪽 모두
주철을 사용하며, 바깥쪽은 주철, 안쪽은 목재를 라이닝한 것이 사용되기도
한다. 일반적으로 α는 $10 \sim 18°$ 정도가 적합하다.

10.2.5 자동하중 브레이크

윈치, 크레인 등과 같이 무거운 물건을 들어 올릴 때 사용되는 것으로 브레
이크와 클러치의 두 작용을 겸한다. 감아올릴 때에는 브레이크 작용을 하지
않고 클러치 작용을 하며, 내릴 때에는 자중에 의하여 브레이크의 작용을 하
여 속도를 억제한다. 내릴 때 브레이크 힘의 회전 모멘트와 하중에 의한 회전
모멘트와의 차이를 회전 모멘트축에 주어야 한다.

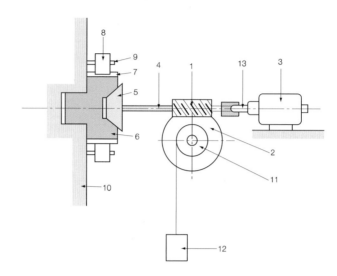

그림 10.21   웜 브레이크의 설명도

마찰계수가 일정하면 브레이크의 제동력은 하중에 정비례하고, 마찰계수 μ 는 하중이 증가하면 감소한다.

웜 브레이크(worm brake) : 웜 기어가 회전할 때 생기는 추력을 이용한 것으로써 그림 10.21은 기중기에 적용한 그림이다. 1은 웜, 2는 웜 기어, 3은 웜을 구동하는 모터이다. 4는 웜축, 5는 웜축 4에 부착된 원추형의 브레이크바퀴, 6은 원추구멍을 가진 브레이크 접시, 7은 6의 바깥 가장자리에 설치한 래칫 휠(ratchet wheel), 8은 폴(pawl), 9는 폴이 끼어 있는 핀, 10은 핀이 설치되는 고정부, 11은 웜 기어에 고정된 드럼, 12는 드럼에 의하여 들어 올려지는 하중이다. 13은 모터로써 이 모터축에 웜과 미끄럼키에 의하여 결합되어 있다.

10.2.6   폴 브레이크(pawl brake)

(1) 래칫(ratchet)과 폴(pawl)

일반적으로 래칫 휠과 폴 장치는 다음의 목적으로 사용되는 기계요소이다.

① 역전방지 : 사용예로는 자동하중브레이크, 시계의 태엽기구, 기중기

② 토크 및 칩의 전달 : 사용예로는 자전거, 잭

③ 조속기계

④ 나눔작업 : 이송기구(feed mechanism), 예를 들면 눈금기계, 공작기계,

전화기 등

(2) 폴 브레이크의 형식

폴과 래칫 휠 사이의 작용을 이용하는 브레이크로, 축의 역전방지기구로 널리 사용된다. 외측폴 브레이크, 내측폴 브레이크, 마찰폴 브레이크 등 3가지 형식이 있다.

① **외측폴 브레이크** : 그림 10.22에서 래칫의 바깥측에 이를 깎은 것이 외측 래칫 휠이다. 여기서 A는 래칫 휠, B는 폴로써 래칫은 화살표방향으로만 회전할 수 있고, 그 역전은 허용하지 않는다. 보통 브레이크와 병용하여 역전방지에 널리 사용되고 있다. 폴의 모양은 하중에 충분히 견딜 수 있고 폴이 래칫에 잘 걸려야 된다. 그림에서 폴의 지점 m이 래칫 외접원의 접선 방향에 있을 경우 폴이 받는 힘이 최소로 된다.

폴의 각도 α는 마찰각 ρ보다 크게 하여 폴이 래칫 이의 이뿌리에 잘 들어가 확실하게 작용하도록 한다. 폴과 이와의 교합은 폴의 자중 또는 코일 스프링 등을 사용하며, 폴의 수는 6~25 정도로 한다.

② **래칫 휠의 기본설계** : 그림 10.23에서와 같이

W : 폴에 작용하는 힘 [N]

T : 래칫에 작용하는 회전토크 [N · mm]

Z : 래칫의 잇수

p : 래칫의 이의 피치 [mm]

h : 이의 높이

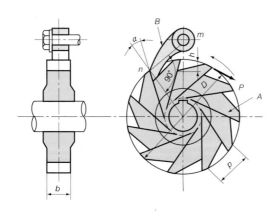

그림 10.22 외측래칫 휠의 폴

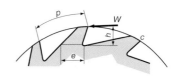

그림 10.23 래칫 휠의 설계

b : 래칫의 나비 [mm]

e : 이뿌리의 두께 [mm]

q : 이에 작용하는 압력 [N/mm^2 = MPa]

D : 래칫의 외접원의 지름 [mm]

라 하면

$$W = \frac{T}{\dfrac{D}{2}} = \frac{2T}{D} = \frac{2\pi T}{Zp} \left.\begin{array}{l} \\ \\ \\ \\ \\ \\ \end{array}\right\} \tag{10.38}$$

$$p = \frac{\pi D}{Z}$$

그런데
$$q = \frac{W}{bh} \tag{10.39}$$

$$Wh = \frac{2T}{D}h = \frac{2\pi T}{pZ}h \tag{10.40}$$

이의 강도를 이뿌리의 굽힘에 대하여 조사한다.

M : 이뿌리의 굽힘 모멘트 [N·mm], σ_a : 허용굽힘응력 [MPa]

이라 하면 M은 다음과 같이 표시된다.

$$M = Wh = \frac{be^2}{6}\sigma_a$$

일반적으로 $h = 0.35p$, $e = 0.5p$, $b = 0.25p$로 설계되므로

$$0.35pW = \frac{bp^2}{24} \cdot \sigma_a$$

$$Wh = 0.35pW = \frac{bp^2}{24}\sigma_a = \frac{2\pi T}{pZ}h \tag{10.41}$$

$b = \phi p$라 놓고 p를 구하면 다음과 같이 정리된다.

$$p = 3.75\sqrt[3]{\frac{T}{\phi Z \sigma_a}} \tag{10.42}$$

ϕ는 치폭계수로, 피치와 치폭계수의 곱이 이의 폭이 된다. $b = 0.25p$, 즉 $\phi = 0.5$라 하면 윗 식은 다음과 같이 된다.

$$p = 4.74 \sqrt[3]{\frac{T}{Z\sigma_a}} \tag{10.43}$$

또 면압력은
$$q = \frac{W}{bh} \tag{10.44}$$

보통 래칫의 재질은 주철(KS B GC)이고, 이 때 ϕ는 $0.5 \sim 1$의 범위에 있으며 철강, 단강에서는 $\phi = 0.3 \sim 0.5$이다. 허용응력 σ_a는 주철의 경우 $20 \sim 30$ [MPa]이고 철강, 단강의 경우 $40 \sim 60$ [MPa]이다. 래칫 휠의 지름을 크게 하면 p는 작게 되지만, 주속이 증가하면 충격력이 증가하므로 $Z = 8 \sim 16$ 정도로 설계한다.

그리고 면압강도는

$$q : 5 \sim 10\,[\text{MPa}] \quad (\text{주철})$$
$$q : 15 \sim 30\,[\text{MPa}] \quad (\text{철강, 단강})$$

예제 6

1500000 [N·mm]의 회전토크를 받는 래칫 휠을 설계하시오.

풀이

잇수 Z를 15라 가정하고 재질을 주강, 허용응력 $\sigma_a = 50$ [MPa]로 하면, 원주 피치는

$$p = 4.74 \sqrt[3]{\frac{T}{Z\sigma_w}} = 474 \sqrt[3]{\frac{1500000}{15 \times 50}} = 60\,[\text{mm}]$$

$$\text{모듈} \quad m = \frac{p}{\pi} = \frac{60}{3.14} = 19.1\,[\text{mm}]$$

여기서 모듈 m이 너무 크므로 잇수 $Z = 25$로 변경하면

원주 피치 $p = 4.74 \sqrt[3]{\frac{1500000}{25 \times 50}} = 51$ [mm], $m = \frac{p}{\pi} = \frac{51}{3.14} = 16.2$ [mm]

그러므로 모듈 $m = 16$으로 결정하면

피치 $p = \pi m = 3.14 \times 16 = 50$ [mm]
외접원의 지름 $D = Zm = 25 \times 16 = 400$ [mm]
이의 높이 $h = 0.35p = 0.35 \times 50 = 17.5 ≒ 18$ [mm]
이끝 두께 $c = 0.25p = 0.25 \times 50 = 12.5 ≒ 13$ [mm]
이뿌리의 두께 $e = 0.5p = 0.5 \times 50 = 25$ [mm]
이나비 $b = 0.5p = 0.5 \times 50 = 25$ [mm]

다음에 이의 면압을 계산하면

이에 작용하는 힘 $W_B = \dfrac{2T}{D} = \dfrac{2 \times 1500000}{400} = 7500 \,[\text{N}]$

면압 $q = \dfrac{W}{b\,h} = \dfrac{7500}{20 \times 18} \fallingdotseq 20.9 \,[\text{N/mm}^2] = 20.9 \,[\text{MPa}]$

철의 경우 허용면압강도는 $\sigma_c = 15 \sim 30 \,[\text{MPa}]$ 의 범위에 있으므로 강도는 안전하다고 볼 수 있다.

연습 문제

1. 그림 10.2의 단식블록 브레이크에서 $a = 1200\,[\text{mm}]$, $b = 300\,[\text{mm}]$, $c = 50\,[\text{mm}]$, $D = 600\,[\text{mm}]$일 때 브레이크 바퀴의 축에 $29400\,[\text{N}\cdot\text{mm}]$의 토크가 작용하고 있을 경우 힘 F는 몇 N 인가?

2. 그림 10.4의 복식블록 브레이크에서 2 [PS]의 동력을 전달시키는 브레이크 바퀴의 축을 제동하려고 한다. 가해야 되는 힘 F를 구하시오. 또 브레이크 블록의 마찰면의 크기를 얼마로 하면 좋은가? 허용 브레이크 압력 $q_a = 0.39\,[\text{MPa}]$, 브레이크 바퀴의 회전속도 200 [rpm], $a = 500\,[\text{mm}]$, $b = 200\,[\text{mm}]$, $D = 400\,[\text{mm}]$, $\mu = 0.2$ 라 한다.

3. 그림 10.14의 단동식 밴드 브레이크에 의하여 $H = 3.1\,[\text{kW}]$, 회전속도 $N = 100\,[\text{rpm}]$의 동력을 제동하려고 한다. 여기서 $a = 140\,[\text{mm}]$, $D = 400\,[\text{mm}]$, $F = 147\,[\text{N}]$라 할 때 브레이크 막대의 길이 l과 브레이크 밴드의 치수를 구하시오. 밴드는 두께 1 [mm]의 강판으로 석면직물을 라이닝 하였다. $\mu = 0.3$, 접촉각 $\theta = 216°$이다. 또 브레이크가 좌회전하였을 경우의 제동동력[kW]을 구하시오.

4. 그림 10.17의 원판 브레이크에 있어서 제동마력을 계산하시오. 접촉부의 평균 지름 80 [mm], 밀어붙이는 힘 $P = 9800\,[\text{N}]$, $\mu = 6.1$, $N = 60\,[\text{rpm}]$이다.

5. 그림 10.2 (c) 의 외작용선형의 단식블록 브레이크에 있어서 $a = 1000\,[\text{mm}]$, $b = 300\,[\text{mm}]$, $c = 50\,[\text{mm}]$, $\mu = 0.25$, $D = 500\,[\text{mm}]$라 하고, $F = 147\,[\text{N}]$를 가했을 경우 브레이크의 제동력 Q 및 토크 T를 구하시오.

6. 그림 10.14의 차동식 밴드 브레이크에서 브레이크바퀴의 지름 250 [mm], $\theta = 210°$, $l = 700\,[\text{mm}]$, $a = 20\,[\text{mm}]$, $b = 60\,[\text{mm}]$, $\mu = 0.25$, $F = 98$ [N]의 힘을 가하면 브레이크 토크 T는 얼마인가? 또 이 브레이크를 자동

적으로 작용시키려면 α의 값을 얼마로 하면 좋은가? 또 밴드를 강제로 하여 두께 $h = 1\,[\mathrm{mm}]$라 하면 밴드의 폭은 얼마로 하면 좋은가? 단, 허용인장응력은 80 [MPa] 이다.

해답   **1.** 우회전 : $F = 1009\,[\mathrm{N}]$, 좌회전 ; $F = 951\,[\mathrm{N}]$

   2. $F = 370\,[\mathrm{N}]$ 접촉면적 ; $A = 4500\,[\mathrm{mm}^2]$

   3. $l = 510\,[\mathrm{mm}]$, 밴드의 폭 $B = 26\,[\mathrm{mm}]$ 이상, $H_{\mathrm{kW}} = 0.824\,[\mathrm{kW}]$

   4. $H = \dfrac{1}{3}\,[PS]$

   5. 우회전의 경우 : $Q = 127\,[\mathrm{N}]\quad T = 31850\,[\mathrm{N \cdot mm}]$,
      좌회전의 경우 : $F = 118\,[\mathrm{N}]\quad T = 29400\,[\mathrm{N \cdot mm}]$

   6. $T = 1286250\,[\mathrm{N \cdot mm}]$, $\dfrac{b}{a} = 2.11$, $B = 90\,[\mathrm{mm}]$

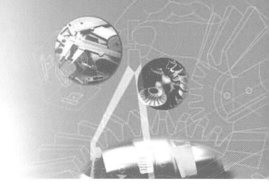

Chapter 11

스프링 및 관성차

11.1 스프링의 개요

일반적으로 탄성체는 하중을 받으면 하중의 크기에 따라 변형을 하게 되고, 그 일을 탄성에너지로 흡수, 저장하는 특성을 가진다. 탄성체가 가진 이와 같은 특성과 기능을 이용한 기계요소가 스프링이며, 특별히 하중에 비하여 탄성 변형이 큰 재료 및 모양을 선택하여 주로 에너지를 흡수하거나 저장시키기 위하여 사용한다. KS B 0103에 스프링 용어, KS B 0005에 스프링 제도에 대한 규격이 있다. 스프링으로 사용되는 탄성체로는 금속, 고무, 공기 등이 있다.

11.2 스프링의 특성

11.2.1 스프링 특성

그림 11.1 (a) 와 같이 스프링에 하중 P(N)가 작용하였을 경우의 변형을 δ [mm]라 하면, 하중의 크기와 변형과의 관계는 그림 11.1 (b) 의 A, B, C에서

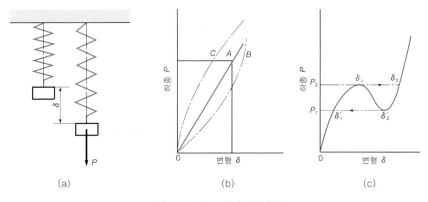

(a)   (b)   (c)

그림 11.1 스프링의 하중특성

보는 바와 같이 스프링의 특성에 따라 다르다. 지금 직선 A 와 같이 P 와 δ 가 정비례하는 경우 다음 관계식이 성립된다.

$$P = k\delta \tag{11.1}$$

식 (11.1)에서 k [N/mm] 를 **스프링상수** (spring constant) 라 하고, 단위 변위에 필요한 하중의 크기를 나타낸다.

몇 개의 스프링을 조합시켜 1개의 스프링으로는 얻을 수 없는 특성을 확인할 수 있다. 이 조합의 기본방식으로는 직렬과 병렬의 2가지 방법이 있다. 즉 각각의 스프링상수를 k_1, k_2, k_3, … 라 하고, 몇 개의 조합스프링의 스프링상수를 k 라 하면 그림 11.2에서

$$\left. \begin{array}{l} \text{병렬의 경우 : } k = k_1 + k_2 + k_3 + \cdots \\[2mm] \text{직렬의 경우 : } \dfrac{1}{k} = \dfrac{1}{k_1} + \dfrac{1}{k_2} + \dfrac{1}{k_3} + \cdots \end{array} \right\} \tag{11.2}$$

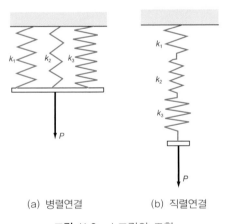

(a) 병렬연결   (b) 직렬연결

그림 11.2 스프링의 조합

이상과 같이 스프링에 작용한 하중과 이 하중에 의하여 생기는 스프링의 변형과의 관계를 스프링 특성이라 한다. 일반적인 스프링 특성은 직선적으로 변한다. 따라서 하중과 변형량은 비례하고 그 기울기가 스프링상수가 된다. 또한 스프링 특성이 곡선으로 되는 스프링을 비선형 스프링이라 하며 현가 스프링, 밸브 스프링, 접시 스프링 등은 비선형의 스프링 특성을 이용한 스프링이다.

11.2.2 탄성에너지의 저장과 방출

그림 11.1 (a) 에 있어서 하중이 스프링에 대하여 한 일량 U [N · mm]는 스프링의 내부에 탄성 (Resilience), 즉 탄성에너지로 흡수 저장된 것이 된다.

즉,
$$U = \frac{1}{2}P\delta = \frac{1}{2}k\delta^2 \tag{11.3}$$

이 저장된 에너지는 변형됐던 스프링이 처음의 상태로 돌아가면서 외부에 대하여 이만큼 일을 하게 될 것이다.

11.3 스프링의 종류

11.3.1 사용재료에 의한 분류

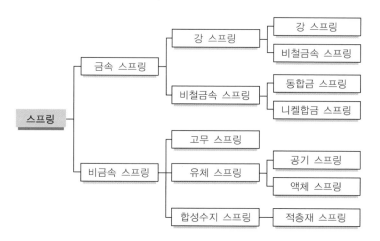

11.3.2 스프링의 모양에 의한 분류와 그 특징

1) 코일 스프링 (원통형, 원추형, 드럼형, 장고형)
2) 겹판 스프링
3) 벌루트 스프링
4) 링 스프링
5) 태엽 스프링
6) 접시 스프링

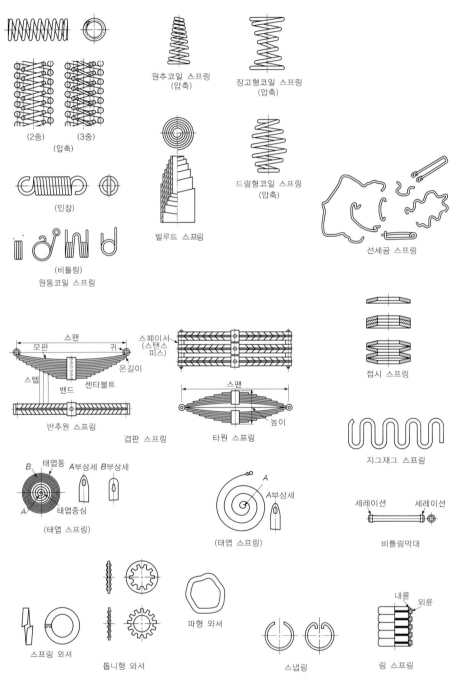

원추코일 스프링
(압축)

장고형코일 스프링
(압축)

(2중)   (3중)
(압축)

(인장)

(비틀림)
원통코일 스프링

벌루트 스프링

드럼형코일 스프링
(압축)

선세공 스프링

접시 스프링

스팬
모판   귀
온길이
스텝   센터볼트
밴드
반추원 스프링

스페이서
(스탠스
피스)

스팬
높이
타원 스프링

겹판 스프링

지그재그 스프링

B   태엽동   A부상세 B부상세
A   태엽중심
(태엽 스프링)

A
A부상세
(태엽 스프링)

세레이션   세레이션
비틀림막대

스프링 와셔

톱니형 와셔

파형 와셔

스냅링

내륜   외륜
링 스프링

그림 11.3 모양에 의한 스프링의 종류

7) 스프링 와셔

8) 스냅링

9) 지그재그 스프링

10) 비틀림막대(토션 바)

(1) 코일 스프링(coil spring)

① 코일 스프링의 종류와 장단점 : 코일 스프링은 봉재를 나선모양으로 감은
것으로, 그림 11.4와 같이 압축코일 스프링, 인장코일 스프링, 비틀림코
일 스프링으로 나눌 수가 있다. 그림 11.5는 실물이다. 코일 스프링에 사
용되는 소재의 단면모양은 일반적으로 원형이지만 사각단면으로 된 것
도 있다.

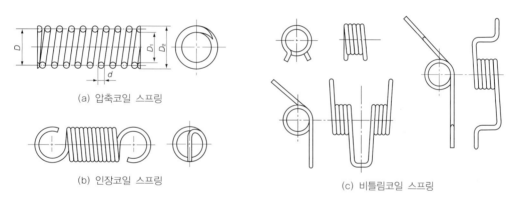

(a) 압축코일 스프링

(b) 인장코일 스프링

(c) 비틀림코일 스프링

그림 11.4 코일 스프링의 단면도

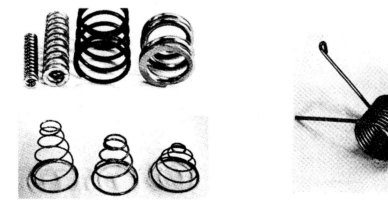

그림 11.5 코일 스프링의 실물

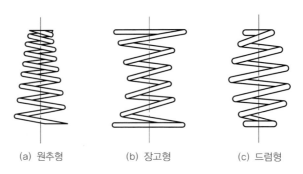

(a) 원추형   (b) 장고형   (c) 드럼형

그림 11.6 특수코일 스프링

〈특 징〉

1) 제작비가 싸다. 특히 전용기계를 사용하면 아주 싸게 된다.

2) 구조가 간단하고 단위체적당 탄성에너지효율이 높다.

3) 경량소형으로 제조할 수 있다.

② 압축코일 스프링 : 압축코일 스프링에서는 그 끝부분을 코일자리라 하고, 일반적으로 평평하게 다듬질한다. 압축코일 스프링은 모든 기기에 사용되고, 계측기기용 스프링, 안전밸브 스프링, 차량용 현가 스프링, 내연기관의 밸브 스프링 등에 널리 사용된다.

모양에 따라 원통 압축코일 스프링 원추 압축코일 스프링, 장고형 압축코일 스프링, 드럼형 압축코일 스프링 등이 있다.

③ 인장코일 스프링 : 인장코일 스프링의 끝부분은 보통 그림 11.4 (b) 와 같이 갈고리 (hook) 모양으로 되어 있는데 그 형식은 여러 가지가 있다 (그림 11.7).

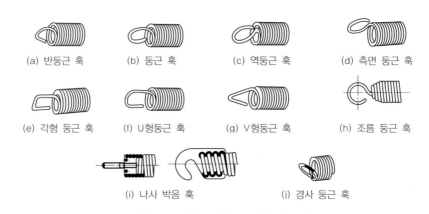

(a) 반둥근 훅   (b) 둥근 훅   (c) 역둥근 훅   (d) 측면 둥근 훅

(e) 각형 둥근 훅   (f) U형둥근 훅   (g) V형둥근 훅   (h) 조름 둥근 훅

(i) 나사 박음 훅   (j) 경사 둥근 훅

그림 11.7 인장 코일 스프링의 훅 모양

④ 비틀림코일 스프링 : 그림 11.4 (c) 와 같이 코일 중심선 부위에 비틀림 모
  멘트를 받는 스프링이다.

(2) 태엽 스프링 (spiral spring)

얇은 강판 또는 대강 등의 스프링재를 둥글게 감은 것으로, 시계의 태엽,
장난감의 원동력용 스프링 등에 사용된다. 코일 스프링에서는 비틀림응력이
작용하지만, 태엽 스프링에는 굽힘응력이 작용한다. 이 스프링은 비교적 좁은
장소에 비교적 큰 에너지를 저장할 수 있는 것이 특징이 있다(그림 11.8).

(3) 벌루트 스프링 (volute spring)

태엽 스프링을 축방향으로 돌려서 감으면 죽순과 같은 모양으로 된다. 주로
압축용에 사용되고 오토바이의 차체완충용과 펌프에서 밸브의 운동제어에 사
용된다. 이것은 제작이 쉽고 코일 사이의 마찰에 의한 내부감쇠력을 가지고
있으며 비선형 특성을 가지고 있다(그림 11.9).

그림 11.8 태엽 스프링   그림 11.9 벌루트 스프링

(4) 비틀림막대 (토션 바, torsion bar)

그림 11.10 에서와 같이 봉재의 비틀림 변형을 이용한 스프링으로 토션 바
라고도 한다. 가볍고 간단한 모양으로 비교적 큰 에너지를 저장할 수 있다.
그러나 부착부분의 가공이 복잡하다.

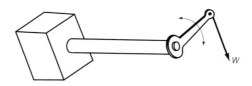

그림 11.10 비틀림막대

(5) 판 스프링

그림 11.11과 같은 스프링 와셔 또는 박판 스프링 (flat spring) 은 단 한 장의 얇은 판자를 여러 가지 모양으로 가공하여 만든 스프링이다.

비선형특성을 쉽게 얻을 수 있는 장점이 있으며 프레스가공에 의하여 제작할 수 있으므로 대량생산이 가능하다. 또한 그림 11.12에서와 같이 몇 장의 판을 포개서 만든 겹판 스프링 (leaf spring) 이 있다. 이것은 에너지 흡수능력이 크고, 스프링 작용 이외에 구조용 부재로써의 기능을 겸하고, 제조가공이 쉽다는 특징이 있으므로 자동차의 현가용으로 사용된다.

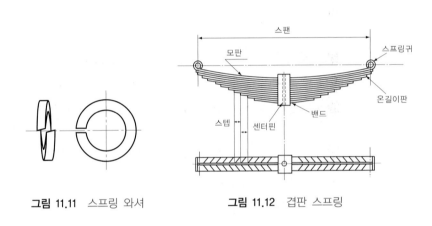

그림 11.11 스프링 와셔   **그림 11.12** 겹판 스프링

(6) 철사 스프링 (wire spring)

선재를 목적에 따라 여러 가지 모양으로 감거나 굽혀서 만든 것으로 코일 스프링, 판자 스프링, 태엽 스프링을 소형으로 간략하게 만든 것이다 (그림 11.13).

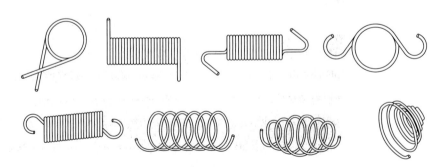

그림 11.13 철사 스프링

(7) 링 스프링(ring spring)

그림 11.14와 같은 링 모양의 스프링으로써, 크기에 비하여 제한된 공간에서 큰에너지를 흡수할 수 있고 또 감쇠력을 가지고 있으므로 철도차량 연결기의 완충용 등에 많이 사용된다. 이 스프링은 일반적으로 아주 강하므로 충격 초기의 작은 하중 혹은 예상한 것보다 훨씬 작은 충격을 가볍게 완충하고 싶은 경우 코일 스프링을 직렬로 연결하여 함께 사용한다.

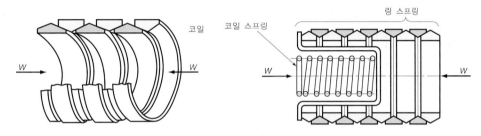

그림 11.14 링 스프링

(8) 접시 스프링(disk spring)

접시 스프링은 그림 11.15와 같이 중앙에 구멍이 있는 원판을 원추형으로 성형하고, 상하방향에 하중이 작용하도록 하여 사용하는 스프링이다. 이 스프링은 좁은 공간에서 비교적 큰 부하용량을 가지고 있을 뿐 아니라 자유상태에서의 원추높이와 판자두께의 비를 적당하게 선정함으로써 이용범위가 넓은 비선형 스프링 특성을 쉽게 얻을 수 있다.

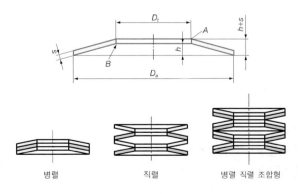

그림 11.15 접시 스프링

11.4 스프링의 용도와 규격

11.4.1 스프링의 용도

(1) 진동 또는 충격에너지를 흡수한다.

　　예) 전차, 자동차, 연결기의 완충 스프링

(2) 에너지를 저장하여 이것을 동력원으로 작동시킨다.

　　예) 시계의 태엽 스프링

(3) 힘을 주는 데 사용한다.

　　예) 안전밸브의 스프링, 스프링 와셔

(4) 힘의 측정에 사용한다.

　　예) 스프링 저울의 스프링

11.4.2 스프링의 KS규격

▶표 11.1 스프링 KS규격

규 격 번 호	규 격 명 칭	제정(확인) 년월일
KS B 0103-00	스프링 용어	2005.12.20
KS B 2398-07	겹판 스프링 설계기준	2007.8.31
KS B 2399-07	비틀림코일 스프링 설계기준	2007.8.31
KS B 2400-07	원통코일 스프링 설계기준	2007.8.31
KS B 2401-99	겹판 스프링	2004.8.31
KS B 2402-99	열간성형 코일 스프링	2004.8.31
KS B 2403-79	냉간성형 압축코일 스프링	2007.10.25
KS B 2404-81	접시 스프링	2006.9.29
KS B 2405-79	냉간성형 인장코일 스프링	2007.10.25
KS B 3239-03	토션 바 스프링	2003.4.30

11.5 코일 스프링

11.5.1 압축코일 스프링

(1) 압축코일 시스템의 기본설계공식 (원형단면)

　　그림 11.16과 같이 축방향에 하중이 작용하고 있는 경우, 그 평균반지름을

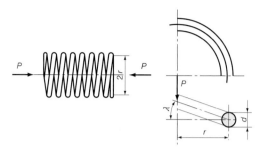

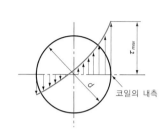

그림 11.16 압축코일 스프링   **그림 11.17** 코일 스프링 단면의 응력분포상태

r 이라 하고 평균지름을 D 라 하면 $2r = D$ 이며, 스프링에는 $T = Pr = P \cdot \dfrac{D}{2}$ 의 비틀림 모멘트가 생긴다.

$$\tau = \frac{T}{z_P}, \quad T = \tau z_p \text{에서 } z_p = \frac{\pi d^3}{16} \text{이므로}$$

따라서
$$T = Pr = \frac{\pi d^3 \tau}{16} \tag{11.4}$$

여기서 Z_p 는 극관성 모멘트이다.

그러나 이 응력 외에 코일방향의 압축력 및 굽힘응력 등이 작용하므로 실제 응력은 이 값보다 크게 된다. 따라서 수정계수 K를 곱하여 보정한다.

$$\tau = \frac{16 rP}{\pi d^3}$$
$$= \frac{8DP}{\pi d^3} = \frac{8CP}{\pi d^2} = \frac{8C^3}{\pi D^2}P \tag{11.5}$$

단, $\dfrac{D}{d} = \dfrac{2r}{d} = C$ 이며 여기서, C 를 **스프링지수**라 한다.

앞에서 이미 설명한 바와 같이 수정계수 K로 수정하면 다음과 같이 된다.

$$\tau = K\frac{16 rP}{\pi d^3} = K\frac{8D}{\pi d^3}P = K\frac{8C}{\pi d^2}P = K\frac{8C^3}{\pi D^2}P$$

K를 Whal의 **수정계수**라 하고, 다음 식에서와 같이 스프링지수 C만의 함수이다.

$$K = \frac{4C-1}{4C-4} + \frac{0.615}{C} \tag{11.6}$$

▶**표 11.2** 스프링지수 C 에 대한 K 의 값

D/d	4.0	4.25	4.5	4.75	5.0	5.25	5.5	6.0	6.5	7.0	7.5	8.0	8.5	9.0
K	1.39	1.36	1.34	1.32	1.30	1.28	1.27	1.24	1.22	1.20	1.18	1.17	1.16	1.15

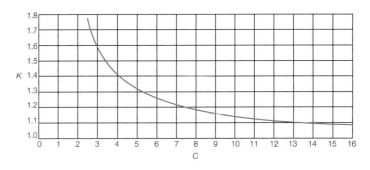

그림 11.18 Wahl의 응력수정계수

혹은
$$K = \frac{C}{C-1} + \frac{1}{4C} \tag{11.7}$$

표 11.2 는 $\dfrac{D}{d} = C$ 에 대한 K 의 값을 표시한 것이다.

코일 스프링에서는 평균지름 $D = 2r$ 에 비하여 소재의 지름 d 가 크게 되면, 굵은 소재를 작은 지름에 감는 것이 되므로 $C = \dfrac{D}{d}$ 를 4 이하로는 잡는 것은 좋지 않다. 그림 11.18에서와 같이 K 의 값은 C 의 값이 작아짐에 따라 갑자기 크게 되므로 $\dfrac{2r}{d} = C$ 를 너무 작게 하지 않는 것이 좋다.

탄소강 압연재의 압축코일 스프링에 대한 허용응력은 $d > 13$ [mm]에서는 340~550 [MPa], $d < 13$ [mm] 에서는 440~640 [MPa], 합금강에서는 이 값보다 20 % 정도 크게 한다. 그리고 피아노선은 740~790 [MPa], 강선은 590~740 [MPa], 인청동은 200~240 [MPa]로 하며 선이 가늘수록 크게 잡는다.

그러나, 위의 값들은 모두 정적하중을 받을 때의 값이므로 반복 또는 충격하중이 작용하는 경우에는 그 값들의 50 [%] 정도의 값을 사용하는 것이 안전하다. 즉 내연기관의 밸브 스프링과 같이 고속도의 반복하중을 받을 경우는 외부에서 작용하는 진동과 스프링의 고유진동의 주기가 일치하여 서어징이라는 공진현상이 생길 수 있으며 이 진동 때문에 스프링이 파손되는 경우가 있으므로 미리 허용응력을 작게 취하는 것이 좋다.

인장코일 스프링에서는 접착에 의한 안전성이 없으므로 20 [%] 정도 낮은 허용값을 사용하며 일반적으로 290~540 [MPa]의 범위로 하면 된다. 일반적으로 비틀림에 의한 원형봉의 비틀림각 θ 는 다음과 같이 된다.

$$\theta = \frac{Tl}{GI_p} \ [\text{rad}] \tag{11. 8}$$

여기서, T : 비틀림 모멘트 [N·mm], l : 길이 [mm]

$\quad\quad G$: 횡탄성계수 [N/mm^2＝MPa],

$\quad\quad I_p$: 축심에 대한 극단면 2차모멘트 [mm^4]

코일 스프링에서는 $l = 2\pi rn$, $I_p = \frac{\pi}{32}d^4$, $T = Pr$ 이므로 위식에 대입하여 다음 식을 얻는다.

$$\theta = \frac{64\,n\,r^2 P}{Gd^4} \tag{11. 9}$$

$$\delta = \frac{64\,n\,r^3 P}{Gd^4} \tag{11.10}$$

$2r = D$, $\quad \frac{D}{d} = C$ 라 하면

$$\delta = \frac{8\,n\,D^3}{Gd^4}P = \frac{8\,n\,C^3}{Gd}P = \frac{8\,n\,C^4}{GD}P \tag{11.11}$$

또 스프링상수 k 는 다음 식들과 같이 표시된다.

$$k = \frac{P}{\delta} = \frac{Gd^4}{8nD^3} = \frac{Gd}{8nC^3} = \frac{GD}{8nC^3} = \frac{Gd^4}{64nr^3} \tag{11.12}$$

다음에 스프링의 처짐이 δ 인 경우 스프링에 저장되는 에너지 U 는 다음 식으로 구해진다.

$$U = \frac{P\delta}{2} = \frac{32\,n\,r^3 P^2}{Gd^4} = \frac{V \cdot \tau^2}{4\,K^2\,G} \tag{11.13}$$

단, V 는 스프링의 체적으로

$$V = \frac{\pi d^2}{4} \cdot 2\pi rn \tag{11.14}$$

따라서 단위체적마다에 저장되는 에너지를 크게 하려면 좋은 재료를 사용하여 τ를 크게 하고 또 K를 작게, 즉 $C = \dfrac{D}{d} = \dfrac{2r}{d}$를 크게 할 필요가 있다.

또한 스프링의 처짐 $\delta = \dfrac{8\,n\,D^3\,P}{G d^4}$에서 횡탄성계수 G의 값은 재료의 종류에 따라 다음 표 11.3에 표시한 값을 사용한다.

또한 G의 값은 강재의 경우 소재의 지름에 따라서 다음 표 11.4와 같이 해도 좋다.

▶표 11.3 횡탄성계수 G의 값

재 료	기 호	G의 값 [GPa]
스프링강선	SUP	79
경강선	SW	79
피아노선	SWP	79
스테인레스강선 (SUS27, 32, 40)	SUS	74
황동선	BSW	39
양백선	NSWS	39
인청동선	PBW	44
베릴륨동선	BeCuW	49

▶표 11.4 스프링용 강재의 횡탄성계수

소재의 지름 d [mm]	G [GPa]
$d \geqq 13$	74
$5.5 < d < 13$	79
$2 < d \leqq 5.5$	82
$d \leqq 2$	86

(2) 압축코일 스프링 끝부분의 영향과 유효감김수

① 끝부분의 모양 : 압축코일 스프링의 끝부분의 모양은 그림 11.19와 같은 것들이 있다. 이 중에서 가장 많이 사용되고 있는 것은 냉간성형에서는 그림 11.19 (d) 의 연삭한 오픈 엔드이고, 열간성형에서는 그림 (c)의 테이퍼 가공한 크로스 엔드이다. 끝부분을 연삭 또는 테이퍼 가공할 경우에는 선단의 두께를 보통 소선의 지름 d의 $\dfrac{1}{4}$로 한다.

$d < \phi 16$ 의 경우에는 연삭가공을 하고, $d \geqq \phi 16$ 의 경우에는 테이퍼 가

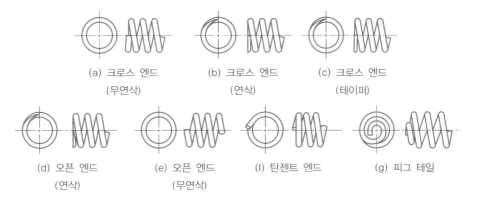

(a) 크로스 엔드   (b) 크로스 엔드   (c) 크로스 엔드
(무연삭)   (연삭)   (테이퍼)

(d) 오픈 엔드   (e) 오픈 엔드   (f) 탄젠트 엔드   (g) 피그 테일
(연삭)   (무연삭)

그림 11.19 압축코일 스프링 끝부분의 모양

공을 한다. 그림 (a), (e)와 같이 크로스 엔드(closed end), 오픈 엔드 (open end) 모두 연삭하지 않는 모양도 있고, 그림 (f)의 탄젠트 테일엔 드(tangent tail end), 그림 (g)의 피그 테일 엔드(pig tail end) 등의 특 수한 모양으로 된 것도 있다.

② 압축코일 스프링의 감김수 : 압축 스프링에서는 양단이 축에 직각이 되도 록 자리를 만들어 스프링의 굽힘을 방지한다. 따라서 자리의 부분에서는 소재의 일부가 서로 접촉한다. 이 접촉하는 부분은 그림 11.20에서와 같 이 $\frac{3}{4}$ 감기, 1감기, $1\frac{1}{2}$ 감기로 제작한다.

작용된 하중과 그 하중으로 생긴 처짐과의 비례관계가 정확해야 되는 경우에는 그림 (b) 또는 (c)를 사용하며, 완충용에는 그림 (a)형을 사용하 는 것이 좋다. 이 자리 부분은 스프링의 역할을 하지 않으므로 **무효감김수**

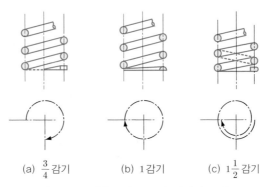

(a) $\frac{3}{4}$ 감기   (b) 1감기   (c) $1\frac{1}{2}$ 감기

그림 11.20 압축코일 스프링 자리의 모양

라고 한다. 스프링의 한쪽 끝에서 다른 쪽 끝까지의 전체 감김수를 총감김수(total number of coils) 라 하며, 총감김수에서 무효감김수를 빼고, 스프링으로서 유효하게 작용하는 부분을 스프링의 유효부분이라 한다. 유효부분의 스프링 감김수를 **유효감김수**(number of active coils) 라 한다.

즉, 총감김수 = 유효감김수 + 무효감김수

11.6 판 스프링

11.6.1 판 스프링의 일반 사항

판모양 재료의 굽힘탄성을 이용한 것으로서 단일 스프링판으로 된 단일판 스프링과 2장 이상의 판을 겹쳐서 만든 겹판 스프링이 있다. 구조가 간단하고 힘을 받는 구조용 부재의 일부로도 이용된다.

특히 겹판 스프링은 다음과 같은 특징이 있다.

1) 자동차와 철도차량의 현가용으로 겹판 스프링을 사용하였을 경우, 이 스프링은 차체구조의 일부를 겸하기 때문에 차체구조가 간단하게 된다.

2) 겹판 스프링의 판 사이의 마찰은 스프링이 진동하였을 경우 감쇠력으로 작용한다. 따라서 이 감쇠력의 크기가 적당하면 이 스프링이 현가용으로서 사용되었을 경우, 아주 좋은 특성이 된다.

3) 어느 판 하나가 끊어져도 그 판만을 바꿔서 그 스프링을 다시 사용할 수 있다.

11.6.2 단일판 스프링

(1) 직사각형단면의 경우

그림 11.21과 같은 외팔보에서 길이를 l, 폭을 b, 두께를 h 라 하고, 자유단에 수직하중 W 가 작용할 때의 처짐 δ와 스프링상수 k, 응력 σ 를 구한다.

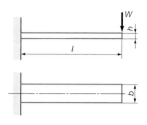

그림 11.21 단일판 스프링

재료역학에서 외팔보라 생각하여

$$\left.\begin{array}{l} \delta = \dfrac{W l^3}{3EI} \\[2mm] k = \dfrac{W}{\delta} = 3\dfrac{EI}{l^3} \\[2mm] \sigma_{\max} = \dfrac{W l}{z} \end{array}\right\} \tag{11.15}$$

단면 2차 (관성) 모멘트를 $I = \dfrac{b h^3}{12}$, 단면계수 $z = \dfrac{b h^2}{6}$ 이므로 이 값들을 식 (11.15)에 대입하면 다음 식들이 얻어진다.

$$\delta_1 = \dfrac{4 W l^3}{E b h^3}$$

$$k = \dfrac{E b h^3}{4 l^3}$$

$$\sigma_{\max} = \dfrac{6 W l}{b h^2} \tag{11.16}$$

그러나 실제의 판 스프링은 양단이 자유로 받쳐져 있고, 단면이 균일하며 길이 $2l$ 인 곧은 단순보의 중앙에 $2W$ 가 작용하는 경우이므로 δ, k, σ 는 다음과 같이 표시될 것이다.

$$\left.\begin{array}{l} \delta = \dfrac{4 W l^3}{E b h^3} \\[2mm] k = \dfrac{2 W}{\delta} = \dfrac{E b h^3}{2 l^3} \\[2mm] \sigma_{\max} = \dfrac{6 W l}{b h^2} \end{array}\right\} \tag{11.17}$$

(2) 사다리꼴단면의 경우

그림 11.22와 같이 직사각형단면의 경우 스프링의 전체 길이에 따라 응력이 균일하지 않으므로 균일강도의 보로 만들기 위해 단면을 사다리꼴로 하여 앞에서와 같은 계산을 반복하면 δ는 다음과 같이 구해진다.

$$\delta = \varphi \frac{W l^3}{12 E I} \tag{11.18}$$

단,

$$I = \frac{b_2 h^3}{12}$$

그리고 스프링상수 k는

$$k = \frac{12 E}{\varphi l^3} \tag{11.19}$$

형상수정계수 φ는 다음 식으로 주어진다.

$$\varphi = \frac{12}{\left(1 - \dfrac{b_1}{b_2}\right)^3} \left[\frac{1}{2} - 2 \frac{b_1}{b_2} + \left(\frac{b_1}{b_2}\right)^2 \left(\frac{3}{2} - \log_e \frac{b_1}{b_2}\right) \right] \tag{11.20}$$

그리고 b_1 / b_2에 대한 φ는 그림 11.23에서 구해진다. b_1 / b_2가 작을수록, 즉 삼각형 모양에 가까울수록 스프링으로써는 효율이 좋다. $b_1 / b_2 = 0$은 삼각형, $b_1 / b_2 = 1$은 직사각형이며, 따라서 최대굽힘응력은

$$\sigma_{\max} = \frac{6 \, W l}{b_2 h^2}$$

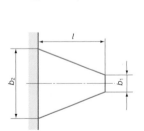

그림 11.22 사다리꼴단면의 스프링

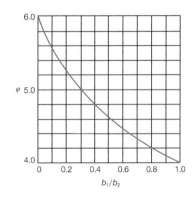

그림 11.23 형상수정계수 φ의 값

11.6.3 겹판 스프링

(1) 구조

그림 11.24와 같이 삼각형 또는 사다리꼴의 스프링을 같은 폭으로 만들어 길이가 다른 가느다란 판을 겹쳐서 스프링으로 만든 것으로써 U볼트 또는 클립 등으로 고정한다. 철도차바퀴, 자동차의 현가장치로서 널리 사용된다.

가장 긴 **스프링판**(leaf plate)을 **모판**(main leaf)이라 하고, 모판이 파단하면 못쓰게 되므로 모판과 같은 길이의 준모판을 1~2매 겹쳐 놓기도 한다. 모판과 준모판을 **온 길이판**(full length leaf)이라 하며, 모판 이외의 스프링판을 **자판**이라 한다. 여기서, 인접한 스프링판의 길이의 차로서 나타난 단을 **스텝**(step)이라 한다.

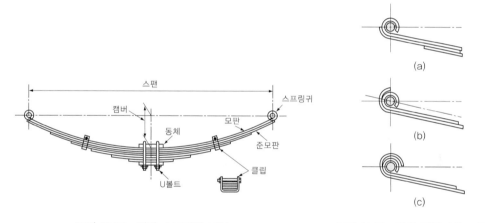

그림 11.24 겹판 스프링의 구조   그림 11.25 둘째 판감기의 모양

스프링판의 끝 부분을 둥글게 감은 부분을 **스프링 귀**(spring eye)라 하고 두 귀까지의 중심거리를 **스팬**이라 하며, 그 허용차는 ±3%로 한다. 그리고 귀에는 부싱(bushing)을 집어넣는다. 부싱에는 그림 11.26 (a)와 같은 청동제 금속 부싱과 그림 (b)와 같은 고무 부싱이 있다. 고무 부싱은 승용차, 소형승용차에 주로 사용된다.

스프링판은 판의 크기에 따라 곡률이 다르며 필요에 따라 크고 작은 것들을 서로 붙여서 사용한다. 따라서 이것을 겹치면 그림 11.27에서와 같이 판자 사이에 틈이 생긴다. 하중이 작용하지 않는 경우 붙어 있는 인접한 스프링판 사이의 간격을 **닙**(nip)이라 한다.

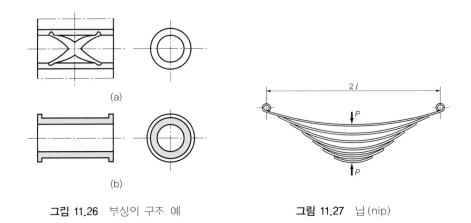

그림 11.26 부싱이 구조 예   그림 11.27 닙(nip)

스프링판의 단면모양은 그림 11.28에서와 같이 6가지가 있다.

그림 (a)는 각형으로 가장 많이 사용되는 형상이다.

그림 (b)는 둥근 각형이고, 자동차 등에 사용된다.

그림 (c)의 오목형은 판마찰을 감소시키는 윤활제를 넣기 쉽게 한 형상이고, 약간 오목면 모양으로 한 것이다.

그림 (d)는 포물선(파라볼릭) 형으로 반복굽힘파괴는 인장측에서부터 시작하므로, 단면의 중립축을 중앙에서 인장측에 가깝게 하여 피로한도를 올린 것이다.

그림 (e)의 중간 오목형도 스프링이 부하를 받는 경우 인장응력을 감소시킴과 동시에 가볍게 하기 위하여 압축응력측의 일부에 홈을 판 것이다.

그림 (f)의 리브 부착형은 중앙에 리브가 있어서 조립되었을 때 판의 가로 미끄럼을 방지할 수 있도록 한 것으로써, 철도차량에 주로 사용된다.

스프링판은 일반적으로 6~14 개를 조합하여 사용하지만, 판스프링 사이의 마찰을 작게 하기 위해서는 3~5 매가 좋다. 무거운 하중용으로 두꺼운 스프링 판을 너무 많이 겹치면 진동이 작아지므로 겹판 스프링의 장점이 없어진

(a) 각형   (b) 둥근각형   (c) 오목형

(d) 포물선형   (e) 중간오목형   (f) 리브형

그림 11.28 겹판 스프링의 단면의 여러 가지 모양

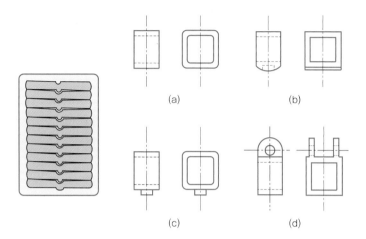

그림 11.29 밴드

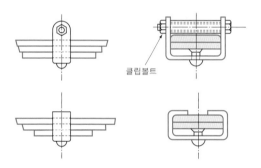

그림 11.30 클립

다. 스프링판의 중앙부는 밴드(band) 또는 센터 볼트에 의해 조여서, 일체형 스프링으로 작용시킨다(그림 11.29). 또한 겹판 스프링이 서로 분리되지 않고 마찰 등을 방지하기 위하여 클립으로 몇 곳에서 조인다(그림 11.30).

(2) 겹판 스프링의 종류

(a) 반타원식(semi-elliptic spring) ···그림 11.31의 (a)~(g)와 같이 1조의 겹판 스프링을 사용한 것으로 대부분의 자동차, 화차 등에 사용된다.

(b) 타원 스프링(full-elliptic spring) ···그림의 (h), (i)와 같이 2개의 겹판 스프링으로 구성되고, 주로 철도차량의 볼스터 스프링에 사용된다.

(c) $\frac{1}{4}$ 타원 스프링 ··· 그림 11.31의 (j)의 경우로, 반타원 스프링의 $\frac{1}{2}$ 로 구성된 형식이다.

▶**표 11.5** 겹판 스프링의 스프링판의 단면치수

(단위 : [mm])

반 타 원 식		타 원 스 프 링				1/4 타원 스프링	
b	h	b	h	b	h	b	h
75	10 11	45	5 6	90	8 9 10 11	45	5 6
		50	6 7 8		13	50	7 8
90	10 11 13	60	6 7 8	100	10 11 13 16	65	7 8
		65	6 7 8 9 10			70	7 8 9 10
100	10 11 13	70	7 5 9 10 11	115	10 11 13 16		11
				125	16 20	80	8 9 10 11
125	13 16	80	7 8 9 10	150	25 30	90	9 10 11
			11 13	180	30	100	10 11 12

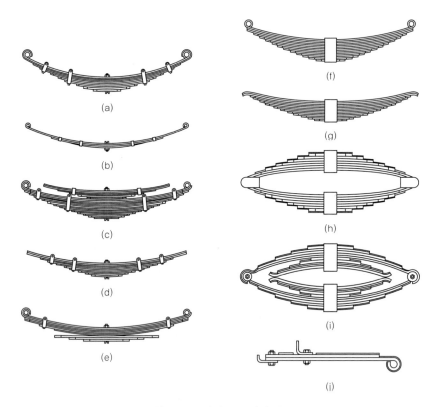

그림 11.31 겹판 스프링의 종류

(3) 겹판 스프링의 설계

겹판 스프링의 계산에는 전개법과 판단법의 두 가지가 있다. **전개법**은 그림 11.32 (a) 와 같이 겹판 스프링을 길이방향으로 2등분하고, 그림 (b)와 동일평면상에 다시 나란히 배열하여 단일판 스프링의 특성이 본래의 겹판 스프링의 특성과 같다고 생각하는 방법이며, 스프링판이 전체 길이에 따라 서로 접촉하고 있다고 가정한다. 곡률반지름에 비하여 판두께가 아주 작다고 하면, 동일점의 곡률 $\dfrac{1}{\rho}$ 은 각 판에서 서로 같다고 생각할 수 있다.

판단법은 그림 11.33과 같이 각 판은 그 끝부분에서만 옆의 스프링판과 접촉하고, 따라서 한 스프링판에서 다음 스프링판으로의 힘의 전달은 끝부분에서만 이루어진다는 가정을 기초로 한 것이다.

이상 2가지 방법을 비교하면, 전개법에서는 스프링판의 스텝, 끝부분의 테이퍼, 스프링판 두께의 구성의 차이에 의한 영향이 계산식에 반영되어 있지 않다. 그러나 판단법에서는 계산이 약간 복잡하지만 가정이 실제와 비슷하므

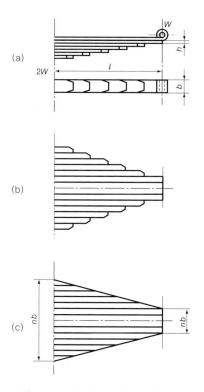

그림 11.32 겹판 스프링의 전개도

로 계산결과가 실제와 일치하고, 각각의 스프링판에 대한 응력분포를 정확하게 계산할 수 있다는 장점이 있다.

따라서 일반적으로 스프링의 설계에는 전개법으로 충분하지만 스프링을 전개하여 사다리꼴 또는 삼각형 등으로 되지 않는 경우에는 판단법이 널리 사용된다.

① 전개법

1) 스프링판의 두께가 일정한 겹판 스프링의 경우 … 두께 h 가 같은 경우에는 스프링판의 끝부분의 모양과 스텝을 무시하고, 그림 11.32 (c) 와 같이 변형하여 생각하면 사다리꼴의 외팔보의 식으로부터 처짐과 응력을 구할 수 있다.

$$
\left.\begin{array}{l}
\delta = \phi \dfrac{W l^3}{3 E I_0} = \phi \dfrac{4\, W l^3}{E n b h^3} \\[3mm]
k = \dfrac{2\,W}{\delta} = \dfrac{6 E I_0}{\phi\, l^3} = \dfrac{E n b h^3}{2\, \phi\, l^3} \\[3mm]
\sigma = \dfrac{6\, l}{n b h^2}\, W = \dfrac{3\, E h}{2\, \phi\, l^2}\, \delta
\end{array}\right\}
\tag{11.21}
$$

ϕ 는 그림 11.23에서 구한다.

2) 스프링판의 두께가 다른 경우 … 폭 b, 두께 h_1 의 스프링판이 n_1 개, 두께 h_2 의 스프링판이 n_2 개, $\cdots h_m$ 의 스프링판이 n_m 개로써 구성되는 겹판 스프링의 전개법에 의한 계산법은 위식의 $n b h^3$ 대신에, $b(n_1 h^3 + n_2 h_2{}^2 + \cdots + n_m h_m{}^3)$ 으로 하면 된다.

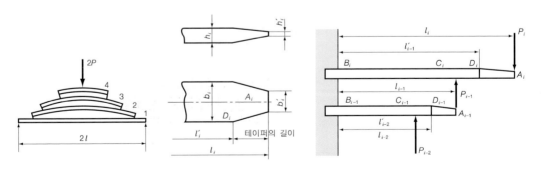

그림 11.33 판단법

$$\left.\begin{aligned}\delta &= \phi_1 \frac{4\,W\,l^3}{E\,b\,({n_1 h_1}^3 + {n_2 h_2}^3 + \cdots + {n_m h_m}^3)} \\[2mm] k &= \frac{2\,W}{\delta} = \frac{E\,b\,({n_1 h_1}^3 + {n_2 h_2}^3 + \cdots + {n_m h_m}^3)}{2\,\phi_1\,l^3} \\[2mm] \sigma &= \frac{6\,l_i h\,W}{b\,({n_1 h_1}^3 + {n_2 h_2}^3 + \cdots + {n_m h_m}^3)}\end{aligned}\right\} \tag{11.22}$$

위 응력의 식은 두께가 h_i 인 스프링판의 응력을 표시한다. 따라서 최대굽힘응력은 가장 두꺼운 스프링판에 생긴다. 철도차량용 겹판 스프링의 설계실험식에서 스프링판의 총판수가 비교적 많고, 몇 개의 온길이 스프링판이 있을 경우, 즉 예를 들면 기관차 및 화차용 스프링에 대하여 다음 계산식이 사용된다.

$$\delta = \frac{5.5\,W\,(l-0.6\,u)^3}{E n b h^3} \; [\text{mm}] \tag{11.23}$$

$$\sigma = \frac{5.5\,W\,(l-0.6\,u)}{n\,b\,h^2} \; [\text{N/mm}^2 = \text{MPa}] \tag{11.24}$$

여기서, $2u$: 밴드의 폭 [mm], $2W$: 하중 [N], $2l$: 스팬 [mm]

총판수도 적고 온길이판의 매수도 적을 경우, 예를 들면 객화차용 스프링에 대해서는 다음과 같다.

$$\delta = \frac{5.3\,W l^3}{E n b h^3} \; [\text{mm}] \tag{11.25}$$

$$\sigma = \frac{5.3\,W l^2}{b\,h^2} \; [\text{N/mm}^2 = \text{MPa}] \tag{11.26}$$

🔒 **예제 1**

스팬 $2l = 1000$ [mm], 상용하중 $2W = 5880$ [N], 상용하중에 있어서 처짐 $\delta = 40$ [mm] ± 3 [mm], 설계응력 $\sigma = 290$ [MPa]의 조건을 만족시키고, 을종단면을 가진 겹판 스프링을 설계하시오. $E = 206$ [GPa]라 하고 전개법을 사용한다.

풀이

식 (11.21)에서
$$\frac{\sigma}{\delta} = \frac{\dfrac{6\,Wl}{nbh^2}}{\phi\,\dfrac{4\,Wl^3}{Enbh^3}} = \frac{3Eh}{2l^2\phi}$$

또는
$$\frac{h}{\phi} = \frac{\sigma}{\delta} \times \frac{2l^2}{3E} = \frac{290}{40} \times \frac{2 \times 500^2}{3 \times (206 \times 10^3)} \fallingdotseq 5.87, \qquad \phi = \frac{h}{5.87}$$

식에서
$$nb = \frac{6\,Wl}{\sigma h^2} = \frac{6 \times 2940 \times 500}{290 \times h^2} \fallingdotseq \frac{3 \times 10^4}{h^2}$$

윗 식에서 $h = 6, 7, 8, 9$ [mm]로 놓고 ϕ를 구한다. 표에서 $\eta = \dfrac{b_1}{b_2}$ 및 nb를 구한다.
표 11.6에서 스프링판, 온길이판 및 판폭의 표준값에서 $h = 9$ [mm], $b = 70$ [mm]가 가장 적합하다.
여기서 $h = 8$ [mm], $b = 70$ [mm], $n = 7$로 하여 응력 및 처짐을 구한다.

$$\sigma = \frac{6\,Wl}{nbh^2} = \frac{6 \times 2940 \times 500}{7 \times 70 \times 8^2} \fallingdotseq 281 \text{ [MPa]}$$

$$\eta = \frac{b_1}{b_2} = \frac{b}{nb} = \frac{1}{7} = 0.143 \quad \therefore \quad n = 1.35$$

$$\sigma = \phi\,\frac{4\,Wl^3}{Enbh^3} = \frac{1.35 \times 4 \times 2940 \times 500^3}{(206 \times 10^3) \times 7 \times 70 \times 8^3} \fallingdotseq 38.4 \text{ [mm]}$$

$$\therefore \quad h = 8 \text{ [mm]}, \quad b = 70 \text{ [mm]}, \quad n = 7 \text{ 개}$$

▶ 표 11.6

h [mm]	6	7	8	9
$\phi\left(=\dfrac{h}{5.95}\right)$	1.01	1.18	1.34	1.51
$\eta\left(\dfrac{b_1}{b_2}\right)$	0.97	0.45	0.15	0.00
nb	833	612	469	370
b_1	808	276	70.6	0

② 판 사이의 마찰 : 겹판 스프링을 사용할 때, 각 스프링판 사이에 슬립이 생겨 스프링판 사이에는 마찰력이 생기고, 이것은 하중에 대한 저항으로 나타난다. 겹판 스프링을 자동차에 장치하였을 경우 마찰량이 적당하면 승차감이 좋다. 마찰계수 $\mu = 0.14 \sim 0.20$ 정도가 적당하다.

스프링판 사이에 기름이 없는 경우에는

$$\mu = (10 - 0.05\,b)\frac{h\sqrt{n-1}}{l+420} \tag{11.27}$$

기름이 있는 경우에는

$$\mu = 0.65(10 - 0.05\,b)\frac{h\sqrt{n-1}}{l+420}$$

정도라는 실험결과가 있다. 여기서, l은 유효 스팬의 길이이다.

겹판 스프링을 자동차에 장착할 경우 작은 진폭의 진동이 생기는 경우가 많은데, 여기서 증가하중과 감소하중과의 관계를 곡선으로 나타내면 그림 11.34의 a, b, c, d와 같다. 그림에서 AA' 사이는 종축에 평행하고, 이 사이는 스프링판이 붙어 있는 것으로 가정한다. DC는 잔류처짐이고 진동을 주면 영이 된다.

동적 강성은 정적 강성보다 크고, 동적 스프링상수는 ac로 취하면 된다. 따라서 면적 $abcd$는 진동 감쇠작용을 주는 일량을 표시한다. 스프링판 사이의 마찰은 표면상황, 하중속도에 따라 다르기 때문에 자유롭게 제어할 수 없으므로 가능한 마찰을 감소시키고 다른 감쇠장치를 이용하는 것이 좋다. 마찰을 감소시키는 방법으로는 판의 갯수를 감소시키거나 스프링판 사이에 그리

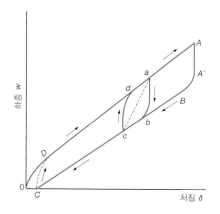

그림 11.34 겹판 스프링의 하중 - 처짐곡선

스를 칠한다. 또한 마찰을 고려한 처짐은 다음 실험식으로 표시된다.

$$
\left.
\begin{aligned}
\delta_1 &= \frac{5(1-\mu)}{5+\mu}\delta \\[2ex]
\delta_2 &= \frac{5(1+\mu)}{5+\mu}\delta
\end{aligned}
\right\}
\tag{11.28}
$$

여기서, δ 는 마찰이 없는 경우의 처짐을 말하며, δ_1, δ_2 는 마찰이 있는 경우의 증가하중과 감소하중에 대한 처짐을 말한다.

11.7 비틀림막대 (torsion bar) 스프링

11.7.1 비틀림막대 스프링의 특징

곧은 막대의 한쪽 끝을 고정하고 다른 쪽을 비틀 때 생기는 비틀림 변형을 이용한 스프링으로 단위체적당 저장되는 탄성에너지가 크다. 경량이며, 모양이 간단하고 좁은 곳에 설치할 수 있고, 스프링 특성의 계산값과 잘 맞는 특징이 있다. 그러나 스프링 재료를 적절하게 선정하여야 하며, 고정부분의 가공이 어렵다는 단점이 있다.

11.7.2 비틀림막대 스프링의 용도

1) 소형 승용차의 현가용 스프링
2) 자동차, 특히 군사용 차의 현가용 스프링
3) 빠른 진동하중을 받은 코일 스프링 때와 같이 서징현상이 일어나지 않기 때문에 고속회전 엔진의 밸브 스프링으로 사용된다.
4) 공기 스프링을 사용한 철도차축과 버스에는 대형의 비틀림막대 스프링이 스태빌라이저 (stabilizer) 로 사용된다.

11.7.3 비틀림막대 스프링의 계산식

(1) 단체 경우의 계산식

막대의 단면은 그림 11.36에서와 같이 (a) 속이 빈 원형단면, (b) 원형단면 (c) 사각형단면의 경우가 있다. 그리고 속이 빈 원형막대와 다른 막대를 직렬

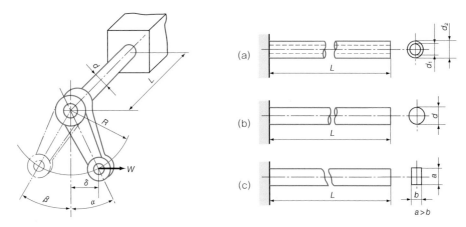

그림 11.35 비틀림막대 스프링의 원리   **그림 11.36** 비틀림막대 스프링의 단면형상

또는 병렬로 조합한 비틀림막대 스프링도 있다.

① 속빈원형단면의 경우

$$\tau_{\max} = \frac{16\,d_2\,T}{\pi(d_2^4 - d_1^4)} = \theta\frac{d_2\,G}{2\,L} \qquad (11.29)$$

$$\theta = \frac{32}{\pi(d_2^4 - d_1^4)} \cdot \frac{T\,L}{G} = \frac{2\,\tau\,L}{d_2\,G} \qquad (11.30)$$

② 원형단면의 경우

위 식에서 $d_1 = 0$, $d_2 = d$로 하여

$$\tau_{\max} = \frac{16\,T}{\pi\,d^3} = \frac{\theta\,d\,G}{2\,L}, \quad \theta = \frac{32\,T\,L}{\pi d^4\,G} \qquad (11.31)$$

③ 사각형단면의 경우

$$\tau_{\max} = \frac{T}{k_1\,a\,b^2} = \frac{k_2}{k_1} \cdot \frac{\theta\,b\,G}{L} \qquad (11.32)$$

$$\theta = \frac{T\,L}{k_2\,a\,b^3\,G} \qquad (11.33)$$

k_1, k_2는 b/a에 의하여 결정되는 상수이다.

(2) 암과 조합된 경우의 계산식

그림 11.35에서 하중점 하중방향의 스프링상수 k는 변화한다. 그 변화는 암의 부착각 및 비틀림막대의 사용각도에 의하여 결정된다.

즉, 비틀림 모멘트 T는

$$T = WR\cos\alpha$$

또 비틀림각도 θ는 $\theta = \alpha + \beta$로 된다. 비틀림 스프링상수 $k_T = T/\theta$로 표시되고, 하중 W는

$$W = \frac{k_T}{R}C_1, \quad C_1 = \frac{\alpha + \beta}{\cos\alpha}$$

하중점 하중방향의 스프링상수 k는 위 식을 그 방향의 휨 δ로써 미분하여 구한다.

11.8 접시 스프링

11.8.1 접시 스프링의 특성

그림 11.37에서와 같이 중심에 구멍이 뚫린 원판을 원추모양으로 가공한 스프링이다. 이것은 좁은 공간에서 매우 큰 스프링력을 얻을 수 있으며, 자유높이 H와 스프링판 두께 h 와의 관계를 적당하게 조정하면 여러 가지 스프링 특성을 쉽게 얻을 수 있다. 또 그림 11.38에서와 같이 직렬형, 병렬형 또는 직렬병렬조합형으로 비교적 좁은 공간에서도 몇 개의 접시 스프링을 조합할 수 있고, 조합에 의하여 여러 가지 스프링 특성을 쉽게 얻을 수 있다는 특

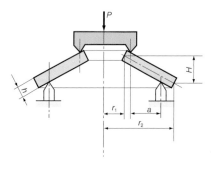

그림 11.37 접시 스프링

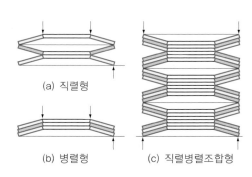

(a) 직렬형

(b) 병렬형

(c) 직렬병렬조합형

그림 11.38 접시 스프링의 조합

성이 있다.

그러나 자유 높이와 스프링 재료 두께의 작은 차이가 스프링 특성에 큰 영향을 끼치므로 높은 정밀도의 스프링 특성을 얻을 수 없고, 두께가 일정한 재료로 제작되므로 응력분포가 고르지 못하다. 균일 응력분포로 하려면 반지름에 비례하여 스프링판의 두께를 변화시켜야 된다. 따라서 일정한 압력이 생기는 와셔, 클러치 스프링, 프레스의 완충스프링 등에 쓰인다.

11.9 관성차 (flywheel)

11.9.1 관성차의 기능과 목적

왕복펌프, 내연기관, 공기압축기 등의 크랭크축에 작용하는 토크는 1사이클 동안에도 방향 및 크기가 변하고, 또 순간적인 각속도도 항상 변한다. 토크의 방향이 반대로 되었을 경우 회전부분에 관성 (inertia) 이 없으면 회전은 원칙적으로 불가능하게 될 것이다. 그러나 실제로는 적당한 관성이 있기 때문에 회전하고 있다.

관성차는 그 자체가 가진 큰 관성 모멘트 (moment of inertia) 에 의하여 변동토크가 작용하였을 경우에도 운동에너지를 축적 및 방출을 반복한다. 따라서 토크의 방향이 반대로 되었을 경우에도 회전을 계속할 수 있도록 하며, 또한 각속도의 변동을 가능한 없애기 위하여 설치한다. 그러나 관성차는 이 목적 외에 플라이휠에 축적된 운동에너지를 방출하여 필요한 일을 하게 하는 목적도 있다.

11.9.2 관성차의 모멘트

그림 11.39에서

r : 림 (rim) 의 임의 점까지의 반지름

γ : 관성차 재료의 비중량

I : 관성차 전체의 관성 모멘트

I_1 : 림부분의 관성 모멘트

I_2 : 원판부분의 관성 모멘트

I_3 : 보스 (boss) 부분의 관성 모멘트

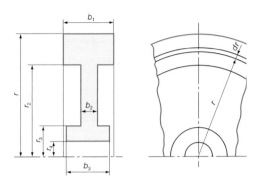

그림 11.39 관성차의 관성 모멘트

라 하고 관성차의 관성 모멘트를 구한다.

먼저 림부분의 관성 모멘트 I_1 을 구하면

$$I_1 = \int_{r2}^{r1} \frac{(2\pi r\, dr)\, b_1 \gamma}{g} \times r^2 = \frac{\pi b_1 \gamma}{2g}(r_1^4 - r_2^4) \tag{11.34}$$

같은 방법으로

$$I_2 = \frac{\pi b_2 \gamma}{2g}(r_2{}^4 - r_3{}^4) \tag{11.35}$$

$$I_3 = \frac{\pi b_3 \gamma}{2g}(r_3{}^4 - r_4{}^4) \tag{11.36}$$

$$I = I_1 + I_2 + I_3 \tag{11.37}$$

실제의 관성차에 대해서 계산하면, 전체의 관성 모멘트 중에서 I_1 이 대부분을 차지하고 I_2 는 대단히 작기 때문에 보통 생략한다.

그림 11.40에서 림의 바깥지름, 안지름 및 폭을 각각 D_1, D_2, B_1 라 하고 보스의 바깥지름, 안지름 및 폭을 각각 D_3, D_4, B_2, 원판부의 폭을 B_3 라 하고, 관성차 재료의 비중을 γ 라 하면 I_1, I_2, I_3 는 다음과 같이 된다.

$$\left.\begin{aligned}
I_1 &= \frac{\pi B_1 \gamma}{32g}(D_1{}^4 - D_2{}^4) \\
I_2 &= \frac{\pi B_2 \gamma}{32g}(D_2{}^4 - D_3{}^4) \\
I_3 &= \frac{\pi B_3 \gamma}{32g}(D_3{}^4 - D_4{}^4)
\end{aligned}\right\} \tag{11.38}$$

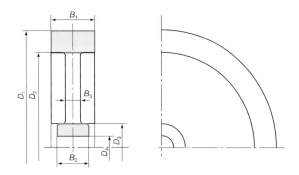

그림 11.40   관성차의 구조

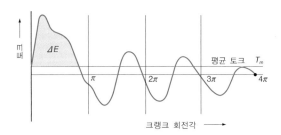

그림 11.41   4사이클 – 1실린더 디젤엔진의 토크곡선

위 관성 모멘트를 가진 관성차를 사용하는 경우 크랭프축의 1사이클 중의 변동에너지 ΔE를 구할 수 있다.

그림 11.41은 4사이클 –1실린더 디젤엔진의 토크곡선을 표시한다. 여기서 1 사이클을 완료하기까지 토크는 회전방향(+측)과 반대방향(−측)으로 심하게 변동하고 있음을 알 수 있다. 이 그림에서 토크곡선과 가로축 사이에 둘러싸인 (+)의 면적과 (−)의 면적을 각각 측정해서 그 대수합을 4π로 나누면 평균토크 T_m이 구해진다. 일반적인 기계는 1사이클 중에 기계가 발생 또는 소비하는 에너지 E는 T_m을 평균토크라 하면 다음 식으로 주어진다.

$$E = 4\pi T_m \tag{11.39}$$

한편 관성차의 관성 모멘트를 I라 하고 각속도를 ω라 하면, 관성차에 축적된 에너지는 $\frac{1}{2}I\omega^2$이다. 따라서 외부에 일을 함으로써 각속도가 ω_1으로부터 ω_2로 변했다면 일에 소비된 에너지 ΔE는 다음 식으로 주어진다.

$$\Delta E = \frac{1}{2}I(\omega_1{}^2 - \omega_2{}^2) = I\omega^2\delta \tag{11.40}$$

단, δ 는 각속도변동률로 $\delta = \dfrac{\omega_1 - \omega_2}{\omega}$ 이다.

따라서
$$\omega_1 - \omega_2 = \delta \omega \tag{11.41}$$

또 근사적으로 $\dfrac{\omega_1 + \omega_2}{2} = \omega$ 로 볼 수 있으므로 다음과 같이 된다.

$$\omega_1 + \omega_2 = 2\omega \tag{11.42}$$

$$N = \frac{60\omega}{2\pi}$$

$$\Delta E = I\omega^2 \delta = I\left(\frac{\pi}{30}\right)^2 N^2 \delta \tag{11.43}$$

$$\therefore \ \delta = \frac{\Delta E}{\omega^2 I} \tag{11.44}$$

E 에 대한 변동에너지 ΔE 의 비를 **에너지 변동계수**라 한다.

$$q = \Delta E / E \tag{11.45}$$

q 는 대체로 일정한 값이므로 E 를 알면 q 에 의하여 ΔE 를 구할 수 있다. 여러 가지 기계에 대한 q 의 값은 표 11.7과 같다.

▶ **표 11.7** 각종 기관, 기계에 대한 에너지 변동계수 q

기관종류			q		기관종류	q
증기기관	단통기관		0.15~0.25			
	단형복식기관		0.15~0.25		복동단통	0.155~0.22
	복식기관 (크랭크각 90°)		0.05~0.08		복동복통	0.093~0.125
	3기통기관		0.03		복동단열대향형	0.20~0.25
디젤기관	4사이클	단동 1기통	1.2~1.3	압축기	복동복열대향형	0.05~0.15
		2 〃	1.55~1.85		V형복동 (전부하시)	0.05~0.06
		3 〃	0.5~0.88		V형복동 (1/2부하시)	0.52~0.55
		4 〃	0.19~0.25		반량형복동 (전부하시)	0.05~0.055
		5 〃	0.33~0.37		반량형복동 (1/2부하시)	0.13~0.16
		6 〃	0.12~0.14		반량형복동 (1/4부하시)	0.50~0.60
	2사이클	단동각종	(위의 1/2)			
		복동 ┌3, 4기통	0.06~0.07			
		└5, 6기통	0.014~0.017			

또 각속도의 변동계수 δ는 작은 편이 좋지만, 너무 작을 경우에는 같은 ΔE에 대하여 큰 I가 필요하고, 따라서 플라이휠이 커지므로 어느 값 이상으로 제한할 필요가 있다. 그리고 기계의 성능상 제한을 받기도 한다. 표 11.8은 실용화되어 있는 δ의 값을 표시한다.

실제의 평균 일량을 E라 하면 $\dfrac{\Delta E}{E}$는 왕복 기계의 종류와 용량 등에 따라 다르다. 보통 실린더의 수가 2 이하에서는 0.5~1.2 정도이고, 8이면 최소 0.1 정도이다.

$$E = 4500\frac{H_{PS}}{N}[\text{kg}_{\text{f}} \cdot \text{m}] = 44130\frac{M_{PS}}{N}[\text{N} \cdot \text{m}] \cdots\cdots 2\,\text{사이클 형식}$$
$$\left.\begin{array}{l}\\ \\ \end{array}\right\} \quad (11.46)$$
$$E = 9000\frac{H_{PS}}{N}[\text{kg}_{\text{f}} \cdot \text{m}] = 88260\frac{H_{PS}}{N}[\text{N} \cdot \text{m}] \cdots\cdots 4\,\text{사이클 형식}$$

절단기, 단조기 등과 같이 간헐적으로 작업을 하는 기계에서는 ΔE가 거의 하나의 작업에 필요로 하는 전량과 같도록 설계한다.

G를 관성차의 림 중량[ton], D를 림 단면 중심의 지름[cm], N을 관성차의 회전속도[rpm], H를 축마력[PS]이라 할 때 GD^2 $[\text{t} \cdot \text{cm}^2]$를 관성차의

▶**표 11.8** 기관의 종류에 의한 허용각속도 변동계수 δ(Kent)

종 류	δ
공기압축기, 왕복펌프, 기타의 일반공장 동력용 증기기관	$\dfrac{1}{20} \sim \dfrac{1}{40}$
제지, 제분기	$\dfrac{1}{40} \sim \dfrac{1}{50}$
일반공장동력용 디젤기관	$\dfrac{1}{20} \sim \dfrac{1}{70}$
벨트전동에 의한 직류발전기, 운전용 디젤기관	$\dfrac{1}{70} \sim \dfrac{1}{80}$
벨트전동에 의한 압축기	$\dfrac{1}{60} \sim \dfrac{1}{75}$
직결직류발전기, 운전용 내연기관	$\dfrac{1}{100} \sim \dfrac{1}{150}$
직결교류발전기, 운전용 내연기관	$\dfrac{1}{150} \sim \dfrac{1}{250}$
공작기계	$\dfrac{1}{35}$
방직기계	$\dfrac{1}{150} \sim \dfrac{1}{300}$
왕복펌프, 전단기	$\dfrac{1}{20} \sim \dfrac{1}{30}$

효과라 하고 다음 식으로 계산한다.

$$GD^2 = 16.2 \times 10^6 \frac{Hq}{N^3 \delta} \tag{11.47}$$

11.9.3 관성차의 강도

관성차 각부분의 강도계산은 1사이클 중의 최대토크에 대하여 계산한다. 또 관성차는 중량이 크므로 회전 중에는 림의 부분이 원심력에 의하여 원주방향의 인장응력을 받는다. 따라서 관성차의 강도는 원심력에 의하여 생기는 인장응력을 기준하여, 휠 전체를 한덩이로 생각하지 않고 풀리의 경우처럼 림부분의 강도를 고려한다. 림부분만 회전한다고 생각하고 얇은 회전원통으로 생각하여 계산하면 인장응력 σ_t 는 다음과 같이 된다.

$$\sigma_t = \frac{D^2 \omega^2 \gamma}{g} = \frac{v^2 \gamma}{g} \tag{11.48}$$

단, ω : 평균각속도

γ : 관성차의 비중

D : 평균지름

v : 림의 평균원주속도 $\left(= \frac{D}{2}\omega \right)$

즉, σ_t 는 림의 두께와 지름과는 관계가 없으며 원주속도 v 에 의해서만 결정된다. 주철제의 경우에는 $v < 30$ [m/s] 이하로 잡고, 그 이상의 경우에는 보통 주강을 사용한다.

🔒 **예제 2**

20 [PS], 300 [rpm] 의 4사이클 단기통 디젤기관에서 각속도변화율을 $\frac{1}{80}$ 이하로 유지시키는 데 필요한 관성차의 림 치수를 결정하시오. 단, 이 기관의 에너지 변화계수는 1.30, 관성차의 바깥지름은 1.8 [m] 로 한다.

풀이

이 기관이 1사이클 중에 행하는 작업량은 다음과 같다.

$$E = 88260 \cdot \frac{H_{PS}}{N} = 88260 \times \frac{20}{300} = 5884 \ [\text{N} \cdot \text{m}]$$

E는 1사이클 중에 크랭크축이 받는 에너지이며, 여기서는 1사이클 중에 크랭크축이 외부에 대하여 배출한 에너지이다.

$$\therefore \quad \Delta E = qE = 1.3 \times 5884 ≒ 7649 \, [\mathrm{N \cdot m}]$$

식 (11.44)로 부터

$$I = \frac{\Delta E}{\omega^2 \delta}$$

여기서,

$$\omega = \frac{2\pi N}{60} = \frac{2\pi \times 300}{60} = 31.42 \, [\mathrm{rad/s}]$$

$$\delta = \frac{1}{80}$$

따라서

$$I = \frac{7649}{31.42^2 \times \dfrac{1}{80}} = 619.84 \, [\mathrm{N \cdot m \cdot s^2}]$$

이 관성 모멘트는 림의 부분만 생각하여 림의 치수를 결정한다. 식 (11.46)로부터

$$I = \frac{\pi b_1 \gamma}{2g}(r_1{}^4 - r_2{}^4)$$

여기서, $r_1 = 0.9$ m, $b_1 = 0.18$ m, $\gamma = 7300 \, [\mathrm{kg_f/m^3}]$ (주철)
을 대입하면 다음과 같이 된다.

$$I = \frac{\pi \times 0.18 \times (9.8 \times 7300)}{2g}(0.9^4 - r_2^4) = 619.84 \, [\mathrm{N \cdot m \cdot s^2}]$$

이 식을 풀면 $r_2 = 0.774 \, [\mathrm{m}] = 774 \, [\mathrm{mm}]$

🔒 **예제 3**

송출압력 0.79 [MPa], 송출량 35 [l/min] 의 공기압축기의 매분 회전속도를 600 [rpm] 으로 하고, 피스톤에 걸리는 공기압력 및 왕복부분의 관성력을 고려한 토크곡선은 그림 11.42 와 같다. 이 압축기에 그림 11.43 과 같은 관성차를 달았을 때 각속도변화율을 구하고 강도를 검토하시오.

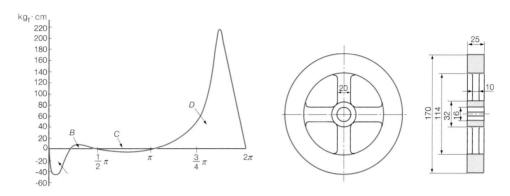

그림 11.42 공기압축기의 토크곡선   **그림 11.43** 암식 플라이휠

풀이

그림 11.43의 림부분만 생각하여 관성차의 관성 모멘트는 다음과 같이 구한다.

$$I = \frac{\pi b_1 \gamma}{2g}(r_1^4 - r_2^4)$$

$b_1 : 25\,[\text{mm}], \quad \gamma : 7300\,[\text{kg}_f/\text{m}^3], \quad g : 9.8\,[\text{m/s}^2]$

$r_1 : 85\,[\text{mm}], \quad r_2 : 57\,[\text{mm}]$

$$I = \frac{\pi \times 0.025 \times (7300 \times 9.8)}{2 \times 9.8}(0.085^4 - 0.057^4) = 0.0119\,[\text{N} \cdot \text{m} \cdot \text{s}^2]$$

다음에 그림 11.42 에서 토크곡선과 가로축에 둘러싸인 넓이의 위쪽을 (+), 아래쪽을 (−)로 하여 이들의 대수합을 구한다. 이 값을 2π로 나누면 평균높이가 나오며, 평균 토크의 값은 31.6 [kg$_f$]・cm≒3.116 [N・m]이다. 그림 11.44 는 그림 11.42 와 같은 토크곡선인데, 이 그림에는 가로선과 ΔE를 나타내는 평균 토크를 나타내고 있다. ΔE는 그림에서 보여주는 것처럼 평균 토크의 선보다 위쪽부분의 넓이를 측정하여 이것에 이 선도의 단위 넓이에 상당하는 일 [kg$_f$・cm]을 곱한 것이다.

이와 같이 하여 ΔE를 구하면

$$\Delta E = 16\,[\text{kg}_f \cdot \text{cm}]\,(\doteqdot 1.578\,[\text{N} \cdot \text{m}])$$

로 된다.

$$\text{평균각속도} \quad \omega = \frac{2\pi N}{60} = \frac{2\pi \times 600}{60} = 20\pi\,[\text{rad/s}]$$

따라서 δ는 식 (11.44)로부터

$$\delta = \frac{\Delta E}{\omega^2 I} = \frac{1.578}{(20\pi)^2 \times 0.0119} \doteqdot 0.0336$$

가 된다. 이것은 공기 압축기로 적당한 값이다.

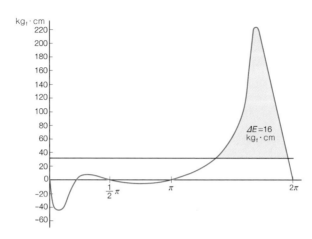

그림 11.44

먼저 림의 원주압력 σ_t 를 검토한다.

식 (11.48)로부터

$$\sigma_t = \frac{v^2 \gamma}{g}$$

이므로 여기에

$$v = \frac{2\pi r N}{60} = \frac{2\pi \times 0.071 \times 600}{60} = 4.46 \,[\text{m/sec}]$$

$\gamma = 7300 \,[\text{kg}_\text{f}/\text{m}^3]$ 를 대입하면 σ_t 는

$$\sigma_t = \frac{4.46^2 \times 7300}{9.8} = 14800 \,[\text{kg}_\text{f}/\text{m}^2] = 0.0148 \,[\text{kg}_\text{f}/\text{mm}^2] \doteqdot 0.1451 \,[\text{N}/\text{mm}^2]$$

이다. 따라서 원주응력은 충분하다.

1사이클 중에 작용하는 최대 토크는 그림 11.42 로부터 220 [kg$_\text{f}$ · cm] (즉 2200 [kg$_\text{f}$ · mm] 또한 21560 [N · mm]) 가 된다. 그림 11.43 으로부터 축지름 $d = 16$ mm 이다. 그러므로 축에 생기는 최대 비틀림응력은

$$\tau_\text{max} = \frac{16\, T_\text{max}}{\pi d^3} = \frac{16 \times 21560}{\pi \times 16^3} \fallingdotseq 26.8 \,[\text{N}/\text{mm}^2] = 26.8 \,[\text{MPa}]$$

이므로 충분하다.

지금 T_max 를 축에 전달할 때 림의 안쪽에 작용하는 접선력은

$$P = \frac{T_\text{max}}{r} = \frac{21560}{57} \doteqdot 378 \,[\text{N}] \doteqdot 38.6 \,[\text{kg}_\text{f}]$$

이고, 암의 수가 4 이므로 1개의 암에 걸리는 힘 Q 는 다음과 같다.

$$Q = \frac{P}{4} = \frac{378}{4} = 94.5 \,[\text{N}] \doteq 9.65\,[\text{kg}_\text{f}]$$

가 된다. 이 힘을 암의 끝에 작용하는 외팔보로 생각하면, 보스와 연결되는 부분에 생기는 최대 굽힘 모멘트는 암의 길이가 41 [mm]이므로 다음과 같이 된다.

$$M_{\max} = Q l = 94.5 \times 41 \doteq 3875 \,[\text{N/mm}]$$

한편 암의 단면계수 Z의 값은 다음과 같다.

$$Z = \frac{b h^2}{6} = \frac{10 \times 20^2}{6} = \frac{2000}{3} \,[\text{mm}^3]$$

$$\text{굽힘응력} \ \ \sigma_b = \frac{M_{\max}}{Z} = \frac{3875}{2000/3} \doteq 5.813 \,[\text{N/mm}^2] = 5.813 \,[\text{MPa}]$$

또 접선력에 의한 암의 전단응력은

$$\tau = \frac{Q}{b h} = \frac{94.5}{10 \times 20} \doteq 0.473 \,[\text{N/mm}^2] = 0.473 \,[\text{MPa}]$$

이상의 응력들은 모두 허용응력보다 매우 작으므로 강도는 충분하다.

🔒 **예제 4**

어떤 강판을 전단하는 데 49000 [N·m] 의 일을 필요로 한다. 이 강판을 끊기 위하여 전단기를 제작하려고 한다. 매분 500회전의 축에 관성차를 달아서 이 관성차에 저장될 에너지로 전단 작업을 하려고 한다. 전단할 때 관성차의 회전속도는 20 [%] 저하된다고 하면, 이 관성차의 관성 모멘트는 얼마나 크면 되겠는가?

풀이

전단 작업 전의 회전속도는
$N = 500 \,[\text{rpm}]$이므로

$$\omega_1 = \frac{2\pi N_1}{60} = \frac{2\pi \times 500}{60} = 52.4 \,[\text{rad/s}]$$

전단 작업 후의 회전속도는
$N_2 = 500 \times 0.8 = 400 \,[\text{rpm}]$이므로

$$\omega_2 = \frac{2\pi N_2}{60} = \frac{2\pi \times 400}{60} = 41.9 \,[\text{rad/s}]$$

이다. 그런데 전단에 사용된 에너지 E는 다음과 같이 계산된다.

$$E = \frac{1}{2} I \left(\omega_1{}^2 - \omega_2{}^2 \right) = 49000 \,[\text{N·m}]$$

따라서 필요한 관성 모멘트는

$$I = \frac{2 \times 49000}{{\omega_1}^2 - {\omega_2}^2} = \frac{2 \times 49000}{52.4^2 - 41.9^2} = 98.98 \, [\text{N} \cdot \text{m} \cdot \text{s}^2]$$

🔒 예제 5

16 [PS], 500 [rpm] 의 4사이클 단기통 디젤기관의 각속도 변화계수를 $\frac{1}{100}$ 이하로 유지시키기기에 필요한 관성 모멘트는 얼마인가? 단, 이 엔진의 에너지 변화계수를 1.3 으로 한다. 또 이 엔진에 의하여 구동되는 기계의 관성 모멘트는 고려하지 않는다.

풀이

이 엔진이 1사이클 중에 행하는 에너지 E 다음과 같이 계산된다.

$$E = 88260 \frac{H_{PS}}{N} = 88260 \times \frac{16}{500} \doteqdot 2824 \, [\text{N} \cdot \text{m}]$$

이다. 식 (11.45)로 부터

$$\Delta E = q \cdot E = 1.3 \times 2824 \doteqdot 3671 \, [\text{N} \cdot \text{m}]$$
$$\omega = \frac{2\pi N}{60} = \frac{2\pi \times 500}{60} = 52.4 \, [\text{rad/s}]$$

따라서 식 (11.44)로 부터

$$I = \frac{\Delta E}{\omega^2 \delta} = \frac{3671}{52.4^2 \times \frac{1}{100}} = 133.7 \, [\text{N} \cdot \text{m} \cdot \text{s}^2]$$

연습 문제

1. 압축코일 스프링에 있어서 하중 $W = 294\,[\mathrm{N}]$의 경우 휨을 계산하시오. 단, 코일의 평균지름 $D = 40\,[\mathrm{mm}]$, 소선지름 $d = 6\,[\mathrm{mm}]$, 유효감김수 $n = 10$ 이며 재료는 경강선이다.

2. 스프링 하중 $V = 7840\,[\mathrm{N}]$, 휨 $\delta = 65\,[\mathrm{mm}]$, $D = 100\,[\mathrm{mm}]$, 응력 $\tau = 440\,[\mathrm{MPa}]$ 라 할 때 소선의 지름 d 와 유효감김수 n 을 구하시오.

3. 인청동선을 사용하여 자유 길이 $H_0 = 90\,[\mathrm{mm}]$, 부하상태의 각 선 사이의 거리 1 [mm]의 압축코일 스프링을 설계하려고 한다. 하중 $W = 1470\,[\mathrm{N}]$, $D = 36\,[\mathrm{mm}]$, $\tau = 390\,[\mathrm{MPa}]$라 하고, d 와 n 을 구하시오.

4. 다음과 같은 벌루트 스프링의 처짐과 응력을 구하시오. 판의 폭 24 [mm], 두께 4 [mm], 총감김수 $n_i = 6.75$, 유효감김수 $n = 5$, 자유 높이 72 [mm], 유효안지름 $r_1 = 15\,[\mathrm{mm}]$, 바깥지름 $r_2 = 45\,[\mathrm{mm}]$ 이다.

5. 내다지 보에서 길이 $l = 400\,[\mathrm{mm}]$, $b_2 = 650\,[\mathrm{mm}]$, 보의 두께 $h = 10$ [mm], 허용응력 $\sigma = 490\,[\mathrm{MPa}]$라 하면, 최대하중 W는 몇 N인가?

6. 상용하중 $W = 4900\,[\mathrm{N}]$를 받을 때 처짐 $\delta = 80\,[\mathrm{mm}]$의 원통압축코일 스프링의 소재 지름 및 유효감김수를 구하시오. 단, 코일의 평균지름 $D = 100$ [mm], 허용응력 $\tau = 390\,[\mathrm{MPa}]$라 한다.

7. 유효감김수 $n = 6$, 코일의 평균지름 $D = 35\,[\mathrm{mm}]$, 소선의 지름 $d = 6$ [mm] 스프링 서징의 고유진동수는 얼마인가? 단, 스프링은 양단자유이다.

8. 스팬 $2l = 1000\,[\mathrm{mm}]$, 상용하중 $2W = 11760\,[\mathrm{N}]$에 있어서 처짐 $\delta = 50$ [mm] $\pm 4\,[\mathrm{mm}]$, 허용응력 $\sigma = 340\,[\mathrm{MPa}]$의 조건을 만족하고, 2종단면의

치수를 겹판 스프링을 설계하시오. 단, $E = 206\,[\mathrm{GPa}]$ 전개법을 사용한다.

9. 스팬의 길이 $2l = 1000\,[\mathrm{mm}]$, 하중 $2W = 11760\,[\mathrm{N}]$, $n = 12$, $b = 90$ $[\mathrm{mm}]$, $h = 7\,[\mathrm{mm}]$, 밴드의 폭 $2u = 100\,[\mathrm{mm}]$의 겹판 스프링의 처짐, 굽힘응력을 계산하시오. 단, $E = 206\,[\mathrm{GPa}]$이다.

10. 바깥반지름 $100\,[\mathrm{mm}]$, 안반지름 $50\,[\mathrm{mm}]$로써 처짐변화 $1.5\,[\mathrm{mm}]$에 대하여 하중이 약 $9800\,[\mathrm{N}]$가 많이 변화하지 않도록 접시 스프링을 설계하시오. 단, 응력은 $1470\,[\mathrm{MPa}]$ 이하로 한다.

11. 2기통 2사이클 $30\,[\mathrm{PS}]$의 가솔린엔진이 있다. 회전속도 $500\,[\mathrm{rpm}]$으로써 속도변동률을 $\dfrac{1}{40}$로 하려고 한다. 합계의 회전관성 모멘트 I을 얼마로 하면 좋은가?

12. 진동전달률을 0.1로 하려고 한다. 고유진동수비 ω/ω_c를 구하시오. 또 고유진동수 $\omega = 100\,[\mathrm{rad/s}]$일 때 고유진동수를 구하시오.

13. $11.77\,[\mathrm{kW}]$의 1실린더 2사이클 가솔린엔진이 있다. 매분당 회전속도는 $480\,[\mathrm{rpm}]$이고, 속도변동률을 $\dfrac{1}{40}$이라 하고, 폭발할 때 토출된 에너지의 90%를 관성차에 저장할 수 있도록 하려면 관성차의 관성 모멘트를 얼마로 설계하면 좋은가? 또 관성차의 회전반지름이 $400\,[\mathrm{mm}]$이면 그 중량은 몇 N 인가?

14. 관성차에 평균 $180\,[\mathrm{rpm}]$으로 $3.68\,[\mathrm{kW}]$를 공급하여 매분 18개의 구멍을 뚫는 프레스가 있다. 기계의 효율을 $85\,[\%]$로 하여 속도변동률을 $\dfrac{1}{20}$이라 하면, 관성차의 관성 모멘트를 얼마로 설계하면 좋은가? 단, 1개의 구멍을 뚫으려면 관성차의 1회전이 필요하다.

15. 코일 스프링에서 코일의 지름 $D = 30\,[\mathrm{mm}]$, 철사의 지름 $d = 6\,[\mathrm{mm}]$, 유효감김수 $n = 8.5$이다. 허용응력을 $\tau = 59\,[\mathrm{GPa}]$라 할 때 최대부하량을

구하시오. 또 처짐을 구하시오.

16. 인장코일 스프링에서 코일의 지름 $D = 15\,[\mathrm{mm}]$, 소선의 지름 $d = 2.5$ $[\mathrm{mm}]$, 유효감김수 $n = 30$, 응력 $\tau = 69\,[\mathrm{GPa}]$라 할 때 인장하중 및 스프링상수를 구하시오.

---

1. 14.8 [mm]   **2.** $d = 18\,[\mathrm{mm}]$, $n = 9$

3. $d = 8\,[\mathrm{mm}]$, $n = 7.5$ **4.** $\delta = 48.9\,[\mathrm{mm}]$, $\tau = 1236\,[\mathrm{MPa}]$

5. $W = 13083\,[\mathrm{N}]$ **6.** $d = 16\,[\mathrm{mm}]$, $n = 10.5$

7. 290.6 [cps]   **8.** 90×7, $n = 12$

9. $\delta = 43.7\,[\mathrm{mm}]$, $\sigma = 29.3$

10. $h = 3.8\,[\mathrm{mm}]$, $H = 5.7\,[\mathrm{mm}]$, $W = 10506\,[\mathrm{N}]$

11. 2019 $[\mathrm{N \cdot m \cdot s^2}]$ **12.** $3.32\,\omega_n = 30.1\,[\mathrm{rad/s}]$

13. $I = 20.97\,[\mathrm{N \cdot m \cdot s^2}]$, $W = 1284\,[\mathrm{N}]$

14. $I = 527.24\,[\mathrm{N \cdot m \cdot s^2}]$

Chapter 12

마찰차 전동장치

12.1 마찰차의 개요

마찰차는 2개의 바퀴를 직접 접촉시킨 다음 이것을 서로 밀어붙여 두 마찰차 사이에서 생기는 마찰력을 이용하여 두 축 사이에 동력을 전달시키는 장치이다. 2개의 바퀴는 구름 접촉(rolling contact)을 하면서 회전하므로 접촉선 위의 한 점에서 두 바퀴의 표면속도는 항상 같다. 그러나 실제로는 약간의 미끄럼이 있으므로 확실한 회전운동의 전달에는 적당하지 않다. 그러나 접촉면이 매끈하기 때문에 운전 중 접촉을 분리하지 않고 바퀴를 이동시킬 수 있고, 지름을 자유롭게 변경시킬 수 있으며 주어진 범위 내에서 연속하여 직선적으로 변속시킬 수 있는 특징이 있으므로 무단변속장치에 응용된다. 응용범위는 다음과 같다.

① 전달해야 할 힘이 크지 않고 정확한 속도비가 중요하지 않은 경우
② 회전속도가 커서 일반 기어를 사용할 수 없는 경우
③ 양축 사이의 동력을 자주 분리할 필요가 있는 경우
④ 무단변속을 할 경우

마찰차의 종류는 다음과 같다.
1) 평마찰차(spur friction wheel) : 두 축이 평행하고 바퀴는 원통형이다.
2) 홈마찰차(grooved friction wheel) : 두 축이 평행하다
3) 원추마찰차(bevel friction wheel) : 두 축이 어느 각도로 서로 만나고 있으며 바퀴는 원추형이다.
4) 변속마찰차(variable speed friction wheel)

12.1.1 평마찰차

(1) 회전비 (velocity ratio)

두 원통마찰차가 완전한 구름 접촉을 하여 미끄럼이 전혀 없다고 하면 표면속도는 같다. 즉 그림 12.1에서 r_A, r_B를 두풀리의 반지름, ω_A, ω_B를 각속도, 매분당 회전속도를 각각 N_A, N_B라 하면

$$\omega_A = \frac{2\pi}{60}N_A, \quad \omega_B = \frac{2\pi}{60}N_B, \quad \frac{\omega_A}{\omega_B} = \frac{N_A}{N_B}$$

속도 $v = r_A\,\omega_A = r_B\,\omega_B$

$$\therefore \quad \frac{r_A}{r_B} = \frac{\omega_B}{\omega_A} = \frac{N_B}{N_A} = \frac{D_A}{D_B} \tag{12.1}$$

즉, 회전속도는 지름에 반비례한다.

그림 12.1 (a) 와 같이 외접하는 경우는 회전방향이 서로 반대이며, 두 마찰차의 중심거리 C 는 다음 식과 같다.

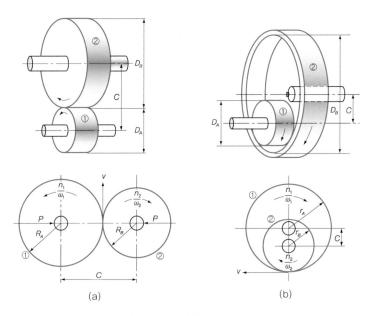

(a)   (b)

그림 12.1 평마찰차의 회전비

$$C = \frac{D_A + D_B}{2} = r_A + r_B \qquad (12.2)$$

그림 12.1 (b) 와 같이 내접촉 평마찰차 (internal spur friction wheel) 에서는 회전방향이 같고, 두 축 사이의 중심거리는 다음 식과 같다.

$$C = \frac{D_B - D_A}{2} = r_B - r_A \qquad (12.3)$$

(2) 마찰에 의한 전동마력

그림 12.2와 같이 2개의 물체 표면에 P의 힘이 작용한 상태에서 이 2개의 물체 A, B를 화살표방향으로 상대적으로 운동시킬 때, 블록 A에는 접촉면에 Q의 힘이 작용하고, B에는 Q'의 힘이 화살표방향으로 작용한다. 이 Q와 Q'은 크기가 같고 방향이 서로 반대이다. 그리고 그 방향은 운동을 방해하는 방향이다. 또한 A가 움직이는 것을 반대하는 마찰력은 Q이며, P와 Q 사이에 다음 관계가 있다.

$$Q = \mu P \qquad \therefore \quad \mu = \frac{Q}{P} = \tan \rho \qquad (12.4)$$

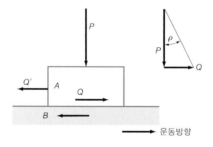

그림 12.2 마찰각

μ를 이 2개 물체 사이의 마찰계수라 하고, ρ를 마찰각이라 한다. 따라서 그림 12.3에서 2개의 마찰차를 P의 힘으로 밀어붙이면 접촉점에서 $Q = \mu P$ 의 마찰력이 생기고, 이 Q의 힘으로 종동차를 회전시킬 수 있다. 즉 종동마찰차를 회전시키는 데 필요한 접선력이 μP보다 작으면 동력을 전달시킬 수 있다.

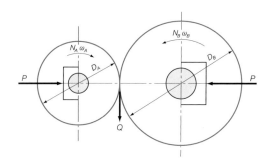

그림 12.3 평마찰차의 전동마력

그러나 종동마찰차에 큰 저항이 걸려서 이것을 회전시키는 힘이 μP보다 클 경우 두 바퀴는 미끄럼이 생기고 동력을 전달시킬 수 없게 된다. 따라서 전달시킬 수 있는 최대 접선력은 μP이며, 종동마찰차에 허용할 수 있는 최대 토크는 $\mu P \cdot \dfrac{D_B}{2}$ $[\mathrm{N} \cdot \mathrm{mm}]$이다.

하중으로 인한 모멘트가 그 이상이면 바퀴는 미끄러져서 동력은 전달되지 않는다. 또한 전달시킬 수 있는 최대 동력은 다음 식으로 표시된다.

$$v = \frac{\pi D_A N_A}{1000 \times 60} = \frac{\pi D_B N_B}{1000 \times 60} = 0.0000524\, D_B N_B \ [\mathrm{m/s}] \qquad (12.5)$$

단, D_A 는 (mm) 단위로 표시한 것이며, 전달마력은 다음과 같다.

$$\therefore\ H_{PS} = \frac{\mu P \pi D_A N_A}{735.5 \times 1000 \times 60} = \frac{\mu P \pi D_B N_B}{735.5 \times 1000 \times 60} \ [\mathrm{PS}] \qquad (12.6)$$

$$H_{KW} = \frac{\mu P \pi D_A N_A}{1000 \times 1000 \times 60} = \frac{\mu P \pi D_B N_B}{1000 \times 1000 \times 60} \ [\mathrm{kW}]$$

(3) 접촉선상의 허용응력과 마찰차의 폭

p_0 : 바퀴를 미는 힘, 접촉선 1 [mm]에 대한 힘의 강도 [N]

b : 바퀴의 폭 [mm] 이라 하면

$$P = bp_0 \qquad (12.7)$$

(4) μ의 값과 두 바퀴의 접촉

마찰계수 μ 의 값은 표면의 재료에 의해 결정되지만, 실험에 의하면 운전

중 미끄럼에 의하여 생기는 종동마찰차 회전속도의 감소가 2~6 %의 경우에 μ가 최대값이 된다. 미끄럼이 이보다 커지면 운전은 불안정하게 되고, 미끄럼이 커지면 종동마찰차는 정지하게 된다. 설계상 최대값의 60 % 정도를 μ의 허용값으로 한다. 그러나 표 12.1과 같이 μ와 P를 잡는 것이 가장 좋다고 주장하는 사람도 있다. 그리고 뢰트셀(Rätschel)은 μ와 P를 표 12.2와 같이 정하는 것을 주장한다.

　비금속 마찰재료는 상대쪽 마찰차의 금속면보다 마모되기 쉽지만 이것을 원동차의 표면에 라이닝하여 사용한다(그림 12.4). 즉 연질제를 원동풀리에 라이닝하면 원동풀리가 고르게 마모되기 때문이다. 그림 12.5는 비금속 마찰재료를 사용한 마찰차를 나타낸 것이며, 그림 12.6은 평마찰차에 나무조각과 같은 연한 재료를 라이닝한 것이다.

▶표 12.1 여러 가지 재료의 마찰계수

표 면 재 료	μ			p_0 [N/mm]
	주철	알루미늄	화이트메탈	
가 죽	0.135	0.216	0.246	27
목 재	0.150			27
콜크가공 마찰재료	0.210			9
특수섬유질 마찰재료				
tarved fiber	0.150	0.183	0.165	43
straw fiber	0.255	0.273	0.186	27
leather fiber	0.309	0.297	0.183	43
sulphite fiber	0.330	0.318	0.309	25

▶표 12.2 뢰트셀에 의한 마찰계수

표 면 재 료	μ	p_0 [N/mm]
주철 대 주철	0.1~0.15	45~70
주철 대 종이	0.15~0.2	45~25
주철 대 단단한 목재		17~25
주철 대 연한 목재	0.2~0.3	10~15
주철 대 단단한 가죽		7~15

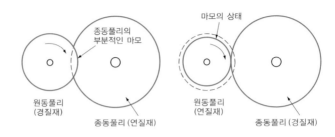

그림 12.4 마찰차의 마모

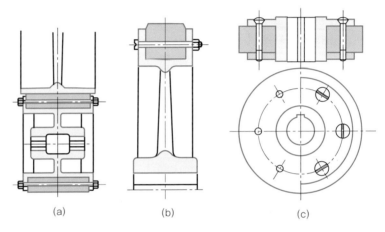

그림 12.5 비금속재료를 라이닝한 평마찰차

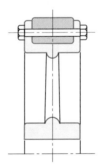

그림 12.6 나무 라이닝의 평마찰차

미는 힘이 비교적 작을 경우 그림 12.7과 같이 레버를 이용하여 사람의 힘으로 밀어붙일 수도 있다. 이때 원동차의 회전축은 레버의 회전축과 편심되도록 설치한다. 그림 12.8과 같이 A와 B의 축은 각자 위치에 고정시키고 중간차 C를 중간에 넣어 양쪽에서 동시에 밀어붙이면 원동차 A와 종동차 B와

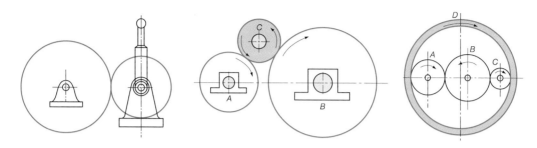

그림 12.7 마찰차의 레버에 의한 조작   **그림 12.8** 중간차 C **그림 12.9** 클립마찰 전동장치

는 같은 방향으로 회전한다. 이때 A와 B는 금속제로 하고, C의 표면은 가죽 또는 목재를 사용한다. 그림 12.9는 클립마찰 전동장치이다. 여기서 A가 원동차, B가 종동차, C는 중간차로써 이것들의 바깥쪽에 열끼워맞춤을 한 외륜 D를 설치, D의 탄성에 의하여 베어링에 걸리는 하중을 증가시키지 않고, A와 B의 하중을 강하게 밀어붙일 수 있으므로 큰 마력의 전동에 적합하다.

12.1.2 홈마찰차 (grooved friction wheel)

(1) 홈마찰차의 마찰계수

마찰차에 의하여 큰 동력을 전달시킬 경우 일반적으로 두 바퀴를 큰 힘으로 밀어붙여야 되는데, 밀어붙이는 힘은 베어링을 통하여 주어지므로 베어링 하중으로 인하여 큰 마찰손실이 생긴다. 따라서 이것을 개량한 것이 홈마찰차 이다. 따라서 그림 12.10과 같이 바퀴의 둘레에 쐐기형의 홈을 만들고, 원동차와 종동차의 凸부와 凹부가 서로 끼워지도록 하면, 평마찰차에 비하여 작은 힘으로 밀어붙여도 된다.

그림 12.11에 접촉한 곳을 향하여 바퀴를 미는 반지름방향의 힘 P에 의하여 접촉홈의 벽면에는 그림 (b)에서와 같이 면에 수직력 F가 생기고, F에 의하여 빗면에는 μF의 마찰력이 생긴다. 이것이 종동마찰차에 주어지는 회전력이 된다. F는 전 접촉선 위에 생기는 압력의 합력을 표시한다. 홈의 각도를 2α라 하면, 수직력 F를 생기게 하기 위하여 반지름방향의 힘 P_1은 그림 12.11 (b)에서 $P_1 = F\sin\alpha$의 힘으로 홈의 벽에 밀어붙일 때 그 방향에도 역시 μF의 마찰저항이 있고, 이것을 이기기 위하여 반지름방향에 다시 P_2의 힘이 필요하다.

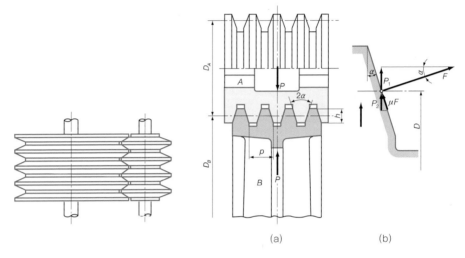

그림 12.10 Ｖ 홈마찰차

그림 12.11 Ｖ 홈마찰차에 작용하는 힘

즉, $P_2 = \mu F \cos \alpha$

그러므로 바퀴를 미는 데 필요한 힘 P는

$$P = P_1 + P_2 = F(\sin \alpha + \mu \cos \alpha)$$

$$F = \frac{P}{\sin \alpha + \mu \cos \alpha} \tag{12.8}$$

회전력으로 작용하는 힘은 바퀴의 접선방향의 마찰력 μF이고, 이것을 P'로 표시하면

$$\mu F = \frac{\mu P}{\sin \alpha + \mu \cos \alpha} = \mu' P = P' \tag{12.9}$$

단,

$$\mu' = \frac{\mu}{\sin \alpha + \mu \cos \alpha}$$

따라서 평마찰차와 Ｖ홈마찰차와의 경우, 같은 힘으로 밀어붙일 때를 비교해보면

$$P' : P = \mu' : \mu = \left(\frac{\mu}{\sin \alpha + \mu \cos \alpha} \right) : \mu \tag{12.10}$$

즉, Ｖ홈마찰차의 경우 마찰계수 μ'는 평마찰차의 마찰계수 μ의

$\dfrac{1}{\sin \alpha + \mu \cos \alpha}$ 배로 증가한 것이며, 이 μ'를 **유효마찰계수** 또는 **등가마찰계수**라 한다.

홈마찰차는 일반적으로 양 바퀴를 모두 주철로 만들고 홈의 각도는 $2\alpha = 30 \sim 40°$로 한다. 홈의 피치는 $3 \sim 20 \,[\mathrm{mm}]$ 이며, 보통 $10\,[\mathrm{mm}]$ 정도로 한다. 그러나 홈의 수가 너무 많으면 홈이 동시에 정확하게 박혀지지 않으므로 보통 $z = 5$ 개 정도로 한다.

(2) 홈의 깊이와 수

홈마찰차가 정확하게 구름 접촉을 하는 것은 홈 중앙부의 한 점뿐이고, 그 중앙부에서 멀어짐에 따라 미끄럼이 커지므로 마모 및 소음이 생기기 쉽다. 따라서 홈의 깊이가 깊으면 홈의 벽면에 마모가 생긴다. 따라서 홈의 깊이는 되도록 작은 것이 좋으며, 보통 바퀴의 지름을 D 라 할 때 $0.05\,D$ 이하로 한다. 또한 다음과 같은 경험식으로 구하기도 한다.

홈의 깊이 $\quad h = 0.94 \sqrt{\mu' P(\mathrm{kg_f})}\ [\mathrm{mm}] = 0.28 \sqrt{\mu' \mathrm{P(N)}}\ [\mathrm{mm}] \qquad (12.11)$

홈의 수 z 는 다음 경험식으로 구할 수 있다.
전접촉선의 길이를 l 이라 할 때 $(\alpha \fallingdotseq 0)$

$$\left. \begin{array}{l} l = 2zh \div \cos \alpha \fallingdotseq 2zh \\[2mm] z = \dfrac{F}{2hp_0} \end{array} \right\} \qquad (12.12)$$

🔒 **예제 1**

표면이 가죽으로 된 원동차와 종동차의 표면에 주철을 사용한 마찰차의 경우 원동차의 지름 $D = 200\,[\mathrm{mm}]$, 매분당 회전수 $N = 1000\,[\mathrm{rpm}]$으로, $H_{PS} = 3\,[\mathrm{PS}]$를 전달시키는 데 필요한 바퀴의 폭을 구하시오. 단, 허용압력 $p_0 = 7\,[\mathrm{N/mm}]$, 마찰계수 $\mu = 0.2$ 라 한다.

풀이

b : 바퀴의 폭 $[\mathrm{mm}]$이라 하면 $P = bp_0 = 7b$

$$v = \frac{\pi DN}{1000 \times 60} = \frac{\pi \times 200 \times 1000}{1000 \times 60} = 10.472\ [\mathrm{m/s}]$$

$$p_0 = \frac{735.5 H_{PS}}{\mu v} = \frac{735.5 \times 3}{0.2 \times 10.472} \fallingdotseq 1053.5 = 7b$$

$$\therefore \ b = \frac{1053.5}{7} = 150.5 \ [\mathrm{mm}]$$

🔒 **예제 2**

매분당 250회전을 하는 지름 $D = 650 \ [\mathrm{mm}]$의 평마찰차를 2254 [N]로 밀어붙이면 몇 마력을 전달할 수 있는가? 단, $\mu = 0.35$ 라 한다.

풀이

마찰력 $Q = \mu \cdot P = 0.35 \times 2254 = 788.9 \ [\mathrm{N}]$

이 마력을 이기고 지름 D의 바퀴를 매분당 N 회전시키는 데 필요한 매초당의 작업량 w 는

속도 $v = \dfrac{\pi D N}{60 \times 1000} = \dfrac{\pi \times 650 \times 250}{60 \times 1000}$ 이므로

$$w = v \cdot \mu P = \frac{\pi \times 650 \times 250}{60 \times 1000} \times 788.9 = 6712.3 \ [\mathrm{N \cdot m/s}]$$

$$H_{PS} = \frac{\mu P v}{735.5} = \frac{6712.3}{735.5} \fallingdotseq 9.13 \ [\mathrm{PS}]$$

🔒 **예제 3**

앞의 마찰차에 있어서 원동차(작은차)의 회전속도를 500 [rpm] 으로 하여 0.7 [kW]를 전달시키기 위한 바퀴의 폭을 구하시오. 단, $\mu = 0.2$, 허용압력 $p_0 = 9.8 \ [\mathrm{N/mm}]$ 라 하고, 외접원동 마찰차일 경우 지름이 125 [mm] 이고, 내접원동 마찰차일 경우 지름이 250 [mm] 이다.

풀이

$$H_{\mathrm{kW}} = \frac{\mu P v}{1000 \times 60 \times 1000} = \frac{\mu P \pi D N}{1000 \times 60 \times 1000} \qquad \therefore \ P = \frac{1000 \times 60 \times 1000 \times H_{\mathrm{kW}}}{\mu \pi D N}$$

1) 외접원동 마찰차에서는

$$D_B = 125 \ [\mathrm{mm}], \qquad N_B = 500 \ [\mathrm{rpm}]$$

$$\therefore \ P = \frac{1000 \times 60 \times 1000 \times 0.7}{0.2 \times \pi \times 125 \times 500} \fallingdotseq 1069.5 \ [\mathrm{N}]$$

바퀴의 폭을 b 라 하면 $P = b \cdot p_0 \quad \therefore \ b = \dfrac{P}{p_0} = \dfrac{1069.5}{9.8} \fallingdotseq 109 \ [\mathrm{mm}]$

여유를 고려하여 120 [mm] 로 결정한다.

2) 내접원동 마찰차의 경우

$$D_B = 250 \ [\mathrm{mm}], \qquad N_B = 500 \ [\mathrm{rpm}]$$

$$P = \frac{1000 \times 60 \times 1000 \times 0.7}{0.2 \times \pi \times 250 \times 500} \fallingdotseq 534.7 \ [\text{N}]$$

$$\therefore \ b = \frac{P}{p_0} = \frac{534.7}{9.8} \fallingdotseq 55 \ [\text{mm}]$$

여유를 고려하여 60 [mm] 로 결정한다.

예제 4

홈의 각도가 40°인 주철제의 홈마찰차에 있어서 원동차의 지름을 250 [mm], 회전속도를 750 [rpm], 종동차의 지름을 500 [mm] 라 하고, 5 [PS] 를 전달시키려면 몇 N의 힘으로 밀어붙여야 하는가? 또 이때 허용압력 $p_0 = 29$ [N/mm]로 하고, 마찰계수 $\mu = 0.15$ 라 하면 홈의 수는 몇 개로 하는가?

풀이

홈마찰차의 전달마력을 계산하는 공식 $H_{PS} = \dfrac{\mu' P v}{735.5}$ 에서

$$P = \frac{735.5 \, H_{PS}}{\mu' v}$$

이 때 홈 각도 $2\alpha = 40°, \ \alpha = 20°$

$$\therefore \ \mu' = \frac{\mu}{\sin\alpha \times \mu\cos\alpha} = \frac{0.15}{\sin 20° + 0.15\cos 20°}$$

$$= \frac{0.15}{0.342 + 0.15 \times 0.940} \fallingdotseq 0.31$$

또 $\quad v = \dfrac{\pi DN}{60000} = \dfrac{\pi \times 250 \times 750}{60000} \fallingdotseq 9.8 \ [\text{m/s}]$

$$\therefore \ P = \frac{735.5 \times 5}{0.31 \times 9.8} \fallingdotseq 1211 \ [\text{N}]$$

이 힘으로 양 바퀴를 밀어붙일 때 홈의 벽에 수직하게 작용하는 힘 P' 는

$$\mu P' = \mu' P \text{에서} \quad \therefore \ P' = \frac{0.31 \times 1211}{0.15} = 2503 \ [\text{N}]$$

이때 허용압력 $p_0 = 29$ [N/mm]이므로 위의 P' 를 지지하려면 접촉 부분의 전 길이 l 은

$$l = \frac{P'}{p_0} = \frac{2503}{29} \fallingdotseq 86.3 \ [\text{mm}]$$

홈의 수를 z, 홈의 깊이를 h 라 하면 (그림 12.12)

$$l = 2z \frac{h}{\cos\alpha} \fallingdotseq 2zh \quad (\alpha \text{가 작기 때문에})$$

또한 홈의 깊이 h 는

$$h = 0.28\sqrt{\mu'P} = 0.28\sqrt{0.31 \times 1211} ≒ 5.4 \;[\text{mm}]$$

$$z = \frac{l}{2h} = \frac{86.3}{2 \times 5.4} ≒ 8개$$

∴ 밀어붙이는 힘 1211 [N], 홈의 수 8개

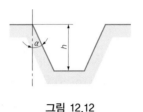

그림 12.12

12.1.3 원추마찰차 (베벨마찰차)

원추마찰차는 두 축이 구름 접촉을 하면서 일정한 각도로 교차할 때 사용하는 마찰차로서 **베벨마찰차** (bevel friction wheel) 라고도 한다 (그림 12.13). 그림 (a)는 외접한 경우로 두 개의 원추차는 반대방향으로 회전하고, 그림 (b) 는 내접하는 경우로 같은 방향으로 회전한다.

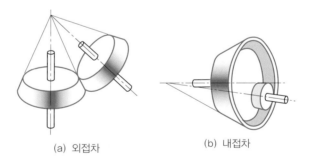

(a) 외접차   (b) 내접차

그림 12.13 원추마찰차

(1) 속도비

그림 12.14에서 전동축 O_1 과 O_2 를 축으로 하는 두 개의 원추표면이 접촉하고 있을 때 양 바퀴는 서로 구름 접촉을 하면 접촉선은 양 축의 교점을 지나는 직선 OP 이다. 이 접촉직선 OP 위의 임의의 점 P 를 지나는 도형 단면의 지름의 비는 일정하므로 양 바퀴의 각속도비는 어느 정도 일정하게 되고, 따라서 원추표면의 어느 부분을 사용하여 전동마찰차를 만들더라도 속도비는

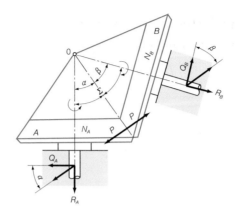

그림 12.14 원추마찰차의 각속비

변함이 없으며, 전달하여야 하는 마력에 따라 적당한 크기의 부분을 선택한다.

지금 그림 12.14에서 원추각을 각각 α 와 β 라 하고 두 축이 맺는 각, 즉 축각(shaft angle)을 Σ 라 하면 이것들과 각속비 $\omega_B : \omega_A$ 또는 회전비 $N_B : N_A$ 의 관계는 다음과 같다. 즉 각속도비는 양 원추각의 사인값에 반비례한다.

$$\frac{N_B}{N_A} = \frac{\omega_B}{\omega_A} = \frac{D_A}{D_B} = \frac{2OP\sin\alpha}{2OP\sin\beta} = \frac{\sin\alpha}{\sin\beta} = \frac{\sin\alpha}{\sin(\Sigma-\alpha)}$$

$$= \frac{\tan\alpha}{\sin\Sigma - \cos\Sigma\tan\alpha} \quad (\alpha+\beta = \Sigma \text{ 이므로}) \qquad (12.13)$$

같은 방법으로
$$\left. \begin{array}{l} \therefore \tan\alpha = \dfrac{\sin\Sigma}{\dfrac{N_A}{N_B} + \cos\Sigma} \\[6mm] \tan\beta = \dfrac{\sin\Sigma}{\dfrac{N_B}{N_A} + \cos\Sigma} \end{array} \right\} \qquad (12.14)$$

$\Sigma = 90°$ 의 경우가 가장 많이 사용되며, 원추각 α 와 β 는 다음과 같다.

$$\tan\alpha = \frac{N_B}{N_A}, \quad \tan\beta = \frac{N_A}{N_B} \qquad (12.15)$$

(2) 마찰에 의하여 전달되는 마력

그림 12.15에서 접촉한 곳에 직각방향의 힘 F를 주기 위하여 A와 B바퀴를 각각 P_A와 P_B 힘으로 꼭지점을 향하여 축방향으로 밀어야 한다. 그 관계는 힘의 선도에서 구하면 다음과 같다.

$$F = \frac{P_A}{\sin \alpha} = \frac{P_B}{\sin \beta} \qquad (12.16)$$

합력 F는 접촉선의 중앙에 작용한다고 가정하여 표면속도는 평균속도를 취하여 구한다.

$$v = 0.0000524 \frac{(D_B + D_B')}{2} N_B \ [\mathrm{m/s}] \qquad (12.17)$$

마찰에 의하여 주어지는 회전력은 다음과 같이 된다.

$$\mu F = \frac{\mu P_A}{\sin \alpha} \qquad \text{또는} \qquad \frac{\mu P_B}{\sin \beta} \qquad (12.18)$$

전달마력은 다음과 같다.

$$\left. \begin{array}{l} H_{PS} = \dfrac{\mu F v}{735.5} \\[3mm] H_{\mathrm{kW}} = \dfrac{\mu F v}{1000} \end{array} \right\} \qquad (12.19)$$

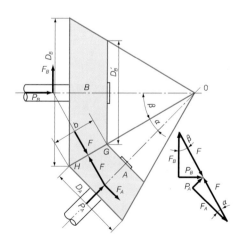

그림 12.15 원추마찰차의 힘의 해석

(3) 베어링에 걸리는 하중

분력 F_A 및 F_B는

$$F_A = \frac{P_A}{\tan \alpha}, \quad F_B = \frac{P_B}{\tan \beta} \tag{12.20}$$

로 각각 A와 B바퀴의 베어링의 가로하중으로 작용한다.

$\Sigma = 90°$의 경우는

$$F_A = P_B, \quad F_B = P_A \tag{12.21}$$

베어링에 작용하는 합성가로하중 R은

$$R = \sqrt{F_A{}^2 + (\mu F)^2} = \sqrt{F_B{}^2 + (\mu F)^2}$$

그리고 P_A와 P_B는 추력(스러스트)이므로 스러스트 베어링(thrust bearing)을 사용해야 된다.

(4) 접촉압력과 바퀴의 폭

접촉선의 1 mm 마다에 작용하는 힘을 $p_0\,[\mathrm{N/mm}]$라 하면 이 때 접촉선의 길이, 즉 바퀴의 폭 b는

$$b = \frac{F}{p_0} \quad \therefore \; b = \frac{P_A}{p_0 \sin \alpha} \tag{12.22}$$

μ와 p_0의 허용값은 평마찰차의 값을 그대로 사용한다.

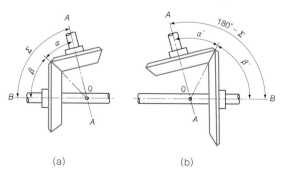

(a)　　　　　　　(b)

그림 12.16 예각원추마찰차

🔒 **예제 5**

$N_A = 250\,[\text{rpm}]$, $N_B = 150\,[\text{rpm}]$인 한 쌍의 원추마찰차의 축각이 60°일 때 양 바퀴의 원추각 α, β를 구하여라.

풀이

$$\tan \alpha = \frac{\sin \Sigma}{\dfrac{N_A}{N_B} + \cos \Sigma} = \frac{\sin 60°}{\dfrac{250}{150} + \cos 60°} = 0.401$$

$$\therefore\ \alpha = 21°\,50'\qquad \therefore\ 2\alpha = 43°\,40'$$

$$\tan \beta = \frac{\sin 60°}{\dfrac{N_B}{N_A} + \cos 60°} = \frac{\sin 60°}{\dfrac{150}{250} + \cos 60°} = 0.787$$

$$\therefore\ \beta = 38°\,10',\quad \therefore\ 2\beta = 76°\,20'$$

또는 $\Sigma = \alpha + \beta$이므로 $\beta = 60° - 21°\,51' = 38°\,10'$이다.

$$\therefore\ 43°\,40',\ 76°\,20'$$

🔒 **예제 6**

회전비 2 : 1, 축각 90°의 원추마찰차로 목재의 원동차 400 [rpm]에서 3 [PS](≒ 2.21 [kW])를 전달시키려고 한다. 종동차는 주철이고 최대 지름 600 [mm], 접촉면의 폭 150 [mm], 마찰계수 $\mu = 0.3$이라 하면 전동 때문에 각축에 작용시켜야 되는 추력을 계산하시오. 또 접촉면의 폭이 압력에 대하여 적당한가 검토하시오.

풀이

$\tan \alpha = \dfrac{1}{2}\quad \therefore\ \alpha = 26.5651°,\ \beta = 90° - 26.5651° = 63.4349°$

다음에 종동차의 평균지름인 곳의 전동속도를 v라 하고, v를 구하면 평균지름 D_0는 그림 12.17에서

$$D_0 = 600 - 2x = 600 - 2 \times 75 \cos 26°\,30' = 465\,[\text{mm}]$$

$$\therefore\ v = \frac{\pi \times 465 \times 200}{60 \times 1000} = 5\,[\text{m/s}]$$

$$H_{PS} = \frac{\mu F v}{735.5}$$

$$F = \frac{735.5 \times H_{PS}}{\mu v} = \frac{735.5 \times 3}{0.3 \times 5} = 1471\,[\text{N}]$$

따라서 추력은

$$P_A = F \sin \alpha = 1471 \times \sin 26.5651° ≒ 657.9\,[\text{N}]$$

$$P_B = F \sin \beta = 1471 \times \sin 63.4349° = 1315.9\,[\text{N}]$$

다음에 주철과 나무의 허용접촉압력은 $p_0 = 10 \sim 15 \, [\mathrm{N/mm}]$ 이므로

$$p_0 = \frac{F}{b} = \frac{1471}{150} \fallingdotseq 9.8 \, [\mathrm{N/mm}]$$

가 적당하다.

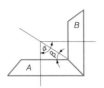 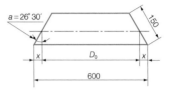

그림 12.17

예제 7

회전속도 200 [rpm] 의 원동차에서 이것과 80°의 각도로 서로 만나는 종동차에 원추마찰차를 중개로 회전속도 84 [rpm] 의 운동을 전달한다. 원동차의 표면은 타르 (tar) 를 적신 펄프, 종동차는 주철이다. 종동차의 바깥지름은 350 [mm], 폭은 100 [mm] 로 할 때, 양 바퀴에 생기는 추력을 계산하시오. 단, 접촉면 사이의 수직방향으로 작용하는 힘은 4214 [N] 이다.

풀이

$$\tan \alpha = \frac{\sin \Sigma}{\dfrac{N_A}{N_B} + \cos \Sigma} = \frac{\sin 80°}{\dfrac{200}{84} + \cos 80°} = 0.386$$

$$\therefore \;\; \alpha = 21.1° \quad \therefore \;\; \beta = 80° - 21.1° = 58.9°$$

또 $\qquad v = \dfrac{\pi \times 350 \times 200}{60 \times 1000} = 3.67 \, [\mathrm{m/s}]$

마찰계수 $\mu = 0.15$ 로 가정하여 $F = 4214 \, [\mathrm{N}]$ 로 하여

$$\text{전달마력} \quad H = \frac{\mu v F}{735.5} = \frac{0.15 \times 4214 \times 3.67}{735.5} \fallingdotseq 3.2 \, [\mathrm{PS}]$$

따라서 생기는 추력은

$$Q_A = F \sin \alpha = 4214 \times \sin 21.1° = 1517 \, [\mathrm{N}]$$

$$Q_B = F \sin \beta = 4214 \times \sin 58.9° = 3608 \, [\mathrm{N}]$$

12.2 무단변속마찰차

12.2.1 무단변속기구의 분류

표 12.3은 무단변속장치의 분류표이다.

▶**표 12.3** 무단변속기의 종류

12.2.2 원판마찰차

그림 12.18은 롤러원판장치로써 두 축은 직교하며 롤러 B는 축 H를 좌우로 이동시키면서 원판 A의 회전속도를 자유롭게 연속적으로 변화시킬 수 있다. 롤러 B가 원판 A의 중심에 있으면 롤러 나비의 양쪽에서 반대방향의 미끄럼이 생겨서 원판은 정지한다.

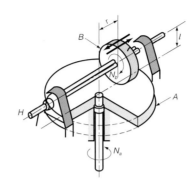

그림 12.18 롤러원판장치

그림 12.18은 세로축으로 회전하는 원판 A와 수평축을 가지고 있는 롤러 B와의 접촉에 의하여 두 축 사이에 회전을 전달시키는 장치이다.

롤러 B는 그 축과 함께 회전하며 축을 따라 미끄럼운동을 할 수 있도록 되어 있고 원판 A에 대하여 그 위치, 즉 x를 변경시킴으로써 변속한다.

즉,
$$\frac{\omega_1}{\omega_2} = \frac{R_2}{R_1} \quad \text{또는} \quad \omega_1 = \frac{R_2}{R_1}\omega_2 \tag{12.23}$$

그러므로 롤러를 원동차로 하여 그 회전속도를 일정하게 한다. 원판의 회전속도는 롤러의 위치$(R_1 = x)$에 반비례하여 변화하도록 하면 $R_2 =$ 일정 $= R$ 가 되어 다음 관계가 성립한다.

$$\omega_1 = \frac{R}{x}\omega_2 \tag{12.24}$$

또 이 장치에 있어서 원판 및 롤러의 회전 모멘트를 각각 M_1 및 M_2라 하고 M_2를 일정하게 하면, $M_1 = \frac{M_2}{R_2}R_1$가 된다. 즉, M_1은 롤러의 위치 R_1에 정비례하여 변화한다.

그림 12.19의 곡선은 이 관계를 나타낸 것으로, 롤러가 원판의 중심선을 넘어서 반대쪽으로 옮겨가면 회전방향은 반대로 된다. 그림 12.20은 이 장치를 두 쌍 조합하여 만들어진 변속기로 원판차 A에서 롤러 C를 지나 원판차 B에 회전을 전달시키는 것인데, 롤러를 그 축 위에서 이동시킴으로써 두 원판차의 각속도비를 바꿀 수 있다.

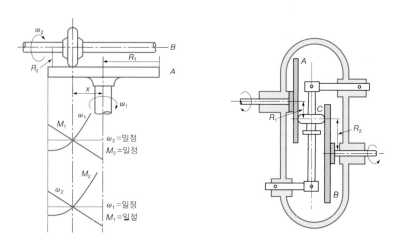

그림 12.19 원판마찰차 무단변속기구　**그림 12.20** 두 쌍원판을 이용한 무단변속기구

이때 원판차 A, B가 롤러 C를 양쪽에서 누르므로 마찰 상태를 좋게 하는 동시에 장치가 견고하게 되어 롤러축이 휘어지는 것을 방지하기도 한다.

12.2.3 원추마찰차

그림 12.21은 원추차 A와 롤러 B가 접촉하여 회전하고 롤러를 화살표방향으로 이동시킬 때 A, B의 속도가 변화하는 기구이다.

그림에서 원추의 꼭지점으로부터 롤러까지의 거리를 x라 하면, 롤러를 종동차로 하여 그 회전속도를 N_2라 하고 원추차가 구동차이며 그 회전속도를 N_1이라 할 때

$$N_2 = \frac{R_2}{r_1}N_1 = \frac{N_1 R_1}{R_2 l}x \tag{12.25}$$

구동차의 회전속도 $N_1 =$ 일정하므로 $N_2 = x$ (상수) 로 되어 N_2는 x에 대하여 비례하고 직선적으로 변화하게 된다.

또 두 차의 접촉면에 있어서 접선력을 P라 하면 회전 모멘트는 $M_1 = PR_x$, $M_2 = PR_2$가 되고

$$M_2 = \frac{R_2}{R_x} \cdot M_1 = \frac{R_2 l}{x \cdot R_1} \cdot M_1 \tag{12.26}$$

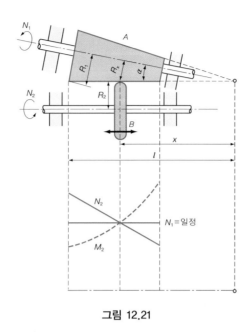

그림 12.21

즉, 모멘트 M_2 는 x 에 대하여 쌍곡선모양으로 변화하는 것을 알 수 있다.

그림 12.22 (a) 는 그림 (b)의 장치를 2개 조합한 것을 나타낸 것이다. 이것은 평행축의 전동에 사용된다.

$$l_0 = l_1 \frac{R_0}{R_1}, \qquad R_{x_1} = \frac{R_1}{l_1} x$$

$$R_{x_2} = \frac{R_1}{l_1} \left[(l_1 + l_0) - x \right] = \frac{R_1}{l_1} \left[l_1 \left(1 + \frac{R_0}{R_1}\right) - x \right] \qquad (12.27)$$

$$\frac{N_3}{N_1} = \frac{R_{x_1}}{r_1}, \qquad \frac{N_2}{N_1} = \frac{r_1}{R_{x2}}$$

$$\frac{N_2}{N_1} = \frac{R_{x_1}}{r_1} \cdot \frac{r_1}{R_{x_2}} = \frac{R_{x_1}}{R_{x_2}} \qquad (12.28)$$

그러므로

$$\frac{N_2}{N_1} = \frac{R_1 / l_1 \cdot x}{R_1 / l_1 \left[l_1 \left(1 + \dfrac{R_0}{R_1}\right) - x \right]} = \frac{R_1 x}{l_1 (R_1 + R_0) - R_1 x} \qquad (12.29)$$

중간차는 두 원추차의 각속도비와 관계없다.

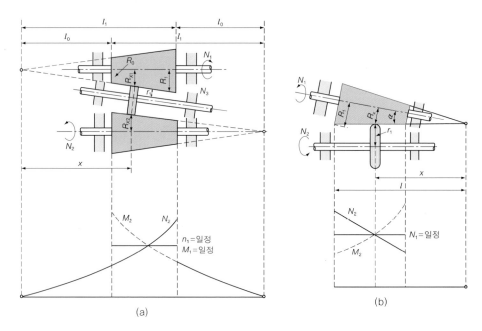

그림 12.22 두 쌍의 변속원추마찰차

$$P = \frac{M_1}{R_{x_1}} = \frac{M_1 l_1}{R_1 x} \tag{12.30}$$

$$M_2 = P R_{x_2} = \frac{M_1 \left[l_1 (R_1 + R_0) - r_1 x \right]}{R_1 x} \tag{12.31}$$

로 되고 그 변화는 그림에 나타낸 것과 같다.

2개의 원추차에 낀 롤러 또는 원통차 대신 가죽이나 강철제의 링 (ring) 을 사용하는 경우도 있다. 이때 두 전동축의 회전방향은 반대로 된다. 그림 12.23 은 가죽제의 링을 사용한 에반스 (Evans) 의 변속마찰원추차를 나타낸다.

그림 12.24는 이 장치를 두 쌍 조합한 것으로 평행한 두 축 사이에 사용된다. 이 장치에서는 어느 쪽을 원동차로 하더라도 똑같은 결과가 된다. 그림에서 B와 C는 원추차, A는 이것에 접촉하는 롤러이다. 핸들 D를 돌리면 나사에 의하여 A의 위치가 바뀌고, B와 C의 각속도비를 변화시킨다. G는 접촉압력을 주기 위한 스프링으로, 그 강도는 핸들 H에 의하여 조정된다. E는 A의 위치에 따라서 종동차의 회전속도를 표시하는 눈금이다.

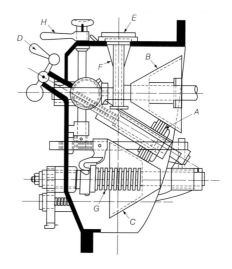

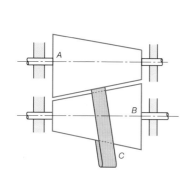

그림 12.23 에반스마찰차

그림 12.24 변속원추마찰차의 작동

12.2.4 구형 변속마찰차

접촉표면에 구면을 사용하면 구면의 중심 근처에서 운동시켜도 상대편의 바퀴와 접촉을 그대로 유지시킬 수 있다는 것이 변속장치로서의 장점이다. 그림 12.25는 전동축이 직교하는 경우이며 OO축의 주위로 회전하는 구면의 OO축의 위치를 화살표방향으로 변경하면 $2r$의 원동축의 롤러와 지름 $2r$의 종동축의 롤러와의 접촉에서 구면의 회전축 OO까지의 거리 r_1과 r_2가 변화한다.

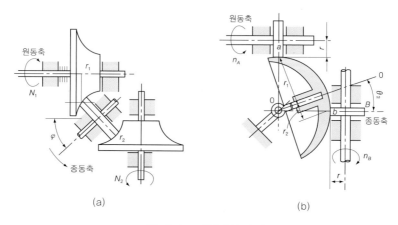

(a)

(b)

그림 12.25 구면차의 속비

즉, 전동축의 회전속도의 비 $N_1 : N_2$ 는 구의 회전속도 N과 구의 반지름 R를 사용하면

$$\frac{N}{N_1} = \frac{r}{r_1} = \frac{1}{\cos \varphi} \cdot \frac{r}{R}$$

$$\therefore \ N_1 = N \cos \varphi \frac{R}{r} \tag{12.32}$$

$$\frac{N}{N_2} = \frac{r}{r_2} = \frac{1}{\sin \varphi} \cdot \frac{r}{R}$$

$$\therefore \ N_2 = N \sin \varphi \frac{R}{r} \tag{12.33}$$

그러므로 $\quad \dfrac{N_2}{N_1} = \dfrac{r_2}{r_1} = \tan \varphi$

$$\therefore \ N_2 = N_1 \tan \varphi \tag{12.34}$$

로 되어 $\dfrac{N_1}{N}, \dfrac{N_2}{N}, \dfrac{N_2}{N_1}$ 가 각각 $\cos \varphi$, $\sin \varphi$, $\tan \varphi$ 로 되는 삼각관계기구로 된다.

즉 구면차의 기울기를 화살표방향으로 변화시키므로 2개 롤러의 각속도비를 바꿀 수 있다. 그림 12.26은 이 기구를 볼판에 응용한 예이다. 구면차와 원추차를 이용한 무단변속기구로 원동축, 종동축에 서로 상대하여 설치한 같은 형상의 원추차 A, B에 구면차 C를 밀어붙여 회전운동을 전달시키는 장치이다.

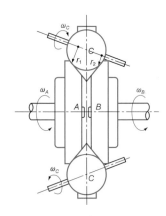

그림 12.26 구면차의 무단변속기구

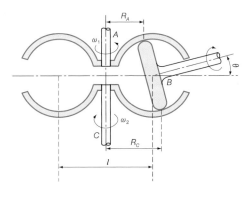

그림 12.27 2개의 반구형

구면차의 축을 경사지게 하면 그림에서와 같이 두 원추차와의 접촉점의 위치가 변화하므로 A, B차의 속도비가 변한다. 그림 12.27 은 2개의 반구형 구차 A, B 사이에 롤러 B를 끼워 롤러 B의 기울기 θ를 바꿈으로써 종동축에 속도변화를 준다.

🔒 **예제 8**

그림 12.28 에 나타낸 변속기구에서 원판차의 회전속도가 120 [rpm], 롤러의 회전속도가 360 [rpm] 이 될 때 롤러의 위치를 구하시오. 롤러의 지름은 120 [mm] 이다.

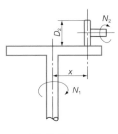

그림 12.28

풀이

원판의 중심으로부터 구하는 롤러의 거리를 x [mm] 라 하면 원판차의 회전속도 $N_1 = 120$ [rpm], 원판차의 지름 $D_1 = 2x$, 롤러의 회전속도 $N_2 = 360$ [rpm], 롤러의 지름 $D_2 = 120$ [mm] 이므로

$$\frac{\text{롤러의 회전속도}}{\text{원판차의 회전속도}} = \frac{360}{120} = \frac{2x}{120}$$

$$\therefore \ x = 180$$

원판차의 중심에서 180 [mm] 의 위치에 놓으면 된다.

🔒 **예제 9**

그림 12.29 에서 지름 300 [mm] 인 원판차 위에 반지름 50 [mm] 의 볼을 축의 중심으로부터 100 [mm] 의 위치에 놓고 원판차를 180 [rpm] 으로 회전시킬 때 볼의 회전속도를 구하시오.

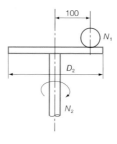

그림 12.29

📦 **풀이**

볼의 지름 $D_1 = 50 \times 2$

회전속도 $N_1 = x \,[\mathrm{rpm}]$

원판차 위의 볼의 위치 $D_2 = 100 \times 2$

회전속도 $N_2 = 180 \,[\mathrm{rpm}]$

$$\frac{\text{볼의 회전속도}}{\text{원판차의 회전속도}} = \frac{x}{180} = \frac{100 \times 2}{50 \times 2}$$

$$\therefore x = 360 \,[\mathrm{rpm}]$$

🔒 **예제 10**

그림 12.30 에 나타낸 에반스마찰차에서 큰 부분의 지름이 150 [mm], 작은 쪽의 지름이 60 [mm] 이다. 원동차의 회전속도가 150 [rpm] 일 때 종동차의 최대, 최소 회전속도를 구하시오.

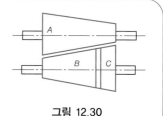

그림 12.30

📦 **풀이**

그림에서 가죽 고리모양의 벨트 고리가 왼쪽 끝에 왔을 때 종동차 B 의 회전속도가 최대로 된다.

$$N_1 = 150 \,[\mathrm{rpm}], \qquad r_1 = 75 \,[\mathrm{mm}], \qquad r_2 = 30 \,[\mathrm{mm}]$$

N_2 의 최대 회전속도 : $\dfrac{75}{30} \times 150 = 375 \,[\mathrm{rpm}]$

N_2 의 최소 회전속도 : $\dfrac{30}{75} \times 150 = 60 \,[\mathrm{rpm}]$

연습 문제

1. 교차각 60°의 원추마찰차에서 $N_A = 450 \ [\text{rpm}]$, $N_B = 150 \ [\text{rpm}]$의 경우, 각 바퀴의 꼭지각을 구하시오.

2. 두 축이 직교하는 원추마찰차에서 종동차의 최대 지름 600 [mm] 접촉부의 길이 150 [mm], 원동차의 회전속도 400 [rpm] 일 때 종동차 200 [rpm] 으로 2.5 [kW]를 전달한다. 전동하기 위하여 각 축에 작용하는 추력은 몇 N 인가? 단, $\mu = 0.3$ 이라 한다.

3. 축간 거리 400 [mm], $N_A = 300 \ [\text{rpm}]$, $N_B = 100 \ [\text{rpm}]$인 평마찰차에 있어서 전달마력은 몇 PS인가? 단, $\mu = 0.2$ 라 한다.

4. 지름 25 [cm], 회전속도 144 [rpm] 으로 0.1 [PS] 를 전달시키는 마찰차에서 마찰계수가 0.15일 때, 밀어붙이는 힘은 얼마인가? 그리고 이 바퀴의 표면에 $2\alpha = 30°$의 V형 홈을 파면 바퀴를 밀어붙이는 힘은 몇 N 정도 감소하는가?

5. 회전비 2:1, 양축의 교차각 96°의 베벨마찰차에서 400 [rpm] 으로 2.21 [kW]를 전달한다. 원동차는 섬유질 라이닝한 것이고, 종동차는 주철제로써 최대 지름 600 [mm], 접촉폭은 150 [mm], 면의 마찰계수는 0.1이다.
   1) 전동할 때 각 축에 작용되는 축추력을 구하시오.
   2) 접촉선상 단위 길이마다의 압력이 적당한가를 검토하시오.

6. 원동차 750 [rpm], 종동차 300 [rpm] 으로 두 축 사이에 2.57 [kW] 를 전달하는 홈마찰차의 피치원의 지름과 홈의 수를 결정하시오. 양 마찰차의 재질은 모두 주철이며, 홈의 각도 $2\alpha = 30°$, 중심거리 250 [mm] 라 한다.

7. 한 쌍의 홈마찰차로 중심거리 600 [mm] 의 평행축 사이에 7.36 [kW] 를 전

달한다. 원동축은 200 [rpm], 종동축은 60 [rpm], 홈의 각도 40°, 마찰계수 $\mu = 0.15$, 접촉선 위의 허용압력을 69 [N/mm] 라 할 때, 양 마찰차를 압박하는 힘, 홈의 깊이와 그 수를 구하시오.

해답　**1.** A 차의 꼭지각 $2\alpha = 27° 48'$, B 차의 꼭지각 $2\beta = 92° 12'$

　　2. 스러스트 (추력) $F_A = 745$ [N], $F_B = 1490$ [N]

　　3. $H = 1.675$ [PS]

　　4. $P = 261$ [N], $P' = 186$ [N], $P - P' = 75$ [N]

　　5. $F_A = 876$ [N], $F_B = 438$ [N], $p = \dfrac{P}{b} = 0.654$ [N/mm] 로 충분하다.

　　6. $z = 12$ 개, $D_A = 160$ [mm], $D_B = 340$ [mm], $P = 1460$ [N], $h = 6$ [mm]

　　7. $h = 15$ [mm], $z = 8$ 개, 16660 [N]

Chapter 13

기어 전동

13.1 기어 전동장치

13.1.1 기어의 정의

차례로 물리는 이(치)에 의하여 운동을 전달시키는 기계요소를 **기어**(치차 ; gear, toothed wheel)라 한다. 동력을 전달시키는 방법으로는 기어 이외에도 마찰차, 체인과 스프로킷 휠, 로프 전동, 벨트 전동 등 여러 가지 방법이 있지만, 기어는 확실한 속도비와 작고 간단한 구조이지만 높은 효율로 큰 회전력을 전달할 수 있으므로 계기 또는 시계와 같은 작은 것에서부터 큰 것은 수만 마력의 선박용 터빈의 감속기어에 이르기까지 극히 넓은 범위에서 사용되고 있다. 서로 맞물려서 회전하는 한 쌍의 기어 중에서 잇수가 많은 기어를 **휠** 또는 **기어**라 하고, 잇수가 적은 기어를 **피니언**(pinion)이라 한다(그림 13.1). 또한 서로 물리는 기어 중에서 구동축으로부터 운동을 전달하는 쪽의 기어를 **구동 기어**(driver, driving gear)라 하고, 구동 기어에 의해서 동력을 전달받는 기어를 **피동 기어**(follower, driven gear) 또는 **종동 기어**라고 한다. KS B 0102 기어용어, KS B 0053 기어기호 등이 한국산업규격에 규정되어 있다.

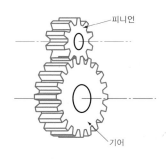

그림 13.1 기어와 피니언

13.1.2 기어의 분류

맞물려 회전하는 한 쌍의 기어에서 2개의 축을 상대적인 위치에 의하여 분류하면 표 13.1과 그림 13.2, 13.3, 13.4와 같다.

일반적으로 스퍼 기어(평치차), 헬리컬 기어, 베벨 기어, 웜 기어 등이 가장 많이 사용된다.

▶표 13.1 기어의 종류

2 축의 상대 위치	명 칭	이와 이의 접촉	설 명
평 행	스퍼 기어 (spur gears)	직선	이끝이 직선이며 축에 평행한 원통 기어를 스퍼 기어라 한다.
	랙 (rack)	직선	원통 기어의 피치 원통의 반지름을 무한대로 한 것을 랙이라 한다.
	헬리컬 기어 (helical gear)		이끝이 헬리컬 선을 가지는 원통 기어를 말하고, 일반적으로 평행한 두 축 사이에 회전운동을 전달한다.
	헬리컬 랙 (helical rack)	직선	헬리컬 기어의 피치 원통의 반지름을 무한대로 하여 얻어지는 랙을 헬리컬 랙이라 한다.
	헤링본 기어, 2중헬리컬 기어 (herringbone gears; double helical gears)	직선	양쪽으로 나선형으로 된 기어를 조합한 것을 "헤링본 기어"라 하고 평행 두 축 간에 운동을 전달한다.
	안 기어 (internal gears)	직선 (곡선)	원통 또는 원추의 안쪽에 이가 만들어져 있는 기어를 안 기어라 한다. 또 안 기어와 이에 물리는 바깥 기어를 합해서 안 기어라고 할 수도 있다.
두 축이 서로 교차할 경우	베벨 기어 (bevel gears)	직선	교차되는 두 축 간에 운동을 전달하는 원추형의 기어를 베벨 기어라 한다.
	마이터 기어 (miter gears)	직선	선각인 두 축 간에 운동을 전달하는 잇수가 같은 한 쌍의 베벨 기어를 말한다.
	앵귤러 베벨 기어 (angular bevel gears)	직선	직각이 아닌 두 축 간에 운동을 전달하는 베벨 기어의 한 쌍을 레귤러 베벨 기어라 말한다.
	크라운 기어 (crown gears)	직선	피치면이 평면인 베벨 기어를 말하며 스퍼 기어에서 랙에 해당한다.

두 축이 서로 교차할 경우	직선베벨 기어 (straight bevel gear)	직선	이끝이 피치원추의 모직선과 일치하는 경우의 베벨 기어에서 랙에 해당한다.
	스파이럴 기어 (spiral bevel gear)	직선	이 기어는 이것과 물리는 크라운 기어의 이끝이 곡선으로 된 베벨 기어를 말한다.
	제롤 베벨 기어 (zerol bevel gear)	곡선	나선각이 0인 한 쌍의 스파이럴 베벨 기어를 제롤 베벨 기어라 한다.
	스큐우 베벨 기어 (skew bevel gear)	직선	이 기어는 이것과 물리는 크라운 기어의 이끝이 직선이고, 꼭지점을 향하지 않은 베벨 기어를 말한다.
두 축이 교차하지도 않고 평행하지도 않은 경우	스큐 기어 (skew gear)	직선	교차하지 않고, 또 평행하지도 않는 두 축(스큐축) 간에 운동을 전달하는 기어를 총칭하여 스큐 기어라 한다.
	나사 기어 (crossed helical gear)	점	헬리컬 기어 한 쌍을 어긋난 축 사이의 운동 전달에 이용할 때에 이것을 나사 기어라 한다.
	하이포이드 기어 (hypoid gear)	곡선	어긋난 축 간에 운동을 전달하는 원추형 기어의 한 쌍을 하이포이드 기어라 한다.
	페이스 기어 (face gear)	점	스퍼 기어 또는 헬리컬 기어와 서로 물리는 원판상의 기어의 한 쌍을 페이스 기어라 한다. 두 축이 교차하는 것도 있고 어긋난 것도 있는데, 보통은 축각이 직각이다.
	웜 기어 (worm gear)	곡선	웜과 이와 물리는 웜 휠에 의한 기어의 한 쌍을 총칭하여 웜 기어라 한다. 보통은 선 접촉을 하고 또 축각은 직각으로 된 것이 많다.
	웜 (worm)	–	한 줄 또는 그 이상의 줄 수를 가지는 나사모양의 기어를 웜이라 하고, 일반적으로는 원통형이다.
	웜 휠 (worm wheel)	–	웜과 물리는 기어를 웜휠 기어라 한다.
	장고꼴 웜 기어 장치 (hourglass worm gear)	곡선	장고꼴 웜 기어와 물리는 웜 기어 장치를 장고꼴 웜 기어 장치라 말한다.

• **두 축이 평행**하면서 회전력을 전달하는 기어

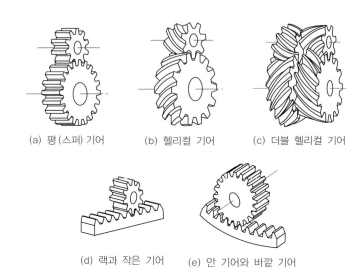

(a) 평(스퍼) 기어   (b) 헬리컬 기어   (c) 더블 헬리컬 기어

(d) 랙과 작은 기어   (e) 안 기어와 바깥 기어

그림 13.2 두 축이 평행한 기어의 종류

• **두 축이 서로 교차**되어 회전력을 전달하는 기어

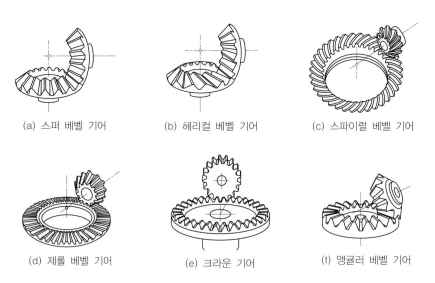

(a) 스퍼 베벨 기어   (b) 헤리컬 베벨 기어   (c) 스파이럴 베벨 기어

(d) 제롤 베벨 기어   (e) 크라운 기어   (f) 앵귤러 베벨 기어

그림 13.3 두 축이 서로 교차되는 기어의 종류

• 두 축이 서로 어긋난 경우에 회전력을 전달하는 기어

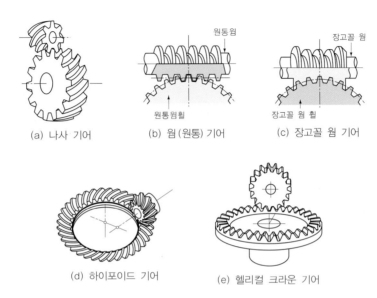

그림 13.4   두 축이 서로 어긋난 기어의 종류

13.1.3   기어용어 및 이(치)의 각부 명칭

(1) 치수 및 계수

1) 기어 이, 기어 치(gear tooth) : 맞물리는 상대 기어의 대응하는 요소 사이의 공간(이홈)에 들어가서, 그 형상에 의해 한쪽의 기어가 다른 쪽 기어에 운동을 확실히 전달하는 기어의 요소.

2) 이홈(tooth space) : 하나의 기어에서 서로 인접한 이 사이의 공간.

3) 이(치)부(toothing) : 기어에서 이가 붙어있는 부분.

4) 피치(pitch) : 인접한 대응 치형에서, 어떤 특정한 방향에 대해 균일한 간격을 정의하는 치수.

5) 모듈(module) : 밀리미터[mm] 단위로 표시된 기준면에서의 피치를 원주율(π)로 나눈 값.

6) 지름피치(diametral pitch) : 원주율(π)을 인치[in] 단위로 표시된 기준면에서 피치로 나눈 값.

7) 치수의 단일값(unity value of dimension) : 고려하고 있는 치수를 모듈로

나눈 값으로, 밀리미터[mm] 단위로 표시된다.

8) 유효 치폭(effective facewidth) : 실제로 하중을 견디는 것으로 생각되는 치폭의 부분.

9) 원주피치(circular pitch) : 피치원상의 한 이에서 다른 이까지의 원호의 길이

(2) 이끝 곡면과 이뿌리 곡면

1) 이끝 곡면(tip surface) : 외접 기어 이들의 가장 바깥쪽 선단 또는 내접 기어 이들의 가장 안쪽 선단을 둥글게 둘러싸는 회전축과 동축인 곡면.

2) 이끝 높이, 어덴덤(addendum) : 기어의 기준면과 이끝 곡면 사이에 있는 이의 부분.

3) 이 봉우리(top land) : 하나의 이의 양 치면 사이에 있는 이끝 곡면의 일부.

4) 이뿌리 곡면(root surface) : 외접 기어 이의 가장 안쪽 공간 또는 내접 기어 이의 가장 바깥쪽 공간을 둥글게 둘러싸는 회전축과 동축인 표면.

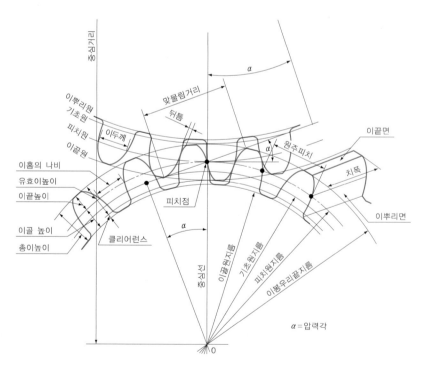

그림 13.5 기어 각부의 명칭

5) 이뿌리 높이, 디덴덤 (dedendum) : 기어의 기준면과 이뿌리 곡면 사이 이의 부분.

6) 이 바닥 (bottom land) : 인접한 양 필릿 사이의 이뿌리 곡면의 일부.

7) 외접 기어, 외접 치차 (external gear) : 이끝 곡면이 이뿌리 곡면의 바깥쪽에 위치하는 기어.

8) 내접 기어, 내접 치차 (internal gear) : 이끝 곡면이 이뿌리 곡면의 안쪽에 위치하는 기어.

(3) 치면과 치형

1) 치면 (tooth flank) : 이끝 곡면과 이뿌리 곡면 사이에 존재하는 이의 표면부.

2) 잇줄 (tooth trace) : 치면과 기준면과의 교차선.

3) 치면선 (flank line) : 치면과 회전축에 동축인 원통면과의 교차선.

4) 치형 (tooth profile) : 기준면과 교차하는 임의로 정의된 면과 치면과의 교차선.

5) 정면 (축직각) 치형 (transverse profile) : 기준면의 직선 모선에 대하여 수직인 면과 치면과의 교차선.

6) 치직각 치형 (normal profile) : 잇줄에 수직인 면과 치면과의 교차선.

7) 축방향 치형 (axial profile) : 기어축을 포함하는 평면과 치면과의 교차선.

8) 설계 치형 (design profile) : 설계자에 의해 정의된 의도된 치형.

(4) 피치면 및 기준면

1) 피치면 (pitch surface) : 주어진 기어짝에서, 고려 중인 기어와 맞물리는 상대 기어의 상대 운동의 순간축에 의한 정의되는 기하학적 면.

   비고 평행축 기어짝과 베벨 기어짝에서 미끄럼 없이 서로 구름 운동이 일어나는 피치면. 어긋난 축 기어짝 (원통 또는 하이포이드 기어) 의 피치면은 그들의 치면을 따르는 미끄럼 요소를 가지고 있다.

2) 기준면 (reference surface) : 가상의 관용적인 면으로, 그에 대응하여 기어 이의 치수가 정의된다.

3) 피치 평면 (pitch plane) : 래크 또는 크라운 기어의 피치면, 또는 하나의 기어의 피치면에 접하는 평면.

(5) 치면 각부

1) 이끝면, 어덴덤 치면(addendum flank) : 기어의 기준면과 이끝 곡면과의 사이에 위치한 치면의 일부.

2) 이뿌리면, 디덴덤 치면(dedendum flank) : 기어의 기준면과 이뿌리 곡면 사이에 위치한 치면의 일부.

3) 작용 치면(active flank) : 맞물림 상대 기어의 치면에 접하는 치면의 부분.

4) 유용 치면(usable flank) : 작용 치면으로 사용될 수 있는 치면의 최대 부분.

5) 필릿(fillet) : 유용 치면과 이뿌리 곡면 사이의 곡면.

6) 유용 접촉 한계 반지름(usable-contact limit radius) : 유용 치면과 이뿌리 곡면의 경계를 포함하는 가상의 동축 곡면의 반지름.

7) 유효 접촉 반지름(active-contact radius) : 유효 접촉부의 말단에 놓인 치면선을 포함한 가상의 동축 곡면의 반지름.

8) 이끝(tooth tip) : 이끝 곡면과 치면의 연장면과의 교차선.

13.2 기어의 기초이론

13.2.1 기어 전동의 기구학적 조건

(1) 기어의 각속도비

치형곡선의 기구학적 필요조건은 기어의 모든 물림 위치에서 2개 기어의 각속도비가 일정해야 한다. 이 운동조건을 만족시키는 곡선은 치형곡선으로 될 수 있지만 이 밖에 강도, 제작, 수명 등의 여러 요건도 아울러 만족시키지 않으면 공업적으로는 사용할 수 없다. 따라서 먼저 일정각속도비 기어의 기구적 조건을 기하학적으로 검토하기로 한다.

그림 13.6에서 두 개의 기어 1, 2가 O_1, O_2를 회전중심으로 회전하고 치형이 미끄럼 접촉을 한다. 미끄럼 접촉의 조건에 의하여 접촉점에서 각 기어의 접선속도의 차이로 인한 즉 미끄럼속도(sliding velocity)는 있어도 좋지만, 양치형은 서로 떨어져도 안 되고 부딪쳐도 안 되므로 법선속도는 같아야 된다.

접점에 있어서 기어 1의 속도를 v_1, 기어 2의 속도를 v_2라 하면

$$v_1 \cos \alpha_1 = v_2 \cos \alpha_2 \tag{13.1}$$

일반적으로 r 을 회전반지름, ω 를 각속도라 할 때 $v = r\omega$ 이므로

$$r_1 \omega_1 \cos \alpha_1 = r_2 \omega_2 \cos \alpha_2$$

$$\therefore \frac{\omega_1}{\omega_2} = \frac{r_2 \cos \alpha_2}{r_1 \cos \alpha_1} \tag{13.2}$$

여기서, $\angle Q\,O_1\,N_1 = \alpha_1$, $\angle Q\,O_2\,N_2 = \alpha_2$ 이므로

$$r_1 \cos \alpha_1 = \overline{O_1 N_1}, \qquad r_2 \cos \alpha_2 = \overline{O_2 N_2}$$

따라서 $\quad \dfrac{\omega_1}{\omega_2} = \dfrac{\overline{O_2 N_2}}{\overline{O_1 N_1}}$

$\triangle O_1 N_1 P$ 및 $\triangle O_2 N_2 P$ 에 있어서

$$\angle O_1 N_1 P = \angle O_2 N_2 P = \angle R$$

이므로 $\qquad\qquad \dfrac{\omega_1}{\omega_2} = \dfrac{\overline{O_2 P}}{\overline{O_1 P}} \tag{13.3}$

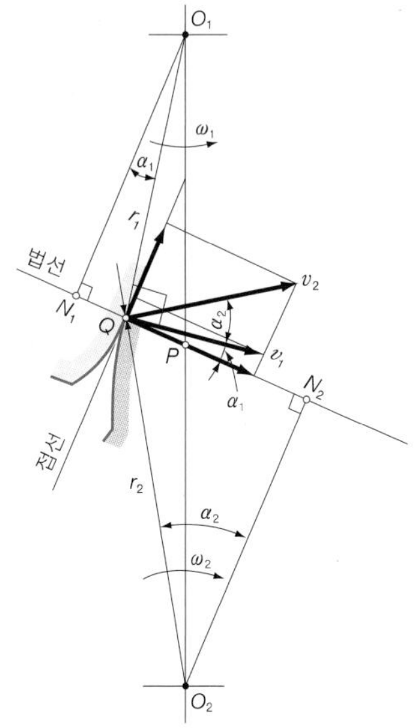

그림 13.6 기어 치형곡선의 해석

O_1, O_2 는 두 기어의 회전중심으로 정점이며, 두 기어는 일정각속비로 회전하므로 $\dfrac{\omega_1}{\omega_2}$ 는 일정하다.

따라서 P 점은 일정선분 $\overline{O_1 O_2}$ 를 일정비 $\left(\dfrac{\omega_1}{\omega_2}\right)$ 로 내분하는 점으로 정점이 된다.

그러므로 접촉점의 법선은 일정점을 통과한다.

(2) 카뮈의 정리 (theory of Camus)

"물려서 돌아가는 2 개의 기어가 일정각속비로 회전하려면 접촉점의 공통법선은 일정점을 통과해야 된다. 반대로 접촉점의 법선이 일정점을 통과하는 곡선은 치형곡선으로 된다." 이것을 **카뮈의 정리**라 하며 이것이 치형곡선을 성립하는 기구학적 필요조건이다. 그러나 이 조건을 만족시키더라도 공업적인 여러 가지 요건을 만족시키지 않으면 실용화는 어렵다.

따라서 두 기어의 중심을 연결하는 선분을 각속도비로 내분 (또는 외분) 하는 일정점이 피치점이 되고, 기어 중심을 중심으로 하여 피치점까지를 반경으로 하는 원을 피치원이라고 한다.

13.2.2 실용 치형곡선

현재 사용되고 있는 치형곡선에는 사이클로이드 곡선과 인벌류트 곡선이 있고, 특수한 원호치형으로써 **노비고프치형**이 있다.

그러나 전동용의 기어로는 인벌류트 기어가 사용되고 있으므로, 이 책에서는 주로 인벌류트 치형곡선에 대해서만 논하기로 한다.

(1) 사이클로이드 치형

그림 13.7에서와 같이 피치원을 기초원으로 하여 이 위를 작은 구름원 (rolling circle) 이 미끄럼 없이 굴러갈 때 이 구름원 위의 한 점이 그리는 궤적, 즉 사이클로이드 곡선을 치형곡선으로 형성한 것이 **사이클로이드 치형**이다.

이때 외접원에 의해 생기는 궤적을 **외전사이클로이드** (epicycloid curve), 내접원에 의해 생기는 궤적을 **내전사이클로이드** (hypocycloid curve) 라 한다. 이 사이클로이드 치형은 인벌류트 치형에 비하여 접촉점에서 미끄럼이 적다는 잇점이 있어 마모상 유리하므로 정밀측정기의 기어 등에 사용된다. 그러나 제작이 곤란하므로 일반전동용으로는 사용이 어렵고, 주로 인벌류트 치형이

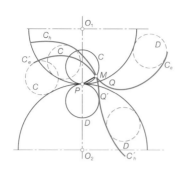

그림 13.7 사이클로이드 치형 곡선

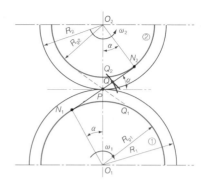

그림 13.8 인벌류트 치형의 형성

사용된다.

(2) 인벌류트 치형

그림 13.8에서와 같이 피치점 P를 통과하는 임의의 직선 $\overline{N_1 N_2}$를 긋고, O_1, O_2를 중심으로 하여 $\overline{N_1 N_2}$에 접하는 원 ①, ②를 긋는다. 지금 $\overline{N_1 N_2}$ 선상의 임의의 점 Q를 선택하여 $\overline{N_1 Q}$를 ①원상에 감으면 ① 기어에 대하여 QQ_1 곡선이 얻어진다. 또 $\overline{N_2 Q}$를 ② 원상에 감으면 ② 기어에 대하여 QQ_2 곡선이 얻어진다. 이와 같은 QQ_1, QQ_2 곡선은 원 ① 및 원 ②의 인벌류트곡선이고, 이 곡선들로 형성된 기어가 **인벌류트 기어** (involute gear) 이다. 원 ①, 원 ②를 **인벌류트 기어의 기초원**(base circle) 이라 한다. 인벌류트 기어의 물림은 기초원에 벨트를 엇걸기로 감은 경우와 같다.

$\overline{N_1 N_2}$ 선은 기초원의 공통절선이고 이것이 인벌류트 곡선을 긋는 구름 직선에 일치하므로 2개의 인벌류트 곡선은 $\overline{N_1 N_2}$ 위의 점 Q에서 서로 접하면서 공통법선은 $\overline{N_1 N_2}$에 일치한다. 따라서 치형으로 필요조건을 만족시키고 일정한 각속도비로 회전을 전달할 수 있다.

$\overline{N_1 N_2}$ 직선은 인벌류트 기어의 **작용선** 또는 **압력선**이라 하고. 한 쌍의 인벌류트 치형의 접촉점 Q는 항상 이 선상을 이동한다. 또 피치점 P에서 $\overline{O_1 O_2}$에 세운 수직선과 작용선과의 맺는 각 α를 **압력각**이라 한다.

피치원의 지름이 무한대로 된 기어, 즉 랙 (rack) 의 인벌류트 치형은 접촉 궤적 $N_1 N_2$에 직각인 직선으로 되어 산의 각도가 2α 인 사다리꼴 치형으로 된다.

이와같이 인벌류트 곡선은 기초원만으로 결정되고 피치원과는 아무런 관계가 없으므로, 하나의 인벌류트 기어에 있어서 그 기초원은 결정되지만 피치원은 결정되지 않는다. 그러나 물리게 되는 상대쪽의 기어가 주어지면 그림에서 보는 것처럼 양쪽의 기초원에 대한 공통접선, 즉 작용선이 중심선과 만나는 점을 통과하는 원이 피치원이 되므로, 여기서 비로소 피치원이 결정된다.

지금 한 쌍의 물고 돌아가는 기어의 피치원의 반지름을 각각 R_1, R_2 라 하고, 기초원의 반지름을 R_{g_1}, R_{g_2} 라 하면 회전속비 $\varepsilon = \dfrac{\omega_2}{\omega_1}$ 는 다음과 같이 된다.

$$\varepsilon = \frac{\omega_2}{\omega_1} = \frac{R_1}{R_2} = \frac{R_1 \cos \alpha}{R_2 \cos \alpha} = \frac{R_{g_1}}{R_{g_2}} \tag{13.4}$$

윗 식에서 인벌류트 기어의 속도비는 기초원반지름에 반비례함을 알 수 있다.

그런데 기초원반지름은 각 기어에 대하여 미리 결정되어 있으므로, 한 쌍의 인벌류트 기어의 중심거리가 변화하더라도 일정속비의 회전전달을 할 수 있다. 또한 중심거리가 변하면 피치원 반지름과 압력각은 변하게 된다. 그리고 인벌류트 기어에서 교환성을 가지려면 각 기어의 원주피치 또는 모듈이 같아야 되며 또한, 압력각도 같아야 된다. 그림 13.9에 있어서 O_1 에 속하고 있는 인벌류트 곡선군의 간격은 항상 p_n 과 같다. 이 p_n 을 **법선피치**라 한다. 그리고 O_1 과 O_2 를 중심으로 하고, $\overline{O_1 P}$ 와 $\overline{O_2 P}$ 를 반지름으로 하는 원이 피치원이 될 것이다.

여기서, D : 피치원의 지름,

  D_g : 기초원의 지름이라 하면

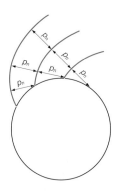

그림 13.9 법선피치

$$D_g = D\cos\alpha \tag{13.5}$$

법선피치와 기초원의 지름과의 관계는

$$p_n = \frac{\pi D_g}{Z} \tag{13.6}$$

법선피치와 피치원의 지름과 기초원의 피치 p_g 와의 관계는

$$p_g = p_n = \frac{\pi D}{Z}\cos\alpha = p\cos\alpha \tag{13.7}$$

2개의 기어가 맞물려 있을 경우 중심거리는 두 기어의 피치원 지름의 합의 $\frac{1}{2}$ 이다.

즉 $$A = \frac{D_1 + D_2}{2} = \frac{Z_1 + Z_2}{2}m \tag{13.8}$$

13.2.3 이의 크기

피치원의 크기가 같더라도 기어의 잇수를 적게 하는 대신 각 기어의 이를 크게 깎아 기어를 만들 수도 있고, 반대로 잇수를 많이 하고 이의 크기를 작게 하여 기어를 만들기도 한다. 따라서 원주피치, 모듈, 지름피치를 이의 크기를 나타내는 기준으로 하고 있다 (그림 13.10).

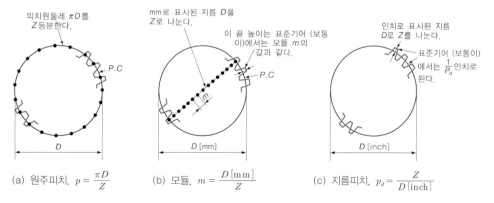

(a) 원주피치, $p = \dfrac{\pi D}{Z}$ (b) 모듈, $m = \dfrac{D\,[\text{mm}]}{Z}$ (c) 지름피치, $p_d = \dfrac{Z}{D\,[\text{inch}]}$

그림 13.10 이의 크기 비교

(1) 원주피치(circular pitch, 기호 p)

피치원의 원둘레를 잇수로 나눈 것이다.

즉 D : 피치원의 지름([mm] 또는 [inch]), Z : 잇수, p : 피치라 하면

$$p = \frac{\pi D}{Z} \tag{13.9}$$

이 p를 기준으로 하여 이끝 높이, 이뿌리 높이, 그 밖의 모든 부분들의 치수 비율을 결정한다.

그러나 공식에서 분자에 π가 포함되어 있으므로 D를 정수로 하면 p는 소수가 포함되고, p를 정수로 하면 D의 값이 소수가 되기 때문에 이의 크기를 결정하는 기준으로는 많이 사용되지 않는다.

(2) 모듈(module, 기호 m)

미터 단위계에 의한 이의 크기를 표시하는 방법으로, 모듈은 [mm]로 표시된 피치원의 지름을 잇수 Z로 나눈 값이다.

즉 $D = \frac{p}{\pi} Z$에서 $\frac{p}{\pi} = m$으로 놓으면

$$D = m Z \tag{13.10}$$

$$\therefore m = \frac{p}{\pi} = \frac{D}{Z} \ [\text{mm}] \tag{13.11}$$

로 되며, 윗 식에서 m과 p의 관계가 계산된다.

(3) 지름피치(diametral pitch, 기호 p_d)

지름피치는 잇수를 인치로 표시된 피치원의 지름으로 나눈 값이다.

즉 $Z = \frac{\pi D}{p}$에서 $\frac{\pi}{p} = p_d$로 놓으면

$$D = \frac{Z}{p_d}$$

$$\therefore p_d = \frac{\pi}{p} = \frac{Z}{D \, [\text{in}]} \tag{13.12}$$

이 식은 모듈의 역수가 되지만 이 경우 p_d의 단위로 인치를 사용하므로 수치에서는 모듈의 역수가 되지 않는다.

$$p_d = \frac{25.4}{m} \qquad (13.13)$$

지름피치 p_d 는 인치계를 사용하고 있는 나라에 이의 크기를 표시하는 단위로 사용되고 있다.

모듈과 지름피치는 그 수치를 마음대로 결정하면 이의 크기의 종류가 너무 많고 다르게 되어, 제작이 불편하므로 표준규격에 의하여 표준값이 결정되어 있다. 표 13.2는 표준 모듈에 대한 원주피치, 지름피치의 값을 표시한 것이다.

▶ **표 13.2** 모듈과 지름피치의 값

모듈 m [mm]	원주피치 $p = \pi m$ [mm]	지름피치 $p_d = 25.4/m$	모듈 m [mm]	원주피치 $p = \pi m$ [mm]	지름피치 $p_d = 25.4/m$
0.2	0.628	127.00	3.25	10.210	7.815
0.25	0.785	101.600	3.5	10.996	7.257
0.3	0.942	84.667	3.75	11.781	6.773
(0.35)	1.100	72.571	4	12.566	6.350
0.4	1.257	63.500	4.5	14.137	5.644
(0.45)	1.414	56.444	5	15.708	5.080
0.5	1.571	50.800	5.5	17.279	4.618
(0.55)	1.728	46.182	6	18.850	4.233
0.6	1.885	42.333	7	21.991	3.629
(0.65)	2.042	39.077	8	25.133	3.175
0.7	2.199	36.286	9	28.274	2.822
(0.75)	2.356	33.867	10	31.416	2.540
0.8	2.513	31.750	11	34.558	2.009
0.9	2.827	28.222	12	37.699	2.117
1.0	3.142	25.400	13	40.841	1.954
1.25	3.297	20.320	14	43.982	1.814
1.5	4.712	16.933	15	47.124	1.693
1.75	5.498	14.514	16	50.269	1.588
2	6.283	12.700	18	56.549	1.411
2.25	7.069	11.289	20	62.832	1.270
2.5	7.854	10.160	22	69.115	1.155
2.75	8.639	9.236	25	78.540	1.016
3	9.425	8.467			

▶**표 13.3** p와 m과 p_d 사이의 관계

종 류	기 호	p를 기준	m을 기준	p_d를 기준
원 주 피 치	p	$\dfrac{\pi D}{Z}$	πm	
모 듈	m	$\dfrac{p}{\pi}$	$\dfrac{D}{Z}$	$\dfrac{25.4}{p_d}$
지 름 피 치	p_d	$\dfrac{\pi}{p}$	$\dfrac{25.4}{m}$	$\dfrac{Z}{D}$

여기서 모듈은 그 값이 클수록 이의 크기는 정비례하여 크게 된다. 그리고 지름피치의 경우 p_d의 값이 크게 될수록 이의 크기는 작게 되어 반비례한다.

13.2.4 인벌류트 함수와 이용

(1) 인벌류트 곡선의 표시법

인벌류트 곡선을 표시하려면 인벌류트 함수가 사용된다. 즉 그림 13.11에서 반지름 R_g의 기초원 위의 어느 점 Q_1에서 풀려 나간 인벌류트 곡선 $Q_1 Q_2$ 위의 임의의 점 Q로부터 기초원에 대하여 접선 $\overline{QT}$를 긋고, 점 $Q_1 T$를 중심 O와 연결하고 $\angle TOQ = \alpha$ (rad), $\angle Q_1 OQ = \phi$ (rad) 라 한다.

인벌류트의 성질에서 $\overline{TQ}$는 기초원 위의 원호 $\overarc{TQ_1}$와 같으므로

$$\overline{TQ} = R_g(\alpha + \phi) \tag{13.14}$$

또 한편 직삼각형 ΔQTO에서 $\overline{QT} = R_g \tan \alpha$ 이므로

$$R_g \tan \alpha = R_g(\alpha + \phi)$$
$$\therefore \ \phi = \tan \alpha - \alpha \tag{13.15}$$

이 각 ϕ를 각 α의 **인벌류트 함수**(involute function) 라 하고 inv α 로 표시된다.

즉, $$\phi = \tan \alpha - \alpha = \text{inv } \alpha \tag{13.16}$$

그림 13.12에서 기초원을 이미 알고 있는 인벌류트 치형이라 하고, 반지름 R의 원에 따라 측정한 이의 두께 T를 기어 마이크로미터로 측정하여 이미

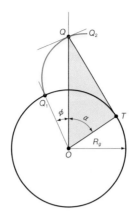

그림 13.11 인벌류트 함수

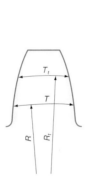

그림 13.12 이의 임의 곳의 이두께

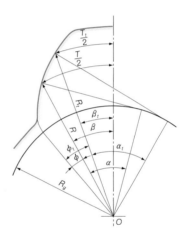

그림 13.13 이의 임의 곳의 이두께 측정

알고 있을 때 R_t 반지름 위의 이 두께 T_t를 구할 수 있다. 그림 13.13에서 즉 $\dfrac{T}{2} = \beta \cdot R$, $\dfrac{T_t}{2} = R_t \beta_t$ 이므로

$$\frac{T}{2R} - \frac{T_t}{2R_t} = \beta - \beta_t = \phi_t - \phi = \operatorname{inv} \alpha_t - \operatorname{inv} \alpha$$

$$\therefore \ T_t = 2R_t \left(\frac{T}{2R} + \operatorname{inv} \alpha - \operatorname{inv} \alpha_t \right) \tag{13.17}$$

$R = \dfrac{R_g}{\cos \alpha}$ 를 이용하여 $\cos \alpha$ 와 $\cos \alpha_t$ 를 구하고, 함수표에서 α, α_t 에 대한 $\operatorname{inv} \alpha$ 와 $\operatorname{inv} \alpha$ 를 구하여 T_t 를 계산한다.

(2) 함수표의 이용

임의의 반지름 R에서의 이두께 T를 알고 이의 꼭대기의 두께 T_t가 0이 되는 반지름의 길이를 구할 수 있다.

그림 13.14에 있어서

$$T_t = 2\,R_t \left(\frac{T}{2\,R} + \text{inv}\,\alpha - \text{inv}\,\alpha_t \right) \tag{13.18}$$

식에서 $T_t = 0$가 되면 된다.

$$\therefore\ \frac{T}{2\,R} + \text{inv}\,\alpha - \text{inv}\,\alpha_t = 0$$

$$\therefore\ \text{inv}\,\alpha_t = \frac{T}{2\,R} + \text{inv}\,\alpha \tag{13.19}$$

에서 R_t를 구한다.

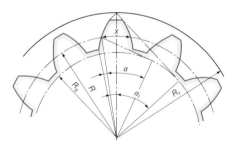

그림 13.14 인벌류트 함수표의 이용

🔒 **예제 1**

그림 13.13의 인벌류트 치형에서 $\alpha = 20°$, $R = 120\,[\text{mm}]$, $T = 15.708\,[\text{mm}]$라 할 때 $R_t = 127.500\,[\text{mm}]$인 곳의 이두께 T_t를 구하시오.

풀이

$R_g = R\cos\alpha = R_t \cos\alpha_t$

$\cos\alpha_t = \dfrac{R\cos\alpha}{R_t}$

$R_g = R\cos\alpha = 120\cos 20° = 120 \times 0.9397 = 112.764\,[\text{mm}]$

$\cos\alpha_t = \dfrac{R\cos\alpha}{R_t} = \dfrac{112.763}{127.5} = 0.88441$

$$\therefore\ \alpha_t = 27°\,49'\,13''$$

$$\text{inv}\,\alpha = \text{inv}\,20° = 0.014904$$

$$\text{inv}\,\alpha_t = \text{inv}(27°\,49'\,13'') = 0.042138$$

$$T_t = 2\,R_t\left(\frac{T}{2\,R} + \text{inv}\,\alpha - \text{inv}\,\alpha_t\right)$$

$$= 2 \times 127.5\left(\frac{15.708}{2 \times 120} + 0.014904 - 0.042138\right)$$

$$= 9.744\,[\text{mm}]$$

🔒 **예제 2**

앞의 문제에서 이끝이 뾰족하게 될 때의 반지름을 구하시오.

풀이

$$\text{inv}\,\alpha_t = \frac{15.708}{2 \times 120} + \text{inv}\,20° = 0.06545 + 0.014904 = 0.08035$$

$$\therefore \alpha_t = 33°\,54'\,22''$$

$$\therefore R_t = \frac{12 \times \cos 20°}{\cos(33°\,54'\,22'')} = \frac{120 \times 0.9397}{0.8299} = 135.864\,[\text{mm}]$$

🔒 **예제 3**

잇수 $Z = 24$, 지름피치 $p_d = 1$ 의 표준 기어가 있다. 이의 꼭지에 있어서 이봉우리면의 두께를 구하시오.

풀이

피치원의 반지름을 R 이라 하면

$$R = \frac{Z}{2\,p_d} = \frac{24}{2 \times 1} = 12''$$

이끝 높이 $h_k = \dfrac{1}{p_d} = 1''$

$$\therefore\ R_t = 12'' + 1'' = 13''$$

$$\alpha = 14\frac{1}{2}°, \qquad T = \frac{\pi}{2\,p_d} = 1.5708''$$

$$R_g = R\cos 14\frac{1}{2}° = 12 \times 0.96815 = 11.618''$$

$$\cos\alpha_t = \frac{R\cos\alpha}{R_t} = \frac{11.618}{13} = 0.8937$$

$$\therefore\ \alpha_t = 20°\,39'$$

$$\text{inv}\,\alpha = \text{inv}\,14\frac{1}{2}° = 0.00448$$

$$\text{inv}\,\alpha_t = \text{inv}\,(36° \, 39') = 0.36728$$

$$T_t = 2\,R_t\left(\frac{T}{2R} + \text{inv}\,\alpha - \text{inv}\,\alpha_t\right)$$

$$= 2 \times 13\left(\frac{1.5708}{2 \times 12} + 0.00448 - 0.036728\right)$$

$$= 0.8912''$$

🔒 예제 4

지름피치 $p_d = 6$, 잇수 $Z = 24$, $\alpha = 20°$의 인벌류트 치형에 있어서 이끝이 뾰족해지는 바깥지름을 인치 [inch] 단위로 구하시오.

풀이

피치원의 반지름 $R = \dfrac{Z}{2\,p_d} = \dfrac{24}{2 \times 6} = 2''$

$$T = \frac{\pi}{2\,p_d} = \frac{3.1416}{2 \times 6} = 0.2618'$$

$$\alpha = 20°$$

$$\text{inv}\,\alpha = \text{inv}\,20° = 0.014304$$

$$\text{inv}\,\alpha_t = \frac{0.2618}{2 \times 2} + 0.014904 = 0.06545 + 0.014904 = 0.08035$$

함수표에서 $\alpha_t = 33° \, 54' \, 22''$

$$R_t = \frac{2 \times \cos 20°}{\cos(33° \, 54' \, 22'')} = \frac{2 \times 0.93969}{0.82995} = 2.2644''$$

13.2.5 기어의 성능

(1) 기어의 접촉호와 접촉길이

한 쌍의 이가 접촉하기 시작하여 접촉이 끝날 때까지 기어가 회전하는 각을 **접촉각**(angle of contact) 또는 **작용각**이라 하고, 이 접촉각에 대한 피치원의 호를 **접촉호**(arc of contact) 또는 **작용호**라 한다. 접촉하는 과정 중에서 접촉을 시작하여 그 접촉점이 피지점에 올 때까지 기어의 회전각을 **접근각**(angle of approach)이라 하고, 접촉점이 피치점에서 접촉이 끝날 때까지 이동하는 사이의 기어의 회전각을 **퇴거각**(angle of recess)이라 한다. 그리고 이들 각에 대한 피치원의 호를 각각 **접근호**(arc of approach) 및 **퇴거호**(arc of recess)라고 한다.

따라서   접촉각 = 접근각 + 퇴거각

접촉호 = 접근호 + 퇴거호

사이클로이드 기어에서는 그림 13.15에서 A는 접촉이 시작되는 점이며 A' 가 접촉이 끝나는 점이므로 원동기어의 접촉각은 $\angle B\,O_1\,C'$ 이며 그 접촉호 는 $\widehat{BPC'}$ 이다. 또 종동기어의 접촉각은 $\angle C\,O_2 B'$ 이고 그 접촉호는 $\widehat{CPB'}$ 이다.

한편 인벌류트 기어에서는 그림 13.16에서 두 기초원 공통 접선과 각각의 이끝원이 만나는 점을 각각 $\overline{AA'}$ 라 할 때 길이 $\overline{AA'}$ 가 접촉점의 궤적이고, 이것이 접촉로가 되며 인벌류트 기어에서는 특히 물음길이라고 한다. 이때 A 점에서 접촉이 시작되고 A' 점에서 끝난다. 그 사이에 각 기어의 회전하는 각 $\angle C\,O_1\,C'$ 및 $\angle B\,O_2\,B'$ 가 접촉각이고, 이 각에 대한 피치원의 원호 $\widehat{CPC'}$ 및 $\widehat{BPB'}$ 가 접촉호가 된다.

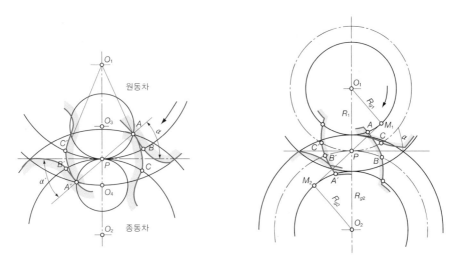

그림 13.15 사이클로이드 기어의 압력각과 접촉호   **그림 13.16** 인벌류트 기어의 압력선과 접촉호

(2) 물음률과 접촉률

O_1 기어에서 O_2 기어로 끊임 없이 균일한 각속도비로 회전을 전달시키려면 한 쌍의 이가 접촉을 끝마칠 때까지는 적어도 다음의 한 쌍의 이가 물음 상태 에 들어가 있어야 한다.

즉 기어가 연속적으로 물고 돌아가려면 1쌍의 이는 항상 물려 있어야 한다. 이가 항상 물려 있으려면 접촉호의 길이가 반드시 원주피치보다 커야 되며, 접촉호를 원주피치로 나눈 값을 **접촉률**(ratio of contact) 이라고 한다.

접촉률은 반드시 1보다 커야 하고, 실제 (1.2~1.8)의 범위에 있다.

$$접촉률 \ \varepsilon = \frac{접촉호의 \ 길이}{원주피치의 \ 길이} = 1.2 \sim 1.8 \qquad (13.20)$$

따라서 접촉률이 1.6 이라 하면 한 쌍의 이가 물음을 시작하는 순간에는 그것보다 1피치 앞의 한 쌍의 이가 이미 접촉하고 있고 거기서 0.6 피치에 상당하는 회전 기간은 두 쌍의 이가 물고 있고 0.6 피치 회전의 끝에 있어서는 피치 전 한 쌍의 이의 물음은 끝나고 또다시 두 쌍의 이의 물음 구간이 시작되며, 이와 같은 물음 상태를 반복하게 된다. 이가 물고 돌아가는 쌍의 수가 변화하는 순간 이의 부하가 변동하며, 진동과 소음이 생기는 원인이 된다. 이러한 의미에 있어서는 접촉률을 꼭 2로 하면 이상적이지만 실제 실용상의 제약이 있으므로 이것은 하나의 설계목표일 뿐이다.

접촉호는 이끝 높이 h_k 를 길게하면 커진다. 그리고 사이클로이드이에 있어서는 구름원의 지름을 크게 하면 커지고 인벌류트이에 있어서는 압력각 α를 작게 하면 커진다.

① **인벌류트 기어의 물음길이** : 기어가 연속적으로 회전을 전달하려면 적어도 한 쌍의 이면이 접촉이 끝나지 않는 동안에 다음의 한 쌍의 이면이 접촉을 시작해야 한다. 그림 13.17에서 양기어의 이끝원이 작용선을 끊는 점을 a, b 라 하면 한 쌍의 이가 물음을 시작하여 끝마칠 때까지 양 기어의 이면의 접점은 a와 b 사이를 이동한다. 이 ab의 길이를 물음길이라 하고, a에서 피치점 P까지의 길이를 **접근 물음길이**(length of approach), P에서 b까지의 길이를 **퇴거 물음길이**(length of recess) 라고 한다.

$$물음길이(l) = 퇴거 \ 물음길이(l_r) + 접근 \ 물음길이(l_a)$$

즉, 물음률 ε 은 $\varepsilon = \frac{l}{p_n} = \varepsilon_1 + \varepsilon_2 = 1.2 \sim 1.5$

따라서 물음길이 ε 은

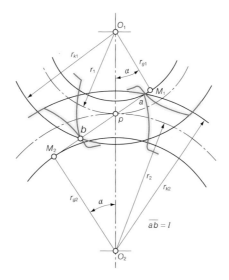

그림 13.17 물음길이

$$\epsilon = \left\{ \sqrt{(Z_1 + 2)^2 - (Z_1 \cos \alpha)^2} + \sqrt{(Z_2 + 2)^2 - (Z_2 \cos \alpha)^2} \right.$$
$$\left. - (Z_1 + Z_2) \sin \alpha \right\} / 2\pi \cos \alpha \qquad (13.21)$$

이 된다.

그림 13.18은 표준 기어의 물음률의 계산도표이다. 그림 13.19는 압력각 14.5°, 20°, 27°의 표준 기어 물음률의 값을 잇수비에 대하여 나타낸 것으로, 그림 13.19에서 14.5°는 물음률의 값을 그 이상으로 잡을 수 있으나 20°의 경우에서는 그 이상으로 할 수 없다. 그러나 물음률을 크게 할 수 있는 낮은 압력각의 치형에서 잇수를 적게 하면 그림에서와 같이 언더컷 현상에 의하여 물음길이가 짧게 되고 물음률의 값이 갑자기 감소한다. 반대로 27°의 치형에서는 $Z = 10$ 까지는 물음률의 변동이 아주 작다. 이와 같은 치형은 강도상 매우 유리하므로 최근에 중하중기어의 치형으로 많이 쓰인다.

② **물음률의 해석** : 여기서 $\varepsilon = 1.6$ 이라는 것은 그림 13.20 (a)에서와 같이 물림을 시작해서부터 $0.6 p_n$ 사이와 물림이 끝마치기 전의 $0.6 p_n$ 사이는 두 쌍의 이가 물고 있지만 중간의 $0.4 p_n$ 사이는 한 쌍의 이만이 물려서 회전을 전달시키는 것을 의미한다. 그림 13.20의 (b)는 물음률 1.3의 해석이다. $0.7 p_e$ 만이 한 쌍의 이가 물고 돌아간다.

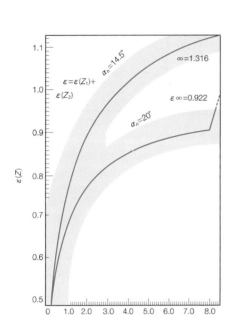

그림 13.18 표준 기어의 물음률의 계산도표

그림 13.19 잇수 및 압력각과 물음률의 관계도

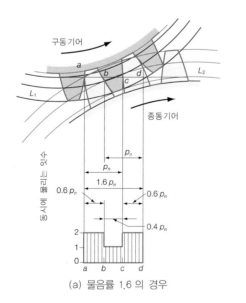

(a) 물음률 1.6 의 경우

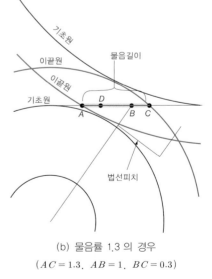

(b) 물음률 1.3 의 경우

$(AC = 1.3, \ AB = 1, \ BC = 0.3)$

그림 13.20 물음률 1.6 과 1.3 의 해석

(3) 미끄럼률 (sliding ratio)

그림 13.21에서 O_1, O_2 의 같은 반지름을 기초원으로 하고, ai 및 $\overline{i'a'}$ 를 이 원들로부터 출발하는 인벌류트 곡선이라 한다. 양기초원 중심각의 같은 회전각에 대한 인벌류트 곡선상의 점을, 기초원 O_1 에는 $a, b, c, \cdots, g$, 기초원 O_2 에는 $g', f', e', \cdots, a'$ 라 하고 두 곡선의 접촉이 a 와 a', b 와 b', c 와 c', $\cdots$, g 와 g' 가 차례로 대응하여 접촉해서 회전을 전달한다고 하면 이 접촉점은 작용선상을 옮겨가고, 원 O_1 이 일정각속도로 회전하면 원 O_2 도 정각속도로 회전한다.

그림 13.21에서와 같이 e 와 e' 가 접촉하고 있으면 다음의 접촉점 d, d' 까지 원 O_1 의 인벌류트 곡선은 $\widehat{ef}$, 원 O_2 의 인벌류트 곡선은 $\widehat{e'f'}$ 만큼 진행하고, 그 길이는 인벌류트 곡선이 기초원으로부터 멀리 떨어져 나갈수록 크게 되므로 $\widehat{ef} > \widehat{e'f'}$ 이고 그 사이에 $\widehat{ef} - \widehat{e'f'}$ 만큼 미끄럼이 있었다는 것을 의미한다. 그리고 피치점 p 에 가까워질수록 미끄럼이 작게 되고 피치점에서 미끄럼률은 0이 된다. 다음에 접촉점이 피치점 p 를 지나가면 이 관계는 반대로 되고 미끄럼이 커진다.

그림 13.22에서 보는 것처럼 O_1, O_2 한 쌍의 서로 물고 있는 이면에 대하여 기어의 미소회전각에 대한 이면의 변위를 ds_1, ds_2 라 할 때 미끄럼률은 다음과 같다.

$$\sigma_1 = \frac{ds_2 - ds_1}{ds_1}, \quad \sigma_2 = \frac{ds_1 - ds_2}{ds_2} \tag{13.22}$$

여기서 σ_1 은 기어 O_1 의 이면에 대한 그 위치의 미끄럼률, σ_2 는 기어 O_2 의 이면에 대한 위치의 미끄럼률이다. 피치원의 반지름을 R_1, R_2, 압력각을 α 라 하면 인벌류트 곡선의 접촉점에 각 곡선의 곡률반지름 ρ_1, ρ_2 는

$$\left.\begin{array}{l} \rho_1 = R_1 \sin\alpha \pm l \\ \rho_2 = R_2 \sin\alpha \pm l \end{array}\right\} \tag{13.23}$$

단, l 은 피치점에서 접촉점까지의 길이이다. 여기서 $(+)$ 는 피치점에서 외측에, $(-)$ 는 피치점에서 내측에 접촉점이 있을 경우이다.

다음에 기어의 회전에 의한 피치원주상 임의 점의 미소변위를 du 라 하면

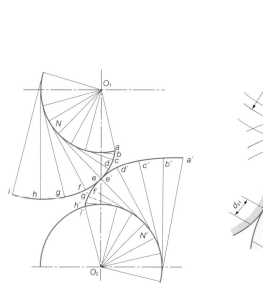

그림 13.21 인벌류트 곡선의 미끄럼 접촉   **그림 13.22** 이면의 미끄럼

각 기어의 회전각변위 dw_1, dw_2는

$$dw_1 = \frac{du}{R_1}, \qquad dw_2 = \frac{du}{R_2} \tag{13.24}$$

로 표시되므로 이 관계에서

$$ds_1 = \rho_1\,dw_1 = \rho_1\frac{du}{R_1}, \qquad ds_2 = \rho_2\,dw_2 = \rho_2\frac{du}{R_2} \tag{13.25}$$

로 되고, 미끄럼률은 기어 O_1을 원동차로 하여 그 근접측, 퇴거측에 있어서의 미끄럼률을 σ_{d_1}, σ_{a_1}, 기어 O_2를 종동차로 하여 그 근접측, 퇴거측에 있어서의 미끄럼률을 σ_{a_2}, σ_{d_2}라 하면 그 값은 다음과 같이 된다.

① 기어 O_1의 이면

$$근접측\ \ \sigma_{d_1} = \frac{ds_2 - ds_1}{ds_1} = \frac{(R_2\sin\alpha + l_2)\dfrac{du}{R_2} - (R_1\sin\alpha - l_2)\dfrac{du}{R_1}}{(R_1\sin\alpha - l_1)\dfrac{du}{R_1}}$$

$$= \frac{l_2(R_1 + R_2)}{R_2(R_1\sin\alpha - l_2)} \quad (O_1\,기어의\ 이뿌리면) \tag{13.26}$$

$$\text{퇴거측 } \sigma_{a_1} = \frac{ds_2 - ds_1}{ds_1}$$

$$= \frac{(R_2 \sin \alpha - l_1)\dfrac{du}{R_2} - (R_1 \sin \alpha + l_1)\dfrac{du}{R_1}}{(R_1 \sin \alpha + l_1)\dfrac{du}{R_1}}$$

$$= \frac{l_1(R_1 + R_2)}{R_2(R_2 \sin \alpha + l_1)} \quad (O_1 \text{기어의 이끝면}) \tag{13.27}$$

② 기어 O_2의 이면

$$\text{근접측 } \sigma_{a_2} = \frac{ds_1 - ds_2}{ds_2} = \frac{(R_1 \sin \alpha - l_2)\dfrac{du}{R_1} - (R_2 \sin \alpha + l_2)\dfrac{du}{R_2}}{(R_2 \sin \alpha + l_2)\dfrac{du}{R_2}}$$

$$= \frac{-l_2(R_1 + R_2)}{R_1(R_2 \sin \alpha + l_2)} \quad (O_1 \text{기어의 이끝면}) \tag{13.28}$$

$$\text{퇴거측 } \sigma_{d_2} = \frac{ds_1 - ds_2}{ds_2} = \frac{(R_1 \sin \alpha + l_1)\dfrac{du}{R_1} - (R_2 \sin \alpha - l_1)\dfrac{du}{R_2}}{(R_2 \sin \alpha - l_1)\dfrac{du}{R_2}}$$

$$= \frac{l_1(R_1 + R_2)}{R_1(R_2 \sin \alpha - l_1)} \quad (O_2 \text{기어의 이뿌리면}) \tag{13.29}$$

여기서 l_1, l_2가 각각 근접 물림길이, 퇴거 물림길이를 표시하는 경우 그림 13.17에서 $ap = l_1$, $bp = l_2$이다.

13.2.6 스퍼 기어의 기준치형의 비례 치수

기어에 교환성을 주기 위하여 이의 모양을 결정해야 된다. 같은 인벌류트 기어라도 잇수가 다르면 이의 형상이 모두 다르게 된다. 그러나 기초원의 지름이 무한대로 되면 랙(rack)이 되고, 그때 이의 모양은 중심선에 대하여 압력각만큼 경사된 직선이 된다. 랙의 이의 형상을 규정짓는 것은 쉬운 것이며, 이것을 결정하면 모든 잇수의 치형을 결정한 것이 된다. 이것을 기준 랙이라 한다.

KS B 1414에는 일반용 스퍼 기어의 모양과 치수가 규정되어 있다. 이 규격에는 모듈 1.5, 2, 2.5, 3.4, 5, 6의 표준 스퍼 기어에 대하여 규정하고 종류는 모양에 따라 OA형, OB형, OC형, 1A형, 1B형 및 1C형의 6종류로 한다.

치형은 KS B 1404 인벌류트 기어와 치형에 규정된 압력각 20°, 이끝 높이가 모듈과 같고 이뿌리 높이가 모듈의 1.25 배와 같은 인볼류트 치형에 대하여 규정한다.

표 13.4는 스퍼 기어의 보통이의 각부 치수를 미터식과 영식으로 비교하여 표시한 것이다.

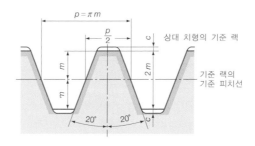

그림 13.23 기준랙

▶**표 13.4** 스퍼 기어의 비례 치수

각부의 명칭	미터식 [mm]	영식 [in]
모듈 (m)	$m = \dfrac{p}{\pi} = \dfrac{D}{Z} = \dfrac{D_0}{Z+2} = \dfrac{25.4}{p_d}$	——
지름피치 (p_d)	——	$p_d = \dfrac{\pi}{p} = \dfrac{Z}{D} = \dfrac{Z+2}{D_0}$
원주피치 (p)	$p = \pi m = \dfrac{\pi \cdot D}{Z} = \dfrac{\pi D_0}{Z+2}$	$p = \dfrac{\pi}{p_d} = \dfrac{\pi D}{Z}$
바깥지름 (D_0)	$D_0 = (Z+2)\,m = D+2\,m$	$D_0 = \dfrac{Z+2}{p_d} = D + \dfrac{p_d}{2}$
피치원지름 (D)	$D = mZ = \dfrac{pZ}{\pi} = \dfrac{D_0 \cdot Z}{Z+2}$	$D = \dfrac{Z}{p_d} = \dfrac{pZ}{\pi}$
이봉우리끝원지름 (D_r)	$D_r = (Z-2.31416)\,m$ $= D - 2.31416\,m$	$D_r = (Z-2.31416)\,/\,p_d$ $= D - (2.31416)\,/\,p_d$
잇수 (Z)	$Z = \dfrac{D}{m} = \left(\dfrac{D_0}{m}\right) - 2$	$Z = p_d \cdot D = D_0 P_d - 2$
이두께 (t)	$t = \dfrac{\pi m}{2} = \dfrac{p}{2} = 1.5708\,m$	$t = \dfrac{\pi}{2\,p_d} = \dfrac{p}{2} = \dfrac{1.5708}{p_d}$
이봉우리 (끝) 높이 (h_k)	$h_k = m = 0.3183\,p$	$h_k = \dfrac{1}{p_d} = 0.3183\,p$
이골 (뿌리) 높이 (h_f)	$h_f = h_k + c = 1.15708\,m$	$h_f = h_k + c = \dfrac{1.15708}{p_d} = 0.3983\,p$
총이높이 (h)	$h = h_k + h_f = 2.15708\,m$	$h = h_k + h_f = \dfrac{2.15708}{p_d} = 0.6866\,p$
클리어런스 (c)	$c = 0.15708\,m = \dfrac{t}{10}$	$c = \dfrac{0.15708}{p_d} = \dfrac{t}{10}$

13.2.7 치형의 간섭

(1) 치의 간섭과 언더컷(undercut)

한 쌍의 기어를 물려서 회전시킬 때, 한쪽 기어의 이끝이 상대쪽의 이뿌리에 부딪쳐서 회전할 수 없게 되는 경우가 있다. 이러한 현상을 **이의 간섭**이라한다(그림 13.24, 그림 13.25). 이러한 현상에서 기어의 이끝이 상대 기어의 이뿌리 부분을 깎아내는 것을 **언더컷**(undercut)이라 한다.

언더컷은 잇수가 특히 적을 경우와 양쪽의 잇수비가 클 경우에 생기고, 랙과 잇수가 적은 피니언이 물고 돌아가면 간섭이 일어나기 쉽다. 랙과 호브로써 치절삭작업을 할 때 간섭이 생기면 그림 13.26과 같이 그 이의 이뿌리 부분이 먹어 들어가게 되어 가느다란 치형을 가진 기어로 되기 때문에 이의 강도가 저하할 뿐만 아니라 물림의 길이가 감소하여 전동이 원활하지 못하게된다.

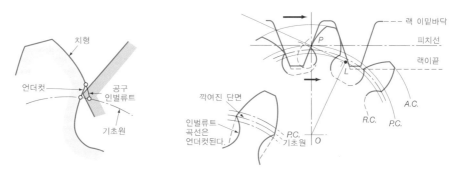

그림 13.24 이의 언더컷   **그림 13.25** 이의 간섭

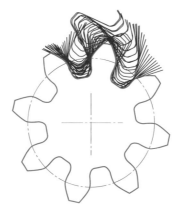

그림 13.26 언더컷된 치형

(2) 간섭점

그림 13.27에서 간섭이 일어나는 큰 기어의 이끝원이 접점 M_1 을 넘어서 M_1 점의 바깥측을 통과할 때는 간섭이 생기지 않게 된다. 따라서 이 M_1 점이 간섭이 일어나지 않는 한계점으로 이 한계점 M_1 또는 M_2 를 기어의 **간섭점** 이라고 한다.

언더컷이 생긴 기어는 이뿌리가 가느다랗게 되고, 강도가 약해질 뿐만 아니라 유효치면이 감소된다. 그 결과 물림길이가 짧게 되어 원활한 운전을 할 수 없게 되므로 잇수를 어느 정도 많게 하고 언더컷이 생기지 않는 기어를 설계 제작해야 된다.

(3) 치형의 언더컷 방지와 최소 잇수

기하학적으로 언더컷을 해석하면 그림 13.28에서 간섭이 일어나는 것은 랙의 이끝 선 ab 가 기어의 기초원 위의 작용선의 접점 a 를 통과하는 경우가 한계이고, 이끝 높이를 h_k, 피치원의 반지름을 R, 피치점을 p 라 하면

$$\overline{pb} = \overline{pa}\sin\alpha = \overline{OP}\sin\alpha \cdot \sin\alpha = R\sin^2\alpha = h_k$$

이 때의 잇수를 Z_g, 모듈을 m 이라 하면

$$2R = mZ_g \qquad \therefore \ R = \frac{mZ_g}{2}$$

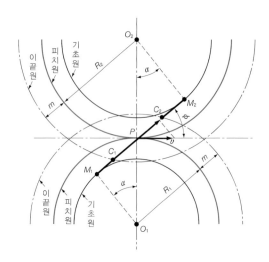

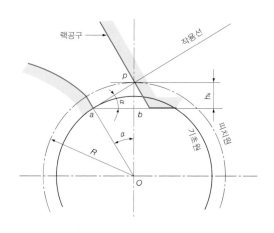

그림 13.27 기어의 간섭점   **그림 13.28** 치형의 간섭과 최소 잇수

$$\therefore \frac{m\,Z_g}{2}\sin^2\alpha = h_k \tag{13.30}$$

표준치면 $h_k = m$ 이므로

$$Z_g = \frac{2}{\sin^2\alpha} \tag{13.31}$$

$\alpha = 14.5°$, $20°$ 의 경우를 계산하면 각각 압력각에 있어서 최소 잇수는 이론적으로 $Z_g = 32$ 개, 17 개가 된다.

(4) 한계 잇수

그림 13.29 에서

Z_1 : 작은 기어의 잇수

Z_2 : 큰 기어의 잇수

h_{k2} : 큰 기어의 이끝 높이

α : 공구압력각

m : 모듈

이라 하면

$$\overline{\mathrm{M_1 M_2}} = \overline{\mathrm{M_1 p}} + \overline{\mathrm{M_2 p}}$$
$$= \frac{1}{2}(D_1 \sin\alpha + D_2 \sin\alpha)$$

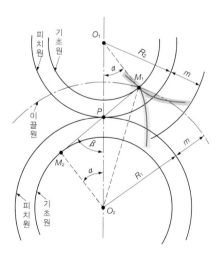

그림 13.29 한계 잇수

따라서

$$\overline{O_2 M_1}^2 = \overline{O_2 M_2}^2 + \overline{M_1 M_2}^2$$

$$= \left(\frac{1}{2} D_2 \cos\alpha\right)^2 + \left\{\frac{1}{2}(D_1 \sin\alpha + D_2 \sin\alpha)\right\}^2$$

$$= \left(\frac{m}{2}\right)^2 \left[(Z_2 \cdot \cos\alpha)^2 + (Z_1 + Z_2)\sin\alpha\}^2\right]$$

$$= \left(\frac{m}{2}\right)^2 \left[Z_2^2 \cos^2\alpha + Z_2^2 \sin^2\alpha + \sin^2\alpha(Z_1^2 + 2Z_1 Z_2)\right]$$

$$= \left(\frac{m}{2}\right)^2 \left[Z_2^2(\cos^2\alpha + \sin^2\alpha) + \sin^2\alpha(Z_1^2 + 2Z_1 Z_2)\right]$$

$$= \left(\frac{m}{2}\right)^2 \left[Z_2^2 + \sin^2\alpha(Z_1^2 + 2Z_1 Z_2)\right]$$

$$\therefore \overline{O_2 M_1} = \frac{m}{2}\sqrt{Z_2^2 + \sin^2\alpha(Z_1^2 + 2Z_1 Z_2)} \tag{13.32}$$

즉 위 공식의 $\overline{O_2 M_1}$은 치형의 간섭을 일으키지 않는 한계반지름이다. 따라서 간섭을 일으키지 않기 위해서는 큰 기어 이끝원의 반지름이 한계반지름보다 작아야 한다.

그러므로

$$\frac{D_2}{2} + h_{k2} \leq \overline{O_2 M_1}$$

$$\therefore \frac{m Z_2}{2} + h_{k2} \leq \frac{m}{2}\sqrt{Z_2^2 + \sin^2\alpha(Z_1^2 + 2Z_1 Z_2)}$$

이것으로부터

$$Z_2 \leq \frac{m^2 Z_1^2 \sin^2\alpha - 4 h_{k2}^2}{2m(2k_2 - m Z_1 \sin^2\alpha)} \tag{13.33}$$

한 쌍의 물고 돌아가는 기어의 간섭은 작은 기어의 이뿌리면에서 일어나므로 위의 식으로 간섭을 일으키지 않은 큰 기어의 잇수를 선정할 수 있다.

표준 기어에 있어서는 $h_{k2} = m$이므로

$$Z_2 \leq \frac{Z_1^2 \sin^2\alpha - 4}{4 - 2 Z_1 \sin^2\alpha} \tag{13.34}$$

$\alpha = 15°$로 놓고 계산하면

$$Z_2 \leq \frac{0.067 Z_1^2 - 4}{4 - 0.135 Z_1} \tag{13.35}$$

$\alpha = 20°$로 놓고 계산하면

$$Z_2 \leqq \frac{0.117\,Z_1^2 - 4}{4 - 0.234\,Z_1^2} \qquad (13.36)$$

표 13.5는 표준 기어의 치형 간섭을 일으키지 않는 잇수의 관계를 표시하고 있다. 그리고 그림 13.30은 이것을 도표로 도시한 것이다.

▶ **표 13.5** 간섭을 일으키지 않는 잇수 관계표

압력각 α	작은 기어의 잇수 Z_1	큰 기어의 잇수 Z_2	잇수비 Z_2 / Z_1	물음률 ε	
	22	22	1.00	1.83	1.83
	23	26	1.13	1.86	1.84
	24	32	1.33	1.91	1.85
	25	40	1.60	1.96	1.86
	26	52	2.00	2.00	1.88
14.5	27	68	2.52	2.06	1.90
	28	92	3.28	2.08	1.91
	29	132	4.55	2.14	1.93
	30	220	7.34	2.21	1.94
	31	506	16.35	2.50	1.96
	32	랙	∞	2.30	1.97
	21	21	1.00	1.78	1.78
	22	27	1.23	1.83	1.80
	23	32	1.39	1.88	1.81
	24	45	1.87	1.93	1.82
15	25	58	2.31	1.99	1.83
	26	81	3.12	2.04	1.84
	27	118	4.37	2.08	1.85
	28	194	6.92	2.14	1.86
	29	476	16.40	2.16	1.87
	30	랙	∞	2.23	1.87
	12	12	1.00	1.25	1.25
	13	16	1.23	1.48	1.44
20	14	25	1.79	1.49	1.47
	15	44	2.94	1.61	1.48
	16	94	5.87	1.68	1.51
	17	랙	∞	1.73	1.53

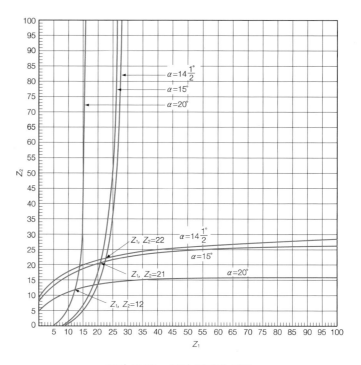

그림 13.30 이의 언더컷 범위

다음에 작은 기어가 랙과 물고 있을 때 치형의 간섭을 검토한다.

즉
$$Z_2 \leqq \frac{m^2 Z_1^2 \sin^2\alpha - 4 h_{k2}^2}{2\,m\,(2\,h_{k2} - m\,Z_1 \sin^2\alpha)} \tag{13.37}$$

의 공식에서 $2\,h_{k2} - m\,Z_1 \sin^2\alpha = 0$의 경우에 $Z_2 = \infty$ 로 되므로

$$Z_1 \geqq \frac{2\,h_r}{m \sin^2\alpha} = Z_g \tag{13.38}$$

여기서, $h_r =$ 랙치형의 이끝 높이, 또 기준치형의 경우는 $h_r = m$

$$Z_1 \geqq \frac{2}{\sin^2\alpha} = Z_g \tag{13.39}$$

위의 식들에서 랙과 물리는 작은 기어의 잇수가 Z_g의 잇수보다 크면 간섭은 일어나지 않는다. 이 Z_1을 **최소 잇수** 또는 **한계 잇수**라고 한다.

그림 13.30은 한계 잇수와 간섭의 범위를 도시한 그림이다.

13.3 전위 기어

13.3.1 전위 기어의 개요

기어에 있어서 이를 절삭할 때 실용적인 잇수, 즉 공구압력각 20°의 경우는 14개, 14.5°에서는 25개 이하가 되면 이뿌리가 공구 끝에 의하여 깎여들어가는 **언더컷**(under cut) 현상이 생겨서 유효한 물음길이가 감소되고, 그 때문에 이의 강도가 아주 약하게 된다. 이것을 방지하려면 기준랙의 기준피치선을 기어의 피치원으로부터 적당량만큼 이동하여 창성 절삭한다. 이와 같이 기준랙의 기준피치선이 기어의 기준피치원에 접하지 않는 기어를 **전위 기어**라 한다.

일반적으로 20°, 14.5° 압력각의 치형에서는 전위시킴으로써 간단하게 언더컷을 방지할 수 있다. 최근 전위 기어는 표준 기어의 단점을 개선했을 뿐 아니라, 표준 기어를 창성할 때와 같은 공구 및 치절기계로써 공작되므로 널리 사용되고 있다.

13.3.2 전위량과 전위계수

KS B 0102에서와 같이 랙과 기어의 이가 서로 완전히 접하도록 겹쳐 놓았을 때 기어의 기준 원통과 기준랙의 기준면 사이를 공통법선을 따라 측정한 거리를 **전위량**(profile shift)이라 한다.

여기서 외접 기어에 대하여 기준랙의 기준선이 기어의 축으로부터 멀어질 경우 전위량은 양(+)이며 내접 기어에 대하여는 기준랙의 기준선이 기어의 축에 가까워질 경우, 전위량은 양(+)이다. 결과적으로 공칭의 두께는 두 가지 경우에 모두 증가한다.

전위계수(profile shift coefficient)는 밀리미터(mm)로 표시된 전위량을 이 직각 모듈로 나눈값을 말한다.

그림 13.31은 전위 기어의 전위량과 전위계수를 나타낸다.

그림 13.32는 전위량 xm이 증가함으로써 언더컷을 방지하고, 이뿌리의 이 두께를 크게 하여 치의 강도를 증대시키는 상태를 나타낸다. 또 전위 기어는 표준 기어와 같은 각속비로 물림 운동을 하지만, 중심거리와 더불어 물림압력각은 공구압력각과는 다르게 되고 이끝원 지름 D_k와 이끝 높이 등은 변화한다.

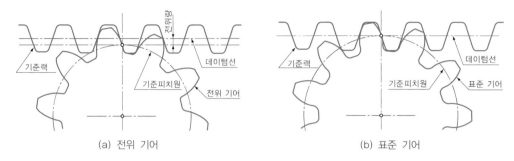

(a) 전위 기어   (b) 표준 기어

그림 13.31 표준 기어와 전위 기어

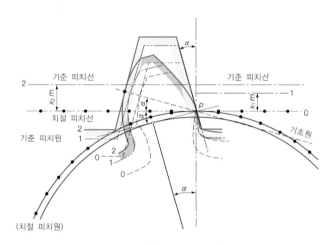

그림 13.32 전위량 xm 증가의 영향

그림 13.33은 $Z_1 = 14$, $Z_2 = 46$인 경우 그림 (a)는 $\alpha = 14.5°$의 표준 기어, 그림 (b)는 $\alpha = 14.5°$의 전위 기어의 치형과 그 물림 상태를 나타낸 것이다. 표준 기어에서는 심한 언더컷이 있기 때문에 물음길이는 감소되고 이의 밑부분이 깎여서 강도가 약한 치형이 된다. 그러나 전위 기어는 이두께의 균형이 좋고, 퇴거 물음길이도 접근물음 길이보다 길기 때문에 동력전달용 치형으로 적합하다.

13.3.3 전위 기어의 특징

전위 기어는 설계계산에서는 표준 기어보다 계산이 복잡하고 베어링의 압력을 증대시키는 등의 단점이 있지만 언더컷을 피하고 싶을 때 또는 이의 강도를 개선하려고 할 때 쓰인다.

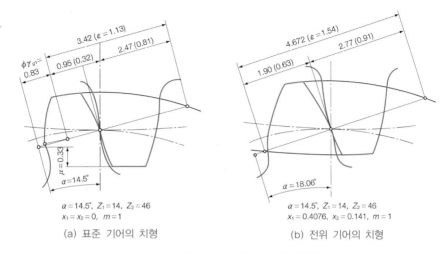

$\alpha=14.5°$, $Z_1=14$, $Z_2=46$ $\qquad$ $\alpha=14.5°$, $Z_1=14$, $Z_2=46$
$x_1=x_2=0$, $m=1$ $\qquad\qquad$ $x_1=0.4076$, $x_2=0.141$, $m=1$
(a) 표준 기어의 치형 $\qquad\qquad\qquad$ (b) 전위 기어의 치형

그림 13.33 표준 기어와 전위 기어의 치형의 비교

전위 기어는 일반 기어에 비해 중심거리의 변화를 쉽게 줄 수 있으며, 모듈에 비해 강한 이가 얻어지고 물림률 등을 증대시킬 수 있는 장점이 있다.

13.3.4 전위 기어의 계산식

(1) 전위 기어의 물림방정식

랙공구의 치절피치선은 기어의 치절피치원과 구름 접촉을 하므로, 기어의 치절피치원에서의 이두께는 공구의 치절피치선상의 이 홈의 폭과 같게 된다.

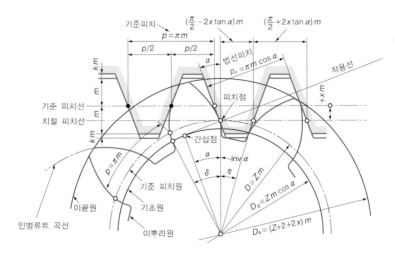

그림 13.34 전위 기어의 계산

즉 이 홈의 폭은 그림 13.35에서

$$\widehat{PQ'} = \overline{PQ} = \left(\frac{\pi}{2} - 2\,x\tan\alpha\right)m \tag{13.40}$$

전위 기어의 이두께 $\widehat{Q'R'} = t$ 는

$$t = \widehat{Q'R'} = \pi\,m - \widehat{PQ'} = \pi\,m - \left(\frac{\pi}{2}m - 2\,x\,m\tan\alpha\right)$$

$$= \left(\frac{\pi}{2} + 2\,x\tan\alpha\right)m \tag{13.41}$$

$\widehat{PQ'}$ 의 중심에 대한 각 $\angle POQ'$는

$$\angle POQ' = \widehat{PQ'} / \frac{1}{2}\,Z\,m = 2\left(\frac{\pi}{2} - 2\,x\tan\alpha\right)m / Z\,m$$

$$= (\pi - 4\,x\tan\alpha) / Z \tag{13.42}$$

또 한편 그림 13.35에서

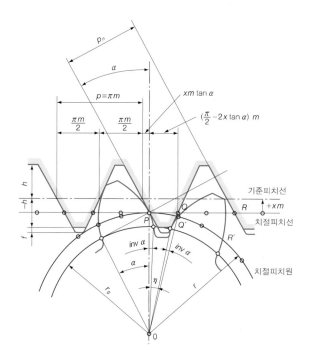

그림 13.35 전위 기어의 물림

$$\angle POQ' = \eta + 2\operatorname{inv}\alpha$$

여기서, η 는 기초원 위의 이밑각을 말한다.

$$\therefore \ \frac{\pi - 4x\tan\alpha}{Z} = \eta + 2\operatorname{inv}\alpha$$

$$\therefore \ \eta = \frac{\pi}{Z} - \frac{4x\tan\alpha}{Z} - 2\operatorname{inv}\alpha \tag{13.43}$$

따라서 기초원의 이두께각을 δ 라 하면 δ 는 다음과 같이 된다.

$$\delta = \frac{2\pi}{Z} - \eta = \frac{2\pi}{Z} - \left[\frac{\pi}{Z} - 2\operatorname{inv}\alpha - \frac{4x\tan\alpha}{Z}\right]$$

$$= \frac{\pi}{Z} + 2\operatorname{inv}\alpha + \frac{4x\tan\alpha}{Z} \tag{13.44}$$

지금 잇수 Z_1 과 Z_2 의 기어가 각각 전위계수 x_1, x_2 로써 치절되었다고 하고, 이 기어들이 백래시 B_f 로써 물고 있을 때의 중심거리를 A 라 하고, 물림 압력각을 α_b 라 하면 다음 방정식이 성립된다. 이것을 **전위 기어의 물림방정식** 이라 하고, 전위 기어의 기본설계공식이 된다.

$$\operatorname{inv}\alpha_b = 2\tan\alpha\,\frac{x_1+x_2}{Z_1+Z_2} + \operatorname{inv}\alpha + \frac{B_f}{m\cos\alpha\cdot(Z_1+Z_2)} \tag{13.45}$$

백래시를 잡지 않으면 $B_f = 0$ 으로 되어

$$\operatorname{inv}\alpha_b = 2\tan\alpha\cdot\frac{x_1+x_2}{Z_1+Z_2} + \operatorname{inv}\alpha \tag{13.46}$$

이 된다.

증명 ▌ 그림 13.36에서

$$Z_1\text{기어}: \eta_1 = \frac{\pi}{Z_1} - 2\operatorname{inv}\alpha - \frac{4\tan\alpha}{Z_1}x_1 \tag{13.47}$$

$$Z_2\text{기어}: \eta_2 = \frac{\pi}{Z_2} - 2\operatorname{inv}\alpha - \frac{4\tan\alpha}{Z_2}x_2 \tag{13.48}$$

$$\widehat{AC} + \widehat{\alpha c} = r_{g1}(\angle A\,O_1 C) + r_{g2}(\angle a\,O_2 c) = p_n + B_f \tag{13.49}$$

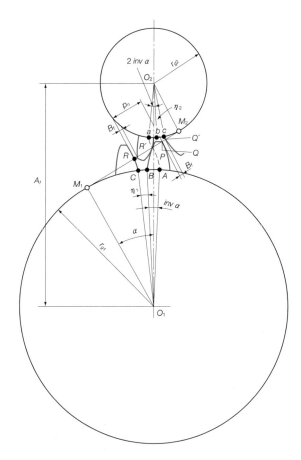

그림 13.36 전위 기어의 물림 상태

$$\left.\begin{array}{l} \angle A\,O_1\,C = \eta_1 + 2\,\mathrm{inv}\,\alpha_b \\[6pt] \angle a\,O_2\,c = \eta_2 + 2\,\mathrm{inv}\,\alpha_b \end{array}\right\}$$

$$\therefore \; p_n + B_f = r_{g1}\left(\eta_1 + 2\,\mathrm{inv}\,\alpha_b\right) + r_{g2}\left(\eta_2 + 2\,\mathrm{inv}\,\alpha_b\right)$$

$$= \frac{Z_1\,p_n}{2\,\pi}\left(\eta_1 + 2\,\mathrm{inv}\,\alpha_b\right) + \frac{Z_2\,p_n}{2\,\pi}\left(\eta_2 + 2\,\mathrm{inv}\,\alpha_b\right)$$

$$\therefore \; p_n + B_f = \frac{Z_2\,p_n}{\pi}\,\mathrm{inv}\,\alpha_b + \frac{Z_2\,p_n\,\eta_2}{2\pi} + \frac{Z_1\,p_n}{\pi}\,\mathrm{inv}\,\alpha_b + \frac{Z_1\,p_n\,\eta_1}{2\pi}$$

$$= \mathrm{inv}\,\alpha_b\left\{-\frac{(Z_1 + Z_2)\,p_n}{\pi}\right\} + \frac{(Z_1\,\eta_1 + Z_2\,\eta_2)\,p_n}{2\,\pi}$$

$$\therefore \; \mathrm{inv}\,\alpha_b = \left\{p_n + B_f - \frac{(Z_1\,\eta_1 + Z_2\,\eta_2)\,p_n}{2\,\pi}\right\} \times \frac{\pi}{(Z_1 + Z_2)\,p_n}$$

$$\therefore \quad \mathrm{inv}\,\alpha_b = \frac{1}{Z_1 + Z_2}\left\{\pi\left(1 + \frac{B_f}{p_n}\right) - \frac{Z_1\,\eta_1 + Z_2\,\eta_2}{2}\right\} \tag{13.50}$$

윗 식을 **일반 평기어의 물림방정식**이라 한다.

윗 식에 η_1과 η_2의 식을 대입하면

$$\mathrm{inv}\,\alpha_b = \frac{1}{Z_1 + Z_2}\left[\pi\left(1 + \frac{B_f}{p_n}\right)\right.$$
$$\left. - \frac{Z_1\left(\dfrac{\pi}{Z_1} - 2\,\mathrm{inv}\,\alpha - \dfrac{4\tan\alpha}{Z_1}x_1\right) + Z_2\left(\dfrac{\pi}{Z_2} - 2\,\mathrm{inv}\,\alpha - \dfrac{4\tan\alpha}{Z_2}x_2\right)}{2}\right]$$

$$\mathrm{inv}\,\alpha_b = \frac{1}{Z_1 + Z_2}\left[\pi + \frac{B_f \cdot \pi}{p_n}\right.$$
$$\left. - \left\{\frac{\pi}{2} - \mathrm{inv}\,\alpha\, Z_1 - 2\tan\alpha\, x_1 + \frac{\pi}{2} - Z_2\,\mathrm{inv}\,\alpha - 2\,x_2 \tan\alpha\right\}\right]$$

$$= 2\tan\alpha\,\frac{x_1 + x_2}{Z_1 + Z_2} + \mathrm{inv}\,\alpha + \frac{\pi\,B_f}{p_n\,(Z_1 + Z_2)} \tag{13.51}$$

$p = \pi\,m\cos\alpha$ 이므로

$$\mathrm{inv}\,\alpha_b = 2\tan\alpha \cdot \frac{x_1 + x_2}{Z_1 + Z_2} + \mathrm{inv}\,\alpha + \frac{B_f}{m\cos\alpha\,(Z_1 + Z_2)}$$

$B_f = 0$으로 되면

$$\mathrm{inv}\,\alpha_b = 2\tan\alpha \cdot \frac{x_1 + x_2}{Z_1 + Z_2} + \mathrm{inv}\,\alpha$$

이것을 변형하면

$$\frac{\mathrm{inv}\,\alpha_b - \mathrm{inv}\,\alpha}{\tan\alpha} = \frac{2\,(x_1 + x_2)}{Z_1 + Z_2} \tag{13.52}$$

(2) 중심거리의 계산

중심거리 $\qquad\qquad\qquad A_f = \dfrac{D_{g1} + D_{g2}}{2\cos\alpha_b}$

그런데 $\qquad\qquad\qquad \left.\begin{array}{l} D_{g1} = Z_1\,m\cos\alpha \\[2mm] D_{g2} = Z_2\,m\cos\alpha \end{array}\right\}$

$$\therefore\ A_f = \frac{Z_1\,m\cos\alpha + Z_2\,m\cos\alpha}{2\cos\alpha_b} = \frac{Z_1+Z_2}{2}\,m\cdot\frac{\cos\alpha}{\cos\alpha_b} \quad (13.53)$$

$$\therefore\ A_f = \left(\frac{Z_1+Z_2}{2}\right)m + \frac{Z_1+Z_2}{2}\left(\frac{\cos\alpha}{\cos\alpha_b}-1\right)m \quad (13.54)$$

지금 표준 기어의 중심거리를 A 라 하면

$$A = \left(\frac{Z_1+Z_2}{2}\right)m$$

$$\therefore\ A_f = A + y\,m \quad (13.55)$$

여기서,
$$y = \frac{Z_1+Z_2}{2}\left(\frac{\cos\alpha}{\cos\alpha_b}-1\right) \quad (13.56)$$

이고, y 를 **중심거리 증가계수**라 한다.

$$\therefore\ A_f = A + y\,m = \frac{Z_1+Z_2}{2}\,m + y\,m = \left[\left(\frac{Z_1+Z_2}{2}\right)+y\right]m \quad (13.57)$$

으로도 표시된다.

$$\therefore\ y = \frac{A_f - A}{m} \quad (13.58)$$

만일 백래시 B_f 를 주면 중심거리 증가량은 다음과 같이 구한다.

$$A_c = \frac{B_f}{2\sin\alpha_b} \quad (13.59)$$

따라서

$$A_f = A + y\,m + A_c = \left(\frac{Z_1+Z_2}{2}+y\right)m + A_c \quad (13.60)$$

(3) 전위 기어의 치수

① 기초원지름 : D_g

$$D_g = m\,Z\cos\alpha \quad (13.61)$$

② 바깥지름 : D_0

$$바깥반지름 = \frac{Z\,m}{2} + x\,m + m \tag{13.62}$$

$$D_0 = Z\,m + 2\,m\,(x+1) = (Z+2)m + 2\,x\,m$$

③ 이뿌리원, 이끝원의 지름 : 그림 13.37에서 치절피치선으로부터 공구의 이끝까지의 거리는 기어쪽으로 $k\,m = c$의 이끝 틈새를 준다고 하면 $(m + k\,m - x\,m)$이다.

따라서 기어 Z_2의 이밑원의 지름을 D_{r2}, 전위계수를 x_2라 하면

$$\frac{D_{r2}}{2} = \frac{Z_2\,m}{2} - \left\{(m + k\,m) - x_2\,m\right\} \tag{13.63}$$

또 기어 Z_1의 이끝원의 지름을 D_{k1}이라 하고, 기어 Z_2와의 중심거리 A_f로 물고 있다고 하면

$$A_f - \frac{D_{k1}}{2} - \frac{D_{r2}}{2} = k\,m$$

$$\therefore \ \frac{Z_1 + Z_2}{2}\,m + y\,m - \frac{D_{k1}}{2} - \left[\frac{Z_2\,m}{2} - \left\{(m + k\,m) - x_2\,m\right\}\right] = k\,m$$

$$D_{k1} = \left\{(Z_1 + 2) + 2(y - x_2)\right\}m \tag{13.64}$$

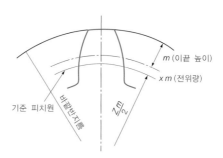

그림 13.37 전위 기어의 바깥지름

13.3.5 전위계수의 선택

전위계수 x의 값은 정해진 범위 내에서 임의로 정할 수 있으므로 그 선택 방법은 여러 가지가 있다. 따라서 실제 설계의 경우 그 기어의 목적과 사용

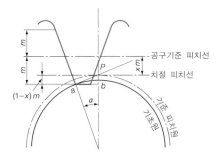

그림 13.38 언더컷이 생기지 않는 전위

상태를 고려하여 전위계수 x를 결정해야 한다.

(1) 언더컷 방지의 전위계수

언더컷을 일으키는 한계는 공구의 이끝이 간섭점을 통과하는 경우이므로 다음 식으로 구해진다. 언더컷을 방지하기 위한 전위계수는 그림 13.38에서

$$\overline{Pb} = (1-x)\,m = \overline{ap}\,\sin\alpha = \overline{OP}\,\sin\alpha \cdot \sin\alpha = \overline{OP}\,\sin^2\alpha$$

$$= \frac{Zm}{2}\sin^2\alpha \tag{13.65}$$

따라서 전위계수를

$$x \geq 1 - \frac{Z}{2}\sin^2\alpha \tag{13.66}$$

가 되도록 선정하면 언더컷이 생기지 않는다.

$$\alpha = 20°\text{의 경우는} \quad x = \frac{17-Z}{17} \tag{13.67}$$

$$\alpha = 14.5°\text{의 경우는} \quad x = \frac{32-Z}{32} \tag{13.68}$$

일반 기어에서 언더컷은 반드시 방지해야 되므로 이 전위계수 x의 값은 최소값이라 할 수 있다. 즉, 이 전위계수를 줌으로써 언더컷을 방지할 수 있지만, 기초원에 가까운 인벌류트 곡선을 사용하는 것이 된다. 일반적으로 이 부분의 인벌류트 곡선의 곡률반지름은 작고 접촉에 의한 응력과 미끄럼률의 값도 크고, 공작상의 오차가 발생하기 쉬운 곳이기 때문에 되도록 이 부분은 사

▶ **표 13.6** 언더컷 한계 전위계수

α	20°	15°	14.5°
이론적	$1 - \dfrac{Z}{17}$	$1 - \dfrac{Z}{30}$	$1 - \dfrac{Z}{32}$
실용적	$\dfrac{14 - Z}{17}$	$\dfrac{25 - Z}{30}$	$\dfrac{26 - Z}{32}$

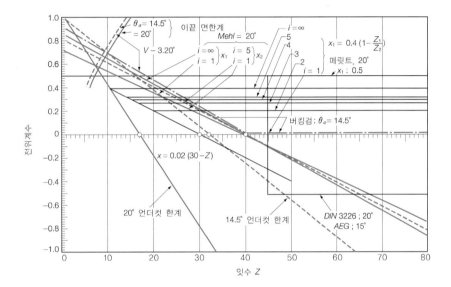

그림 13.39 이의 언더컷한계 전위계수

용하지 않는 것이 좋다. 따라서, x 의 값을 원래의 식에서 구한 값보다 약간 크게 하는 것이 좋다.

그림 13.39는 한계잇수를 나타낸다.

(2) 중심거리를 표준 기어의 값과 같게 하는 방법

피니언에 $(+)$ 전위계수를 주고, 큰 기어에 이것과 절대치가 같은 $(-)$ 전위계수를 주면

$$
\left.
\begin{aligned}
&x_2 = -x_1, \quad \alpha_b = \alpha, \quad y = 0 \\
&\therefore \ A = \frac{(Z_1 + Z_2)\,m}{2} = A_f
\end{aligned}
\right\}
\tag{13.69}
$$

이고 중심거리는 표준 기어와 같게 된다. 따라서 전위 기어의 복잡한 계산이 필요 없고, 중심거리가 공작에 편리한 값으로 되고, 물음률도 일반적으로 크게 되므로 널리 사용된다. 단, 양기어에 언더컷을 일으키지 않기 위해서는 $\alpha = 20°$의 경우 $Z_1 + Z_2 \geq 34$, $\alpha = 14.5°$의 경우 $Z_1 + Z_2 \geq 64$로 한다. 피니언에 주는 전위계수로는 언더컷을 방지하는, 앞의 공식을 사용하는 방법도 있고, $\alpha = 20°$의 경우 $x_1 = 0.5$로 하는 DIN의 방법도 있다. 이 경우는 $x_2 = -0.5$로 하더라도 언더컷을 일으키지 않은 것이 필요하므로 $Z \geq 26$의 경우에 가능하다.

(3) 메리트 (Merritt) 영국 규격의 방법

압력각 $\alpha = 20°$의 영국 규격의 치형에 있어서 잇수 $Z = 10$ 이상의 경우에 대해서는 다음과 같이 정하고 있다.

① $Z_1 + Z_2 \geq 60$의 경우

$$x_1 = 0.4\left(1 - \frac{Z_1}{Z_2}\right), \quad x_{1\min} = 0.02(30 - Z_1), \quad x_2 = -x_1 \quad (13.70)$$

② $Z_1 + Z_2 < 60$의 경우

$$x_1 = 0.02\,(30 - Z_1), \quad x_2 = 0.02\,(30 - Z_2) \quad (13.71)$$

어느 경우에도 $\qquad\qquad 0 \leq x_1 \leq 0.4$

①의 경우에는 $y = 0$이 되며 계산이 간단하다.
②의 경우에는 $x_1 + x_2 = 0.02\,(60 - Z_1 - Z_2) \fallingdotseq 0$
이므로 $y \fallingdotseq 0$이고, 계산이 복잡하므로 그림 13.40과 그림 13.41에 도시한 선도에서 구할 수 있다.

예를 들어 $\alpha = 20°$, $m = 4$, $Z_1 = 18$, $Z_2 = 36$, $B_f = 0$이라 하면

$$x_1 = 0.02\,(30 - 18) = 0.24$$
$$x_2 = 0.02\,(30 - 36) = -0.12$$
$$x_1 + x_2 = 0.12$$

그림 13.40은 전위계수의 합 $(x_1 + x_2)$에서 물림 압력각 α_b를 구하는 BS규

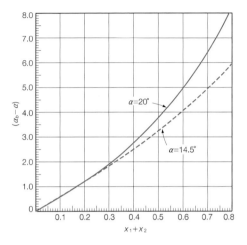

그림 13.40 $(x_1 + x_2)$ 에서 α_b 를 계산

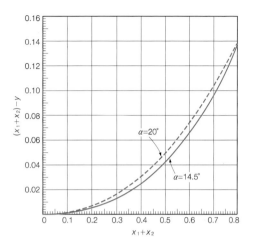

그림 13.41 $(x_1 + x_2)$ 에서 y 를 계산

격 선도이고, 그림 13.41 은 전위계수의 합 $(x_1 + x_2)$ 에서 중심 거리증가계수 y 를 구하는 BS규격 선도이다.

$$(x_1 + x_2) - y = 0.002 \quad \therefore \quad y = 0.118$$

또 그림 13.46 에서 $\qquad\qquad \alpha_b = 20.7°$

중심거리 A_f 는

$$A_f = \frac{(Z_1 + Z_2)\, m}{2} + y\, m$$

$$= 108 + 0.472 \risingdotseq 108.47$$

피니언의 바깥지름 D_{01} 은

$$D_{01} = (Z_1 + 2)\, m + 2\,(y - x_2)\, m$$

$$= 80 + 1.90 = 81.90$$

큰기어 바깥지름 D_{02} 는

$$D_{02} = (Z_2 + 2)\, m + 2\,(y - x_1)\, m$$

$$= 152 - 0.976 = 151.02 \tag{13.72}$$

총이높이 H 는

$$H = (2 + k_2)\, m - (x_1 + x_2 + y)\, m$$

$$= 2.25 \times 4 - 0.002 \times 4 ≒ 8.99 \tag{13.73}$$

이 방식은 일반기계용 기어의 치형으로 좋다.

🔒 예제 5

잇수 $Z_1 = 10$, $Z_2 = 27$ 의 랙공구의 모듈 $m = 3$, 공구압력각 $\alpha = 14.5°$의 전위스퍼 기어를 설계하시오.

풀이

$$x_1 = 1 - \frac{Z_1}{32} = 1 - \frac{10}{32} = +0.688$$

$$x_2 = 1 - \frac{Z_2}{32} = 1 - \frac{27}{32} = +0.157$$

$$\text{inv}\, \alpha_b = \text{inv}\, \alpha + 2 \tan \alpha \cdot \frac{x_1 + x_2}{Z_1 + Z_2}$$

$$= \text{inv}\, 14.5° + 2 \tan 14.5° \left(\frac{0.688 + 0.157}{10 + 27} \right)$$

$$= 0.005545 + 2 \times 0.025867 \times \frac{0.845}{37} = 0.017359$$

$$\therefore \ \text{inv}\, \alpha_b = 0.017359$$

$$\alpha_b = 21° \, 03'$$

중심거리 증가량은

$$\Delta A = y\, m = \frac{(Z_1 + Z_2)}{2} \left(\frac{\cos \alpha}{\cos \alpha_b} - 1 \right) m$$

$$= \frac{10 + 27}{2} \left(\frac{\cos 14.5°}{\cos 21° \, 03'} - 1 \right) \times 3$$

$$= 2.04795 \, [\text{mm}]$$

중심거리 $A_f = A_0 + y\, m = \frac{(10 + 27)}{2} \times 3 + 2.04795$

$$= 55.5 + 2.04795 = 57.548 \, [\text{mm}]$$

바깥지름 $D_{k1} = \{(Z_1 + 2)\, m + 2(y - x_2)\, m\}$

$$= \{(10 + 2) \times 3 + 2(2.04795 - 0.157 \times 3)\}$$

$$= 39.154 \, [\text{mm}]$$

$$D_{k2} = \{(Z_2 + 2)\, m + 2(y - x_1)\, m\}$$

$$= \{(27 + 2) \times 3 + 2(2.04795 - 0.688 \times 3)\}$$

$$= 86.968 \, [\text{mm}]$$

🔓 예제 6

모듈 $m = 3$, 공구압력각 $\alpha = 20°$, 잇수 $Z_1 = 12$, $Z_2 = 27$ 의 한 쌍의 기어를 중심거리 61 [mm] 에 물려 회전시키려고 한다. 이때 양기어의 전위계수와 전위량을 구하시오.

풀이

표준 스퍼 기어이면 중심거리 A 는

$$A = \frac{Z_1 + Z_2}{2} m = \frac{12 + 27}{2} \times 3 = 58.5 \,[\text{mm}]$$

$$\frac{A_f - A}{m} = \frac{Z_1 + Z_2}{2} \left(\frac{\cos \alpha}{\cos \alpha_b} - 1 \right)$$

$$\frac{61 - 58.5}{3} = \frac{12 + 27}{2} \left(\frac{\cos 20°}{\cos \alpha_b} - 1 \right)$$

$$\frac{2.5}{3} = \frac{39}{2} \left(\frac{\cos 20°}{\cos \alpha_b} - 1 \right)$$

$$\cos \alpha_b = 0.901$$

$$\therefore \;\; \alpha_b = 25° 40'$$

$$\text{inv} \, \alpha_b = \text{inv} \, 25° 40' = 0.032583$$

$$\text{inv} \, \alpha_b = \text{inv} \, \alpha + 2 \tan \alpha \, \frac{x_1 + x_2}{Z_1 + Z_2}$$

$$\text{inv} \, 25° 40' = \text{inv} \, 20° + 2 \tan 20° \, \frac{x_1 + x_2}{12 + 27}$$

$$0.032583 = 0.014904 + 2 \times \tan 20° \times \frac{x_1 + x_2}{39}$$

$$x_1 + x_2 = \frac{(0.032583 - 0.014904) \times 39}{2 \times \tan 20°} = 0.947$$

$$\therefore \;\; x_1 + x_2 = 0.947$$

$Z_2 = 27$ 은 언더컷의 염려가 없으므로 $x_2 = 0$ 으로 표준치로 하고, $Z_1 = 12$ 의 기어만을 전위하면 $x_1 = 0.947$, 전위량 $x_1 m = 0.947 \times 3 = 2.841 \,[\text{mm}]$

13.4 이의 강도설계

13.4.1 강도설계의 개요

동력전달용 기어의 파손은 크게 나누면 이의 절손과 잇면의 손상이다. 이의 절손은 큰하중에 의하여 단시간에 일어나서 이의 뿌리부가 파손되는 경우이며, 이면의 손상은 열처리 등에 의하여 표면경화된 이에서 피로에 의하여 일어나는 경우이다. 이로 인하여 피치점 부근에 **피팅**(점부식을 말하고, 작은 구멍 모양의 손상) 현상이 발생하며, 또한 잇면 사이의 미끄럼에 의한 피로박리 및 융착현상으로 **스코링**현상이 생긴다.

일반적으로 이의 절손에 대해서는 굽힘강도를 검토해야 하며, 잇면의 손상에 대해서는 면압강도를, 또한 윤활의 변화에 의한 부식, 마모, 순간온도 상승에 대해서는 스코링강도 등 여러 가지 면에서 이의 강도설계를 검토해야 된다. 표면경화 등을 한 취성치(잘 부러지는 이)에 대해서는 굽힘강도를 검토하며, 인성치에 대해서는 면압강도를 주로 검토하고, 고속, 고부하에 대해서는 스코링강도도 검토하면 좋다.

(1) 기계절삭치의 강도계산

① 위험단면의 고찰 : 이의 굽힘 강도 검토는 매우 복잡하다. 초기에는 1개 이의 이끝에 전하중이 집중하여 작용하는 것으로 생각하여, 그림 13.42와 같이 Wilfred Lewis는 이를 치형에 내접하는 포물선형 균일강도의 외팔보로 치환하여 이뿌리의 응력을 계산하는 방법을 제안하였으며, 주로 치형의 영향을 도입한 치형계수의 항으로 허용하중을 결정하였다.

Niemann, Glaubity 등은 치형중심선과 하중작용선의 연장선이 만나는 점과 접촉점을 맺는 선분의 중점에서 필릿곡선에 접선을 그어 얻은 접점이 거의 최대응력이 일어나는 점과 일치한다는 것을 주장하였고, Buckingham도 하중작용선과 이의 중심선과의 교점에서 필릿곡선에 접선을 그어, 그 접점을 통과하는 단면을 위험단면이라 규정하였다.

그러나 기어의 물림에 있어서 하중점의 위치에 따라 위험단면의 위치

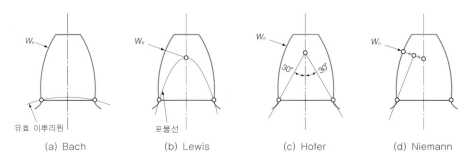

그림 13.42 위험단면의 여러 가지 고찰

가 변화하지만, Hofer는 압력각 20°, 14.5°에 대하여 하중점의 위치에 관계없이 치형의 중심선과 30°의 각도를 이루는 접선이 필릿곡선에 접하는 점을 통과하는 단면이 위험단면이 된다는 것을 광탄성실험에서 확인하여 위험단면의 이 두께를 측정하였다.

② **루이스 (Lewis) 의 기본설계공식** : 미국의 루이스의 공식이 기어강도의 기본 설계 공식으로 널리 쓰이고 있다.

$$W_a = \sigma_a b p y = \sigma_a b \pi m y = \sigma_a b m y_0 \tag{13.74}$$

단, $\pi y = y_0$,

$\qquad W_a$: 피치 원둘레 방향의 허용접선하중 [N]

$\qquad \sigma_a$: 기어재료의 굽힘에 대한 허용굽힘응력 [N/mm^2=MPa]

$\qquad b$: 이나비 [mm],

$\qquad m$: 모듈 y : 치형계수 p : 원주피치

Lewis의 설계공식은 다음과 같이 유도된 것이다.

그림 13.43에서 잇면에 수직으로 작용하는 전하중 W_n 의 작용선과 이의 중심과의 교점 A를 꼭지점으로 치형곡선에 내접하는 포물선 BAC를 그리면, 그 포물선에서 보는 W_n 의 수평분력 W_0 에 대한 균일강도의 외팔보가 되므로, 포물선의 외측에 있는 이의 부분보다 포물선과 접하는 점 BC의 응력쪽이 크다는 것을 알 수 있다. 따라서 B, C를 맺는 지름을 포함한 이의 축방향 단면이 위험단면이 되고, 이 위험단면의 강도는 그림 13.43에서 $\overline{BC} = S_f$, $\overline{AE} = l$이라 하면

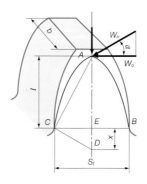

그림 13.43 이의 강도

$$M = W_0\, l, \quad Z = \frac{b\, S_f^{\,2}}{6}, \quad M = \sigma Z$$

$$\therefore\ W_0\, l = \sigma \cdot \frac{b\, S_f^{\,2}}{6}$$

S_f, l 을 원주피치 $p(=\pi m)$ 로 표시하면 $S_f = \phi p$, $l = \lambda p(\phi$, λ 는 계수)로 놓을 수 있으므로 윗 식은

$$W_0 = \frac{\sigma b \phi^2 p^2}{6 \lambda p} \tag{13.75}$$

그림에서 $\angle ACD = 90°$ 로 하고 $\overline{DE} = x$ 라 하면 $\triangle ACE$ 와 $\triangle CDE$ 는 닮은꼴이므로

$$\overline{EC^2} = \overline{ED} \cdot \overline{EA}$$

$$\frac{S_f^{\,2}}{4} = x \cdot l$$

$$\therefore\ \phi^2 p^2 = 4\, x\, \lambda p \tag{13.76}$$

$$W_0 = \frac{\sigma b \cdot 4\, x\, \lambda p}{6\, \lambda p} = \frac{2}{3}\, \sigma\, b\, x$$

지금 $y = \dfrac{2\, x}{3\, p}$ 라 하고, 허용응력을 취하면

$$W_a = \sigma_a b\, p\, y \tag{13.77}$$

윗 식을 **루이스의 기본설계공식**이라고 한다. 잇수가 같으면 x 는 피치에 비례하므로 잇수에 의하여 다르게 되고 y 는 x 의 함수로 주어졌으므로 y 는 단지 잇수에 의하여 결정되는 형상계수이며, 이것을 **치형계수** (toothed form factor) 라고 한다.

(2) 스퍼 기어 이의 안전 사용응력

단위 면적에 대한 허용응력 σ_a 의 크기는 기어의 속도, 재료의 종류, 정밀도 등에 의하여 결정한다. 이는 가해지는 충격력에 의하여 주로 손상을 받으므로 특히 피치 라인(pitch line) 위에 있어서 이의 선속도는 허용응력을 결정하는 기초적인 요소가 된다. 이의 정밀도가 나쁠수록 충격력을 많이 받게 되며, 특

히 이의 물림 속도의 증가에 의하여 크게 증가된다. 따라서 설계 시 이의 사용응력을 속도의 함수로써 결정한다.

σ_0를 속도 0 일 때의 허용굽힘응력이라 하고, 속도를 3단계로 구분한다.

① 저속도용 (10 m/s 이하) : 다듬질을 하지 않은 것 또는 간단한 다듬질을 한 것

$$\sigma_a = \sigma_0 \left(\frac{3.05}{3.05 + v} \right) [\text{N/mm}^2 = \text{MPa}] \tag{13.78}$$

② 중속도용 (5~20 m/s) : 다듬질한 것

$$\sigma_a = \sigma_0 \left(\frac{6.1}{6.1 + v} \right) [\text{MPa}] \tag{13.79}$$

③ 고속도용 (20~80 m/s) : 다듬질한 것, 연마, 래핑한 것

$$\sigma_a = \sigma_0 \left(\frac{5.55}{5.55 + \sqrt{v}} \right) [\text{MPa}] \tag{13.80}$$

④ 합성수지 등 비금속재질의 기어

$$\sigma_a = \sigma_0 \left(\frac{0.75}{1 + v} + 0.25 \right) [\text{MPa}] \tag{13.81}$$

위에서 v 는 피치원의 원주속도로 m/s 로 표시한 것이고, D를 피치원의 지름, N을 기어의 1분당 회전속도라 하면

$$v = \frac{\pi D N}{60 \times 1000} [\text{m/s}] \tag{13.82}$$

그리고 위의 식들에서 ( )안의 수식은 **속도계수** (speed factor) 로써 f_v로 표시한다. σ_0 는 재료의 탄성계수의 $\frac{1}{2}$ 또는 최대인장강도를 안전계수로 나눈 것으로, 일반적으로 이 때의 안전계수는 (3~6) 정도로 한다. 표 13.7은 각종 기어 재료에 대한 σ_0 의 값을 표시한다.

(3) 스퍼 기어의 전달마력

허용하중만큼의 힘이 항상 피치원 부근에 작용하여 회전하는 것으로 가정하여 전달동력 H를 구하면

▶**표 13.7** 각종 기어 재료에 대한 σ_0 의 값

재 료	σ_0 [MPa=N/mm^2]
크롬 니켈강 : 담금질한 것	690
크롬 바나듐강 : 담금질한 것	690
합금동 표면경화	340
기계강	170
주물강	140
고급강 메탈	110
보통강 메탈	82
고급 주철	100
상급 주철	69
보통 주철	55
견 지	41
압축수지제품	41
생가죽	41

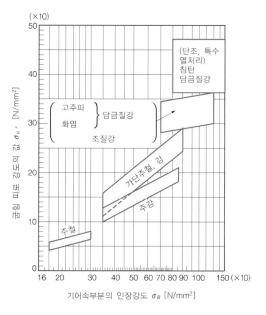

그림 13.44 기어 재료의 굽힘피로강도

▶**표 13.8** 각종 기어 재료의 σ_0 의 값

재 료		σ_0 [MPa=N/mm^2]
강 철	크롬 니켈강을 열처리한 것	690
	크롬 바나듐강을 열처리한 것	690
	0.5 [%] 탄소강	170
	0.3 [%] 탄소강	140
	주강	140
청 동	특수 청동	110
	보통 청동	69
주 철	세미 스틸	103
	은량 주철	69
	보통 주철	55
비금속	베이클라이트 생가죽	55

▶표 **13.9** 평기어의 피치기준 치형계수 y

잇수 Z	압력각 $\alpha=14.5°$	압력각 $\alpha=20°$					잇수 Z	압력각 $\alpha=14.5°$	압력각 $\alpha=20°$				
	보통이	보통이	낮은이	유성기어 장치				보통이	보통이	낮은이	유성기어 장치		
				작은기어	내접기어						작은기어	내접기어	
12	0.067	0.078	0.099	0.104	-		28	0.100	0.112	0.137	0.127	0.220	
13	0.071	0.083	0.103	0.104	-		30	0.101	0.114	0.139	0.129	0.216	
14	0.075	0.088	0.108	0.105	-		34	0.104	0.118	0.142	0.132	0.210	
15	0.078	0.092	0.111	0.105	-		38	0.106	0.122	0.145	0.135	0.205	
16	0.081	0.094	0.115	0.106	-		43	0.108	0.126	0.147	0.137	0.200	
17	0.084	0.096	0.117	0.109	-		50	0.110	0.130	0.151	0.139	0.195	
18	0.086	0.098	0.120	0.111	-		60	0.113	0.134	0.154	0.142	0.190	
19	0.088	0.100	0.123	0.114	-		75	0.115	0.138	0.158	0.144	0.185	
20	0.090	0.102	0.125	0.116	-		100	0.117	0.142	0.161	0.147	0.180	
21	0.092	0.104	0.127	0.118	-		150	0.119	0.146	0.165	0.149	0.175	
22	0.093	0.105	0.129	0.119	-		300	0.122	0.150	0.170	0.152	0.170	
24	0.095	0.107	0.132	0.122	-		래크	0.124	0.154	0.175	-	-	
26	0.098	0.110	0.135	0.125	-								

주 표에 잇수가 없는 경우 보간법으로 계산한다.
보통이는 기준래크의 이끝높이가 모듈과 같은 이(이끝높이 $h_f=m$
낮은이는 기준래크의 이끝높이가 모듈보다 작은 이(통상적으로 이끝높이 $h_f=0.8\times m$)

▶표 **13.10** 평기어의 모듈기준 치형계수 y_o(여기서 $y_o=\pi y$)

잇수 Z	압력각 $\alpha=14.5°$	압력각 $\alpha=20°$					잇수 Z	압력각 $\alpha=14.5°$	압력각 $\alpha=20°$				
	보통이	보통이	낮은이	유성기어 장치				보통이	보통이	낮은이	유성기어 장치		
				작은기어	내접기어						작은기어	내접기어	
12	0.210	0.245	0.311	0.327	-		28	0.314	0.353	0.430	0.400	0.691	
13	0.223	0.261	0.324	0.327	-		30	0.317	0.359	0.437	0.405	0.679	
14	0.236	0.277	0.339	0.330	-		34	0.327	0.371	0.446	0.415	0.660	
15	0.245	0.290	0.349	0.330	-		38	0.333	0.384	0.456	0.424	0.644	
16	0.254	0.296	0.361	0.333	-		43	0.339	0.397	0.462	0.430	0.628	
17	0.264	0.303	0.368	0.342	-		50	0.346	0.409	0.474	0.437	0.613	
18	0.270	0.309	0.377	0.349	-		60	0.345	0.422	0.484	0.446	0.597	
19	0.276	0.314	0.386	0.358	-		75	0.361	0.435	0.496	0.452	0.581	
20	0.283	0.322	0.393	0.364	-		100	0.368	0.447	0.506	0.461	0.565	
21	0.289	0.328	0.399	0.371	-		150	0.374	0.460	0.518	0.468	0.550	
22	0.292	0.331	0.405	0.374	-		300	0.383	0.472	0.534	0.478	03534	
24	0.298	0.337	0.415	0.383	-		래크	0.390	0.485	0.550	-	-	
26	0.308	0.346	0.424	0.383	-								

주 표에 잇수가 없는 경우 보간법으로 계산한다.
보통이는 기준래크의 이끝높이가 모듈과 같은 이(이끝높이 $h_f=m$)
낮은이는 기준래크의 이끝높이가 모듈보다 작은 이(통상적으로 이끝높이 $h_f=0.8\times m$)

$$H_{PS} = \frac{W_a[N] \cdot v[\text{m/s}]}{735.5} \text{ [PS]}, \quad H_{\text{kW}} = \frac{W_a[N] \cdot v[\text{m/s}]}{1000} \text{ [kW]} \quad (13.83)$$

또 H_{PS} 마력을 v 의 속도로 전달할 때 이에 작용하는 하중 W 는

$$W_a = \frac{735.5 H_{PS}}{v} \quad \text{또는} \quad W_a = \frac{1000 H_{\text{kW}}}{v} \quad (13.84)$$

🔒 예제 7

15°의 주철제 인벌류트 기어로 6 [PS] 를 전달시키려고 한다. 양축 사이의 거리는 250 [mm] 로, 양축의 속도비는 2 : 3이다. 피니언의 속도를 150 [rpm] 이라 하고, 이 2개의 기어를 설계하시오. 단, 사용응력 $\sigma_a = 34$ [MPa]라 한다.

풀이

그림 13.44에서 양축 사이의 거리가 250 [mm] 이고, 그 속도비가 $\frac{2}{3}$ 이므로 양기어 피치원 반지름의 합은 250 [mm] 이고, 그 길이는 속도비에 반비례한다. 그림에서 A 를 큰 기어, B 를 작은 기어의 축심이라 하면

$$R_A = 150 \text{ [mm]}, \quad R_B = 100 \text{ [mm]}$$

이다. 일반적으로 같은 종류의 재료로 만들어진 큰 기어와 작은 기어에서 작은 기어는 큰 기어보다 약하다. 그러므로 기어의 크기를 결정할 때, 항상 작은 기어를 기준으로 결정하여야 한다. 작은 기어의 피치원의 지름을 D_B 라 하면 $D_B = 100 \times 2 = 200$ [mm]이므로 그 원둘레에 작용하는 속도 v_B 는

$$v_B = \frac{\pi \times 200 \times 150}{60000} \fallingdotseq 1.57 \text{ [m/s]}$$

그러므로 피치원의 절선방향의 힘 W 는

$$W = \frac{735.5 H_{PS}}{v} = \frac{735.5 \times 6}{1.57} \fallingdotseq 2811 \text{ [N]}$$

지금 $\sigma = 34$ [MPa] $= 34$ [N/mm²], 또 이나비는 정해지지 않았지만 일단 $b = 25$ [mm]로 하면 $w = 112.7$ [N/mm]이므로

$$m = D \left(0.091 - \sqrt{0.0082 - \frac{0.465 \, \omega}{\sigma D}} \right)$$

$$= 200 \left(0.091 - \sqrt{0.0082 - \frac{0.465 \times 112.7}{34 \times 200}} \right) \fallingdotseq 14$$

∴ 원주피치 $p = \pi \, m = 14 \pi = 44$ [mm]

그런데 이것은 이나비 $b = (2 \sim 3)\,p$ 에 맞지 않으므로 두 번째의 시도로 $b = 50\,[\mathrm{mm}]$ 로 하면

$$w = \frac{2811}{50} = 56.22\,[\mathrm{N/mm}],$$

$$m = 200\left(0.0091 - \sqrt{0.0082 - \frac{0.465 \times 56.22}{34 \times 200}}\right) \fallingdotseq 5.0$$

$$\therefore\ m = 5\,\text{로 하고,}\quad p = \pi\,m = 3.1416 \times 5 = 15.7\,[\mathrm{mm}]$$

이와같이 정하면 치형은 $\dfrac{b}{p} = \dfrac{50}{15.7} = 3.18$ 이므로 $b = (2 \sim 3)$ 의 범위에 크게 벗어나지 않으므로 큰 지장은 없다.

따라서 $m = 5$ 로 결정한다.

그러므로 작은 기어의 잇수 Z_B 는

$$Z_B = \frac{D_B}{m} = \frac{200}{5} = 40\,\text{개}$$

큰 기어의 잇수 Z_A 는

$$Z_A = \frac{D_A}{m} = \frac{2\,R_A}{m} = \frac{2 \times 150}{5} = 60\,\text{개}$$

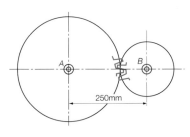

그림 13.45

🔒 **예제 8**

다음과 같은 한 쌍의 기계절삭치의 기어가 전달할 수 있는 마력수를 구하시오.

기　어 : 피니언 $Z_1 = 15$, 큰 기어 $Z_2 = 60$

재　료 : 기계강, 고급주철

회전속도 (rpm) : $N_1 = 400$, $N_2 = 100$

지름피치 : $p_d = 4$, $p_d = 4$

$14\frac{1}{2}^{\circ}$ 규정표준형, 이 나비 $b = 60\,[\mathrm{mm}]$

[풀이]
피치원의 지름

$$D_1 = \frac{25.4 \, Z_1}{p_d} = \frac{25.4 \times 15}{4} = 95.250 \, [\mathrm{mm}]$$

$$D_2 = \frac{25.4 \times 60}{4} = 381.000 \, [\mathrm{mm}]$$

$$v = \frac{\pi D_1 N_1}{60000} = \frac{\pi \times 95.25 \times 400}{60000} = 2 \, [\mathrm{m/s}]$$

$$\sigma_{01} = 172 \, [\mathrm{MPa}], \quad \sigma_{02} = 103 \, [\mathrm{MPa}]$$

$$\sigma_{a1} = \frac{3.05}{3.05 + v} \, \sigma_{01} = \frac{3.05}{3.05 + 2} \times 172 = 104 \, [\mathrm{MPa}]$$

$$\sigma_{a2} = \frac{3.05}{3.05 + v} \, \sigma_{02} = \frac{3.05}{3.05 + 2} \times 103 = 62 \, [\mathrm{MPa}]$$

$$y_{01} = 0.245, \; y_{02} = 0.355$$

$$W_{a1} = \frac{25.4 \, \sigma_{a1} \, b \, y_{01}}{p_d} = \frac{25.4 \times 104 \times 60 \times 0.245}{4} = 9708 \, [\mathrm{N}]$$

$$W_{a2} = \frac{25.4 \times 62 \times 60 \times 0.355}{4} = 8386 \, [\mathrm{N}] < 9708 \, [\mathrm{N}]$$

$$H_{PS} = \frac{W_a \, v}{735.5} = \frac{8386 \times 2}{735.5} \fallingdotseq 22.8 \, [\mathrm{PS}]$$

🔒 예제 9

한 쌍의 인벌류트 표준이의 주철제 주조기어로 7.4 [kW] 를 전달시키려고 한다. 피니언 250 [rpm] 이고, 피치원의 지름은 약 150 [mm] 이고 회전비는 4.5이다. 피치와 이나비를 구하고 각각의 잇수와 피치원의 지름을 계산하시오.

[풀이]

$$D_1 \fallingdotseq 150 \, [\mathrm{mm}], \; N_1 = 250 \, [\mathrm{rpm}], \; H_{kW} = 7.4 \, [\mathrm{kW}]$$

$$v = \frac{\pi D_1 \, N_1}{60000} = \frac{\pi \times 150 \times 250}{60000} = 1.97 \, [\mathrm{m/s}]$$

$$W = \frac{1000 H_{\mathrm{kW}}}{v} = \frac{1000 \times 7.4}{1.97} = 3756 \, [\mathrm{N}]$$

재료를 주철의 특별 고급품이라 하여 표에서

$$\sigma_a = \frac{3.05}{3.05 + v} \, \sigma_0 = \frac{3.05}{3.05 + 1.97} \times 70 = 42.5 \, [\mathrm{N/mm^2}] = 42.5 \, [\mathrm{MPa}]$$

또 $b = 2.5 \, p$ 라 하면

$$W = 3756 = 0.055 \, \sigma_a \, p \, b = 0.055 \times 42.5 \times 2.5 \, p^2 = 5.84 \, p^2$$

$$p = \sqrt{\frac{3756}{5.84}} \fallingdotseq 26\,[\mathrm{mm}] \fallingdotseq 26\,[\mathrm{mm}]$$

$$b = 2.5 \times 26 = 65\,[\mathrm{mm}], \qquad Z_1 = \frac{\pi D_1}{p} = \frac{\pi \times 150}{26} = 18.14 \fallingdotseq 18$$

$$Z_2 = 4.5 \times 18 = 81\,, \qquad D_1 = \frac{Z_1\,p}{\pi} = \frac{18 \times 26}{\pi} = 149\,[\mathrm{mm}]$$

$$D_2 = \frac{Z_2\,p}{\pi} = \frac{81 \times 26}{\pi} = 670.7\,[\mathrm{mm}]$$

이끝높이 $h_k = 0.3\,p = 0.3 \times 26 = 7.8\,[\mathrm{mm}]$

이뿌리 높이 $h_f = 0.4\,p = 0.4 \times 26 = 10.4\,[\mathrm{mm}]$

총 이높이 $h = a + d = 7.8 + 10.4 = 18.2\,[\mathrm{mm}]$

이두께 $t = 0.48\,p = 0.48 \times 26 = 12.48\,[\mathrm{mm}]$

바깥지름 $D_{01} = D_1 + 2\,h_k = 149 + 2 \times 7.8 = 164.6\,[\mathrm{mm}]$

                   $D_{02} = D_2 + 2\,h_k = 670.7 + 2 \times 7.8 = 686.3\,[\mathrm{mm}]$

중심거리 $A = \dfrac{149 + 670.72}{2} = 409.85\,[\mathrm{mm}]$

13.4.2 피로에 의한 면압강도

(1) 피팅 (pitting, 점부식) 과 그 종류

전달동력에 의하여 한 쌍의 기어의 잇면 사이에 작용하는 수직하중이 너무 커지면 기어의 회전과 더불어 과대한 반복응력이 생기고 심한 마모를 일으켜 피로 현상이 잇면에 생긴다. 이것을 **점부식**(pitting) 이라 한다. 그림 13.46은 점부식의 종류를 나타낸 것으로 그림 (a)는 잇면에 무수히 작은 구멍이 발생하는 현상으로, 일반적으로 피치원의 주위에 많이 생긴다. 피치원 주위에 생기는 경우는 작은 구멍이 모여서 큰 구멍으로 되기도 한다. 이것을 P형 점부식이라 한다. 그림 (b)는 이끝 근처에 긋기모양의 점부식이 생기는 것으로 폭은 0.5~2 mm 정도이며, 약간의 간격을 띄고, 이나비 전체에 또는 이나비의

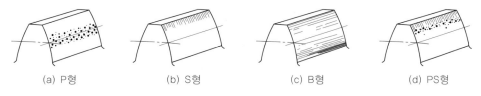

    (a) P형   (b) S형   (c) B형   (d) PS형

그림 13.46 피팅의 종류

양단의 일정 부분에 생기는 부분적인 것이고, 이것을 S형 점부식이라 한다. 그림 (c)는 이끝 및 이뿌리 주변의 마주침이 아주 강하여 잇면이 아주 거칠게 되는 경우이고, 때로는 그 중에 P형의 특히 작은 구멍이 생기는 경우도 있다. 이것은 피치원 주위에는 잘 발생하지 않는다. 이것을 B형 점부식이라 한다. 때로는 S형과 P형이 조합되어 그림 (d)와 같은 PS형 점부식이 생기기도 한다. 재료는 이와 같은 점부식에 의하여 파손이 촉진되어 파괴된다. 따라서 면압강도를 생각하여 잇면에 생기는 접촉응력이 기어 재질에 따라 정해진 값보다 작도록 설계하는 것이 좋다.

(2) 면압강도 (피팅문제)

그림 13.47은 잇면 사이의 접촉압력의 분포 상태를 나타낸 것이다. 이 압력이 너무 크면 이의 마모와 반복응력 때문에 생기는 피로로 인해 피팅현상이 일어나며 잇면이 손상을 받게 되고 진동과 소음을 내는 원인이 되어 기어의 효율을 저하시킨다.

접촉압력을 계산할 때 헤르츠의 공식이 가장 널리 사용된다. 서로 접하는 2개 원주면의 곡률반지름 및 종탄성계수를 각각 ρ_1, ρ_2 및 E_1, E_2라 하고, 길이 b, 접촉면의 수직방향에 작용하는 하중을 W_n라 하면 최대접촉압축응력 σ_c는 헤르츠의 공식에서

$$\sigma_c{}^2 = \frac{0.35\, W_n \left(\dfrac{1}{\rho_1} + \dfrac{1}{\rho_2} \right)}{b \left(\dfrac{1}{E_1} + \dfrac{1}{E_2} \right)} \tag{13.86}$$

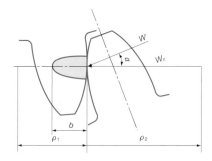

그림 13.47 접촉압력의 분포

이 2개의 원기둥을 기어로 가정하면 잇면의 곡률반지름은 장소에 따라 다르지만, 피치점에 있어서 곡률반지름으로 생각하면

$$\left.\begin{array}{l} \rho_1 = \dfrac{D_1}{2}\sin\alpha \\[3mm] \rho_2 = \dfrac{D_2}{2}\sin\alpha \end{array}\right\} \tag{13.87}$$

한편, 수평력 $W = W_n\cos\alpha$ 이고 이것들을 식 (13.86)에 대입하면

$$\sigma_c{}^2 = \frac{1.4\,W(D_1+D_2)}{\sin 2\alpha\, b\left(\dfrac{1}{E_1}+\dfrac{1}{E_2}\right)D_1 D_2} \tag{13.88}$$

$$\therefore\;\; W = \frac{\sigma_c{}^2\sin 2\alpha}{1.4}\left(\frac{1}{E_1}+\frac{1}{E_2}\right)b\,m\,\frac{Z_1 Z_2}{Z_2+Z_2} \tag{13.89}$$

실제의 경우 속도계수 f_v 를 고려하면 다음과 같이 쓸 수 있다.

$$W = Kf_v b m\frac{2\,Z_1 Z_2}{Z_1+Z_2} = Kf_v D_1 b\frac{2\,Z_2}{Z_1+Z_2} \tag{13.90}$$

$$\therefore\;\; K = \frac{\sigma_c{}^2\sin 2\alpha\left(\dfrac{1}{E_1}+\dfrac{1}{E_2}\right)}{2.8} \tag{13.91}$$

이 K를 **접촉응력계수**라 하고, 기어의 재질 및 압력각의 크기에 의하여 결정된다. 마모를 고려한 면압강도를 다음 공식으로 구하기도 한다.

$$W_a = f_v\cdot KD_1 b\frac{2\,Z_2}{Z_1+Z_2},\quad W_a = f_v\cdot K\cdot m\cdot b\frac{2\,Z_1 Z_2}{Z_1+Z_2} \tag{13.92}$$

▶표 13.11 접촉면압력계수의 값

기어재료		K [N/mm²=MPa]			기어재료		K [N/mm²=MPa]		
작은기어 경도 H_B	큰기어 경도 H_B	σ [N/mm²= MPa]	$\alpha = 14.5°$	$\alpha = 20°$	작은기어 경도 H_B	큰기어 경도 H_B	σ [N/mm²= MPa]	$\alpha = 14.5°$	$\alpha = 20°$
강철(150)	강철(150)	340	0.198	0.262	강철(400)	강철(400)	1170	2.32	3.08
〃(200)	〃(150)	410	0.291	0.387	〃(500)	〃(400)	1200	2.44	3.24
〃(250)	〃(150)	480	0.387	0.514	〃(600)	〃(400)	1240	2.61	3.45
강철(200)	강철(200)	480	0.387	0.514	강철(500)	강철(500)	1310	2.90	3.84
〃(250)	〃(200)	550	0.507	0.672					
〃(300)	〃(200)	610	0.640	0.848	〃(600)	〃(600)	1580	4.26	5.62
강철(250)	강철(250)	610	0.640	0.848	강철(150)	주 철	340	0.294	0.382
〃(300)	〃(250)	680	0.791	1.05	〃(200)	〃	480	0.578	0.774
〃(350)	〃(250)	750	0.958	1.27	〃(250)	〃	610	0.960	1.27
					〃(300)	〃	630	1.03	1.36
강철(300)	강철(300)	750	0.958	1.27	강철(150)	인청동	340	0.304	0.402
〃(350)	〃(300)	820	1.14	1.51	〃(200)	〃	480	0.608	0.804
〃(400)	〃(300)	860	1.25	1.66	〃(250)	〃	580	0.902	1.32
강철(350)	강철(350)	890	1.34	1.77	주 철	주철니켈	610	1.29	1.84
〃(400)	〃(350)	970	1.58	2.10	니켈주철	주 철	630	1.37	1.82
〃(450)	〃(350)	1000	1.68	2.23	니켈주철	인 청 동	560	1.14	1.52

13.4.3 스코링 강도

면압강도에 있어서 치면강도는 고체접촉으로 생각하고 계산하지만, 실제로 기어는 기름으로 윤활되어 잇면 사이에 유막이 형성되므로, 베어링과 마찬가지로 유체압력으로 하중을 지지하고 있다고 가정하여 계산한다. 즉 고속하중의 경우에는 치면압력이 높아져서 잇면 사이의 유막이 파괴되어 금속끼리 접촉하여 표면의 순간온도가 상승하여 눌어붙는다. 이 현상을 스코링 (scoring)이라 한다.

스코링에 대해서는 다음과 같은 설계법이 있다.

(1) 압력속도계수 pv 의 값을 제한하는 방법 (베어링의 경우와 같음)

기어의 수가 크게 변화하면 pv의 값으로 한계를 결정하는 것은 어렵다. 따라서 다음 방법을 사용한다.

(2) pvs 의 값을 제한하는 방법

여기서 s 는 피치원으로부터 이끝 또는 이뿌리의 물음한계점까지의 물음길이를 말한다. 압력 p 를 [psi], 속도 v 를 [ft/s] 로 표시하면

$$pvs \leqq 1.5 \times 10^6$$

기름의 종류에 의한 pvs 한계값을 표 13.12에 표시하였다.

▶**표 13.12** 기름의 종류에 의한 pvs값의 한계값

윤활유의 종류	pvs한계값 [kg$_f$/sec]
광 유	8.2×10^6
기 어 유	1.12×10^7
하이포이드유	2.01×10^7

(3) 최고온도를 제한하는 방법

Blok에 의하면 접촉하는 잇면의 최고온도는

$$\theta_{\max} = \frac{0.83 \mu R (v_1 - v_2)}{b(\sqrt{\lambda_1 \gamma_1 c_1 v_1} + \sqrt{\lambda_2 \gamma_2 c_2 v_2}) \sqrt{B}} \tag{13.93}$$

여기서, γ 는 비중량, λ 는 열전도율, c 는 비율, 하첨자 1은 작은 기어, 하첨자 2는 큰 기어를 의미하며 B 는 탄성변형에 의한 접촉폭이다.

🔒 예제 10

주축에서 속도비 1.5 : 1로 감속되는 종동축이 있다. 주축은 300 [rpm], 60 [PS], 축간 거리를 90 [mm] 이내로 하여 이것에 사용하는 한 쌍의 스퍼 기어의 잇수와 모듈을 결정하시오. 단, 압력각 20°, 재질을 니켈 크롬강이라고 한다.

풀이

양기어의 피치원의 지름을 D_1, D_2 라 하면

$$C = \frac{D_1 + D_2}{2}, \quad D_2 = 1.5 D_1, \quad 2C = D_1 + 1.5 D_1$$

$$180 = 2.5 D_1, \quad \therefore \ D_1 = 72\,[\mathrm{mm}], \quad D_2 = 108\,[\mathrm{mm}]$$

피치원의 원주속도 $\quad v = \dfrac{3.14 \times 72 \times 300}{60 \times 1000} = 11.3\,[\mathrm{m/s}]$

속도계수 $\quad f_v = \dfrac{6.1}{6.1 + v} = \dfrac{6.1}{6.1 + 11.3} = 0.35$

재질을 니켈크롬강 (SNC 90) 이라 하고 $\sigma_0 = 490\,[\mathrm{MPa}]$, 이나비 $b = 10 \times m$,

치형계수 $\quad y = 0.135\,(평균값)$

전달하중 $\quad W = \dfrac{735.5 \times H_{PS}}{v} = \dfrac{735.5 \times 60}{11.3} \fallingdotseq 3905\,[\mathrm{N}]$

작은 기어 (주축측)에서

$$W = f_v \cdot \sigma_0 \cdot b \pi m y = 0.35 \times 490 \times 10\,m \times 3.14 \times m \times 0.135 = 3905\,[\mathrm{N}]$$

$$\therefore \ m = \sqrt{\dfrac{3905}{0.35 \times 490 \times 10 \times \pi \times 0.135}} \fallingdotseq 2.3$$

이상의 결과에서 $m = 2.5$ 라 하면

$$Z_1 = \dfrac{D_1}{m} = \dfrac{72}{2.5} = 28.8 = 29\,개, \quad Z_1 = 1.5\,Z_1 = 43\,개$$

축간 거리 $\quad A = \dfrac{Z_1 + Z_2}{2}\,m = \dfrac{29 + 43}{2} \times 2.5 = 90\,[\mathrm{mm}]$

이나비 $\quad b = 10\,m = 10 \times 2.5 = 25\,[\mathrm{mm}]$

면압강도의 관점에서 허용하중을 계산하면

$$W = f_v\,K \cdot m \cdot b \cdot \dfrac{2\,Z_1 Z_2}{Z_1 + Z_2}$$

$$= 0.35 \times 5.62 \times 2.5 \times 25 \times \dfrac{2 \times 29 \times 43}{29 + 43} \fallingdotseq 4258\,[\mathrm{N}]$$

(단, K 의 값은 담금질을 한 후의 경도로 $H_B = 600$ 으로 잡는다.)
이상의 결과에서 $m = 2.5$, $Z_1 = 29$, $Z_2 = 43$ 으로 하면 필요한 동력을 전달할 수 있다.

예제 11

압력각 14.5°, 잇수 14 : 49, 작은 기어는 720 [rpm] 으로 30 [PS], 모듈 5, 이나비 50 [mm] 로 하여 양기어의 재질을 결정하시오.

풀이

피치원의 지름 $D_1 = m Z_1 = 5 \times 14 = 70\,[\mathrm{mm}]$, $D_2 = m Z_2 = 5 \times 49 = 245\,[\mathrm{mm}]$

피치원의 원주속도 $\quad v = \dfrac{3.14 \times 70 \times 720}{60 \times 1000} = 2.7\,[\mathrm{m/s}]$

속도계수 $\quad f_v = \dfrac{3.05}{3.05 + v} = \dfrac{3.05}{3.05 + 2.7} = 0.52$

전달하중 $\quad W = \dfrac{735.5\,H_{PS}}{v} = \dfrac{735.5 \times 30}{2.7} ≒ 8172\ [\mathrm{N}]$

① 굽힘 강도에서

작은 기어에서의 치형계수 $y_{01} = 0.086$

$$\therefore\ \sigma_{01} = \frac{W}{f_v \cdot b \cdot \pi \cdot m \cdot y_{01}} = \frac{8172}{0.52 \times 50 \times \pi \times 5 \times 0.086} = 233\ [\mathrm{N/mm^2}]$$

큰 기어에서의 치형계수 $y_{02} = 0.110$

$$\therefore\ \sigma_2 = \frac{8172}{0.52 \times 50 \times \pi \times 5 \times 0.110} = 182\ [\mathrm{N/mm^2}]$$

② 면압강도에서

$$K = \frac{W}{f_v \cdot m \cdot b \cdot \dfrac{2\,Z_1\,Z_2}{Z_1 + Z_2}} = \frac{8172}{0.52 \times 5 \times 50 \times \dfrac{2 \times 18 \times 49}{18 + 49}} = 2.39\ [\mathrm{N/mm^2}]$$

이상의 결과를 표와 대조하여 $\begin{cases} \text{작은 기어: } 0.4\,[\%]\ \text{탄소강}(\mathrm{S\,35\ C}) \\ \text{큰 기어: } 0.3\,[\%]\ \text{탄소강}(\mathrm{S\,25\ C}) \end{cases}$ 으로 결정한다.

🔓 **예제 12**

작은 기어의 재질은 주철(GC30), 잇수 $Z_1 = 20$, 회전속도 $N_1 = 250\,[\mathrm{rpm}]$이고 큰 기어의 재질은 주철(GC20), 잇수 $Z_2 = 100$, 회전속도 $N_2 = 500\,[\mathrm{rpm}]$, 모듈 $m = 5$, 압력각 $\alpha = 14.5°$, 이나비 $b = 50\,[\mathrm{mm}]$의 한 쌍의 스퍼 기어의 전달동력[kW]을 계산하시오.

풀이

① 굽힘 강도에서

작은 기어에서는

피치원상의 원주속도 $\quad v = \dfrac{\pi\,D_1\,N_1}{60 \times 1000} = \dfrac{\pi \times 5 \times 20 \times 250}{60 \times 1000} = 1.3\ [\mathrm{m/s}]$

속도계수 $f_v = \dfrac{3.05}{3.05 + v} = \dfrac{3.05}{3.05 + 1.3} = 0.7$

치형계수 $y_{01} = 0.090$, $\sigma_b = 128\ [\mathrm{MPa}]$, $b = 50\,[\mathrm{mm}]$, $m = 5$ 이므로

Lewis의 공식에 의하여 굽힘강도의 허용하중은

$$W_a = \sigma_0\,f_v\,b\,\pi\,m\,y_0 = 128 \times 0.7 \times 50 \times 3.14 \times 5 \times 0.09 = 6334\ [\mathrm{N}]$$

큰 기어에서는 $f_v = 0.7$, $y_{02} = 0.117$, $\sigma_0 = 88\ [\mathrm{MPa}]$, $b = 50\,[\mathrm{mm}]$, $m = 5$ 에서

$$W_a = 0.7 \times 88 \times 50 \times 3.14 \times 5 \times 0.117 = 5661 \ [\text{N}]$$

② 면압강도에서

이의 허용하중은

$$W_a = f_v \, Km \, b \, \frac{2 Z_1 Z_2}{Z_1 + Z_2} = 0.7 \times 1.29 \times 5 \times 50 \times \frac{2 \times 20 \times 100}{20 + 100} = 7546 \ [\text{N}]$$

최소허용전달하중 = 5661 [N]이므로

전달마력 $H_{kW} = \dfrac{5661 \times 1.3}{1000} = 7.4 \ [\text{kW}]$로 된다.

🔒 예제 13

작은 기어의 재질 0.4 [%] 탄소강 (S40C), 브리넬 경도 $H_B = 250$, 회전속도 $N_1 = 600 \ [\text{rpm}]$이고 큰 기어의 재질은 주철 (GC30), 회전속도 $N_2 = 200 \ [\text{rpm}]$이다. 양 기어의 축간 거리 $A = 300 \ [\text{mm}]$, 압력각 $\alpha = 14\frac{1}{2}^\circ$, 전달동력 $H_{kW} = 18.4 \ [\text{kW}]$의 경우 모듈의 크기를 굽힘강도의 관점에서 계산하시오.

풀이

$$\frac{N_2}{N_1} = \frac{D_1}{D_2} = \frac{200}{600} = \frac{1}{3}$$

$2A = D_1 + D_2$ 이므로, 축간 거리를 300 [mm] 라 하면

$$D_1 + D_2 = D_1 + 3 D_1 = 600 \ [\text{mm}]$$
$$\therefore \ D_1 = \frac{600}{4} = 150 \ [\text{mm}], \quad D_2 = 3 D_1 = 450 \ [\text{mm}]$$

피치원의 원주속도 $\quad v = \dfrac{\pi D_1 N_1}{60 \times 1000} = \dfrac{3.14 \times 150 \times 600}{60 \times 1000} = 4.7 \ [\text{m/s}]$

이에 작용하는 전달하중 $\quad W = \dfrac{1000 H_{kW}}{v} = \dfrac{1000 \times 18.4}{4.7} = 3915 \ [\text{N}]$

① 굽힘강도에서

작은 기어에 대하여 계산하면

$$\text{속도계수} \ f_v = \frac{3.05}{3.05 + v} = \frac{3.05}{3.05 + 4.7} = 0.39$$
$$\sigma_0 = 255 \ [\text{MPa}], \quad \text{이나비} \ b = 10 \, m \ \text{으로 하면}$$

치형계수 $y_0 = 0.1$ 정도로 정하고

$$W = \sigma_0 \, f_v \times b \times \pi \, m \, y_0 = 0.39 \times 255 \times 10 \, m \times 3.14 \times m \times 0.1 = 3915$$
$$m = \sqrt{\frac{3915}{0.29 \times 255 \times 10 \times 3.14 \times 0.1}} = 4.1$$

큰 기어에는 같은 양으로 $f_v = 0.39$, $\sigma_0 = 128$ MPa, $y_{02} = 0.1$, $b = 10\,m$ 이라고 하면

$$3915 = 0.39 \times 128 \times 10\,m \times 3.14 \times m$$

$$m = \sqrt{\frac{3915}{0.39 \times 128 \times 10 \times 3.14 \times 0.1}} \fallingdotseq 5.0$$

지금 $m = 5$로 가정하면

$$Z_1 = \frac{D_1}{m} = \frac{150}{5} = 30개, \quad Z_2 = \frac{D_2}{m} = \frac{450}{5} = 90\,개$$

$$b = 10\,m = 10 \times 5 = 50\,[\mathrm{mm}]$$

13.4.4 기어각부의 계산

기어는 림, 보스, 암으로 구성된다(그림 13.48). 또한 기어의 전달하중의 크기에 따라서 암의 모양이 달라진다(그림 13.49).

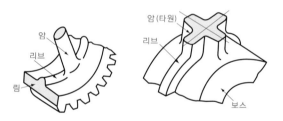

그림 **13.48** 기어 각부의 구조

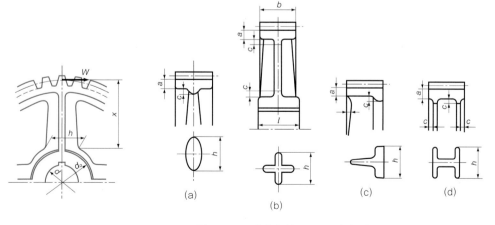

그림 **13.49** 기어의 림, 보스, 암의 치수

(1) 림(rim)

림의 두께는 경하중의 작은 기어에서는 원주피치 p의 $(0.5 \sim 0.7)$배로 하며, 큰 기어의 경우에는 $0.5\,p$의 리브(rib)를 붙여서 보강한다.

(2) 보스(boss)

보스의 두께는 보스에 키를 설치하는 경우에는 키홈의 깊이를 고려하여 결정한다. 보스의 두께에서 키홈의 깊이를 빼낸 두께 δ [mm]는 일반적으로 다음 식으로 구한다.

$$\begin{cases} \text{소하중} \quad \delta = 0.4\,d \\[2mm] \text{중하중} \quad \delta = 0.44\,d \\[2mm] \text{대하중} \quad \delta = 0.5\,d \end{cases} \tag{13.94}$$

보스의 길이 l은

$$l = (1.2 \sim 2.2)\,d \tag{13.95}$$

또는

$$l = b + \frac{D}{40} \tag{13.96}$$

단, b : 이나비 [mm], D : 피치원 지름 [mm], d : 축의 지름 [mm]

l이 너무 길면 $(0.4 \sim 0.5)l$의 길이만큼 중앙부를 오목하게 절삭한다.

(3) 암(arm)

극히 작은 지름의 기어는 그림 13.50과 같이 기어 전체를 이나비 b와 같은 두께로 하고 지름이 좀 더 큰 200 [mm] 정도까지의 기어는 그림 13.51과 같이 암부분을 원판모양으로 한다. 또한 더 큰 지름의 기어는 암형식으로 한다.

암의 개수 n은 풀리의 경우와 마찬가지로 다음 표 13.13으로부터 선정한다.

$$n = \frac{1}{7}\sqrt{D} \sim \frac{1}{8}\sqrt{D} \tag{13.97}$$

여기서, D : 피치원 지름이다.

암의 수는 너무 많으면 복잡하여 제작이 곤란하게 되며, 큰 지름의 기어에서 암의 개수를 적게 하면 암과 암 사이의 림부분이 약해지므로 주의하여야 한다. 따라서 암의 개수는 암 단면의 형상과 치수에 밀접한 관계가 있고, 기

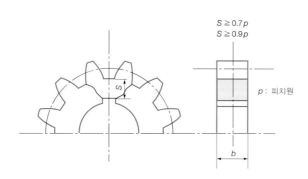

그림 13.50 작은 기어의 암

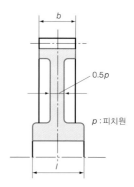

그림 13.51 원판형식

▶표 13.13 지름에 의한 암의 수

D	n
600 [mm] 정도까지	4~5
600~1500	6
1500~2400	8
2400 이상	10 또는 12

어의 외관, 다른 부분과의 균형상태 등을 고려하여 결정해야 한다.

암의 강도는 보스쪽의 뿌리를 고정단으로 하고, 피치원주의 접선방향에서 암에 직각으로 회전력 W 가 작용하는 외팔보로 계산한다.

그림 13.52 에서와 같이 $n = 4$ 의 경우 1 개의 암으로써 받치는 것으로 생각하여 안전을 고려해 $\dfrac{n}{4}$ 개가 작용하는 것으로 계산한다.

암의 뿌리부에 작용하는 굽힘 모멘트 M 은 $M = Wl$ 이다.

$$M = Wl = \frac{n}{4}\sigma_b Z$$

Z 는 단면계수로써 타원단면의 경우는 $b = \dfrac{1}{2}h$ 라 하고, 중앙축은 짧은 지름의 위치에 있으므로

$$Z = \frac{\pi \times (긴\ 지름)^2 \times (짧은\ 지름)}{32} = \frac{\pi h^2 \left(\dfrac{1}{2}h\right)}{32} = \frac{\pi}{64}h^3$$

$$Wl = \frac{n}{4}\sigma_b \cdot \frac{\pi}{64} h^3$$

$$\therefore \ h^3 = \frac{256 \, Wl}{\pi \, n \, \sigma_b} \qquad \therefore \ h = \sqrt[3]{\frac{256 \, Wl}{\pi \, n \, \sigma_b}} \qquad (13.98)$$

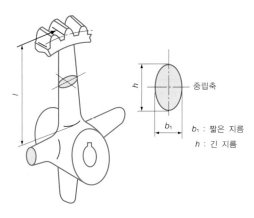

중립축

b_1 : 짧은 지름

h : 긴 지름

그림 13.52 암의 굽힘 강도

연 습 문제

1. 작은 기어의 재질은 S35C $(H_B = 200)$, 잇수 $Z_1 = 20$, 회전속도 $N_1 = 1500$ [rpm], 큰 기어의 재질 S35C $(H_B = 150)$, 잇수 $Z_2 = 100$, 회전속도 $N_2 = 300$ [rpm], 모듈 $m = 4$, 압력각 $\alpha = 20°$, 이나비 $b = 40$ [mm]의 경우 면압강도에 의한 기어의 전달동력[kW]을 구하시오.

2. 다음 한 쌍의 스퍼 기어가 전달할 수 있는 동력[kW]을 구하시오. 작은 기어의 잇수 $Z_1 = 23$, 브리넬 경도 $H_B = 250$, 회전속도 $N_1 = 1800$ [rpm], 큰 기어의 잇수 $Z_2 = 105$, 브리넬 경도 $H_B = 200$, 재질은 두 기어 모두 S25C, 모듈 $m = 4$, 압력각 $\alpha = 20°$의 표준 기어로 이나비 $b = 42$ [mm]로 한다.

3. 압력각 $\alpha = 20°$, 잇수 $Z_1 = 40$, $Z_2 = 80$, 모듈 $m = 4$의 인벌류트의 표준 스퍼 기어의 물음률을 구하시오.

4. 잇수가 각각 $Z_1 = 20$, $Z_2 = 60$, $\alpha = 20°$, $m = 3$의 인벌류트 기어가 물릴 때, 양기어가 간섭을 일으키지 않을 이끝 높이의 한계값을 구하시오.

5. 중심거리 61.5 [mm] 사이에 잇수가 각각 $Z_1 = 15$, $Z_2 = 25$인 한 쌍의 기어를 조합하려고 한다. 각 기어의 공구압력각 $\alpha = 20°$, 모듈 $m = 3$의 커터로써 치절된다. 전위계수를 구하시오.

6. 작은 기어가 0.4 [%] C 탄소강재, 회전속도 600 [rpm], 큰 기어가 주철 GC20제, 회전속도 200 [rpm], 중심거리 약 300 [mm], 압력각 20°의 기어에서 20 [PS]를 전달할 수 있도록 한 쌍의 기어를 설계하시오.

7. 잇수 10개와 25, 모듈 3, 압력각 14.5°, 이끝 틈새 $c = km = 0.175\,m$, 백래시 $B_f = 0.15\,[\text{mm}]$ 라 할 때, 언더컷이 생기지 않도록 설계하시오.

Chapter 14

특수 기어

14.1 헬리컬 기어

14.1.1 단 기어의 원리

    기어의 물림 상태를 되도록 원활하게 하기 위해서는 물림률을 크게 해야 한다. 따라서 직선치형의 스퍼 기어 이의 나비를 그림 14.1 (a) 와 같이 여러 개의 얇은 스퍼 기어 모양으로 잘라서 일정한 각도로 경사지게 배열하면 **단기어** (stepped gear) 가 된다. 단기어의 분할된 각각의 이는 약간씩 어긋나게 되어 물림의 옮김이 순차적으로 원활히 진행되어 본래의 직선치형의 스퍼 기어보다 많은 잇수가 동시에 맞물려 회전하므로 스퍼 기어에 비하여 물림률이 크고 물림상태에 변동이 없기 때문에 회전이 원활하고 소음과 진동이 적다. 그러나 제작이 곤란하므로 이러한 원리를 이용한 헬리컬 기어가 주로 사용된다.

14.1.2 헬리컬 기어의 원리

    단기어에서 단이 무수히 많아지면 단은 없어지고 축과 평행하던 평(스퍼) 기어의 직선 이는 그림 14.1 (b)와 같이 나선(helix) 형으로 된다. 이러한 기어를 **헬리컬 기어**라 한다.

    잇수가 적은 경우에 헬리컬 기어로 하면 스퍼 기어에 비해 물림이 훨씬 원활하게 되므로 같은 크기의 피치원이라도 큰 치형을 만들 수 있으면 크기에 비하여 큰 동력을 전달할 수 있다. 그러나 이가 비틀어져 물려서 돌아가므로 그림 14.4와 같은 축방향하중이 생기므로 이 추력을 지지할 수 있는 스러스트 베어링이 필요하다.

    그림 14.3은 헬리컬 기어의 실물이며, 헬리컬 기어에서는 그림 14.4와 같이 이가 물고 돌아감에 따라 기어를 축방향으로 미는 추력 W_t 가 생긴다.

즉, $$W_t = W \tan \beta = W_n \sin \beta \qquad (14.1)$$

단, W 는 원주방향의 분력으로 기어의 회전력이고, W_n 은 이에 직각으로 작용하는 힘으로 이의 접촉하중이며, β 는 비틀림각이다. 또한 헬리컬 기어의 리드 L 은, 즉 리드각(나선각)을 β 라 하면 다음 식으로 주어진다.

$$L = \pi d \cot \beta \qquad (14.2)$$

그리고 추력은 축에서 기어를 빠져나오게 작용하는 힘이므로 이 추력을 없애기 위하여 이나비의 $\frac{1}{2}$ 을 이의 경사와 반대가 되도록 만들면, 그림 14.4와 같이 기어의 앙편에 생기는 추력이 서로 상쇄된다. 이와 같이 만든 기어를 더블 헬리컬 기어 또는 헤링본 기어 (herringbone gear) 라 한다.

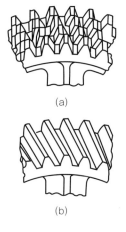

(a)

(b)

그림 14.1 단기어와 나선치

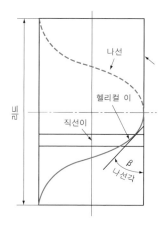

그림 14.2 헬리컬 기어의 원리

그림 14.3 헬리컬 기어와 더블 헬리컬 기어의 실물

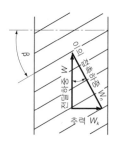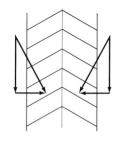

그림 14.4 헬리컬 기어와 더블 헬리컬 기어의 추력

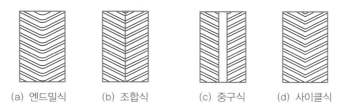

(a) 엔드밀식　　(b) 조합식　　(c) 중구식　　(d) 사이클식

그림 14.5 더블 헬리컬 기어의 여러 가지 형식

14.1.3 헬리컬 기어의 특징

1) 스퍼 기어에서는 작용선상에서 이와 이가 물림을 시작하면 갑자기 이나 비 전체가 선접촉을 하므로 하중이 갑자기 증가하지만, 이의 접촉이 떨어지면 잇면에 걸리는 하중은 갑자기 작아진다. 이 하중의 변동 때문에 진동과 소음이 커지지만 헬리컬 기어에서는 작용면이 처음에는 이의 한쪽 끝부분에서 점접촉이 시작되어 접촉폭이 서서히 증가하여 최대로 되고, 다시 서서히 감소하여 이나비 반대쪽의 점접촉으로 물림이 끝나므로, 이의 총합탄성의 변화가 완만하고 원활하여 진동과 소음은 같은 정도의 정밀도를 가진 다른 기어에 비하여 작다. 따라서 고속도 운전에 적합하다.

2) 물림이 잇면을 따라 연속적이므로 스퍼 기어에 비해 물림의 길이가 길기 때문에 큰 회전력을 전달할 수 있으며 잇면의 마멸이 균일하다.

3) 스퍼 기어에 비해 잇수가 적은 기어에서도 사용할 수 있으므로 $\frac{1}{10} \sim \frac{1}{15}$ 정도의 큰 회전비를 얻을 수 있다.

4) 스퍼 기어보다 효율이 좋으므로 $98 \sim 99\,\%$까지 높은 효율을 얻을 수 있다. 또한 비틀림 각을 임의로 선택할 수 있으므로 축 중심거리의 조정이 가능하다.

14.1.4 헬리컬 기어의 구성

(1) 헬리컬 랙

그림 14.6과 같이 이동방향과 직각인 방향에 대하여 잇줄이 β만큼 경사진 랙을 헬리컬 랙이라고 한다. 이동방향 단면의 치형압력각을 **축직각압력각** 또는 **정면압력각**이라 한다. 또한 잇줄에 직각인 단면의 치형압력각을 **이직각압력각**이라 한다.

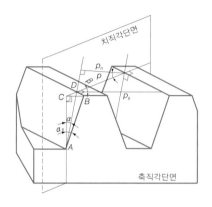

그림 14.6 헬리컬 랙

(2) 헬리컬 기어의 창성

피치원통의 접평면을 피치평면으로 하는 두께가 없는 비틀림각 β의 헬리컬 랙의 잇면을 그 피치 평면 내에 이동시키면 그림 14.7에서와 같이 랙 잇면의 포락면으로서 각 원통상에 인벌류트 헬리코이드가 형성되고 **헬리컬 기어**가 창성된다.

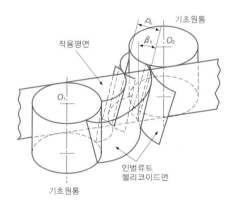

그림 14.7 헬리컬 기어의 창성

14.1.5 치형방식과 종류

(1) 치형방식

헬리컬 기어의 치형방식에는 정면압력각, 정면모듈을 표준값으로 하는 축직각방식과 이직각압력각, 이직각모듈을 표준값으로 하는 이직각방식의 두 가지 방식이 있다.

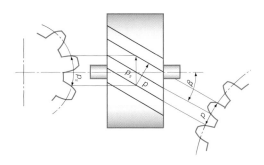

그림 14.8 축직각방식과 치직각방식

① 축직각방식 : 축과직각인 단면의 치형이며, 피치를 축직각피치라고 한다 [그림 14.8 (a)] 축직각피치 p_s, 축직각모듈 m_s.

② 이직각방식 : 이와 직각인 단면의 치형이며, 피치를 이직각피치라고 한다 [그림 14.8 (b)] 모듈 m, 치직각피치 p.

두 방식을 비교하면 축직각방식은 축에 직각인 단면의 치형의 잇수가 스퍼 기어의 치형과 같고 단지 치형이 축방향에 비틀어진 것뿐이므로 스퍼 기어와 같은 방법으로 계산한다. 그러나 정밀한 기계로 깎아야 하고, 또 복잡하므로 일반적으로 이직각방식을 많이 채택한다. 따라서 편리한 것과 경제적인 면에서 스퍼 기어를 깎는 공구를 그대로 사용하여 헬리컬 기어를 깎는다. 이때 나사홈에 따라 기준랙 기어에 적합한 공구단면이 절삭되므로 깎여진 이는 이직각방식의 잇수와 같게 되고, 축에 직각인 단면에는 이 높이가 그대로이며, 폭이 넓은 치형이 나타난다. 따라서 원주피치가 커지므로, 피치원의 지름도 동일 잇수의 스퍼 기어보다 커지며, 중심거리도 커진다. 그리고 축에 직각인 평면에서의 치형은 그림 14.9에서와 같이 아주 폭넓은 치형으로 되는 것을 알 수 있다. Sykes식 또는 Sunderrand식의 더블 헬리컬 기어 등은 축직각방식으

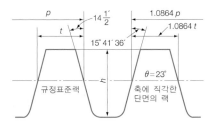

그림 14.9 헬리컬 기어 치형의 비교

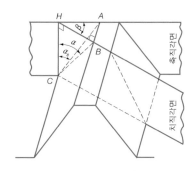

그림 14.10 압력각의 관계

로 설계하고 있다. 또 압력각에 대해서는 이직각압력각 α 와 축직각압력각 α_s 와의 사이에 다음 관계식이 성립된다.

$$\tan \alpha_s = \tan \alpha / \cos \beta \qquad (14.3)$$

식 (14.3)을 증명하면 그림 14.10에서와 같이

직각삼각형 $HAC(\angle CHA = \angle R)$에서

$$\tan \alpha_s = \overline{HA} / \overline{HC}$$

직각삼각형 $HBC(\angle CHB = \angle R)$에서

$$\tan \alpha = \overline{HB} / \overline{HC}$$

직각삼각형 $HAB(\angle HBA = \angle R)$에서

$$\cos \beta = \overline{HB} / \overline{HA}$$
$$\therefore \ \tan \alpha_s = \tan \alpha / \cos \beta$$

14.1.6 헬리컬 기어의 치수계산식

헬리컬 기어의 치형은 스퍼 기어와 같으므로 어떤 방식을 선택해도 좋지만 이가 나사모양으로 되어 있으므로 이것을 절삭하는 공구날은 나사모양으로 진행되고, 그 공구날면은 나사홈에 직각이 된다.

따라서 이직각방식이 합리적이다. 그리고 이직각치형에 비하여 축직각치형 (정면치형)은 이높이 방향의 치수는 같지만, 가로의 나비방향, 즉 피치방향의

▶ **표 14.1** 이직각방식의 헬리컬 기어의 축에 직각인 단면에서의 치수

기 준 단 면		축 직 각	이 직 각
총 이 높 이		$h \geqq 2.157\,m$ 최근에는 $h \geqq 2.25\,m$	
공 구	모 듈	$m_s = \dfrac{m}{\cos\beta}$	m
	압력각	$\alpha_s \left(\tan\alpha_s = \dfrac{\tan\alpha}{\cos\beta}\right)$	α
피치원의 지름 D		$D_s = Z m_s$	$D_s = \dfrac{Zm}{\cos\beta}$
바 깥 지 름 D_k		$D_k = D_s + 2m = Z m_s + 2m$	$D_k = \left(\dfrac{Z}{\cos\beta}+2\right)m$
중 심 거 리 A		$A = \dfrac{D_{S1}+D_{S2}}{2} = \dfrac{(Z_1+Z_2)m}{2}$	$A = \dfrac{(Z_1+Z_2)m}{2\cos\beta}$
총 이 높 이 h		$h \geqq 2.157\,m$ 최근에는 $h \geqq 2.25\,m$	
이높이 h_k	표 준	$h_k = m_s$	$h_k = m$
	전 위	$h_k = (1+x_s)m_s$	$h_k = (1+x)m$
정면 원주 이두께 t	표 준	$t = \dfrac{\pi m_s}{2}$	$t = \dfrac{\pi m}{2\cos\beta}$
	전 위	$t = \left(\dfrac{\pi}{2}\times 2\,x_s\tan\alpha_s\right)m_s$	$t = \left(\dfrac{\pi}{2}\times 2x\tan\alpha\right)\times\dfrac{m}{\cos\beta}$

치수는 $\dfrac{1}{\cos\beta}$ 배로 된다. β 가 클수록 치형의 나비는 넓게 된다.

이직각방식에 의해 결정되는 각부 치수는 다음과 같다.

① 모듈

$$m_s = \frac{m}{\cos\beta} \tag{14.4}$$

② 압력각

$$\tan\alpha_s = \frac{\tan\alpha}{\cos\beta} \tag{14.5}$$

③ 피치원 지름

$$D_s = Z m_s = Z\frac{m}{\cos\beta} = \frac{Zm}{\cos\beta} = \frac{D}{\cos\beta} \tag{14.6}$$

④ 바깥지름(D_k)

이 높이 h_k 는 이끝면에서나 이에 직각인 단면에서도 같고 $h_k = m$ 이므로

$$D_k = D_s + 2m = Zm_s + 2m = Z\frac{m}{\cos\beta} + 2m = \left(\frac{Z}{\cos\beta} + 2\right)m \quad (14.7)$$

⑤ 중심거리

$$A = \frac{D_{S1} + D_{S2}}{2} = \frac{Z_1 m_s + Z_2 m_s}{2} = \frac{(Z_1 + Z_2)m_s}{2}$$

$$= \frac{Z_1 + Z_2}{2} \cdot \frac{m}{\cos\beta} = \frac{(Z_1 + Z_2)m}{2\cos\beta} \quad (14.8)$$

14.1.7 헬리컬 기어의 상당스퍼 기어

헬리컬 기어에서 성형치절법에 의하여 헬리컬 기어를 깎을 때, 실제의 잇수 Z에 의하지 않고, 다음에 같이 상당스퍼 기어 잇수 Z_e에 의한다.

그림 14.11은 헬리컬 기어에서 피치 원통을 도시한 것이다. 이것을 P점에서 잇줄 BC에 직각인 평면 EF로 끊으면, 그 단면은 타원이 된다. P점에 있는 이는 P점에서 곡률반지름 R과 같은 반지름의 피치원을 가진 스퍼 기어의 직선치형과 같아야 된다.

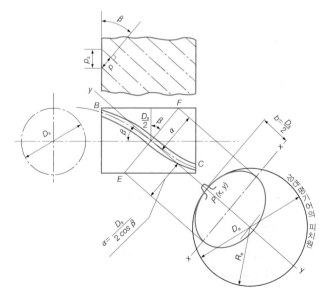

그림 14.11 상당스퍼 기어의 전개

$\dfrac{x^2}{a^2}+\dfrac{y^2}{b^2}=1$ 의 타원에서 곡선상의 한 점 $P(x,\ y)$의 곡률반지름 ρ 는

$$\rho=\dfrac{\left\{a^2-\left(1-\dfrac{b^2}{a^2}\right)x\right\}^{\frac{3}{2}}}{a\,b} \tag{14.9}$$

이다.

EF단면의 타원은 $b=\dfrac{D_s}{2}$ (헬리컬 기어의 피치원의 반지름), $a=\dfrac{D_s}{2\cos\beta}$
P점은 $x=0,\ y=b$ 의 점이므로,

P점에서 곡률반지름 R_e 는

$$\rho=R_e=\dfrac{a^3}{a\,b}=\dfrac{a^2}{b}=\left(\dfrac{D}{2\cos\beta}\right)^2\cdot\dfrac{2}{D}=\dfrac{D}{2\cos^2\beta} \tag{14.10}$$

따라서 이것과 같은 반지름의 직선이 스퍼 기어의 피치원의 지름 D_e 는

$$D_e=2R_e=\dfrac{D_s}{\cos^2\beta} \tag{14.11}$$

이와 같이 생각한 직선치형스퍼 기어를 **상당스퍼 기어**, D_e 를 **상당스퍼 기어의 피치원의 지름**이라 한다(그림 14.12).

그리고 모듈 m 의 잇수 Z_e 를 **상당스퍼 기어 잇수**라 하고, 다음 식과 같다.

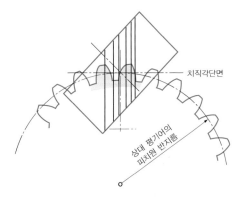

치직각단면

상대 평기어의
피치원 반지름

그림 14.12 상당스퍼 기어의 피치원

$$Z_e = \frac{D_e}{m} = \frac{D_s}{m \cos^2 \beta} = \frac{Z_s\, m}{\cos \beta} \,/\, m \cos^2 \beta$$

$$\therefore\ Z_e = \frac{Z_s}{\cos^3 \beta} \tag{14.12}$$

14.1.8 헬리컬 기어에 작용하는 힘

그림 14.14에서 헬리컬 기어의 추력과 베어링하중을 고려하였을 때 여기에 작용하는 힘은, 잇줄에 직각인 접촉하중이 W_n 일 때 피치원의 절선방향의 분력 W 가 회전력으로 된다.

이직각압력각을 α, 비틀림각을 β 라 하면

$$W = W_n \cos \beta \qquad \therefore\ W_n = \frac{W}{\cos \beta} \tag{14.13}$$

또 $$W_n = W_u \cos \alpha \tag{14.14}$$

$$\therefore\ W_u = \frac{W_n}{\cos \alpha} = \frac{W}{\cos \alpha\ \cos \beta} \tag{14.15}$$

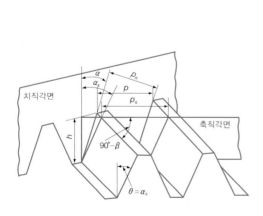

그림 14.13

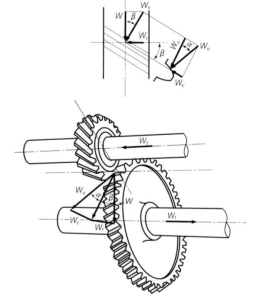

그림 14.14 헬리컬 기어에 걸리는 하중해석

$$W_v = W_u \sin\alpha = \frac{W \sin\alpha}{\cos\alpha \, \cos\beta}$$

$$= \frac{W}{\cos\beta} \tan\alpha = W_n \tan\alpha \tag{14.16}$$

추력 $$W_t = W \tan\beta \tag{14.17}$$

그리고 W 와 W_v 가 기어축에 대하여 횡하중으로 작용하고 그 합력은

$$W_R = \sqrt{W^2 + W_v{}^2} \tag{14.18}$$

으로 된다.

즉 베어링에 걸리는 하중은 W 와 W_v 가 기어축에 대하여 횡하중으로 작용하고

$$W_R = \sqrt{W^2 + W_v{}^2}$$

이 된다.

14.1.9 헬리컬 기어의 강도

(1) 절손에 대한 굽힘강도

이의 비틀림각을 β, 상당스퍼 기어의 잇수를 Z_e 라 하면 $Z_e = Z/\cos^3\beta$ 이 므로, 이 잇수에 대하여 스퍼 기어의 강도계산은 Lewis의 식을 적용한다. 단, 이 경우 접선력 W 는 잇줄에 직각으로 작용하는 힘, 즉 상당스퍼기어에 작용하는 하중 $W_n = W/\cos\beta$ 를 취하고, 또 이나비 b 는 잇줄에 연한 방향의 이나비, 즉 유효이나비 $b_n = \dfrac{b}{\cos\beta}$ 이므로 양변의 $\cos\beta$ 가 소거되어, 스퍼 기 어의 경우와 같은 식이 된다.

즉, $$\frac{W}{\cos\beta} = \sigma_0 f_v f_w \frac{b}{\cos\beta} \, p \, y_e$$

$$\therefore \ W = \sigma_0 f_v f_w \, b \, p \, y_e \tag{14.19}$$

$$W = \sigma_0 f_v f_w \, b \, \pi \, m \, y_e = \sigma_0 f_v f_w \, b \, m \, y_{0e} \tag{14.20}$$

$$(y_{0e} = \pi \, y_e)$$

치형계수는 D_e 에 상당하는 스퍼 기어의 치형계수 y, y_0 를 구하여 헬리컬

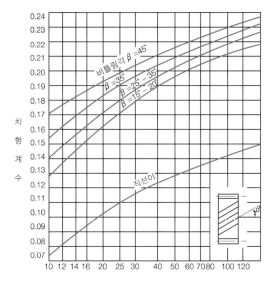

그림 14.15 헬리컬 기어의 치형계수 y_e 의 값 $(\alpha = 20°)$

기어의 치형계수 $y_e, \, y_{0e}$ 로 한다.

그림 14.15는 $\alpha = 20°$ 의 경우의 y_e 의 값을 표시한 것이다.

(2) 피로에 의한 면압강도

헬리컬 기어에서 마멸에 견디는 면압강도는 스퍼 기어와 같은 방법으로 계산한다. 상당 스퍼 기어의 작은 기어 피치원 지름을 D_{e1} 이라 하면

$$D_{e1} = m Z_{e1} = \frac{m_s \cos \beta \, Z_1}{\cos^3 \beta} = \frac{D_1}{\cos^2 \beta} \quad (D_1 = m_s Z_1)$$

단, m_s 는 축직각모듈, m 은 이직각모듈을 나타낸다.

이직각방향의 이나비는 $\dfrac{b}{\cos \beta}$ 이므로

$$\therefore \ W_w = \frac{C_w}{\cos^2 \beta} K D_1 b \frac{2 Z_1}{Z_1 + Z_2} \tag{14.21}$$

$$= \frac{C_w}{\cos^2 \beta} K m_s b \frac{2 Z_1 Z_2}{Z_1 + Z_2} \ \cdots\cdots \ \text{모듈 기준}$$

$$= \frac{50.8 \, C_w}{\cos^2 \beta} K \frac{b}{p_d} \cdot \frac{2 Z_1 Z_2}{Z_1 + Z_2} \ \cdots\cdots \ \text{지름피치 기준} \Bigg\} \tag{14.22}$$

$$K = \frac{K_{\max}}{S} \tag{14.23}$$

단, W_w : 허용전달하중 [kg$_f$]

Z_1, Z_2 : 작은 기어, 큰 기어의 잇수

b : 이나비 [mm]

K : 허용접촉응력 (스퍼 기어 경우와 같다) [N/mm^2＝MPa]

$K_{\max}$: 최대접촉응력 [N/mm^2]

m_s : 축직각 모듈 [mm]

p_d : 축직각 지름피치

S : 안전율

C_w : 헬리컬 기어의 면압계수 (일반적으로 보통의 헬리컬 기어에서는 $C_w = 0.75$로 하고, 특히 비틀림각을 두기어에서 정확하게 잘 다듬질하거나 또는 절삭 창성 후에 래핑한 경우 $C_w = 1.0$으로 한다.)

14.2 베벨 기어

14.2.1 베벨 기어의 개요

두 축의 중심선이 평행하지 않고 한 점에서 만나고 있는 경우 그림 14.16과 같이 원추면상에 방사선모양으로 이를 깎은 기어를 **베벨 기어** (bevel gear) 라 하며, 회전을 전달시키는 축과 회전을 받는 축이 일정한 각도를 이루는 축 사이의 동력전달에 사용된다. 일반적으로 90°의 경우가 많이 쓰인다.

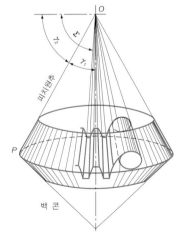

그림 14.16 베벨 기어의 접촉

14.2.2 베벨 기어의 종류

(1) 축각에 의한 종류

그림 14.17은 베벨 기어의 종류로 축각과 피치원추각의 종류에 따라 다음 6가지 경우가 있다. Σ 는 양축의 교차 각으로 축각(shaft angle)이라 하며, γ_1 과 γ_2 는 피치원추각(pitch cone angle)으로 회전속도 또는 잇수에 따라 다르다.

(a)는 **일반 베벨 기어**로 축각 $\Sigma = 90°$, 피치원추각 γ_1, γ_2가 각각 다르다.

(b)는 **마이터 기어**(miter gear)로 $\Sigma = 90°$, $\gamma_1 = \gamma_2 = 45°$, $Z_1 = Z_2$ $N_1 = N_2$, 즉, $N_1 : N_2 = 1 : 1$ 의 경우이다.

단, N_1 : 피니언의 회전속도[rpm], N_2 : 기어의 회전속도[rpm]

(c)는 **예각 베벨 기어**(acute bevel gear)로

$$\Sigma = \gamma_1 + \gamma_2 < 90°$$

$$\tan \gamma_1 = \frac{\sin \Sigma}{\dfrac{Z_2}{Z_1} + \cos \Sigma} = \frac{\sin \Sigma}{\dfrac{N_1}{N_2} + \cos \Sigma} \tag{14.24}$$

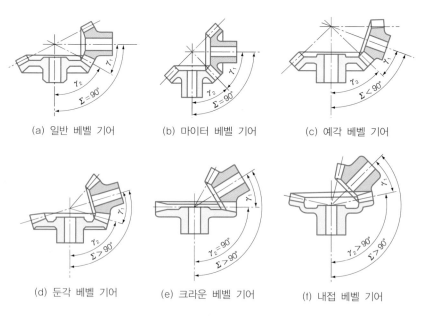

| (a) 일반 베벨 기어 | (b) 마이터 베벨 기어 | (c) 예각 베벨 기어 |

| (d) 둔각 베벨 기어 | (e) 크라운 베벨 기어 | (f) 내접 베벨 기어 |

그림 14.17 베벨 기어의 여러 가지 형식

$$\tan \gamma_2 = \frac{\sin \Sigma}{\dfrac{Z_1}{Z_2} + \cos \Sigma} = \frac{\sin \Sigma}{\dfrac{N_2}{N_1} + \cos \Sigma} \tag{14.25}$$

(d)는 **둔각 베벨 기어** (obtuse bevel gear) 로

$$180° < \Sigma = \gamma_1 + \gamma_2 > 90°$$

$$\tan \gamma_1 = \frac{\sin (180° - \Sigma)}{\dfrac{Z_2}{Z_1} - \cos (180° - \Sigma)} = \frac{\sin (180° - \Sigma)}{\dfrac{N_1}{N_2} - \cos (180° - \Sigma)} \tag{14.26}$$

$$\tan \gamma_2 = \frac{\sin (180° - \Sigma)}{\dfrac{Z_1}{Z_2} - \cos (180° - \Sigma)} = \frac{\sin (180° - \Sigma)}{\dfrac{N_2}{N_1} - \cos (180° - \Sigma)} \tag{14.27}$$

(e)는 **크라운 기어** (crown gear) 로

$$\Sigma = \gamma_1 + \gamma_2 > 90°$$

기어의 피치원추각 $\gamma_2 = 90°$의 베벨 기어를 특히 크라운 기어라고 한다.

(f)는 **내접 베벨 기어** (internal bevel gear) 로

$$\Sigma = \gamma_1 + \gamma_2 > 90°$$

기어의 피치원추각(pitch cone angle) γ_2 가 둔각, 즉 $\gamma_2 > 90°$의 경우이다.

$$\tan \gamma_1 = \frac{\sin (180° - \Sigma)}{\dfrac{Z_2}{Z_1} - \cos (180° - \Sigma)} = \frac{\sin (180° - \Sigma)}{\dfrac{N_1}{N_2} - \cos (180° - \Sigma)} \tag{14.28}$$

$$\tan \gamma_2 = \frac{\sin (180° - \Sigma)}{\cos (180° - \Sigma) - \dfrac{Z_1}{Z_2}} = \frac{\sin (180° - \Sigma)}{\cos (180° - \Sigma) - \dfrac{N_2}{N_1}} \tag{14.29}$$

그림 14.18 에서

γ_1 : 피니언의 피치원추각

Z_1 : 피니언의 잇수

γ_2 : 큰 기어의 피치원추각

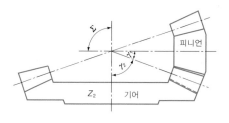 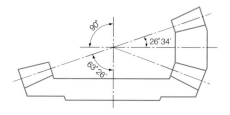

그림 14.18 일반 베벨 기어   **그림 14.19** 일반 베벨 기어의 계산 실례

Z_2 : 큰 기어의 잇수라 하면

$$\Sigma = \gamma_1 + \gamma_2 = 90°$$

$$\tan \gamma_1 = \frac{Z_1}{Z_2} \qquad\qquad (14.30)$$

$$\tan \gamma_2 = \frac{Z_2}{Z_1} \qquad\qquad (14.31)$$

그림 14.19 에서 $Z_1 = 15$, $Z_2 = 30$ 의 경우

$$\tan \gamma_1 = \frac{15}{30} = 0.5$$

$$\therefore \ \gamma_1 = 26.57°\,(26°\,34')$$

$$\gamma_2 = 90° - \gamma_1 = 90° - 26°\,34' = 63°\,26'$$

(2) 치형곡선 모양에 따른 종류

베벨 기어의 이줄이 피치원추의 모선에 일치한 것을 **직선이 베벨 기어**라 하고 직선이 이외의 것을 **곡선이 베벨 기어**라 한다.

베벨 기어는 이의 곡선 모양에 따라 그림 14.20과 같이 나누어진다. (a) 는 직선이 베벨 기어, (b) 는 헬리컬 베벨 기어, (c) 는 더블 헬리컬 기어 (double helical bevel gear) , (d) 는 스파이럴곡선이 베벨 기어 (spiral bevel gear) , (e) 는 인벌류트 곡선 베벨 기어 (involute bevel gear) , (f) 는 원호곡선 베벨 기어이다. 그림 14.21에서 (a) 는 직선이 베벨 기어, (b) 는 헬리컬 베벨 기어, (c) 는 스파이럴 베벨 기어의 실물이다. 한 쌍의 베벨 기어로써 증감속을 하지 않고 직각방향으로 축방향을 바꾸기만 한 것이 마이터 기어이다 (그림 14.22).

축방향을 바꾸면서 증감속을 하려면 잇수비를 그 변속비에 맞추면 된다 (그림 14.23).

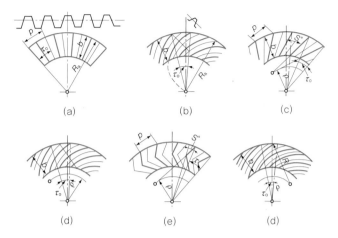

(a)

(b)

(c)

(d)

(e)

(d)

그림 14.20 베벨 기어 곡선이의 여러 가지 형식

(a) 직선이 베벨 기어

(b) 헬리컬 베벨 기어

(c) 스파이럴 베벨 기어

그림 14.21 베벨 기어의 실물

그림 14.22 마이터 기어의 실물

그림 14.23 잇수비가 다른 직선이 베벨 기어

14.2.3 베벨 기어의 전개

베벨 기어의 치형은 구면상의 곡선이 된다. 그림 14.24는 이것을 전개하여 평면상의 스퍼 기어로 모양으로 도시한 것이다. 즉 베벨 기어의 치형을 표시하려면 기어의 큰끝부분 (대단부 : large end) 에서 피치원추에 접하는 반대방향의 원추를 생각한다. 이 원추를 **후원추** (백 콘 : back cone) 라 하고, 평면상에 전개할 수 있다. 이 원추의 전개 평면에 치형을 표시하면 후원추의 반지름과 같은 반지름의 피치원을 가지고 있는 스퍼 기어의 치형이 된다. 그림 14.24에서 O A 는 피치원추의 모선이고, O′A 는 후원추의 모선이다. O A 와 O′A 는 베벨 기어의 특징으로 직각이 된다.

O′A 를 **후원추 반지름** (back cone radius) 또는 **상당스퍼 기어의 반지름**이라 한다. 그리고 O′A 를 피치원의 반지름으로 하고, O″를 중심으로 하며, 이끝높이 $\overline{AC}$, 이뿌리높이 $\overline{AD}$ 를 그대로 이끝높이, 이뿌리높이로 하는 같은 스퍼 기어로 가정하여, 이것을 **상당스퍼 기어**라 하며, 이것은 베벨 기어를 전개한 것으로, 이것으로 큰끝부분 (대단부) 의 치형을 계산한다. 상당 스퍼 기어는 밀링 머신 등으로 베벨 기어를 깎을 경우 인벌류트커터의 커터 번호를 계산할 때나 강도계산을 할 경우 사용된다.

그림 14.25 에서 베벨 기어의 상당 스퍼 기어에 대한 관련식은 다음과 같다.

D : 베벨 기어의 피치원의 지름 $= \overline{AP}$

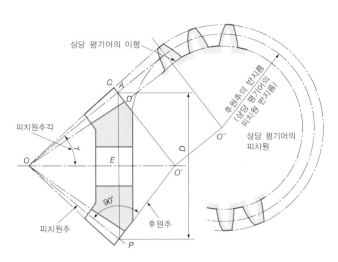

그림 14.24 베벨 기어의 전개

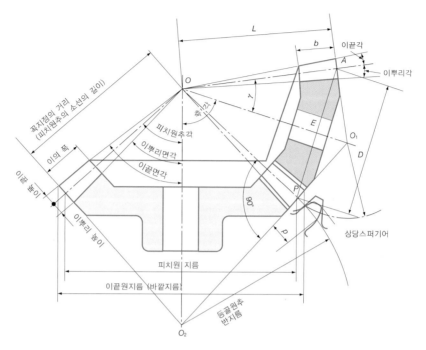

그림 14.25 베벨 기어의 명칭

R_e : 후원추의 반지름 = $\overline{O_1 A}$

γ : 피치원추각 $\angle A\,O\,O_1$

p : 베벨 기어의 대단부 치형의 피치

Z : 베벨 기어의 잇수

Z_e : 베벨 기어의 상당스퍼 기어의 잇수

라 하면 주기어의 $\Delta O_1 A E$ 에서 $\angle O_1 A E = \gamma$, $\overline{A E} = \dfrac{D}{2}$ 이므로

$$R_e = \overline{O_1 A} = \frac{\overline{A E}}{\cos \gamma} = \frac{D}{2 \cos \gamma} \tag{14.32}$$

또 $Z = \dfrac{\pi D}{p}$ 이므로 후원추의 반지름으로 전개하더라도 피치 p 의 길이는 변화가 없으므로 상당스퍼 기어의 잇수는

$$Z_e = \frac{2 \pi R_e}{p} = \frac{2 \pi D}{2 p \cos \gamma} = \frac{\pi D}{p} \cdot \frac{1}{\cos \gamma} = \frac{Z}{\cos \gamma} \tag{14.33}$$

14.2.4 직선이 베벨 기어

(1) 직선이 베벨 기어(straight bevel gear)

표준 직선이 베벨 기어와 전위 직선이 베벨 기어의 2 가지가 있으며, 보통
의 베벨 기어는 표준 직선이 베벨 기어를 말한다. 대표적인 전위 직선이 베벨
기어는 미국의 그리이슨(Greason's)식 베벨 기어이다. 베벨 기어는 일반적으
로 표준 직선이 베벨 기어를 의미하였으나, 최근에는 그리이슨식 베벨 기어가
고급 기계용으로 널리 사용되고 있다.

(2) 보통의 표준 직선이 베벨 기어의 계산식

그림 14.26 은 베벨 기어 각 부분의 명칭을 나타내며, 표 14.2 에서 각부의
잇수를 계산할 수 있다.

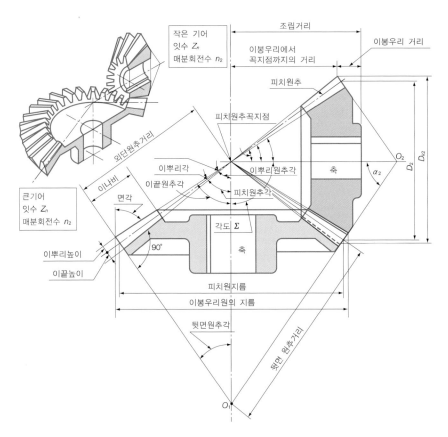

그림 14.26 베벨 기어의 명칭

▶표 14.2 표준 직선이 베벨 기어의 잇수계산식

번호	명 칭	기 호	작은 기어의 잇수(Z_1)	큰 기어의 잇수(Z_2)
①	축각(shaft angle) : 양축이 맺는 각	Σ	\multicolumn{2}{c}{$\Sigma = \gamma_1 + \gamma_2$}	
②	피치원추각(pitch cone angle) : 피치원추 꼭지각의 $\frac{1}{2}$	γ	$\tan \gamma_1 = \dfrac{\sin \Sigma}{\dfrac{Z_2}{Z_1} + \cos \Sigma}$	$\tan \gamma_2 = \dfrac{\sin \Sigma}{\dfrac{Z_1}{Z_2} + \cos \Sigma}$
③	이끝각 (addendum angle)	α	$\tan \alpha_1 = \dfrac{2 h_k \sin \gamma_1}{D_1}$ $= \dfrac{2 \sin \gamma_1}{Z_1} = \dfrac{h_k}{L}$	$\tan \alpha_2 = \dfrac{2 h_k \sin \gamma_2}{D_2}$ $= \dfrac{2 \sin \gamma_2}{Z_2} = \dfrac{h_k}{L}$
④	이뿌리각 (dedendum angle)	δ	$\tan \delta_1 = \dfrac{2.314 \sin \gamma_1}{Z_1} = \dfrac{h_f}{L}$	$\tan \delta_2 = \dfrac{2.314 \sin \gamma_2}{Z_2} = \dfrac{h_f}{L}$
⑤	표면각 또는 이끝원추각	ϕ	$\phi_1 = \gamma_1 + \alpha_1$	$\phi_2 = \gamma_2 + \alpha_2$
⑥	잇면각 : 90°에서 이끝원추각, 즉 표면각을 뺀 각	β	$\beta_1 = 90° - (\gamma_1 + \alpha_1)$ $= 90° - \phi_1$	$\beta_2 = 90° - (\gamma_2 + \alpha_2)$ $= 90° - \phi_2$
⑦	절삭각 (cutting angle) 또는 이뿌리원추각	λ	$\lambda_1 = \gamma_1 - \delta_1$	$\lambda_2 = \gamma_2 - \delta_2$
⑧	피치원의 지름 (pitch circle diameter)	D	$D_1 = \dfrac{Z_1 p}{\pi} = Z_1 m$ $= \dfrac{25.4 Z_1}{p_d}$	$D_2 = \dfrac{Z_2 p}{\pi} = Z_2 m$ $= \dfrac{25.4 Z_2}{p_d}$
⑨	바깥지름	D_0 $k = h_k \cos \gamma$ 라 하면 $D_0 = D + 2k$	$D_{0.1} = D_1 + 2 h_k \cos \gamma_1$ $= D_1 + 2 k_1$	$D_{0.2} = D_2 + 2 h_k \cos \gamma_2$ $= D_2 + 2 k_2$
⑩	피치원추 반지름 (pitch cone radius) 또는 꼭지점 거리	L	$L = \dfrac{D_1}{2 \sin \gamma_1}$	$L = \dfrac{D_2}{2 \sin \gamma_2}$

Lewis의 계수 및 밀링 커터공구의 번호 선정 등은 Z_e 의 값으로 한다.

$$Z_{e \cdot 1} = \frac{Z_1}{\cos \gamma_1} \qquad Z_{e \cdot 2} = \frac{Z_2}{\cos \gamma_2}$$

14.2.5 베벨 기어의 강도

(1) 주조이의 경우

그림 14.27 과 같이 외팔보로 가정하면 하중이 이의 끝단에서 접선방향으로 작용하는 것으로 하고, 이의 임의 단면에서 dx 의 미소거리를 취하여 여기 작용하는 하중을 dW 라 할 때 굽힘 작용을 고려하면 다음과 같이 쓸 수 있다.

$$dW = \frac{\sigma \, t^2 \, dx}{6 \, h}$$

여기서, t 와 h 는 이단면의 이두께와 높이를 표시하고, σ 는 굽힘응력 (bending stress) 이다.

그런데 $\quad t = \dfrac{t_1 x}{L}, \quad h = \dfrac{h_1 x}{L}$ 이므로

$$dW = \frac{\sigma \, t^2 \, dx}{6 \, h} = \frac{\sigma \, t_1^{\,2} \, x \, dx}{6 \, L \, h_1}$$

단, x 는 꼭지점에서 임의의 단면까지의 거리이다.

하중 dW 에 의한 꼭지점 O 에 관한 모멘트를 구하면 다음과 같다.

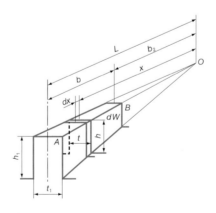

그림 14.27 베벨 기어의 강도 (주조이의 경우)

$$dM = dWx = \frac{\sigma {t_1}^2 x^2}{6 L h_1} dx$$

이와 같은 모멘트를 이나비 전체에 대하여 적분하면 전모멘트를 구할 수 있고, 이것을 M이라 하면 식 (13.34) 와 같다.

$$M = \int_{b2}^{L} dM = \frac{\sigma {t_1}^2}{6 L h_1} \int_{b2}^{L} x^2 dx = \frac{\sigma {t_1}^2}{18 L h_1} (L^3 - {b_2}^3) \qquad (14.34)$$

M은 이에 작용하는 전체의 힘 W에 의한 꼭지점 O에 관한 회전 모멘트이다. 이 M을 길이 L로 나누어, 그 값 W_1이 이의 최대부에 작용하면 이것은 힘 W가 앞에서 말한 조건에 따라 이나비 전체에 분포하고 있는 것과 동일한 회전 모멘트를 주는 것을 의미한다.

$$W_1 = \frac{M}{L} = \frac{\sigma {t_1}^2}{18 h_1} \left(\frac{L^3 - {b_2}^3}{L^2} \right) \qquad (14.35)$$

그런데 $b_2 = L - b$가 되므로 이것을 윗 식에 대입하면

$$W_1 = \frac{\sigma {t_1}^2 b}{18 h_1} \left(3 - \frac{3b}{L} + \frac{b^2}{L^2} \right) \qquad (14.36)$$

즉, W_1의 힘이 이의 최대부에 작용하는 것과 W의 힘이 이뿌리에 동일한 최대내부응력 σ가 생기도록 전체의 잇면에 분포한 것은 등가의 회전 모멘트를 받는 것이 된다. 이의 강도는 윗 식에서 구하고, 기어가 전달하는 마력수는 다음 식으로 주어진다.

$$H_{PS} = \frac{W_1 \cdot v}{735.5,} \, (\text{PS}), \ H_{\text{kW}} = \frac{W_1 \cdot v}{1000} \, (\text{kW})$$

단, 단위는 W_1 [N], v [m/s]이다.
표준비례치수에 의하면 $h_1 = 0.7p$, $t_1 = 0.48p$

$$W_1 = 0.018 \sigma p b \left(3 - \frac{3b}{L} + \frac{b^2}{L^2} \right) \qquad (14.37)$$

$$0.018\left(3 - \frac{3b}{L} + \frac{b^2}{L^2}\right) = 0.054\left(\frac{L-b}{L}\right) = m_c \text{ 이면}$$

$$W_1 = m_c \sigma b p \tag{14.38}$$

보통 $b = (2 \sim 3)p$, $b \leq \frac{1}{3}L$ 로 정하므로, 정밀한 값을 요구하지 않고 근사 값을 구하고자 하는 경우 $\frac{b^2}{3L^2}\left(< \frac{1}{27}\right)$ 을 생략해도 된다. 그리고 σ 의 허용값 은 스퍼 기어의 경우와 같은 방법으로 계산한다.

(2) 기계절삭이의 경우

그림 14.28 은 베벨 기어의 각 단면에 작용하는 하중을 스퍼 기어의 경우와 같은 상태를 그린 것으로, 이는 절선방향의 분력 W 에 의하여 굽힘으로 파괴 된다. 여기에서 단면의 중심선과 분력 작용선과의 교점을 꼭지점으로 하고 이 뿌리에 접하는 포물선을 그리면, 이것은 균일강도의 외팔보가 되고, 이뿌리면 이외의 단면은 이것보다 여분의 살을 가지고 있으므로 이에서는 이뿌리면이 가장 약하게 된다.

특히 기계절삭이의 경우 그림 14.28 과 같이 하중이 이의 선단에서 잇면에 직각으로 작용하고, 굽힘을 일으키는 힘은 그 절선방향의 분력이다.

주조이의 경우와 같은 방법으로 계산하면 다음과 같다.

$$W_1 = \frac{\sigma t_1^2 b}{18 h_1}\left(3 - \frac{3b}{L} + \frac{b^2}{L^2}\right)$$

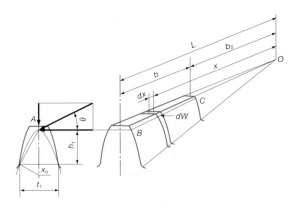

그림 14.28 기계절삭이 베벨 기어의 강도

위 식에 $t_1^2 = 4h_1x_0$ 를 대입하여 p 를 넣으면

$$W_1 = \frac{2x_0}{3p} \times \sigma pb\left(1 - \frac{b}{L} + \frac{b_2}{3L}\right)$$

위 식에서 $y = \dfrac{2x_0}{3p}$ (치형계수)

$$\lambda = 1 - \frac{b}{L} + \frac{b_2}{3L} \fallingdotseq \frac{L-b}{L}$$

이면

$$W_{1w} = \sigma_a pby\lambda \tag{14.39}$$

또
$$\left.\begin{array}{c} W_{1w} = \dfrac{2.54\,\sigma_a by_0\lambda}{p_d} \\[3mm] W_{1w} = \sigma_a bmy_0\lambda \end{array}\right\} \tag{14.40}$$

단, $y_0 = \pi y,\quad b = (2-3)p\quad b \leqq \dfrac{1}{3}L$ 이다.

위 식에서 주의하여야 할 점은 y 또는 y_0 를 $Z_e = \dfrac{Z}{\cos\gamma}$ 로 결정하는 것이다. 그리고 여기서 $\lambda = \dfrac{L-b}{L}$ 를 **베벨 기어계수**라고 한다.

또
$$W_1 = \sigma bp\left(\frac{t_1^2}{6ph_1}\right)\left(1 - \frac{b}{L} + \frac{b^2}{3b_2}\right) \tag{14.41}$$

이면 $\dfrac{t_1^2}{6ph_1} = y$ 이 되고 **루이스의 치형계수**이다.

전달동력은 다음과 같다.

$$\left.\begin{array}{c} H_{PS} = \dfrac{W_{1w}\cdot v}{735.5} \\[3mm] H_{KW} = \dfrac{W_{1w}\cdot v}{1000} \end{array}\right\} \tag{14.42}$$

$$v = \frac{\pi DN}{60\times 1000}\ [\mathrm{m/s}]$$

단, v [m/s], D [mm], N [rpm] 이다.

🔓 예제 1

직교하는 두 축 사이에 회전을 전달하는 직선이 베벨 기어를 설계하려고 한다. 압력 각 20°, 속도비 3.25 : 1, 재질은 주철, 전달마력 22.5 [PS], 피니언의 피치원 지름은 약 120 [mm], 회전속도 1000 [rpm]으로 하여 모듈 m 과 이나비 b 를 결정하시오.

풀이

작은 기어의 피치원 지름 $D_1 = 120\,[\mathrm{mm}]$

큰 기어의 피치원 지름 $D_2 = 120 \times 3.25 = 380\,[\mathrm{mm}]$

피치 원주속도 $v = \dfrac{\pi \times 120 \times 1000}{60 \times 1000} = 6.28\,[\mathrm{m/s}]$

속도계수 $f_v = \dfrac{3.05}{3.05 + v} = \dfrac{3.05}{3.05 + 6.28} = 0.32$

전달하중 $W = \dfrac{735.5\,H_{PS}}{v} = \dfrac{735.5 \times 22.5}{6.28} \fallingdotseq 2635\,[\mathrm{N}]$

피치원추각 $\tan \gamma_1 = \dfrac{\sin 90°}{\dfrac{Z_2}{Z_1} + \cos 90°} = \dfrac{Z_2}{Z_1} = \dfrac{1}{3.25} = 0.3077$

$$\gamma_1 = 17°\,06', \quad \gamma_2 = 90° - 17°\,06' = 72°\,54'$$

원추거리 $L = \dfrac{D_1}{2 \sin \gamma_1} = \dfrac{120}{2 \times \sin 17°\,06'} = \dfrac{120}{2 \times 0.2940} = 20\,[\mathrm{mm}]$

이나비 $b = \left(\dfrac{1}{3} \sim \dfrac{1}{4}\right) L = 65\,[\mathrm{mm}]$

재질을 GC30이라 하면 $\sigma_a = 128\,[\mathrm{MPa}]$

$$2635 = 0.32 \times 128 \times m \times 65 \times 3.14 \times y_{e \cdot 1} \times \dfrac{204 - 65}{204}$$

$$\therefore \ m\,y_{e \cdot 1} = 0.465$$

m	3	4	5
$Z_1 = \dfrac{D_1}{m} = \dfrac{120}{m}$	40	30	24
$Z_2 = 3.25\,Z_1$	130	98	78
$Z_{e \cdot 1} = \dfrac{Z_1}{\cos 17°\,06'} = \dfrac{Z_1}{0.9558}$	42	31	25
윗 식에 의한 $y_{e \cdot 1}$	0.155	0.116	0.093
표에 의한 $y_{e \cdot 1}$	0.126	0.114	0.110

$m = 5$ 의 경우에 대하여 허용하중을 역산하면 피니언에서

$$W_{1w} = 0.32 \times 128 \times 5 \times 65 \times 3.14 \times 0.11 \times \frac{204 - 65}{204} = 3116 \text{ [N]}$$

따라서 $m = 5$ 로 충분하다.

14.2.6 베벨 기어를 받치는 베어링에 걸리는 추력

베벨 기어를 받치는 압력과 추력을 구하려면 먼저 잇면에 작용하는 전압력의 합성과 착력점에 대하여 축에 직각인 방향과 축방향으로 분해하여야 한다.

그림 14.29 에서 임의 부분의 미소절단편 dx 에 대한 굽힘 모멘트의 평형에 대하여 다음 관계식이 성립한다.

$$dW = \frac{\sigma t^2 \, dx}{6h} = \frac{\sigma {t_1}^2 x \, dx}{6 L h_1} = \sigma \mu x \, dx$$

단, $\dfrac{{t_1}^2}{6 L h_1} = \mu$ 이다.

위와 같은 힘을 이나비 전체에 대하여 적분하면

$$W = \int_{b2}^{L} dW = \sigma\mu \int_{b2}^{L} x \, dx = \sigma\mu \frac{L^2 - {b_2}^2}{2} = \frac{\sigma {t_1}^2}{12 L h_1}(L^2 - {b_2}^2) \quad (14.44)$$

또 dW 의 힘의 O 점에 관한 회전 모멘트를 구하면

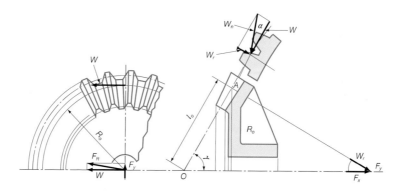

그림 14.29 베벨 기어에 작용하는 힘의 역학

$$dM = x\,dW = \sigma\mu x^2\,dx$$

$$\therefore\ M = \sigma\mu\int_{b2}^{L} x^2\,dx = \sigma\mu\frac{L^3 - b_2{}^3}{3}$$

W의 전체 힘 착력점 O점에서의 거리 l_0는 다음 식으로 표시된다.

$$l_0 = \frac{M}{W} = \frac{2}{3}\left(\frac{L^2 \times Lb_2 \times b_2{}^2}{L \times b_2}\right) \tag{14.45}$$

또한 그림 14.29에서와 같이 W의 착력점에서 회전축선에 이르기까지의 거리를 R_0라 하면

$$R_0 = l_0\sin\gamma$$

또 그림에서 $b_2 = L - b$ 이므로 이것을 윗 식에 대입한다.

$$l_0 = \frac{2L}{3}\left(\frac{3 - \dfrac{3b}{L} + \dfrac{b^2}{L^2}}{2 - \dfrac{b}{L}}\right) \tag{14.46}$$

또 $L = \dfrac{D}{2\sin\gamma}$ 이므로

$$l_0 = \frac{1}{3}\frac{D}{\sin\gamma}\left(\frac{3 - \dfrac{3b}{L} + \dfrac{b^2}{L^2}}{2 - \dfrac{b}{L}}\right) \tag{14.47}$$

또는

$$R_0 = l_0\sin\gamma = \frac{D}{3}\left(\frac{3 - \dfrac{3b}{L} + \dfrac{b^2}{L^2}}{2 - \dfrac{b}{L}}\right) \tag{14.48}$$

$$\frac{1}{3}\left(\frac{3 - \dfrac{3b}{L} + \dfrac{b^2}{L^2}}{2 - \dfrac{b}{L}}\right) = \phi$$

라 하면 ϕ는 $\dfrac{b}{L}$의 값으로 결정되는 계수이다.

윗 식에서 W, 즉 기어의 회전력이 작용하는 위치의 반지름을 알 수 있고,

잇면에 작용하는 전압력은 $W = \sigma \mu \dfrac{L^2 - b_2{}^2}{2}$ 에서 구할 수 있다.

또 기어의 전달동력 H와 회전속도를 N이라 하면 기어가 받는 회전 모멘트는

$$T = \frac{7018760\, H_{PS}}{N} = \frac{9545200\, H_{\mathrm{kw}}}{N} \; [\mathrm{N \cdot mm}]$$

이므로 $W = \dfrac{T}{R_0}$ 에서 간단하게 직접 구할 수 있다. 잇면에 작용하는 힘은 그림 14.29에서 W를 피치원면에 절선방향으로 작용하는 힘이라 하고, 전달력 W가 힘의 착력점에 집중하여 작용한다고 생각하면, 잇면에는 압력각 α의 방향에 힘 W_n이 작용하고, 또 피치원추면에 수직으로 W_r의 힘이 작용한다. 즉 W_n은 W와 W_r의 힘으로 나누어진다.

$$W = W_n \cos \alpha \tag{14.49}$$

$$W_r = W_n \sin \alpha = W \tan \alpha \tag{14.50}$$

W는 베어링에 수직압력, 즉 횡하중을 주지만 추력하중은 주지 않는다.

$$F_y = W_r \cos \gamma = W \tan \alpha \cos \gamma \tag{14.51}$$

만일 마찰을 고려하여 마찰각을 ρ라 하면

$$F_y = W_r \cos \gamma = W \tan (\alpha + \rho) \cos \gamma \tag{14.52}$$

W_r에 의한 추력하중을 F_x라 하면

$$F_x = W_r \sin \gamma = W \tan \alpha \sin \gamma \tag{14.53}$$

마찰각 ρ (약 3°)를 고려하면

$$F_x = W \tan (\alpha + \rho) \sin \gamma \tag{14.54}$$

따라서 합성횡하중 F_R는 마찰각 ρ를 생략하여 다음과 같이 된다.

$$F_R = \sqrt{W^2 + F_y{}^2} = W \sqrt{1 + (\tan \alpha \cos \gamma)^2} \tag{14.55}$$

🔓 **예제 2**

작은 기어가 450 [rpm] 에서 5.52 [kW] 를 회전비 $\frac{1}{2}$ 로 전달하는 직각베벨 기어를 설계 하시오. 작은 기어의 피치원 지름이 약 160 [mm], 재질은 모두 고급 주철로 하고 이는 $14\frac{1}{2}^{\circ}$ 인벌류트의 규정표준형이라 한다.

풀이

작은 기어를 1, 큰 기어를 2 라 한다.

$$D_1 = 16 \,[\mathrm{cm}], \quad N_1 = 450\,[\mathrm{rpm}], \quad H = 7.5\,[\mathrm{PS}]$$

$$\therefore v = \frac{\pi \times 160 \times 450}{60 \times 1000} \fallingdotseq 3.78\,[\mathrm{m/s}]$$

$$W_1 = \frac{1000 \times 5.52}{3.78} = 1460\,[\mathrm{N}], \quad \sigma_0 = 69\,[\mathrm{MPa}]$$

이면

$$\sigma_a = \sigma_0 \left(\frac{3.05}{3.05+v}\right) = 69 \times \frac{3.05}{3.05+3.78} = 31\,[\mathrm{MPa}]$$

$$\frac{N_2}{N_1} = \frac{1}{2} = \frac{Z_1}{Z_2}$$

축각 $\Sigma = \gamma_1 + \gamma_2 = 90°$ 의 경우에는

$$\therefore \tan\gamma_1 = \frac{Z_1}{Z_2} = \frac{1}{2} = 0.5$$

$$\therefore \gamma_1 = 26°\,34', \quad \gamma_2 = 90° - 26°\,34' = 63°\,26'$$

$$\sin 26°\,34' = 0.4472, \quad \cos 26°\,34' = 0.8944$$

피치원추 반지름

$$L = \frac{D_1}{2\sin\gamma_1} = \frac{160}{2 \times 0.4472} \fallingdotseq 178.8\,[\mathrm{mm}]$$

베벨 기어의 이나비

$$b \leq \frac{L}{3} = \frac{178.8}{3} = 59.6\,[\mathrm{mm}] \quad \therefore b = 50\,[\mathrm{mm}]$$

$$\lambda \fallingdotseq \frac{L_1 - b}{L} = \frac{178.8-50}{178.8} = 0.72$$

$$W_w = \frac{25.4\,\sigma_a b\,y_{0e}\,\lambda}{p_d} \ \text{에서}$$

$$W_1 = 1460 = \frac{25.4 \times 31 \times 50 \times y_{0e} \times 0.72}{p_d} = 28346\,\frac{y_{0e}}{p_d}$$

$$\therefore y_{0e} = \frac{149}{28346}\,p_d = 0.0515\,p_d$$

$$Z_{1 \cdot e} = \frac{Z_1}{\cos \gamma_1} = \frac{Z_1}{0.8944}, \qquad Z_1 = \frac{D_1 \, p_d}{25.4} = \frac{16 \, p_d}{25.4} \fallingdotseq 0.63 \, p_d$$

따라서 $P_d = 6$, $Z_1 = 38$, $Z_2 = 38 \times 2 = 76$

$$D_1 = \frac{25.4 \times 38}{6} = 160.867 \,[\mathrm{mm}], \qquad D_2 = \frac{25.4 \times 76}{6} = 321.733 \,[\mathrm{mm}]$$

p_d	4	5	6
$Z_1 = 0.63 \, p_d$	25	32	38
$Z_{1 \cdot e} = \dfrac{Z_1}{0.8944}$	28	36	44
$y_{0e} = 0.0525 \, p_d$ 에서	0.214	0.263	0.315
y_{0e} (표에서 $Z_{1 \cdot e}$ 에 대하여)	0.314	0.330	0.340

$b = 50 \,[\mathrm{mm}]$ 에 대하여

$$L = \frac{160.867}{2 \times 0.4472} = 179.86 \,[\mathrm{mm}]$$

베벨 기어계수 $\lambda = \dfrac{L-b}{L} = \dfrac{179.86 - 50}{179.86} = 0.722$

$$p_d = 6, \qquad p = 13.294 \,[\mathrm{mm}], \qquad t = 6.497 \,[\mathrm{mm}]$$
$$h_k = 4.2333 \,[\mathrm{mm}], \qquad h_f = 4.8980 \,[\mathrm{mm}]$$
$$t_s = t \times \frac{L-b}{L} = 6.6497 \times 0.722 = 4.801 \,[\mathrm{mm}]$$
$$h_{sk} = 4.2333 \times 0.722 = 3.056 \,[\mathrm{mm}], \quad h_{sf} = 4.8980 \times 0.722 = 3.536 \,[\mathrm{mm}]$$

이끝각을 α 라 하면

$$\tan \alpha = \frac{h_k}{L} = \frac{4.2333}{179.86} = 0.02354 \qquad \therefore \ \alpha = 1° \, 21'$$

이뿌리각을 δ 라 하면

$$\tan \delta = \frac{h_f}{L} = \frac{4.8980}{179.86} = 0.02723 \qquad \therefore \ \delta = 1° \, 34'$$

잇 면 각 $\begin{cases} \beta_1 = 90° - (26° \, 34' + 1° \, 21') = 62° \, 5' \\ \beta_2 = 90° - (63° \, 26' + 1° \, 21') = 25° \, 13' \end{cases}$

절 삭 각 $\begin{cases} \lambda_1 = 26° \, 34' - 1° \, 34' = 25° \\ \lambda_2 = 63° \, 26' - 1° \, 34' = 61° \, 52' \end{cases}$

$$
바깥지름 \begin{cases} D_{0.1} = D_1 + 2\,h_K \cos \gamma_1 \\ \\ \quad = 160.867 + 2 \times 4.2333 \times 0.8944 = 440 \,[\mathrm{mm}] \\ \\ D_{0.2} = D_2 + 2\,h_K \cos \gamma_2 \\ \\ \quad = 321.734 + 2 \times 4.2333 \times 0.4472 = 325.520 \,[\mathrm{mm}] \end{cases}
$$

큰 기어의 구조에서

피치 $p = 13.2994 \fallingdotseq 13.5\ \mathrm{mm}$

보스 (boss)

	작은 기어	큰 기어
축지름 d	40 [mm]	50 [mm]
$d_B = 1.75\,d + 3$	75 [mm]	90 [mm]
$L_B = 1.6\,d$	65 [mm]	85 [mm]

림의 두께 $s = 0.5\,p = 0.5 \times 13.5 \fallingdotseq 8\ [\mathrm{mm}]$

아암 $Z = 4, \quad j = 8\ [\mathrm{mm}]$ T 단면이라면

$$W = W_1 = 1460\ [\mathrm{N}]$$

$$\sigma_a = 11.8\ [\mathrm{MPa}]$$

$$D_2 \fallingdotseq 322\ [\mathrm{mm}]$$

$$k = \sqrt{\frac{3\,W D_2}{Z j \sigma_a}} = \sqrt{\frac{3 \times 1460 \times 322}{4 \times 8 \times 11.8}} \fallingdotseq 61.1\ [\mathrm{mm}] \fallingdotseq 62\ [\mathrm{mm}]$$

축에 작용하는 힘 $L \fallingdotseq 180\ [\mathrm{mm}], \quad b = 50\ [\mathrm{mm}]$

$$\phi = \frac{1}{3}\left(\frac{3 - \dfrac{3b}{L} + \dfrac{b^2}{L^2}}{2 - \dfrac{b}{L}} \right) = \frac{1}{3}\left(\frac{3 - \dfrac{3 \times 50}{180} + \dfrac{50^2}{180^2}}{2 - \dfrac{50}{180}} \right) = 0.434$$

$$D_1 = 160.867\ [\mathrm{mm}],$$

$$R_0 = l_0 \sin \gamma = 0.434 \times 160.867 \fallingdotseq 69.8\ [\mathrm{mm}]$$

$$T_1 = \frac{9545200 \cdot H_{\mathrm{kW}}}{N_1} = \frac{9545200 \times 5.52}{450} = 117088\ [\mathrm{N} \cdot \mathrm{mm}]$$

$$W = \frac{T}{R_0} = \frac{117088}{69.8} \fallingdotseq 1678\ [\mathrm{N}]$$

$$\tan \alpha = \tan 14\frac{1}{2}^{\circ} = 0.2586$$

작은 기어일 경우

횡하중 $F_y = W \tan \alpha \cos \gamma_1 = 1678 \times 0.2586 \times 0.8944 = 388\ [\mathrm{N}]$

$$\text{추 력} \quad F_x = W\tan\alpha\sin\gamma_1 = 1678 \times 0.2586 \times 0.4472 = 194\,[\text{N}]$$

$$\text{합성횡하중} \quad F_R = \sqrt{W^2 + F_y^2} = \sqrt{1678^2 + 388^2} \fallingdotseq 1723\,[\text{N}]$$

큰 기어일 경우

$$F_y = 194\,[\text{N}], \quad F_x = 388\,[\text{N}]$$

$$F_R = \sqrt{W^2 + F_y^2} = \sqrt{16786^2 + 194^2} \fallingdotseq 1689\,[\text{N}]$$

14.2.7 베벨 기어의 피로에 의한 면압강도

(1) 마모를 고려할 때

직선베벨 기어의 잇면의 면압강도는 마모에 견디어야 하므로 스퍼 기어의 경우와 같이 생각하고, 피치원의 지름과 치수는 상당스퍼 기어로 고려한다.

$$\text{따라서} \qquad W_c = \sigma_k D_{e\cdot1}\, b\, \frac{2Z_{e\cdot2}}{Z_{e\cdot1} + Z_{e\cdot2}} \tag{14.56}$$

$$W_c = \sigma_k m b\, \frac{2Z_{e\cdot1}Z_{e\cdot2}}{Z_{e\cdot1} + Z_{e\cdot2}} \ \cdots\cdots\ \text{모듈 기준} \tag{14.57}$$

$$W_c = 50.8\,\sigma_k\, \frac{b}{p_d} \cdot \frac{Z_{e\cdot1}Z_{e\cdot2}}{Z_{e\cdot1} + Z_{e\cdot2}} \ \cdots\cdots\ \text{지름피치 기준} \tag{14.58}$$

$$\text{단,} \qquad\qquad\qquad \sigma_k = \frac{\sigma_{\max}}{S_f}$$

여기서, W_c : 잇면이 전달할 수 있는 하중 [N]

$\quad\quad D_{e\cdot1}$: 피니언의 상당스퍼 기어의 피치원의 지름 [mm]

$\quad\quad \sigma_k$: 허용접촉응력 [N/mm² = MPa]

$\quad\quad \sigma_{\max}$: 최대허용접촉응력 [MPa]

$\quad\quad S_f$: 잇면의 면압강도에 대한 안전율

$\quad\quad b$: 이나비 [mm]

$\quad\quad Z_{e\cdot1},\ Z_{e\cdot2}$: 작은 기어, 큰 기어의 상당스퍼 잇수

$\quad\quad m$: 이의 대단부에 있어서의 모듈(상당스퍼 기어의 모듈) [mm]

$\quad\quad p_d$: 이의 대단부에 있어서의 지름피치 (상당스퍼 기어의 지름피치)

$\quad\quad\quad$ [inch]

(2) AGMA에 의한 면압강도

AGMA에서는 잇면의 면압강도에 대하여 다음 식을 사용하고 있다.

$$W_A = 16.38\, b\, \sqrt{D_1}\, f_m f_s \tag{14.59}$$

여기서, W_A : 백콘(후원추)의 피치원, 즉 상당스퍼 기어의 피치원에서 잇면이 전달할 수 있는 하중[N]

b : 이나비[mm]

D_1 : 작은 기어의 피치원 지름[mm]

m : 이의 대단부 모듈[mm]

Z_1 : 작은 기어의 잇수

f_m : 재료에 의한 재료계수(표 14.3 참조)

f_s : 사용 기계에 의한 사용기계계수(표 14.4 참조)

▶표 14.3 베벨 기어의 재료에 의한 재료계수 f_m

작은 기어의 재료	큰 기어의 재료	f_m	작은 기어의 재료	큰 기어의 재료	f_m
주철 또는 주강	주철	0.3	기름담금질강	연강 또는 주강	0.45
조질강	조질강	0.35	침탄강	조질강	0.5
침탄강	주철	0.4	기름담금질강	기름담금질강	0.80
기름담금질강	주철	0.4	침탄강	기름담금질강	0.80
침탄강	연강 도는 주강	0.45	침탄강	침탄강	1.00

▶표 14.4 베벨 기어의 사용기계에 의한 사용기계계수 f_s

f_s	사 용 기 계
2.0	자동차, 전차(기동 토크에 의함)
1.0	항공기, 송풍기, 원심분리기, 기중기, 공작기계(벨트 구동) ; 인쇄기, 원심펌프, 감속기, 방직기, 목공기
0.75	공기 압축기, 전기공구(체대용), 광산기계, 선인기, 컨베이어
0.65~0.5	분쇄기, 공작기계(모터 직결 구동), 왕복펌프, 압연기

🔓 **예제 3**

잇수 $Z_1 = 40$, $Z_2 = 56$ 의 한 쌍의 주철제 직각베벨 기어가 있다. 피니언의 회전속도 $N_1 = 180\,[\text{rpm}]$, 이나비 $b = 70\,[\text{mm}]$, 공구 압력각 $\alpha = 14\frac{1}{2}^{\circ}$, 모듈 $m = 8$ 일 때

전달 가능한 동력[kW]을 구하시오.

풀이

① 굽힘강도에서는

$$\text{피치원의 지름} \quad D_1 = m\,Z_1 = 8 \times 40 = 320\,[\text{mm}]$$
$$D_2 = m\,Z_2 = 8 \times 56 = 448\,[\text{mm}]$$

$$\text{원주속도} \quad v = \frac{\pi \times 320 \times 180}{60 \times 1000} = 3\,[\text{m/s}]$$

$$\text{속도계수} \quad f_v = \frac{3.05}{3.05+v} = \frac{3.05}{3.05+3} = 0.5$$

재질을 GC 30이라 하면 허용굽힘응력 $\sigma_w = 130\,[\text{MPa}]$로 정하고 양기어의 피치원추각 γ_1, γ_2 는

$$\tan\gamma_1 = \frac{\sin\Sigma}{\dfrac{Z_2}{Z_1}+\cos\Sigma} = \frac{\sin 90^{\circ}}{\dfrac{56}{40}+\cos 90^{\circ}} = \frac{1}{\dfrac{7}{5}+0} = \frac{5}{7} = 0.7143$$

$$\therefore\ \gamma_1 = 35^{\circ}\,30', \quad \gamma_2 = 90^{\circ}-35^{\circ}\,30' = 54^{\circ}\,30'$$

상당 스퍼 기어의 잇수는

$$Z_{e\cdot 1} = \frac{Z_1}{\cos\gamma_1} = \frac{40}{\cos 35^{\circ}\,30'} = \frac{40}{0.8141} = 49$$

$$Z_{e\cdot 2} = \frac{Z_2}{\cos\gamma_2} = \frac{56}{\cos 54^{\circ}\,30'} = \frac{56}{0.5807} = 97$$

따라서 치형계수는 표에서

$$y_{e\cdot 1} = 0.110, \quad y_{e\cdot 2} = 0.117$$

피치 원주 반지름은

$$b_1 = \frac{D_1}{2\sin\gamma_1} = \frac{320}{2 \times \sin 35^{\circ}\,30'} = \frac{320}{2 \times 0.5807} = 276\,\text{mm}$$

따라서 허용전달하중 W_w 는 다음과 같다.
피니언에서

$$W_{w1} = f_v\,\sigma_0\,\pi\,m\,b\,y_{e\cdot 1}\,\frac{L-b}{L}$$

$$= 0.5 \times 130 \times 3.14 \times 8 \times 70 \times 0.110 \times \frac{276-70}{276} = 9192 \ [\text{N}]$$

큰 기어에서

$$W_{w2} = 0.5 \times 130 \times 3.14 \times 8 \times 70 \times 0.0117 \times 0.746 = 9771 \ [\text{N}]$$

$$H = \frac{W_{w1} \cdot v}{1000} = \frac{9192 \times 3}{1000} \fallingdotseq 27.6 \ [\text{kW}]$$

② 면압강도에서는

$$\begin{cases} W_A = 16.38 \ b \ \sqrt{D_1} \ f_m f_s \\ W_A = 16.38 \ b \ \sqrt{m \, Z_1} \, f_m f_s \end{cases}$$

재료에 의한 계수

$$f_m = 0.3$$

사용기계에 의한 계수

$$f_s = 0.65$$

$$W_A = 16.38 \times 70 \times \sqrt{320} \times 0.3 \times 0.65 \fallingdotseq 4000 \ [\text{N}]$$

$$H = \frac{W_A \cdot v}{1000} = \frac{4000 \times 3}{1000} \fallingdotseq 12 \ [\text{kW}]$$

결국 굽힘 강도만을 중요시할 때는 27.6 [kW] 정도를 전달시킬 수 있지만 면압 강도가 문제시되는 경우에는 12 [kW]를 안전히 전달시킬 수가 있다.

🔒 **예제 4**

주강제의 마이터 기어가 있다. 압력각 14.5°, 이나비 65 [mm], 모듈 $m = 8$, 잇수 30이라 하여 바깥지름과 200 [rpm] 에서의 전달동력[kW]를 계산하시오.

풀이

마이터 기어는 축각 $\Sigma = 90°$, 피치원추각 $\gamma = 45°$의 2개의 같은 기어의 조합이다.
① 굽힘강도

$$Z_e = \frac{30}{\tan 45°} = 30 \qquad \therefore \ y_e = 0.101$$

$$D = m \, Z = 8 \times 30 = 240 \ [\text{mm}]$$

$$v = \frac{3.14 \times 240 \times 200}{60 \times 1000} = 2.5 \ [\text{m/s}]$$

$$f_v = \frac{3.05}{3.05 + v} = \frac{3.05}{3.05 + 2.5} = 0.55$$

재질을 주강 SC46이라 하고

$$L = \frac{D}{2 \sin \gamma} = \frac{240}{2 \times \sin 45°} = \frac{240}{2 \times 0.7071}$$
$$= 169.5 \,[\text{mm}]$$

$b = 65 \,[\text{mm}]$이므로

$$W_a = \sigma_a \, p \, b \, y_e \frac{L-b}{L} = f_v \sigma_0 \, \pi \, m \, b \, y_e \frac{L-b}{L}$$
$$= 0.55 \times 186 \times 3.14 \times 8 \times 65 \times 0.101 \times \frac{169.5 - 65}{169.5}$$
$$= 10486 \,[\text{N}]$$

$$H = \frac{W_a \cdot v}{1000} = \frac{10486 \times 2.5}{1000} \fallingdotseq 26.6 \,[\text{kW}]$$

② 면압강도에서는

$$f_m = 0.45, \qquad f_s = 0.75 \quad (\text{광산 기계})$$
$$W_A = 16.38 \, b \sqrt{D_1} \, f_m f_s$$
$$= 16.38 \times 65 \times \sqrt{240} \times 0.45 \times 0.75 \fallingdotseq 5567 \,[\text{N}]$$

허용전달마력

$$H = \frac{W_A \cdot v}{1000} = \frac{5567 \times 2.5}{1000} \fallingdotseq 13.9 \,[\text{kW}]$$

$h_k = m$ 이라 하면
바깥지름

$$D_0 = D + 2 \, h_k \cos \gamma = 240 + 2 \times 8 \times \cos 45° = 240 + 2 \times 8 \times 0.7071$$
$$= 251.314 \,[\text{mm}]$$

14.3 웜과 웜 기어

14.3.1 웜과 웜 기어의 개요

평행하지도 않고 서로 교차하지도 않는 두 축의 이루는 각이 일반적으로 직각인 경우 두 축 사이에 운동을 전달시키려고 할 때, 작은 기어쪽은 나사모양으로 된 **웜**(worm)을 사용하고 큰 기어는 기어모양의 **웜 휠**(worm wheel)을 사용한다. 이러한 장치를 **웜 기어장치**라고 한다. 웜은 사다리꼴이며, 웜 휠은 사다리꼴의 일부를 바깥 둘레에 깎은 것이다. 웜은 직선운동을 하며, 웜 휠은 회전운동을 한다. 그림 14.30 은 웜 기어의 실물을 나타낸다.

그림 14.30 웜 기어의 실물

14.3.2 웜 기어장치의 장단점

〈장 점〉

　1) 큰 감속비가 얻어진다

　2) 부하용량이 크다.

　3) 역전방지를 할 수 있다.

　4) 소음과 진동이 적다.

〈단 점〉

　1) 잇면의 미끄럼이 크고 진입각이 작으면 효율이 낮다.

　2) 웜 휠은 연삭할 수 없다.

　3) 인벌류트 원통기어와 같이 교환성이 없다.

　4) 잇면의 맞부딪침이 있기 때문에 조정이 필요하다.

　5) 웜 휠의 공작에는 특수공구가 필요하다.

　6) 웜 휠의 정도측정이 곤란하다.

　7) 웜 휠의 재질의 종류는 많지 않고 일반적으로 고가이다.

　8) 웜과 웜 휠에 추력하중이 생긴다.

　감속비를 아주 크게 10~500 정도까지 정할 수 있으므로 감속장치, 공작기계의 분할기구 등에 널리 사용된다.

14.3.3 웜 기어의 속도비

작은 기어는 웜으로 잇수가 1~6 정도이고, 그 모양은 볼트 나사와 같으며 일반적으로 1줄나사를 사용하지만 2줄, 3줄나사를 사용하기도 한다. 웜 기어 장치는 운전 중 소음이 생기지 않고 원활히 회전할 수 있을 뿐 아니라, 회전비를 매우 크게 할 수 있으므로 큰 감속에 사용된다. 지금 웜의 줄 수를 Z_n, 웜 기어의 잇수를 Z라 하면 웜의 1회전에 대하여 웜 기어는 $\dfrac{Z_n}{Z}$의 회전을 하게 된다. 즉 회전속도비 ε는 웜 나사의 줄 수 Z_n과 웜 기어의 잇수 Z에 반비례한다.

즉,
$$\varepsilon = \frac{Z_n}{Z}$$

보통 웜이 1줄 또는 2줄나사의 경우는 압력각 $\alpha = 14\frac{1}{2}^{\circ}$를 사용하고, 3줄 또는 4줄의 경우는 $\alpha_s = 20°$를 사용한다. 오른쪽 나사와 왼쪽 나사가 모두 사용되고, 회전은 웜의 회전방향으로 표시한다.

그림 14.31은 웜 기어의 용어를 나타낸 것이다.

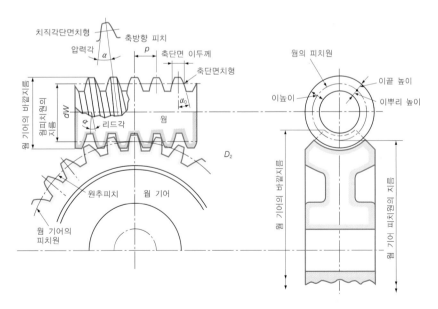

그림 14.31 웜 기어 용어

그리고 l : 웜의 나사가 1회전할 때 축방향의 전진 거리, 즉 리드(lead)

$N,\ N_w$: 웜 기어와 웜의 1분간의 회전속도[rpm]

p : 웜 나사의 피치 또는 웜 기어 이의 피치

D : 웜 기어의 피치원 지름

이라 하면 다음과 같이 쓸 수 있다.

$$Z = \frac{\pi D}{p}, \quad Z_w = \frac{l}{p} \tag{14.61}$$

$$\varepsilon = \frac{Z_w}{Z} = \frac{N}{N_w} = \frac{l/p}{\pi D/p} = \frac{l}{\pi D} \tag{14.62}$$

14.3.4 웜과 웜 기어장치의 치수계산식

그림 14.32 와 같이 림의 형식에는 3가지가 있다. 그림 (a)는 점접촉을 하는 기본적인 웜 형식으로 주로 경하중용으로 사용된다. 그러나 큰 동력을 전달하려면 그림 (b), 그림 (c)와 같이 웜 휠의 이나비 쪽을 중앙으로 오목하게 만들고, 웜 둘레의 일부와 선접촉을 시켜야 된다. 물림접촉부를 크게 하기 위하여 그림 14.33 과 같이 웜을 장고꼴로 만든 **힌들레이 웜**(Hindley worm)이 사용되기도 한다.

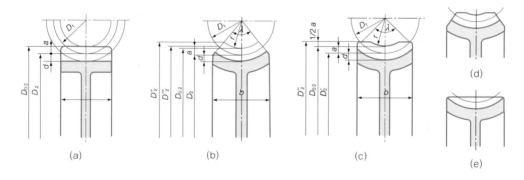

그림 14.32 웜 기어와 림의 형식

그림 14.33 힌들레이 웜

(1) 웜 기어의 치수 계산

그림 14.32 에서 피치원의 지름

$$D = \frac{pZ}{\pi}$$

이나비 중앙의 바깥지름,

$$D_0 = D + 2a$$

이끝 오목(凹)부의 반지름

$$r = \frac{D}{2} - a$$

그림 (a)의 경우 비틀림 각 β 는

$$\tan\beta = \frac{1}{\pi D}$$

그림 (b)의 경우 웜 기어의 최대 지름 D'' 는

$$D'' = D_o + 2\left(r - r\cos\frac{\lambda}{2}\right)$$

$$= D_o + 2r\left(1 - \cos\frac{\lambda}{2}\right) \tag{14.63}$$

그림 (c)의 경우

$$D'' = D + 3a \tag{14.64}$$

웜 기어의 페이스각(face angle) λ 는 $\alpha = 14\frac{1}{2}^{\circ}$ 이고, β 가 90°에 가까운 경우

$$\lambda = 60 \sim 80° \tag{14.65}$$

λ 에 대하여 스트리벡은 다음 경험식을 추천하고 있다.

$$\tan\frac{\lambda}{2} = \frac{K}{\dfrac{D_w}{2p} + 0.6} \tag{14.66}$$

K 의 값은 표 14.5 에 표시한다.

그림 (c)에 대하여

$$\cos\frac{\lambda}{2} = \frac{D_w - 3a}{D_w} \tag{14.67}$$

또 웜 기어의 나비는

$$b = \left(\frac{3}{5} \sim \frac{2}{5}\right) \times \text{웜의 바깥지름} \tag{14.68}$$

$$\left.\begin{array}{l} b = 2.38p + 6\,\text{mm} \cdots\cdots 1줄, 2줄나사의 \ 경우 \\ b = 2.15p + 5\,\text{mm} \cdots\cdots 3줄, 4줄나사의 \ 경우 \end{array}\right\} \tag{14.69}$$

압력각 α 는 진입각 γ 가 크면 이의 간섭이 일어나므로 표 14.6 에서와 같이 정하고, γ 는 45° 이상으로 하지 않는다.

▶**표 14.5** K 의 값

Z	28	36	41	56	62	68	76	84
K	1.9	2.1	2.3	2.5	2.6	2.7	2.8	2.9

▶**표 14.6** 웜의 진입각과 압력각

진입각 (γ)	15° 까지	25° 까지	35° 까지	36° 이상
압력각 (α)	14.5°	20°	25°	30°

14.3.5 웜과 웜 휠의 강도설계

웜 기어는 잇면 사이의 마찰로 인한 발열에 의하여 제한을 받으므로 보통 굽힘강도설계는 하지 않지만, 경우에 따라 응력시험을 한다.

(1) 굽힘강도

웜은 일반적으로 침탄강의 강한 것으로 하고, 웜 휠은 인청동 등을 사용하므로 웜보다 훨씬 약하다. 그러므로 웜 휠에 대하여 굽힘강도를 시험한다.

$$W_a = \sigma_b\, p\, b\, y = \sigma_b\, p_s \cos \gamma\, b\, y \tag{14.70}$$

여기서, σ_b : 허용굽힘응력 [N/mm^2=MPa]　　p : 휠의 이직각피치 [mm]

　　　　b : 웜 휠의 이나비 [mm]　　p_s : 휠의 축방향피치 [mm]

　　　　y : 치형계수

▶ **표 14.7** 웜 기어의 치형계수 y

α	y
14.5°	0.100
20°	0.125
25°	0.150
30°	0.175

▶ **표 14.8** 웜 휠의 허용굽힘응력 σ_b

(단위 : [N/mm^2=MPa])

재　료	하중방향일정	정역전을 할 때
주철	84	56
기어용청동	167	111
안티몬청동	103	70
합성수지	30	20

(2) 웜 기어의 내압강도

① 정하중인 경우 : Backingham의 실험식을 소개한다.

$$W_a = \phi\, d\, b_e\, K \tag{14.71}$$

여기서, W_a : 마모에 대한 허용하중 [N]　　ϕ : 진입각의 보정계수

　　　　d : 웜 휠의 피치원의 지름 [mm]　　b_e : 웜 휠의 이나비 [mm]

　　　　K : 내마모계수 [N/mm^2=MPa]

$$b_e = 2\sqrt{h_k(d_w + h_k)} \tag{14.72}$$

b_e 는 유효이나비로써 웜 피치원의 지름 d_w, 이끝 높이 h_k 에서 결정된다.

▶**표 14.9** ϕ 값

진입각 γ	ϕ
$\gamma < 10°$	1
$\gamma = 10 \sim 25°$	1.25
$\gamma > 25°$	1.50

▶**표 14.10** 내마모계수 K_m의 값

웜	웜 휠	$K[\text{N/mm}^2 = \text{MPa}]$
강 (경도 $H_B = 250$)	인 청 동	0.042
담 금 질 강	주 철	0.343
담 금 질 강	인 청 동	0.549
담 금 질 강	칠 인 청 동	0.834
담 금 질 강	안 티 몬 청 동	0.834
담 금 질 강	합 성 수 지	0.853
주 철	인 청 동	0.637

② 동하중인 경우

$$W_a = 0.76\, f_v K_m t_m d_2 b_e \tag{14.73}$$

여기서, f_v : 마모에 대한 속도계수 (그림 14.34 참조)

K_m : 마모에 대한 접촉응력계수 (표 14.10 참조)

t_m : 마모에 대한 운전시간계수 (그림 14.35 참조)

$$v_s = \frac{\pi d_w N}{60 \times 1000 \times \cos \gamma} \tag{14.74}$$

여기서, v_s : 미끄럼속도이다.

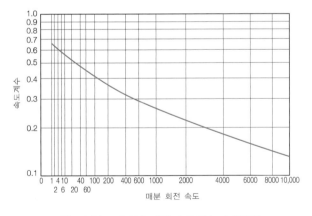

그림 14.34 마모에 대한 속도계수 f_v (BSS)

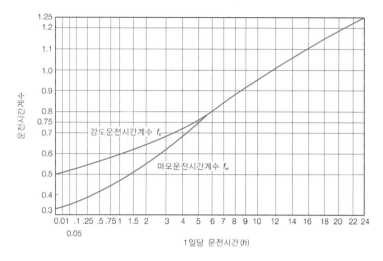

그림 14.35 마모에 대한 운전시간계수

(3) 웜의 발열에 대한 강도

웜의 발열현상은 기어의 재료, 치형, 공작의 정밀도, 윤활유의 상태와 냉각 장치 등 여러 가지 조건에 의하여 영향을 받는다.

$$W_h = C_u b_e{}' p_s \tag{14.75}$$

여기서, W_h : 발열에 대한 허용전달하중 [N]

$b_e{}'$: 웜의 피치원을 따라 측정한 웜 기어의 이나비 [mm]

p_s : 축직각단면의 웜 피치 [mm]

C_u : 상수

$b_e{}'$ 의 값은 웜의 피치원의 지름을 d, 페이스각 (face angl) 을 λ 라 하면

$$b_e{}' = \pi d \frac{\lambda}{360°} \tag{14.76}$$

λ 는 보통 $60 \sim 80°$이다. C_u 의 값에 대해서는 **Kutzbach**의 실험식을 사용한다.

$$\left.\begin{array}{l} C_u = \dfrac{40}{1 + 0.5\, v_s} (주철과\ 주철) \\[3mm] C_u = \dfrac{60}{1 + 0.5\, v_s} (강철과\ 인청동) \end{array}\right\} \tag{14.77}$$

여기서, v_s 는 웜의 미끄럼속도 [m/s] 이며, 웜의 원주속도를 v_w [m/s], 비틀림 각을 β 라 하면 v_s 와 v_w 사이에는 다음 관계가 성립한다.

$$\left. \begin{aligned} v_s &= \frac{v_w}{\cos \beta} \\ v_w &= \frac{\pi d N_w}{1000 \times 60} \end{aligned} \right\} \tag{14.78}$$

또, C_u 의 값에 대하여 Schubel은 전하중운전을 계속하지 않고 때때로 쉬는 경우 v_w 가 8 [m/s] 이하에서 다음과 같이 표시한다.

주철의 웜 기어 $C_u = 0.25$ [N/mm^2＝MPa]
인청동의 웜 기어 $C_u = 0.40$ [N/mm^2＝MPa]
알루미늄 청동의 웜 기어 $C_u = 0.50$ [N/mm^2＝MPa]

▶ **표 14.11** v_s 와 C_u 의 관계

v_s	1	2.5	4	5.5	7
C_u [N/mm^2]	2.9~3.9	2.5~2.9	2.0~2.5	1.5~2.0	1.0~1.2

표 14.11는 C_u 와 v_s 의 관계를 표시한다.

14.4 헬리컬 기어의 종합문제

그림 14.36 은 V 벨트와 헬리컬 기어를 이용한 감속기구 장치이다. 주어진 조건에 따라 문제에서 요구하는 사항을 설계하시오.

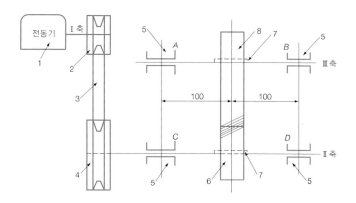

그림 14.36

1 : 전동기 5 [PS], 1800 [rpm]

2 : V 풀리, $d_1 = 120$ (피치원지름)

3 : V 벨트 　　 4 : V 풀리, d_2 　 5 : 베어링 # 7207

6 : 헬리컬 기어 $Z_1 = 30$ (잇수), $m = 2$ (치직각모듈)

7 : 성크 키, $10 \times Z_2 = 1508 \times 50$

8 : 헬리컬 기어, (잇수), $m = 2$ (이직각모듈)

문제 1 이 기구의 구동 전동기는 5 [PS] 에 회전속도 $N = 1800$ [rpm] 이다. 여기에 사용되는 실체원축 1 의 지름을 구하시오. 단, 축 T 는 비틀림 모멘트만을 받으며, 허용전단응력 $\tau_1 = 29$ [MPa] 이다.

문제 2 전동기에서 V 벨트를 사용하여 축 Ⅱ 를 구동하며, 전동기 쪽 V 벨트 풀리의 지름 d_1 을 120 [mm], 축간 거리 c 는 큰 V 벨트 풀리의 지름 d_2 와 같게 하고 회전비가 $\frac{1}{3}$ 로 감속할 때 V 벨트의 형과 가닥 수를 구하시오. 단, V 벨트의 부하 수정계수 $K_2 = 0.9$ 이고, 원심력은 무시한다.

문제 3 헬리컬 기어 6 의 재질이 SM 25 C이고, 헬리컬 기어 8 의 재질이 GC 27 일 때, 이들 한 쌍의 기어에서 생기는 굽힘응력 σ_1, σ_2 를 구하고, 허용굽힘강도에 대한 안전성 여부를 판단하시오. 단, 두 기어의 공구 압력각 $\alpha = 20°$ 이며, 이나비 $b = 20$ [mm] 이고, 비틀림각 $\beta = 22°$ 이다.

문제 4 축 재료의 허용굽힘응력 $\sigma_3 = 59$ [MPa] 이고, 허용전단응력 $\tau_1 = 29$ [MPa] 일 때 비틀림과 굽힘 모멘트를 동시에 받는 실체원축 Ⅲ의 지름을 구하시오. 단, 축지름의 설계는 5 [mm] 단위로 한다.

문제 5 헬리컬 기어 6, 8과 축 Ⅱ, Ⅲ 사이에 성크 키 (폭(b)×높이(h)×길이(l) $= 10 \times 8 \times 50$) 를 사용할 때 키의 안전성 여부를 판단하시오. 단, 성크 키 재료의 허용전단응력 $\tau_2 = 39\,[\text{MPa}]$ 이고, 허용압축응력 $\sigma_4 = 59\,[\text{MPa}]$ 이며, 축에 묻히는 키의 깊이 t 는 높이 h 의 $\frac{1}{2}$ 이고, 축지름은 축 Ⅲ 의 값을 기준한다.

문제 6 (문제 5)에서 축 Ⅲ 의 A 점과 B 점에 각각 1개(#7207)인 동일 규격의 단열 앵귤러 컨택트 볼 베어링을 사용하였을 때 A 점의 베어링 수명시간 L_h 를 구하시오. 단, 접촉각 $\theta = 30°$ 이며, 하중계수 $f_w = 1.5$ 이고, 베어링에는 레이디얼 하중과 스러스트하중이 동시에 작용한다.

▶표 14.12 레이디얼계수 x 와 스러스트계수 y 의 값

형 식			단열인 경우						복열인 경우	
			$P_a/P_r \leqq e$		$P_a/P_r > e$		$P_a/P_r \leqq e$		$P_a/R_r > e$	
			x	y	x	y	x	y	x	y
깊은홈형 볼 베어링	$P_a/C = 0.04$	0.32			0.35	2.0			0.35	2.1
	0.12	0.41	1	0	0.34	1.6	1	0	0.34	1.6
	0.04	0.54			0.31	1.2			0.31	1.2
앵귤러형 볼 베어링	$\theta = 20°$	0.67			0.31	1.04		0.94	0.50	1.69
	30°	0.96	1	0	0.27	0.76	1	0.65	0.44	1.24
	40°	1.35			0.23	0.57		0.46	0.37	0.93
복열자동조심형 볼 베어링		$1.5\tan\theta$	-	-	-	-	1	$0.42\times\cot\theta$	0.65	$0.65\cot\theta$
구면롤러 베어링 원추롤러 베어링		$1.5\tan\theta$	0	0	0.4	$0.4\cot\theta\,1$	1	$0.45\times\cot\theta\,1$	0.67	$0.67\cot\theta$

P_r : 레이디얼하중 [kg$_f$], P_a : 스러스트하중 [kg$_f$], θ : 접촉각

[풀이]

1. 비틀림 모멘트 : $T = 7018760 \times \dfrac{H_{PS}}{N} = 7018760 \times \dfrac{5}{1800} = 19497\,[\text{N}\cdot\text{mm}]$

   축지름 $d = \sqrt[3]{\dfrac{16\,T}{\pi \cdot \tau}} = \sqrt[3]{\dfrac{16 \times 19497}{\pi \times 29}} = 15\,[\text{mm}]$

2. V벨트의 원주속도 : $v = \dfrac{\pi \cdot D \cdot N}{60 \times 1000} = \dfrac{\pi \times 120 \times 1800}{60 \times 1000} = 11.310\,[\text{m/s}]$

   표 14.13에서 5 PS, $v = 11.310\,[\text{m/s}]$ 인 경우 V 벨트는 B형이다.

   $v = 11.310\,[\text{m/s}]$ 인 경우 V 벨트 1 가닥의 전달마력은

   $\dfrac{2.6-2.5}{0.5} \times 0.310 + 2.5 = 2.562$

   큰 V 풀리지름 : $d_2 = d_1 \cdot \dfrac{N_1}{N_2} = 120 \times \dfrac{1800}{600} = 360\,[\text{mm}]$

▶**표 14.13** V 벨트의 선택기준

마 력	벨트의 속도 [m/s]		
	10 이하	10~17	17 이상
2 이하	A	A	A
2~5	B	B	A 또는 B
5~10	B 또는 C	B	B
10~25	C	B 또는 C	B 또는 C
25~50	C 또는 D	C	C
50~100	D	C 또는 D	C 또는 D
100~150	E	D	D
150 이상	E	E	E

따라서 축간 거리 : $c = d_2 = 360\,[\text{mm}]$이다.

V 벨트의 접촉각 :

$$\theta = 180° - 2 \times \sin^{-1} \frac{d_2 - d_1}{2\,c} = 180° - 2 \times \sin^{-1} \frac{360 - 120}{2 \times 360} = 141.058°$$

$k_1 = 0.92$이므로

필요한 가닥 수 : $z = \dfrac{H}{H_0 \cdot k_1 \cdot k_2} = \dfrac{5}{2.562 \times 0.9 \times 0.92} = 2.357 \fallingdotseq 3$ 가닥

$\therefore$ B형, 3가닥

3. 헬리컬 기어의 축직각모듈 : $m_s = \dfrac{m}{\cos \beta} = \dfrac{2}{\cos 22°} = 2.157$

   소기어의 피치원지름 : $D_1 = Z_1 \cdot m_s = 30 \times 2.157 = 64.71\,[\text{mm}]$

   대기어의 피치원지름 : $D_2 = Z_2 \cdot m_s = 150 \times 2.157 = 323.55\,[\text{mm}]$

   피치 원주속도 : $v = \dfrac{\pi \cdot D_1 \cdot N}{60 \times 1000} = \dfrac{\pi \times 64.71 \times 600}{60 \times 1000} = 2.033\,[\text{m/s}]$이므로

   속도계수 : $f_v = \dfrac{3.05}{3.05 + v} = \dfrac{3.05}{3.05 + 2.03}3 = 0.6$

   헬리컬 기어의 상당평 기어의 잇수는

   피니언 : $Z_{e1} = \dfrac{Z_1}{\cos^3 \beta} = \dfrac{30}{\cos^3 22°} = 37.638 \fallingdotseq 38$ 개

   대기어 : $Z_{e2} = \dfrac{Z_2}{\cos^3 \beta} = \dfrac{150}{\cos^3 22°} = 188.189 \fallingdotseq 189$ 개

   상당평 기어의 치수에 대한 치형계수는

   $$y_{e1} = 0.4 \quad (\therefore \ Z_{e1} = 38\,\text{개})$$

   $$y_{e2} = \frac{0.474 - 0.464}{150} \times 39 + 0.464 = 0.467$$

$$\therefore\ Z_{e2} = 189\ \text{개}$$

기어의 전달력 : $P = \dfrac{735.5 \times H_{PS}}{v} = \dfrac{735.5 \times 5}{2.033} = 1807.669\ [\text{N}]$

피니언의 응력 : $\sigma_1 = \dfrac{P}{f_v \cdot b \cdot m \cdot y_e} = \dfrac{1807.669}{0.6 \times 20 \times 2 \times 0.4} = 188.297\ [\text{N/mm}^2]$

대기어의 응력 : $\sigma_2 = \dfrac{P}{f_v \cdot b \cdot m \cdot y_e} = \dfrac{1807.669}{0.6 \times 20 \times 2 \times 0.467} = 161.288\ [\text{N/mm}^2]$

허용굽힘강도와 비교하면

피니언 : $\sigma_1 = 188.297 < \sigma_{w1} = 206$ 이므로 안전하다.

대기어 : $\sigma_2 = 161.288 > \sigma_{w2} = 127$ 이므로 불안전하다.

4. 축의 토크 : $T = 7018760\dfrac{H_{PS}}{N} = 7018760 \times \dfrac{5}{120} = 292448.337\ [\text{N} \cdot \text{mm}]$

축의 레이디얼하중 : $P_{r1} = \dfrac{P}{\cos \alpha} = \dfrac{1807.669}{\cos 20} = 1923.681\ [\text{N}]$

굽힘 모멘트 : $M = \dfrac{P_{r1}}{2} \cdot l = \dfrac{1923.681}{2} \times 100 = 96184.06\ [\text{N} \cdot \text{mm}]$

축에 걸리는 상당비틀림 모멘트

$$T_e = \sqrt{M^2 + T^2} = \sqrt{96184.06^2 + 292448.337^2} = 307859.385\ [\text{N} \cdot \text{mm}]$$

$$M_e = \dfrac{1}{2}(M + T_e) = \dfrac{1}{2}(96184.06 + 307859.385) = 197611.728\ [\text{N} \cdot \text{mm}]$$

따라서 축지름을 구하면

$$d = \sqrt[3]{\dfrac{16\,T_e}{\pi \cdot \tau}} = \sqrt[3]{\dfrac{16 \times 307859.385}{\pi \times 29}} = 37.641\ [\text{mm}]$$

$$d = \sqrt[3]{\dfrac{32\,M_e}{\pi \cdot \sigma}} = \sqrt[3]{\dfrac{32 \times 197611.728}{\pi \times 59}} = 32.709\ [\text{mm}] \quad \therefore\ d = 40\ [\text{mm}]$$

5. 키에 생기는 전단응력 : $\tau = \dfrac{2\,T}{b \cdot l \cdot d} = \dfrac{2 \times 292448.337}{10 \times 50 \times 40} = 29.243\ [\text{N/mm}^2]$

키에 생기는 압축응력 : $\sigma_c = \dfrac{4\,T}{h \cdot l \cdot d} = \dfrac{4 \times 292448.337}{8 \times 50 \times 40} = 73.108\ [\text{N/mm}^2]$

허용강도와 비교하면

$$\tau = 29.243 < \tau_a = 39\ \text{이므로 안전함}$$

$$\sigma_c = 73.108 > \sigma_a = 59\ \text{이므로 불안전함}$$

6. 표 14.14에서 #7207의 $C = 2330\ [\text{kg}_f](= 22834\ [\text{N}])$ 이므로

레이디얼하중 : $P_{r2} = f_w \cdot P_{r1} = 1.5 \times 1923.681 = 2885.524\ [\text{N}]$

스러스트하중 : $P_t = P_{r1} \cdot \tan \beta = \tan \beta = 2885.522 \times \tan 22° = 1165.828\ [\text{N}]$

베어링 1개당 하중은

▶표 14.14 롤러 베어링의 부하 용량[kg$_f$]

종류		단열 레이디얼 볼베어링												
형식 [mm]		6000		6300		6300		1200		7200		7300	
안지름 [mm]		C	C_0	C	C_0	C	C_0	C	C_0	C	C_0	C	C_0
00	10	365	190	400	195	640	380	430	132				
01	12	400	220	535	295	760	470	435	150				
02	15	440	255	600	355	900	545	585	205				
03	17	465	285	755	445	1060	660	650	245				
04	20	740	450	1010	625	1250	790	775	325				
05	25	785	520	1100	705	1660	1070	940	410	1270	880	2080	1460
06	30	1030	710	1530	1010	2180	1450	1220	590	1770	1270	2650	1910
07	35	1250	880	2010	1380	2610	1810	1230	975	2330	1720	3150	2350
08	40	1320	980	2280	1580	3200	2260	1440	820	2770	2130	3850	2930
09	45	1610	1270	2560	1800	4150	3050	1700	975	3100	2430	5000	3950
10	50	1660	1370	2750	2000	4850	3600	1780	1100	3250	2600	5850	4700
11	55	2180	1800	3400	2530	5650	4250	2090	1360	4000	3300	6750	5500
12	60	2270	1930	4100	3150	6450	4900	2350	1580	4850	4050	7700	6350
13	65	2400	2120	4850	3800	7300	5600	2480	1750	5500	4750	8700	7300
14	70	2970	2550	5150	4200	8150	6400	2710	1920	6000	5250	9800	8300
15	75	3100	2800	5700	4500	8900	7250	3050	2180	6200	5550	10600	9400
16	80	3750	3350	6500	5450	9650	8100	3100	2400	6950	6250	11500	10500
17	85	3900	3600	7500	6150	10400	9000	3850	2900	7800	7200	12400	11700
18	90	4550	4150	8500	7050	11200	10000	4450	3250	9200	8500	13400	13000
19	95	4700	4500	10400	9050	11200	11000	5000	3250	10500	9750	14300	14300
20	100	4700	4500	11300	10100	13600	13200	5400	4100	11300	11300	16220	17200

$$P'_{r2} = \frac{P_{r2}}{2} = \frac{2885.522}{2} = 1442.766 \,[\text{N}]$$

따라서 $\dfrac{P_t}{P'_{r2}}$ 비는

$$\frac{P_t}{P'_{r2}} = \frac{1165.828}{1442.760} = 0.808 < \epsilon = 0.96$$

그리고 $x = 1, \ y = 0$ 이므로

$$P = x P'_{r2} + y P_t = 1 \times 1442.760 + 0 \times 1165.828 = 1442.766 \,[\text{N}]$$

$$\text{A점의 베어링 회전수명} : L_n = \left(\frac{C}{P}\right)^3 \times 10^6 = \left(\frac{22834}{1442.766}\right)^3 \times 10^6$$

$$= 3964.227 \times 10^6 (\text{회전})$$

$$\text{A점의 수명시간} : L_h = \frac{L_n}{60\,N} = \frac{3964.227 \times 10^6}{60 \times 120} = 5.506 \times 10^5 \text{시간}$$

$$\therefore \ \text{A점의 수명시간} \, (L_h) = 5.506 \times 10^5 \text{시간}$$

연습 문제

1. 한 쌍의 주조이 베벨 기어가 있다. 회전비 2 : 1, 피니언은 $N_1 = 175$ [rpm], $Z_1 = 25$, $p = 38$ [mm], 이나비 $b = 100$ [mm]이다. 재료는 고급 주철이고, 이는 15° 인벌류트 표준형이다. 이 한 쌍의 베벨 기어가 전달할 수 있는 동력[kW]을 계산하시오.

2. 한 쌍의 주강제의 마이터 기어가 있다. 이는 $14\frac{1}{2}$°의 규정표준형 기계절삭이이고 $p_d = 3$, $Z = 30$, $b = 65$ [mm]이다. 이 마이터 기어의 여러 각도와 치수를 계산하고, 또 200 [rpm]에서 전달할 수 있는 동력[kW]을 계산하시오.

3. 회전비 3 : 1의 베벨 기어 장치를 사용하여 축각이 직각일 때, 축 사이에 피니언의 축이 회전속도 300 [rpm]으로 20 [PS]를 전달하려고 한다. 이는 15°, 모듈 기준, 규정 표준형 절삭이로 피니언의 피치원의 지름 약 200 [mm], 재료는 청동, 큰 기어의 재료는 고급 주철이라 할 때 다음을 결정하시오.
1) 이의 모듈과 이나비
2) 여러 각도의 크기와 치수
3) 이에 작용하는 합성 하중과 그 작용하는 위치
4) 추력의 크기

4. 직각축 사이에 사용되는 한 쌍의 베벨 기어가 있다. 이는 $14\frac{1}{2}$°의 규정 표준형 절삭이라 하고 $p_d = 4$, $b = 75$ [mm], 피니언은 피치원의 지름이 약 150 [mm], 0.3 [%]의 탄소강제이고 250 [rpm]으로 회전하고 회전비가 4 : 1, 큰 기어는 보통 주철제로 한다. 여러 치수를 계산하고 전달할 수 있는 마력을 이의 강도와 마모의 관점에서 조사하시오.

5. 축각이 75°의 축 사이에 회전비가 2.5 : 1 로 동력 7.36 [kW]를 베벨 기어로 전달시키려고 한다. 피니언의 축은 750 [rpm] 으로 항상 $\frac{1}{4}$의 하중이 거의 변화 없이 전달되고 있는 상태이다. 재료, 치형, 잇수를 적당하게 선정하고, 이 한 쌍의 베벨 기어를 설계하시오.

6. 한 쌍의 오른편 곡선 베벨 기어가 있다. 원동 소기어의 시계방향 회전수가 2200 [rpm]일 때 29.42 [kW]을 전달한다. 스파이럴 각도는 30°, 압력각 $\alpha = 14\frac{1}{2}$, 지름피치 $p_d = 4$, 그리이슨식의 치형이고, 잇수는 10과 48이다. 운전에 수반되는 추력의 크기와 방향을 계산하시오.

7. 화물 자동차의 후륜구동용의 곡선 베벨 기어가 있다. 잇수는 8과 45이고 치형은 그리이슨식이며, 압력각 $\alpha = 14\frac{1}{2}°$, 지름피치 $p_d = 3.5$, 이나비 $b = 55$ [mm]이다. 각 기어의 여러 각도와 치수를 계산하시오.

8. 회전비 3 : 1, 잇수 16과 48, 치형은 그리이슨식, 지름피치 $p_d = 5$, 이나비 $b = 38$ [mm], 스파이럴 각도 30°인 한 쌍의 곡선 베벨 기어의 여러 각도와 치수를 계산하시오. 단, 재료는 모두 표면경화탄소강이고, 피니언은 1000 [rpm]의 경우 14.7 [kW]를 전달할 때 각 기어의 횡하중과 추력을 계산하시오.

Chapter 15

평벨트 전동

15.1 감기 전동장치

원동축의 동력을 종동축으로 전달시킬 때 두 축 사이의 거리가 가까우면 마찰차(friction wheel) 또는 기어(gear) 등을 사용하여 직접 접촉시켜서 전동할 수 있다. 그러나 축 사이의 거리가 먼 경우 벨트, 로프, 체인 등을 사용하여 동력을 전달한다. 두 축 사이의 거리가 2~15 m 까지는 평벨트를 풀리(pulley)에 감아서 사용하는 평벨트기구를, 2~5 m 까지는 V벨트를 V풀리에 감아서 사용하는 V벨트 전동기구 또는 체인을 스프로킷 휠(sprocket wheel)에 감아서 사용하는 체인 전동기구 등이 사용된다. 그리고 축 사이의 거리가 더 길면 로프를 시브풀리(sheave pulley)에 감아서 사용하는 로프 전동기구가 사용된다.

벨트나 로프는 이것과 짝을 이루는 풀리 사이의 마찰력에 의해서 운동을 전달하므로 약간의 미끄럼이 있기 때문에 기어전동장치와 같이 정확하고 일정한 회전비를 얻기 어렵다. 또한 벨트나 로프는 어느 정도의 충격을 흡수하고 마찰력에 의하여 동력을 전달하므로 부하가 커져도 미끄럼으로 인하여 기계에 무리가 가지 않고 비교적 정숙한 운전을 할 수 있다. 감기전동기구에 의한 전동에서 전동의 각 순간은 그림 15.1과 같은 4 링크기구와 같다. 링크 C의 속도는 감기장치의 속도와 같고 이것을 v 라 하고 A, B 두 풀리의 반지름 및 각속도를 각각 r_1, r_2 및 ω_1, ω_2 라 하면

$$v = r_1 \omega_1 = r_2 \omega_2 \tag{15.1}$$

감기 전동장치의 특징은 조작이 간단하고 비용이 싸며 효율도 좋으므로 각종기계의 전동에 널리 사용된다. 벨트와 로프는 마찰력에 의하여 전동하는 장

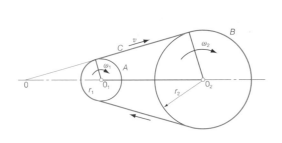

그림 15.1 감기운동기구   그림 15.2 벨트전동장치

▶표 15.1 전동장치의 적용 범위

종 류		축간거리 [m]	속도비		속도 [m/s]	
			보 통	최 대	보 통	최 대
평 벨 트		10 이하	1 : 1~6	1 : 15	10~30	50
V 벨 트		5 이하	1 : 1~7	1 : 10	10~18	25
로 프 (선, 마)		10~25	1 : 1~2	1 : 5	15~25	30
체 인	롤 러 체 인	4 이하	1 : 1~7	1 : 10	4 이하	10
	사일런트체인	7 이하	1 : 1~8	1 : 10	8 이하	10

치이므로 약간의 미끄럼이 생긴다. 따라서 일정한 회전비를 필요로 할 때는
사용할 수 없고 고속회전의 경우 진동이 발생하기 쉽다.

15.2 평벨트 전동장치

가죽 또는 고무, 직물 등으로 만든 직사각형 단면의 평평한 벨트를 고리모
양으로 이어서 2개의 풀리에 적당한 장력으로 걸어서 동력을 전달시키는 장
치로, 벨트와 풀리의 원둘레면 사이에 수직압력을 생기게 하고, 이 수직압력
에 의한 마찰력을 이용하여 동력을 전달시킨다.

15.2.1 거는 방법

벨트를 풀리에 거는 방법에는 **바로걸기 (평행걸기 ; open belting) 와 엇걸기 (십자걸기 ; cross belting) 의 2종류**가 있다. 바로걸기는 두 축의 회전방향이 같으며, 엇걸기는 서로 반대방향으로 회전한다. 엇걸기를 하면 접촉각이 바로 걸기보다 크기 때문에 작은 풀리로 큰 동력을 전동하는 데 적합하다. 그림 15.3은 바로걸기와 엇걸기를 나타낸 것이다.

바로걸기를 할 때 그림 15.4 (a) 와 같이 위쪽을 이완측으로 하고 아래쪽을 긴장측으로 하면 벨트와 풀리의 접촉각이 크게 되어 작은 벨트의 장력으로 보다 큰 동력을 전달할 수 있으므로, 벨트의 수명이 길어지고 동력손실이 감소된다. 엇걸기에서는 벨트가 서로 접촉하여 마찰하면서 회전하기 때문에 벨트 이음에 의하여 손상을 받기도 한다. 벨트가 비틀림 때문에 생기는 비틀림 응력은 벨트의 폭이 넓고, 축간 거리가 짧을수록 크다. 따라서 축간 거리는 벨트 폭의 20 배 이상이 되도록 하며 벨트의 폭은 되도록 좁은 것을 사용한다. 그러나 엇걸기는 벨트와 풀리의 접촉각이 크므로 고속장치에 사용한다.

(a) 바로걸기   (b) 엇걸기

그림 15.3 벨트를 거는 방법

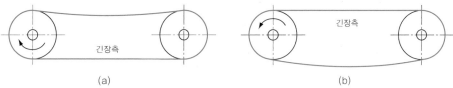

(a)   (b)

그림 15.4 바로걸기에 있어서 벨트를 감는 방법

15.2.2 벨트의 종류

(1) 가죽벨트

가죽벨트의 재료로 가장 많이 쓰이는 것은 소가죽이다. 소가죽은 탄성이 크고 마찰계수가 크며 내구성이 좋으므로 벨트의 재료로 적합하다. 그러나 값이 비싸며 긴 벨트가 필요할 경우에 이어서 사용해야 하는 결점이 있다.

벨트를 잇는 방법으로는 벨트의 끝을 경사지게 깎아서 겹쳐 놓고 접착제를 바른 다음 압착하는 방법과 가죽끈, 쇠줄, 리벳 또는 기타 특수한 장식으로 잇는 방법 등이 있다. 그러나 이음이 없는 벨트에 비해 이음 부분의 인장강도는 감소한다. 이음이 있는 벨트와 이음이 없는 벨트의 강도의 비를 벨트의 **이음효율**이라고 한다. 그림 15.5는 벨트 이음의 종류를 나타낸 것이고 표 15.2 및 표 15.3은 가죽벨트의 표준치수 및 이음효율을 각각 나타낸 것이다.

(2) 직물벨트 (textile belt)

무명, 대마, 짐승의 털 등의 섬유를 사용하여 짜서 만든 것이다. 폭이나 길이를 자유롭게 정할 수 있으나 가죽에 비하여 연결하기가 힘들다. 직물벨트는 가죽에 비하여 값이 싸기 때문에 많이 사용되지만 전동능력이 가죽보다 떨어진다.

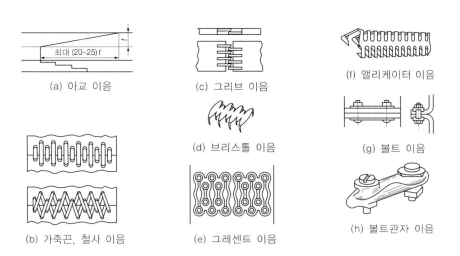

(a) 아교 이음
(b) 가죽끈, 철사 이음
(c) 그리브 이음
(d) 브리스톨 이음
(e) 그레센트 이음
(f) 앨리케이터 이음
(g) 볼트 이음
(h) 볼트관자 이음

최대 (20~25)t

그림 15.5 벨트 이음의 종류

▶표 15.2 가죽벨트의 표준치수

(단위 : [mm])

1 겹 벨트			2 겹 벨트			3 겹 벨트		
폭	허용차	두 께	폭	허용차	두 께	폭	허용차	두 께
25			51	±1.5		203	±4.0	
32			63			229		
38	±1.5	3 이상	76			254		
44			89	±3.6	6 이상	279		
51			102			305		
57			114			330		
63			127			356	±5.0	
70			140			381		
76	±3.0	4 이상	152	±4.0	7 이상	406		10 이상
83			165			432		
89			178			457		
95			191			483		
102			203			508		
114			229			559		
127	±4.0	5 이상	254	±5.0	8 이상	610	±1.0 %	
140			279			660		
152			305			712		

▶표 15.3 가죽벨트의 이음효율

이 음 방 법	이 음 효 율 [%]
아교로 겹쳐서 붙였을 때	80~90
철사로 꿰맸을 때	85~90
가죽끈으로 꿰맸을 때	약 50
연결용 쇠붙이를 사용했을 때	30~65

(3) 고무벨트 (rubber belt)

두 장 이상의 면포 또는 인조견포와 질이 좋은 배합고무를 포개 붙여 압착하여 황화(vulcanize) 한 벨트로, 고무의 잘 늘어나는 성질 때문에 면포 또는 끈을 넣어서 강도를 보강한다. 고무벨트는 습기에 잘 견딜 수 있고, 먼지 등에 강하며 묽은산, 알칼리 등에 영향을 받지 않는다. 가죽벨트에 비하여 강도가 크며 신장률은 적고 가격도 싸서 널리 사용된다. 그러나 열이나 기름에는 약한 단점이 있다.

(4) 강철벨트 (steel belt)

압연한 강철박판으로 만든 벨트로 두께가 0.3~1.1 [mm], 폭이 150~250 [mm] 정도이다. 다른 벨트에 비하여 인장강도가 대단히 크고 잘 늘어나지 않으므로 수명이 길다. 그러나 두 축이 정확히 평행하여야 하고 벨트풀리의 형상이 정확해야 한다. 마찰을 크게 하기 위해서는 벨트풀리의 표면에 헝겊, 고무, 코르크 등을 붙인다. 두 끝은 겹쳐서 리벳으로 연결하거나 서로 맞대어 다른 판을 더 댄 다음 납땜한다.

15.2.3 회전비 (speed ratio)

그림 15.6에서 A풀리의 회전속도, 각속도, 지름을 각각 N_A, ω_A, D_A라 하고 B풀리의 회전속도, 각속도, 지름을 각각 N_B, ω_B, D_B라 할 때, 벨트와 풀리 사이에 미끄럼이 전혀 없다고 하면 선속도 v는 다음과 같이 된다.

$$v = \pi D_A N_A = \pi D_B N_B$$

$$\therefore \ \frac{N_A}{N_B} = \frac{\omega_A}{\omega_B} = \frac{D_B}{D_A} \tag{15.2}$$

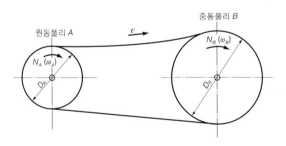

그림 15.6 회전비

윗 식은 벨트 두께를 고려하지 않은 식이다. 그러나, 실제로 벨트는 일정한 두께가 있으므로 벨트가 풀리의 둘레에 감겨지면 벨트는 원호모양으로 굽어진다. 이때 벨트의 바깥쪽은 늘어나고 안쪽은 줄어들며, 중앙부는 신축이 없는 부분이라고 생각된다. 벨트의 두께 t를 고려하면 이론적으로는 다음 식과 같이 된다.

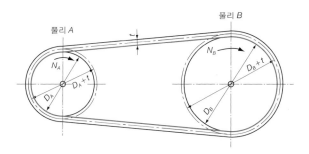

그림 15.7 회전비 (벨트가 두꺼운 경우)

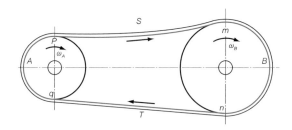

그림 15.8 벨트 전동에 있어서 크리핑 현상

$$\frac{N_A}{N_B} = \frac{\omega_A}{\omega_B} = \frac{D_B + t}{D_A + t} \tag{15.3}$$

그러나 t 는 D 에 비하여 매우 작고 마찰전동에서는 약간의 미끄럼이 생기므로 $\frac{N_A}{N_B} = \frac{D_B}{D_A}$ 로 해도 큰 차이는 없다.

오히려 여러 가지 원인에 의하여 종동풀리의 회전속도는 위의 식에서 구한 것보다 2~3 % 정도 늦어진다. 그 원인은 벨트는 탄성체이므로 인장력이 작용하면 늘어나고, 인장력이 없어지면 줄어든다. 일반적으로 그림 15.8에서 원동풀리 A 는 화살표방향으로 돌고, 풀리 B가 따라서 회전한다고 할 때, 벨트의 아래쪽 부분 T에 인장력이 작용하여 회전력을 전달시킨다. 그리고 위쪽 부분 S에서 벨트는 느슨해져서 이완된 상태로 회전한다. 그리고 또다시 아래쪽으로 돌아와서 인장되어 회전력을 전달시키는 과정이 반복된다. 따라서 벨트는 아래쪽에 있을 때는 인장력을 받아서 당겨진 상태이고, 위쪽에 있을 때는 인장력이 없으므로 느슨해진 상태이다. 여기서 원동풀리에 의하여 끌어당겨져서 장력이 크게 된 쪽을 **긴장측** (tighten side), 원동풀리를 지나서 느슨해져 있는 쪽을 **이완측** (slack side)이라 한다. 이때 벨트의 신축은 갑자기 생기는 것이 아니고, 벨트가 풀리 A 에 감겨져 있는 동안에 느슨해져 있던 것이 차차로 줄어든 것이다. 풀리 A 에서 벨트는 q 점에서 가장 당겨져 있고 p 점에서 가장 느슨해져 있는 상태이므로 벨트의 속도는 풀리 A 의 바깥둘레 속도보다 늦다. 그리고 풀리 B 에 감겨져 있는 동안은 m점에서 가장 느슨해 있던 것이 차차로 당겨져서 n점에서 가장 당겨진 상태에 있으므로 이 때는 풀리 B 의 바깥둘레 속도가 벨트의 속도보다 늦어진다.

이와 같이 벨트의 속도와 풀리 림 (rim) 면의 속도 차이가 발생하고 벨트가 풀리의 림면을 기어가는 현상이 일어나게 되는데, 이 현상을 벨트의 **크리핑** (creeping) 이라 한다. 벨트의 크리핑 작용에 의하여 풀리 B 는 $\dfrac{N_A}{N_B} = \dfrac{D_B}{D_A}$ 의 관계식에서 구한 회전속도보다 늦어지며, 또한 종동풀리에 하중이 작용하고 있을 때 벨트와 풀리의 림면 사이에 약간의 미끄럼이 생기므로 이 미끄럼이 종동풀리의 회전속도를 늦추는 원인이 된다. 이와 같이 크리핑 작용 및 미끄럼 작용, 플래핑 등의 원인에 의한 벨트속도의 늦어짐을 정확하게 계산하는 것은 힘들지만 보통 2~3 % 정도 늦어진다. **플래핑 현상** (파도침) 은 긴 축간 거리에서 고속으로 평벨트 전동할 때 생기는 현상으로 파도치는 것처럼 파닥파닥 소리를 내며 전동되는 현상을 말한다.

🔒 **예제 1**

원동풀리의 지름 800 [mm], 1분간의 회전속도 120 [rpm], 벨트의 두께 5 [mm] 일 때, 지름 400 [mm] 인 풀리의 회전속도를 구하시오.

풀이

A 를 원동풀리로 하고 벨트의 두께를 0으로 가정하고 미끄럼이 없다고 할 때 종동풀리 B 의 회전속도 N_B 는

$$N_B = \frac{D_A}{D_B} \times N_A = \frac{800}{400} \times 120 = 240 \, [\text{rpm}]$$

또한 미끄럼이 없고 벨트의 두께 t 만을 고려하면

$$N_B = \frac{D_A + t}{D_B + t} \times N_A = \frac{800 + 5}{400 + 5} \times 120 = 238.5 \, [\text{rpm}]$$

만일 두께, 미끄럼, 크리핑, 플래핑 현상을 고려하면

$$N_B = \frac{D_A + t}{D_B + t} \times N_A \times \frac{100 - 2}{100} = 2.385 \times 0.98 = 234 \, [\text{rpm}]$$

15.2.4 중간축

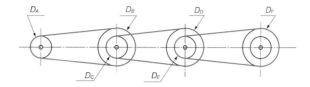

그림 15.9 풀리 트레인

기구학상으로는 $\dfrac{D_A}{D_B}$ 의 비는 아무런 제한이 없으나, 실제 사용할 때 D_A와 D_B의 차가 너무 크면 작은 벨트가 풀리에 닿는 면적이 적으므로 작은 풀리에 미끄럼이 일어나기 쉽다. 따라서 보통 6 : 1 정도로 제한하고 그 이상은 사용하지 않는 것이 좋다.

따라서 큰 각속도비를 얻으려면 그림 15.9와 같이 중간축을 설치하여 **풀리 트레인**(pulley train) 을 만들어 사용한다. 이때 처음과 마지막 축의 속도비는 다음과 같다.

$$\varepsilon = (\varepsilon_{A-B})\,(\varepsilon_{C-D})\,(\varepsilon_{E-F}) = \left(\frac{D_B}{D_A}\right)\left(\frac{D_D}{D_C}\right)\left(\frac{D_F}{D_E}\right) \tag{15.4}$$

예를 들어 1분에 150회전하는 원동풀리 A가 종동풀리 B를 1분당 1800회전을 하게 하려면, 회전속도비가 1800 : 150 = 12 : 1이 되므로 그림 15.10과 같이 A에서 B로 전달시키는 사이에 중간축을 설치하여, 여기에 풀리 C, D를 달고 A와 C, D와 B를 조합, A, C, D, B 의 지름을 각각 900, 300, 800, 200 [mm] 로 하면

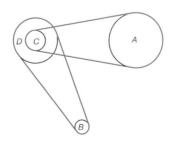

그림 15.10 풀리 트레인의 사용 예

$$\frac{\omega_c}{\omega_a} = \frac{900}{300} = \frac{3}{1}, \quad \frac{\omega_b}{\omega_d} = \frac{800}{200} = \frac{4}{1}$$

로 되어 모두 6 : 1의 비율보다 낮아진다. 따라서 풀리 A와 풀리 B의 속도비는

$$\frac{\omega_b}{\omega_a} = \frac{\omega_b}{\omega_c} \times \frac{\omega_c}{\omega_a} = \frac{\omega_b}{\omega_d} \times \frac{\omega_c}{\omega_a}$$

$$= \frac{4}{1} \times \frac{3}{1} = \frac{12}{1}$$

가 된다(C와 D는 같은 축에 달려 있으므로 $\omega_c = \omega_d$가 됨).

따라서 풀리 A와 풀리 B를 목적한 바와 같이 운동을 전달시킬 수 있다.

15.3 벨트의 길이

A, B 두 개의 풀리가 같은 평면 안에 있을 경우 벨트를 거는 방법에는 바로걸기와 엇걸기의 두 가지가 있으며, 방법에 따라 벨트의 길이도 달라진다.

먼저 벨트를 풀리에 걸었을 때 벨트는 평행한 상태에서 일정한 장력을 유지하고 있어야 한다. 이는 이론적으로 계산한 결과에 따라 벨트의 길이를 정한 후 벨트 이음을 조정하여 적당한 **초장력**(initial tension)이 유지되도록 한다. 이론적으로 벨트의 길이를 계산할 때는 벨트 두께의 중심층에서 계산해야 하지만, 일반적으로 벨트의 두께는 풀리의 지름에 비하여 매우 작으므로 이것을 무시해도 좋다.

15.3.1 바로걸기의 경우 벨트 길이

그림 15.11에서

$$\overline{\mathrm{m\,n}} = \overline{\mathrm{pq}} = \overline{O_2\,k} = \sqrt{C^2 - (R_1 - R_2)^2}$$

또한 $$\widehat{\mathrm{msp}} = R_1(\pi + 2\phi), \quad \widehat{\mathrm{ntq}} = R_2(\pi - 2\phi)$$

그러므로 벨트의 전 길이 L_0는 다음과 같이 된다.

$$L_0 = 2\overline{O_2\,k} + \widehat{\mathrm{msp}} + \widehat{\mathrm{n\,t\,q}}$$

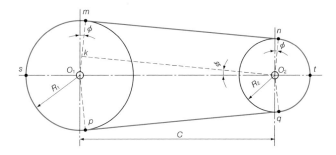

그림 15.11 바로걸기의 벨트 길이

$$= 2\sqrt{C^2 - (R_1 - R_2)^2} + R_1(\pi + 2\phi) + R_2(\pi - 2\phi)$$

$$= 2\sqrt{C^2 - (R_1 - R_2)^2} + \pi(R_1 + R_2) + 2(R_1 - R_2)\phi \quad (15.5)$$

여기서 $\sin\phi = \dfrac{R_1 - R_2}{C}$, 즉 $\phi = \sin^{-1}\left(\dfrac{R_1 - R_2}{C}\right)$

$$\therefore\ L_0 = 2\sqrt{C^2 - (R_1 - R_2)^2} + \pi(R_1 + R_2) + 2(R_1 - R_2)\phi$$

$$= 2\sqrt{C^2 - (R_1 - R_2)^2} + \pi(R_1 + R_2) + 2(R_1 - R_2)\sin^{-1}\left(\dfrac{R_1 - R_2}{C}\right) \quad (15.6)$$

$(R_1 - R_2)$가 C에 비하여 극히 작을 경우

근사적으로 $\sin\phi \fallingdotseq \phi = \dfrac{R_1 - R_2}{C}$ 이므로

$$\sqrt{C^2 - (R_1 - R_2)^2} = C\left\{1 - \left(\dfrac{R_1 - R_2}{C}\right)^2\right\}^{\frac{1}{2}}$$

윗 식을 이항정리로 전개하면 다음과 같이 된다.

$$C\left\{1 - \left(\dfrac{R_1 - R_2}{2}\right)^2\right\}^{\frac{1}{2}} = C\left\{1 - \dfrac{1}{2}\left(\dfrac{R_1 - R_2}{C}\right)^2 - \dfrac{1}{8}\left(\dfrac{R_1 - R_2}{C}\right)^4 \cdots\cdots\right\}$$

그러나, 제3항 이하는 아주 작은 항이므로 생략하여 벨트의 길이를 근사적으로 구할 수 있다.

즉, $L \fallingdotseq 2C\left\{1 - \dfrac{1}{2}\left(\dfrac{R_1 - R_2}{C}\right)^2\right\} + \pi(R_1 + R_2) + 2(R_1 - R_2)\dfrac{(R_1 - R_2)}{C}$

$$\fallingdotseq 2\,C + \pi(R_1 + R_2) + \frac{(R_1 - R_2)^2}{C} \tag{15.7}$$

각 풀리의 지름을 $D_1,\ D_2$ 라 하고 $D_1 + D_2 = \Sigma,\ D_1 - D_2 = \Delta$ 라 하면

$$L_o{}' = 2\,C + \frac{\pi}{2}(D_1 + D_2) + \frac{(D_1 - D_2)^2}{4\,C}$$

$$= 2\,C + 1.57(D_1 + D_2) + \frac{(D_1 - D_2)^2}{4\,C} \tag{15.8}$$

$$\therefore\ L_0{}' = 2\,C + \frac{\pi}{2}\Sigma + \frac{\Delta^2}{4\,C} = \frac{\pi}{2}\Sigma + 2\,C\!\left(1 + \frac{\Delta^2}{8\,C^2}\right) \tag{15.9}$$

즉 바로걸기에서 벨트의 길이는 풀리 지름의 합과 차에 따라 변한다. 따라서 한 쌍의 풀리에서 그 지름의 합과 차를 각각 Σ_1 과 Δ_1 이라 하고, 또 다른 한 쌍의 풀리의 합과 차를 Σ_2 와 Δ_2 라고 할 때, 이 두 쌍의 풀리에 대하여 같은 길이의 벨트를 사용할 수 있게 하려면 다음 관계식이 성립되어야 한다.

$$\frac{\pi}{2}\Sigma_1 + 2\,C\!\left(1 + \frac{\Delta_1{}^2}{8\,C^2}\right) = \frac{\pi}{2}\Sigma_2 + 2\,C\!\left(1 + \frac{\Delta_2{}^2}{8\,C^2}\right)$$

$$\therefore\ \Sigma_2 = \Sigma_1 + \frac{\Delta_1{}^2 - \Delta_2{}^2}{2\,\pi\,C} \tag{15.10}$$

🔒 **예제 2**

지름이 각각 900 [mm], 300 [mm] 의 2개 풀리 간 중심거리가 2.5 [m] 일 때, 바로걸기로 감을 경우 벨트의 길이를 구하시오.

풀이

$$C = 2500\,[\mathrm{mm}], \quad R_1 = 450\,[\mathrm{mm}], \quad R_2 = 150\,[\mathrm{mm}]$$

$$\sin\phi = \frac{R_1 - R_2}{C} = \frac{450 - 150}{2500} = 0.12$$

ϕ 는 $6°\,54'$ 로 된다.

$$\therefore\ \phi = 6\frac{54}{60} \times \frac{\pi}{180} = 0.12043$$

$$L_0 = 2\sqrt{2500^2 - (450 - 150)^2} + \pi(450 + 150) + 2(450 - 150) \times 0.12043$$

$$= 6921\,[\mathrm{mm}]$$

15.3.2 엇걸기의 경우 벨트 길이

그림 15.12에서

$$\overline{mn} = \overline{pq} = \overline{O_1 k} = \sqrt{C^2 - (R_1 + R_2)^2}$$

$$\widehat{msp} = R_1 (\pi + 2\phi)$$

$$\widehat{ntq} = R_2 (\pi + 2\phi)$$

$$\sin\phi = \frac{R_1 + R_2}{C}$$

$$\phi = \sin^{-1}\left(\frac{R_1 + R_2}{C}\right)$$

즉,

$$L_0 = 2\,\overline{O_1 k} + \widehat{msp} + \widehat{ntq}$$

$$= 2\sqrt{C^2 - (R_1 + R_2)^2} + R_1(\pi + 2\phi) + R_2(\pi + 2\phi)$$

$$= 2\sqrt{C^2 - (R_1 + R_2)^2} + \pi(R_1 + R_2)$$

$$+ 2(R_1 + R_2)\sin^{-1}\left(\frac{R_1 + R_2}{C}\right) \quad (15.11)$$

$$\therefore \; L_0{}' = 2\,C + \pi(R_1 + R_2) + \frac{(R_1 + R_2)^2}{C} \quad\quad (15.12)$$

$(R_1 + R_2)$가 C에 비하여 아주 작을 때 ϕ는 아주 작게 되며 $\sin\phi \fallingdotseq \phi$ $= \dfrac{R_1 + R_2}{C}$ 로 생각해도 좋다. 또 바로걸기와 같은 방법으로

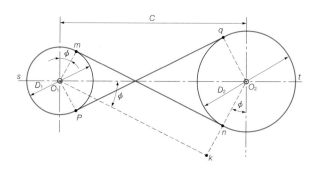

그림 15.12 엇걸기의 벨트 길이

$$\sqrt{C^2-(R_1+R_2)^2} \fallingdotseq C\left\{1-\frac{1}{2}\left(\frac{R_1+R_2}{C}\right)^2\right\}^{\frac{1}{2}} = C-\frac{(R_1+R_2)^2}{2\,C}$$

$$L_0{}' = 2\,C+1.57\,(D_1+D_2)+\frac{(D_1+D_2)^2}{4\,C}$$

따라서
$$L_0{}' = \frac{\pi}{2}\Sigma+2\,C\left(1+\frac{\Sigma^2}{8\,C^2}\right) \tag{15.13}$$

즉, 엇걸기일 경우 벨트의 길이는 두 풀리 지름의 총합 Σ에 따라서 변한다. 그러므로 풀리의 지름이 다르더라도 그 총합이 항상 일정하고 중심거리 C가 일정하면 같은 길이의 벨트를 사용할 수 있다.

15.4 벨트의 장력과 전달마력

15.4.1 벨트의 초장력 (initial tension)

풀리에 벨트를 걸 때 벨트가 풀리의 림면에 접촉하여 감겨져 있는 각을 **접촉각**(contact angle)이라 한다. 바로걸기의 경우 그림 15.13에서와 같이 큰 풀리에서의 접촉각 θ_A는 180°보다 크고, 작은 풀리의 접촉각 θ_B는 180°보다 작다. 엇걸기에서는 그림 15.14에서와 같이 θ_A와 θ_B는 180°보다 크고, $\theta_A = \theta_B$이다. 따라서 바로걸기의 경우 보다 접촉하는 호의 길이가 길다.

바로걸기에서 두 풀리의 크기의 차이가 클 경우, 두 축 간의 거리가 매우 짧거나 긴 경우 그림 15.15 (a)와 같이 작은 풀리의 접촉각이 아주 작게 되어 벨트가 미끄럼을 일으켜서 회전을 전달시킬 수 없다. 이와 같은 경우에는 그림 15.15 (b)와 같이 **중간풀리**(idle pulley)를 사용하여 접촉각 θ를 증가시킨다.

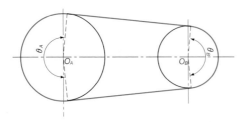

그림 15.13 바로걸기의 벨트 접촉각

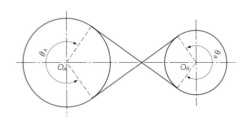

그림 15.14 엇걸기의 벨트 접촉각

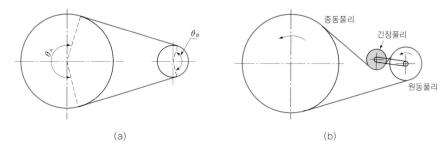

그림 15.15 긴장풀리

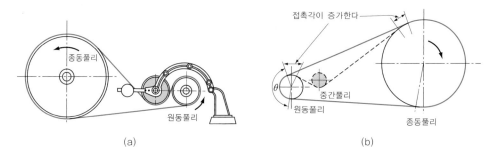

그림 15.16 긴장풀리의 실례

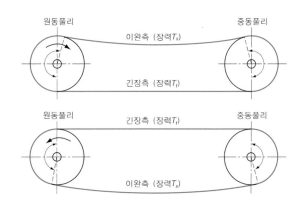

그림 15.17 벨트의 회전방향에 따른 긴장측과 이완측의 관계

중간풀리는 접촉각을 증가시키는 동시에 벨트의 장력을 증가시키는 역할도 같이하므로 **긴장풀리**(tightening pulley) 라고도 한다 (그림 15.16).

그리고 그림 15.17에서와 같이 바로걸기에서 벨트를 평행하게 감을 때, 벨트는 벨트 무게에 의하여 처짐이 생기므로 일반적으로 그림 15.17 (a) 와 같이 위쪽이 벨트의 이완측이 되도록 전동하는 것이 좋으며, 그림 15.17 (b) 와 같이 이완측이 아래쪽에 오면 접촉각이 감소하여 벨트는 풀리에서 미끄럼을 일으켜 필요한 회전속도를 전달할 수 없게 된다. 또한 그림 15.18 과 같이 종동풀리를 수직으로 아래쪽에 놓으면 벨트의 자중 및 원심력 때문에 종동풀리의 아래쪽에 틈이 생겨 미끄럼이 증가된다.

원동풀리의 동력을 벨트를 사용하여 종동풀리로 전달시키려고 할 때 처음에 상당한 장력이 필요하다. 이것을 **초장력**이라고 하며, 초장력은 벨트의 각 점에 있어서 서로 같다. 이 초장력 벨트와 풀리 사이에 마찰을 일으켜서 벨트로 풀리를 움직이게 한다. 풀리가 정지하고 있을 때는 양쪽에 초장력이 걸린다.

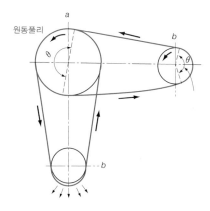

그림 15.18 종동측이 아래쪽에 있을 때

15.4.2 벨트의 유효장력

벨트의 초기장력을 P_0, 벨트가 당겨지는 긴장측의 장력을 T_t, 이완측의 장력을 T_s 라고 하면 $P_e = T_t - T_s$ 가 **유효장력** (effective tension) 이며, 이 유효장력으로 벨트를 구동하여 동력을 전달시킨다.

운전이 시작되어 동력전달이 이루어지면 긴장측에서는 원동차가 마찰력의 범위 안에서 그 진입쪽 벨트를 잡아당기므로 장력은 초기장력 T_0 에서 T_t 로 증가하고 이완측에서는 원동차에서 벨트가 밀리므로 T_0 에서 T_s 로 감소한다. 유효장력 $P_e = (T_t - T_s)$는 되도록 큰 것이 좋고, $(T_t + T_s)$는 양측을 서로 잡아당기는 힘이므로, 이것은 되도록 작은 것이 좋다.

15.4.3 긴장측과 이완측에 있어서의 장력계산

벨트의 장력계산에서

w : 벨트의 단위 길이에 대한 무게 [N/mm]

Q : 벨트가 단위 길이에 대하여 풀리의 림면을 누르는 힘 [N]

F : 벨트의 단위 길이에 대한 원심력 [N]

T_0 : 벨트의 초기장력

T_t : 벨트 긴장측의 장력 [N]

T_s : 벨트 이완측의 장력 [N]

v : 벨트의 속도 [m/s]

θ : 벨트의 접촉각 [rad]

μ : 벨트와 풀리의 림 사이의 마찰계수

그림 15.19에 m점에서 벨트의 장력은 T_s이고, n점에서는 T_t라 하면, 벨트가 풀리에 걸려 있는 $m\,n$ 사이에서 벨트의 장력은 T_s로부터 T_t로 점차로 변한다. 따라서 $m\,n$ 사이의 임의 곳에 아주 작은 길이 ds를 취하면, 이 부분의 이완측에 가까운 쪽에는 T의 장력이 작용하고 긴장측에 가까운 쪽에는 $(T+dT)$의 장력이 작용한다.

이 두 힘은 일직선상에 있지 않으므로 이 힘들에 의하여 벨트는 풀리를 밀어붙이게 된다. 그리고 벨트가 림면을 누르고 있는 힘은 $Q\,ds$가 되고, 이 힘 때문에 벨트와 림면 사이에는 $\mu\,Q\,ds$의 마찰력이 생긴다.

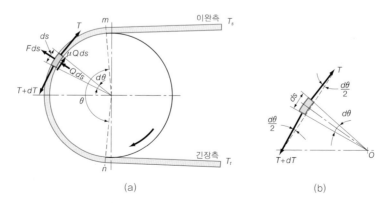

(a)   (b)

그림 15.19 벨트와 풀리 사이의 힘의 균형

그리고 그림 15.19 (b) 에서 힘을 보면

$$Qds = T \cdot \sin\frac{d\theta}{2} + (T+dT)\sin\frac{d\theta}{2} = 2T\sin\frac{d\theta}{2} + dT \cdot \sin\frac{d\theta}{2} \quad (15.14)$$

$d\theta$, dT는 아주 작으므로 제2항은 생략하고, 또 $\sin\frac{d\theta}{2} \fallingdotseq \frac{d\theta}{2}$라 하면

$$Q \cdot ds = 2T \cdot \frac{d\theta}{2} = T \cdot d\theta \quad (15.15)$$

따라서 마찰력은 $\mu Qds = \mu \cdot T \cdot d\theta$로 표시되고, 이것이 벨트를 미끄러져 나가게 하는 힘 dT와 균형을 이루고 있으므로

$$dT = \mu Qds = \mu Td\theta$$

$$\therefore \frac{dT}{T} = \mu d\theta \quad (15.16)$$

이것을 m에서 n까지 적분하면

$$\int_{T_s}^{T_t}\frac{dT}{T} = \mu \int_0^\theta d\theta$$

$$\log_e \frac{T_t}{T_s} = \mu\theta$$

$$\frac{T_t}{T_s} = e^{\mu\theta} \quad (15.17)$$

이 식을 **아이텔바인(Eytelwein) 식**이라 한다. 여기서 $\frac{T_t}{T_s} = e^{\mu\theta} = k$를 **장력비**라 하며 일반적으로 이 값은 (2~5)의 범위 내에 있다.

e는 자연대수의 바탕이므로

즉, $e = 2.71828$

$$\therefore \log\frac{T_t}{T_s} = 0.4343\,\mu\theta\,\text{(rad)} = 0.007578\,\mu\theta° \quad (15.18)$$

만일 고속으로 운전하면 벨트는 원심력에 의하여 풀리에서 멀리 떨어지려고 하므로 벨트가 림면을 압박하는 압력은 그만큼 빼야 한다.

또 원심력의 영향을 고려할 경우 풀리의 반지름을 R이라 하면 원심력은 다음과 같다.

$$F \cdot ds = \frac{w}{g} \cdot \frac{v^2}{R} ds = \frac{w}{g} \cdot \frac{v^2}{R} \cdot R d\theta = \frac{w}{g} v^2 \cdot d\theta \qquad (15.19)$$

$$\therefore \ Q \cdot ds = T \cdot d\theta - \frac{w}{g} v^2 \cdot d\theta = \left(T - \frac{w v^2}{g} \right) d\theta \qquad (15.20)$$

여기서 $dT = \mu \cdot Q ds$ 이므로

$$\therefore \ dT = \mu \left(T - \frac{w v^2}{g} \right) d\theta$$

$$\frac{dT}{T - \frac{w v^2}{g}} = \mu \, d\theta \qquad (15.21)$$

두 식을 적분하면

$$\int_{T_s}^{T_t} \frac{dT}{T - \frac{w v^2}{g}} = \mu \int_0^{\theta} d\theta$$

$$\therefore \ \mu\theta = \log_e \frac{T_t - \frac{w v^2}{g}}{T_s - \frac{w v^2}{g}} \qquad (15.22)$$

$$e^{\mu\theta} = \frac{T_t - \frac{w v^2}{g}}{T_s - \frac{w v^2}{g}} \qquad (15.23)$$

또 유효장력 $\qquad\qquad P_e = T_t - T_s \qquad (15.24)$

두 식 (15.23), (15.24)에서

$$\left. \begin{array}{l} T_t = \dfrac{e^{\mu\theta}}{e^{\mu\theta} - 1} P + \dfrac{w v^2}{g} \\[3mm] T_s = \dfrac{1}{e^{\mu\theta} - 1} P + \dfrac{w v^2}{g} \end{array} \right\} \qquad (15.25)$$

그러나 $v < 10$ [m/s] 정도에서는 원심력의 영향을 무시해도 좋다. 따라서 원심력을 무시하면

$$T_t = \frac{e^{\mu\theta}}{e^{\mu\theta}-1}P_e$$

$$\left.\begin{array}{c}T_s = \frac{1}{e^{\mu\theta}-1}P_e\\[2mm]\frac{T_t}{T_s}=e^{\mu\theta}\end{array}\right\} \qquad (15.26)$$

$$\therefore\ P = T_t\left(\frac{e^{\mu\theta}-1}{e^{\mu\theta}}\right) \qquad (15.27)$$

표 15.4는 $\frac{e^{\mu\theta}-1}{e^{\mu\theta}}$ 의 값을 나타낸 것이다. θ 는 양풀리 중에서 큰 값을 선택한다. 그림 15.20은 $\frac{(e^{\mu\theta}-1)}{e^{\mu\theta}}$ 와 θ 의 관계를 나타낸 것이다.

▶**표 15.4** $\frac{(e^{\mu\theta}-1)}{e^{\mu\theta}}$ 의 값

μ	\multicolumn{10}{c}{$\theta°$}
	90	100	110	120	130	140	150	160	170	180
0.15	0.210	0.230	0.250	0.270	0.288	0.307	0.325	0.342	0.359	0.376
0.20	0.270	0.295	0.319	0.342	0.364	0.386	0.408	0.428	0.448	0.467
0.25	0.325	0.354	0.381	0.407	0.432	0.457	0.480	0.503	0.524	0.524
0.30	0.376	0.408	0.439	0.467	0.494	0.520	0.544	0.567	0.590	0.610
0.35	0.423	0.457	0.489	0.520	0.548	0.575	0.600	0.624	0.646	0.667
0.40	0.476	0.502	0.536	0.567	0.597	0.624	0.649	0.673	0.695	0.715
0.45	0.507	0.544	0.579	0.610	0.640	0.667	0.692	0.715	0.737	0.757
0.50	0.549	0.582	0.617	0.649	0.678	0.705	0.730	0.752	0.773	0.792

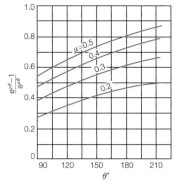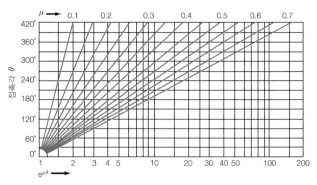

그림 15.20 μ 및 θ 값에 따른 $\frac{(e^{\mu\theta}-1)}{e^{\mu\theta}}$ 의 값

$e^{\mu\theta}$의 값은 $\theta = \pi$로 하여 μ의 여러 가지 값에 대하여 나타내면 그림 15.21과 같으며, 표 15.5는 $e^{\mu\theta}$의 값을 표시한다.

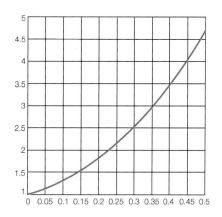

그림 15.21 $\theta = \pi$의 경우 θ와 $e^{\mu\theta}$와의 관계

▶**표 15.5** $e^{\mu\theta}$의 값

θ	μ	0.10	0.20	0.25	0.30	0.40	0.50
[rad]	[°]						
π	180	1.37	1.87	2.19	2.57	3.51	4.81
$7\pi/6$	210	1.44	2.08	2.50	3.00	4.32	6.23
$8\pi/6$	240	1.52	2.31	2.85	3.51	5.34	8.08
1.5π	270	0.60	2.57	3.25	4.12	6.59	10.6
2π	360	1.87	3.51	4.81	6.58	12.3	23.1
3π	540	2.57	6.60	10.6	16.9	43.4	111.3
3.5π	630	3.0	9.0	15.6	27.0	81.3	244.1

15.4.4 벨트 전달마력

초장력 T_0는 $T_0 = \dfrac{T_t + T_s}{2}$ 또는 $T_0 = \dfrac{(\sqrt{T_t} + \sqrt{T_s})^2}{4}$로 계산할 수 있다. 전달마력을 H_{PS}라 하면

$$H_{PS} = \frac{P[N] \cdot v[\text{m/s}]}{735.5} = \frac{(T_t - T_s)v}{735.5}\,[\text{PS}] \qquad (15.28)$$

단, v 는 벨트의 속도 [m/s], 1 [PS]는 735.5 [N·m/s] 이다.

1분간의 회전속도를 N, 풀리의 지름을 D 라고 하면

$$H_{PS} = \frac{P_e}{735.5} \cdot \frac{\pi DN}{60 \times 1000} = \frac{\pi Dn(T_t - T_s)}{735.5 \times 60000} \tag{15.29}$$

$$H_{kW} = \frac{\pi DN(T_t - T_s)}{1000 \times 60000}$$

15.5 벨트전동의 설계공식

15.5.1 벨트의 접촉각

(1) 바로걸기의 경우

바로걸기의 접촉각 θ 는 작은 풀리에 있어서의 접촉각으로 표시한다 (그림 15.22).

  R_2 : 큰 풀리의 반지름

  R_1 : 작은 풀리의 반지름

  C : 양풀리 사이의 중심거리

라고 하면

$$\cos \widehat{GLH} = \frac{\overline{HL}}{\overline{LG}} = \frac{\overline{FL-EG}}{\overline{LG}}$$

$$\therefore \quad \cos \frac{\theta}{2} = \frac{R_2 - R_1}{C}$$

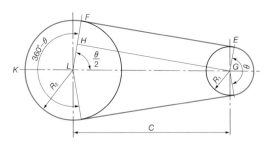

그림 15.22 바로걸기의 접촉각 계산

$$\therefore \theta = 2\cos^{-1}\frac{R_2 - R_1}{C} \qquad (15.30)$$

그러나 일반적으로 0.5 %의 오차가 있지만 다음 식을 사용하는 경우가 많다.

$$\theta = 181 - \frac{120(R_2 - R_1)}{C} \; (°) \qquad (15.31)$$

(2) 엇걸기의 경우

엇걸기에서는 양풀리의 접촉각 θ 는 같다(그림 15.23).

$$\cos\widehat{GLH} = \frac{\overline{HL}}{\overline{LG}} = \frac{\overline{FL} + \overline{EG}}{\overline{LG}}$$

$$\cos\left(180° - \frac{\theta}{2}\right) = \frac{R_2 + R_1}{C}$$

$$\therefore \theta = 360° - 2\cos^{-1}\frac{R_2 + R_1}{C} \qquad (15.32)$$

따라서 벨트의 두께와 폭은 T_t 에 견딜 수 있도록 설계해야 한다. 그리고 같은 회전력을 전달시키려면 T_t 를 되도록 작게 해야하며, T_t 를 작게 하려면 $e^{\mu\theta}$ 의 값을 되도록 크게 해야 한다. 여기서, $e^{\mu\theta}$ 를 크게 하려면 μ 와 θ 의 값을 크게 해야 된다. θ 를 크게 하기 위해서는 그림 15.24 에서와 같이 위쪽을 긴장측으로 하면 θ 의 값이 작아지므로 아래쪽을 긴장측으로 해야 한다. 그리고 중간풀리를 설치함으로써 θ 를 크게 할 수 있다. 다음 그림 15.25의 그래프는 θ 와 $\dfrac{T_t}{T_s}$ 의 관계를 나타낸 것이다.

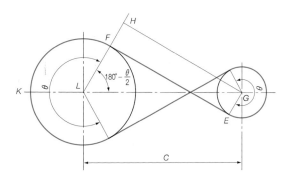

그림 15.23 엇걸기의 접촉각의 계산

그림 15.24 긴장측과 이완측의 관계

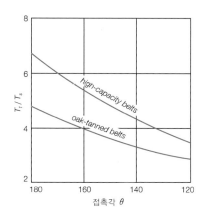

그림 15.25 장력비와 접촉각 θ 와의 관계

15.5.2 마찰계수

마찰계수 μ 는 벨트와 풀리의 림면 사이의 상태에 따른 미끄럼속도(sliding velocity)에 의하여 영향을 받는다. 미끄럼속도가 상승하면 벨트의 속도 및 마찰계수가 커진다. Barth는 μ 와 벨트의 속도 v (m/s) 사이의 관계를 다음 식으로 실험에 의하여 제시하였다.

$$\mu = 0.54 - \frac{14}{50 + 20v} \tag{15.33}$$

이것을 나타내면 그림 15.26 과 같이 된다.

한편 $\qquad\qquad \mu = 0.22 + 0.012\,v \tag{15.34}$

의 관계식이 제시되기도 하였다.

여기서 μ 는 접촉면의 성질, 상태, 벨트의 유효장력, 미끄럼의 정도 등의 여러 가지 조건에 따라 달라진다. 벨트는 전동하고 있을 경우에도 미끄럼이 생

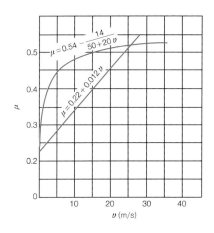

그림 15.26 마찰계수 μ와 미끄럼속도와의 관계(Barth의 실험 공식)

기며, 그것이 어느 범위를 넘지 않는 한 전동작용이 중지되지 않고, 오히려 마찰계수 μ가 미끄럼의 증가와 더불어 증가하게 된다.

그러므로 벨트의 속도를 일정하게 유지하면서 벨트의 유효장력 $(T_t - T_s)$를 증가시키면 벨트는 더 한층 미끄럼을 증가시키고, μ의 값도 증가하게 되는 것이다.

루이스는 폭 $b = 140\,[\text{mm}]$, 두께 $h = 5.5\,[\text{mm}]$의 가죽벨트에서 $v = 4.24$ $[\text{m/s}]$에 대하여 그림 15.27과 같은 도표를 얻었다. 여기서 μ는 미끄럼이 증가하면 최초에는 갑자기 커지지만 점차로 증가율이 감소되는 것을 알 수 있다. 그리고 풀리의 림면과 벨트의 상태에 따라 달라지는 것을 알 수 있다.

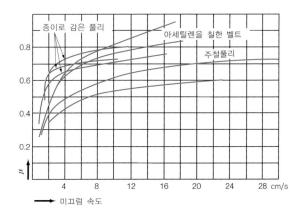

그림 15.27 재질과 속도에 의한 마찰계수

▶ **표 15.6** 안전마찰계수 μ

벨트의 종류	벨트 풀리 림면의 종류						
	철 또는 강철	나무	종이	습한 주철	그리스를 칠한 주철	기름을 칠한 주철	고무 또는 가죽으로 붙인 것
탄닝 처리 벨트	0.25	0.30	0.35	0.20	0.15	0.12	0.40
크롬처리 벨트	0.40	0.45	0.50	0.35	0.25	0.20	0.48
고 무 벨 트	0.30	0.32	0.35	0.18	-	-	0.42
무 명 벨 트	0.21	0.24	0.26	0.15	0.12	0.10	0.30
모 벨 트	0.35	0.40	0.45	0.25	0.20	0.15	0.45
발라타 벨트	0.32	0.35	0.48	0.20	-	-	0.40

여기서 μ 값은 실험에서 얻는 최대마찰계수가 아니고, 사용상태에 따라 변할 수 있는 값, 즉 안전마찰계수가 되며, 표 15.6 은 이것을 나타낸다.

15.5.3 벨트의 운전속도

여기서, D : 풀리의 지름 [mm], h : 벨트의 두께 [mm],
N : 풀리의 1분당 회전속도 [rpm] 라고 하면

$$v = \frac{\pi(D+h)N}{1000 \times 60} = 0.0000524(D+h)N \fallingdotseq 0.0000524\,DN \quad (15.35)$$

v 는 일반적으로 25~30 [m/s]가 가장 경제적인 속도지만, 전동축에서 기계축을 돌리는 경우 7.5~10 [m/s]를 넘는 경우는 거의 없다.

15.5.4 평벨트 장치의 전달마력

(1) 평벨트 장치에 있어서의 전동마력

$$\left.\begin{aligned}
H_{PS} &= \frac{Pv}{735.5} = \frac{(T_t - T_s)v}{735.5} = \frac{T_t\,v}{735.5} \cdot \frac{e^{\mu\theta}-1}{e^{\mu\theta}} \\
H_{kW} &= \frac{Pv}{1000} = \frac{(T_t - T_s)v}{1000} = \frac{T_t\,v}{1000} \cdot \frac{e^{\mu\theta}-1}{e^{\mu\theta}}
\end{aligned}\right\} \quad (15.36)$$

가장 일반적인 경우 $\theta = 165°$, $\mu = 0.25$ 라고 하면 그림 15.28에서
$k = \dfrac{T_t}{T_s} = e^{\mu\theta} = 2$로 되고

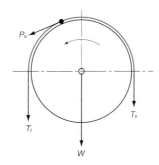

그림 15.28 베어링에 걸리는 합력

$$
\left.
\begin{aligned}
T_t &= 2P_e \\
T_s &= P_e \\
\therefore\ T_t &= 2\,T_s
\end{aligned}
\right\} \tag{15.37}
$$

따라서 베어링의 합력을 W라고 하면

$$
W = T_t + T_s = 2P_e + P_e = 3P_e \tag{15.38}
$$

이상은 원심력의 영향을 무시한 것이며, 원심력을 고려하면

$$
P_e = T_t - T_s = \left(T_t - \frac{w}{g}\,v^2 \right) \frac{e^{\mu\theta}-1}{e^{\mu\theta}} = \left(T_s - \frac{w}{g}\,v^2 \right)\left(e^{\mu\theta}-1\right) \tag{15.39}
$$

또한 전달할 수 있는 마력은

$$
H_{PS} = \frac{P_e v}{735.5} = \left(T_t - \frac{w}{g}\,v^2 \right) \frac{v}{735.5} \cdot \frac{e^{\mu\theta}-1}{e^{\mu\theta}} \tag{15.40}
$$

$$
\begin{aligned}
T_t &= \frac{735.5 H_{PS}}{v} \cdot \frac{e^{\mu\theta}}{e^{\mu\theta}-1} + \frac{wv^2}{g} \\
&= \frac{1000 H_{\mathrm{kW}}}{v} \cdot \frac{e^{\mu\theta}}{e^{\mu\theta}-1} + \frac{\mathrm{w}\,v^2}{\mathrm{g}}
\end{aligned} \tag{15.41}
$$

(2) 벨트의 경제적 속도와 최대전달마력

벨트의 속도가 10 [m/s] 이하의 경우는 원심력의 영향을 생략해도 좋지만, 20 [m/s] 이상이 되면 원심력의 영향을 고려해야 한다.

$$\dfrac{T_t - \dfrac{wv^2}{g}}{T_s - \dfrac{wv^2}{g}} = e^{\mu\theta} \text{의 식에서 } \dfrac{wv^2}{g} = F, \ e^{\mu\theta} = k \text{ 라고 하면}$$

$$\frac{T_t - F}{T_s - F} = k$$

$$\therefore \ T_s = \frac{(T_t - F)}{k} + F = \frac{T_t + F(k-1)}{k}$$

$$\therefore \ P_e = T_t - T_s = T_t - \frac{T_t + F(k-1)}{k} = (T_t - F)\frac{k-1}{k}$$

$$\therefore \ P_e \, v = (T_t - F)\frac{k-1}{k}v = \left(T_t \, v - \frac{wv^3}{g} \right)\frac{k-1}{k} \tag{15.42}$$

식 (15.40)에서 $\dfrac{dH}{dv} = 0$로 놓으면

$$\frac{e^{\mu\theta} - 1}{75 e^{\mu\theta}}\left(T_t - \frac{3\,w}{g}v^2 \right) = 0$$

$$\therefore \ T_t - \frac{3\,w}{g}v^2 = 0 \tag{15.43}$$

즉, T_t 가 윗 식을 만족시키면 벨트의 전달마력은 최대로 되고

$$\therefore \ v = \sqrt{\frac{T_t \, g}{3\,w}} = v_1 \tag{15.44}$$

여기서 v_1 은 전달마력 H 가 최대가 되는 벨트의 속도이다.

지금 γ 를 비중량 즉, 벨트 재료 1 [mm^3]의 무게 [N] 라고 하면

$$w = \gamma b h \, [\text{N/mm}] \quad \frac{T_t}{b\,h} = \sigma \, [\text{N/mm}] = \text{인장응력이므로}$$

$$v_1 = v_{\max} = \sqrt{\frac{T_t \, g}{3\,w}} = \sqrt{\frac{\sigma\, b\, h\, g}{3\gamma b h}} = \sqrt{\frac{g\,\sigma}{3\,\gamma}} \ [\text{mm/s}]$$

이것이 최대전달마력을 얻을 수 있는 속도의 값이다.

가죽벨트일 때 비중량 $\gamma = 0.00097 \, [\text{kg}_\text{f}/\text{cm}^3] = 9.506 \times 10^{-6} \, [\text{N/mm}^3]$, $g = 9800 \, [\text{mm/s}^2]$ 이면

$$v_1 = v_{\max} = \sqrt{\frac{9800 \times \sigma}{3 \times (9.506 \times 10^{-6})}} = 18538 \sqrt{\sigma} \tag{15.45}$$

즉 이 속도는 긴장측 벨트의 인장응력의 값에 따라 변한다.

예를 들면

$\sigma = 3\ [\mathrm{N/mm^2}](= 3\ [\mathrm{MPa}])$ 이면

$$v_1 = v_{\max} = 18538 \sqrt{3} \fallingdotseq 32109\ [\mathrm{mm/s}] \fallingdotseq 32.1\ [\mathrm{m/s}]$$

$\sigma = 2\ [\mathrm{N/mm^2}](= 2\ [\mathrm{MPa}])$ 이면

$$v_1 = v_{\max} = 18538 \sqrt{2} \fallingdotseq 26217\ [\mathrm{mm/s}] \fallingdotseq 26.2\ [\mathrm{m/s}]$$

즉, 벨트를 운전하는 가장 경제적인 속도는 σ 의 값에 따라 달라지지만 일반적으로 30 [m/s] 정도이며 그리고 이 속도는 풀리의 제한속도와 거의 같다. 그러나 실제로 벨트의 운전속도는 벨트의 내구성 등을 고려하여 $v = 15 \sim 20$ [m/s] 로 하는 것이 좋다.

$v_1 = \sqrt{\dfrac{T_t\, g}{3\, w}}$ 의 경우 최대전달동력 $H_{\max}$ 는 다음 식으로 주어진다.

$$\begin{cases} H_{\max} = \dfrac{2}{3} \dfrac{T_t}{735.5} \sqrt{\dfrac{T_t\, g}{3\, w}} \cdot \dfrac{e^{\mu\theta}-1}{e^{\mu\theta}}\ [\mathrm{PS}] \\[4mm] H_{\max} = \dfrac{2}{3} \dfrac{T_t}{1000} \sqrt{\dfrac{T_t\, g}{3\, w}} \cdot \dfrac{e^{\mu\theta}-1}{e^{\mu\theta}}\ [\mathrm{kW}] \end{cases} \tag{15.46}$$

한편 $T_t = \dfrac{w\, v^2}{g}$ 이면, 원심력과 벨트장력의 구심력이 같아져서 벨트가 풀리를 밀어붙이는 힘이 없어지고, 유효장력이 0이 되어 벨트는 동력을 전달시킬 수 없게 된다.

이 때의 속도, 즉 벨트가 힘을 전달할 수 없는 속도를 v_2 라 하면

$$v_2{}^2 = \frac{T_t\, g}{w}$$

$$\therefore\ v_2 = \sqrt{\frac{T_t\, g}{w}} = \sqrt{3}\, v_1 \tag{15.47}$$

예를 들어 $\sigma = 3.5\ [\mathrm{N/mm^2}]\ (= 3.5\ [\mathrm{MPa}])$일 때

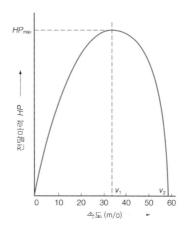

그림 15.29 최대 속도와 전달마력과의 관계

$$v_1 = 18538\sqrt{\sigma} = 18538\sqrt{3.5} \fallingdotseq 34681\,[\mathrm{mm/s}] \fallingdotseq 35\,[\mathrm{m/s}]$$
$$v_2 = \sqrt{3} \times 35 = 61\,[\mathrm{m/s}]\ \text{로 된다.}$$

이 때의 속도와 전달마력과의 관계는 그림 15.29 와 같이 되고, $v_1 = 34$ [m/s] 로 운전하면 최대전달마력을 얻을 수 있어서 가장 좋으나, 진동에 대한 안전, 벨트의 마찰손상 등을 고려하여 $v_1 = 20$ [m/s] 를 사용하는 경우가 많다.

각종 벨트에 대하여 v_1, v_2 의 값을 계산하면 표 15.7 과 같다.

▶**표 15.7** 각종 벨트에 대한 v_1, v_2 의 값

종 류		$v_{max} = v_1$ [m/s]	v_2 [m/s]
가죽벨트	제1종	29	50
	제2종	34	59
고무벨트	제1종	22	41
	제2종	26	46
마 벨 트		38	66
무명직물벨트		35	61
무명누빔벨트		31	54
강벨트		72	121

15.6 단차 (step pulley)

원추풀리 (cone pulley) 를 사용하면 연속적으로 각속도비를 바꿀 수 있는
장점이 있지만, 지름이 큰 쪽으로 벨트가 올라가는 경향이 있으므로 이동방지
장치가 있어야 되며, 이것에 의해 벨트가 손상되기 쉽다. 또한 슬립이 생기기
쉬우므로 큰동력을 전달시키기에는 부적당하다. 따라서 이와 같은 단점을 없
애기 위하여 지름이 다른 몇 개의 풀리를 나란히 붙여 놓은 것 같은 모양으로
풀리를 만들면 회전속도가 연속적으로 변화하지는 않지만 단계적으로 변하게
된다. 이와 같은 풀리를 **단차** (stepped pulley) 라 한다. 단차는 공작기계의 속
도변환장치에 많이 사용된다. 그림 15.30 은 단차를 나타낸 것이다.

이때 만일 그림 15.31 과 같이 한쪽 풀리만을 단차로 사용하고 상대쪽은 넓
은 폭의 원주차를 사용하면 벨트를 이동할 때마다 필요한 벨트의 길이가 다
르므로 적당한 긴장풀리를 사용해야 된다. 그림 15.32 도 같은 경우를 나타낸다.

그림 15.33 은 양쪽의 축이 모두 단차인 경우이며, 1개의 벨트로 단차의 어
떤 단에도 감을 수 있도록 설계된 것이다. 이때 제작비를 줄이기 위하여 일반
적으로 원동축과 종동축을 같은 모양의 단차를 서로 반대방향으로 놓아 사용
한다 (그림 15.33). 이때 벨트를 벗기고 걸어감는 것은 항상 벨트의 진입측에
서 한다.

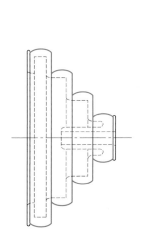

그림 15.30 단차

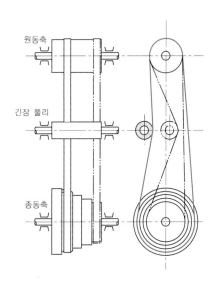

그림 15.31 단차와 원형차의 조합

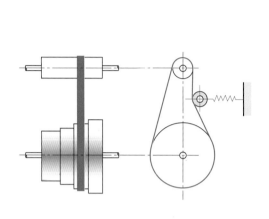

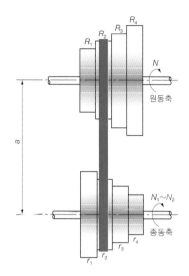

그림 15.32 단차와 원형차에 긴장풀리로 장력을 준다   **그림 15.33** 단차끼리의 조합

이와 같은 단차를 사용하여 종동축의 회전속도를 단계적으로 변화시킬 때, 회전속도를 순차적으로 등차급수로 하는 경우도 있으나 일반적으로 등비급수로 배열하는 경우가 많다. 그림 15.33 에서 원동축의 회전속도는 일정하고 (N), 종동축의 회전속도를 각각 N_1, N_2, N_3, $\cdots N_m$ 이라고 한다. 이 종동축의 회전속도가 등비급수로 변화한다고 하면

$$\frac{N_2}{N_1} = \frac{N_3}{N_2} = \frac{N_4}{N_3} = \cdots$$

$$= \frac{N_m}{N_{m-1}} = \phi \qquad (15.48)$$

원동풀리의 단차의 반지름을 차례로 R_1, R_2, $R_3 \cdots R_m$
종동풀리의 단차의 반지름을 차례로 r_1, r_2, $r_3 \cdots r_m$ 이라 하면

$$N_1 = N \frac{R_1}{r_1} \cdots 최소$$

$$N_2 = N \frac{R_2}{r_2} = N_1 \phi$$

$$N_3 = N \frac{R_3}{r_3} = N_2 \phi = N_1 \phi^2$$

$$\vdots$$

$$N_m = N \frac{R_m}{r_m} = N_{m-1}\,\phi = N_1\,\phi^{m-1} \cdots \text{최대}$$

마지막 식에서

$$\phi = \sqrt[m-1]{\frac{N_m}{N_1}} \tag{15.49}$$

윗 식에서 최대, 최소의 회전속도가 주어지고 단수가 주어질 때 공비 ϕ를 구할 수 있다.

또 $R_1 + r_1 = R_m + r_m = C$ 는 일정하고

$$N_m = N \frac{R_m}{r_m} = N_1\,\phi^{m-1} = N \frac{R_1}{N_1}\phi^{m-1}$$

즉,

$$\frac{R_m}{r_m} = \frac{R_1}{r_1}\phi^{m-1} \tag{15.50}$$

의 관계가 있으므로 $\quad r_m = \dfrac{C}{1 + \dfrac{R_1}{r_1}\phi^{m-1}} = \dfrac{R_1 + r_1}{1 + \dfrac{R_1}{r_1}\phi^{m-1}}$ \qquad (15.51)

$$\therefore\ R_m = (R_1 + r_1) - r_m$$

m 단차의 반지름을 각각 구할 수 있다. 공비 ϕ 는 1.25~2 의 범위 내의 값으로 설계한다.

15.7 풀리의 축에 작용하는 힘

그림 15.34 에서 풀리의 축심 O에 작용하는 하중 W는 벨트의 장력 T_t 과 T_s 벡터의 합이므로 다음 식으로 구해진다.

$$W = \sqrt{T_t^2 + T_s^2 - 2\,T_t\,T_s\cos\theta} \tag{15.52}$$

윗 식의 T_t, T_s 에 원심력의 영향을 생략하고

$T_t = \dfrac{e^{\mu^\theta}}{e^{\mu^\theta} - 1}P_e,\ T_s = \dfrac{1}{e^{\mu^\theta} - 1}P_e$ 를 대입하면 다음 식이 얻어진다.

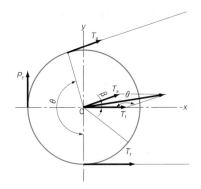

그림 15.34 풀리의 축심에 작용하는 힘

여기서,

$$W = \alpha P_e \atop \alpha = \sqrt{e^{2\mu\theta} - 2e^{\mu\theta}\cos\theta + 1 / e^{\mu\theta} - 1}} \qquad (15.53)$$

그리고 합력 W의 작용방향은 x축(긴장측벨트의 방향)과 β의 각도를 이루며, β는 다음 식으로 얻어진다.

$$\beta = \sin^{-1}\left(\frac{T_s}{W}\sin\theta\right) \qquad (15.54)$$

여기에 $T_s = \dfrac{1}{e^{\mu\theta} - 1}$ 과 식 (15.53)을 대입하면 β는 다음과 같이 된다.

$$\beta = \sin^{-1}\left(\frac{\sin\theta}{\sqrt{e^{2\mu\theta} - 2e^{\mu\theta}\cos\theta + 1}}\right) \qquad (15.55)$$

식 (15.53)을 사용하여 μ값을 0.2, 0.3, 0.4, 0.6이라 하고, 여러 가지 접촉각 θ에 대한 α값의 결과를 도표로 표시하면 그림 15.33과 같이 된다.

μ의 값이 표 15.5의 마찰계수 범위 내에 있으면 α는 대체로 1.4~4.5 정도의 값을 취한다. 즉 전단마력, 회전속도, 풀리의 지름 등에서 구해지는 풀리의 유효장력 P_e의 1.4~4.5배의 힘이 축에 작용한다. 그리고 그림 15.35와 같이 같은 접촉각에서는 μ가 작을수록 α의 값이 크게 된다. 그러나 실제의 벨트전동에서 마찰계수는 벨트의 종류, 속도, 풀리의 표면 상태와 기름의 부착 상태 등에 영향을 받으므로 풀리의 축에 작용하는 힘을 정확하게 결정하

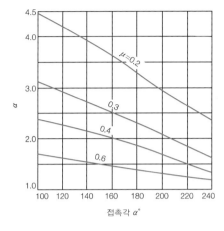

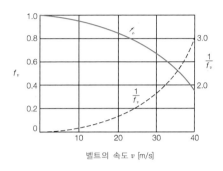

그림 15.35 여러 가지 벨트의 접촉각에 대한 α의 값   그림 15.36 벨트의 속도저하계수

는 것은 어려운 일이다. 벨트의 속도에 의한 유효긴장측 힘의 저하에 대해서는 그림 15.36 과 같은 저하계수 f_v를 곱한다. 따라서 반대로 설계상의 필요한 동력을 전달시키려면 $1/f_v$배의 유효긴장력을 작용시켜야 된다. 또한 가죽벨트가 2겹 또는 3겹으로 겹치게 되면, 원심력의 영향으로 μ는 저하되므로 이 경우에 설계상 필요한 동력을 전달시키려면 α의 값으로 3~4 정도의 값을 사용한다.

🔒 예제 3

15 [kW]을 전달시키는 벨트의 속도가 12 [m/s] 이고, 접촉각 $\theta = 150°$일 때 T_t, T_s, T_0를 구하시오. 단, $\mu = 0.3$, 원심력은 무시하기로 한다.

풀이

$$P = \frac{1000 \cdot H_{\mathrm{kW}}}{v} = \frac{1000 \times 15}{12} = 1250 \, [\mathrm{N}]$$

도 [°]로 표시한 접촉각을 α 라 하고, 라디안 [rad] 으로 표시한 접촉각을 θ 라 하면 $\theta = 0.175 \times \alpha$ 의 관계가 있다.

$$e^{\mu\theta} = e^{0.3 \times 150 \times 0.175} = 2.19$$

$$T_t = \frac{2.19}{2.19 - 1} \times 1250 = 2300 \, [\mathrm{N}]$$

$$T_s = \frac{1}{2.19 - 1} \times 1250 = 1050 \, [\mathrm{N}]$$

$$T_0 = \frac{(\sqrt{2300} + \sqrt{1050})^2}{4} = 1615 \, [\mathrm{N}]$$

🔒 **예제 4**

원동풀리가 100 [rpm], 종동풀리가 최고 300 [rpm], 최저 40 [rpm] 으로 동력을 전달하려고 한다. 양축 사이의 중심거리가 2 [m] 일 때, 제 4단으로 된 바로걸기 단차를 설계하시오. 단, 원동풀리 중에서 최소 풀리의 반지름을 50 [mm] 라 한다.

풀이

$$N = 100, \quad N_1 = 40, \quad N_4 = 300$$

$$c = 2000 \,[\mathrm{mm}], \quad R_1 = 50 \,[\mathrm{mm}]$$

$$\therefore \ \phi = {}^{m-1}\sqrt{\frac{N_m}{N_1}} = {}^{4-1}\sqrt{\frac{300}{40}}$$

$$\therefore \ \phi = \sqrt[3]{\frac{300}{40}} = 1.96$$

$$\therefore \ N_2 = N_1 \, \phi = 40 \times 1.96 = 78.4 \,[\mathrm{rpm}]$$

$$N_3 = N_1 \, \phi^2 = 1.96^2 \times 40 = 153.3 \,[\mathrm{rpm}]$$

$$\frac{R_1}{r_1} = \frac{N_1}{N}$$

$$\therefore \ r_1 = \frac{100}{40} \times 50 = 125 \,[\mathrm{mm}]$$

벨트의 전 길이 $L_0 = 2c + \dfrac{(R_1 - r_1)^2}{c} + \pi \, (R_1 + r_1)$

$$= 2 \times 2000 + \frac{(50 - 125)^2}{2000} + \pi \, (50 + 125) = 4552.6 \,[\mathrm{mm}]$$

• **제 2단의 경우**

$$\begin{cases} \dfrac{R_2}{r_2} = \dfrac{73.4}{100} & \text{...} \ ① \\[4mm] 2 \times 2000 + \dfrac{(R_2 - r_2)^2}{2000} + \pi \, (R_2 + r_2) = 4552.6 & \text{....................} \ ② \end{cases}$$

①, ②의 연립방정식을 풀어서

$$\begin{cases} R_2 = 78.4 \,[\mathrm{mm}] \\[2mm] r_2 = 100 \,[\mathrm{mm}] \end{cases}$$

• **제 3단의 경우**

$$\begin{cases} \dfrac{R_3}{r^3} = \dfrac{153.3}{1000} & \text{...} \ ③ \\[4mm] 2 \times 2000 \times \dfrac{(R_3 - r_3)^2}{2000} + \pi \, (R_3 + r_3) & \text{....................} \ ④ \end{cases}$$

③, ④의 연립방정식을 풀어서

$$\begin{cases} R_3 = 106.5\,[\mathrm{mm}] \\ r_3 = 69.5\,[\mathrm{mm}] \end{cases}$$

• 제4단의 경우

$$\begin{cases} \dfrac{R_4}{r_4} = \dfrac{300}{100} = 3 \quad\text{\dotfill ⑤} \\[2mm] 2 \times 2000 + \dfrac{(R_4 - r_4)^2}{2000} + \pi\,(R_4 + r_4) \quad\text{\dotfill ⑥} \end{cases}$$

⑤, ⑥의 연립방정식을 풀어서

$$\begin{cases} R_4 = 131.1\,[\mathrm{mm}] \\ r_4 = 43.7\,[\mathrm{mm}] \end{cases}$$

이 결과를 나타내면 표 15.8과 같이 된다.

▶표 15.8

	원동풀리의 회전속도	종동풀리의 회전속도	원동풀리의 반지름 [mm]	종동풀리의 반지름 [mm]	두 풀리의 반지름의 합 [mm]
제1단	100	40.0	50	125	175
제2단	100	78.4	78.4	100	178.4
제3단	100	153.3	106.5	69.5	176.0
제4단	100	300.0	131.1	43.7	174.8

이 결과를 보면 양축 간의 거리가 풀리의 지름에 비하여 멀 때에는 바로걸기의 경우 각 단에서의 양풀리의 반지름 합은 거의 일정하다고 볼 수 있다. 또 운전 중 벨트의 신축이 있으므로 이와 같은 극히 작은 차이는 무시해도 좋다고 하면 엇걸기일 경우와 같이 취급해도 좋다.

15.8 벨트와 풀리장치의 치수설계

15.8.1 벨트의 설계

1) 바로걸기 또는 엇걸기에 따라 접촉각 $\theta = \pi \pm 2\phi$ (°)가 결정되고, 풀리와 벨트의 조합에 따라 마찰계수 μ 를 결정한다. 따라서 $e^{\mu\theta}$ 의 각을 계산한다.
2) 벨트와 벨트의 이음 방법에 의하여 허용인장응력 σ_a 의 값, 비중량, 이음

효율 η 를 결정한다.

3) 벨트의 속도 v 를 결정한다.

4) 전달마력을 계산한다.

5) 긴장측의 장력 T_t 에 견딜 수 있도록 벨트의 폭 b 를 결정한다.

6) 벨트의 폭에서 두께와 풀리를 설계할 수 있다.

15.8.2 벨트장치의 강도에 의한 치수 결정

• 응력에서 벨트의 치수를 결정

운전 중 벨트는 먼저 T_t 와 T_s 의 장력을 받고, 다음에 림면에 있어서 굽힘을 받는다. 즉 벨트에 생기는 응력 σ 는 장력에 의한 응력과 굽힘에 의한 응력의 합 즉 $\sigma = \sigma_t + \sigma_b$ 로 표시된다.

단, b ; 벨트의 폭, h ; 벨트의 두께, D ; 풀리의 지름

$$E \;;\; 벨트\ 탄성계수 \begin{cases} 100 \sim 125\ [\text{N/mm}^2 = \text{MPa}] \;\cdots\cdots\; 새\ 가죽벨트 \\ 200 \sim 220\ [\text{N/mm}^2 = \text{MPa}] \;\cdots\cdots\; 오래된\ 가죽벨트 \end{cases}$$

그림 15.37 에서 두께 h 의 벨트가 지름 D 의 풀리에 감겨질 때의 변형률 ε 은

$$\varepsilon = \frac{\left(\dfrac{D}{2} + h\right) - \left(\dfrac{D}{2} + \dfrac{h}{2}\right)}{\left(\dfrac{D}{2} + \dfrac{h}{2}\right)} \fallingdotseq \frac{h}{D} \tag{15.56}$$

따라서 굽힘응력 $\sigma_b = \dfrac{hE}{D}$ 로 된다.

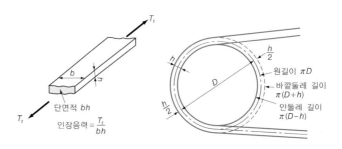

그림 15.37 벨트에 생기는 응력

▶표 15.9 벨트의 응력

$\dfrac{D}{h}$	$25 \sim 50$	50 이상
σ	$1.6 \sim 2.3$ [MPa]	$2.0 \sim 2.9$ [MPa]

$$\therefore \ \sigma = \sigma_t + \sigma_b = \frac{T_t}{bh} + \frac{hE}{D} \qquad (15.57)$$

그러나 $\dfrac{h}{D}$ 가 작을 경우에는 굽힘응력을 고려하지 않는다.

즉,
$$\left.\begin{array}{c} T_t = bh\sigma \\ \therefore \ b = \dfrac{T_t}{\sigma_a \cdot h} \end{array}\right\} \qquad (15.58)$$

굽힘응력을 감소시키고 벨트의 수명을 길게 하려면 풀리를 되도록 크게 하는 것이 좋으며 일반적으로 $\dfrac{D}{h} > 35$ 로 하는 것이 좋다.

예제 5

바로걸기 벨트 전동장치에 있어서 전달동력 $H_{KW} = 3.7$ [kW], 원동풀리의 회전속도 $N_1 = 1000$ [rpm], 지름 $D_1 = 500$ [mm], 속도비 $\varepsilon = \dfrac{1}{3}$, 축 사이의 거리 $c = 3$ [m]라고 할 때 알맞은 벨트를 설계하시오.

풀이

$$H_{kW} = \frac{T_t \cdot v}{1000} \cdot \frac{e^{\mu\theta} - 1}{e^{\mu\theta}}$$

$$v = \frac{\pi D_1 N_1}{1000 \times 60} = \frac{\pi \times 500 \times 1000}{60 \times 1000} = 26 \ [\mathrm{m/s}]$$

접촉각 θ 는

$$\sin\phi = \frac{D_2 - D_1}{2c} = \frac{1500 - 500}{2 \times 3000} = 0.166 \qquad \therefore \ \phi = 9°30'$$

$$\theta = 180° - 2 \times 9°30' = 161°$$

마찰계수 μ 는 가죽벨트와 주철제의 풀리로 하여 $\mu = 0.2$

$$\frac{e^{\mu\theta} - 1}{e^{\mu\theta}} = 0.428$$

$$\therefore \quad 3.7 = \frac{T_t \times 26}{1000} \times 0.428$$

$$T_t = \frac{3.7 \times 1000}{26 \times 0.428} \fallingdotseq 332.5 \,[\mathrm{N}]$$

$$b = \frac{T_t}{\sigma_a \cdot h} \text{에서}$$

한겹벨트로 하여 두께 $h = 4\,[\mathrm{mm}]$, $\sigma_a = 2\,[\mathrm{MPa}]$이므로

$$b = \frac{332.5}{2 \times 4} \fallingdotseq 41.6\,[\mathrm{mm}]$$

여유를 두어 $b = 42\,[\mathrm{mm}]$로 한다.

🔒 예제 6

7.5 [PS], 1800 [rpm], 지름 125 [mm] 의 풀리를 바로걸기로 지름 450 [mm] 의 풀리에 동력을 전달시킨다. 중심거리를 2.5 [m] 로 하고, 가죽벨트를 사용할 때 벨트의 치수를 구하시오.

풀이

$$v = \frac{\pi D_1 N_1}{1000 \times 60} = \frac{\pi \times 125 \times 1800}{1000 \times 60} = 11.8\,[\mathrm{m/s}]$$

앞의 문제와 같이 가죽벨트와 주철제의 풀리인 경우 $\mu = 0.2$ 라 하면 접촉각 θ 는

$$\sin\phi = \frac{D_2 - D_1}{2c} = \frac{450 - 125}{2 \times 2500} = \frac{325}{5000} = 0.065 \quad \therefore \quad \phi = 3°45'$$

$$\theta = 180° - 2 \times 3°45' = 172°30'$$

$$\frac{e^{\mu\theta} - 1}{e^{\mu\theta}} = 0.453 \qquad 7.5 = \frac{T_t \times 11.8}{735.5} \times 0.453$$

$$T_t = 1032\,[\mathrm{N}]$$

한겹 가죽벨트로 두께 5 [mm], 항장력 = 34 [MPa], 안전율 8, 이음효율을 50 [%]라고 하면

$$\sigma_a = (34 \div 8) \times 0.5 \fallingdotseq 2.13\,[\mathrm{MPa}]$$

벨트의 폭 b 는

$$b = \frac{T_t}{\sigma_a h} = \frac{1032}{2.13 \times 5} \fallingdotseq 96.9\,[\mathrm{mm}]$$

가죽벨트의 표준 규격에서 5 [mm] × 102 [mm] 길이 l 은

$$l \fallingdotseq 2c + \frac{\pi}{2}(D_1 + D_2) + \frac{(D_2 - D_1)^2}{4c}$$

$$= 2 \times 2500 \times \frac{\pi}{2}(125+450) + \frac{(450-125)^2}{4 \times 2500}$$
$$= 5000 + 900 + 10.6 = 5910\,[\text{mm}]$$

15.8.3 풀리의 설계

풀리는 림, 보스, 암의 세부분으로 되어 있으며 풀리의 각부에 작용하는 힘의 관계를 정확하게 해석하는 것은 어려운 일이다. 특히 주조할 때 생기는 응력을 고려하면 수식으로 표현하는 것은 불가능하다. 따라서 각부의 치수를 강도계산만으로 결정하면 실제와는 아주 다른 경우가 생기므로 오랜 경험에 의하여 치수를 결정한다. 평벨트 풀리는 KS B 1402에 규정되어 있으며 치수와 모양은 다음과 같다.

평벨트의 호칭방법은 *명칭 · 종류 · 호칭지름×호칭나비 및 재료로 나타낸다.*

보기 평벨트 풀리 일체형 C · 125×25 · 주철
평벨트 풀리 분할형 F · 125×25 · 주강

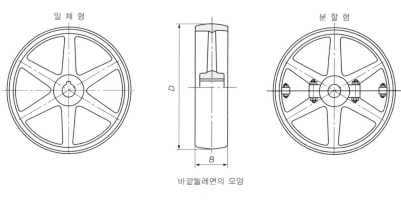

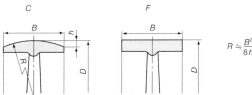

그림 15.38 평벨트 풀리의 구조 보기

▶**표 15.10** 평벨트 풀리의 호칭 나비 및 허용차

(단위 : [mm])

호칭 나비 (B)	허 용 차	호칭 나비 (B)	허 용 차
20		160	
25		180	
32		200	
40	±1	224	±2
50		250	
63		280	
71		315	
80		355	
90		400	
100		450	±3
112	±1.5	500	
125		560	
140		630	

▶**표 15.11** 평벨트 풀리의 호칭 지름 및 허용차

(단위 : [mm])

호칭 나비 (D)	허 용 차	호칭 나비 (D)	허 용 차	호칭 나비 (D)	허 용 차
40	±0.5	160	±2.0	630	±5.0
		180		710	
45	±0.6	200		800	±6.3
50		224	±2.5	900	
56	±0.8	250		1000	
63		280	±3.2	1120	±8.0
71	±1.0	315		1250	
80		355		1400	
90	ㅍ1.2	400	±4.0	1600	±10.0
100		450		1800	
112		500		2000	
125	±1.6	560	±5.0		
140					

▶ **표 15.12** 크라운

a) 평벨트 풀리의 호칭 지름 (40~355 [mm]까지)

(단위 : [mm])

호칭 지름 (*D*)	크 라 운 (*h*)*	호칭 지름 (*D*)	크 라 운 (*h*)*
40~112	0.3	200, 224	0.6
125, 140	0.4	250, 280	0.8
160, 180	0.5	315, 355	1.0

b) 평벨트 풀리의 호칭 지름 (400 [mm] 이상)

(단위 : [mm])

호칭 나비 (*B*)	125 이하	140 160	180 200	224 250	280 315	355	400 이상
호칭 지름 (*D*)	크라운 (*h*)*						
400	1	1.2	1.2	1.2	1.2	1.2	1.2
450	1	1.2	1.2	1.2	1.2	1.2	1.2
500	1	1.5	1.5	1.5	1.5	1.5	1.5
560	1	1.5	1.5	1.5	1.5	1.5	1.5
630	1	1.5	2	2	2	2	2
710	1	1.5	2	2	2	2	2
800	1	1.5	2	2.5	2.5	2.5	2.5
900	1	1.5	2	2.5	2.5	2.5	2.5
1000	1	1.5	2	2.5	3	3	3
1120	1.2	1.5	2	2.5	3	3	3.5
1250	1.2	1.5	2	2.5	3	3.5	4
1400	1.5	2	2.5	3	3.5	4	4
1600	1.5	2	2.5	3	3.5	4	5
1800	2	2.5	3	3.5	4	5	5
2000	2	2.5	3	3.5	4	5	6

주 (*) 수직축에 쓰이는 평벨트 풀리의 크라운은 위 표보다 크게 하는 것이 좋다.

연습 문제

1. 축간 거리 4 [m], 원동풀리의 지름 230 [mm], 종동풀리의 지름 660 [mm] 라 할 때, 바로걸기와 엇걸기 두 가지 경우의 벨트 길이를 구하시오. 또한 바로걸기의 경우 원동풀리의 회전속도를 400 [rpm] 이라 하고 1.47 [kW] 를 전달하려고 할 때 벨트의 치수를 결정하시오. 단, $\mu = 0.2$, $\sigma_a = 2.45$ [MPa] 벨트 이음효율 $\eta = 0.8$ 이라 한다.

2. 3 [kW], 2100 [rpm] 의 모터와 바로걸기의 평고무 벨트 1종으로 연결된 작업 기계의 축이 420 [rpm] 으로 구동할 때 아래 치수를 구하시오. 단, 축간 거리는 1200 [mm] 라 한다.
1) 고무벨트의 단면 치수, 소요 길이, 단축 길이
2) 풀리의 재질, 바깥지름, 폭
3) 모터의 축지름 (키를 고려한다)

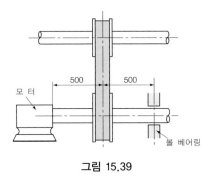

그림 15.39

3. 원동축의 회전속도는 1750 [rpm], 종동축의 회전속도는 600 [rpm] 이고 2 [PS] 를 평벨트로 전동시키는 경우 풀리 림의 지름, 벨트의 폭과 길이, 벨트의 초장력 T_0 를 구하시오. 단, 벨트의 속도 $v = 20$ [m/s], 축간 거리 $c = 1280$ [mm], 마찰계수 $\mu = 0.2$ 라 한다.

4. 모터 M의 출력이 22.8 [kW], 이 축에 붙은 원판의 지름이 2100 [mm] 이고, 이것으로 발전기 A 와 B 가 벨트전동으로 운전되고 있다. 1) 풀리 A 와 B의 지름, 2) 원주속도, 3) 회전력, 4) 벨트의 폭을 구하시오. 단, 회전 속도는 M에서 240 [rpm], A 에서 1400 [rpm], B 에서 900 [rpm], 축간 거리는 M, A 사이가 4000 [mm], A, B 사이가 1500 [mm] 이다.

해답 **1.** 바로걸기 = 9410 [mm], 엇걸기 = 9460 [mm], $bh = 102 \times 5$ [mm]

    2. 단축량 $\Delta L = L\dfrac{T_0}{bh} \cdot \dfrac{1}{t} = 57.6$ [mm], 모터 풀리 $D_1 = 150$ [mm],

       $B_1 = 90$ [mm], 종동풀리 $D_2 = 750$ [mm], $B_2 = 90$ [mm], 벨트 $bh = 75 \times 3$,

       $L = 3830$ [mm], 키는 $10 \times 8d = 36.3 \fallingdotseq 38$ [mm]

    3. $D_1 = 218$ [mm], $T_0 = 37.2$ [N], $D_2 = 636$ [mm], 벨트의 길이 $L = 3930$ [mm],

       $P = 73.5$ [N], $b = 12.1$ [N]

    4. 1) $d_A = 548$ [mm], $d_B = 345$ [mm], 2) $v = 26.3$ [m/s],

       3) $P_e = 862.4$ [N], 4) $b = 80$ [mm]

Chapter **16**

V 벨트 전동

16.1 V 벨트

16.1.1 V 벨트 장치의 특성

V벨트는 사다리꼴의 단면을 가지고 있는 이음매가 없는 고리모양의 벨트로, V형의 홈이 파여져 있는 V풀리에 벨트를 밀착시켜, 쐐기 작용에 의하여 마찰력을 크게 하여 동력을 전달한다. 비교적 작은 장력으로 큰 회전력을 얻을 수 있는 벨트로, 기어와 평벨트의 중간쯤 되는 축 사이의 거리에서 동력을 전달할 때 사용되며, 양축 간의 거리가 5 m 정도까지 사용된다. 좁은 장소에도 설치할 수 있고, 평벨트에 비해 운전이 조용하고 충격의 완화 작용도 할 수 있다. 또한 미끄럼이 적으므로 높은 속도비가 얻어지는데, 보통 1 : 7, 최대 1 : 10까지 사용되며 원주속도 25 m/s 까지의 고속운전이 가능하다. 운전효율도 높아 96~99 % 정도이며, 또한 장력이 적으므로 베어링에 작용하는 하중도 적다.

이상과 같은 장점이 있지만 두 축 간이 평행하고 같은 방향으로 회전한 경우에 사용된다. 그러나 벨트의 길이를 조정할 수 없으므로 축 간 거리를 조정할 수 있도록 해야 한다. 그리고 V벨트가 홈에 들어갔을 때 V벨트의 바깥쪽이 홈바퀴의 바깥둘레면과 일치하도록 하고, V벨트의 안쪽이 홈바퀴의 밑바닥면에 접촉하지 않도록 해야 된다.

그림 16.1은 V형 고무벨트의 단면을 나타낸 것이다. 한국공업규격에서는 KS M 6535에 고무 V벨트의 규격을 제정하고 있다. V벨트의 구조는 일반적으로 중앙부의 아랫부분과 윗부분은 질이 좋은 고무만의 층을 만들어 압축변형을 쉽게 하여 굽히는 데 유연성을 주었다. 다시 이것의 주변을 질이 좋은 고무를 입힌 면포 또는 인견의 직물을 몇 겹으로 둘러싸서 내부를 보호하고,

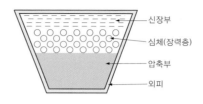

그림 16.1 V벨트의 구조

홈에 접하는 부분에 내마모성을 주는 구조로써, 이것을 압착가황하여 V형으로 만든 것이다.

16.1.2 일반용 V 고무벨트의 KS규격(KS M 6535)

(1) 종류 및 적용범위

이 규격은 일반동력전달의 이음새가 없는 링모양의 V벨트에 대하여 규정하며, 차량용 V벨트, 세폭 V벨트는 제외한다. V벨트의 종류는 그림 16.2에 표시하는 치수에 따라 M, A, B, C, D, E의 6 종류로 한다.

▶**표 16.1** 단면모양 및 기준치수

종류＼치수	b_t	h	$\alpha_b(°)$
M	10.0	5.5	
A	12.5	9.0	
B	16.5	11.0	40
C	22.0	14.0	
D	31.5	19.0	
E	38.0	24.0	

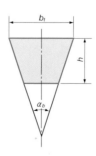

그림 16.2 V 벨트의 단면 치수

(2) V 고무벨트의 치수

단면의 종류로써 M, A, B, C, D, E형의 6가지를 규정하고 있다.

V 벨트의 단면은 좌우 대칭이며, 각도 및 각 변의 치수는 표 16.1과 같다.

(3) 품 질

V 벨트의 겉모양은 좌우대칭의 사다리꼴 단면적을 가지며 비틀림, 홈 또는 그밖의 결함이 없어야 한다. V 벨트의 1개당 인장강도 및 신장률은 표 16.2와 같다.

▶ 표 16.2 1개당 인장 강도 및 신장률

시험항목 \ 치수		M	A	B	C	D	E
인장시험	1개당 인장 강도 kN	1.2 이상	2.4 이상	3.5 이상	5.9 이상	10.8 이상	14.7 이상
	신 장 률	7 이하	7 이하	7 이하	7 이하	8 이하	8 이하
	신장률 측정시 가하는 힘 kN	0.8	1.4	2.4	3.9	7.8	11.8

▶ 표 16.3 V 벨트의 치수

형별	b_t [mm]	h [mm]	인장강도 [kN/가닥]	허용장력 [kN/가닥]	단면적 [mm^2]
M	10.0	5.5	1.2 이상	0.12	44
A	12.5	9.0	2.4 이상	0.24	83
B	16.5	11.0	3.5 이상	0.35	137.5
C	22.0	14.0	5.9 이상	0.59	236.7
D	31.5	19.0	10.8 이상	1.08	467.1
E	38.0	25.5	14.7 이상	1.47	732.3

16.1.3 특수 V 벨트의 종류

(1) 중하중용 V 벨트 (super power V-belt)

벨트의 속 부분에 나일론을 사용하면 충격에 대하여 강하며 비닐론은 약품에 침식되지 않으므로 강력한 전동을 할 수 있다. 또한 천연고무 대신 네오프렌이나 합성고무 등을 사용하면 내유성이 있을 뿐 아니라 발열도 적으므로 전동능력을 40 % 이상 증가시킬 수 있다.

그리고 속 부분에 가늘고 유연한 와이어 로프를 사용하면 한층 인장강도가 크게 되어 고속운전에 적합하게 된다.

(2) 개방 V 벨트 (open end V-belt)

평벨트와 같이 하나의 긴 V벨트로 만든 것으로 필요한 길이에 따라 이음 쇠붙이를 사용하여 링모양으로 만든다. 접합부의 강도는 떨어지고 이은 부분이 V풀리에 마주칠 때 충격, 소음, 진동 등이 생기기 쉽다. 표준길이의 V벨트를 사용할 수 없을 경우, 또는 긴 축의 중간에 거는 경우 등에 사용된다.

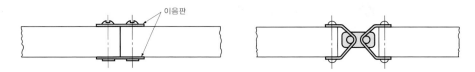

이음판

그림 16.3 이음 쇠붙이

(3) 이중 V 벨트 (double V-belt)

그림 16.4와 같이 V벨트의 등을 맞대어 포갠 것 같은 모양으로 반대쪽으로도 굽힐 수 있다. 따라서 육각벨트 (hexagonal belt) 라고도 한다. 이것은 심체

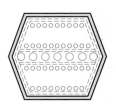

그림 16.4 이중 V-벨트

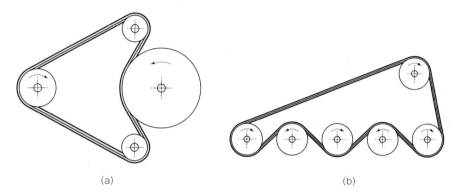

(a)   (b)

그림 16.5 이중 V 벨트의 사용 예

가 중앙의 가장 폭이 넓은 곳에 배치되고 옆에서 보면 보통의 벨트보다 높이
가 낮다. 그림 16.5에서와 같이 원동축과 종동축을 반대방향으로 돌리고 싶을
때 또는 1개의 원동축으로부터 여러 개의 종동축을 번갈아 반대방향으로 회
전시키려고 할 때 편리하다.

(4) 오목형 V 벨트 (concave side V-belt)

일반적인 V벨트를 V풀리에 감으면 벨트가 굽혀지므로 중앙부가 볼록하게
되어 그림 16.6 (c) 와 같이 된다. 따라서 V벨트를 그림 16.6 (a) 와 같이 V벨
트의 양쪽을 오목형으로 만들어 V풀리에 감으면 그림 16.6 (b) 와 같이 V벨트
의 중앙부가 볼록하게 직선으로 되어 V풀리의 홈에 잘 맞게 된다. 그러나 접
촉면적이 많아져서 마찰력은 커지지만 V벨트의 중앙부분이 볼록하게 되어 홈
의 양쪽을 강하게 밀어붙이므로 전동능력이 증가되지는 않는다.

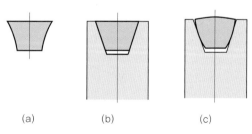

(a)   (b)   (c)

그림 16.6 오목형 V 벨트

16.2 V 벨트 장치의 설계

16.2.1 V 벨트의 외관마찰계수

그림 16.7에 V 벨트를 V 풀리의 홈에 밀어붙이는 힘을 F, 홈면에 수직으로 생기는 반력을 R이라 하면 반지름방향의 힘의 평형에 의하여 다음 식이 성립된다.

$$F = 2\left(R\sin\frac{\alpha}{2} + \mu R\cos\frac{\alpha}{2}\right)$$

$$\therefore \ R = \frac{F}{2\left(\sin\frac{\alpha}{2} + \mu\cos\frac{\alpha}{2}\right)} \tag{16.1}$$

단, μ는 V 벨트와 V 풀리의 홈면 사이의 마찰계수이다.

V풀리의 회전력(R에 의하여 홈의 양측면에 생기는 마찰력)은 다음 식으로 표시된다.

$$2\mu R = \frac{\mu F}{\sin\frac{\alpha}{2} + \mu\cos\frac{\alpha}{2}} = \mu' F \tag{16.2}$$

평벨트와 같이 홈이 없는 경우의 마찰력은 μF이므로, 홈에 끼어박히는 V 벨트에서는 $\mu' = \dfrac{\mu}{\sin\frac{\alpha}{2} + \mu\cos\frac{\alpha}{2}}$를 마찰계수라고 보면 평벨트의 경우와 같

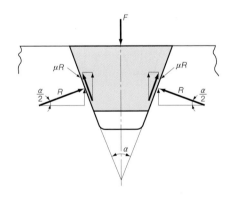

그림 16.7 V 벨트와 V 벨트 풀리의 홈면에 작용하는 힘

▶**표 16.4** $\mu' = \dfrac{\mu}{\sin\dfrac{\alpha}{2} + \mu\cos\dfrac{\alpha}{2}}$ 의 값

$\alpha(°)$	α				
	0.20	0.25	0.30	0.35	0.40
34	0.41	0.47	0.52	0.56	0.59
35	0.41	0.46	0.51	0.55	0.59
36	0.40	0.46	0.50	0.55	0.58
37	0.39	0.45	0.50	0.54	0.57
38	0.39	0.44	0.49	0.53	0.57
39	0.38	0.44	0.49	0.53	0.56
40	0.38	0.43	0.48	0.52	0.56

은 방법으로 계산할 수 있다.

따라서 μ'를 **유효마찰계수**, **환산마찰계수**, 또는 **외관마찰계수**라 한다.

예를 들면

$$\mu = 0.25 \text{ 이면} \quad \mu' = \frac{0.25}{\sin 20° + 0.25\cos 20°} = 0.46$$

$$\mu = 0.4 \text{ 이면} \quad \mu' = \frac{0.4}{\sin 20° + 0.4\cos 20°} = 0.56$$

표 16.4는 여러 가지의 μ와 α에 대한 μ'의 값을 표시한다.

그리고 그림 16.7에서 경사면에 작용하는 μR를 생략해도 큰 지장이 없는 경우 $F = 2R\sin\dfrac{\alpha}{2}$로 되고, $2\mu R = \dfrac{\mu F}{\sin\dfrac{\alpha}{2}}$ 이므로 앞에서와 마찬가지로

$$2\mu R = \mu'' F \tag{16.3}$$

단,

$$\mu'' = \frac{\mu}{\sin\dfrac{\alpha}{2}} = \mu\cosec\frac{\alpha}{2}$$

16.2.2 V 벨트의 장력

V 벨트 전동에 있어서 V 벨트의 장력과 V 벨트 풀리의 림에 작용하는 힘과의 관계도 평벨트의 경우와 같이 구한다. 단, $\mu' = \dfrac{\mu}{\left(\sin\dfrac{\alpha}{2} + \mu\cos\dfrac{\alpha}{2}\right)}$ 또는

$\mu'' = \dfrac{\mu}{\sin\dfrac{\alpha}{2}}$ 를 사용한다.

즉 원심장력 $\dfrac{wv^2}{g}$ 을 고려하여

$$\frac{T_t - \dfrac{wv^2}{g}}{T_s - \dfrac{wv^2}{g}} = e^{\mu'\theta} \tag{16.4}$$

$$\left.\begin{aligned} P = T_t - T_s &= T_t\left(1 - \frac{wv^2}{T_t\,g}\right)\left(\frac{e^{\mu'\theta} - 1}{e^{\mu'\theta}}\right) \\ T_t &= \frac{e^{\mu'\theta}}{e^{\mu'\theta} - 1}P + \frac{wv^2}{g} \\ T_s &= \frac{1}{e^{\mu'\theta} - 1}P + \frac{wv^2}{g} \end{aligned}\right\} \tag{16.5}$$

그리고 장력비 $K = \dfrac{T_t}{T_s}$ 의 값은 평벨트 전동에서는 2~5 정도인 데 비하여 V 벨트 전동에서는 4~8 정도로 한다. V 벨트 전동에서는 자립 상태의 작용이 있으므로 $T_s \fallingdotseq 0$ 으로 되는 경우도 있다. 이와 같은 경우에 K 는 더욱 큰 값을 사용한다.

초기장력 $T_0 = \dfrac{(T_t + T_s)}{2}$ 로 생각하면

$$T_0 = \frac{T_t + T_s}{2} = \frac{K+1}{2K}T_t \tag{16.6}$$

$K = 4 \sim 8$ 이면 $T_0 = (0.56 \sim 0.62)T_t \fallingdotseq 0.6\,T_t$ 이고, 긴장측의 장력 T_t 가 허용장력이면 T_0 는 허용장력의 60 [%] 정도로 하면 된다.

16.2.3 V 벨트 전동마력

V 벨트의 전동마력도 평벨트의 경우와 같으나 μ 대신에 μ'를 사용하는 것이 다르다. 즉 V 벨트 1가닥의 전달마력을 H_0 라 하면

$$H_0 = \frac{Pv}{735.5} = \frac{v}{735.5}\left(T_t - \frac{wv^2}{g}\right)\left(\frac{e^{\mu'\theta}-1}{e^{\mu'\theta}}\right)$$

$$= \frac{T_t v}{735.5}\left(1 - \frac{wv^2}{T_t g}\right)\left(\frac{e^{\mu'\theta}-1}{e^{\mu'\theta}}\right) [\text{PS}]$$

$$H_0 = \frac{T_t v}{1000}\left(1 - \frac{wv^2}{T_t g}\right)\left(\frac{e^{\mu'\theta}-1}{e^{\mu'\theta}}\right) [\text{kW}] \tag{16.7}$$

V 벨트의 전동효율은 95 [%] 정도이다. 여기서, 최대전동마력의 V 벨트의 속도를 구하면 V 벨트의 비중 $\gamma = 0.0118 \sim 0.0127$ [N/mm^3], 허용응력 $\sigma_a = 0.2$ [MPa]라 하면 $\frac{dH}{dv}=0$에서 $v = 23$ [m/s] 정도로 되지만 V 벨트의 수명상 $10 \sim 18$ [m/s] 정도가 좋다.

$v = 10$ [m/s] 이하의 경우에는 원심력의 영향을 생략하여

$$H_0 = \frac{T_t v}{735.5} \cdot \frac{e^{\mu'\theta}-1}{e^{\mu'\theta}} \tag{16.8}$$

따라서 z 가닥 수를 가진 V 벨트의 전동마력 H_{PS}는

$$H_{PS} = \frac{z\,T_t\,v}{735.5}\left(1 - \frac{wv^2}{T_t\,g}\right)\frac{e^{\mu'\theta}-1}{e^{\mu'\theta}} [\text{PS}] \tag{16.9}$$

그리고 V 벨트 1가닥의 전달마력 H_0 는 다음 근사식으로 계산할 수도 있으나 약간의 오차가 있다.

$$H_0 = 23.3\,v \times \left(1 - \frac{v^2}{1470}\right) \times A \tag{16.10}$$

여기서, v : V 벨트의 속도 [m/s], A : V벨트의 단면적 [mm^2]

그림 16.18 은 v 와 H_0 와의 관계를 도시한 것이다.

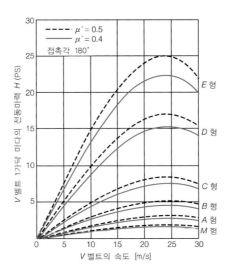

그림 16.8 V 벨트의 속도와 1가닥마다의 전달마력

16.2.4 V 벨트의 선정

표 16.5는 속도와 전달마력에 의한 V 벨트의 선정기준을 표시한 것이며, 설계자료로 사용할 수 있다.

V 벨트에 의한 동력전달에 있어서 표준접촉각 180°의 경우 V 벨트 1개의 최대전달마력은 계산되어 있다. 표 16.6은 부하 수정계수 k_2 의 값을 표시한다.

표 16.7은 V 벨트 1개의 최대전달마력을 표시한 것이다. θ 가 180°보다 작

▶ **표 16.5** V 벨트의 선정기준

전달마력	V 벨트의 속도 [m/s]		
	10 이하	10~17	17 이상
2 이하	A	A	A
2~5	B	B	A 또는 B
5~10	B 또는 C	B	B
10~25	C	B 또는 C	B 또는 C
25~50	C 또는 D	C	C
50~100	D	C 또는 D	C 또는 D
100~150	E	D	D
150 이상	E	E	E

▶ 표 16.6 부하 수정계수 k_2 의 값

기계의 종류 또는 하중 상태	k_2
송풍기, 원심펌프, 발전기, 컨베어, 엘리베이터, 교반기, 인쇄기, 그 밖에 하중 변화가 적고 완만한 것	1.0
공작기계, 세탁기계, 면조기계 등 약간 충격이 있는 것	0.9
왕복압축기	0.85
제지기, 제재기, 제빙기	0.80
분쇄기, 전단기, 광산기계, 제분기, 원심분리기	0.75
방적기계, 광산기계 기동하중 { 100~150 %의 것	0.72
150~200 %의 것	0.64
200~250 %의 것	0.50

▶ 표 16.7 V 벨트 1개의 최대전달마력

속도 v [m/s]	접촉각 $\theta = 180°$ 의 경우					속도 v [m/s]	접촉각 $\theta = 180°$ 의 경우				
	A	B	C	D	E		A	B	C	D	E
5.0	0.9	1.2	3.0	5.5	7.5	13.3	2.2	2.8	6.7	12.9	17.5
5.5	1.0	1.3	3.2	6.0	8.2	13.5	2.2	2.9	6.9	13.3	18.0
6.0	1.0	1.4	3.4	6.5	8.9	14.0	2.3	3.0	7.1	13.7	18.5
6.5	1.1	1.5	3.6	7.0	9.9	14.5	2.3	3.1	7.3	14.1	19.0
7.0	1.2	1.6	3.8	7.5	10.3	15.0	2.4	3.2	7.5	14.5	19.5
7.5	1.3	1.7	4.0	8.0	11.0	15.5	2.5	3.3	7.7	14.8	20.0
8.0	1.4	1.8	4.3	8.4	11.6	16.0	2.5	3.4	7.9	15.1	20.5
8.5	1.5	1.9	4.6	8.8	12.2	16.5	2.5	3.5	8.1	15.4	21.0
9.0	1.6	2.1	4.9	9.2	12.8	17.0	2.6	3.6	8.3	15.7	21.4
9.5	1.6	2.2	5.2	9.6	13.4	17.5	2.6	3.7	8.5	16.0	21.8
10.0	1.7	2.3	5.5	10.0	14.0	18.0	2.7	3.8	8.6	16.3	22.2
10.5	1.8	2.4	5.7	10.5	14.6	18.5	2.7	3.9	8.7	16.6	22.6
11.0	1.9	2.5	5.9	11.0	15.2	19.0	2.8	4.0	8.8	16.9	23.0
11.5	1.9	2.6	6.1	11.5	15.8	19.5	2.8	4.1	8.9	17.2	23.3
12.0	2.0	2.7	6.3	12.0	16.4	20.0	2.8	4.2	9.0	17.5	23.5
12.5	2.1	2.8	6.5	12.5	17.0						

▶ **표 16.8** 접촉각 수정계수 k_1 의 값

각도 θ	180	176	172	170	168	164	160	156	153	150	145	140	137	135	130	128	125	123	120	115	100	90
k_1	1.00	0.99	0.98	0.98	0.97	0.96	0.96	0.95	0.95	0.94	0.93	0.92	0.91	0.90	0.89	0.89	0.88	0.87	0.86	0.85	0.74	0.69

을 경우 전달마력도 감소되며, 표 16.8에 나타낸 접촉각 수정계수 k_1 을 최대 전달마력표에 곱하여 전달마력수를 계산한다. 그리고 하중 작용 상태와 운전 기계의 종류에 따라 허용전달마력을 수정하여 V 벨트의 치수와 가닥 수를 결정해야 한다.

큰 치수의 V 벨트를 가닥 수를 적게 사용할 것인가 또는 가느다란 V 벨트의 가닥 수를 많이 사용할 것인가는 용도와 조건에 의하여 결정한다. 일반적으로 V 벨트의 속도가 빠를수록 또한 V 벨트 풀리의 지름이 작을수록 가느다란 것이 적당하다. 전달마력에 의하여 V 벨트의 가닥 수를 결정하려면 다음 식에 의하여 결정한다.

$$z = \frac{H}{H_0 \cdot k_1 \cdot k_2} \tag{16.11}$$

🔒 **예제 1**

벨트의 속도 $v = 10 \, [\mathrm{m/s}]$ 의 경우 A 형 V 벨트 1개의 전달마력을 구하시오. 단, 접촉각 $\theta = 135°$, 풀리는 주철제로 하고 벨트의 마찰계수 $\mu = 0.4$ 라고 한다. 또 $v = 25 \, [\mathrm{m/s}]$ 로 되면 어떻게 되겠는가?

풀이

벨트의 속도가 10 [m/s] 이하의 경우는 원심력의 영향을 고려하지 않아도 좋으므로

1) $H_0 = \dfrac{T_t v}{735.5} \cdot \dfrac{e^{\mu'\theta} - 1}{e^{\mu'\theta}}$ 에 있어서

A형의 허용인장력 $P = 147 \, [\mathrm{N}]$ 로 하면

$$\mu' = \frac{\mu}{\sin 20° + \mu \cos 20°} = \frac{0.4}{0.342 + 0.4 \times 0.94} = 0.56$$

$$\mu'\theta = 0.56 \times 2.39 = 1.34$$

$$e^{\mu'\theta} = 2.718^{1.34} = 3.82$$

$$\therefore \frac{e^{\mu'\theta} - 1}{e^{\mu'\theta}} = \frac{2.82}{3.82} = 0.74$$

$$\therefore\ H_0 = \frac{147 \times 10}{735.5} \times 0.74 \fallingdotseq 1.48\ [\text{PS}]$$

2) $v = 25\ [\text{m/s}]$ 에서는 속도가 너무 빠르므로 원심력의 영향을 고려하여, 원심력에 의한 장력의 증분은

$$\frac{w\,v^2}{g} = \frac{0.98^{*} \times 25^2}{9.8} = 62.5\ [\text{N}]$$

$$H_0 = \left(T_t - \frac{w\,v^2}{g}\right) \frac{v}{735.5} \cdot \frac{e^{\mu'\theta}-1}{e^{\mu'\theta}} = (147 - 62.5)\frac{25}{735.5} \times 0.74 \fallingdotseq 2.12\ [\text{PS}]$$

*A형의 단면적 $= 0.83\ [\text{cm}^2]$, 길이 1 [m] 의 체적 83 [cm^3]

고무벨트의 비중 1.2이므로 $w = 83 \times 1.2 = 100\ [\text{g}_\text{f}] = 0.1\ [\text{kg}_\text{f}/\text{m}] (= 0.98\ [\text{N/m}])$

예제 2

출력 50 [PS], 회전속도 1150 [rpm] 의 모터에 의하여 300 [rpm] 의 공작기계를 운전하려고 한다. 축간 거리는 약 1.5 [m], 하중계수 0.70 으로 하여 V 벨트의 형과 가닥 수를 결정하시오. 단, 마찰계수 $\mu = 0.3$ 이라고 한다.

풀이

전달마력과 V벨트의 종류와의 관계를 표 16.5에서 $H = 50 \sim 100$ 은 대체로 C 또는 D 를 선정하므로, D 형을 선정하면 표 16.7에서 홈바퀴의 최소 피치원지름(모터쪽) $D_A = 300\ [\text{mm}]$로 된다.

$$\text{공작기계 쪽의 피치원지름} \quad D_B = 300 \times \frac{1150}{300} = 1150\ [\text{mm}]$$

$$\text{벨트의 속도} \quad v = \frac{3.14 \times 300 \times 1150}{60 \times 1000} = 18\ [\text{m/s}]$$

따라서 속도가 빠르므로 원심력의 영향을 고려하여, 원심력에 의한 장력의 증분은

$$\frac{w\,v^2}{g} = \frac{0.56 \times 18^2}{9.8} = 18.5\ [\text{kg}_\text{f}]$$

$$= 181.3\ [\text{N}]$$

단, D 형의 단면적 $= 4.67\ [\text{cm}^2]$이므로 V 벨트의 비중은 1.2로 하여 1 [m]마다 중량은

$$w = 4.67 \times 1000 \times \frac{1.2}{1000} = 0.56\ [\text{kg}_\text{f}/\text{m}]$$

접촉각 $\theta = 180° - 2\sin^{-1}\frac{D_B - D_A}{C} = 180° - 2\sin^{-1}\frac{115-30}{2 \times 150} = 147° = 2.56\ [\text{rad}]$

$\mu = 0.3$ 으로 하여 $\mu' = \dfrac{\mu}{\sin\frac{\alpha}{2} + \mu\cos\frac{\alpha}{2}} = \dfrac{0.3}{\sin 20° + 0.3\cos 20°} = 0.48$

$$e^{\mu'\theta} = 2.718^{0.48 \times 2.56} = 3.43$$

$$\therefore \frac{e^{\mu'\theta}-1}{e^{\mu'\theta}} = \frac{3.43-1}{3.43} = 0.708$$

D 형의 허용인장력 $T_t = 842.3$ [N]

전달마력은 $$H_0 = \frac{\left(T_t - \dfrac{wv^2}{g}\right)v}{735.5} \cdot \frac{e^{\mu'\theta}-1}{e^{\mu'\theta}}$$

$$= \frac{(842.3-181.3)\times 18}{735.5}\times 0.708 = 11.5 \text{ [PS]}$$

부하 수정계수 $k_2 = 0.70$ 이라 하면

50 [PS] 를 전달시키는 데 필요한 V 벨트의 가닥 수 z 는

$$z = \frac{50}{11.5\times 0.7} = 6 \text{ 개}$$

답 D형 6개

별해

표 16.7에서 $v = 18$ [m/s] 의 경우 D 형 1개의 전달마력은 $H_0 = 16.3$ [PS] 이므로

$$\therefore \begin{cases} k_1 = 0.935 \\ k_2 = 0.70 \end{cases} \text{ 으로 하여}$$

$$z = \frac{H}{H_0\, k_1\, k_2} = \frac{50}{16.3\times 0.935\times 0.70} = 4.6 = 5$$

답 D형 5개

예제 3

회전속도 1100 [rpm] 의 모터로 운전되는 10 [PS], 110 [rpm] 의 공기압축기가 있다. V 벨트 풀리의 지름을 각각 150 [mm], 1500 [mm] 라 하고, 축간 거리를 1000 [mm] 로 하여 C 형 V 벨트를 사용하면 몇 가닥으로 설계하여야 하는가? 또 D 형이면 어떠한가?

풀이

i) C 형의 경우 : $v = \dfrac{3.14\times 150\times 1100}{60\times 1000} = 8.6$ [m/s]

원심력의 영향은 고려하지 않는다.

접촉각 $\theta = 180° - 2\sin^{-1}\dfrac{150-15}{2\times 100} = 95° = 1.66$ [rad]

$\mu = 0.4$ 라 하면 $\mu' = 0.56$ 으로 된다.

$$\therefore e^{\mu'\theta} = 2.718^{0.56\times 1.66} = 2.539$$

$$\frac{e^{\mu'\theta}-1}{e^{\mu'}} = \frac{2.539-1}{2.539} = 0.61$$

표 16.3에서 허용 인장력 $P = 590$ [N]이다.

1개의 전달마력 $H_0 = \dfrac{590 \times 8.6 \times 0.61}{735.5} \fallingdotseq 4.2$ [PS]

부하 수정계수 $k_2 = 0.85$로 하여 10 [PS]를 전동시키는 데 필요한 V 벨트의 가닥 수는

$$Z = \frac{10}{4.2 \times 0.85} \fallingdotseq 2.8 \fallingdotseq 3개$$

ii) D 형의 경우 : C 형의 경우과 같이 계산하여 $P = 1080$ [N]

$$H_0 = \frac{1080 \times 8.6 \times 0.61}{735.5} \fallingdotseq 7.7 \text{ [PS]}$$

$$Z = \frac{10}{7.7 \times 0.85} \fallingdotseq 2개$$

별해

$v = 8.6$ [m/s]의 경우 C 형에서 $H_0 = 4.7$ [PS], D 형에서 $H_0 = 8.8$ [PS]
표 16.3과 16.7에서 $k_1 = 0.72$, $k_2 = 0.85$

$$z = \frac{H}{H_0\, k_1\, k_2}$$

i) C 형의 경우 $z = \dfrac{10}{4.7 \times 0.72 \times 0.85} = 3.1 \fallingdotseq 4개$

ii) D 형의 경우 $z = \dfrac{10}{8.8 \times 0.72 \times 0.85} = 1.8 \fallingdotseq 2개$

16.3 V 벨트 풀리

16.3.1 V 벨트 풀리의 형상

V 벨트가 감겨져서 돌아가는 홈이 파여진 바퀴를 **V 벨트 풀리** (V-belt pulley) 라 하고, 간단하게 V 풀리라고 한다.

V 벨트 풀리는 V 벨트의 내구력과 효율을 고려하여 홈의 각도와 형상을 정확하게 가공하고, 홈의 표면은 매끄럽게 다듬질하여야 한다. V 풀리의 재료는 일반적으로 주철을 사용하지만, A, B, C형 벨트에는 가볍고 강한 강판제의 것

을 사용한다. V 벨트를 감을 때 벨트의 중심선을 통과하는 피치원은 가능한 크게 하는 것이 좋다. 홈의 각도는 V 벨트 풀리 지름의 크기에 따라 정하며, 작은 V 풀리의 경우 홈의 각도를 작게 한다. 그림 16.9는 V 벨트와 V 풀리를 도시하며, 홈의 폭은 V 벨트가 정확하게 맞도록 한다. 그리고 홈의 밑바닥은 그림 16.10과 같이 V 벨트가 들어가 박힐 때 6~10 [mm] 정도의 틈이 생기도록 하며 홈과 홈 사이의 거리는 V 벨트의 폭 W보다 3~6 [mm] 정도 크게 한다.

홈바퀴 전체의 폭 B는 z개의 V 벨트를 사용할 때 표에서 표시한 P와 Q의 값에서

$$B = \{2Q + (z-1)P\} \tag{16.12}$$

로 된다.

V 벨트 풀리 보스의 길이는 홈바퀴의 개수와 V 풀리의 지름을 고려하여 결정하며, 평벨트 풀리의 경우보다 20 % 정도 크게 하는 것이 좋다.

그림 16.11은 V 벨트 풀리의 실물이다.

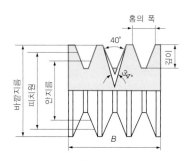

그림 16.9 V 풀리의 형상과 명칭

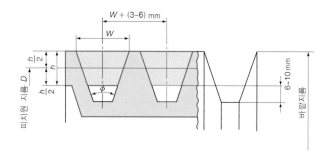

그림 16.10 V 풀리의 치수 관계

그림 16.11 V 풀리의 실물

16.3.2 V 벨트 풀리의 KS규격

(1) 적용범위

이 규격은 V 벨트를 사용하는 주철제 V 벨트 풀리에 대하여 규정하며 KS M 6535에 규정하는 M형, D형 및 E형의 V 벨트를 사용하는 것에 대하여는 홈 부분의 모양 및 치수만 규정한다.

(2) 모양 및 치수

홈의 모양 및 치수는 다음 표와 같다(표 16.10). 다만 축지름 구멍 d 는 당사자 간의 협의에 따라 적당히 정할 수 있다.

▶표 16.9 V 벨트 풀리의 종류

V 벨트의 종류 \ 홈의 수	1	2	3	4	5	6
A	A 1	A 2	A 3	-	-	-
B	B 1	B 2	B 3	B 4	B 5	-
C	-	-	C 3	C 4	C 5	C 6

▶**표 16.10** V 벨트 풀리 홈 부분의 모양 및 치수

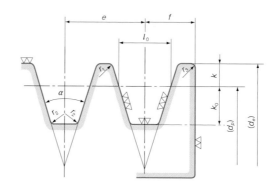

(단위 : [mm])

벨트의 종류	호칭 지름	$\alpha(°)$	l_0	k	k_0	e	f	r_1	r_2	r_3	V 벨트의 두께(참고)
M	50 이상 71 이하 71 초과 90 이하 90 초과	34 36 38	8.0	2.7	6.3	$-(^1)$	9.5	0.2～0.5	0.5～1.0	1～2	5.5
A	71 이상 100 이하 100 초과 125 이하 125 초과	34 36 38	9.2	4.5	8.0	15.0	10.0	0.2～0.5	0.5～1.0	1～2	9
B	125 이상 169 이하 169 초과 200 이하 200 초과	34 36 38	12.5	5.5	9.5	19.0	12.5	0.2～0.5	0.5～1.0	1～2	11
C	200 이상 250 이하 250 초과 315 이하 315 초과	34 36 38	16.9	7.0	12.0	25.5	17.0	0.2～0.5	1.0～1.6	2～3	14
D	355 이상 450 이하 450 초과	36 38	24.6	9.5	15.5	37.0	24.0	0.2～0.5	1.6～2.0	3～4	19
E	500 이상 630 이하 630 초과	36 38	28.7	12.7	19.3	44.5	29.0	0.2～0.5	1.6～2.0	4～5	25.5

주(1) M형은 원칙적으로 한 줄만 걸친다.

▶**표 16.11** V 벨트 풀리 바깥지름 d_e의 허용차

(단위 : [mm])

호칭 지름	바깥지름 d_e의 허용차
75 이상 118 이하	± 0.6
125 이상 300 이하	± 0.8
315 이상 630 이하	± 1.2
710 이상 900 이하	± 1.6

🔒 **예제 4**

회전속도를 1200 [rpm] 으로부터 약 400 [rpm] 으로 떨어뜨리고, 7.5 [PS] 의 송풍기를 운전하는 V 벨트 전동장치를 설계하시오. 단, 원동 V 풀리의 바깥지름은 200 [mm] 정도로 하고, 축간 거리는 70 [mm] 로 한다.

풀이

i) V 벨트의 설계 : 벨트의 속도 $v = \dfrac{\pi D N}{1000 \times 60} = \dfrac{\pi \times 200 \times 1200}{1000 \times 60} = 12.56$ [m/s]

표 16.5에서 B형 벨트를 사용하고

원동 V 풀리의 피치원지름 : $D_{PA} = 200 - (5.5 \times 2) = 189 = 180$ [mm]

원동 V 풀리의 바깥지름 : $D_{OA} = 180 + (5.5 \times 2) = 191$ [mm]

종동 V 풀리의 피치원지름 : $D_{PB} = 180 \times \dfrac{1200}{400} = 540 = 560$ [mm]

종동 V 풀리의 바깥지름 : $D_{OB} = 560 + (5.5 \times 2) = 571$ [mm]

종동 V 풀리의 회전속도 : $N_B = 1200 \times \dfrac{180}{560} = 386$ [rpm]

V 벨트의 길이 L은

$$L = \frac{\pi}{2}(560 + 180) + 2 \times 700 + \frac{(560 - 180)^2}{4 + 700} = 2613.3 \,[\mathrm{mm}]$$

즉 105번 (2667 [mm]) 을 사용한다 (길이의 차이가 이 범위에 있으면 베어링 위치로써 조절할 수 있다).

축간 거리는 571 < 700 < (57+191)을 만족하고 있다.

벨트의 속도를 다시 구해 보면

$$v = \frac{\pi \times 180 \times 1200}{1000 \times 60} = 11.3 \,[\mathrm{m/s}]$$

ii) V벨트의 가닥 수 : 원동풀리의 접촉각 θ는

$$\theta = \pi - \frac{560 - 180}{700} = 2.598 \,\mathrm{rad} = 149°$$

벨트와 V 풀리와의 마찰계수를 $\mu = 0.3$이라 하고 원동 V 풀리의 홈 각도를 $\alpha = 36°$라 하면 유효마찰계수 μ'는

$$\mu' = \frac{0.3}{\sin\dfrac{36}{2} + 0.3\cos\dfrac{36}{2}} = \frac{0.3}{0.309 + 0.3 \times 0.951} = 0.505$$

$$\therefore \; e^{\mu'\theta} = 3.78$$

V 벨트의 허용응력을 $\sigma_a = 1.96$ [MPa], 비중을 $\gamma = 1.2$ [kg$_\mathrm{f}$/cm^3]라 하면, B형 V 벨트의 단면적은 $A = 137.5$ [mm^2]이므로 V 벨트 1개의 전달하중은

$$P = \frac{137.5 \times 11.3}{735.5}\left(1.96 - \frac{1.2 \times 11.3^2}{1000}\right)\left(\frac{3.78 - 1}{3.78}\right) = 2.8 \,[\mathrm{kg_f}]$$

16.4 V 벨트 설계 시의 주의사항

1) 속도비는 1 : 7 정도까지가 좋다.
2) 축간 거리는 일반적으로 다음 범위 내에서 취한다.

   큰 벨트의 지름 < C < 큰 V 풀리의 지름 + 작은 V 풀리의 지름

3) V 벨트 길이의 규격은 허용차가 크므로 여러 개의 벨트를 한 풀리에 사용할 경우는 세트 (set) 로 팔고 있으므로 같은 세트를 사용하는 것이 좋다. 장력들이 고르지 않으면 V 벨트의 수명을 단축시키기 때문이다.

4) $\dfrac{T_t - T_s}{T_t + T_s}$ 가 0.6 이하로 유지되지 않으면 슬립 (slip) 이 크게 된다.

5) V 풀리의 홈은 정확하게 좌우대칭으로 하고, 홈의 중심면은 바퀴의 축선에 직각이 되어야 한다. 홈의 측면의 다듬질은 특히 원활하고 매끈해야 된다.

6) V 벨트는 이음매 없는 원형이므로 벨트를 감고 벗길 때 또는 초기장력을 줄 때, 그리고 사용중에 길이가 늘어날 때에는 축간 거리를 조절할 필요가 있으므로, 베어링 위치는 이동할 수 있도록 하여야 한다.

연습 문제

1. $H_{KW} = 3\,[\text{kW}]$, $N = 1500\,[\text{rpm}]$의 모터로 $N_2 = 250\,[\text{rpm}]$의 펌프를 구동한다. 두 축의 중심거리 $C = 500\,[\text{mm}]$라 하고, 이것에 사용하는 V 벨트 전동장치를 설계하시오.

2. 5 [PS], 1750 [rpm]의 모터에서 V 벨트에 의하여 3000 [rpm]으로 운전하고 있는 플레너가 있다. 축간 거리는 최소 375 [mm]라 할 때, V 벨트의 형과 가닥 수를 구하시오.

3. 모터의 출력 18.39 [kW], 회전속도 = 1150 [rpm], 축간 거리 = 700 [mm] 이내로서 425 [rpm]의 송풍기를 운전하려고 할 때 여기에 맞는 조건의 V 벨트 동력을 설계하시오.

4. V 벨트에 의하여 운전되고 있는 1.47 [kW], 400 [rpm]의 공기압축기가 있다. 모터 쪽의 풀리는 지름 120 [mm], 회전속도 1150 [rpm], 축간 거리는 큰 V 풀리의 지름과 같다고 하면 V 벨트의 형과 가닥 수를 구하시오.

5. 25.74 [kW]의 직물기계가 있다. E형 V 벨트를 사용하여 V 벨트의 속도를 10 [m/s]로 하고 접촉각을 140°로 할 때 벨트의 가닥 수를 구하시오.

6. 원동 V풀리의 지름 125 [mm], 회전속도 900 [rpm]으로 2.2 [kW]의 동력을 전달시키고 있다. 종동 V 풀리의 지름은 375 [mm], 축간 거리를 500 [mm], 마찰계수를 0.3, 부하수정계수를 0.7이라 할 때, B형의 V 벨트가 3 가닥이면 가능한가 계산하시오.

7. 벨트의 속도 $v = 10\,[\text{m/s}]$의 경우 A형 V 벨트 1개의 전달마력을 계산하시오. 단, 접촉각 $\theta = 140°$, 마찰계수 $\mu = 0.3$이라 한다. 또 $v = 30\,[\text{m/s}]$ 일 때 전달마력을 구하시오.

8. V 벨트로 전동시키는 냉동기용 압축기가 있다. 모터 15 [PS], 1750 [rpm], V풀리의 지름 135 [mm], 압축기쪽의 벨트의 회전속도 250 [rpm], 축간 거리 1.2 [m] 라 할 때 벨트의 형식 및 길이, 가닥 수를 구하시오.

해답　**1.** B 형 3가닥,　$L = 2225\,[\mathrm{mm}]$(90번)　**2.** B 형 2개
　　　3. C 형 6개,　$L = 2455\,[\mathrm{mm}]$　　　**4.** C 형 8개
　　　5. 5 가닥　　　　　　　　　　　　**6.** 4 개 필요하다.
　　　7. $v = 10\,[\mathrm{m/s}]$ 에서는 $H = 1.41\,[\mathrm{PS}]$　$v = 30\,[\mathrm{m/s}]$ 에서는 $H = 1.35\,[\mathrm{PS}]$
　　　8. 가닥 수＝8, 길이 $L = 4{,}234\,[\mathrm{mm}]$, 수정 축간 거리 $= 154\,[\mathrm{mm}]$

Chapter 17

로프 전동

17.1 로프 전동의 개요

17.1.1 로프 전동의 구조

평벨트 장치에서 축에 고정된 풀리의 림에 홈이 파져 있는 홈바퀴(시브 풀리)로 로프를 감아서, 림과 홈바퀴 사이의 마찰력에 의하여 축에 운동과 동력을 전달시키는 장치로써 V 벨트장치와 비슷한 전동장치이다.

17.1.2 로프 전동의 장단점

(1) 장 점

1) 큰 동력을 전달할 경우 평벨트나 V 벨트보다 유리하다.
2) 두 축 간의 거리가 먼 경우의 동력전달에 사용되며, 와이어 로프는 50~100 m, 섬유질 로프는 10~30 m 정도에서 사용된다.
3) 로프는 설치 공간이 적으므로 그림 17.1과 같이 1개의 원동풀리에서 몇 개의 종동풀리로 동력을 전달할 때 아주 편리하다. 그리고 전동마력은 로프의 가닥 수를 바꿈으로써 원하는대로 변화시킬 수 있다. 또한 원동축에서 종동축으로 동력을 분배하는 경우에 적합하다.
4) 벨트에 비하여 미끄럼이 적다.
5) 고속운전에 적합하다.
6) 전동경로가 직선이 아닌 경우일 때도 사용이 가능하다.

(2) 단 점

1) 장치가 복잡하게 된다. 즉 벨트와 같이 자유로이 로프를 걸어감고 벗겨 낼 수가 없다.

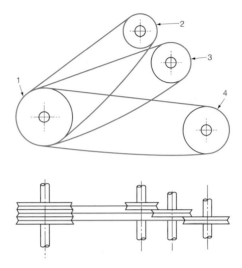

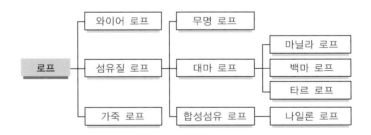

그림 17.1 여러 개의 종동풀리를 구동하는 로프 전동

2) 조정이 어렵고 절단되었을 경우 수리가 곤란하다.

3) 미끄럼이 적으나 전동이 불확실하다.

17.1.3 로프 전동의 종류

로프의 종류에는 와이어 로프와 섬유질 로프가 있고, 섬유질 로프에는 무명
로프와 대마 로프 및 나일론 등의 합성섬유 로프 등이 있다.

```
            ┌─ 와이어 로프      ┌─ 무명 로프
            │                   │                         ┌─ 마닐라 로프
            │                   │                         ├─ 백마 로프
로프 ───────┼─ 섬유질 로프 ─────┼─ 대마 로프 ─────────────┤
            │                   │                         └─ 타르 로프
            │                   │
            └─ 가죽 로프        └─ 합성섬유 로프 ───────── 나일론 로프
```

17.2 와이어 로프

17.2.1 와이어 로프의 개요

와이어 로프는 철 또는 강철의 철사를 꼬아서 만든 것으로, 먼거리에 있는
축의 전동 또는 수하물의 수송에 사용되고 또 체인과 같이 기중기용 또는 지

지용으로도 사용된다. 광산에서의 광석 및 그 밖의 화물수송용 또는 윈치 (winch) 의 드럼 (drum) 용 및 유전의 착정용으로도 널리 사용된다.

기중기의 부하용 로프로, 체인의 경우와 다르게 갑자기 끊어지지 않고 수명을 미리 알 수 있으며, 중하중이 작용하는 곳에도 안심하고 사용할 수 있으므로 널리 사용되고 있다. 전동용으로 와이어 로프는 다른 섬유질 로프 또는 체인보다 같은 무게에 대한 강도가 특히 크다.

17.2.2 와이어 로프의 구성

(1) 와이어 로프의 크기

와이어 로프의 크기는 원둘레와 지름으로 표시한다. 원둘레는 외접원의 원둘레를 말하고 지름도 외접원의 지름을 말한다. 지름의 측정은 로프의 한쪽 끝에서 1.5 [m] 이상 떨어진 임의의 2곳 이상에서 측정하여 그 평균값으로 한다.

그림 17.2는 와이어 로프의 정확한 지름을 측정하는 방법을 도시한다.

와이어 로프는 질이 좋은 강선소재를 열처리하여 몇 번이고 다이스를 통과시켜 필요한 크기로 잡아 늘여서 아연도금을 한 철사를 꼬아서 만든 것이다. 로프의 중심에 대마심을 넣는 것은 로프에 유연성을 주어서 쉽게 굽어지게 하며, 또한 윤활제를 넣어서 철사 사이의 마찰을 감소시켜 내구성을 높인다. 따라서 강도계산과는 무관하다. 지지용 로프와 같이 강도가 중요한 로프에는 대마심을 중심 또는 스트랜드 (strand) 사이에 넣지 않고 철사만을 꼬아 만든다.

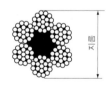

그림 17.2 와이어 로프의 크기 표시

(2) 로프를 꼬는 방법

철사를 몇 가닥 또는 수십 가닥을 적당하게 꼬아서 스트랜드 (strand) 를 만들고, 이 스트랜드를 여러 개 모아 그 중심에 대마심 (hemp core) 을 집어넣는다. 대마심을 스트랜드의 사이에 집어넣을 수도 있고, 모두 적당하게 스핀들 기름을 넣는다.

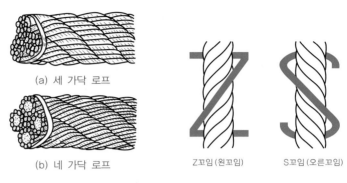

(a) 세 가닥 로프

(b) 네 가닥 로프

그림 17.3 보통꼬임

Z꼬임 (왼꼬임)   S꼬임 (오른꼬임)

그림 17.4 로프꼬임 방법

꼬는 방법에는 **보통꼬임** (ordinary lay) 과 **랭꼬임** (lang's lay) 의 2종류가 있다. 보통꼬임은 스트랜드 꼬임의 방향과 로프를 구성하는 소선을 꼬는 방향이 반대인 꼬임 방법으로 일반적으로 많이 사용된다. 또한 랭꼬임은 스트랜드꼬임의 방향과 소선을 꼬는 방향이 같은 방향으로 꼬는 방법이다. 그리고 보통꼬임과 랭꼬임에는 각각 스트랜드의 꼬는 방법이 오른나사와 같은 방향으로 되어 있는 Z꼬임과 왼쪽나사와 같은 방향으로 되어 있는 S꼬임의 2가지 꼬임 방법이 있다. 일반적으로 취급이 편리한 Z꼬임이 많이 사용된다.

랭꼬임은 소선의 굽어지는 정도가 작아서 경사가 완만하게 로프의 표면에 나타나고, 상호 간의 접촉면이 넓어서, 다른 물체와 마찰할 때에 마모가 한 곳에 집중되지 않으므로 내구성이 우수하고 손상이 덜 생긴다. 또한 유연성도 비교적 크므로 마모가 중요시되는 곳에 많이 사용된다.

와이어 로프는 그 구성에 따라 유연성이 달라진다. 같은 굵기의 와이어 로프라도 구성하는 소선의 수가 많을수록 유연성은 증가한다. 그러나 소선지름이 작을수록 내마모성이 저하한다.

표 17.1은 와이어 로프의 꼬임에 따라 장점과 단점을 나타냈다.

Z 꼬임   S 꼬임   랭 Z 꼬임   랭 S 꼬임

그림 17.5 로프꼬임의 종류

▶표 17.1 와이어 로프의 꼬임 방법과 비교

특징＼꼬임	보 통 꼬 임	랭 꼬 임
외 관	소선과 로프축은 평행이다.	소선과 로프축은 각도를 가진다.
장 점	1. 킹크(kink)를 잘 일으키지 않으므로 취급이 쉽다. 2. 꼬임이 강하기 때문에 모양이 잘 흐트러지지 않는다.	1. 소선은 긴 거리에 걸쳐서 외부와 접촉하므로 로프의 내마모성이 크다. 2. 유연하다.
단 점	소선이 짧은 거리에 걸쳐 외부와 접촉하므로 국부적으로 끊어지기 쉽다.	킹크를 일으키기 쉬우므로 취급에 주의가 필요하다.
용 도	일반용	광산삭도용

비고 킹크는 꼬임이 되돌아가거나 서로 걸려서 엉킴(kink)이 생기는 상태를 말한다.

17.2.3 로프의 규격

표 17.2는 와이어 로프의 규격표이며 표 17.3은 와이어 로프의 각 구분에 따른 조합을 표시한다.

▶표 17.2 와이어 로프의 단면 및 구조(KS D 3514)

호 칭	7개선 6 꼬임	12개선 6 꼬임	19개선 6 꼬임	24개선 6 꼬임
구성기호	6×7	6×12	6×19	6×24
단 면				

호 칭	30개선 6 꼬임	37개선 6 꼬임	61개선 6 꼬임	실형 19개선 6 꼬임
구성기호	6×30	6×37	6×61	6×S(19)
단 면				

호 칭	실형 19개선 6 꼬임 로프심 들어감	워링톤형 19개선 6 꼬임	워링톤형 19개선 6 꼬임 로프심 들어감	필러형 25개선 6 꼬임
구성기호	IWRC 6×S (19)	6×W (19)	IWRC 6×W (19)	6×Fi (25)
단 면				

호 칭	필러형 25개선 6 꼬임 로프심 들어감	워링톤 실형 26개선 6 꼬임	워링톤 실형 26개선 6 꼬임 로프심 들어감	필러형 29개선 6 꼬임
구성기호	IWRC 6×Fi (25)	6×WS (26)	IWRC 6×WS (26)	6×Fi (29)
단 면				

호 칭	필러형 29개선 6 꼬임 로프심 들어감	워링톤 실형 31개선 6 꼬임	워링톤 실형 31개선 6 꼬임 로프심 들어감	워링톤 실형 36개선 6 꼬임
구성기호	IWRC 6×Fi (29)	6×WS (31)	IWRC 6×WS (31)	6×WS (36)
단 면				

호 칭	워링톤 실형 36개선 6 꼬임 로프심 들어감	워링톤 실형 41개선 6 꼬임	워링톤 실형 41개선 6 꼬임 로프심 들어감	세미실형 37개선 6 꼬임
구성기호	IWRC 6×WS (36)	6×WS (41)	IWRC 6×WS (41)	6×SeS (37)
단 면				

호 칭	세미실형 37개선 6 꼬임 로프심 들어감	실형 19개선 8 꼬임	워링톤 형 19개선 8 꼬임	필러형 25개선 8 꼬임
구성기호	IWRC 6×SeS (37)	8×S (19)	8×W (19)	8×Fi (25)
단 면				

호 칭	헤르쿨레스형 7개선 18 꼬임	헤르쿨레스형 7개선 19 꼬임	나플렉스형 7개선 34 꼬임	나플렉스형 7개선 35 꼬임
구성기호	18×7	19×7	34×7	35×7
단 면				

호 칭	플랫형 둥근선 삼각심 7개선 6 꼬임	플랫형 둥근형 삼각심 24개선 6 꼬임		
구성기호	6×F [(3×2+3)+7]	6×F [(3×2+3)+12+12]		
단 면				

▶표 **17.3** 각 구분에 따른 조합

스트랜드의 모양	스트랜드의 층수	스트랜드의 꼬는 방법	스트랜드의 개수	심의 종류	구성 기호	보통 Z꼬임 또는 보통 S꼬임				랭 Z꼬임 또는 랭 S꼬임		
						E종	G종	A종	B종	E종	A종	B종
둥근형	단	교차꼬임	6	섬유심	6 × 7	—	○	—	—	—	○	○
					6 × 12	—	○	—	—	—	—	—
					6 × 19	—	○	○	○	—	—	—
					6 × 24	—	○	○	—	—	—	—
					6 × 30	—	○	—	—	—	—	—
					6 × 37	—	○	○	—	—	—	—
					6 × 61	—	○	○	○	—	○	○
	층	평행꼬임	6	섬유심	6 × S (19)	○	○	○	○	○	○	○
					6 × W (19)	○	○	○	○	○	○	○
					6 × Fi (25)	○	○	○	○	○	○	○
					6 × WS (26)	—	○	○	○	—	○	○
					6 × Fi (29)	—	○	○	○	—	○	○
					6 × WS (31)	—	○	○	○	—	○	○
					6 × WS (36)	—	○	○	○	—	○	○
					6 × WS (41)	—	○	○	○	—	○	○
					6 × SeS (37)	—	○	○	○	—	○	○

				로 프 심	IWRC 6 × S (19)	−	−	○	○	−	○	○
					IWRC 6 × W (19)	−	−	○	○	−	○	○
					IWRC 6 × Fi (25)	−	−	○	○	−	○	○
					IWRC 6 × WS (26)	−	−	○	○	−	○	○
					IWRC 6 × Fi (29)	−	−	○	○	−	○	○
					IWRC 6 × WS (31)	−	−	○	○	−	○	○
					IWRC 6 × WS (36)	−	−	○	○	−	○	○
					IWRC 6 × WS (41)	−	−	○	○	−	○	○
					IWRC 6 × SeS (37)	−	−	○	○	−	○	○
			8	섬 유 심	8 × S (19)	○	○	○	○	○	○	○
					8 × W (19)	○	○	○	○	○	○	○
					8 × Fi (25)	○	○	○	○	○	○	○
	다 층	교 차 꼬 임	18	섬유심	18 × 7	−	○	○	−	−	−	−
				스트랜드심	19 × 7	−	○	○	−	−	−	−
			34	섬유심	34 × 7	−	○	○	−	−	−	−
				스트랜드심	35 × 7	−	○	○	−	−	−	−
플랫형	단층	교차 꼬임	6	섬유심	6 × F [(3×2+3)+7)]	−	−	−	−	−	○	○
					6 × F [(3×2+3)+12+12]	−	−	−	−	−	○	○

비고 둥근형은 둥근 스트랜드 로프라 부른다.

17.2.4 로프를 거는 방법

로프를 거는 방법에는 병렬식(multiple system)과 연속식(continuous system)이 있다(그림 17.6). 병렬식은 2개의 로프풀리 사이에 몇 개의 서로 독립한

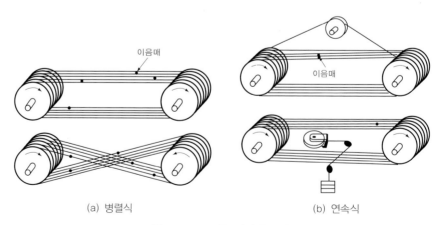

(a) 병렬식   (b) 연속식

그림 17.6 로프를 걸어감는 방식

로프를 거는 방식이다. 각 로프의 장력이 고르지 못하고 이음매에 의한 진동이 크다는 결점이 있으나, 하중이 각 로프에 고르게 작용하며 로프 하나가 절단되더라도 나머지 로프들로 전동이 가능하다는 특징이 있다. 따라서 일반적으로 널리 사용되고 있다.

연속식은 1개의 긴 로프를 2시브에 여러번 감아서 거는 방식이며, 운전 중 진동이 작고 장력의 조절이 쉽다는 특징이 있으나 로프가 한 곳이라도 절단되면 운전이 불가능하다는 결점이 있다.

(1) 와이어 로프의 응력해석

1) 로프와 시브풀리의 림 사이의 마찰력 때문에 로프에 작용하는 인장응력.

2) 로프가 시브풀리의 림에 접촉할 때의 휨작용 때문에 로프에 생기는 굽힘응력.

3) 로프가 어느 속도로 시브풀리의 림을 운동하기 때문에 받은 원심응력 등을 고려하여야 한다. 그러나 3)의 경우는 비교적 작기 때문에 생략하기도 한다. 특히 속도가 낮을 때는 생략된다.

굽힘응력 σ_b 는 로프를 구성하는 철사의 성질과 꼬임 방법, 시브풀리의 지름 등에 의하여 달라진다.

지금 δ 를 철사의 지름, E 를 탄성계수, I 를 단면의 관성 모멘트, Z 를 단면계수라 하고, 이것이 지름 D, 반지름 R 의 원호에 굽어져 있다고 하면 그 때의 굽힘 모멘트 M은

$$M = \frac{EI}{R} = \frac{EZ\delta}{2R}$$

M 에 대한 저항 모멘트는 굽힘 공식에 의하여 $\sigma_b Z$ 와 같다.

$$M = \frac{EZ\delta}{2R} = \sigma_b Z$$

$$\sigma_b = \frac{E\delta}{2R} = \frac{E}{D}\delta \qquad\qquad (17.1)$$

위의 식은 로프를 구성하는 각 소선이 모두 서로 평행한 경우에 적용되며, 실제로는 수정계수 C 를 곱한다.

$$\sigma_b = C\frac{E}{D}\delta \tag{17.2}$$

C의 값은 로프의 재료 및 꼬임 방법 등에 따라서 다르며 Bach는 평균 $\frac{3}{8}$을 취하고 있다. 굽힘응력 σ_b는 다음과 같은 계산식도 있다.

$$\sigma_b = W/n\sqrt{kE_w/T\cdot A}$$

또는
$$\sigma_b = \tan\theta\sqrt{kE_w T/A} \tag{17.3}$$

여기서, k : 로프의 구성에 의한 계수,

$\quad\quad E_w$: 소선의 탄성계수 [N/mm^2＝MPa]

$\quad\quad D$: 시브풀리와 와이어 드럼의 지름 [mm]

$\quad\quad n$: 로프의 가닥 수

$\quad\quad W$: 원호의 중심을 향하여 작용하는 집중하중 [N]

$\quad\quad T$: 로프에 작용하는 장력 [N]

$\quad\quad A$: 로프의 단면적 [mm^2]

$\quad\quad \theta$: 1개의 롤러에 의하여 로프가 굽어지는 각도 (°)

k의 값에 대해서는 0.3~0.5 라는 학설과 0.9~1.0 이라는 학설이 있다.

전자는 로프의 인장탄성계수 E_r를 $E_r = kE_w$라 놓고 로프의 굽힘탄성계수와 로프의 인장탄성계수가 같은 값이라고 생각한 것이고, 후자는 소선의 탄성계수 E_w를 중심으로 생각한 것이다.

① 동력수송에 의한 인장응력

$\quad\quad \delta$: 소선의 지름 [mm]

$\quad\quad n$: 소선의 가닥 수

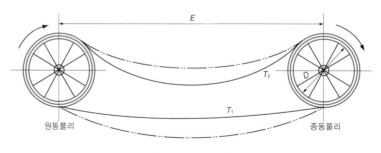

그림 17.7 로프 전동

W : 하중 [N]

σ_0 : 정하중 W에 의한 인장응력 [N/mm^2=MPa]

$$\sigma_0 = \frac{W}{\frac{\pi}{4}\delta^2 n} \tag{17.4}$$

하중이 a [m/s^2]의 가속도로 시동되는 경우에 P_1을 로프에 작용하는 시동장력 [N]이라 하면 가속에 의한 로프의 인장응력의 증가분은 다음 식으로 계산된다.

$$P_1 = \frac{W}{g}a, \quad \sigma_1 = \frac{P_1}{\frac{\pi}{4}\delta^2 n} = \sigma_0 \frac{a}{g} \tag{17.5}$$

시동할 때 와이어 로프가 이완되어 있으면, 이 처진량만큼 당겨질 때 순간적으로 갑자기 하중이 작용하고, 이때 로프에 생기는 장력을 P_2 [N]라 하면

a : 시동할 때 로프의 가속도 [m/s]

e : 정하중 W에 상당하는 로프의 늘어난 양 [mm]

Δ : 와이어 로프의 처진 양 [mm]

σ_2 : 이 때의 인장응력이라 하면

$$\sigma_2 = \frac{P_2}{\frac{\pi}{4}\delta^2 n} = \sigma_0\left(1 + \sqrt{1 + \frac{2a\Delta}{e\,g}}\right) \tag{17.6}$$

다음 표 17.4는 와이어 로프에 생기는 장력의 실험 결과이다.

▶**표 17.4** 로프에 생기는 장력

와이어 로프의 처진량 [mm]	장력계에 나타난 장력 [N] 하중과 그 용기의 중량 [N]		
	16366	28420	50327
0	17963	29939	51352
127	24941	49882	84770
152	39886	54880	104468
305	55762	69874	124754

로프에 작용되는 전인장력을 P라 하고, 철사의 가닥 수를 n이라 하면

$$\sigma_t = \frac{P}{\frac{\pi}{4}\delta^2 n} \tag{17.7}$$

따라서 가장 큰 하중을 받는 철사의 응력 σ는

$$\sigma = \sigma_b + \sigma_t = C\frac{E\delta}{2R} + \frac{P}{\frac{\pi}{4}\delta^2 n} \tag{17.8}$$

$$\therefore \quad P = 0.785\left(\sigma - C\frac{E\delta}{2R}\right)\delta^2 n \tag{17.9}$$

지금 철사의 가닥 수 n과 허용응력 σ와 시브풀리의 반지름 R을 결정하고, 철사의 지름 δ를 여러 가지로 바꾸면 반대로 P를 최대로 하는 δ의 값을 알 수가 있다. 이것은 $\frac{dP}{d\delta}=0$으로 하여 윗 식을 풀면 된다.

$$\sigma\frac{R}{\delta} = \frac{3CE}{4\sigma} \tag{17.10}$$

σ의 허용치는 철사의 지름과 시브풀리의 크기에 따라 결정되어야 한다. 강한 재질은 98 [MPa] 정도이지만, 보통 59~69 [MPa] 정도로 한다.

지금 $\sigma = 69\,[\mathrm{MPa}]$, $E = 196\,[\mathrm{GPa}]$, $C = \frac{3}{8}$이라 하면 $\frac{R}{\delta} = 800$을 얻는다. 이것은 시브풀리의 크기와 로프를 구성하는 철사의 가닥 수가 일정할 때 로프의 최대인장강도는 바퀴의 반지름과 철사의 지름과의 비가 800일 때 생기는 것을 나타낸다.

로프의 굽힘응력은 시브풀리와 철사와의 크기의 비에 따라 달라진다. $\sigma = 69\,[\mathrm{MPa}]$, $E = 196\,[\mathrm{GPa}]$라 하고 $\frac{R}{\delta}$의 여러 값에 대한 σ_b 및 σ_t의 값을 구하면 표 17.5와 같다.

② 원심력 (centrifugal force) 에 의하여 생기는 응력

　　σ_f : 원심력에 의하여 생기는 응력

　　v : 로프의 속도 [m/s] 라 하면

$$\sigma_f = 0.0984\,v^2 \tag{17.11}$$

또는 길이 1 [m]의 로프의 질량을 $w\,[\mathrm{kg}]$라 하면

▶표 **17.5** σ_b와 σ_t의 값

(단위 : [kg$_f$/cm^2])

$\dfrac{R}{\delta}$	굽힘응력 σ_t	인장응력 σ_b	전응력 σ
650	577	123	
700	536	164	
750	500	200	
880	469	231	
850	441	259	700
900	417	283	
950	395	305	
1000	375	325	

$$원심력 \quad F = w \cdot v^2 \, [\text{N}]$$

따라서 이 때의 원심응력 σ_f는 이것을 로프의 단면적 $n\dfrac{\pi}{4}\delta^2$으로 나누어서

$$\sigma_f = \frac{w \cdot v^2}{n \times \dfrac{\pi}{4}\delta^2} = \rho v^2 \, [\text{N/mm}^2 = \text{MPa}] \tag{17.12}$$

표 17.6은 와이어 로프의 크기, 철사의 치수 및 중량, 허용전달력의 예를

▶표 **17.6** 와이어 로프의 크기와 무게

로프의 지름 d[mm]	전달력 P[N]	철사의 지름 δ[mm]	철사의 가닥 수 n	중량 q[kg$_f$/m]	로프의 지름 d[mm]	전달력 P[N]	철사의 지름 δ[mm]	철사의 가닥 수 n	중량 q[kg$_f$/m]
9	490	1.0	36	0.26	18	1764	1.6	48	0.91
10	588	1.0	42	0.31	20	2058	1.8	48	1.15
11	686	1.2	36	0.38	22	2352	1.8	54	1.30
12	833	1.2	42	0.45	24	2640	1.8	60	1.46
13	980	1.4	36	0.51	26	2940	2.0	60	1.80
14	1176	1.4	42	0.61	28	3234	2.0	60	2.00
15	1372	1.4	48	0.70	30	3577	2.0	72	2.20
16	1568	1.6	42	0.79					

참고로 표시한 것이다. 이것은 대마 로프에도 적용되며 $D \geqq 175\,d$ 로 한 것이다.

예를들어 축간 거리 25 [m], 속도 10 [m/s] 로 8 [PS] 를 전달시키는 와이어 로프를 계산하면

$$\text{전달력} \quad P = \frac{735.5 \times H_{PS}}{v} = \frac{735.5 \times 8}{10} \fallingdotseq 588 \,[\mathrm{N}]$$

표에서 $d = 10\,[\mathrm{mm}]$, $\delta = 1.0\,[\mathrm{mm}]$, $n = 42$, $q = 0.31\,[\mathrm{kg_f/m}]$ 의 것을 사용하면 시브풀리의 지름 $D = 175\,d = 175 \times 10 = 1750\,[\mathrm{mm}]$

$$\text{회전속도} \quad N = \frac{60\,v}{\pi D} = \frac{60 \times 10}{\pi \times 1.75} = 110\,[\mathrm{rpm}]$$

$$\sigma_b = \frac{3}{8} \cdot \frac{E\delta}{d} = \frac{3}{8} \times \frac{(196 \times 10^3) \times 1}{1750} \fallingdotseq 42\,[\mathrm{MPa}]$$

$$\sigma_t = \frac{P}{\frac{\pi}{4}\delta^2 n} = \frac{588}{\frac{\pi}{4} \times 1^2 \times 42} \fallingdotseq 17.8\,[\mathrm{MPa}]$$

$$\sigma_f = \frac{q \cdot v^2}{n \times \frac{\pi}{4}\delta^2} = \frac{0.31 \times 10^2}{42 \times \frac{\pi}{4} \times 1^2} = 0.939\,[\mathrm{MPa}]$$

$$\sigma = \sigma_b + \sigma_t + \sigma_f = 42 + 17.8 + 0.939 \fallingdotseq 60.7 = 60.7\,[\mathrm{MPa}]$$

연습문제

1. 그림 17.8과 같이 로프풀리 전동장치에 있어서 $W = 44500$ [N]의 하중을 끌어올릴 때, 로프의 자중을 무시하고 안전율을 5, 풀리의 지름은 로프소선 지름의 300배, 로프의 전동효율을 $\frac{1}{1.10}$ 로 하여 로프의 지름을 구하시오.

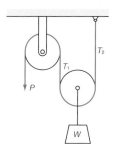

그림 17.8

2. 축간 거리 25 [m], 속도 10 [m/s] 로 8 [PS] 를 전달시키는 로프 및 로프풀리를 설계하시오.

3. 섬유질 로프풀리 전동장치에 의하여 221 [kW], 600 [rpm] 모터에서 300 [rpm]의 방적공장전동축을 운전하려고 한다. 제 1축의 중심거리를 15 [m] 라 하고, 로프의 지름과 가닥 수를 구하시오.

4. 15개의 대마로프로 속도를 20 [m/s] 로 하여 257 [kW] 를 전달시키려고 한다. 접촉각은 565°, 홈의 각도를 40°라 하여 로프의 크기를 결정하시오.

5. 7.36 [kW], 250 [rpm] 의 모터를 지름 800 [mm] 의 시브 휠로써 같은 회전속도의 다른 축에 전달시키려고 한다. 19×6 의 와이어 로프를 사용하고 설계하시오.

6. 증기기관의 플라이휠은 지름이 4.5 [m] 이고 90 [rpm] 이다. 24개의 섬유질

로프로 550 [kW] 를 지름 2.2 [m] 의 시브 휠을 가지고 있는 축에 전달시키려고 한다. 홈의 각도 40°, 중심거리 18 [m] 로 하여 로프의 크기를 결정하시오.

7. 6개의 25 [mm] 의 섬유질 로프로써 110 [kW], 156 [rpm] 의 동력을 지름 1.5 [m] 의 시브 휠에서 지름 1 [m] 의 시브 휠에 전달하려고 한다. 중심거리는 20 [m] 이다. 홈의 각도가 45°의 경우에 홈의 벽면과 로프 사이의 마찰계수와 긴장측, 이완측의 장력을 구하시오. 그리고 이 때의 로프의 두 풀리에 대한 절점이 수평선 위에 있다고 하여 필요한 초장력 $T_D = \dfrac{T_1 + T_2}{2}$ 를 로프에 의하여 주려고 할 때 부하량을 계산하시오.

해답　**1.** $d = 47 \, [\mathrm{mm}]$

　　2. 전달력 $P = 588 \,[\mathrm{N}]$, 응력 $\sigma = 50.7 \,[\mathrm{MPa}]$, $T_0 = 1320 \,[\mathrm{N}]$,
　　　　부하량 $\delta = 180 \,[\mathrm{mm}]$

　　3. $d = 26 \,[\mathrm{mm}]$ (백마 1종), $n = 11$

Chapter 18

체인 전동

18.1 체인 전동

18.1.1 체인 전동의 정의와 종류

벨트와 로프 전동은 마찰력에 의한 전동이지만 체인 전동은 체인을 스프로 킷 휠(sprocket wheel)에 걸어서 체인과 휠의 이가 서로 물리는 힘으로 동력을 전달시킨다.

주로 축간 거리가 짧고 기어 전동이 불가능한 경우에 전동용으로 사용된다.

체인은 형식상 다음과 같이 크게 나눈다.

1) 코일 체인(coil chain)
2) 디태쳐블 체인(detachable chain)
3) 폐절 체인(closed joint chain)
4) 블록 체인(block chain)
5) 롤러 체인(roller chain)
6) 사일런트 체인(silent chain)

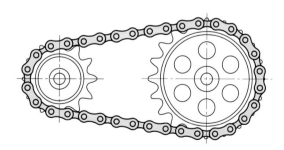

그림 18.1 체인 전동

18.1.2 체인 전동의 특성

1) 미끄럼이 없는 일정한 속도비가 얻어진다.
2) 초기장력을 줄 필요가 없으므로 정지 시에 장력이 작용하지 않고 베어링에도 하중이 가해지지 않는다.
3) 접촉각은 90° 이상이면 좋다.
4) 체인은 길이를 조절할 수 있고 다축 전동이 용이하다.
5) 내열, 내유, 내습성이 강하다.
6) 큰 동력을 전달할 수 있고, 그 효율도 95 [%] 이상이며 비교적 구조가 간단하다.
7) 체인은 탄성 등에 의하여 어느 정도 충격하중을 흡수할 수 있다.
8) 유지 및 수리가 용이하다.
9) 수명이 길다.
10) 마모가 생긴 경우에도 효율은 거의 저하하지 않는다.
11) 여러 축을 동시에 구동할 수 있다.

▶표 18.1 체인의 종류

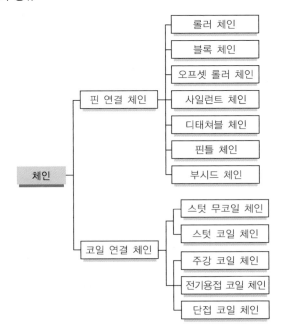

12) 마모된 상태에서 진동과 소음이 생기기 쉽다. 따라서 고속회전에는 부
  적당하고, 그 회전각의 전달정확도도 좋지 않다.

13) 윤활이 필요하다.

체인에는 여러 가지 종류가 있으나 대체로 전동용 체인(power chain), 하
물수송용 체인(chain for hoisting), 운반용 체인의 3가지로 나눌 수 있다.

18.2 전동용 체인

전동용 체인에는 블록 체인(block chain), 롤러 체인(roller chain), 사일런
트 체인(silent chain) 등 3가지가 있으며, 롤러 체인과 사일런트 체인이 많이
사용된다.

18.2.1 블록 체인

그림 18.4와 같은 안경모양의 블록과 판(plate)과의 링크를 핀(pin)으로
연결한 체인으로 모두 강철로 만들고, 핀은 판 링크(plate link)에 고정되어
있으며 양끝은 빠지지 않도록 고정되어 있다. 4∼4.5 [m/s] 이하의 저속도의
전달에 적당하며, 비교적 값이 싸다. 마찰 부분이 많아서, 경하중에는 적합하
지만 중하중에는 적합하지 않다. 그림 18.3은 블록 체인의 실물이다.

스프로킷 휠은 큰 지름의 것은 주철로 만들고, 림(rim)은 강철로, 보스는
주철을 조합하여 만든다. 잇수는 15개 이상으로 하며, 15개 이하는 사용하지
않는 것이 좋다. 치형은 그림 18.4와 같으며 블록 체인은 많이 사용하지 않는다.

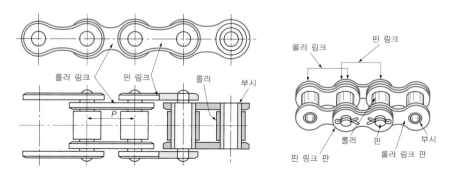

그림 18.2 롤러 체인의 단면

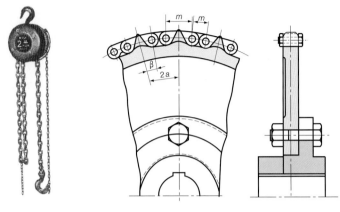

그림 18.3 블록 체인   그림 18.4 블록 체인의 스프로킷 휠

18.2.2 롤러 체인

(1) 롤러 체인의 구조

전동용 롤러 체인의 구조는 그림 18.2,5와 같이 핀 (pin), 링크 (link), 부시 (bush), 롤러 (roller) 등의 조합으로 구성되어 있다. 부시는 링크의 간격을 일정하게 유지하기 위하여 집어넣은 것이며, 부시의 구멍에 핀을 관통시키므로 축부시와 핀은 축과 베어링의 관계와 같다. 체인의 굽힘성은 핀과 부시 사이의 회전으로 얻어지고, 전동하중은 핀, 부시 사이의 면압으로써 전달된다. 롤러는 부시의 바깥쪽에서 회전한다.

롤러 링크는 롤러를 끼운 부시의 양끝에서 2장의 롤러 링크 판에 고정되어 있다. 부시의 속을 관통시킨 핀의 양끝을 2개의 핀 링크 판으로 고정하여 연결해서 핀 링크로 하고, 이와 같은 모양으로 차례로 연결한다. 링크의 수가 짝수일 경우는 이음 링크가 그대로 핀 링크로 되므로 쉽게 이을 수 있으나, 링크의 수가 홀수일 경우에는 이음매의 부분이 한쪽은 롤러 링크, 다른쪽은 핀 링크로 되어 링크 플레이트의 간격도 다르다.

이때는 양쪽 판이 평행으로 되어 이음 링크로 이을 수 없는 경우 오프셋 링크 (offset link) 로 잇는다.

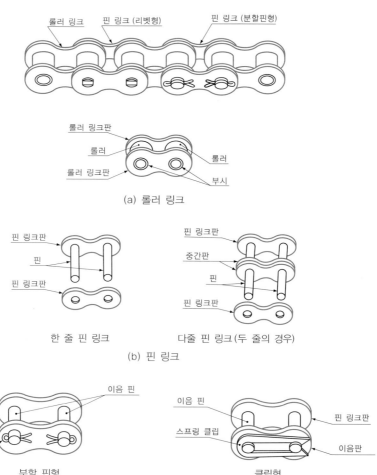

(a) 롤러 링크

한 줄 핀 링크   다줄 핀 링크(두 줄의 경우)

(b) 핀 링크

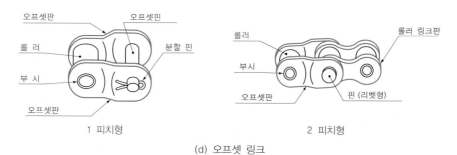

분할 핀형   클립형

(c) 이음 링크

1 피치형   2 피치형

(d) 오프셋 링크

그림 18.5 롤러 체인의 구성 및 각부 명칭

(2) 롤러 체인의 규격

전동용 롤러 체인은 KS B 1407에 규정되어 있으며, 롤러 체인의 모양은 그림 18.6에, 치수는 표 18.2와 표 18.3에 나타낸다.

롤러 체인의 항장력, 즉 절단하중은 재질, 제조법에 따라 다르지만 다음과 같이 경험적으로 계산한다.

절단하중을 P_B (N), D를 핀의 지름이라 하면

$$P_B = 705D^2 - 3120 \,[\text{N}] \tag{18.1}$$

체인 통로 깊이 h_1은 결합된 체인이 통과할 통로(channel)의 깊이이다.

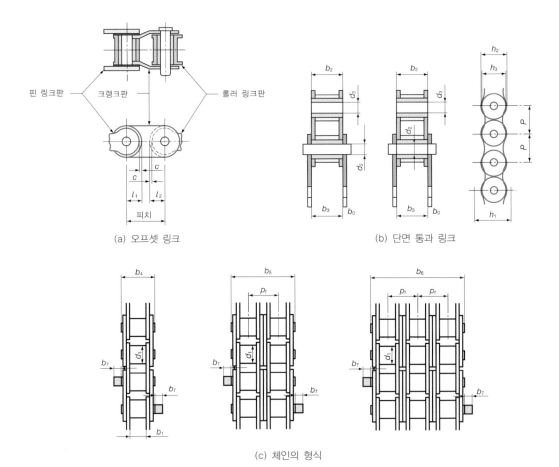

(a) 오프셋 링크

(b) 단면 통과 링크

(c) 체인의 형식

그림 18.6 롤러 체인의 모양

체결 요소를 가진 체인의 전체 나비는 핀 길이 b_4, b_5 또는 b_6, b_7을 더한 것과 같다. 양쪽 면에 체결 부분이 있는 경우는 $+2b_7$이다.

세 줄을 초과하는 체인의 나비는 $b_4 + p_t$(체인의 줄 수 -1)로 구한다.

18.3 체인의 기본설계

18.3.1 체인의 길이

체인의 길이는 링크의 남은 수가 허용되지 않으므로, 한 쌍의 스프로킷 휠에 필요한 체인의 길이는 링크의 수에 피치 p를 곱해서 얻어진다. 따라서 양 풀리의 중심거리는 조정이 가능하도록 설계하는 것이 좋다. 또한 전 길이는 가능한 피치의 짝수배로 하는 것이 좋으며, 홀수배로 하면 오프셋 링크 1개를 사용해야 된다. 체인 링크의 수 L_n은 벨트의 길이를 구하는 계산식과 같은 근사식으로 계산된다.

$$L = 2\,C + \frac{\pi}{2}(D_1 + D_2) + \frac{(D_2 - D_1)^2}{4\,C}$$

$Z_1 = \dfrac{\pi D_1}{p}$, $Z_2 = \dfrac{\pi D_2}{p}$ 이므로 $D_1 = \dfrac{p\,Z_1}{\pi}$, $D_2 = \dfrac{p\,Z_2}{\pi}$ 를 윗 식에 대입하면 다음 식이 얻어진다.

$$L = 2\,C + \frac{(Z_1 + Z_2)p}{2} + \frac{(Z_2 - Z_1)^2 p^2}{4\,C\pi^2} \tag{18.2}$$

링크의 수 L_n은

$$L_n = \frac{L}{p} = \frac{2\,C}{p} + \frac{Z_1 + Z_2}{2} + \frac{(Z_2 - Z_1)^2 p}{4\,C\pi^2}$$

$$= \frac{2\,C}{p} + \frac{1}{2}(Z_1 + Z_2) + \frac{0.0257\,p\,(Z_2 - Z_1)^2}{C} \tag{18.3}$$

여기서, Z_1, Z_2 : 대소 스프로킷 휠의 잇수 , p : 체인의 피치, C : 축간 거리이다.

▲표 18.2 A계 롤러 체인의 치수

(단위 : [mm])

호칭 번호 1종	2종	피치 p (기준값)	롤러 바깥 지름 d₁ (최대)	롤러 링크 안 나비 b₁ (최소)	롤러 링크 바깥 나비 b₂ (최대)	핀 링크 안 나비 b₃ (최소)	핀 바깥 지름 d₂ (최대)	부시 안 지름 d₃ (최소)	핀 길이 1줄 b₄ (최대)	핀 길이 2줄 b₅ (최대)	핀 길이 3줄 b₆ (최대)	핀 길이 b_c (최대)	체인 통로 값이 h₁ (최소)	롤러 링크판 높이 h₂ (최대)	핀 링크판 높이 h₃ (최대)	오프셋 링크 l₁ (최소)	l₂ (최소)	C (최소)	체결을 위한 추가 나비 b_r (최대)	횡단 피 P_t (다줄의 경우) (기준값)	판의 두께 b₀ (참고)
25	04C	6.35	3.3	3.1	4.8	4.86	2.31	2.33	9.1	15.5	21.8	7.1	6.27	6.02	5.21	2.64	3.06	0.08	2.5	6.4	0.75
35	06C	9.525	5.08	4.68	7.47	7.52	3.59	3.61	13.2	23.4	33.5	9.9	9.30	9.05	7.80	3.96	4.60	0.08	3.3	10.1	1.25
41	085	12.7	7.77	6.25	9.07	9.12	3.58	3.63	14	–	–	9	10.17	9.91	9.91	5.28	6.1	0.08	2	–	1.25
40	08A	12.7	7.92	7.85	11.18	11.23	3.98	4	17.8	32.3	46.7	12.8	12.33	12.07	10.41	5.28	6.1	0.08	3.9	14.4	1.5
50	10A	15.875	10.16	9.4	13.84	13.89	5.09	5.12	21.8	39.3	57.9	15	15.35	15.09	13.04	6.6	7.62	0.1	4.1	18.1	2
60	12A	19.05	11.91	12.57	17.75	17.81	5.96	5.98	26.9	49.8	72.6	18.1	18.34	18.08	15.62	7.9	9.14	0.1	4.6	22.8	2.4
80	16A	25.4	15.88	15.75	22.61	22.66	7.94	7.96	33.5	62.7	91.9	22.2	24.39	24.13	20.83	10.54	12.19	0.13	5.4	29.3	3.2
100	20A	31.75	19.05	18.9	27.46	27.51	9.54	9.56	41.1	77	113	26.7	30.48	30.18	26.04	13.16	15.24	0.15	6.1	35.8	4
120	24A	38.1	22.23	25.22	35.46	35.51	11.11	11.14	50.8	96.3	141.7	32	36.55	36.2	31.24	15.8	18.26	0.18	6.6	45.4	4.8
140	28A	44.45	25.4	25.22	37.19	37.24	12.71	12.74	54.9	103.6	152.4	34.9	42.67	42.24	36.45	18.42	21.31	0.2	7.4	48.9	5.6
160	32A	50.8	28.58	31.55	45.21	45.26	14.29	14.31	65.5	124.2	182.9	40.7	48.74	48.26	41.66	21.03	24.33	0.2	7.9	58.5	6.4
180	36A	57.15	35.71	35.48	50.85	50.98	17.46	17.49	73.9	140	206	46.1	54.86	54.31	46.86	23.65	27.36	0.2	9.1	65.8	7.1
200	40A	63.5	39.68	37.85	54.89	54.94	19.85	19.87	80.3	151.9	223.5	50.4	60.93	60.33	52.07	26.24	30.35	0.2	10.2	71.6	8
240	48A	76.2	47.63	47.35	67.82	67.87	23.81	23.84	95.5	183.4	271.3	58.3	73.13	72.39	62.48	31.4	36.4	0.2	10.5	87.8	9.5

▲ 표 18.3 B계 롤러 체인의 치수

(단위 : [mm])

호칭 번호	피치 p (기준값)	롤러 바깥 지름 d_1 (최대) (기준값)	롤러 링크 안 나비 b_1 (최소)	롤러 링크 바깥 나비 b_2 (최대)	핀 링크 안 나비 b_3 (최소)	핀 바깥 지름 d_2 (최대)	부시 안 지름 d_3 (최소)	핀 길이 b_4^* (최대)	핀 길이 b_5 (최대)	핀 길이 b_6 (최대)	핀 길이 b_c (최대)	체인 통로 깊이 h_1 (최소)	롤러 링크판 높이 h_2 (최대)	핀 링크판 높이 h_3 (최대)	오프셋 링크 l_1 (최소)	오프셋 링크 l_2 (최소)	오프셋 링크 C (최소)	체결을 위한 추가 나비 b_t (최대)	홑단 핀 P_t (다줄인 경우) (기준값)	핀 링크판 나비 (최고)	롤러 링크판 b_0 (최고)
0.5B	8	5	3	4.77	4.9	2.31	2.36	8.6	14.3	19.9	7.4	7.37	7.11	7.11	3.71	3.71	0.08	3.1	5.64	0.75	0.75
0.6B	9.525	6.35	5.72	8.53	8.66	3.28	3.33	13.5	23.8	34	10.1	8.52	8.26	8.26	4.32	4.32	0.08	3.31	10.24	1	1.3
081	12.7	7.75	3.3	5.8	5.93	3.66	3.68	10.2	—	—	6.6	10.17	9.91	9.91	5.36	5.36	0.08	1.51	—	1	1
083	12.7	7.75	4.88	7.9	8.03	4.09	4.14	12.9	—	—	8	10.56	10.3	10.3	5.36	5.36	0.08	1.51	—	1.3	1.3
084	12.7	7.75	4.88	8.8	8.93	4.09	4.14	14.8	—	—	8.9	11.41	11.15	11.15	5.77	5.77	0.08	1.51	—	1.5	1.9
08B	12.7	8.51	7.75	11.3	11.43	4.45	4.5	17	31	44.9	12.4	12.07	11.81	10.92	5.66	6.12	0.08	3.91	13.92	1.5	1.5
10B	15.875	10.16	9.65	13.28	13.41	5.08	5.13	19.6	36.2	52.8	13.9	14.99	14.73	13.72	7.11	7.62	0.1	4.11	16.59	1.5	1.5
12B	19.05	12.07	11.68	15.62	15.75	5.72	5.77	22.7	42.2	61.7	16	16.39	16.13	16.13	8.33	8.33	0.1	4.61	19.46	1.7	1.8
16B	25.4	15.88	17.02	25.45	25.58	8.28	8.33	36.1	68	99.9	23.5	21.34	21.08	21.08	11.15	11.15	0.13	5.41	31.88	3.2	4
20B	31.75	19.05	19.56	29.01	29.14	10.19	10.24	43.2	79.7	116.1	27.7	26.68	26.42	26.42	13.89	13.89	0.15	6.11	36.45	3.5	4.5
24B	38.1	25.4	25.4	37.92	38.05	14.63	14.68	53.4	101.8	150.2	33.3	33.73	33.4	33.4	17.55	17.55	0.18	6.61	48.36	5.2	6
28B	44.45	27.94	30.99	46.58	46.71	15.9	15.95	65.1	124.7	184.3	40	37.46	37.08	37.08	19.51	19.51	0.2	7.41	59.56	6.3	7.5
32B	50.8	29.21	30.99	45.57	45.7	17.81	17.86	67.4	126	184.5	41.6	42.72	42.29	42.29	22.2	22.2	0.2	7.9	58.55	6.3	7
40B	63.5	39.37	38.1	55.75	55.88	22.89	22.94	82.6	154.9	227.2	51.5	53.49	52.96	52.96	27.76	27.76	0.2	10.2	72.29	8	8.5
48B	76.2	48.26	45.72	70.56	70.69	29.24	29.29	99.1	190.4	281.6	60.1	64.52	63.88	63.88	33.45	33.45	0.2	10.5	91.21	10	12.1
56B	88.9	53.98	53.34	81.33	81.46	34.32	34.37	114.6	221.2	—	69	78.64	77.85	77.85	40.61	40.61	0.2	11.7	106.6	12.3	13.6
64B	101.6	63.5	60.96	92.02	92.15	39.4	39.45	130.9	250.8	—	78.5	91.08	90.17	90.17	47.07	47.07	0.2	13	119.89	13.6	15.2
72B	114.3	72.39	68.58	103.81	103.94	44.48	44.53	147.4	283.7	—	88	104.67	103.63	103.63	53.37	53.37	0.2	14.3	136.27	15.7	17.4

주*) 다줄 롤러 체인의 핀 길이는 $b_4 + p_t \times$ (체인의 줄 수−1)로 구한다.

L_n은 링크의 수이므로 소수점 이하는 반올림한다. 또 짝수가 되도록 올리면 오프셋 링크를 사용하지 않게 된다. 길이를 [mm]로 표시하면

$$L_p = L_n \cdot p \ [\text{mm}] \tag{18.4}$$

중심거리 C는 다음 범위가 적당하다.

$$C = (40 \sim 50)\,p \tag{18.5}$$

그러나 중심거리의 최소거리는

$$C_{\min} = 30\,p$$

또는

$$큰 \ 스프로킷 \ 휠의 \ 피치원 \ 지름 + \frac{작은 \ 스프로킷 \ 휠의 \ 피치원 \ 지름}{2} \tag{18.6}$$

중심거리의 최대거리 $C_{\max}$는

$$C_{\max} = 80\,p \quad 또는 \quad C_{\max} = 4.6\,[\text{m}] \tag{18.7}$$

양풀리의 회전비는 5 : 1 정도까지가 적당하며 최대 7 : 1이다.

18.3.2 속도

속도 v는 5 [m/s] 이하로써 2~5 [m/s] 가 가장 적당하다.

$$v = \frac{\pi DN}{1000 \times 60} = 0.0000524\,DN = \frac{pZN}{60000}\ [\text{m/s}] \tag{18.8}$$

$$(\pi D \fallingdotseq pZ)$$

단, D : 스프로킷 휠 피치원의 지름 [mm]

N : 스프로킷 휠의 회전속도 [rpm]

p : 체인의 피치 [mm]

Z : 스프로킷 휠의 잇수

스프로킷 휠의 잇수 Z는 많을수록 체인에 충격을 작게 주며, 체인의 피치 p도 작을수록 원활한 운전을 할 수 있으므로 체인의 최대 가능속도를 다음과

같이 제한한다.

$$\text{최대 가능속도} \quad v_{w\,\max} = \frac{2Z}{\sqrt{p}} \; [\text{m/s}] \tag{18.9}$$

단, Z : 작은 스프로킷 휠의 잇수, p : 체인의 피치 [mm]
그리고 롤러 체인의 피치 p 는

$$p = \left(\frac{115000}{N}\right)^{\frac{2}{3}} \; [\text{mm}] \tag{18.10}$$

18.3.3 속도의 변동률

롤러 체인이나 사일런트 체인의 경우 체인의 속도 v 는 체인의 피치를 p, 스프로킷 휠의 회전속도를 N, 잇수를 Z 라 하면, 스프로킷 휠 1회전마다 Z 개의 링크가 송출되므로 $v = NpZ$ 이다. 그러나 실제로 이것은 체인의 평균속도이며, 체인이 스프로킷 휠에 걸려 있는 상태에서 링크 판은 굽혀지지 않으므로 그림 18.7과 같이 정다각형의 바퀴에 벨트를 감은 것과 같은 형태가 되므로 스프로킷 휠이 일정한 각속도로 회전하면 체인은 빨라지기도 하고 늦어지기도 한다. 즉 체인의 속도 v 는 그림 18.7 (a)의 경우가 가장 빠르고, 그림 (b)의 경우가 가장 늦다. 지금 피치원의 지름을 D_p 라 하면

$$R_{\max} = \frac{D_p}{2}, \quad R_{\min} = \frac{D_p}{2} \cdot \cos\frac{\pi}{Z}$$

이므로 스프로킷 휠의 각속도를 ω 라 하면

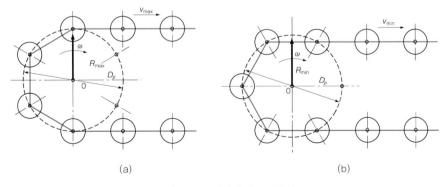

(a)   (b)

그림 18.7 체인의 속도변동률

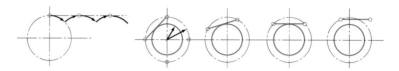

그림 18.8 체인의 파상운동

$$v_{\max} = R_{\max} \cdot \omega = \frac{D_p}{2} \cdot \omega \\ v_{\min} = R_{\min} \cdot \omega = \left(\frac{D_p}{2} \cos \frac{\pi}{Z} \right) \omega \Bigg\}$$ (18.11)

로 되어 ω 가 일정한 경우에 체인의 속도는 $v_{\max}$ 와 $v_{\min}$ 과의 사이에서 끊김없이 주기적으로 변화한다. 즉 그림 18.8에서와 같이 그 운동의 모양은 파도 모양이다.

지금 속도의 변동률을 λ 라 하면

$$\lambda = \frac{(v_{\max} - v_{\min})}{v_{\max}}$$ (18.12)

$$\lambda = \frac{D - D\cos(\pi/Z)}{D} = 1 - \cos(\pi/Z) \fallingdotseq \frac{\pi^2}{2Z^2}$$ (18.13)

또

$$\frac{p}{D} = \sin \frac{\pi}{Z} \fallingdotseq \frac{\pi}{Z}$$

$$\lambda = \frac{p^2}{2D^2}$$ (18.14)

체인의 속도는 이와 같이 변화가 있으므로 장력에도 변동이 생기고 따라서 소음과 진동의 원인이 된다. 이 변동률 λ 를 가능한 작게 하려면 잇수 Z 또는 스프로킷 휠의 피치원 지름 D 를 크게 하거나, 피치 p 를 작게 하면 된다. 또한 피치가 작은 체인은 무게도 작으므로 원심력도 작게 되어 피치가 큰 체인보다 고속운전을 할 수 있다. $\lambda - Z$ 선도를 그림 18.9 에 나타낸다.

잇수가 15 이하이면 λ 가 증가한다.

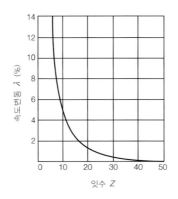

그림 18.9 체인의 $\lambda - Z$ 선도

18.3.4 롤러 체인의 전동마력

체인의 평균속도를 $v\,[\text{m/s}]$, 체인의 긴장측의 장력(스프로킷 휠의 피치원에 있어서 회전력)을 $T_a\,[\text{N}]$라 하면, 전달동력은 다음 식과 같다.

$$H_{PS} = \frac{T_a \cdot v}{735.5}\;[\text{PS}], \qquad H_{\text{kW}} = \frac{T_a \cdot v}{1000}\;[\text{kW}] \tag{18.15}$$

허용장력은 파단하중으로 설정한다. 이때 안전계수 S는 3 이상으로 하고, 보통의 운전상태에서는 $7 \sim 10$이다.

$$T_a = \frac{T_B \cdot i}{f \cdot S} \tag{18.16}$$

또
$$T_a = i\frac{2.5\,p^2}{f\,(v+3)} \tag{18.17}$$

단, 원심력은 무시한다.

또 표 18.4 의 과부하수정계수 f 를 곱하여 보정할 필요가 있다. 다열체인의 경우에는 단열의 전동능력을 열의 수만큼 곱하고 붙이기오차 등을 고려하여 **다열계수** i 를 곱한다. 표 18.5는 다열계수표를 표시한 것이며, 전동마력을 계산하는 경우 체인 메이커의 카탈로그를 참조하는 것이 좋다.

▶표 18.4 사용계수 (f)

	부하의 특징		1일 사용 시간			
			10시간	24시간	10시간	24시간
전동조건	보통의 전동	원심펌프, 송풍기, 일반 수송 장치 등 부하가 균일한 것	1.0	1.2	1.4	1.7
	충격을 동반하는 전동	다통펌프, 압축기, 공작기계 등 부하 변동이 중간쯤 되는 것	1.2	1.4	1.7	2.0
	큰 충격을 동반하는 전동	프레스, 분쇄기, 토목 및 광산 기계 등 부하 변동이 심한 것	1.4	1.7	2.0	2.4
	원동기의 종류		전동기, 터빈엔진		디젤엔진, 단통엔진	

▶표 18.5 다열계수 (i)

체인의 열수	수정 계수
2	1.7
3	2.5
4	3.3
5	3.9
6	4.6

18.3.5 롤러 체인의 전동마력표

표 18.6은 마모에 의한 체인의 수명을 고려한 각 체인의 치수와 사용 잇수에 대한 전동마력수를 표시한 것이다. 체인을 선정할 때 롤러의 충격파괴와 관련된 체인의 피치, 스프로킷 휠의 잇수 및 회전속도를 고려한다. 즉 피치가 작은 것은 링크의 자중이 작아져서 고속회전에 사용할 수 있으나 가격이 비싼 단점이 있다. 일반적으로 저속운전에 사용하는 경우 체인의 크기를 넓은 범위에 걸쳐 선택할 수 있으며, 경제적인 면을 고려하면 각 체인에 허용되는 최고 회전속도 이하에서 되도록 피치가 큰 체인을 선택하는 것이 좋다. 불필요하게 작은 피치의 체인을 사용해서 스프로킷 휠의 잇수를 많게 하거나 다열체인을 사용하는 것은 비경제적이다.

체인의 각 크기에 따른 전동마력수는 정상적인 부하전동 조건에서 하루 동안의 사용 시간을 10시간을 기준으로 하여 작성한 것이며, 1일 사용 시간이 10시간 이상이거나 또한 충격을 수반하는 전동과 같이 변동하중이 있는 전동에서는 마모에 의해 체인의 수명이 단축된다. 그러므로 체인의 수명을 일정하게 유지하기 위해서는 사용 시간과 부하의 특성에 의한 계수를 필요한 전동마력에 곱하고, 그 수정마력에 의하여 사용 회전속도에 대한 체인의 크기와 작은 스프로킷 휠의 잇수를 선택하여야 한다. 따라서 표 18.4 와 같은 사용계수표를 사용하는 것이 좋다.

　　표 18.7 은 롤러 체인 전동의 경우 반복충격에 의한 피로 파괴 방지를 고려하여 결정한 각 치수에 대한 허용최고 회전속도를 표시한다. 체인의 각 치수와 잇수에 대하여 회전속도 이하로 사용하면 롤러 체인은 양호한 성능을 발

▶표 18.6 단열체인의 전달마력

(a) 호칭번호 40 (피치 12.7 [mm])　　　　　　　　　　　　　　　　　　　(단위 : [PS])

작은 스프로킷 휠의 잇수	최고 회전속도 [rpm]	작은 스프로킷 휠의 회전속도 [rpm]																			
		50	100	200	300	400	500	600	700	800	900	1000	1200	1400	1600	1800	2000	2200	2600	3000	3600
13	2180	0.2	0.5	0.8	1.2	1.5	1.8	2.0	2.2	2.4	2.6	2.8	3.1	3.3	3.5	3.6	3.7				
14	2380	0.3	0.5	0.9	1.3	1.6	1.9	2.2	2.5	2.7	2.9	3.1	3.4	3.7	3.9	4.1	4.2	4.3			
15	2560	0.3	0.5	1.0	1.4	1.8	2.1	2.4	2.7	2.9	3.2	3.4	3.8	4.1	4.3	4.5	4.7	4.8			
16	2720	0.3	0.6	1.1	1.5	1.9	2.3	2.6	2.9	3.2	3.4	3.7	4.1	4.4	4.7	5.0	5.1	5.2	5.4		
17	2860	0.3	0.6	1.1	1.6	2.0	2.4	2.8	3.1	3.4	3.7	4.0	4.4	4.8	5.1	5.4	5.6	5.7	5.9		
18	2980	0.3	0.6	1.2	1.7	2.2	2.6	2.9	3.3	3.6	3.9	4.2	4.7	5.1	5.5	5.8	6.0	6.2	6.3		
19	3080	0.4	0.7	1.3	1.8	2.3	2.7	3.1	3.5	3.9	4.2	4.5	5.0	5.5	5.9	6.2	6.4	6.6	6.7	6.8	
20	3160	0.4	0.7	1.3	1.9	2.4	2.9	3.3	3.7	4.1	4.4	4.7	5.3	5.8	6.2	6.5	6.8	7.0	7.2	7.2	
21	3230	0.4	0.8	1.4	2.0	2.5	3.0	3.5	3.9	4.3	4.6	5.0	5.6	6.1	6.5	6.9	7.1	7.4	7.6	7.6	
22	3290	0.4	0.8	1.5	2.1	2.6	3.2	3.6	4.1	4.5	4.9	5.2	5.8	6.4	6.8	7.2	7.5	7.7	8.0	8.0	
24	3360	0.5	0.9	1.6	2.3	2.9	3.4	4.0	4.4	4.9	5.3	5.7	6.4	6.9	7.4	7.8	8.1	8.4	8.6	8.7	8.4
26	3380	0.5	0.9	1.7	2.5	3.1	3.7	4.3	4.8	5.2	5.7	6.1	6.8	7.4	8.0	8.4	8.7	8.9	9.2	9.2	8.8
30	3370	0.6	1.1	2.0	2.8	3.6	4.2	4.9	5.4	6.0	6.5	6.9	7.8	8.4	8.9	9.4	9.7	10.0	10.2	10.1	9.2
32	3310	0.6	1.1	2.1	3.0	3.8	4.5	5.1	5.7	6.3	6.8	7.3	8.1	8.8	9.3	9.9	10.1	10.3	10.5	10.4	
35	3220	0.7	1.2	2.3	3.2	4.1	4.9	5.6	6.2	6.8	7.4	7.9	8.7	9.4	10.0	10.4	10.7	10.9	11.0	10.6	
40	2970	0.7	1.4	2.6	3.7	4.6	5.4	6.2	6.9	7.6	8.2	8.7	9.6	10.3	10.9	11.2	11.5	11.6	11.5		

윤활형식 (모빌유)	I { 1분간에 4~10방울 정도 적하주유를 하거나 때로는 흘러 지나가게 한다.	II { 기름에 새지 않는 케이싱 속에 1분간 20방울 이상의 적하주유를 하거나, 간단한 유조 속을 지나게 한다.	III { 유조 속을 지나가든가, 기름이 계속 흘러 지나가게 하거나, 강제 주유한다.

(b) 호칭번호 160 (피치 50.8 [mm]) (단위 : [PS])

작은 스프로킷휠의 잇수	최고회전속도 [rpm]	작은 스프로킷 휠의 회전속도 [rpm]																		
		10	20	40	60	80	100	120	140	160	180	200	220	240	260	280	300	320	340	360	400
13	260	3.2	6.0	11.1	15.7	19.9	23.7	27.2	30.5	33.6	36.4	39.0	41.4	63.6							
14	280	3.4	6.5	12.1	17.2	21.8	25.9	29.9	33.5	37.0	40.2	43.1	45.9	48.4	50.6	52.8					
15	305	3.7	7.0	13.0	18.4	23.5	28.1	32.4	36.4	40.2	43.7	47.0	50.0	52.9	55.5	58.0	60.3				
16	325	3.9	7.5	14.0	19.8	25.3	30.3	34.9	39.3	43.4	47.2	50.9	54.1	57.3	60.2	62.9	65.5	67.9			
17	340	4.2	8.0	14.9	21.1	27.0	32.4	37.4	42.0	46.4	50.6	54.5	58.1	61.5	64.8	67.7	70.5	73.1	75.5		
18	355	4.4	8.5	15.8	22.5	28.7	34.4	39.7	44.9	49.5	54.0	58.1	62.1	65.7	69.2	72.4	75.5	78.3	80.9		
19	365	4.7	9.0	16.7	23.9	30.4	36.4	42.0	47.6	52.6	57.2	61.6	65.8	69.9	73.6	77.1	80.3	83.4	86.2	88.8	
20	375	4.9	9.4	17.6	25.1	32.0	38.4	44.3	50.1	55.3	60.3	65.0	69.4	73.6	77.6	81.4	84.6	87.8	90.8	93.4	
21	385	5.2	10.0	18.5	26.4	33.6	40.4	46.7	52.6	58.1	63.4	68.3	73.1	77.5	81.5	85.5	89.1	92.5	95.6	98.7	
22	390	5.4	10.4	19.4	27.6	35.2	42.3	49.0	55.1	60.8	66.4	71.6	76.6	81.1	85.4	89.5	93.3	96.9	100.1	103.0	
24	400	5.9	11.3	21.1	30.1	38.4	46.1	53.3	60.1	66.5	72.4	78.0	83.3	88.3	93.0	97.4	101.5	105.4	108.6	112.4	118.4
26	400	6.4	12.2	22.8	32.5	41.5	49.7	57.5	64.8	71.6	78.0	84.1	89.7	95.1	100.0	104.7	109.1	113.2	116.8	120.5	127.4
30	400	7.4	14.0	26.2	37.3	47.4	56.9	65.7	73.9	81.6	88.9	95.6	101.9	107.9	113.5	118.7	123.6	128.1	132.2	136.3	144.0
32	390	7.9	14.9	27.8	39.5	50.3	69.2	69.6	78.2	86.3	93.9	100.9	107.5	113.7	119.5	124.9	129.9	134.4	138.5	142.4	
35	380	8.6	16.3	30.3	42.9	54.6	65.4	75.4	84.6	93.3	101.3	108.8	115.8	122.3	128.5	134.2	139.3	143.9	148.0	151.6	
40	355	9.7	18.5	34.3	48.5	61.5	73.5	84.5	94.8	104.2	112.9	121.1	128.6	135.4	142.1	148.3	153.9	157.2	114.6		
윤활형식		I				II						III									

▶ 표 18.7 롤러 체인의 허용최고 회전속도 [rpm]

작은 스프로킷 휠의 잇수	롤러 체인 번호								
	40	50	60	80	100	120	140	160	200
13	2180	1570	1180	750	535	415	305	260	185
14	2380	1720	1290	820	585	455	335	280	205
15	2560	1850	1390	880	630	490	360	305	220
16	2720	1960	1480	935	670	520	380	325	235
17	2860	2060	1550	985	700	550	400	340	245
18	2980	2150	1610	1020	730	570	415	355	255
19	3080	2220	1670	1060	755	590	430	365	265
20	3160	2280	1720	1090	775	605	440	375	270
21	3230	2330	1750	1110	790	620	450	385	280
22	3290	2370	1780	1130	805	630	460	390	280
24	3360	2420	1820	1160	825	645	470	400	290
26	3378	2438	1830	1160	829	649	474	400	290
30	3370	2430	1830	1160	825	645	470	400	290
32	3310	2386	1794	1140	811	633	462	392	284
35	3220	2320	1740	1110	790	615	450	380	275
40	2970	2140	1610	1020	730	570	415	355	255
45	2670	1930	1450	920	655	515	375	320	230
48	2466	1780	1342	851	607	476	345	293	212
54	2042	1472	1110	701	499	390	285	243	176
60	1580	1140	860	545	390	305	220	185	135

휘할 수 있다. 롤러체인을 낮은 속도로 사용하는 경우는 체인 크기의 선택범위는 넓어지지만, 앞의 전동마력표의 마력수를 고려하여 허용범위 내에서 가능한 큰 것을 사용하는 것이 경제적이다.

18.3.6 스프로킷 휠의 최대 보스의 지름과 최대 축지름

다음 표 18.8은 롤러 체인의 각 크기와 잇수(Z)에 대하여 선택할 수 있는 스프로킷 휠의 최대 보스의 지름과 최대 축지름을 표시한다.

최대 보스의 지름은 체인의 크기와 스프로킷 휠의 잇수에 있어서 체인의 보스에 접촉하지 않고 회전할 수 있는 지름이고, 최대 축지름은 최대 보스의

▶표 18.8 최대 보스의 지름(HD_{max}) 및 최대 축지름(d_{max})

잇수	체인의 크기	40	50	60	90	100	120	140	160	200
13	HD_{max}	39	48	59	79	99	118	136	155	196
	d_{max}	22	30	38	51	66	80	92	106	135
14	HD_{max}	43	53	65	87	109	131	151	172	217
	d_{max}	26	33	42	58	74	88	102	118	150
15	HD_{max}	47	58	72	95	119	143	165	188	237
	d_{max}	29	37	48	62	80	96	112	129	165
16	HD_{max}	51	63	98	103	129	155	179	204	257
	d_{max}	31	41	50	69	86	106	123	140	180
17	HD_{max}	55	69	84	111	139	167	193	220	278
	d_{max}	34	46	55	75	94	113	133	153	196
18	HD_{max}	60	74	90	120	150	179	208	236	298
	d_{max}	38	50	60	80	101	123	143	164	210
19	HD_{max}	64	79	96	128	160	192	222	253	318
	d_{max}	42	51	63	86	110	132	154	177	226
20	HD_{max}	68	84	102	136	170	204	236	269	339
	d_{max}	45	55	68	92	116	140	164	188	240
21	HD_{max}	72	89	108	144	180	216	250	285	359
	d_{max}	48	59	73	97	124	150	175	200	256
22	HD_{max}	76	94	114	152	190	228	264	301	379
	d_{max}	50	62	78	103	130	159	185	213	270
23	HD_{max}	80	99	120	160	200	240	278	317	399
	d_{max}	52	66	80	110	138	167	196	225	286
24	HD_{max}	84	105	127	169	211	254	294	336	421
	d_{max}	55	70	85	115	145	178	207	236	299
25	HD_{max}	88	110	133	177	221	266	308	352	442
	d_{max}	58	74	90	121	154	186	218	250	316

지름에 대하여 정할 수 있는 지름이며, 그 크기의 스프로킷 휠에서 정할 수 있는 최대의 축구멍을 의미한다.

18.4 전동마력표에 의한 계산

롤러 체인을 선택할 때 마모와 신축에 의한 수명을 고려한 롤러 전동의 설계순서는 다음과 같다.

1) 표 18.4 의 사용계수표에서 전동 조건에 따른 사용계수를 결정한다.
2) 사용마력과 사용계수를 곱하여 수정마력을 계산한다.

$$(수정마력) = (사용마력) \times (사용계수)$$

3) 표 18.7 의 허용 최고 회전속도에서 허용되는 체인 크기의 범위를 결정한다.
4) 전동 마력표에서 회전속도와 수정마력에서 작은 스프로킷 휠의 잇수 Z 를 결정한다.

이때 허용 범위 내에서 가능한 큰 치수의 체인을 사용하는 것이 경제적이다. 줄의 수가 많은 다열체인을 사용하거나, 피치가 작은 체인을 사용하여 잇수를 증가시키는 것은 비경제적이다. 잇수 $Z = 17 \sim 24$ 정도가 좋다.

5) 최대 보스의 지름표에서 선정된 작은 스프로킷 휠의 잇수(Z)가 최대 보스 지름 또는 최대 축지름보다 큰가를 점검한다. 만일 허용 최대 축지름보다 크면 다시 많은 잇수를 사용한다.

18.5 스프로킷 휠

18.5.1 스프로킷 휠의 구조

스프로킷 휠의 잇수는 보통 10~70개의 범위가 사용된다. 잇수가 적으면 원활한 운전을 할 수 없고, 진동을 일으키는 등 체인의 수명을 단축시킨다. 그러므로 잇수는 17개 이상이 바람직하며 저속의 경우는 6개까지 사용된다. 마모를 균일하게 하려면 가능한 홀수 개가 좋다.

스프로킷 휠의 이 부분은 체인과 물고 돌 때 충격력을 받고 롤러와의 접촉

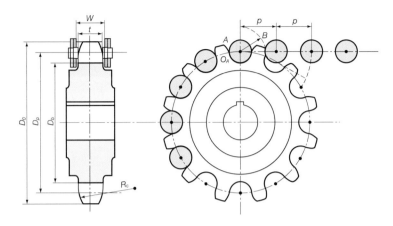

그림 18.10 스프로킷 휠의 치형

에 의하여 마모가 생긴다. 따라서 이 부분의 재료는 인성과 내마모성이 필요하고, 잇수가 적은 스프로킷 휠은 열처리를 하여 표면에 내마모성을 주고 내부에서는 인성을 준다. 일반적으로 바깥지름이 작은 스프로킷 휠에는 단강을 사용하고, 바깥지름이 큰 스프로킷 휠에는 주철을 사용한다. 그림 18.10은 스프로킷 휠의 치형이다.

18.5.2 스프로킷 휠의 기본 치수

(1) 피치원의 지름과 바깥지름

체인을 스프로킷 휠에 걸 때, 체인의 각 핀의 중심을 통하는 원을 스프로킷 휠의 피치원이라 한다. 지금 체인의 피치를 p, 롤러 지름을 R, 잇수를 Z라 하면 그림 18.11에서 피치원의 지름 D_p는 다음과 같이 구해진다.

$$\alpha = \frac{2\pi}{Z} \tag{18.18}$$

$$\overline{OA} = \frac{\overline{AB}}{\sin\dfrac{\alpha}{2}} = \frac{\dfrac{p}{2}}{\sin\dfrac{\pi}{Z}}$$

$$\therefore\ D_p = 2 \times \overline{OA} = \frac{p}{\sin\dfrac{\pi}{Z}} \tag{18.19}$$

이 높이를 롤러의 지름 R과 같다고 하면 바깥지름 D_0는

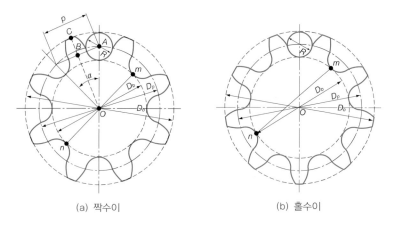

(a) 짝수이   (b) 홀수이

그림 18.11 스프로킷 휠의 피치원의 지름 D

$$D_0 = D_p + R \qquad (18.20)$$

또 그림에서 $\overline{BC} = 0.3\,p$ 라 하면

$$D_0 = 2\left(\overline{OB} + \overline{BC}\right) = 2\left(\frac{\overline{AB}}{\tan\dfrac{\alpha}{2}} + 0.3\,p\right)$$

$$= 2\left(\frac{p}{2} \cdot \cot\frac{\pi}{Z} + 0.3\,p\right) = p\left(0.6 + \cot\frac{\pi}{Z}\right) \qquad (18.21)$$

스프로킷 휠의 측정은 버니어캘리퍼스 또는 마이크로미터 등으로 측정하며 서로 마주보고 있는 이뿌리 사이의 거리를 잰다. 짝수의 경우는 $m\,n = D_B$로 되므로 곧 D_B 및 $D_p = m\,n + R$이 구해지지만 홀수의 경우는 다음 식으로 구한다.

$$D_p = (m\,n + R) \,/\, \cos\frac{\pi}{2\,Z} \qquad (18.22)$$

이뿌리 거리 $m\,n$ 을 캘리퍼지름 (caliper diameter) 이라 한다.
또 그림 18.12에서

$$D_0 = p\cot\left(\frac{180°}{Z}\right) + D_r \qquad (18.23)$$

단, D_r : 롤러의 지름 [mn]

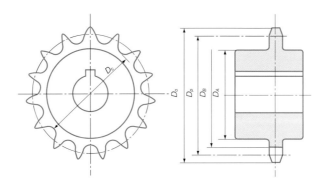

그림 18.12 스프로킷 휠의 여러 가지 치수

(2) 스프로킷 휠의 이뿌리 지름

이뿌리 지름
$$D_B = D_p - D_r \tag{18.24}$$

이뿌리 거리
$$D_C = D_B \cdots\cdots \text{짝수의 경우}$$

$$\left. \begin{array}{l} D_C = D_p \cos\left(\dfrac{90}{Z}\right) - D_r \\[3mm] \quad = P\,\dfrac{1}{2\sin\dfrac{180°}{2Z}} - D_r \cdots\cdots \text{홀수의 경우} \end{array} \right\} \tag{18.25}$$

🔒 **예제 1**

50번의 롤러 체인으로 4 [PS] 를 전달시킬 때 안전율을 15로 유지하기 위해서는 체인 속도는 어느 범위 내에 있어야 하는가?

풀이

50의 체인의 절단하중은 2210 [kgf], 안전율 15이므로 $F = \dfrac{2210}{15} = 147\,[\text{kg}_f] \fallingdotseq 1441\,[\text{N}]$

전달마력 $H_{PS} = 4$ [PS] 이므로 $v = \dfrac{735.5 \cdot H_{PS}}{F} = \dfrac{735.5 \times 4}{1441} \fallingdotseq 2\,[\text{m/s}]$

위의 식에서 $F < 147\,[\text{kg}_f]$이면 $v > 2$가 되므로, 체인속도는 항상 2 [m/s] 이상으로 유지해야 한다.

🔒 **예제 2**

60번 롤러 체인을 잇수 40, 회전수 200 [rpm] 의 스프로킷 휠에 사용하였을 때, 몇 마력을 전달시킬 수 있는가? 안전율은 15 이다.

풀이

60의 체인의 전단강도는 3200 [kgf]이다. 안전율을 15라 하면

하중 $F = \dfrac{3200}{15} = 213\,[\text{kg}_\text{f}] \fallingdotseq 2087\,[\text{N}]$

$N_1 = 200\,[\text{rpm}], \quad p = 19.05\,[\text{mm}], \quad Z_1 = 40$

$v_m = \dfrac{200 \times 19.15 \times 40}{60 \times 1000} = 2.54\,[\text{m/s}]$

전달마력 $H_{PS} = \dfrac{F \cdot v_m}{735.5} = \dfrac{2087 \times 2.54}{735.5} = 7.2\,[\text{PS}]$

🔒 예제 3

8 [PS]을 750 [rpm] 의 원동기에서 250 [rpm] 의 종동축에 전달하려고 한다. 축간 거리가 820 [mm] 일 때 롤러 체인을 사용하고, 체인의 평균속도 3 [m/s], 안전율 15라 하면 체인의 번호와 길이, 양스프로킷 휠의 지름 및 잇수를 계산하시오.

풀이

전달력 $F = \dfrac{735.5 H_{PS}}{v_m} = \dfrac{735.5 \times 8}{3} \fallingdotseq 1961\,[\text{N}]$

안전율 15이므로 체인의 전단하중은 $P_B = 1961 \times 15 = 29415\,[\text{N}]\,(\fallingdotseq 3000\,[\text{kg}_\text{f}])$

표에서 # 60의 1열롤러 체인 (절단 하중 3200 [kg_f]) 을 선택한다.

이 체인의 피치 $p = 19.05\,[\text{mm}]$ 이므로 원동풀리의 잇수 Z_1 은

$$Z_1 = \dfrac{v_m}{N_1 p} = \dfrac{3 \times 60 \times 1000}{750 \times 19.05} = 12.6 \fallingdotseq 13$$

종동풀리의 잇수 Z_2 는

$$Z_2 = Z_1 \cdot \dfrac{N_1}{N_2} = 13 \times \dfrac{750}{250} = 39$$

스프로킷 휠의 잇수는 공식에서

i) 원동풀리쪽

피치원의 지름

$$D_1 = \dfrac{p}{\sin \dfrac{\pi}{Z_1}} = \dfrac{19.05}{\sin \dfrac{180°}{13}} = \dfrac{19.05}{\sin 13.8°} = \dfrac{19.05}{0.2391} = 79.67\,[\text{mm}]$$

바깥지름

$$D_{01} = p\left(0.6 + \cot \dfrac{\pi}{Z_1}\right) = 1.905 \times \left(0.6 + \cot \dfrac{180°}{13}\right) = 19.05 \times (0.6 + 4.0611)$$

$$= 88.79\,[\text{mm}]$$

ii) 종동풀리쪽

피치원의 지름

$$D_2 = \frac{p}{\sin \frac{\pi}{Z_1}} = \frac{19.05}{\sin \frac{180°}{39}} = \frac{19.05}{\sin 4.61°} = \frac{19.05}{0.0831} = 234.32 \, [\text{mm}]$$

바깥지름 : $D_{02} = \frac{2C}{p} + \frac{1}{2}(Z_1 + Z_2) + \frac{0.0257\,p}{C}(Z_1 - Z_2)^2$

$$= \frac{2 \times 820}{19.05} + \frac{1}{2}(13 + 39) + \frac{0.0257 \times 19.05}{820}(13 - 39)^2$$

$$= 86.1 + 26 + 0.404 = 112.504 \fallingdotseq 113 \text{ 링크}$$

🔒 **예제 4**

6 [PS] 을 1000 [rpm] 의 축에서 250 [rpm] 의 축에 롤러 체인으로 동력을 전달하려고 한다. 하중은 때때로 50 [%] 정도 초과하는 수가 있다. 체인과 스프로킷 휠을 설계하시오. 단, $v = 4\,[\text{m/s}]$ 이다.

풀이

$$v = \frac{p\,Z_1\,N_1}{60000}, \qquad p\,Z_1 = \frac{60000\,v}{N_1} = \frac{60000 \times 4}{1000} = 240$$

$$p = \left(\frac{115000}{N}\right)^{\frac{2}{3}} [\text{mm}] = \left(\frac{115000}{1000}\right)^{\frac{2}{3}} [\text{mm}] = 23.6\,[\text{mm}]$$

표에서 다음의 피치를 선택하면

$p\,[\text{mm}]$　　15.88　　1.05

Z_1　　　　　15　　　13

잇수는 많고 피치는 작을수록 좋으므로 $p = 15.88\,[\text{mm}]$, $Z_1 = 15$ 로 한다.

$$H_{PS} = \frac{P_w\,v}{735.5} \text{ 이므로 } P_w = \frac{735.5 \cdot H_{PS}}{v} = \frac{735.5 \times 6}{4} \fallingdotseq 1103\,[\text{N}]$$

안전율 $S_f = 15$, 필요 최대 장력 $= 1103 \times 15 \fallingdotseq 16545\,[\text{N}] \,(\fallingdotseq 1700\,[\text{kg}_f])$

표에서 $p = 15.88\,[\text{mm}]$, 롤러지름 $d = 10.2\,[\text{mm}]$, 롤러의 폭 $= 6.3\,[\text{mm}]$, 절단 하중 $1930\,\text{kg}_f$ 의 것을 선정한다.

최대허용하중 $= 41\,[\text{N/mm}^2] \times ($ 핀의 지름 × 부시의 길이 $)$

핀의 지름 $= 5.15\,[\text{mm}]$

최대허용하중 $= 41 \times 5.15 \times 6.3 \fallingdotseq 1330\,[\text{N}]$

$1330 < 1.5 P_w = 1655\,[\text{N}]$

이것으로 보면 50 [%]의 초과 하중에는 약간 무리가 있다. 그러므로 폭넓은 체인은 규격표에는 없으나 $p = 15.88$ 의 것으로 폭이 6.3 [mm] 가 아닌 9.8 [mm] 의 것도 제작된다.

이것을 선택하면 $41 \times 5.15 \times 9.5 \fallingdotseq 2006\,[\text{N}]$ 로 되므로 적당하다.

큰 스프로킷 휠의 치수

$$\varepsilon_2 = \varepsilon_1 \frac{N_1}{N_2} = 15 \times \frac{1000}{250} = 60$$

$$\alpha_2 = \frac{180°}{60} = 3°, \quad \sin 3° = 0.0523, \quad p = 15.88 \,[\mathrm{mm}]$$

$$\therefore \; D_2 = \frac{p}{\sin \alpha^2} = \frac{15.88}{0.0523} = 303.4 \,[\mathrm{mm}]$$

$$Z = 15, \quad \alpha_1 = \frac{180°}{15} = 12°, \quad \sin 12° = 0.2079$$

$$\therefore \; D_1 = \frac{15.88}{0.2079} = 76.38 \,[\mathrm{mm}]$$

롤러의 지름을 d 라 하면

바깥지름 $D_{01} = p \sin \dfrac{180°}{Z_1} + d = 15.88 \times \cot 12° + 10.2 = 84.91 \,[\mathrm{mm}]$

$$D_{02} = 15.88 \times \cot 3° + 10.2 - 313.2 \,[\mathrm{mm}]$$

중심거리 C 가 750 [mm] 라 하면 체인의 길이는

$$\begin{aligned} L_2 &= \frac{2C}{p} + \frac{1}{2}(Z_1 + Z_2) + \frac{0.0257p}{c}(Z_1 - Z_2)^2 \\ &= \frac{2 \times 750}{15.88} + \frac{1}{2}(15 + 60) + \frac{0.0257 \times 15.88}{750} \times (15 - 60)^2 \\ &= 133.6 = 134 \text{ 링크} \end{aligned}$$

$$L_p = L_n \times p = 15.88 \times 134$$

$$= 2127.92 \,[\mathrm{mm}]$$

이 결과를 제도하면 그림 18.13과 같이 된다.

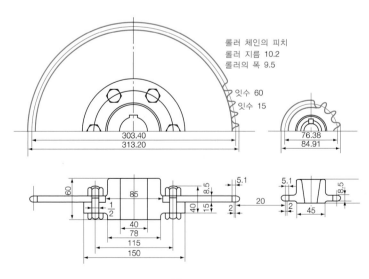

롤러 체인의 피치
롤러 지름 10.2
롤러의 폭 9.5

잇수 60
잇수 15

그림 18.13

🔒 예제 5

6 [PS] 을 전달하는 다음과 같은 롤러 체인장치를 설계하시오. 원동풀리의 회전속도 $N_1 = 1000$ [rpm], 종동풀리의 회전속도 $N_2 = 250$ [rpm], 중심거리 750 [mm], 안전율 15, 하중은 때때로 50 [%] 정도 초과하는 것을 고려한다.

풀이

원동풀리의 잇수 $Z_1 = 17$ 로 가정하여 # 40의 체인을 사용하면 $p = 12.70$ [mm]로

$$v_m = \frac{1000 \times 12.70 \times 17}{60 \times 1000} = 3.6 \text{ [m/s]},$$

전달력 $F = \dfrac{735.5 H_{PS}}{v_m} = \dfrac{735.5 \times 6}{3.6} = 1226$ [N]

50 % 의 초과하중을 생각한 최대 전달하중 $F_{\max}$ 는

$$F_{\max} = 1226 \times 1.5 = 1839 \text{ [N]} (\fallingdotseq 188 \text{ [kg}_f\text{]})$$

40의 체인의 전달하중은 1420 [kg$_f$] 에 대한 안전율 $= \dfrac{1420}{188} \fallingdotseq 7.6$
50을 사용하면 $p = 15.88$ [mm]

$$v_m = \frac{1000 \times 15.88 \times 17}{60 \times 1000} = 4.5 \text{ [m/s]}$$

$$F_{\max} = \frac{735.5 H_{PS}}{v_m} \times 1.5 = \frac{735.5 \times 6 \times 1.5}{4.5} = 1471 \text{ [N]} (\fallingdotseq 150 \text{ [kg}_f\text{]})$$

50의 전달하중 2210 [kg$_f$] 에 대한 안전율 $= \dfrac{2210}{150} = 14.7$
60이면 $p = 19.05$ [mm]

$$v_m = \frac{1000 \times 19.05 \times 17}{60 \times 1000} = 5.4 \text{ [m/s]}$$

$$F_{\max} = \frac{735.5 H_{PS}}{v_m} \times 1.5 = \frac{735.5 \times 6 \times 1.5}{5.4} = 1226 \text{ [N]} (\fallingdotseq 125 \text{ [kg}_f\text{]})$$

60의 전달하중 3200 [kg$_f$] 에 대한 안전율 $= \dfrac{3200}{125} = 25.6$ 이상의 결과는 체인의 속도가 크게 되고 또 안전율도 너무 크다.
50은 안전율이 약간 작다.
40은 두 줄을 나란히 놓은 2 열 롤러 체인을 사용하면 체인의 속도도 적당하고 안전율도 $7.6 \times 2 = 15.2$ 가 되어 적당하다.

종동풀리의 잇수

$$Z_2 = Z_1 \frac{N_1}{N_2} = 17 \times \frac{1000}{250} = 68$$

원동풀리의 피치원의 지름

$$D_1 = \frac{12.70}{\sin\dfrac{180°}{17}} = \frac{12.70}{\sin 10.6} = \frac{12.70}{0.185} = 68.65\,[\text{mm}]$$

바깥지름

$$D_{01} = 12.70 \times (0.6 + \cot 10.6°) = 12.70 \times (0.6 + 5.309) = 75.04\,[\text{mm}]$$

종동풀리의 피치원의 지름

$$D_2 = \frac{12.70}{\sin\dfrac{180°}{68}} = \frac{12.70}{\sin 2.65°} = \frac{12.70}{0.0465} = 273.11\,[\text{mm}]$$

바깥지름

$$D_{02} = 12.70 \times (0.6 + \cot 2.65°)$$
$$= 12.70 \times (0.6 + 21.470) = 280.29\,[\text{mm}]$$

이뿌리원의 지름

$$D_{B2} = D_2 - d = 273.11 - 7.94 = 265.17\,[\text{mm}]$$

가로 피치

$$C = 14.4\,[\text{mm}],\quad B = 21.4\,[\text{mm}]$$

18.6 사일런트 체인

18.6.1 사일런트 체인의 개요

(1) 사일런트 체인의 특성

롤러 체인은 사용할수록 늘어나서 물림 상태가 나쁘게 되며 또한 소음이 발생한다. 사일런트 체인은 이와같은 단점을 없애고, 고속회전에서 정숙하고 원활한 운전이 필요할 때 사용된다.

사일런트 체인 (silent chain) 은 스프로킷휠의 이와의 접촉면적이 크므로 운전이 원활하여, 전동효율도 98 [%] 정도 가능하다. 그러나 높은 정밀도가 요구되고 제작이 어려우므로 롤러 체인보다 값이 비싸다. 사일런트 체인은 그림 18.14 와 같이 오목한 모양의 양쪽에 삼각형의 다리를 가지고 있는 특수한 형체의 강판을 연결하여 필요한 길이로 만든 것으로, 전동마력에 따라 링크를 가로로 여러 줄 배열하여 적당한 폭으로 결정한다.

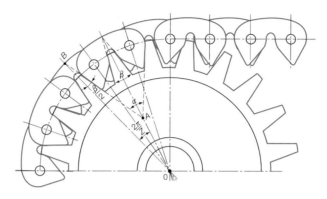

그림 18.14 사일런트 체인의 장치와 면각

(2) 사일런트 체인의 면각

링크 양끝의 경사면에 의하여 만들어지는 각 α를 면각이라 하며, 보통 52°, 60°, 70°, 80°의 4종류가 있으며, 피치가 큰 것일수록 α가 작은 것을 사용한다. 또한 그림 18.14와 같이 스프로킷 휠의 1개의 이의 양면이 맺는 각을 β, 잇수를 Z라 하면

$\triangle OAB$에서 $\dfrac{\alpha}{2} = \dfrac{\beta}{2} + \dfrac{2\pi}{Z}$ 이므로

$$\beta = \alpha - \frac{4\pi}{Z} \tag{18.26}$$

사일런트 체인의 링크 수는 짝수로 하는 것이 좋고, 축간 거리 C는 롤러 체인 경우와 같이 피치의 (30~50)배로 한다. 즉 $C = (30 \sim 50)p$ 이다.

(3) 사일런트 체인의 종류

사일런트 체인에는 핀 이음에 의한 레이놀즈 사일런트 체인(Reynolds silent chain) (그림 18.15)과 핀 대신에 받침 a, b에서 접촉하도록 되어 있는 모스 사일런트 체인(Morse silent chain) (그림 18.16) 등이 있다. 링크 판(강판)은 냉간압연한 강재로 성형하고, 다시 열처리를 하여 강인성과 내마모성을 준다. 이음핀은 냉간인발강재에 표면경화를 하고, 그 후에 바깥둘레를 연마 다듬질한다. 체인을 운전할 때 링크의 굽힘 운동에 의하여 생기는 마모를 작게 하기 위하여 핀과 링크 판과의 끼워맞춤을 위하여 여러 가지 방법이 사용되고 있다. 그림 18.15는 링크 벨트형이라 하고, 2개의 라이너를 집어넣은 것이다.

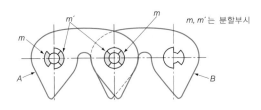

그림 18.15 레이놀즈형 사일런트 체인

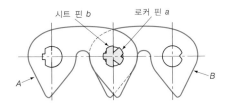

그림 18.16 모스형 사일런트 체인

부시 m′는 링크 판 A에, 부시 m은 링크 판 B에 각각 고정되어 있다. 링크 A, B가 굽혀질 때 부시 m은 링크 A에, 부시 m′는 링크 B에 대하여 어느 정도의 각도만큼 움직일 수 있다.

그림 18.16의 모스형 사일런트 체인은 로커핀 a와 시트핀 b, 2개의 핀으로 링크의 굴곡 운동을 핀 a, b 사이의 로커 운동으로 바꿔서 마모를 작게 한 것이다.

그림 18.17은 안내 링크 판으로, 운전 중 가로 미끄럼을 방지하기 위하여 설치한다. 그림 (b)와 같이 안내 링크가 체인의 양쪽에 달려 있는 것을 사이드 가이드형(side guide type) 체인, 그림 (a)와 같이 체인 안내 링크를 중앙에 넣은 것을 센터 가이드형(center guide type) 체인이라고 한다.

또한 그림 (c)와 같이 가이드 링크 플레이트가 없는 것을 넌 가이드형(non guide type) 체인이라 하며, 이 때는 스프로킷 휠의 이(치) 부분 양측에 플랜지를 설치하여 가로 미끄럼 이동을 방지한다.

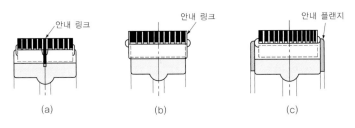

(a) (b) (c)

그림 18.17 안내 링크

(4) 사일런트 체인의 규격

표 18.9과 그림 18.18은 사일런트 체인의 표준규격을 표시한다.

▶ **표 18.9** 사일런트 체인의 규격 치수

피치		링크 판 [mm]		핀의 지름 [mm]	라이너 (부시) 두께 [mm]	와 셔 [mm]		면 각
[in]	[mm]	길이	두께			지름	두께	
3/8	9.52	17.25	1.52	2.77	0.71	6.35	1.52	60°, 70° 및 80°
1/2	12.70	22.27	1.52	3.17	1.02	7.24	1.52	52° 및 60°
5/8	15.87	27.48	1.52	4.75	1.27	9.25	1.52	52° 및 60°
3/4	19.05	32.94	1.52	4.75	1.25	10.46	1.52	52°, 60° 및 70°
1	25.40	43.61	1.52	6.35	1.52	12.70	2.03	52°
1 1/4	31.75	54.02	3.04	8.71	2.03	15.87	2.03	52°
1 1/2	38.10	74.69	3.04	11.10	2.03	19.05	2.03	60° 및 52°
2	50.80	86.00	3.04	14.27	2.03	22.22	2.03	52°

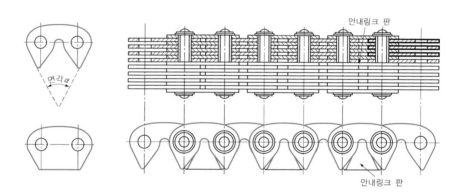

그림 18.18 사일런트 체인의 규격도

18.6.2 사일런트 체인의 설계

(1) 파괴하중

파괴하중 P_B 는 각 제품에 따라 다르나 다음 식으로 구한다.

$$P_B = 37.73\,pb\,[\mathrm{N}] \tag{18.27}$$

여기서 p : 체인의 피치 [mm], b : 체인의 폭 [mm] 이다.

사일런트 체인의 스프로킷 휠의 치형은 그림 18.19에 나타낸다.

여기서 p : 체인 피치 [in], Z : 잇수이다.

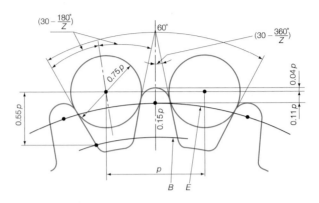

그림 18.19 사일런트 체인의 스프로킷 휠의 설계

(2) 사일런트 체인의 속도

사일런트 체인의 속도 v 는 7 m/s 이하로 하며 일반적으로 4~6 m/s 가 적당하다. 적당한 윤활과 피치가 작으면 최대 10 m/s 까지는 허용되지만 고속이 될수록 소음이 커지고 내구성이 나빠진다. 사일런트 체인의 속도는 다음 식으로 구한다.

$$v = \frac{Nzp}{12} \, [\text{ft/min}] \tag{18.28}$$

여기서 N : 회전속도 [rpm] Z : 잇수 p : 피치 [in]

(3) 사일런트 체인의 스프로킷 휠의 지름

미국규격에는 사일런트 체인에 사용되는 스프로킷 휠의 지름은 다음 식으로 계산한다.

이끝원의 중심지름 $D = p \left(\cot\dfrac{\pi}{Z} - 0.22 \right) \, [\text{in}]$ \hfill (18.29)

작용면의 최소지름 $B = p \sqrt{1.515213 + \left(\cot\dfrac{\pi}{Z} - 1.1 \right)^2} \, [\text{in}]$ \hfill (18.30)

(4) 사일런트 체인의 전동마력표

사일런트 체인 전동을 선택하려면 전달마력, 원동축, 종동축의 회전속도, 축지름, 하중상태 등을 고려해야 한다. 전달마력은 원동기의 종류, 사용 시간, 하중 상태를 고려하고 안전율을 곱한다. 안전율은 표 18.10과 같다.

▶표 **18.10** 안전율의 값

하중의 상태	10시간 이하(1일중)		24시간(1일중)	
	모터터빈	내연기관	모터터빈	내연기관
충격이 없다	1	1.3	1.3	1.7
충격이 중간 정도	1.3	1.7	1.7	2
충격이 크다	1.7	2	2	2.5

🔒 예제 **6**

연강표면경화된 $Z_1 = 17$, $N_1 = 1200$ [rpm]의 작은 스프로킷 휠에서 철강제의 $Z_2 = 50$, 큰 스프로킷 휠에 사일런트 체인으로 전동시키면 몇 마력을 전달할 수 있는가?

풀이

$Z_1 = 17$, $\quad \alpha = \dfrac{180°}{17} = 10° \, 53' \, \sin 10° \, 35' = 0.1837$

$D_1 = \dfrac{p}{\sin \alpha_1} = \dfrac{19.05}{0.1837} = 103.72$ [mm]

$Z_2 = 50$, $\quad \alpha_2 = \dfrac{180°}{50} = 3° \, 36$, $\quad \sin 3° \, 36' = 0.0628$, $\quad D_2 = \dfrac{19.05}{0.0628} = 303.39$ [mm]

$N_1 = 1200$ rpm, $\quad N_2 = 1200 \times \dfrac{17}{50} = 353$ [rpm]

회전비 $\quad \varepsilon = \dfrac{1200}{353} ≒ 3.4$

$\qquad v = \dfrac{\pi D_1 N_1}{60000} = \dfrac{\pi \times 103.72 \times 1200}{6000} = 6.52$ [m/s]

$\qquad p = 19.05$ [mm], $\; b = 76.2$ [mm]

파괴하중 $\quad P_B = 37.73 \, pb = 37.73 \times 19.05 \times 76.2 ≒ 54769$ [N]

안전율 $\quad S_f = 30$ 으로 잡는다.

$\qquad P_w = \dfrac{54769}{30} ≒ 1826$ [N]

$\qquad H_{PS} = \dfrac{P_w v}{735.5} = \dfrac{1826 \times 6.52}{735.5} = 16.19$ [PS]

중심거리 $\; C = 450$ [mm]라 하면

체인의 길이 $\; L_n = \dfrac{2 \times 450}{19.05} + \dfrac{17 + 50}{2} + \dfrac{0.0275 \times 19.05}{450} \times (17 - 50)^2$

$\qquad\qquad = 81.7 = 82$ (링크)

$\qquad L_p = p \times L_n = 19.05 \times 82$

$\qquad\qquad = 1562.1$ [mm]

찾아보기

ㄱ

가스 압접법 178
가스 용접법 177
가죽벨트 616
각형 스플라인 117
간섭점 516
강철벨트 618
강판의 효율 156
겹치기 리벳 이음 151
겹판 스프링 433
경계마찰 358
경계윤활영역 373
경계층 358
경납땜 174
경사 미끄럼면 353
경사키 100
고무벨트 617
고정 커플링 243
곡선이 베벨 기어 574
공차 14
공칭응력 6
공학단위 4
관성차 445
관용나사 43
구동 기어 487
구름 베어링 307

구멍기준식 17
국부수축현상 7
그루브 179
극한상도 7
기계계수 336
기어 커플링 269
기어 487
긴장풀리 627

ㄴ

나사 굵기 67
나사 21
나사골 23
나사봉우리 23
나사산 23, 76
나사의 효율 57
나선곡선 21
납땜 178
내륜회전 338
내전사이클로이드 496
내접 베벨 기어 573
내확 브레이크 394
냉간성형 리벳 142
너클 조인트 134
너클핀 136
노치 117

노치효과 10

ㄷ

다열계수 709
단기어 559
단차 643
두 축이 서로 교차 490
두 축이 서로 어긋난 경우 491
두 축이 평행 490
둔각 베벨 기어 573
둥근나사 48
둥근키 93
드릴링 149
등가마찰계수 467
등가베어링하중 337

ㄹ

레이놀즈의 방정식 355
레이디얼 미끄럼 베어링 351
레이디얼 베어링 307
로드 120
로이트와일러 80
로프 681
롤러 커플링 269
룃체르 80
루이스의 기본설계공식 538
루이스의 치형계수 583
리드각 22
리벳 자루 141
리벳 헤드 141
리벳의 효율 156
리벳팅 149
링 스프링 423

ㅁ

마이터 기어 572
마찰 클러치 245
마찰원통 커플링 249
맞대기 리벳 이음 151
머프 커플링 248
모판 433
목두께 180
목면적(throat area)의 극관성 모멘트 194
묻힘키 96
묻힘키의 강도계산 105
물림 나사산 76
미끄럼 베어링 307
미끄럼키 111
미터나사 28
밑틈새 180

ㅂ

바로걸기 615
반달키 93
반복응력 10
반중첩 커플링 248
밴드 브레이크 399
벌루트 스프링 421
법선피치 498
베벨 기어 571
베벨 기어계수 583
베벨각도 180
베벨마찰차 470
베어링 계열 기호 313
베어링 틈새비 377
베어링계수 361
베어링압력 363

베어링의 계산수명 329
볼나사 49
부식 11
분할원통 커플링 249
분할핀 131
불완전윤활 358
불완전윤활영역 373
브레이크 용량 394
블록 브레이크 385
비례한도 7
비마모량 379
비선형 스프링 416
비틀림막대 421

ㅅ

사각나사 45
사다리꼴나사 45
살돋움 179, 180
삼각나사 28
상당스퍼 기어 잇수 567
상당스퍼 기어 567
상당스퍼 기어의 반지름 576
상당스퍼 기어의 피치원의 지름 567
상용하는 끼워맞춤 18
서브머지드 아크용접 177
선축 209
설계치수 125
세레이션 117
셀러 커플링 252
소켓 120
속도계수 539
스냅 149
스러스트 미끄럼 베어링 351
스러스트 베어링 307

스코링 536
스텝 433
스트리벡의 공식 325
스팬 433
스프링 귀 433
스프링상수 416
스프링지수 425
스프링판 433
스프링핀 131
스플라인 117
스플라인축 118
스플릿 테이퍼핀 131
스핀들축 209
심 178

ㅇ

아이텔바인(Eytelwein) 식 630
안장키 92
안전계수 11
안전율 11
안지름 번호 316
압력각 497
압력선 497
압접 174
억지 끼워맞춤 17
언더컷 180
언더컷 515
업셋 용접법 178
엇걸기 615
에너지 변동계수 448
여러줄나사 22
연성재료 9
열간성형 리벳 142
열영향부라 179

영구변형 7
예각 베벨 기어 572
오른나사 21
오버랩 180
온 길이판 433
올드 햄 커플링 243
와이어 로프 683
완전윤활 358
외륜회전 338
외전사이클로이드 496
왼나사 21
용접 173
용접금속 179
용접기호 202
용접부 179
용착금속 179
용착부 179
원심 클러치 245
원추 브레이크 406
원추 클러치 295
원통 미끄럼면 354
원통 커플링 245
원판 브레이크 405
원판 클러치 288
유니버설 커플링 244
유니파이나사 40
유체마찰 358
유체윤활영역 373
유효감김수 430
유효마찰계수 467
유효장력 628
융접 174
응력반복횟수 10
응력-변형률선도 6
응력진폭 10

응력집중 8
응력집중계수 9
응력해석 125
이의 간섭 515
인벌류트 기어 497
인벌류트 기어의 기초원 497
인벌류트 스플라인 117
인벌류트 함수 502
일반 베벨 기어 572
일반 평기어의 물림방정식 527

ㅈ

자동결합 53
자동하중 브레이크 407
자립상태 53
자판 433
작용각 506
작용선 497
작용호 506
잭 81
저항 용접법 178
전면 필릿 용접 181
전위 기어 521
전위 기어의 물림방정식 525
전위계수 521
전위량 521
절대점도 359
점부식 545
점용접 178
접근 물음길이 508
접근각 506
접근호 506
접선키 109
접시 스프링 423, 444

접촉각 기호 316
접촉각 506, 626
접촉률 508
접촉응력계수 547
접촉호 506
조립단위 4
좀머펠트수 362
종동 기어 487
종탄성계수 7
주축 209
중간 끼워맞춤 17
중간축 209
중간풀리 626
중심거리 증가계수 528
직물벨트 616
직선이 베벨 기어 574
진응력 6

ㅊ

철사 스프링 422
추진축 209
축기준식 17
취성재료 9
취소 잇수 520
측면 필릿 용접 181
치수효과 10
치형계수 538

ㅋ

카뮈의 정리 496
커넥팅 로드 120
코일 스프링 419
코킹 150

코터 이음 125
코터 120
코터의 자립상태 124
크라운 기어 573
크로스 헤드 120
크리프한도 11
크리핑 620
클러치 244
클로 클러치 280
키 89
키홈 89

ㅌ

탄성한도 7
태엽 스프링 421
테르밋 용접법 177, 178
토션 바 421
톱니나사 48
통형 커플링 243
퇴거 물음길이 508
퇴거각 506
퇴거호 506
틈새비 362

ㅍ

파단 8
판 스프링 422
판단법 437
펀칭 149
페트로프의 베어링 방정식 360
평벨트 614
평키 92
평행미끄럼 352

평행키 96

평행핀 131

폴 브레이크 408

표면거칠기 11

프로젝션 용접법 178

플래시 용접법 178

플래핑 620

플랜지 커플링 243, 253

플랭크면 23

플러그 용접 182

플렉시블 커플링 243

플렉시블축 209

피니언 487

피동 기어 487

피로한도 10, 11

피스톤 로드 120

피치 22

피팅 536

핀 131

필릿(fillet) 용접 181

ㅎ

하중계수 335

하중-변형량선도 70

하중분포상태 76

한계 잇수 520

한국공업규격 2

항복점 7

허용응력 11

헐거운 끼워맞춤 16

헬리컬 기어 559

혼합윤활영역 373

홈 용접 179

확동 클러치 244

환산계수 4

회전비 618

후원추 반지름 576

후원추 576

후크의 법칙 7

후크의 조인트 270

휠 487

힘 박음 10

기타

ASE 규격 117

Bibby 커플링 268

DIN 109

Hertz의 탄성이론 320

ISO 2

IT 기본공차 14

KS 2

S−N 곡선 10

S꼬임 684

SI 기본단위 3

SI단위 4

V벨트 659

Whal의 수정계수 425

Z꼬임 684

Zodel's 플렉시블 커플링 262

개방 V벨트 662

랭S꼬임 684

랭Z꼬임 684

오목형 V벨트 663

이중 V벨트 662

중하중용 V벨트 662